AF502578

LA Coopération

DANS LA

VITICULTURE EUROPÉENNE

Etude d'Economie Rurale et d'Histoire Agronomique

PAR

ADRIEN BERGET

PROFESSEUR AGRÉGÉ DE L'UNIVERSITÉ

DOCTEUR EN DROIT

CONSEILLER DE LA SOCIÉTÉ DES VITICULTEURS DE FRANCE

LILLE

A. DEVOS, IMPRIMEUR-ÉDITEUR

49, Rue de Béthune, 49

1902

Publications Viticoles du même auteur

La Renaissance Viticole (extrait de la *Revue de Géographie*) 1895. — Epuisé.

La Viticulture Nouvelle, *Bibl. Utile,* F. Alcan, 108, boulev. St-Germain, édit., Paris, 2e édition ; 1 vol. de 192 p. broché 0 fr. 60 relié . . . . 1 fr.

La Pratique des Vins, *Bibl. Utile,* F. Alcan, 108, boulev. St-Germain, édit., Paris ; 1re édition. 1 vol. de 192 p. ; broché 0 fr. 60 ; relié . . . . 1 fr.

Les Vins de France, *Bibl. Utile,* F. Alcan, 108, boulev. St-Germain, édit., Paris ; 1re édition, 1900. 1 vol. de 192 p. ; broché 0 fr. 60 ; relié . . . . 1 fr.

Recherches historiques et ampélographiques sur la famille des Pinots (extrait de la *Vigne Américaine)* 1898 et 1899. Epuisé.

La Coopération en Viticulture : les Winzervereine (extrait de la *Revue de Viticulture*). 1900. — Epuisé.

La Coopération dans la Viticulture Européenne (thèse de Doctorat ès-sciences politiques et économiques). — Lille 1902.

Thèse de Doctorat ès sciences politiques et économiques — Lille, 1902.

— épuisé —

Hommage de l'auteur

A. Berget

LA

Coopération

DANS LA

VITICULTURE EUROPÉENNE

Etude d'Economie Rurale et d'Histoire Agronomique

PAR

ADRIEN BERGET

PROFESSEUR AGRÉGÉ DE L'UNIVERSITÉ

DOCTEUR EN DROIT

CONSEILLER DE LA SOCIÉTÉ DES VITICULTEURS DE FRANCE

LILLE

A. DEVOS, IMPRIMEUR-ÉDITEUR

49, Rue de Béthune, 49

1902

LA COOPÉRATION

dans la

VITICULTURE EUROPÉENNE

AVANT-PROPOS

Cette nouvelle étude d'économie viticole, dont la composition a rempli nos loisirs universitaires durant trois années, se trouve à paraître dans des conditions d'actualité pressante qui ne pouvaient être prévues lors de sa conception première. Une crise économique sans précédent est déchaînée sur la viticulture française et contraint tous les fervents de la vigne à rechercher les moyens de sauvegarder la prospérité si péniblement reconquise après les ravages du phylloxéra. C'est pourquoi, à l'étude des résultats obtenus dans le domaine de la coopération par la viticulture étrangère pendant que la nôtre était absorbée par la grande œuvre de sa reconstitution, nous avons dû joindre l'examen de la situation présente de chacune de nos grandes régions vinicoles et des conditions dans lesquelles l'association des producteurs pourrait s'y implanter. A son objet primitif, d'ordre purement scientifique, sont donc venues d'adjoindre dans la composition de cet ouvrage des besoins de propagande qui justifient son ampleur.

Si les préoccupations immédiates ont troublé l'économie de notre premier plan, nous espérons qu'elles n'auront fait que relever l'intérêt de l'ensemble, sans trop influer sur la prudence de notre jugement.

Aucun sujet n'ayant désormais plus d'importance pour l'avenir de la production œnologique française et du million et demi de travailleurs qui s'y emploient, nous nous sommes efforcé de ne jamais perdre de vue l'intérêt sociologique des observations nouvelles qu'il comporte. C'est pourquoi nous avons fait une si large place dans son étude à ses relations avec le mouvement agraire et le coopératisme contemporains. Si quelques-uns pourront peut-être nous taxer d'illusion au sujet des espérances d'avenir que nous avons mises dans ces manifestations particulières de l'évolution des sociétés modernes, nous répondons d'avance que la sympathie pour l'objet de ses recherches est en pareils sujets une condition nécessaire pour en comprendre et développer tout l'intérêt.

D'ailleurs, le détachement n'est pas possible à quiconque travaille sur des matières de vivante actualité. Il suffit que nous ayons fait consciencieusement effort pour ne jamais rien sacrifier de la vérité au souci de l'effet à produire.

Nous regrettons de n'avoir pu être plus complet ou plus explicite sur maints détails du mouvement coopératif dont nous avons cherché à tracer le premier tableau d'ensemble. Malheureusement, si nous avons tiré grand profit du dévouement ou de la complaisance de beaucoup de nos correspondants, l'insuffisance des moyens d'investigation ou de contrôle dont nous disposions nous a fatalement obligé à nous contenter de renseignements parfois trop vagues ou trop sommaires. Mais des institutions publiques, comme l'Office du travail, ou des Offices permanents d'information, comme l'Union coopérative, déplorent dans leurs publications la difficulté extrême de se procurer des indications suffisantes sur les associations coopératives de leur pays et l'impossibilité d'arriver présentement à en établir une statistique complète. Un chercheur, isolé comme nous et sans mandat, qui souvent sans indications préalables, avait dans cette matière à peu près neuve, à réunir pour toute l'Europe des renseignements épars, sur des institutions généralement encore à peine étudiées dans leurs pays d'origine, ne saurait être reprochable de n'arriver maintes fois qu'à des résultats incomplets ou révisables, quand il n'a pas dépendu de sa bonne volonté d'être plus heureux. C'est pourquoi nous nous tiendrons pour satisfait si ce volume a pour résultat de provoquer des recherches complémentaires et surtout de nouvelles applications heureuses des formes d'organisation qu'il se propose de mettre en lumière.

Si sa publication peut avoir ces précieuses conséquences, c'est pour nous un agréable devoir d'en reporter le plus grand mérite à la collaboration si obligeante des nombreux correspondants qui ont bien voulu répondre à notre appel, particulièrement à ceux qui se sont fait, à l'étranger, avec une confraternité scientifique admirable, nos informateurs les plus féconds et les plus dévoués. Pour l'Allemagne, MM. *Josten*, président du Winzerverein de Mayschosz et *Mies*, fils du président de l'Union d'Ahrweiler ; pour l'Italie, M. *Marescalchi-Ottavi*, directeur du Giornale Vinicolo ; pour la Suisse, M. *de Clercq*, vice-consul de France à Bâle; pour l'Autriche, feu le *Dr Mach*, ancien directeur de l'école de San Michele ; et pour la Russie, M. *B. Taïroff*, directeur du Messager Vinicole d'Odessa. Nous devons aussi leur adjoindre les professeurs éminents dont les recommandation bienveillantes ont facilité nos recherches: notamment M. *P. Viala* et *Convert*, de l'Institut National Agronomique, directeur et rédacteur de l'importante *Revue de Viticulture*, à laquelle nous rattachent les liens d'une collaboration déjà propice à cause de la coopération viticole.

Adrien BERGET.

BIBLIOGRAPHIE

I

Sources Manuscrites

En raison de l'absence presque absolue de documents officiels sur ce sujet nouveau, la partie la plus précieuse de notre documentation est celle que constituent les lettres des correspondants bénévoles qui ont bien voulu répondre à nos demandes de renseignements. Nous les citons textuellement avec le nom de leur auteur toutes les fois que cela nous a été possible. Mais nous ne pouvons malheureusement en dresser ici un tableau qui serait forcément bien incomplet, à cause de l'engagement de discrétion que nous avons du prendre maintes fois, surtout pour la France, en raison du caractère quasi-confidentiel des indications fournies. Cette correspondance a nécessité de notre part plus de *cinq cents lettres*. Nous avons le regret de constater qu'environ les deux tiers sont restées sans réponse, malgré les recommandations autorisées dont nous avons maintes fois fait usage. Quelques-unes de ces lettres nous ont valu des promesses que nous avons rappelées en vain ; d'autre part, nous avons des preuves qu'un certain nombre de celles pour l'étranger ne sont jamais parvenues à leur adresse. Mais le silence obstiné qui a été gardé en plusieurs occasions où nous espérions plus d'accueil, nous permet de penser que notre curiosité scientifique a paru souvent indiscrète. Nous n'en attachons que plus de valeur aux témoignages fournis par les personnes, toutes en situation d'être bien informées, qui nous ont fait l'honneur de répondre à notre appel.

II

Sources Imprimées

Trois classes : A. Les ouvrages généraux touchant au coopératisme, particulièrement au point de vue de ses applications à l'agriculture. — B. Documents spéciaux sur les Associations viticoles. — C. Articles des Revues économiques et Agricoles. Nous négligeons de reproduire les ouvrages consultés qui ne nous ont été d'aucun secours.

A. — **Ouvrages Généraux** (bibliographie sommaire)

Ch. Gide. — La Coopération; Conf. de propagande. — Larose, 1900.

De Rocquigny. — Les Syndicats agricoles et leur œuvre. — A. Colin, 1900.

De Rocquigny. — La Coopération de production dans l'Agriculture. — Paris, 1896.

Jean Jaurès. — Etudes Socialistes. — Cahiers de la quinzaine, 1901.

Elie Coulet. — Le mouvement syndical et coopératif dans l'Agriculture française. — Masson, Paris, 1898.

P. Tiéfaine. — Les Laiteries Coopératives en France. — C. Robbe, Lille, 1901.

Niccoli. — Coopérative rurali. — Hœpli, Milan, 1899.

Cayasse. — Guide pratique des Associations Agricoles. — Giard et Brière, 1901.

Lyon-Caen et Renault. — Manuel de Droit Commercial, 5e édit. Pichon, 1899.

Lyon-Caen et Renault. — Cours de Droit Commercial. — Tome II, Paris, 1900.

M. ERTL et S. Licht. — Das Landwirtschaftliche Genossenschaftswesen in Deutschland. — Manz, Wein, 1899.

Hubert Langerock.— Le Socialisme agraire.—Ch. Rozez, Bruxelles, 1894.

Bancel. — Le Coopératisme. — Schleicher, 1901.

Mabilleau. — La Prévoyance Sociale en Italie. — A. Colin, 1897.

E. Demolins. — Les Français d'aujourd'hui. — Les types sociaux du Midi et du Centre. — Firmin Didot, 1898.

R. Dejernon. — La Vigne en France. — Pau, 1867.

Dr Guyot. — Etudes sur les Vignobles de France. — Lib. de la Maison rustique, 3 v., Paris, 1868.

Nitti. — Le Socialisme Catholique. — Paris, Guillaumin, 1891.

Conrad. — Handworterbuch der Staatswissenschaft; 1er et 2e suppl. — Iéna, 1897. — Landw. Genossenschaften.

A. Berget. — La Viticulture Nouvelle. — La Pratique des Vins. — LES VINS DE FRANCE. — 3. vol., Bibl. Utile, Alcan 1899-1900.

Huber. — Die Zukunft des suddeutschen Weinbaus, Kohlhammer.— Stuttgard, 1892.

G. Blondel. — Etudes sur les Populations rurales de l'Allemagne. — Paris, Larose, 1897.

Cauwès. — Cours d'Economie Politique. — Tome III, Larose, 1898.

Hubert-Valleroux. — Les Associations coopératives en France et à l'Etranger. — Paris, Guillaumin, 1884.

Gain. — Les Syndicats professionnels agricoles. — Paris, Colin, 1891.

Gariel. — Les Sociétés coopératives et la réforme législative. — Rousseau, Paris, 1896. — Thèse.

Baudry-Lacantinerie et A. Wahl. — Traité théorique et de Droit Civil; vol. sur les Sociétés. — Larose, 1898.

Schulze-Delitsch. — Cours d'Econ. Polit. à l'usage des ouvriers et des artisans, trad. Rampal, 2 v. — Paris, 1874.

Dalloz. — Répertoire méthodique de législation. — Supplément t. 16, ch. 10.

G. Maurin et Ch. Brouilhet. — Manuel pratique de Crédit Agricole. — A. Rousseau, Paris, 1900.

Proudhon. — Théorie de la Propriété. — Œuvres posth., t. I. — Bruxelles, 1868.

Merlin. — Le Métayage et la Participation aux bénéfices. — Rousseau, 1898.

Vavasseur. — Traité des Sociétés civiles et commerciales, 2 v. — Marchal et Billard, Paris, 1883.

B. — Documents Spéciaux

Atlas de Statistique Agricole. — Imp. Nationale, 1897.

L'Agriculture allemande à l'Exposition Universelle. — Bonn, Georgi, 1900.

Communications des légations de Bâle, Athènes, Buda-Pesth et du Musée Social. — Janvier et Février 1899.

I. Pestellini. — Cantine Sociali et Societa enologiche. — Firenze 1898, br. 21 p.

I. Pestellini. Le Cantine Sociali per i Contadini, id., 7 p. 1885.

Comptes-rendus du Congrès international des Coopératives de consommation. — Paris, 1901.

» » des Syndicats Agricoles, id. — Paris, 1901. — Rapport de G. Bord sur l'Assoc. dans la Viticulture.

» » de la Coopération Socialiste. — G. Bellais, 1901.

» » des Coopératives de production. —, Paris, 1901. Imp. Nouvelle.

Bericht Uber die Verhandlungen des XIV Allg. Vereinstags. — Karlsruhe, 1898.

Puschi. — Per le Cantine Sociali. — Novara, 1895, br. 15 p.

Puschi. — Le Cantine Sociali. — Biella, 1895, br. 15 p.

Annuaires Statistiques. — France, ann. 1900. — Suisse, 1898. — Allemagne, 1899. — Italie, 1897.

Vanuccini. — Conferenza sulle Cantine Sociali, Firenze, 1885.

Hâcker. — Rapp. au Congrès de Karlsruke, 1898.

Havenstein. — Rapp. au Congrès coop. intern. — Paris, 1896.

Relations des Cantine Sociali de Bagno de Ripoli, Oleggio, Sondrio et Stra.

E. Cavalieri. — Latterie et Cantine Sociali. — Roma, 1896, br. 40 p.

Statuts des Sociétés ou Syndicats de Damery, Tonnerre, Libourne, Lavigny, Cognac, Moussan, Maraussan, des Vitic. de l'Aude, etc.

Musterstatuten des Unions de Neuwied, Darmstadt et du Kulturath du Tyrol, 1re section.

Statuten der Kellereigenossenschaft in Kurtatsch (Tyrol) des Winzervereine de Mayschosz, Ahrweiler, Ribeauvillé, Neckarsulm, etc., des Unions d'Ahrweiler et Kônigswinter, de la Weinbôrse de Colmar, etc.

Estatutos da Réal Companhia Vinicola (Porto).

Statzungen des Weingau. — in Mediasch (Hongrie).
des Verbandes der Kellereigenossenschaften Deutsch. — Südtirols. — Bozen, 1900.

Marescalchi. — Per une Cantine Sociali. — Casale, 1899, br. 22 p.

Marescalchi. — La Coopérazione nell' industria enologica. — Br. 45 p. Casale, 1900.

Marescalchi.— Come si impianta una Distilleria Coopérativa agraria. — Id., 1901, 39 p.

Tiroler Landw. Kalender für das Jahr 1899 et 1900.

The Thirty second annual Co-Operative Congress. — Manchester, 1900. — 291 p.

Z. Zigany et J. de Baross. — Uber die Kellerei genossenschaften. — Budapest, 1899.

C. — Revues et Journaux

(les références détaillées sont mentionnées au bas des pages)

La Revue de Viticulture. — Hebd., Paris, 5, rue Gay-Lussac. — Articles de A. BERGET, ann. 1900, nos 319, 320 et 321, et 19001, nos 392, 400 et 402, de CONVERT, CURTEL et GERVAIS, ann. 1901 et 1902.

Le Progrès Agricole. — Hebd., Montpellier, art. de WYGODZINSKY et TALLAVIGNES, ann. 1896, de BERGET et MALRIC, ann. 1901.

Rheinisches Winzervereinsblatt,mensuel,Kônigswinnter, ann. 1900.

Winzerzeitung, bi-hebd., Bonn, ann. 1899 et 1900.

Revue Socialiste. — Art. de ROUANET, P. DRAMAS, G. SOREL, E. MILHAUD, E. FOURNIERE et C. KARR, etc., ann. 1894, 1900 et 1901.

Mouvement Socialiste. — Art. de E. VANDERVELDE, ANSEELE et PH. LANDRIEUX, etc., ann. 1899 et 1902.

Revue Politique et Parlementaire. .. Art. de HENRY et BOURGUIN, 1897 et 1898, SOUCHON et IWEINS, 1900 et 1901.

Tiroler Landwirtschaftliche Blatter. — Art. du Dr MACH, 1892.

Giornale Vinicolo italiano. — Art. de MARESCALCHI, ann.1899, 1900 et 1901.

Agricultura Espônola. — Valence, n° 56.

Jahrbuch für Gesetzgebung, Verwaltung und Volkswirtschaft-de Schmoller (trimestriel) Leipsig. — Art de HUBER, 1892, et DEICHEN, 1890 et 1901.

Bulletin de législation comparée. — Paris. (mensuel). — Art de HUBERT-VALLEROUX. — T. XX.

Blatter fur Genossenschaftswesen. — Hebd., Berlin, 1873 nos 40 et 41, et 1898, nos 30 et 38.

Deutsche Landwirtschaftliche Genossenschaftspresse (bi-hebd.), Darmstadt, ann. 1898-1900.

Boletim da Liga des Lavradores do Douro, ann. 1890. — Porto.

La Révolution Champenoise. — Hebdom., Damery, ann. 1891-93.

Ahrweiler Volksblatt. — Hebdom., 1900.

Neuenahrer Volkzeitung. — Id., 1900.

Economiste français. — Art. de BRELAY, LEROY-BEAULIEU et HUBERT-VALLEROUX, 1899-1900 et 1901.

La Vigne Américaine. — Mensuel, Mâcon, ann. 1900 et 1901.

R. d'Economie Politique. — Art de CRUGER, MENEGHELLI et GIDE, ann. 1892, GIDE et HITIER, 1901.

L'Emancipation. — Mensuel, Nîmes, ann. 1900.

Bulletin du Syndicat de la Côte dijonnaise. — Mensuel, Dijon, ann. 1895, 1898 et 1900.

Journal d'Agriculture Pratique. — Hebd., Paris, ann. 1899 et 1900.

Bulletin des Agriculteurs de France. — Mensuel, Paris, 1900 et 1901.

Bulletin et Annales de la Société des Vitic. de France, ann. 1898 à 1902.

Bolletim da Réal Associaçao central da Agr. portugueza-Lisboa, 1900.

La Coopération des Idées. — Hebd. 1900 et mensuel 1901.

Bulletin de Statistique et de législation du Minist. des Finances. — Imp. Nationale années 1900 et 1901.

Annuaire de législation étrangère. — Pichon, Paris.

Mittheilungen über Weinbau et Kellerwirthschaft (mensuel). — Wiesbaden, 1896 ; nos 6 et 7.

Jornal Horticolo Agricola. — Mensuel; Porto, ann. 1900.

Revue générale des sciences. — Bi-Hebd.; Paris, ann. 1899-1900.

Revue internat. de Sociologie. — Mensuel; Paris, 1901.

La Réforme Sociale. — Paris; bi-hebd.; art. de DURAND, 1893; BLONDEL, DUFOURMANTELLE et HUBERT VALLEROUX, ann. 1899, 1900 et 1901.

Journal Officiel. — Documents parlementaires, 1894, no 399 et Renseignements agricoles, 1900 et 1901, passim.

Moniteur Officiel du Commerce extérieur. — Paris, ann. 1901.

La Révista. — Mensuel; Conegliano, ann. 1899.

Bulletin du Comité du Vin de France. — Mensuel; Montpellier, 1900.

Bulletin de l'Office du travail. — Hebd.; ann. 1900 et 1901.

Jahrbücher für Nationalœkonomie und Statistik. — Mensuel; ann. 1901.

L'Agriculture Nouvelle. — Hebd.; Paris, ann. 1900 et 1901; art. de LOVERDO, J. DE BEAUCE, R. PLAISANT et H. LATIERE.

Journaux. — Le Matin, le Temps, le Figaro, la Petite République, l'Aurore, la Dépêche de Toulouse, la Dépêche d'Alger, Dépêche de l'Est, Courrier de la Champagne, Progrès de la Côte-d'Or, de Saône-et-Loire, Bien Public, La Défense Agricole (Hyères), la Semaine Agricole (Paris), le Réveil Agricole (Marseille), Pages libres (Paris), le Semeur (Bordeaux), Moniteur Vinicole (Paris), la Revue Vitic., de Franche-Comté et de Bourgogne (Poligny), etc., etc. — Art. des ann. 1890 et 1891; 1900 et 1901.

LA COOPÉRATION

dans la Viticulture Européenne

TITRE PRÉLIMINAIRE

Étude générale de la Coopération appliquée à l'Agriculture et à la Viticulture

CHAPITRE PREMIER

Discussion générale des Conditions de la Coopération Agricole

CHAPITRE II

Les Principes de la Coopération et leur Application à l'Agriculture

CHAPITRE III

Conditions Générales de l'Application de la Coopération à la Viticulture

CHAPITRE PREMIER

Discussion Générale des Conditions de la Coopération Agricole

LA REVOLUTION AGRICOLE CONTEMPORAINE. — Le fait le plus saillant dans l'évolution de l'Economie rurale de l'Europe depuis le dernier quart du XIXe Siècle est assurément la pénétration des idées et de l'organisation coopératives dans les masses rurales. Jusque-là caractérisées par un individualisme jaloux, générateur de la routine et de l'immobilisme, elles semblent depuis quelques années s'ouvrir partout à la compréhension de leurs intérêts généraux et de la nécessité d'une action collective de plus en plus coordonnée. Des faits d'une extension déjà aussi grandiose que le développement des laiteries coopératives en Danemark, Belgique, Irlande, Australie, etc., des caisses de crédit rural en Allemagne, Autriche et Lombardie, des Syndicats agricoles en France constituent autant d'indices que l'industrie agricole entre dans une phase économique nouvelle dont les manifestations vont se multiplier rapidement, mais dont il serait téméraire de préjuger dès maintenant le dernier période.

Trois causes principales concourent activement à ce résultat 1. *La Généralisation de la concurrence au marché mondial international.* Au siècle dernier, chaque Etat et même chaque province vivait au point de vue agricole, de sa production particulière et limitée. C'est à peine si quelques rares produits, matières premières industrielles comme la laine ou la soie, denrées exotiques ou aliments de première nécessité, ceux-ci seulement dans les années de disette, figuraient parmi les éléments du commerce international. Aujourd'hui, grâce aux progrès des moyens de transport, aux bateaux à vapeur et aux chemins de fer, les denrées de tous les pays du globe viennent concourir à l'alimentation des populations riches de l'Occident et par conséquent faire concurrence aux produits nationaux. Les céréales de la Russie, des Etats-Unis et de l'Inde encombrent nos entrepôts, les laines de l'Australie, du Cap et de l'Argentine dominent sur nos marchés ; les fruits, les viandes et les beurres de la Nouvelle-Zélande, de la Californie et du Canada commencent à affluer dans les ports de l'Europe et ce mouvement se généralise graduellement de jour en jour avec une accélération surprenante.

2. La seconde cause est le résultat fatal de la première ; c'est la *Baisse générale des prix de toutes les denrées agricoles*. Encore faible pour la viande, jusqu'ici moins transportable, elle est éclatante pour le blé, les beurres, les vins, les huiles, les primeurs, etc. Cette baisse tient à l'infériorité du prix de revient dans les pays neufs où la terre est à vil prix, non épuisée et par conséquent propre encore à la culture extensive des civilisations commençantes ; au bon marché des transports, qui permet par exemple d'envoyer un hectolitre de blé de Chicago à Liverpool pour moins de 2 fr. 50 et surtout au développement plus restreint de la consommation, limitée en Europe par la lourdeur des charges et l'insuffisance des revenus des classes productives, en Asie et en Afrique par l'infériorité de leur développement économique et intellectuel, en Océanie et en Amérique par la faiblesse relative de la population par rapport à l'étendue considérable des territoires de production. Cette baisse n'est peut-être pas définitive en raison du caractère transitoire de ces causes, mais elle n'en constitue pas moins à cette heure pour l'agriculture européenne tout entière une sorte de cataclysme brutal qui a engendré une véritable crise, également vive dans tous les Etats du continent.

3° La dernière des causes génératrices de la transformation économique que nous avons relatée est l'*Application des découvertes scientifiques et industrielles à l'agriculture.*

Les progrès considérables réalisés en ce siècle par la mécanique, la physique, la chimie et les sciences biologiques devaient avoir un contre-coup fatal sur une branche de la production qui utilise à la fois toutes les forces naturelles. Ces progrès sont un peu indépendants des deux causes précitées, mais leur application devait en résulter nécessairement, car elle paraît encore aujourd'hui à la plupart des hommes d'initiative comme le remède le plus sûr aux maux que les précédentes ont engendré. Quand le prix de vente baisse, le seul moyen de conserver des bénéfices n'est-il pas d'améliorer la production pour relever le taux des rendements ? D'où l'emploi chaque jour plus étendu des machines agricoles qui économisent la main d'œuvre, des engrais chimiques qui accroissent la production, des procédés de sélection qui fertilisent les espèces, en un mot la substitution graduelle de la culture rationnelle et intensive à la culture extensive et purement empirique d'antan. Mais l'application de ces procédés techniques perfectionnés n'est le plus souvent possible qu'à la grande culture en raison des connaissances et des capitaux qu'elle exige ; elle n'est aussi généralement pratique qu'à la condition d'opérer en grand sur des surfaces considérables parce que ses dépenses, surtout celles de l'achat des machines, sont alors plus facilement et surtout plus rapidement récupérées par l'étendue de l'emploi que peut sans frais nouveaux, recevoir le même capital fixe. Pour toutes ces raisons, la petite agriculture qui veut adapter sa pratique aux nécessités de l'exploitation économique moderne est donc obligée de recourir à l'Association, c'est-à-dire de proche en proche, à sa forme la plus complète et la plus perfectionnée, à la *Coopération*.

LES AVANTAGES DE LA COOPERATION RURALE. — Coopérer, au sens étymologique du mot, c'est agir ensemble pour une fin profitable à tous les participants. Dans l'agriculture les avantages de cette action collective sont plus étendus que partout ailleurs en raison de la complexité incomparable de cette industrie. Nous pouvons les ranger sous quatre chefs principaux.

1° *L'acquisition des matériaux nécessaires à l'exploitation agricole.* En opérant en commun, les cultivateurs peuvent d'abord se procurer à meilleure compte les matières nécessaires à l'exercice de leur profession ; machines, engrais, semences, animaux reproducteurs ou d'engraissement, approvisionnements pour leur personnel, substances anticryptogamiques, etc., etc. A ce mode opératoire, ils trouvent double profit : le bénéfice de la différence souvent énorme entre les prix de l'achat en gros et de l'achat en détail; le simple groupement des commandes suffisant à assurer ce résultat ; ensuite plus de sécurité quant à la qualité et à l'authenticité des livraisons, parce qu'une association forte a plus de moyens d'exercer à l'égard de ses fournisseurs un contrôle scientifique et juridique plus éclairé et plus sévère qu'un pauvre paysan, faible et borné.

La même observation peut-être faite quant à l'acquisition de l'instrument le plus indispensable dans toute entreprise : *le capital.* Toutes les améliorations rurales commandées par la science moderne exigent préalablement une avance de fonds qui, bien employée, sera récupérée avec profit, mais sans laquelle les meilleures bonnes volontés demeurent stériles. A celles-ci s'ouvre la faculté de recourir au crédit. Toutefois, sans gage suffisant, celui-ci demeure inabordable. Mais où l'avoir d'un petit cultivateur est inefficace, la caution de dix, de cent de ses compatriotes devient un moyen de succès assuré. Par la pratique de la responsabilité solidaire, les petits cultivateurs peuvent donc obtenir des capitaux, à la fois à meilleur compte et sous un contrôle de bon emploi plus assuré, que par des emprunts individuels, trop souvent usuraires. Coopération d'achat et coopération de crédit, telles sont donc les deux premières applications de l'action collective en économie rurale.

2° A un autre point de vue, il n'est pas de profession dont le revenu soit à la fois plus assuré que l'agriculture si l'on considère une certaine période de temps, dix ou vingt-cinq années par exemple et plus incertain, si l'on n'envisage qu'une seule année d'exploitation. Bien que ces constatations aient une apparence contradictoire, il suffit de remarquer, pour en vérifier la justesse, que d'une année à l'autre, les gelées d'hiver ou de printemps, les pluies persistantes ou la sécheresse excessive, les grêles et autres accidents météorologiques, le développement plus ou moins accentué des maladies cryptogamiques ou de l'invasion des insectes nuisibles, les épizooties et vingt autres causes de calamités suffisent pour réduire en d'étranges proportions les récoltes et les revenus, parfois si étendus en années favorables. Mais d'autre part, toutes les circonstances heureuses ou malheureuses qui font de la profession d'agriculteur un perpétuel qui vive, précisément en raison de leur caractère accidentel s'uniformisent et se compensent quand on considère une longue période d'exercice, pour aboutir à une sorte de moyenne capable de servir de base assurée à des combinaisons de prévoyance. Les accidents malheureux eux-mêmes ne sont jamais universels.

Telle catastrophe qui frappe un individu, un village, une contrée et l'expose à la ruine n'est qu'une perte insignifiante si on la rapporte à la somme des revenus de l'agriculture nationale. Il semble donc que la solution indiquée pour enlever à cette profession l'apparence de précarité qui en éloigne beaucoup de gens soit de prélever, sur les excédents des années favorables et sur les revenus annuels, des réserves et des primes d'assurance dont le montant suffirait pour obvier aux années mauvaises et aux catastrophes individuelles ou régionales Isolé, l'agriculteur ne peut qu'imparfaitement pratiquer cette méthode ; il reste exposé aux grandes catastrophes qui emportent d'un coup tout ou la plus grande part de son modeste avoir. Uni à ses compatriotes du même village, il pourrait résister aux moins vastes d'entr'elles, uni à tous ses confrères d'une même province ou d'une même nation, il pourrait les braver toutes, si terribles qu'elles soient. *La généralisation de l'assurance mutuelle* à tous les risques agricoles, telle est donc la deuxième voie de la coopération agraire.

3° Mais il ne suffit pas à l'agriculteur de récolter, peu ou beaucoup, il faut surtout qu'il écoule facilement ses produits et à un prix avantageux pour qu'il puisse non seulement rentrer dans ses débours et vivre lui et sa famille avec un bien-être suffisant, mais encore acquérir assez d'aisance pour mettre ses vieux jours à l'abri du besoin.

Malheureusement, il arrive de plus en plus souvent aujourd'hui que, même les bonnes années, ne lui procurent pas les satisfactions espérées. Dans les mauvaises, les prix pourraient être satisfaisants, mais la faiblesse de la récolte ne permet pas le moindre espoir de gain ; dans les autres, la baisse exagérée des prix enlève le bénéfice escompté. Il faudrait que les unes fissent équilibre aux autres, que l'excédent d'une bonne année ne fut écoulé que dans celles de déficit pour arriver à un équilibre des prix satisfaisant. Mais les producteurs ne dirigent pas les approvisionnements ; ce ne sont pas eux qui constituent directement les réserves utiles et exercent ce rôle compensateur; ce sont les intermédiaires, les commerçants, dont les intérêts sont souvent opposés aux leurs. Ceux-ci n'ont qu'un but, acheter au meilleur marché possible pour vendre le plus cher possible, d'où une foule d'abus dont producteurs et consommateurs sont à la fois victimes ; des manœuvres de spéculation pour exagérer la baisse au moment de la récolte et la hausse dans les moments de disette, l'exploitation des besoins pressants du petit cultivateur pauvre, des falsifications pour accroître artificiellement la masse des produits, etc. — En outre, en raison des profits souvent considérables et généralement plus faciles de cette profession, le nombre des intermédiaires s'est étrangement multiplié bien au-delà des besoins du service des échanges. Commissionnaires, courtiers, commerçants, facteurs et préposés constituent aujourd'hui une armée besogneuse d'intermédiaires qui font payer très cher leurs services, souvent douteux ou médiocres. Un économiste contemporain évalue le nombre de ceux qui, dans notre pays, subsistent des profits du commerce au 10e de la population tout entière (1). La proportion est évidemment exagérée par rapport aux besoins

(1) Ch. Gide. — Précis d'Economie Politique, 6e éd., p. 216. — Larose, éd.

réels. Pour vivre et prospérer, cette classe est obligée d'exploiter à la fois le producteur et le consommateur ; le premier en rognant ses profits légitimes, le second en lui faisant payer trop cher des produits achetés à bas prix au récoltant. Il n'est aucune branche de la production agricole où leur action ne prenne à l'heure présente les proportions d'un fléau. Le consommateur paie-t-il au détail son pain, sa viande, le vin, les fruits beaucoup moins cher depuis que les prix de toutes les denrées ont baissé dans les lieux d'achat du tiers à la moitié dans l'espace de quelques années ? Si quittant le point de vue insuffisant du nombre des intermédiaires, on calculait la proportion certainement plus considérable de la richesse publique qu'ils détiennent, on comprendrait mieux encore l'exagération de leur influence. Ils sont devenus aujourd'hui les commanditaires de la production agricole elle-même, ses véritables dirigeants ; pour mieux la dominer, ils étendent de jour en jour leur action sur ses industries accessoires : sucrerie, distillerie, œnologie, etc., et dans ces conditions dominent absolument la marché des denrées. Ils épuisent le producteur à la fois pour deux raisons : en abaissant ses profits jusqu'au dessous du prix de revient et en diminuant la puissance d'achat des consommateurs par l'exagération des prix de détail. Il semble donc que la solution nécessaire d'un état de choses si préjudicable à tous soit le rapprochement des producteurs et des consommateurs par la vente directe, pour éliminer les intermédiaires surabondants. Mais ce résultat ne peut être acquis que par la fédération des uns et des autres, par l'organisation méthodique des vendeurs et des acheteurs en coopératives particulières. De même que la coopération de consommation est pour les derniers le plus sûr moyen d'obtenir les denrées au prix convenable, la *coopération de vente* est donc pour les producteurs la troisième voie par laquelle ils peuvent sauvegarder leur situation compromise.

4° Nous avons négligé jusqu'ici la forme de coopération agricole qui aurait dû logiquement venir en premier lieu, la *coopération de production* proprement dite. Au lieu d'exploiter séparément chaque lopin de terre, avec les moyens restreints et souvent insuffisants du travail individuel, les petits propriétaires n'auraient-ils pas intérêt à réunir leurs terres et leurs ressources pour pratiquer l'exploitation collective en groupant les cultures analogues, de manière à harmoniser leur rotation, économiser la main-d'œuvre par l'emploi des machines, à mieux répartir le travail, à généraliser les meilleurs procédés et à simplifier l'administration et la garde des récoltes? La répartition pourrait se faire ensuite au prorata des surfaces cultivées et des journées de travail fournies par chacun. On sait que cette conception unitaire de l'exploitation rurale est la formule pratique du système économique de Fourier, le premier qui l'ait conçue et systématiquement exposée dans son projet de Phalanstère (1). Mais les applications qui en ont été tentées par ses disciples n'ont pas réussi et les exemples d'exploitations rurales communistes qui depuis ont surgi ailleurs, ou bien sont trop récentes ou présentent un caractère religieux trop accentué pour servir d'exemples suffisamment instructifs. En tout cas, il n'en existe pas en Europe. On peut donc dire que jusqu'ici la véritable coopération de production est inconnue dans l'agriculture du Vieux Monde.

Comme le remarque judicieusement Niccoli « cette forme de la coopération s'est bornée jusqu'ici aux industries de transformation directe des produits agricoles plutôt qu'à l'agriculture proprement dite. Une série de causes concomitantes tendent à rendre de plus en plus l'industrie agricole proprement dite, indépendante de ses dérivées : fromagerie, huilerie, œnologie, distillerie, etc. (2) ». Ces travaux de trans-

(1) Pour la vigne, son *Traité de l'Association domestique et agricole*, 1822, renferme une page souvent citée sur les avantages du cellier commun : « Les trois cents ménages villageois ont trois cents caves et écuries soignées d'ordinaire avec autant d'ignorance que de maladresse... Tel canton produit des vins que l'on vend cinq sous la première année et qu'on vendrait 50 sous au bout de 5 ans, époque où ils ne reviendraient qu'à 10 sous... etc. ».

(2) Coopérative rurale. — Hœpli, Milano, 1899, ch. 1, p. 7.

formation, jadis opérés par les agriculteurs eux-mêmes dans des conditions assez défectueuses sont aujourd'hui, en raison des perfectionnements qui la science y a introduits et des connaissances techniques étendues qu'ils supposent, devenus la matière d'autant d'industries particulières de plus en plus exercées par des industriels spéciaux. Mais cette spécialisation a eu pour effet de créer ainsi une nouvelle classe d'intermédiaires dont les intérêts particuliers sont loin de concorder toujours avec ceux des cultivateurs. Poussés par la concurrence à produire au meilleur marché possible, ils se sont ingéniés à payer les produits agricoles nécessaires à leurs travaux au plus extrême bon marché. Comme les cultivateurs se trouvaient à leur égard dans une situation de dépendance particulière, parce qu'ils sont généralement obligés de vendre dans un très court délai, beaucoup de leurs produits ne se conservant pas longtemps, comme les fruits, les tubercules et racines, ils sont dans plus d'une région tombés sous la dépendance économique de l'usine qui est leur seul débouché. On comprend que dans ces conditions, la pensée ait grandi dans les milieux agricoles de ressaisir par l'association ces industries complémentaires de la production culturale, qui ne peuvent plus être exploitées individuellement et qui pourraient l'être coopérativement par les agriculteurs, groupés pour faire opérer dans leur propre intérêt les transformations nécessaires de leurs produits. *La coopération de production, limitée aux industries agricoles connexes de l'exploitation rurale* paraît donc aujourd'hui comme le quatrième moyen, et peut-être le plus efficace, d'adapter la production rurale aux conditions économiques modernes par le moyen de l'Association.

INCONVENIENTS ET DIFFICULTES DE LA COOPERATION RURALE. — Mais si malgré la variété et l'étendue de ses applications possibles dans le domaine de l'agriculture, la coopération est encore si peu généralement répandue dans le monde agraire et rencontre tant de difficultés pour s'y implanter, c'est sans doute qu'à côté de ses avantages, elle présente certains inconvénients et des périls sur lesquels ses apôtres ne s'étendent pas toujours d'une manière suffisante. Nous voulons au contraire y insister plus fortement pour n'avoir pas à y revenir à tout propos. Nous pouvons en distinguer deux principaux : la concurrence mercantile à vaincre, l'égoïsme individuel à dominer.

Au premier point de vue, celui de la *concurrence mercantile*, il ne faut pas oublier que tous les domaines où la coopération rurale pourrait s'étendre sont aujourd'hui accaparés par des intermédiaires. La place n'est pas libre ; dans chacune des directions que nous avons passées en revue, il y a malheureusement pour les producteurs un premier occupant qu'ils y ont laissé prendre force et habitude ; il faudrait l'en déloger et en aucun temps cette tâche n'a passé pour facile et inoffensive. L'approvisionnement des petits propriétaires ruraux est aux mains des revendeurs au détail, comme leur crédit trop souvent dans celles des usuriers, leurs ventes dans celles du commerce de gros et leurs industries au pouvoir du capitalisme industriel. Dans ces conditions, il serait puéril de croire que la coopération rurale n'a qu'à paraître pour avoir cause gagnée dès d'abord. Volontiers, Jean Lapin rural pour déloger dame Belette intermédiaire ferait appel aux modernes Providences, le gouvernement et la loi, que ses flatteurs lui disent être sous sa dépendance, car il serait de par le suffrage universel le nombre et la puissance. Même sous un déguisement agrarien ou populaire, le vieil Etat-Providence a trop conservé d'appétit pour n'être pas, au moins financièrement, suspect de jouer à l'occasion les Raminagrobis de la fable. Les ruraux feront donc sagement de compter surtout sur eux-mêmes.

Faibles et inexpérimentés, il leur faut pour échapper à la misère et à l'expropriation ou à la dépendance extrême qui leur équivaut, livrer bataille, sur des terrains qui ne leur sont pas familiers, à des adversaires puissants et coalisés qui l'occupent de longue date et s'y sont fortifiés d'une manière formidable. L'entreprise exige évidemment une préparation méthodique et des hommes résolus. Ce n'est pas trop dire qu'elle suppose une éducation nouvelle des masses rurales et la refonte de leur mentalité habituelle. Mais comme on ne devient bon soldat qu'à la guerre, ce ne sont pas les discussions académiques qui formeront les coopérateurs ruraux, c'est la lutte avec ses mille péripéties, ses tentatives heureuses ou avortées, ses succès et ses déboires. Forts de l'encouragement des uns et de l'expérience des autres, sous l'aiguillon de la pressante nécessité, ils ont déjà réalisé et réaliseront chaque jour de nouveaux prodiges.

Il est une autre considération que ne doivent pas méconnaître ceux qui font appel à la coopération généralisée comme remède définitif aux maux issus de l'organisation commerciale présente. La coopération n'est pas un palliatif passager qu'on peut abandonner ou reprendre à loisir selon les circonstances, un simple instrument de défense d'usage provisoire et limité. Toute entreprise coopérative, si modeste qu'elle soit, est en réalité l'amorce d'un monde économique nouveau et rien au début ne peut faire prévoir l'extension possible de l'œuvre naissante. La coopération est comme ces engrenages où celui qui engage le petit doigt va peut-être dans un instant passer tout entier ; c'est dire qu'elle n'est point faite pour les imprudents ou les timides qui voulant faire un pas en avant jettent sans cesse les regards en arrière et tremblent de leur audace. Elle exige au contraire des hommes déterminés qui, confiants dans leur résolution et leur commune bonne volonté, sont prêts à affronter tous les obstacles et à parvenir à leur but, quoi qu'il arrive. C'est une dangereuse illusion quand on veut réduire le rôle et les profits des intermédiaires, but réel plus ou moins avoué de toute entreprise coopérative, que de croire à la facilité du succès. Il faut prévoir dès l'abord et surtout dans les difficultés toujours grandes des débuts, l'hostilité et la coalition de tous les intérêts particuliers menacés, compter avec les défaillances des adhérents de la première heure et souvent se résigner à un redoublement passager de souffrances. Les plus grands succès dans cette voie ont été à ce prix, généralement dans la proportion de ces peines premières. Ceux-là seuls que soutenaient la foi dans leur œuvre et une sorte d'enthousiasme religieux pour le principe de l'Association ont obtenu des résultats décisifs (1). C'étaient des apôtres que les Schulze, les Raiffeisen, les de Paepe, les Vansittart Neale, les Luzzatti, bref tous les grands initiateurs de la coopération internationale. Si modestes que soient leurs origines, c'en est encore aujourd'hui que les promoteurs des premières associations rurales. Portant leurs regards au-delà du cercle restreint de leur action présente, ils sentent plus ou moins clairement qu'ils travaillent pour une œuvre dont les résultats actuels ne peuvent encore faire présumer tout ce que l'avenir aura de grandiose. Avec leurs modestes groupements, ils voient grandir les linéaments de cette *Fédération agricole* future qu'exorcisent déjà leurs adversaires (2). D'autres qui voient plus loin encore, sentent confusément monter cette *République coopérative* que Ch. Gide évoque déjà comme la formule d'organisation économique de l'avenir (3). Et tous, illuminés de cette aurore, ils vont chaque jour à l'assaut d'une position nouvelle, insouciants du nombre des adversaires et des difficultés du lendemain. Peut-être que leur conviction ne réalisera pas toutes ses espérances, que l'avenir sera moins beau qu'ils ne l'imaginent, que la coopération elle-même ne sera jamais ni assez forte, ni assez générale, ni assez parfaite pour réaliser à elle seule l'harmonie économique désirée. Pour l'observateur désintéressé, c'est probable et presque certain. Il n'en est pas moins vrai que cette foi est nécessaire

(1) Caractère très sensible par ex. dans ces lignes d'*Anseele*, le célèbre fondateur du Vooruit de Gand : « Il faut que la Coopération, telle que nous l'envisageons, soit telle que l'Eglise romaine. Cette Eglise nouvelle du prolétariat doit saisir son homme dès l'entrée au monde et dire au bébé « bienvenu mon petit », puis le mener dans la vie jusqu'au bout, jusqu'à l'heure où il s'en ira pour toujours. » — Mouvement Socialiste, n° 39, p. 154.

(2) E. Coulet. — La Fédération Agricole. — Montpellier, 1898.

(3) Ch. Gide. — La Coopération, 1900. — Conférence sur la Coopération et les transformations qu'elle est appelée à réaliser dans l'ordre économique, p. 108.

pour réaliser de grandes choses et que pour vivifier la plus modeste entreprise de ce genre, surtout pour développer et étendre son action première, son secours n'est pas de trop, au moins chez les promoteurs. Le succès lui-même ne sera que dans la mesure où ils auront su communiquer à leurs adhérents la confiance et la flamme qui les animaient. Toute entreprise où elle fait défaut est morte d'avance, que traînante ou brève soit l'agonie qu'on prend pour son existence.

En second lieu, nous avons signalé comme difficulté grave à l'extension du mouvement coopératif, surtout en agriculture, la nécessité de vaincre ou tout au moins d'éclairer et discipliner le sentiment si développé chez les ruraux, comme chez tous les primitifs, de *l'intérêt individuel.* En effet pour réaliser avec succès une entreprise commune, il faut que chaque participant soit bien persuadé que son intérêt particulier est conforme à l'intérêt général de tous et que l'entier dévouement de chacun est nécessaire à tous les moments de l'entreprise pour qu'elle atteigne son but. Dès qu'un membre préfère son intérêt personnel immédiat à l'œuvre commune, quand par exemple il manque à ses engagements, fraude ou trompe la Société ou même se désintéresse simplement de sa marche, il met l'existence de la Société en péril, car les autres, pour n'êtres pas dupes, risquent d'être entraînés par ce mauvais exemple, d'où la ruine certaine de l'entreprise. Or, en laissant de côté les flagorneries intéressées que les quémandeurs de mandats électoraux ont coutume de leur adresser, il faut bien avouer que les populations rurales, plus que toutes les autres, sont peu propres à discerner l'intérêt du lendemain dans le sacrifice présent et nécessaire. Habitués à travailler isolément chacun sur leur propriété, les petits cultivateurs n'ont pas l'habitude de l'action commune. Peu cultivés, ils doutent trop du pouvoir de cette forme d'action. Leurs qualités mêmes sont ici un obstacle. Leurs habitudes d'économie parcimonieuse les prédisposent peu aux avances d'efforts et de capitaux souvent indispensables. Ils savent plus généralement rogner un liard sur leur maigre subsistance qu'envoyer une pièce de cinq francs en chercher une de vingt par une dépense.

judicieuse qui sera largement récupérée par l'augmentation du produit. Leurs habitudes de défiance invétérée et la naïve rouerie que développe la pauvreté besogneuse, traits caractéristiques que nos écrivains ont souvent relevés chez nos populations rurales (1), autorisent la crainte que nombre de paysans ne cherchent à exploiter l'association plutôt qu'à la servir. En fait, il en est trop souvent ainsi dans nos syndicats agricoles où les adhérents profitent gratuitement du dévouement des administrateurs sans leur apporter le moindre concours effectif. Cet inconvénient, seulement fâcheux dans des associations qui n'engagent pas la responsabilité de leurs adhérents, serait mortel dans les autres. C'est dire que le remède à cette situation doit être cherché dans sa cause elle-même. *La coopération vraie suppose la solidarité effective de ses membres et leur responsabilité commune.* Il importe donc que l'intérêt de chacun soit le plus fortement engagé que possible dans l'entreprise collective. Plus les associés sentiront que son échec peut être individuellement pour chacun une cause de ruine, moins ils seront portés à se désintéresser de sa marche. C'est dire que les Associations à forme restreinte dans lesquelles on cherche à éviter cette conséquence éventuelle ont moins de chances que toutes autres de produire des résultats décisifs. Mais c'est constater aussi combien il sera toujours difficile d'amener les paysans à s'engager dans des associations aussi périlleuses, hors le cas d'absolue nécessité.

LES OBSTACLES PRESENTS. — Enfin, même dans le cas où tous les coopérateurs sont conscients de la gravité de leur entreprise et des profits qu'ils peuvent retirer de son succès, trois obstacles viennent souvent compromettre celui-ci : les divisions politico-religieuses, l'inexpérience des dirigeants et le manque de discipline des administrés.

1° On ne remarque pas assez en France combien les partis ont de peine à constituer seuls des gouvernements solides, faute de trouver dans leurs propres rangs un assez grand

(1) V. notamment Michelet : Le Peuple, et Balzac : Les Paysans.

nombre de compétences vraies et de dévouements sincères, à fortiori la chose devient-elle plus particulièrement pénible sur la scène minuscule d'un petite localité rurale. Or, c'est malheureusement un fait d'observation banale que les divisions personnelles et politiques y sont plus accentuées encore que dans les cités de quelque importance. D'où souvent quasi impossibilité d'associer dans une entreprise commune des hommes de croyances ou d'opinions opposées et qui pourtant, dans la même situation économique, devraient s'unir sur ce domaine bien délimité en faisant abstraction dans l'intérêt commun de leurs divergences par ailleurs. Malheureusement, cette sagesse pratique, rare chez les hommes cultivés, l'est plus encore chez ceux d'éducation rudimentaire. C'est ainsi qu'un brave vigneron qui a tenté de créer dans son pays une coopérative de vente des vins nous écrit qu'il s'attache avant tout « à ne recruter que de bons socialistes ». Nous n'avons pas de préjugés contre sa conviction, n'étant pas de ceux pour qui un qualificatif en *eur* ou en *iste* est un argument et suffit pour se dispenser d'étudier et d'examiner. Mais nous nous permettrons de faire observer à ce zélé propagandiste que pour composer une coopérative vinicole, il suffit de recruter de bons vignerons qui soient à la fois des honnêtes gens et des professionnels expérimentés ; le reste n'a rien à voir dans cette entreprise, car on peut être à la fois un bon socialiste et un médiocre sociétaire, tandis que tel conservateur du cru eût peut-être fait dans la coopérative un administrateur émérite. Sans doute, dans une grande ville ou une circonscription étendue, le groupement de coreligionnaires unis par le lien d'une même conviction peut être pour une coopérative une raison de succès, les exemples n'en manquent pas avec les banques rurales catholiques de Cerutti en Italie et de L. Durand en France, comme avec les grandes coopératives socialistes de Belgique et du Nord de la France. Mais dans un simple village, une pareille organisation ne serait pas viable faute d'éléments suffisants et n'aurait que l'inconvénient d'accentuer encore des divisions regrettables et de séparer plus profondément des hommes que la communauté d'intérêts et de travaux quotidiens devrait réunir. D'ailleurs d'une façon générale, il est toujours fâcheux d'associer la politique ou du moins ce qu'on appelle ainsi dans les campagnes, c'est-à-dire les combinaisons d'ambitions électorales, à des institutions d'un autre ordre. Cette manie n'est déjà que trop encombrante ; il serait plus opportun de la rejeter dans son domaine propre. Il en est de même des préoccupations religieuses, quelles qu'elles soient ;

2° En outre, même groupées en assez grand nombre, les bonnes volontés sont généralement inexpérimentées au début de l'entreprise. On ne s'improvise pas industriel ou commerçant en un jour et il y va pourtant de la vie même de l'institution que sa direction incombe à une compétence réelle et désintéressée. Savoir distinguer parmi les adhérents les éléments intelligents et travailleurs qui pourront rapidement former des administrateurs et des contrôleurs capables est la partie la plus délicate de la mise en train d'une société coopérative. A ce point de vue, on a trop généralement dans les milieux ruraux l'admiration des beaux parleurs et des parvenus de la fortune. Les paysans ne comprennent pas assez que ce sont eux qui doivent diriger leurs institutions propres, s'ils ne veulent pas qu'elles perdent bientôt leur caractère ou manquent leur but. Quand ils placent d'emblée à leur tête le personnage le plus décoratif et le plus décoré de la contrée, ils ne voient pas assez que si celui-ci n'est pas une intelligence d'une élévation et d'un désintéressement rares, l'influence locale prépondérante qu'il possède et que ses associés ont pensé utiliser à leur profit risque de se subordonner leurs intérêts. Ou bien ce président-directeur exerce réellement et avec succès les lourdes et délicates fonctions dont on le gratifie et alors il est fort à craindre que ses co-associés s'en reposent sur lui de tout l'effort et qu'en fait, cette coopérative qui devrait vivre de l'action commune, ne se transforme en une sorte de société nominale dont le patronage d'un homme éminent et capable est toute la raison de durée. Ou bien l'action de cette influence locale sera purement décorative et alors elle sera souvent un embarras et une cause de divisions, car il est douteux que les capacités réelles qui pourraient surgir parmi les associés se contentent longtemps d'un rôle subordonné. Pour qu'une coopérative rurale mérite son nom, il faut qu'elle ne comprenne que des associés *dans une situation d'égalité économique relative* ; il importe que ses membres recrutent ses administrateurs parmi leurs égaux ; il est désirable et malheureusement souvent difficile, que chacun de ses dirigeants soit en état d'acquérir rapidement les connaissances et l'expérience technique nécessaires, pour que la direction n'échoie pas en fait tout entière à des conseillers étrangers ou salariés, trop désintéressés de son succès.

3° Enfin le plus difficile peut-être n'est pas de trouver parmi les associés des capacités de direction réelles, c'est pour ceux qui les nomment de savoir leur obéir et de respecter eux-mêmes les dispositions statutaires élaborées en commun. D'autres sociétés, un Comité politique, des Groupes artistiques, à la rigueur un Syndicat peuvent impunément ressembler à un troupeau docile et indifférent mené par un pasteur impérieux, mais intelligent. Dans une coopérative où tous les dévouements et toutes les vigilances ne sont pas de trop, il ne suffit pas qu'il y ait une direction, il faut encore que la troupe veille et agisse avec ordre et discipline, il faut qu'en un mot l'*association soit vivante et effective au lieu de rester nominale*. Mais l'action n'est pas le désordre et la vie l'incohérence. Une société qui change à tous moments de volonté, de règles et d'administrateurs est vouée à une prompte dissolution. Les plus fortes sont celles qui conservent le plus longtemps la même direction, judicieusement choisie et sagement contrôlée. Il y a dans cette administration délicate, un tempérament difficile à garder entre l'abdication entre les mains du chef élu et l'agitation désordonnée de gens qui tous veulent commander et dont aucun ne prétend obéir, même aux décisions de la majorité régulière. Cette difficulté en la matière est l'écueil le plus propice aux sinistres. Malheureusement, les ruraux ne paraissent pas, sauf dans les pays germaniques, plus enclins à subordonner leurs volontés à la loi qu'ils ont faite et aux chefs qu'ils ont choisis parmi leurs égaux que ne le sont les ouvriers des villes. On les loue de leur esprit d'indépendance et on vante la profession d'agriculteur en raison de l'avantage qu'elle procurerait d'une indépendance plus complète et plus assurée. Cette situation quasi privilégiée semble même à beaucoup un argument des plus sérieux contre le principe même de la coopération rurale. Si celle-ci peut procurer au paysan des avantages matériels, n'aura-t-elle pas pour premier effet de le dépouiller du grand avantage moral qu'il possédait et dont il se montre si jaloux, en l'obligeant à subordonner ses actes et ses volontés à la direction de chefs qui pour être élus par lui, n'en seront pas moins ses maîtres ? Il y a là une objection grave que nous devons retenir et examiner.

OBJECTION FONDAMENTALE.— Tout d'abord, il ne faut exagerer ni cette indépendance, ni l'attachement qu'on lui suppose chez le paysan. Indépendant sans doute des volontés immédiates des hommes dans la direction et l'exécution de ses travaux, le cultivateur n'est dans son domaine, subordonné qu'aux caprices des éléments. Mais que devient son indépendance matérielle et morale quand il s'agit d'écouler ses produits, dans les cas nombreux que nous avons entrevus où le marché est au mains d'intermédiaires puissants ou d'une coalition de spéculateurs ? Le grand propriétaire qui peut réclamer le montant de ses fermages même en cas de récolte nulle, l'usinier isolé qui peut ou non recevoir les produits de tel paysan voisin, le syndicat de négociants qui à la veille des récoltes déclare à des paysans sans matériel de transformation qu'il n'achètera telle denrée qu'à tel prix, n'ont-ils pas autant de moyens de pression sur les ruraux que les grands manufacturiers sur les ouvriers ? Ne pourrait-on citer maintes régions où les cultivateurs doivent régler l'étendue des surfaces qu'ils consacreront à telle culture, la betterave par exemple, et la nature même de la semence qu'ils emploieront, d'après les indications formelles de l'usine ou du syndicat d'usines qui leur sert de débouché ? Souvent bien limitée, l'indépendance est-elle aussi prisée des paysans qu'on le suppose ? Il faut croire que ses avantages sont un peu illusoires à voir combien dans tous les pays de l'Europe, les ruraux quittent facilement leurs campagnes pour venir en ville solliciter justement les situations les plus dépendantes du commerce et de l'industrie, comme les places de manœuvres ou de garçons de peine, aspirer aux bas emplois de l'administration, les situations fixes aux traitements de famine que sont les fonctions de cantonnier, sous-officier, gendarme, instituteur, etc. ? La vérité est qu'il n'y a pas d'indépendance, où règne la gêne ou la misère. Toute institution, comme les coopératives, destinée à remédier à ces causes de détresse est donc pour les paysans un moyen de relèvement moral, une source d'indépendance et de sécurité.

Il y a plus. En réalité, elles substituent graduellement à une indépendance mauvaise, parce qu'inféconde et égoïste, l'indépendance vraie, celle qui garantit avec la dignité de l'individu le développement de sa valeur économique et morale. Ce que d'aucuns appellent indépendance c'est la faculté de se diriger suivant son caprice sans avoir jamais à subordonner sa volonté ni à un devoir supérieur, ni même à une volonté antérieure traduite par un engagement solennel. C'est l'indépendance que garantit la propriété individuelle à l'homme suffisamment riche pour pouvoir satisfaire aisément ses besoins et assez égoïste pour ne se soucier d'entrer dans aucune entreprise d'intérêt commun. Il peut ne pas cultiver ses terres ou les mal cultiver, tirer ou non parti des richesses naturelles qu'il détient; si le besoin ne l'y contraint pas, nul ne peut lui demander compte du préjudice qu'il cause à autrui en stérilisant ainsi ou à peu près des moyens de production qui, en d'autres mains, concourraient puissamment à accroître les ressources matérielles de la société et les emplois du travail individuel. Cette indépendance est-elle à recommander ou à développer ? L'intérêt social est-il engagé à sa défense ? On en peut douter. Quand au contraire, la logique immanente des choses, sous la forme de nécessités économiques, vient contraindre le propriétaire égoïste ou borné à sortir de son isolement pour recourir à l'aide de ses voisins dans une association volontaire, où recevant le concours d'autrui lui aussi devra s'employer pour les autres, n'y a-t-il pas progrès indéniable ? La véritable indépendance, la seule légitime, *celle qui consiste dans la garantie certaine de la liberté et surtout de la dignité individuelles au triple point de vue matériel, intellectuel et moral*, est pleinement sauvegardée. Dans l'association coopérative, le paysan a les mêmes droits et devoirs généraux que ses co-associés; il entre et sort librement; ses ressources accrues par l'action collective sont plus assurées; il concourt à la répartition des bénéfices sur une base, la même pour tous, qu'il a jugée lui-même équitable et juste. Rien ne vient donc léser sa dignité d'homme libre. Mais, d'autre part, pour l'administration des biens ou moyens d'action qu'il apporte en société, sa volonté ne peut plus dégénérer en caprice inintelligent; il peut encore faire montre de toutes les qualités d'initiative et de savoir qu'il possède, car l'intérêt commun garantit dans ce cas leur emploi, mais par contre, s'il est inapte ou ignorant, le même intérêt, opérant à son profit, substitue à sa capacité insuffisante, les indications d'une administration qu'il a lui-même contribué à élire comme plus compétente. Dans ce cas, l'association, loin de déprimer la valeur individuelle, l'exalte donc et l'ennoblit, car elle en accroît la puissance en étendant son champ d'action et la rend profitable à tous, sans rien diminuer de son efficacité pour les intérêts particuliers de l'individu. Celui-ci est demeuré libre mais sa liberté est désormais solidaire de celle d'autrui. Son indépendance, loin de disparaître, s'est au contraire relevée et fortifiée par la solidarité.

Mais, dira-t-on, si avantageuse qu'elle soit, c'est toujours une gêne que cette subordination de la volonté même inintelligente à des volontés associées et cette obligation de la volonté intelligente de convaincre préalablement les autres pour prévaloir ? Dans les deux cas, c'est une restriction de la liberté individuelle de l'exploitant. Mais cette fameuse liberté complète du cultivateur, ne l'avons-nous pas vue complètement asservie aux caprices de la nature, notamment à ceux des éléments ? Or, quel est le caractère dominant de l'industrie moderne en général et de l'agriculture en particulier, sinon d'asservir de plus en plus les forces naturelles qui écrasaient l'homme isolé, pour dominer leurs caprices, modifier leurs conditions d'existence et changer ainsi en servantes laborieuses les impérieuses maîtresses d'antan? L'association coopérative a justement pour but de permettre l'emploi des méthodes rationnelles par lesquelles les maigres et capricieux rendements d'autrefois sont régularisés et accrus. Si, d'une part, elle semble réduire la liberté d'action de l'individu, elle la libère matériellement de l'autre, en élargissant les limites que lui imposaient de prétendues fatalités naturelles. Elle la libère doublement, car à ce bienfait, elle ajoute celui de la garantir des conséquences rigoureuses de son ignorance, de son impuissance ou de son infortune, en apportant au secours de l'individu isolé l'appui des lumières et des moyens de ses voisins qui, jadis ses rivaux, sont devenus maintenant ses aides et ses frères. D'ailleurs est-ce vraiment une subordination que d'incliner son caprice ou son intérêt mal compris à des volontés plus éclairées ? La supériorité des capacités ou du savoir, quand elle est sagement assurée et contrôlée par des institutions équitables, est-elle vraiment une domination ? N'est-ce pas plutôt la simple tranposition améliorée des fatalités naturelles auxquelles la puissance d'action de l'individu est subordonnée ? Les conditions naturelles imposaient à celle-ci des moyens d'exploitation que le cultivateur était impuissant à pratiquer tout seul. Uni à ses concitoyens, il les subit encore de par le règlement de leur association, mais un double progrès a été réalisé : d'une part, il a surmonté son impuissance; de l'autre la conscience obscure du joug qui pesait sur lui s'est changée en perception claire des difficultés à vaincre, d'où est résulté un fait volontaire, celui de son acceptation intelligente des moyens qui s'imposent pour triompher des obstacles naturels. Sa liberté s'est en réalité développée, en élargissant les dures limites que lui imposaient les conditions économiques de son milieu et de son temps.

AVNTAGES MORAUX ET CONCLUSIONS. — Ces conditions nous font enfin apercevoir d'une manière plus directe tout un ordre d'avantages de la coopération que nous avions jusqu'ici passé sous silence. Nous avons démontré ses applications à une meilleure administration des choses de la campagne et nous avons aperçu ses grands avantages matériels. Mais ceux-ci ne nous ont paru possibles qu'à la condition de vaincre bien des obstacles moraux. C'est là, dira-t-on, ce qui doit faire douter de l'avenir de la coopération rurale. C'est au contraire ce qui doit faire espérer et désirer son développement, ce qui doit nous engager à travailler à sa généralisation dans le monde rural tout entier. En apparence dirigée vers des fins purement matérielles, comme l'accroissement des rendements agricoles et la meilleure utilisation des ressources nationales, résultat déjà considérable au point de vue social par l'extension de bien être qu'il procure, la coopération agricole conduit en réalité à ces progrès si désirables : la moralisation des échanges par la disparition d'intermédiaires inutiles intéressés à en troubler la sincérité économique, la subordination des caprices individuels à une direction éclairée, la disparition de l'intérêt mal entendu, en un mot à la substitution graduelle de la solidarité économique à un individualisme excessif, devenu impuissant et funeste. La coopération prend donc ainsi un caractère idéaliste et moralisateur qui semblait tout d'abord lui faire défaut pour constituer une doctrine sociale suffisante. C'est pourquoi elle est dans la réalité, l'exemple l'a prouvé, aussi capable de susciter le dévouement et l'enthousiasme que les doctrines absolues, de caractère individualiste ou socialiste, dont elle représente comme une sorte de conciliation pratique.

Dans le monde rural en particulier, ses avantages intellectuels et moraux seraient sans conteste les suivants : 1° *La généralisation de l'instruction technique.* L'éducation professionnelle purement empirique dans les campagnes s'éclairerait graduellement à bref délai des notions scientifiques indispensables, par une sorte d'enseignement mutuel, celui que les plus intelligents et les plus instruits des membres de l'association donneraient à leurs confrères, à la fois par leur exemple dans la direction de l'entreprise commune et par leurs exposés au cours des assemblées statutaires. 2° *La disparition graduelle de l'égotisme de nos paysans* qui aujourd'hui trop souvent jaloux et défiants les uns des autres, s'habitueraient à agir de concert et à s'entr'aider journellement, comme à moins considérer leur profit individuel immédiat et plus le bien général d'une entreprise à longue échéance. 3° *L'élargissemnt général de leurs idées* par suite des progrès de leur instruction technique et de leurs fréquents échanges d'impressions et de jugements pratiques. Instruits, par le spectacle de la vie intérieure de leur coopérative, de la complexité et des difficultés de toute administration, ils comprendraient mieux le mécanisme de la vie économique et administrative de leur pays et deviendraient des citoyens plus éclairés. 4° Stimulés sans cesse à de nouveaux progrès, ils *perdraient l'esprit de routine* qui les caractérise. D'avance hostiles à tous changements, conservateurs à l'excès par tempérament, réfractaires de parti pris à tout ce qui vient troubler leurs pratiques séculaires, ils s'habitueraient à l'initiative, développeraient leur esprit d'examen, arriveraient eux-mêmes à la recherche et à l'invention, jusqu'ici l'apanage presque exclusif des citadins. 5° Enfin, plus éclairés et mieux garantis contre les risques de leurs travaux et plus sûrs d'un profit équitable, les agriculteurs comprendraient mieux les avantages de leur profession si saine et relativement si indépendante. Aujourd'hui admirateurs du bourgeois oisif, ils prendraient conscience de l'importance et de la dignité primordiales de leur métier dans toute société laborieuse. Dès lors, fiers de leur rôle, ils *resteraient à la campagne* dont ils comprendraient la poésie, au lieu d'émigrer dans les villes, trop souvent pour n'y trouver qu'une misère plus sordide et des vices plus crapuleux.

La pénétration du coopératisme dans le monde agraire nous apparaît donc comme le moyen d'une grande révolution pacifique destinée à transformer de fond en comble, mais sans secousses, la physionomie de la vie rurale. C'est le plus sûr moyen de donner vie, âme et conscience à ce grand corps amorphe qu'a longtemps été le monde paysan. En dehors des théories absolues qui se disputent actuellement la direction des esprits, entre l'individualisme satisfait de l'économie libérale et l'étatisme forcené du collectivisme doctrinaire, un observateur informé peut facilement percevoir aujourd'hui la formation lente d'une tierce doctrine, issue de la considération des faits d'organisation spontanée qui se manifestent de toutes parts dans le monde du travail par la floraison des Syndicats, des Sociétés d'instruction populaire et des Coopératives. Il y a là l'ébauche encore vague et confuse, mais déjà perceptible, d'un ordre économique nouveau conciliant dans la mesure des nécessités de l'époque, les deux besoins essentiels de toute société civilisée : la liberté individuelle et l'intérêt général. Dans cet ordre complexe, aux formes organiques probablement très variées et pourtant de physionomie assez apparente déjà pour qu'on ait pu tenter d'en spécifier la formule, (1) la coopération sous toutes ses formes, plus encore dans le monde rural que partout ailleurs, paraît appelée à jouer un rôle prépondérant. A ceux qui doutent de cet avenir, nous demanderons par quelle voie ils pensent que la petite propriété agricole et l'exploitation archaïque qu'elle implique nécessairement pourront s'adapter aux nécessités économiques, de jour en jour plus rigoureuses de la culture intensive à grosses avances de capitaux et main-d'œuvre réduite au minimum ? A ceux qui l'espèrent de l'Etatisme universel, nous demanderons comment ils pensent se débarrasser de la petite propriété rurale si elle s'obstine à ne pas mourir et quelles garanties de sécurité ils ont à offrir en échange aux futurs citoyens de l'Etat communiste contre l'extension fatale des vices de la centralisation politicienne à l'organisation économique ? Si nulle solution pratique n'apparaît, hors le stérile regret du passé ou la foi béate dans un changement subit par un coup de la grâce révolutionnaire, peut-être concédera-t-on

(1) — Paul Boncour — *Le Fédéralisme économique, 1901*, mot qui est d'ailleurs une simple transposition de l'expression de Proudhon. — *Fédération économique*.

malgré toutes les objections qu'on peut tirer de la considération des difficultés actuelles, qu'un petit propriétaire comme nous, bien placé pour juger de la situation générale du monde rural, a le droit de beaucoup augurer du seul moyen d'adaptation qui ait déjà fait ses preuves dans la réalité présente.

CHAPITRE II

Les Principes de la Coopération et leur application à l'Agriculture

L'OBJET PROPRE DES SOCIETES COOPERATIVES. — La coopération, comme toutes les formes de l'activité humaine a ses degrés. En raison du caractère moral que nous avons découvert sous ses fins d'apparence toute matérielle, il apparaît qu'elle a un idéal complexe dont l'application est toujours plus ou moins imparfaite, particulièrement dans une période de débuts. C'est donc surtout par son degré de réalisation qu'on doit classer et caractériser les différentes applications actuelles de l'idée coopérative, beaucoup plus que par les formes juridiques qu'elles affectent dans la réalité. La législation étant toujours plus ou moins en retard sur le mouvement des idées de l'époque, les formes juridiques sous lesquelles les institutions d'esprit nouveau sont obligées de se manifester dans la vie civile n'ont souvent pas été faites pour elles et ne répondent toujours qu'imparfaitement à leurs tendances. Partir de cette considération toute formelle serait donc risquer de méconnaître le vrai caractère du mouvement que nous essayons de définir. Mais nous aurons à en tenir compte dans la mesure où les institutions légales servent à l'expression des tendances que nous aurons spécifiées.

Si, par sa définition étymologique, la coopération n'implique que l'idée d'action commune, en fait celle-ci suppose en outre certaines modalités qui distinguent la coopération proprement dite des autres formes d'action collective. On distingue généralement deux sortes de Sociétés, les Sociétés de *personnes* et les sociétés de *capitaux*, les unes faites surtout pour unir les activités des individus qui les composent, les autres où les biens qu'ils apportent entrent seuls en considération. La coopérative cumule en général ces deux caractères, car les individus qui s'y groupent veulent bien établir entre eux un lien personnel, mais d'autre part, ils poursuivent une fin commune intéressée, pécuniairement évaluable, laquelle ne peut généralement s'obtenir qu'avec l'aide de capitaux apportés par eux ou empruntés en dehors de la société. Au point de vue juridique, notre législation distingue les *Associations* proprement dites et les *Sociétés*. L'Association est aux termes de l'article premier de la loi du 29 juin 1901 « la convention par laquelle deux ou plusieurs personnes mettent en commun d'une façon permanente leurs connaissances ou leur activité dans un but autre que de partager des bénéfices. » La Société au contraire, telle que la définissent le Code civil et le Code de commerce, suppose un objet pécuniaire. C'est aux termes de l'article 1832 du Code civil « le contrat par lequel deux ou plusieurs personnes conviennent de mettre quelque chose en commun, dans la vue de partager le bénéfice qui pourra en résulter. » Elle ne saurait exister légalement sans l'apport d'un intérêt évaluable. « Chaque associé, dit l'article 1833 doit y apporter ou de l'argent, ou d'autres biens ou son industrie. » Par ce dernier caractère, les coopératives rentrent bien dans la catégorie légale des Sociétés. Mais si l'on recherche la nature du bénéfice qu'elles se proposent de réaliser, on s'aperçoit que ce n'est pas un bénéfice de *spéculation* comme les bénéfices commerciaux qui résident surtout dans la différence du prix d'achat et du prix de vente. La coopérative n'achète pas, en réalité pour revendre, elle s'efforce au contraire de soustraire ses membres à la spéculation commerciale, en les exemptant de recourir à des intermédiaires. « En somme dit un de ses propagandistes les plus autorisés, M. L. Durand, la coopérative est un organisme destiné à suppléer un commerçant au profit des associés. Dans l'idée de coopération, il n'y a rien de plus, il n'y a rien de moins. » (1). Par là, les coopératives se rapprochent des Associations en ce qu'elles poursuivent plus à proprement parler une fin d'ordre social : *la suppression, (ou plutôt la réduction) des intermédiaires*, qu'une fin d'ordre purement privé comme celle des sociétés civiles et commerciales ordinaires. Elles s'en rapprochent aussi en ce que c'est en réalité moins l'apport matériel de l'associé qui importe à son succès, que son apport moral, son activité sociale, en un mot son dévouement à la cause commune. D'ailleurs la plupart des législations, même celles qui, comme la nôtre, font rentrer les coopératives dans le cadre général des sociétés, leur accordent dans la pratique un régime particulier, puisqu'elles les exemptent expressément ou implicitement des charges fiscales auxquelles sont astreintes les sociétés de caractère purement spéculatif : patentes et impôts sur le revenu. C'est en quelque sorte la reconnaissance officielle de ce caractère mixte qui fait bien de la coopérative une forme d'association douée d'une originalité spécifique indiscutable.

Le but commun des coopératives ; la suppression des intermédiaires, suppose toute une organisation nouvelle des modes de la production et de l'échange, donc en réalité une tranformation sociale progressive. Chaque coopérative en particulier doit être dans la société présente comme un embryon de cette société future, c'est-à-dire présenter dans son organisation, même imparfaite, les traits principaux de l'idéal économique que poursuivent toutes les sociétés de ce genre. C'est par là que celles-ci doivent se distinguer pratiquement des sociétés civiles ou commerciales ordinaires pour mériter véritablement le nom de coopératives. Pour mieux percevoir les applications de la coopération, il importe donc de dégager au préalable ces traits distinctifs qui nous permettront de distinguer les vraies coopératives des Associations ou Sociétés ordinaires et de les classer entre elles d'après le degré de réalisation pratique qu'elles représentent.

(1) La Coopération devant le Sénat. — Réforme Sociale t. V, p. 337.

LES PRINCIPES FONDAMENTAUX DE LA COOPERATION. — On peut ramener à trois les principes fondamentaux qui doivent constituer la physionomie propre d'une Coopérative pour que celle-ci soit véritablement digne de ce nom : la participation active de ses membres ; la responsabilité solidaire des associés et le partage des bénéfices, en raison non du capital versé, mais du travail ou des quantités de produits achetées ou fournies. Etudions tour à tour chacune de ces conditions dont l'association complète représente l'idéal que la coopération voudrait généraliser au domaine entier de la production et de l'échange.

1° Au point de vue de *la participation active de ses membres*, la coopérative se distingue des simples associations qui, une fois l'acte initial d'adhésion accompli, n'exigent plus l'intervention permanente de l'individu, sa collaboration personnelle et effective et dont toute l'activité se résout, dans les circonstances ordinaires, en celle du bureau dirigeant. Telles sont la plupart des Associations politiques et des Sociétés civiles ou commerciales de capitaux. Dans les premières, le président ou ses suppléants et assesseurs, dans les secondes le gérant désigné et les membres du Conseil d'administration font toute la besogne utile. On ne demande aux adhérents que des avis dans les circonstances solennelles, une approbation ou un vote de principe destiné à servir de règle aux dirigeants. Dans l'Association coopérative, outre tout cela, on trouve ce caractère prédominant qu'elle implique de tous ses membres une série continue d'efforts *personnels* où la participation effective et directe de l'individu se manifeste par des faits matériels, par une série d'*actes de volonté* sans cesse renouvelés. Tels sont les actes d'achat dans la coopérative de consommation, le travail de l'associé lui-même dans celle de production, ses emprunts ou ses livraisons dans celle de crédit ou de vente. D'une façon générale, on aperçoit donc que les faits personnels des associés sont la matière même des opérations de la Société, tandis que dans les autres groupements, l'activité sociale s'exerce surtout à l'égard des non-sociétaires, par exemple sur la masse des citoyens non adhérents dans les Associations politiques et sur la clientèle étrangère dans les Sociétés commerciales ordinaires.

Ce caractère est un de ceux qui peuvent servir à distinguer la coopération proprement dite d'une autre forme d'action commune qui s'en rapproche beaucoup parce qu'elle suppose aussi une certaine solidarité pécuniaire et le concours des associés, c'est la *mutualité*. Toutes les mutuelles, que leur but soit de garantir les associés contre des accidents personnels comme la maladie ou la mort où des accidents matériels comme les gelées, la grêle, les épizooties, n'ont pour objet que de remédier à des *éventualités*, c'est-à-dire des faits toujours particuliers et de fréquence ou de production incertaine. L'action des mutualités est toute expectante, leur attitude purement passive ; la Société n'a besoin pour fonctionner que de leurs cotisations régulières ; elle n'exige pas leur concours permanent et leur dévouement de tous les jours.

2° Le deuxième caractère que nous avons relevé : la *responsabilité pécuniaire des associés* est également essentiel. C'est en quelque sorte la condition pratique du premier. L'attachement du sociétaire à l'entreprise commune est naturellement en raison de l'intérêt qu'il a à son succès. Si celui-ci est faible et limité, son dévouement risque de demeurer assez platonique. Si, au contraire, la responsabilité éventuelle du sociétaire est illimitée, s'il peut avoir à répondre un jour sur l'ensemble de ses biens présents et à venir, avec tout son avoir, des engagements, des fautes ou de l'insuccès de l'Association, alors il ne sera généralement pas besoin de stimuler son zèle. Il montrera en toute occasion la vigilance nécessaire et servira d'autant mieux en toute circonstance les intérêts de la Société qu'ils se confondent absolument avec les siens. Cette responsabilité doit être *solidaire et générale*, c'est-à-dire s'étendre réciproquement à tous les associés sans exception, sinon les plus favorisés pourraient se désintéresser de sa marche, laissant tous les soucis de l'administration et ses dangers éventuels à la charge des autres. Il se peut dans une Société qu'une portion de ses membres se soit précisément réservé cette responsabilité pour conserver en retour toute l'administration. Mais alors disparaît cette égalité de situation matérielle et morale qui est la loi même et le ressort de l'association coopérative. Celle-ci dégénère en patronage aristocratique, où la bienfaisance des uns est le masque de la défiance des autres. Dans une coopérative, la responsabilité des associés peut donc avoir des degrés, mais elle ne saurait jamais faire entièrement défaut, pas plus que s'étendre seulement à quelques-uns. L'égalité de situation doit être la règle dans les rapports des associés, au moins dans la mesure de leurs moyens ou de leurs apports. Ils ne sauraient être égaux sous le rapport des avantages sans l'être sous ceux des devoirs et des responsabilités.

Ce caractère nous permettra de distinguer pratiquement la coopérative d'une autre forme d'association également très voisine, que nous retrouverons souvent, pour cette raison même, aux origines de beaucoup de sociétés coopératives : *le syndicat*. Celui-ci n'est qu'une sorte de ligue permanente, poursuivant des fins d'ordre plutôt moral que matériel, « l'étude et la défense des intérêts professionnels », selon la définition de la loi française. Il peut à la rigueur engager sa responsabilité pécuniaire dans le cas où l'action collective qu'il suppose vient à porter préjudice à autrui, mais cette responsabilité ne dépasse jamais le montant des biens restreints que la loi l'autorise à posséder. Elle ne saurait s'étendre aux biens propres des syndiqués en général, dont cette forme d'association n'engage pas la responsabilité.

3° Enfin, l'association coopérative se distingue pratiquement par un troisième caractère des sociétés commerciales qui, elles aussi peuvent exiger le concours personnel et permanent de leurs membres et engager leur responsabilité solidaire illimitée, comme les sociétés en nom collectif : c'est par *leur mode particulier de répartition des bénéfices*. Ce qui caractérise toutes les associations de capitaux en général : sociétés civiles ordinaires et sociétés commerciales de tous genres, c'est qu'en dehors des dispositions particulières qui peuvent avantager tel ou tel en raison d'un apport spécial, invention ou talent, elles ne répartissent leurs bénéfices qu'au prorata des capitaux apportés en société par les souscripteurs. La considération de la personne, de son travail ou de sa production individuelle n'entre pas en ligne de compte. Il en est tout autrement dans la société coopérative. Celle-ci peut se servir elle aussi de capitaux ; elle est généralement obligée comme tous les emprunteurs, de leur payer un intérêt fixe ; elle peut même à la rigueur leur accorder quelques petites prérogatives supplémentaires, mais sa caractéristique, c'est qu'elle ne répartit ses bénéfices qu'au *prorata des services personnels de ses membres*, représentés soit par leurs achats, soit par leur travail, soit par leurs fournitures, selon la nature des coopératives. Ce qu'elle veut avantager, ce ne sont pas les possesseurs de capitaux, mais les travailleurs. Comme son action est faite, nous l'avons vu, du concours permanent de chacun de ses membres, c'est l'intensité de ce concours qui, seule, doit logiquement mesurer les droits de chacun dans le bénéfice de l'œuvre commune. Nous voyons aussi comment ce troisième caractère fondamental de l'entreprise coopérative dérive logiquement des deux précédents. L'activité et la responsabilité solidaires ne s'expliqueraient pas sans des avantages correspondants. Elles n'existent que pour les obtenir ; ce serait duper ou exploiter les associés que d'attribuer la plus forte part des bénéfices obtenus, grâce à ces moyens, à d'autres éléments qu'eux-mêmes, si précieux que certains concours aient pu être à l'occasion. C'est précisément parce que la coopération de production, par exemple, subordonne le capital et réserve tous ses profits au travail qu'elle constitue un mode nouveau d'organisation économique. Dépouillée de ce caractère, elle ne serait plus qu'une entreprise capitaliste spéculant sur la productivité ou le dévouement d'autrui.

Les trois conditions que nous avons dégagées sont donc étroitement solidaires, également importantes, également indispensables, donc toutes exigibles pour déterminer le caractère coopératif d'une entreprise. Si nous en retranchons une seule, nous retombons aussitôt dans une autre modalité de l'association. Si on se borne à en diminuer l'intensité, aussitôt le caractère coopératif s'atténue ou s'altère ; si, au contraire, on l'exalte, il se développe et s'avive.

LEURS COROLLAIRES. — Pour cette dernière raison, d'autres caractères subordonnés viennent généralement se joindre à titre de corollaires aux précédents dans les coopératives les plus avancées. Ils ont leur importance pour marquer les temps de l'évolution progressive vers une organisation sociale plus équitable, mais ils ne sont pas aussi indispensables. Leur absence peut faire considérer telle coopérative comme imparfaite, mais elle ne permet pas de lui dénier ce titre. Il suffit donc de rappeler brièvement les plus importants, ceux qui peuvent avoir quelque intérêt comme éléments de classement dans l'étude des applications coopératives particulières. Nous en retiendrons trois encore : Le premier est la *limitation étroite* des droits du capital souscrit. Elle se fait pratiquement de deux façons : 1° en ne lui accordant qu'un intérêt fixe, le plus bas possible, qui rentre dans les frais généraux de l'entreprise et en subordonnant les droits et l'influence des porteurs d'actions dans les assemblées générales à ceux des coopérateurs actifs. C'est ainsi, par exemple, que pour entrer dans son groupement, le plus imporant de France (145 sociétés en septembre 1900), la *Chambre consultative des Associations de production* exige que la société postulante stipule « dans le cas où elle ferait appel au public pour la souscription de son capital, que les trois quarts au moins des membres du conseil d'administration devront être pris dans l'élément coopérateur et que dans les assemblées, les simples actionnaires ne puissent avoir plus d'une voix par 500 francs de capital souscrit, sans que le nombre de voix puisse être supérieur à 5 ; enfin qu'elle n'exige pas de ses adhérents qu'ils aient versé plus de 200 francs pour avoir voix délibérative aux assemblées, ni plus de 1000 francs pour être éligibles au Conseil d'administration (1).

(1) Statuts de la Chambre Consultative, art 5, parag. 3, 4, 5 et 6. — Siège de la Chambre, Paris, 8, boul. de Strasbourg.

Un deuxième corollaire des principes coopératifs est la *participation aux bénéfices des collaborateurs salariés* qui peuvent être employés par la coopérative. C'est en effet l'abus le plus funeste dans lequel sont tombées nombre des premières coopératives de production, qu'après avoir enfin atteint l'ère de la prospérité, elles ont fermé les cadres du sociétariat et spéculé à leur tour au profit des ouvriers sociétaires sur le travail des nouveaux-venus, désormais exclus des droits de la coopération. Les Statuts de la Chambre Consultative exigent de même ici la condition « de servir aux ouvriers de l'Association, associés, employés, auxiliaires, ou similaires, une participation au moins égale à la somme attribuée comme dividende aux actions, sans que cette répartition puisse être inférieure à 25 % au moins desdits bénéfices, au prorata des salaires reçus ou du nombre d'heures de travail.

3° Enfin, pour affirmer l'unité du mouvement coopératif, assurer son développement progressif et témoigner la communauté de l'idéal social qui doit animer chaque coopérateur, nombre de ces Sociétés ont introduit dans leurs statuts *l'attribution d'une part de leurs bénéfices à la propagande*. Sur ce point, l'accord semble régner, au moins sur le principe de la contribution, dans le mouvement coopératif international. C'est ainsi que les trois congrès internationaux tenus à l'occasion de l'Exposition de 1900 ont adopté à ce sujet des résolutions analogues. Celui des Sociétés de production a voté dans sa séance du 13 juillet la motion que « lorsque la situation des associations sera prospère, elles devront laisser une part des bénéfices pour les œuvres de propagande coopérative. » (1). Celui de la *Coopération Socialiste*, après avoir repoussé la proposition excessive d'affecter 50 % des bénéfices à la propagande socialiste, a également voté, dans sa séance du 9 juillet « qu'un apport pécuniaire destiné à la propagande socialiste sera indispensable pour faire partie de

(1) Compte-rendu du Congrès international. — Paris, Imprimerie Nouvelle, 1900, p. 234.

la Bourse coopérative (1) ». Son minimum a été fixé à 0 fr. 10 par membre et par année. Enfin le dixième Congrès international des Coopératives de Consommation, après une discussion orageuse en raison des tendances particulières de chaque école coopérative, a néanmoins adopté les conclusions du Rapport Fitsch décidant « que toute société coopérative de consommation doit inscrire dans ses Statuts, qu'en dehors du fonds de réserve remboursable, il sera constitué un *Fonds de réserve collectif* assez important pour lui permettre : 1° D'assurer son existence et de donner à ses opérations toute l'extension possible ; 2° d'apporter son concours dans tous les plans ayant pour objet de réaliser un progrès économique par la coopération.

Mais quant à l'attribution des fonds réservés, une grave divergence d'opinions sépare les coopérateurs socialistes et les coopérateurs indépendants. Les premiers, ne considérant la coopération que comme un *moyen* pour arriver à la Révolution sociale et à la société collectiviste en éduquant et fortifiant la classe ouvrière, exigent le versement d'un tant pour cent à la propagande politique proprement dite. Les seconds, persuadés que la coopération a sa fin en elle-même et que l'intrusion des préoccupations électorales dans les coopératives ne peut que diviser leurs adhérents ou amener leur exploitation par des politiciens, veulent réserver leurs subsides à l'action purement coopérative. Quoi qu'il en soit de ce débat, on se rend compte par l'accord général sur le principe, que la coopération internationale a pris conscience du rôle important qu'elle est appelée à jouer désormais dans l'évolution économique des Sociétés, d'où le développement d'une série d'aspirations communes qu'on a pu grouper en un corps de doctrine sociologique : *le Coopératisme* (2).

(1) Premier Congrès national et international de la Coopération Socialiste. — Société Nouvelle de librairie, 1900, p. 167.
Compte-rendu officiel. — Imprimerie Nouvelle, 11, rue Cadet, 1900, p. 11 et 83.

(2) Formulé dans la célèbre Conférence d'ouverture de Ch. Gide au Congrès de Lyon : La Coopération et le Parti ouvrier en France et celle de 1888 à Paris sur l'*Avenir de la Coopération*, toutes deux insérées dans son recueil : *La Coopération*. — Larose, 1900. — V. aussi *Bancel* : Le Coopératisme. — Schleicher, Paris, 1901.

II

APPLICATION DES PRINCIPES A LA COOPERATION AGRICOLE. — Etant donné les principes généraux de la coopération, il nous reste à rechercher, avant d'étudier leur application dans un domaine restreint, celui de la viticulture, si la coopération agricole en général, sous les formes différentes que nous avons distinguées au début de notre travail, présente bien les caractères indispensables pour mériter ce nom.

1° Les groupements agricoles pour les achats en commun, tels que les sociétés allemandes d'achat (Ankaufsgenossenschaften), les syndicats français ou suisses et les *Consorzi* italiens ne sauraient être considérés comme de véritables coopératives toutes les fois qu'ils se bornent à servir de simples intermédiaires entre le fournisseur de matériaux et les acheteurs agricoles. Leur rôle n'est alors que de grouper les commandes, celles-ci demeurent individuelles et le syndicat décline toute responsabilité dans le marché conclu seulement entre les parties. On a pu les définir avec justesse « une simple boite aux lettres interposée entre l'acheteur et le vendeur » E. Coulet). La coopération ne peut évidemment commencer qu'avec l'achat par le syndicat lui-même en son propre compte et l'intervention de sa responsabilité. Mais la loi française ne semble pas autoriser cette pratique. Elle est plus répandue en Suisse où le mot Syndicat ne représente pas comme chez nous une institution définie par la loi et bornée par elle à un ordre d'opérations de caractère non commercial. Un certain nombre de nos syndicats agricoles sont pourtant entrés dans cette voie. Bien qu'approuvés par leurs défenseurs qui se fondent sur ce que, même dans ce cas, le Syndicat n'achète pas en réalité pour revendre et qu'il n'agirait qu'en vertu d'une sorte de mandat tacite d'achat de marchandises à distribution retardée « jusqu'au moment où l'adhérent se présente pour se faire délivrer la marchandise, fournissant ainsi la preuve qu'il a donné mandat à l'association d'agir pour son compte » (1), ils semblent outrepasser leurs attributions légales. Comme il s'agit ici « d'actes de propriété », le mandat devrait, aux termes de l'article 1988 être *exprès*. Or peut-on considérer comme tel le simple fait d'adhérer à un Syndicat ? Aussi la plupart des jurisconsultes et la jurisprudence des tribunaux de commerce se prononcent-ils en sens contraire (2). D'ailleurs les grands Syndicats eux-mêmes et leurs Unions semblent l'avoir reconnu, puisqu'ils ont recouru, pour assurer leurs opérations, à la création de grandes coopératives annexes. La forme coopérative s'impose donc avec toutes ses conséquences toutes les fois que les Syndicats veulent éliminer complètement les intermédiaires.

La plupart des coopératives ainsi créées en France et en Allemagne et les Syndicats suisses et italiens du même type possèdent un capital-actions, nécessaire pour leur approvisionnement. La réalité de leur caractère coopératif ne peut s'établir dans chaque cas que par l'examen de leurs statuts, en vérifiant, d'une part si les bénéfices réalisés sont bien restitués sous forme de bonis ou trop perçus aux adhérents au prorata de leurs achats, le capital-actions étant réduit à un intérêt fixe ; de l'autre si l'administration de la coopérative est bien en majorité élue par les clients affiliés et non par les actionnaires. A cette double condition, il n'y a pratiquement pas de distinction à faire entre ces institutions et les coopératives urbaines de consommation. Il se peut que la souscription des actions ayant été faite par les adhérents eux-mêmes, l'institution n'ait qu'un caractère capitaliste apparent, mais dans ce cas encore, il importe que les droits des souscripteurs soient étroitement limités à la possession d'un petit nombre d'actions, sinon l'influence des gros souscripteurs pourrait annihiler celle de la masse des adhérents ordinaires.

(1) De Rocquigny. — Les Syndicats agricoles et leur œuvre, ch. V, p. 162.

(2) V. Hubert-Valleroux. — La responsabilité civile des Syndicats professionnels. — Economiste français du 11 nov. 1899. — G. Gain : Les Syndicats professionnels agricoles. — A. Colin, 1891, chap. VI, section III et les jugements cités p. E. Coulet, ouv. cité p. 44-45.

2° Les Sociétés agricoles de Crédit ressemblent aux Coopératives d'achat puisqu'elles aussi ont pour but de procurer aux cultivateurs une catégorie spéciale de matériaux pour leur industrie, la plus nécessaire de toutes : les capitaux. Elles justifient donc les mêmes observations. On ne les conçoit guère sans responsabilité solidaire plus ou moins limitée, puisque la base de leur crédit est justement dans la garantie du cautionnement réciproque de tous leurs membres. D'autre part, si tous leurs adhérents ne recourent pas habituellement et en même temps au Crédit, tous sont intéressés à surveiller le plus étroitement possible l'emploi des fonds prêtés et dont ils pourraient en cas de non-remboursement, être appelés à assurer la restitution. Enfin leurs faibles bénéfices sont généralement employés à constituer un fonds commun pour fortifier cette garantie. Elles présentent donc également tous les caractères propres de véritables coopératives. Mais le degré de développement de chacun d'eux dépend au fond de l'étendue de la solidarité des sociétaires, qui est la clef de voûte de ces institutions. Limitée comme le permet la loi du 5 novembre 1894 aux parts souscrites par les associés, celle-ci s'atténue beaucoup chez les souscripteurs, et ceux-là seront généralement les plus nombreux, d'une ou deux parts de faible montant. En fait, étant donné surtout que l'article 2 de la loi n'impose aucune prescription quant à la répartition du nombre des voix dans les assemblées et s'en rapporte aux Statuts pour l'organisation de la direction, il est fort à craindre que l'influence des gros souscripteurs ne devienne tout à fait prépondérante. Ces sociétés sont ainsi amenés à se rapprocher de celle du type de *Poligny*, inauguré en France en 1884 sur l'initiative de M L. Milcent, c'est-à-dire de la Banque rurale par actions. Comme chez celles-ci, la plus grande partie du capital sera souscrite par un petit nombre de personnes aisées. Dans ces conditions, le caractère coopératif s'atténue beaucoup sous celui de Société de patronage. Il en est de même de ses bienfaits qui sont proportionnels au degré de désintéressement des souscripteurs du capital. De telles Sociétés peuvent même devenir très dangereuses aux mains des capitalistes qui s'en serviraient pour développer leur influence économique sur les paysans besogneux. Les préoccupations confessionnelles d'un grand nombre de Sociétés de Crédit en sont la preuve. C'est peut-être une des raisons pour lesquelles cette application coopérative n'a pas eu en France tout le succès espéré.

3° Les Sociétés mutuelles d'assurance agricole se sont beaucoup développées chez nous depuis quelques années, leur nombre était au 1er Janvier 1901 de 2480. La loi de Juillet 1900 les affranchit des formalités de la loi de 1867 sur les Sociétés et leur permet de se constituer sous les formes établies par la loi du 21 Mars 1884 sur les Syndicats professionnels. En Italie où les *Coopérative di assicurazione* sont également assez répandues, les unes sont constituées sous la forme assignée par la loi du 15 Avril 1885 aux Sociétés de secours mutuels, les autres selon les prescriptions du Code de Commerce, dans aucun cas les sociétaires ne sont tenus au delà des contributions déterminées par leur contrat (1). Ils sont donc exempts de la responsabilité solidaire illimitée. Il en est naturellement de même chez nous, puisque l'organisation syndicale n'implique pas d'autre engagement pécuniaire que le paiement de la cotisation annuelle, ici devenue une véritable prime. Dans ces conditions, nous ne retrouvons dans ces Sociétés aucun des éléments caractéristiques des vraies Coopératives. D'une part, la nature même de leurs opérations n'exige pas l'activité permanente des adhérents ; les faits qu'elles prévoient n'étant que des accidents éventuels et non des actes volontaires, elles ne manifestent donc pas cette activité générale des sociétaires qu'on retrouve dans les Coopératives. Le deuxième élément de la coopération, la responsabilité commune fait aussi défaut ; il en est de même du troisième, puisqu'aux termes de la loi, elles ne doivent réaliser aucun bénéfice. Economiquement, elles rentrent donc dans le domaine particulier de la mutualité et non dans celui de la coopération.

(1) C. Comm. Sect. II ch. II liv. 1, art. 243.

4° La coopération agricole de production et la coopération de vente sont presque généralement réunies dans les mêmes sociétés. Les coopératives agricoles répondent presque toutes à la définition qu'en donnait le rapporteur sénatorial du projet de loi sur les coopératives, M. Lourties, lors de l'introduction dans le projet d'un titre spécial pour elles, les qualifiant *Sociétés coopératives mixtes* : « La coopération mixte est une association de personnes participant à une œuvre commune en vue d'obtenir dans les meilleures conditions les choses nécessaires à la vie, de réaliser une épargne ou de tirer meilleur parti de leurs ressources ou travail (1) ». On peut donc les étudier ensemble, d'autant plus que la véritable Coopérative agricole de production, celle où les cultivateurs associeraient leur travail pour la culture en commun du territoire possédé par eux n'existant pas encore, nous ne connaissons que des sociétés où ils réunissent le produit de leurs récoltes particulières, soit pour le vendre sous sa forme naturelle, c'est le cas des simples Coopératives de vente, soit pour le transformer préalablement, c'est celui des Coopératives de transformation ou d'industrie agricole. Dans les deux cas, l'apport du coopérateur est de même nature; les mêmes observations leur sont donc applicables.

Il est évident que des Sociétés de ce genre, créées sous la forme coopérative présenteront le premier et le second des caractères nécessaires que nous avons énumérés : la participation active de tous leurs membres, chacun ne produisant que pour la Société, et la responsabilité solidaire, puisque celle-ci est nécessaire pour répondre des opérations. Mais la question est plus douteuse pour le troisième. En effet, la répartition des bénéfices ou éventuellement des pertes ne se fait pas ici en raison du travail fourni par chacun des associés, mais uniquement en proportion des produits livrés par eux à la Société Ces produits ne sont pas nécessairement ceux de leur travail; ils peuvent être le résultat du travail de salariés employés par les propriétaires. En un mot, la répartition a moins lieu en

(1) J. Off. — Sess. 1892. — Sénat p. 203.

raison du travail personnel que de l'étendue de la propriété individuelle de chaque coopérateur. N'avons-nous pas en réalité affaire à une variante des Sociétés capitalistes, plutôt qu'à une Société coopérative, puisque la propriété foncière, capital par excellence, représenté ici par sa puissance productive est en réalité la seule base de la répartition ?

DIFFICULTÉ FONDAMENTALE. — Nous touchons ici à un problème très délicat qui est presque la question agraire tout entière. En poussant jusqu'au fond des choses, c'est le grave sujet de la légitimité de la propriété foncière lui-même qui surgit dans le débat. Nous ne pouvons le discuter ici sans étendre démesurément les limites de notre sujet. Il suffit d'étudier dans quelle mesure le mode de répartition qui est celui de toutes les coopératives agricoles mixtes existantes est conforme au principe coopératif de répartition, qui caractérise les coopératives de production ouvrière.

La question est bien simplifiée en raison de ce fait que nous avons retenu, qu'il n'existe à vrai dire aucune coopérative de production agricole proprement dite, mais seulement des coopératives de transformation industrielle des produits. Il ne peut donc être ici question que de celles-ci. La production culturale reste jusqu'ici individuelle chez toutes les nations les plus avancées au point de vue économique. C'est sans nul doute que cette forme de production n'est pas en opposition radicale avec les transformations présentes de la pratique agricole et qu'elle réussit à s'y adapter progressivement, un peu grâce à cette forme élémentaire de coopération qu'est l'organisation syndicale. Quoi qu'il en soit, les produits arrivant appropriés aux coopératives qui nous occupent, il devient nécessaire de tenir compte de ce fait dans la répartition des profits de la transformation que l'Association va leur faire subir collectivement. Au fond, si la base de répartition demeure le montant de ces livraisons, elle diffère beaucoup moins dans la plupart des cas de celle des coopératives ouvrières que ne l'établissent les apparences. C'est que, l'exemple des laiteries coopératives le prouve et nous verrons que celui des Winzervereine en est une autre justification, les petits propriétaires sont à peu près les seuls qui recourent à la coopération. Quel besoin et quels avantages auraient de moyens et surtout de grands propriétaires d'aliéner en partie cette indépendance dont ils sont jaloux, puisqu'ils disposent d'une quantité de récolte suffisante pour opérer eux-mêmes dans les conditions propices les transformations nécessaires pour faire arriver leurs produits à la vente (1). Tous ont ou peuvent avoir une écrémeuse mécanique, une cuverie suffisamment installée, un alambic. Tout au plus pensent-ils à s'associer pour opérer la vente en grand, mais alors nous les voyons, comme aujourd'hui les grands viticulteurs du Midi, s'attacher uniquement à l'organisation syndicale et manifester pour la coopération complète une froideur voisine de la défiance. Donc, les récoltes qui arrivent à la Coopérative agricole sont en réalité et pour la plus grande part le produit du travail personnel de l'associé appliqué à l'exploitation de sa propriété.

De même que dans la petite propriété rurale, les caractère de capitaliste et d'ouvrier se confondent, parce qu'ici l'ouvrier est en possession de son instrument de travail, ils continuent à rester combinés dans la coopérative de transformation. C'est ainsi que la plus grande partie de la main d'œuvre demeure directement fournie par les associés. La chose est d'autant plus naturelle que la période de fonctionnement de ces coopératives est en général assez courte. Sauf le lait, la plupart des produits agricoles qu'il s'agit de transformer ne sont récoltés qu'une fois par an; bien peu sont susceptibles de conserver d'une année à l'autre leurs aptitudes à subir une transformation industrielle. Certains, comme les raisins, les fruits, les graines oléagineuses demandent à être traités presqu'immédiatement après la récolte. Il faut donc employer une main-d'œuvre considérable pendant une période de courte durée. Comment la recruter, sinon parmi les associés ? Aussi nombre de ces coopératives se passent-elles tout-à-fait de per-

(1) Contrà pour les distilleries agricoles, *Vandervelde*. — Mouvement Socialiste N° 56, p. 469.

sonnel étranger, d'autres comme les laiteries et certaines caves coopératives, se bornent à engager un technicien chargé de diriger les opérations pour suppléer à l'insuffisance d'éducation spéciale de la masse des associés. Dans les sociétés plus fortes, il peut y avoir besoin de lui adjoindre quelques employés permanents : comptables ou chefs de service ; on peut comparer le rôle de ce personnel rétribué à celui des ouvriers supplémentaires que le petit cultivateur est obligé de s'adjoindre dans les périodes de travail pressé, comme la moisson ou la vendange ; ils ne jouent dans l'exploitation qu'un rôle d'appoint. Sans doute, il peut être utile et juste de leur assurer une part dans les bénéfices qu'ils contribuent à produire, il serait inadmissible qu'ils prétendissent en être les seuls créateurs et bénéficiaires.

Quant aux ouvriers qui peuvent être engagés pour une période temporaire, dans les moments de travail pressé, on ne saurait les assimiler à ces parias de l'industrie que sont les ouvriers obligés de se déplacer sans cesse. La pratique des vraies coopératives agricoles est de réserver cette main-d'œuvre éventuelle aux associés les moins privilégiés de la fortune. Un excellent exemple est à ce sujet celui des coopératives de vinification allemande (1). Elles dressent un tableau de leurs sociétaires où sont inscrits tous ceux qui le demandent dans l'ordre inverse de leurs quantités de récolte. Le moins favorisé du sort a le droit d'y figurer le premier, suivi dans les mêmes conditions de ses compagnons d'infortune. S'il est besoin d'auxiliaires dans les travaux, c'est au premier inscrit qu'on doit faire d'abord appel et ainsi de suite pour le reste du tableau dans l'ordre des inscrits et suivant les besoins qui surgissent. Loin d'être un moyen d'exploitation des étrangers au profit de la Société le travail adjoint est donc dans celle-ci comme un pal-

(1) Comme ce que remarque en très bons termes M. G. Sorel dans une étude récente. « La coopération rurale est toujours une *union de maîtres* qui conservent leur particularité et qui cherchent, dans l'emploi d'institutions à base collective, le moyen d'augmenter leur puissance d'action sur le dehors. » Economie et Agric. — Rev. Socialiste, ann. 1901, p. 437.

(1) Josten. — Bericht uber den Winzerverein zu Mayschosz a. d. Ahr, in Mittheilungen über Weinbau et Kellerwirtchaft, 1895, n° 1.

liatif de l'inégalité de chance et de situation de ses membres. C'est un remède à la détresse des plus malheureux, une manifestation aussi louable qu'intelligente de l'esprit de solidarité qui est l'âme des vraies coopératives. Sous la réserve d'ailleurs assez commune de l'adjonction de la participation aux bénéfices pour le travail des employés permanents de l'Association, le principe de répartition qui prédomine dans les coopératives agricoles est donc aussi logique et juste, dans les conditions naturelles et sociales de cette branche de la production, que celui qui est en usage dans les coopératives ouvrières.

Nous ajouterons qu'il y est le seul pratique, car le travail de transformation opéré dans ces coopératives n'est qu'une opération ultime, de proportion assez faible par rapport à la longue série d'opérations par laquelle le producteur est arrivé à l'obtention du produit. C'est précisément parce que le profit des industriels, interposés au terme de cette série entre les producteurs et les consommateurs, est en général hors de proportion avec le service réel rendu aux uns et aux autres que les uns et les autres ont pensé à s'en affranchir en suppléant à leur rôle par la coopération. Pour répartir ce profit en raison du travail utile, les coopératives agricoles devraient évaluer le travail de production tout entier, tâche déjà très difficile dans l'industrie centralisée, impossible dans l'agricultre où le travail est dispersé, peu divisé et de résultat des plus aléatoires. Il ne reste qu'un moyen, celui de s'appuyer sur l'évaluation des quantités de produits récoltés par chacun sur sa propriété. Aux prises avec la nature capricieuse, le cultivateur est donc condamné au *travail aux pièces*. Celui-ci présente en agriculture les mêmes avantages et les mêmes inconvénient que dans l'industrie, il y est seulement plus difficile de le remplacer et généralement plus douteux qu'il y ait intérêt social à tenter cette entreprise.

DERNIERE OBJECTION. — Une dernière objection se présente. Cette coopération de transformation des produits, organisée par les producteurs eux-mêmes, naturellement à leur profit, ne va-t-elle pas devenir plus nuisible au consommateur que sous le régime actuel ? Désormais affranchis par elle de la tutelle des intermédiaires, les cultivateurs ne vont-ils pas organiser une sorte de monopole commercial des produits de la terre pour faire subir aux consommateurs toutes leurs exigences C'est la thèse qui fut récemment développée avec force et talent par un défenseur du régime commercial, M. Elie Coulet dans son livre sur le *Mouvement syndical et coopératif dans l'Agriculture française* (1). Après avoir montré dans la généralisation graduelle de l'organisation syndicale à toute la propriété rurale et le progrès de l'Association des syndicats isolés en Unions, hiérarchisées de département en département et de région en région jusqu'à la centralisation complète, la formation d'une *Fédération Agricole* qui menace d'absorber progressivement le commerce et l'industrie des produits alimentaires, il conclut « que le jour est proche où le résultat définitif de la politique agricole actuelle apparaîtra sous la forme d'un monopole des produits ruraux. »

Mais ne voyons-nous pas d'autre part les consommateurs urbains dont les intérêts sont ici évoqués s'unir et chercher aussi à se fédérer dans un but analogue ? C'est en effet le programme hautement proclamé de la coopération de consommation internationale de mettre la main sur toutes les sources de la production. « Pour résumer en trois mots, disait Ch. Gide, dans son discours d'ouverture du Congrès international des Sociétés de consommation en 1889, dans une première étape victorieuse faire la conquête de l'industrie *commerciale*, dans une seconde, celle de l'industrie *manufacturière*, dans une troisième enfin, celle de l'industrie *agricole*, tel doit être le programme de la coopération par tous pays. » (2). Onze ans plus tard, au Congrès tenu lors de la nouvelle Exposition de 1900, le rapporteur de la première question soumise au Congrès, M. de Boyve, faisait adopter la motion qu'une organisation centrale des coopératives de consommation « doit être en vue de la conquête de l'industrie (3). » Il en résulterait

(1) E. Coulet (Montpellier) et Masson (Paris), 1898, p. 190.
(2) Reproduit dans la Coopération. — Larose, 1900. p. 92.
(3) Compte-Rendu, p. 7.

que pour le commerce et l'industrie, la question ne serait pas, comme pour le lapin de la fable, de savoir s'ils veulent ou non être mangés, mais seulement à quelle sauce, campagnarde ou citadine, ils veulent être mangés. Les choses n'en sont pas encore là et les intermédiaires capitalistes qu'on se propose de part et d'autre d'éliminer, comme les victimes du Dorante de Corneille, sont gens qui se portent assez bien. Mais le danger fut-il réel que nous ne verrions que des avantages à cette Fédération séparée des producteurs et des consommateurs.

On a beau répéter que ces deux personnes sont au fond le même individu et qu'on ne parvient à les distinguer que par un effort d'analyse toute théorique. Il n'en est pas moins vrai que ce Janus avec ses deux visages a aussi double prétention, l'une d'acheter le meilleur marché possible tout ce qu'il ne produit pas et l'autre de vendre le plus cher possible tout ce qui dérive de son travail. S'en fier à l'esprit de justice et de solidarité des Associations de consommateurs pour établir le juste et légitime prix des choses, celui qui permettrait à leurs subordonnés producteurs des campagnes de prospérer aussi bien que les consommateurs des villes, devenus en fait par leur groupement prépondérant les directeurs et commanditaires de la production, serait peut-être oublier que la naïveté n'est pas précisément une vertu économique. Au besoin le peu d'empressement des Coopératives anglaises à admettre la participation de leurs ouvriers aux bénéfices malgré les exhortations des prophètes du Coopératisme suffirait à exciter l'inquiétude des ruraux, si la défiance n'était en tous pays de leur tempérament. Il est donc sage, il est peut-être utile que les deux mouvements coopératifs, l'un essentiellement producteur l'autre essentiellement consommateur, se développent parallèlement et côte à côte. C'est la plus sûre garantie que chacun d'eux ne pourra méconnaître les droits et intérêts de l'autre groupement. Jusqu'ici d'esprit et de tendances assez différents, ils nous paraissent nécessairement destinés à s'entendre tôt ou tard d'une manière plus ou moins complète car, ainsi que nous l'écrivions ailleurs, ils poursuivent au fond le même but, « la réorganisation des modes de la production et de l'échange pour arriver à une répartition plus équitable » (1). Les Congrès coopératifs l'ont compris. Dès 1890, celui de Marseille déclarait « que les Sociétés coopératives étaient disposées à s'entendre avec les Syndicats agricoles » (1) et celui de 1900 engage « les Sociétés coopératives de consommation à s'adresser pour leurs achats aux Coopératives de production » (2). Ce vœu a également été adopté par le Congrès international des Syndicats agricoles, celui de la production industrielle et par la Commission mixte des Syndicats agricoles et des Coopératives de consommation. La nécessité d'une entente cordiale est donc assez généralement comprise pour ne pas réaliser ses conséquences, dès que les deux mouvements se seront suffisamment rapprochés, par l'élimination des préoccupations étrangères qui se mêlent trop souvent à leur action et les divisent quand il serait de leur intérêt de s'unir contre l'adversaire commun : l'intermédiaire commercial.

Quant aux autres reproches qui sont adressés au mouvement d'organisation rurale : d'avoir souvent pour objet plus l'intérêt des propriétaires que celui des ouvriers agricoles, de se préoccuper plus des bénéfices à réaliser sur la seule vente ou l'achat que des améliorations culturales, de n'avoir encore fait que très peu de chose pour l'assurance contre les fléaux et accidents agricoles, il nous suffit, sans discuter leur bien ou mal fondé ou l'opportunité de juger rigoureusement une évolution à peine esquissée, de constater qu'ils s'adressent en réalité au seul mouvement syndical (1). La coopération, qui en procède, débute à peine, au moins dans l'agriculture française. Or, c'est précisément parce qu'elle exige une solidarité plus étendue, une organisation plus complète que nous la jugeons socialement supérieure et préférable à la simple union syndicale. Les Syndicats sont en fait la plupart du temps dirigés par de grands propriétaires souvent très intelligents

(1) Revue *Pages libres*. — La Coopération rurale, n° du 4 nov. 1901, 8, rue de la Sorbonne, Paris.

(2) Almanach de la Coopération p. 1901, p. 24 et 37.

(1) V. sur ce débat. E. Coulet et de Rocquigny, op. cités ch. II et livre III.

et très dévoués, quelquefois purement décoratifs et sans connaissances agronomiques sérieuses, qui en ont pris l'initiative et y consacrent leurs loisirs. Le paysan profite des avantages de cette institution sans prendre une part active à leur obtention. Trop souvent, sa collaboration syndicale se borne au paiement annuel de la minime cotisation exigible. Dans ces conditions, l'œuvre n'agit que bien superficiellement sur l'esprit des masses rurales ; elle ne contraint jamais le paysan à sortir de son égotisme pour faire lui-même œuvre de sociétaire militant et ne le force pas à acquérir les aptitudes administratives qui en feraient un agent économique plus puissant et un citoyen plus avisé. La Coopérative rurale, telle que nous en avons défini les caractères, est au contraire une institution purement paysanne, partant d'esprit plus démocratique, faite pour les petits cultivateurs qui travaillent de leurs mains et leurs auxiliaires habituels plus que pour les grands propriétaires amateurs; elle met en jeu leur responsabilité, exige toute leur activité et leur dévouement ; elle implique leur surveillance active et même le choix des administrateurs dans leurs propres rangs. Elle est donc pour les masses rurales un instrument d'éducation et de relèvement social plus puissant encore que ne le sont les coopératives de consommation pour les populations ouvrières. Elle est aussi d'édification plus facile et plus susceptible de généralisation que les Coopératives ouvrières de production parce qu'elle s'adapte à des travaux pour la plupart encore sous le régime de la petite propriété. Pour toutes ces raisons, nous croyons donc que l'extension graduelle de l'organisation coopérative est le seul remède possible à la crise de la petite production rurale. Les paysans comme les ouvriers ne peuvent améliorer sérieusement leur condition, ni par la grâce pesante de l'Etat politicien, ni par la grâce illusoire d'une catastrophe sociale, mais surtout par eux-mêmes, en s'organisant pour s'entr'aider au lieu de s'isoler par concurrence et jalousie.

CHAPITRE III

Conditions Générales de l'Application de la Coopération à la Viticulture

OBSERVATION PRELIMINAIRE. — Nous n'avons si longtemps insisté sur les conditions et les caractères généraux du mouvement coopératif agricole dans son ensemble que pour débarrasser le terrain des questions générales qui reviennent à chaque pas quand on étudie une de ses applications particulières. Nous tenions aussi à spécifier les traits caractéristiques de la coopération vraie pour bien délimiter notre sujet par rapport aux autres formes d'action commune avec lesquelles on la mêle et confond trop souvent, parce qu'elles en sont en effet le point de départ : la *mutualité* et le *syndicalisme*. Celles-ci, comme les institutions de caractère capitaliste, ne nous intéresseront donc que dans la mesure où elles ont contribué à la genèse de la coopération proprement dite. Etudions maintenant une des plus récentes, des moins connues jusqu'à présent et pourtant déjà des plus remarquables applications de l'Association rurale : la Coopération viticole (1).

Dans une série de manuels élémentaires, accueillis avec

(1) Nous croyons en effet avoir été en France des premiers à en révéler l'existence au grand public agricole et aux économistes, comme nous pensons que cet ouvrage est la première étude d'ensemble sur ce mouvement dans l'Europe tout entière. (Voir la Bibliographie.) Ceci dit, non pour nous targuer d'une vaine priorité, mais pour expliquer les oublis et les défauts, voire les erreurs éventuelles d'un travail pour lequel nous manquait l'exemple des devanciers.

faveur par le public viticole et les spécialistes de la presse agronomique : la *Viticulture Nouvelle* (1896, 2e édition 1900); la *pratique des Vins*, 1899, et les *vins de France*, 1900 (1), nous avons cherché à condenser à un point de vue pratique, en combinant notre double expérience de petit propriétaire-viticulteur et d'universitaire, toute la matière essentielle de la science viticole et œnologique. Cela nous dispense d'insister ici sur les détails de cette branche si importante de l'Agronomie. Nous nous bornerons donc à rappeler les conditions générales de l'industrie viticole pour faire connaître la nature du champ sur lequel nous allons voir germer aujourd'hui de toutes parts la semence coopérative.

OPINIONS ANCIENNES SUR L'ASSOCIATION VITICOLE. — Au premier abord, parmi toutes les assises de ce sol, noté si longtemps comme absolument défavorable à l'organisation coopérative, qu'est l'Agriculture en général, il n'est pas de terrain plus naturellement ingrat que la Viticulture. Un économiste, dont la sociologie assez aventureuse ne manque souvent pas de finesse et d'à propos, M. Demolins a résumé dans une page connue d'un volume qui a fait quelque bruit, les objections dominantes que l'Economie sociale lui paraissait pouvoir formuler contre la culture de la vigne. « La vigne désagrège la communauté par ce fait qu'elle permet à chacun, avec ses seuls bras, avec un tout petit capital et sur un tout petit espace, de se créer une exploitation..... la vigne comme toutes les cultures fruitières, soutient l'individu, le patronne bien plus qu'elle ne l'incite à se soutenir, à se patronner par lui-même. Cette culture n'a donc pas pour effet de développer chez les individus l'énergie fondamentale au travail et l'aptitude radicale à surmonter par soi-même les difficultés..... Aussi, quand ce patronage vient à faire défaut, on assiste à la débandade lamentable dont tant de régions de vignobles ont été le théâtre..... le vigneron s'abandonne lui-même et

(1) Librairie Alcan, 108, boulevard Saint-Germain, Paris, Bibliothèque utile à 0 fr. 60.

abandonne à la destruction ce qui était la ressource de sa vie » (1).

Ces opinions semblaient corroborées par le silence habituel des écrivains spéciaux sur la question des applications possibles de l'Association à la viticulture. C'est à peine si quelques-uns des ampélonomes les plus distingués lui ont en passant consacré quelques lignes, encore n'est-ce le plus souvent que pour constater la difficulté d'aboutir. Le seul qui l'ait fait avec quelques détails, *Romuald Dejernon*, après avoir indiqué l'association comme un des moyens les plus urgents pour doubler la production du vignoble français, tâche qu'il jugeait nécessaire, ajoute découragé « Mais en face du paysan routinier et ignorant de nos contrées qui se laisse encore diriger par le précepte : chacun chez soi, chacun pour soi, l'Association ne pourra se généraliser, nous le croyons, que sous le patronage d'une administration centrale, généreuse et bienveillante qui, lui donnant la première impulsion et dirigeant ses premiers pas, la soutiendra de ses exemples, de ses conseils et de ses fonds, jusqu'au moment où grandie, elle l'affranchira insensiblement et lui apprendra à marcher seule » (2). C'est l'invocation ordinaire aux sociologues dans l'embarras. Quand leur panacée tarde à faire son effet, ils invoquent la Providence d'en haut, nous voulons dire la tutelle administrative, généralement sans calculer le prix de son intervention problématique.

Par une piquante coïncidence, à l'heure même où Dejernon écrivait sa prière, un pauvre paysan d'un tout petit village perdu dans un coin obscur de la Prusse Rhénane, le vigneron sacristain *Kossmann*, de la paroisse de Mayschosz, homme que sa profession accessoire aurait dû, semble-t-il habituer à se fier plutôt aux puissances tutélaires, imaginait, peut-être en appelant les fidèles à la prière, le mode d'association libre qui allait sauver ses compatriotes vaincus et découragés. L'administra-

(1) Les Français d'aujourd'hui. Les types sociaux du Midi et Centre. F. Didot. Liv. II, chap. III, p. 136.

(2) La Vigne en France, Pau, 1867. — Ch. V., n° IV, p. 102.

tion centrale de son pays était alors occupée à une tâche moins pacifique, elle réparait les canons de Sadowa pour les conduire à Sedan. Sans elle, Kosmann et son ami Josten surent pourtant mener à bien l'œuvre d'initiative hardie qui sert aujourd'hui d'encouragement et de modèle à la viticulture européenne tout entière. Cet exemple est bien fait pour rendre sceptique sur les conclusions prématurées des sociologues et rassurer ceux qui ont foi surtout dans la bonne volonté individuelle.

LES CONDITIONS ECONOMIQUES DE LA VITICULTURE. — De tous les écrivains viticoles, celui qui a le mieux compris l'importance et les caractères économique de la culture de la vigne est le le Dr Guyot, précisément parce qu'il est un de ceux qui l'ont le plus passionnément aimée. Cet esprit curieux et original, dont les réflexions d'ordre social partout semées, comme par inadvertance, de causeur primesautier et volontiers prolixe, à travers son grand ouvrage sur les *Vignobles de France* constitueraient, coordonnées, un système d'économie rurale fort indépendant des doctrines courantes, a particulièrement insisté sur le trait suivant, déjà signalé par Montesquieu, que la culture de la vigne est la *culture colonisatrice* par excellence. « La culture forestière, écrivait-il en 1862, ne donne ni hommes ni argent ; la culture pastorale donne peu d'hommes et peu d'argent ; la culture fermière s'entretient à peine d'hommes et d'argent ; la viticulture seule, avec quelques autres cultures à haute main-d'œuvre et à produits d'échange, crée plus d'hommes et d'argent que toutes les fermes, tous les pâturages, toutes les forêts ». (1)

Alors que le problème rural tel qu'il se pose pour les cultures anciennes, céréales et graines alimentaires, semble être de réduire le plus possible la main-d'œuvre pour obtenir le maximum de produits au meilleur marché possible, en viticulture proprement dite, tout progrès se traduit le plus souvent par une augmentation de main-d'œuvre. En effet, les opérations viticoles les plus essentielles comme la taille de la

(1) Rapport sur la Viticulture du Nord-Est, p. 198.

vigne, les pincements, l'ébourgeonnage, la cueillette etc., ne peuvent se faire qu'à main d'homme. Toutes sont des travaux qui exigent de l'intelligence et de la réflexion pour chaque cas particulier, ce sont des opérations compliquées qui relèvent de l'art horticole et qui exigent absolument des spécialistes expérimentés. Mal exécutées par des ouvriers brutaux et bornés, elles pourraient compromettre gravement la récolte et souvent la vie même de la vigne. C'est dire qu'elles ne pourront jamis être faites par des machines. Le seul exemple d'innovation récente qui se soit traduit par une réduction de main-d'œuvre, l'extension de la pratique du labourage à la charrue concerne justement une pratique qui n'a rien de spécialement viticole, tous les terrains en culture ayant besoin du même traitement. Encore ne s'est-elle propagée, et c'est la justification des observations précédentes, qu'à raison des besoins de main-d'œuvre nouveaux et considérables que l'irruption des maladies cryptogamiques : oïdium, mildiou, botrytis, black-rot, etc., et les traitements coûteux et variés qu'elles exigent avaient fait naître partout. Tout ce qui s'est plus ou moins multiplié depuis dans la pratique viticole : fumures intensives, tailles savantes, greffage et culture des pépinières, incision annulaire, cisèlement, etc., exige un surcroît de main-d'œuvre. La culture de la vigne est aujourd'hui une opération si absorbante et si compliquée qu'elle devient de plus en plus impossible en concours avec d'autres cultures simultanées. Comment labourer, soufrer, sulfater, rogner, attacher quand les foins attendent pour être enlevés ou que la moisson presse ? Aussi la *monoculture*, autrefois l'exception, devient de plus en plus la règle dans l'industrie viticole. Aujourd'hui, pour un agriculteur, c'est risquer de tout perdre que de vouloir tout récolter en même temps que du vin.

Ce caractère en commande un autre, c'est que la viticulture est *essentiellement individualiste*. Exigeant beaucoup de main-d'œuvre et une main-d'œuvre de plus en plus instruite, de plus en plus intelligente et expérimentée, elle ne progresse qu'en développant la valeur individuelle de ses opérateurs. De plus, si on peut là pratiquer à l'exclusion de toute autre, c'est parce qu'elle donne des produits de haute valeur sous un petit volume et qu'elle suffit pour faire prospérer ceux qui l'entreprennent. Les cantonant ainsi dans une opération exclusive qui, pour être productive n'exige ni grandes surfaces ni d'énormes capitaux, mais simplement beaucoup d'application et de travail individuel, d'une part elle isole le vigneron du reste de la masse agricole et de l'autre, elle lui donne aisément une indépendance matérielle qui peut pousser son individualisme jusqu'à l'égoïsme indisciplinable. C'est ce qu'a bien remarqué M. Demolins, qui de plus constate à regret chez les vignerons « des tendances égalitaires et démocratiques » plus accusées que dans le reste des masses rurales. Mais il n'a pas tenu compte des changements qu'il avait sous les yeux ni très bien discerné les caractères de cet individualisme qu'il constatait. Il n'a vu que le résultat, le bien-être, qui partout où il se développe largement chez les hommes de culture médiocre, engendre nécessairement un défaut mortel pour l'énergie productive, l'*embourgeoisement*. Nous caractérisons par ce mot balzacien, la vanité ridicule du parvenu, son goût de l'ostentation extérieure et de la dépense futile, sa déférence pour le convenu et la banalité officielle, sa plate admiration pour la fortune acquise, n'importe comment, bref tous les vices et tous les ridicules par lesquels s'en va l'énergie de sa race. Il tenait de ses pères l'amour du travail mais il ne le lègue plus à ses descendants. Faire de ses fils des paysans qui, grossièrement vêtus et hâlés par le soleil, continueraient à cultiver durement cette terre qui pourtant l'a enrichi, fi donc ! Est-ce à ceux-là que vont en général ces biens éminents que le parvenu vénère sous les noms de *considération* et *d'honneurs* ? Non, il rêve pour ses fils une situation plus en vue, de préférence dans les carrières libérales. Il en fait plutôt des fonctionnaires, des officiers, des avocats, des médecins, souvent sans cause ou sans malades, tous gens réputés pour faire ce qu'on appelle de *beaux*

Op. Cité, 141 — 42.

mariages. Il ne parviendra souvent qu'à en faire des ratés ou des prodigues qui, dépensant sans compter des capitaux qui pour eux ne représentent pas des années de peine et d'économie, gaspillent mal à propos cet or, fatal, qui eût fécondé à nouveau la terre des aïeux. Voilà ce qu'a vu M. Demolins en vingt lieux de la France, ce qu'on voyait dans le Midi avant le phylloxera, ce que nous avons vu nous-même en Bourgogne autrefois et qu'on revoit peut-être là où ne sévit pas encore la mévente.

Mais ce qu'il n'a pas vu et qu'il aurait pu voir, parce que ç'a été vingt ans la réalité de notre temps et que le tableau qui précède est celle d'hier, c'est l'énergie incomparable de ces vignerons de France à l'heure terrible de la crise phylloxérique (1). Les sots sont partout les mêmes, dans toutes les professions; comme ils occupent le devant de la scène avec leurs encombrantes personnes, c'est par eux qu'on juge trop généralement de l'état d'âme du public d'où ils sortent si nombreux. Ainsi en-a-t-il été pour les viticulteurs. Mais plus de réflexion permet de mieux percevoir pourquoi cette catégorie de travailleurs, qui paraissait devoir « s'abandonner à la destruction » aux jours de crise, s'est au contraire révélée si vaillante et si capable de progrès.

TRANSFORMATIONS RECENTES. — D'abord, et c'est là un fait qui n'a pas été assez remarqué, les tendances individualistes que développe l'industrie viticole sont corrigées dans une large mesure par l'*agglomération* plus étroite de ceux qui s'y livrent et l'esprit de *sociabilité* qui en est la conséquence. En effet comme cette culture exige beaucoup de main-d'œuvre, en moyenne huit fois plus que celle du blé, d'autre part que la surface suffisante pour occuper complètement et entretenir à suffisance un ménage ouvrier (2 à 3 hectares en moyenne), est plus réduite, il en résulte que la population est beaucoup plus dense dans les régions viti-

(1) Sujet développé dans le récent discours de M. Hanotaux « Sommes-nous en décadence? » prononcé devant la réunion des Cinq Académies, Nov. 1900.

coles. Cela est particulièrement sensible par le rapprochement des villages, régulièrement distribués sur les flancs et à la base des coteaux à une distance variable en général de 2 à 3 kilomètres seulement. En Bourgogne, par exemple, où les bons vignobles de la Côte-d'Or forment une étroite bande variant de 3 à 5 kilomètres au plus le long de la route nationale de Dijon à Chalon-sur Saône, on ne rencontre dans cet espace pas moins de 34 villes ou villages sur une longueur de 45 kilomètres.[1] Il en est de même dans tous les grands vignobles de la France et de l'étranger. Ces villages sont aussi plus agglomérés pour trois raisons : d'abord le plus haut prix de la terre qui porte à ne distraire de la culture que le moins possible de terrains et surtout les moins productifs; ensuite parce que les installations viticoles, presque sans bétail, n'exigent que des surfaces beaucoup plus réduites que celles des bâtiments agricoles ordinaires; enfin que l'éloignement des terrains à cultiver étant toujours faible, il y a beaucoup moins d'avantages à disperser les habitations qu'à les réunir. En outre, la viticulture laisse à ceux qui la pratiquent plus de loisirs que l'agriculture générale, surtout en hiver quand la vigne se repose et à la veille des récoltes, quand il n'y a plus à attendre que la maturité définitive. Joignons à cela, l'influence très réelle du vin lui-même qui, chacun le sait, est toujours meilleur bu en compagnie.

Pour toutes ces raisons, et la prospérité aidant, les viticulteurs, plus habitués à vivre côte à côte, ont donc des habitudes de *sociabilité* plus grandes que les autres populations agricoles. Leur loquacité naturelle, leurs habitudes de large hospitalité un peu mêlée d'ostentation, leur goût pour la «politique», volontiers la plus radicale, en constituent les témoignages les plus apparents. Or, comme on ne peut *associer* au sens économique du mot que des gens déjà *sociables* au sens mondain, le monde viticole offre à ce point de vue des facilités qu'on ne rencontrerait pas au même degré dans n'importe quelle autre branche de l'agriculture tout entière.

D'autre part, le même principe individualiste, qu'on voit produire de si mauvais effets chez les âmes médiocres, développe une extraordinaire virilité chez les autres. Nous avons vu que la viticulture exige des connaissances et une expérience individuelles très développées, que par conséquent elle suppose pour être pratiquée avec profit une intelligence relativement plus vive que d'autres cultures uniformes comme la culture herbagère ou celle des céréales, par exemple.

Or, si l'intelligence développe l'individualité, elle développe aussi l'aptitude à comprendre les situations et à s'assimiler les moyens d'y remédier, partant quand la nécessité oblige, à changer les habitudes traditionnelles pour s'adapter très vite aux besoins nouveaux. C'est ce qui s'est manifesté dans l'espace de deux décades dans toute la viticulture française. Tour à tour, chacun de nos vignobles a éprouvé du fait de l'invasion phylloxérique le même désastre. En quelques années, la source de prospérité d'autrefois asséchait soudain, la vigne semblait comme fauchée, sans métaphore, par la racine. Non seulement le propriétaire, hier si à l'aise, se trouvait presque du jour au lendemain menacé d'être sans ressources et, s'il n'avait pas d'économies, sans moyens d'existence, mais encore dans l'obligation de faire de lourdes dépenses pour défendre d'abord son vignoble, tant qu'on espéra pouvoir y arriver par les insecticides, pour le relever ensuite et attendre le résultat, quand le greffage sur souches américaines apparut à partir de 1880 comme le seul moyen de salut définitif (1).

Jamais désastre semblable n'avait frappé une branche si importante de l'Agronomie, jamais l'histoire agricole n'avait eu à enregistrer pareille calamité. Quinze cent mille hectares de vignobles détruits en un quart de siècle, vingt années de récoltes médiocres obligeant la France, hier fournisseur de l'étranger à lui acheter sa boisson habituelle, en tout dix à vingt milliards de capitaux détruits, deux fois le coût de la guerre funeste de 1870, tel est le bilan de cette tragédie. Ceux qui, comme nous, ont vécu cette période sinistre, qui en ont ressenti les contre-coups jusque dans leur foyer, ceux-là, à défaut de la littérature absorbée par l'étude de ce microcosme cosmopolite qu'est le Tout-Paris (1), en ont gardé la forte impression.

Pour rappeler des souvenirs personnels, nous avons vu en 1885 dans les villages de Vosne-Romanée et de Meursault, les plus beaux territoires viticoles de toute la Bourgogne, des vignerons qui, trois ou quatre ans auparavant récoltaient encore 100 pièces de vin par an, d'une valeur moyenne de 80 à 100 francs, donc des travailleurs arrivés à une large aisance, réduits à confectionner avec des raisins secs un peu de piquette pour leur boisson de l'année. Ils n'avaient rien récolté, leurs vignes étaient mortes ; ils ne pouvaient plus récolter et leurs sols, trop secs ou trop légers, d'ailleurs de surface trop restreinte, étaient inaptes aux cultures ordinaires. Que firent alors ces individualistes abandonnés de l'Etat-Providence qui, sauf un dégrèvement que d'ailleurs il ne pouvait plus refuser, n'avait trouvé pour les sauver que des règlements prohibant le seul remède efficace; l'importation des vignes américaines. Sans guides et sans expérience, convaincus par les faits malgré toute la science officielle, en vain contestée par quelques rares défenseurs des vignes nouvelles, Planchon entr'autres et quelques jeunes savants encore peu connus, comme Viala, de l'inefficacité du palliatif provisoire qu'on leur imposait comme un remède assuré : le sulfure de carbone, au mépris des règlements et des arrêtés, ils tentèrent en cachette l'essai des nouveaux plants. Ils les allaient chercher bien loin, les introduisaient en fraude dans des caisses de bougies ou de savon, les plantaient mystérieusement et attendaient. Après trois ou quatre ans d'attente, les uns s'apercevaient qu'ils avaient été volés par des méridionaux sans scrupules, les autres que leurs précieux producteurs ne pouvaient donner que du bois pour le greffage, mais pas de fruits; les plus au courant récoltèrent. C'était le succès. Et chacun de les imiter. Devant la clameur grandissante, il fallut

(1) V. cependant le roman de G. Guiches, *l'Ennemi*. Bibl. Charpentier. Pour l'historique, notre étude de la Revue de Géographie : *La Renaissance Viticole*, août-sept. 1894, et Viticulture Nouvelle. Introduction. — F. Alcan, 1897.

autoriser les plants défendus; on tint des Congrès, on fit des champs d'expérience; il surgit bien quelques autres accidents comme la chlorose et maintes déceptions avec les producteurs directs, mais enfin l'élan était donné. La reconstitution fut le salut. Nombre de grands propriétaires qui avaient beaucoup tardé à convenir de la vérité suivirent alors l'exemple des petits et, vu le zèle de leur conversion, passèrent bientôt pour les ouvriers de la première heure. On n'oublia pas de les en féliciter et la Bourgogne fut sauvée.

Cette histoire, pour n'être pas absolument officielle, est avec quelques variantes, comme çà et là l'initiative intelligente de quelques professeurs ou de grands propriétaires plus avisés, celle de vingt autres départements viticoles dans la première période de la crise. Faut-il rapporter tout le mérite du succès à l'individualisme intelligent des premiers vignerons qui osèrent suivre les conseils de Planchon, Laliman, Pulliat, Viala, Couderc, Millardet, Gervais, Roy-Chevrier et tant d'autres pionniers, connus ou obscurs, de la viticulture franco-américaine ? Non, beaucoup cédèrent seulement à l'inéluctable nécessité. C'était pourtant un mérite, car en de telles circonstances il se trouva bien des sots qui s'obstinèrent, préférant se résigner à la ruine que d'aller au progrès. Mais il n'en reste pas moins acquis que la grande masse des viticulteurs français a changé d'habitudes, que sa culture générale a considérablement grandi et avec elle, l'aptitude à chercher dans de nouvelles combinaisons les moyens de remédier aux nouveaux obstacles. Le vigneron d'aujourd'hui a dû ajouter à la connaissance des cépages français, souvent très variés dans chaque région, celle des nouveaux cépages américains, porte-greffes ou producteurs directs et étudier leurs habitudes et leurs besoins pour modifier sa culture selon leurs convenances. Il a emprunté à l'horticulture la pratique habituelle du greffage avec ses conséquences : entretien permanent de pépinières, abandon du provignage, nécessité du sevrage, etc. Il a dû s'initier aux éléments de la géologie et de la chimie agricoles en raison de la difficulté spéciale d'adaptation des vignes américaines et de la généralisation de l'emploi des engrais. Il sait maintenant par expérience que l'analyse de ses terrains doit être le préliminaire indispensable de son entreprise, de même que celle des moûts doit être le premier acte de la vinification. Pour s'assimiler toutes ces connaissances, il a fallu prendre contact avec les hommes de science pure par l'intermédiaire des professeurs d'agriculture ; il en est résulté un mutuel échange d'observations et d'idées, une féconde union des hommes de laboratoire et des hommes de la pratique qui a déjà fait de la viticulture moderne la plus scientifique de toutes les branches de l'Agriculture.

PROGRES DE L'ESPRIT D'ASSOCIATION. — Tous ces résultats n'ont pu être obtenus par les viticulteurs qu'en sortant progressivement de l'isolement routinier où jadis la plupart se complaisaient. Les grands propriétaires d'autrefois, indifférents à la culture de leurs domaines, ont dû, ou bien s'atteler eux-mêmes à la reconstitution et à la direction de leurs vignobles, ou s'en défaire à des prix de ruine ; les petits ont dû se serrer les coudes pour lutter ensemble et tous, s'éduquer mutuellement par des conseils et des exemples pour s'initier aux détails de la pratique nouvelle. C'est ainsi que l'habitude de l'action commune s'est introduite et peu à peu développée dans la viticulture. Pour appliquer les insecticides, on a d'abord fondé, conformément à la loi du 15 décembre 1888, des Syndicats de défense contre le phylloxéra. Pour apprendre à greffer, établir d'abord, puis propager les méthodes nouvelles expérimentalement vérifiées, il a fallu venir aux conférences, tenir des Congrès, ouvrir des cours temporaires, organiser des Sociétés vigneronnes. Pour se procurer avec sécurité et dans des conditions convenables sulfure de carbone, bois américains, plants greffés, engrais chimiques, souvent même pour créer des pépinières et des champs d'expériences, il a fallu organiser des Syndicats. Ailleurs, on institue des Syndicats de défense contre les gelées de printemps. Toutes ces institutions nouvelles exigent une discipline de plus en plus développée qui achemine insensiblement les vignerons vers une coopération plus complète. Aujourd'hui que le tir au canon contre la grêle s'est relativement propagé, on voit se multiplier en Italie, puis en France, les Associations de tir, fédérées par régions (1).

Pourtant, il reste néanmoins vrai que la viticulture, ne se prêtant que fort peu au développement du machinisme et à la division des tâches, demeure une occupation agricole plus productive avec le producteur autonome, quand il est travailleur, expérimenté et suffisamment pourvu de capitaux, que sous le régime capitaliste de la grande exploitation industrialisée. D'autre part, les avantages que l'action commune pourrait donner : plus grandes facilités d'approvisionnement et direction plus éclairée, peuvent aussi bien être obtenus par la simple action syndicale, qui ne met pas sérieusement en jeu les responsabilités individuelles. La viticulture resterait donc pour l'instant un domaine peu favorable au développement de la coopération vraie, dont la nécessité n'apparaîtrait pas encore, si, à la culture de la vigne, ne se joignait dans ses opérations une industrie elle beaucoup plus susceptible d'un changement de régime : celle de la vinification ; et si l'écoulement de ses produits était mieux assuré par le *commerce des vins*, dont les intérêts sont loin d'être toujours harmoniques avec ceux des producteurs. C'est dans ces deux directions que nous allons apercevoir les applications possibles et les avantages de l'action coopérative.

LES TRANSFORMATIONS DE L'INDUSTRIE VINICOLE. — Faire du vin semble à tous les vignerons chose facile ; ce qui l'est moins, c'est même avec une vendange saine, de faire du *bon vin* ; ce qui devient très difficile, c'est avec une vendange en mauvais état, pourrie ou insuffisamment mûre comme il arrive dans les années à automnes froids et pluvieux, d'obtenir quand même un *vin passable*. Or, il n'est certainement pas de matière où le défaut de culture scientifique ait pour la masse des petits producteurs des consé-

V. Livre III. Chap. I.

quences plus graves que dans la pratique de la vinification. C'est ce que constatait le Dr Guyot en 1867 : « Il serait impossible, écrivait-il, de calculer quelles pertes, en quantité, en qualité ou en argent, l'absence d'enseignement de la viticulture et de la vinification a fait subir depuis cinquante ans à la France, à l'Etat et aux particuliers. Perte de fins vignobles, perte de réputation, anéantissement de la première base de la richesse française (1). » Depuis, cet enseignement a été institué et largement doté par la troisième République. Le développement progressif du nombre des Stations agronomiques, des écoles pratiques d'agriculture, malheureusement trop peu pourvues d'élèves, et des professeurs spéciaux de canton et d'arrondissement, tend à généraliser l'emploi des meilleures méthodes. Malheureusement nous pensons que malgré tous les efforts, la petite culture vigneronne qui lutte avec succès contre la grande propriété pour la viticulture proprement dite, aura de plus en plus de peine à suivre les progrès de l'industrie de la vinification et risque de se trouver de ce chef à bref délai dans un état d'infériorité économique dangereux pour sa prospérité et son indépendance. Comme nous l'écrivions dans la conclusion de notre *Pratique des Vins* (1) « la vinification familiale est appelée à disparaître devant la concurrence des celliers perfectionnés, les usines de vinification de l'avenir, comme la brasserie de ménage a disparu devant la brasserie industrielle », et ajouterons-nous, comme la distillerie paysanne disparaîtra devant la distillerie industrielle aussitôt qu'elle ne jouira plus du privilège des bouilleurs de crû.

Cette proposition, qui paraît dans l'état présent des choses un peu risquée à quelques œnologues très compétents, nous semble au contraire en voie de justification progressive pour beaucoup de raisons. 1° Parce qu'elle est conforme à la loi générale du développement des industries, qui tendent toutes à l'autonomie dès que leurs procédés ont acquis un degré de

(1) Rapport sur la Vitic. du Sud-Ouest, p. 22.
(1) L'Evolution de l'industrie œnologique, p. 181. — F. Alcan, 1899.

perfectionnement et de complexité suffisant pour que la division du travail et la concentration des moyens de production deviennent des avantages sérieux. Ainsi ont presque disparu dans le courant de ce siècle le tissage domestique de la toile, jadis pratiqué par tous nos producteurs de chanvre ou de lin, la meunerie et l'huilerie paysannes avec moteurs à bras ou à vent, ainsi disparaissent sous nos yeux la préparation individuelle des conserves, devenue le fait de vastes usines, le battage et la distillation chez les particuliers, ceux-ci ayant intérêt à s'adresser à un entrepreneur pourvu d'un appareil à vapeur, et même la beurrerie et la fromagerie de ménage, en raison de la supériorité des rendements et des produits des laiteries industrielles.

Comme dans ces industries agricoles, les mêmes causes agissent en œnologie pour produire les mêmes effets. Les opérations de la vinification, jadis l'objet d'un art tout empirique, deviennent de plus en plus la matière d'une science sûre de ses méthodes et de ses résultats. C'est la conséquence de la grande découverte pastorienne du nouveau monde des infiniment petits ou microbes. Du jour où l'illustre savant eut démontré que toutes les fermentations étaient dûes chacune à l'action d'un être particulier pratiquement déterminable, la pensée devait naître d'isoler cet organisme, de le multiplier artificiellement et de modifier son milieu nourricier de manière à diriger son action et à lui faire produire avec certitude le maximum d'effet utile. C'est Pasteur lui-même qui, dans ses immortelles «*Etudes sur le vin, ses maladies, les causes qui les provoquent, procédés nouveaux pour le conserver et le vieillir,*» (1) a le premier entrevu toutes les conséquences de sa découverte pour la pratique de la vinification et indiqué les directions où les applications industrielles pouvaient y trouver un large champ d'action. En effet, depuis ses travaux, nous avons vu naître les pratiques savantes, déjà pour la plupart l'objet d'industries spéciales : de la *sélection* des levures pures, de la *pasteurisation* des vins, de

(1) Paris, 1867 et 2 éd. 1873.

la *stérilisation* des moûts suivie du levurage artificiel, du *vieillissement artificiel* par le chauffage, de la concentration des moûts, etc., etc. La caractéristique de ces innovations est que toutes exigent à la fois une culture scientifique sérieuse acquise dans les laboratoires spéciaux et des instruments délicats et perfectionnés de prix très élevé, dont l'action est d'autant plus efficace et le rendement d'autant plus économique, qu'ils sont plus puissants et partant plus coûteux. C'est ainsi qu'au récent concours de pasteurisateurs à Beaune, l'instrument qui donna les meilleurs résultats et obtint la première médaille valait 22.000 francs. C'est dire que très peu de grandes propriétés elles-mêmes auraient eu assez d'importance pour en justifier l'achat ; pourtant aux mains d'un entrepreneur, nouvel intermédiaire appelé à prendre de plus en plus d'importance, il a rapporté de beaux bénéfices. Il n'est pas besoin d'être grand prophète pour comprendre que toutes ces pratiques sont appelées à se développer considérablement, à se régulariser et à devenir l'objet d'installations systématiques, exploitées commercialement par des intermédiaires de plus en plus indispensables à tous les viticulteurs stimulés par la concurrence. Les connaissances, le matériel et les capitaux qu'elles exigent seront de moins en moins à la portée du petit propriétaire. Comment lui demander de se faire microbiologiste et d'apprendre à sélectionner et multiplier les levures ou de s'initier aux procédés délicats de la chimie analytique ? Comment aussi doubler chaque exploitation viticole d'un laboratoire expérimental et y faire pénétrer ce matériel coûteux et compliqué hors de proportion avec les ressources de l'exploitant, la durée et l'importance de ses besoins particuliers ? Dans ces conditions, plus l'industrie de la vinification se compliquera et se perfectionnera, plus elle se détachera de l'exploitation viticole proprement dite pour devenir autonome. C'est d'ailleurs ce que prévoyait Agénor de Gasparin dès 1848 : « La fabrication du vin, disait-il, ne sera parfaite que quand on aura introduit encore ici la division du travail et que, comme en Champagne, le fabricateur achètera les raisins du cultivateur pour les soumettre à des manipulations raisonnées » (1).

L'EXTENSION DU ROLE DES COMMERÇANTS EN VINS. — Mais dira-t-on, les Sociétés Œnologiques qui se sont constituées dans ce but spécial de vinifier les raisins achetés autour d'elles n'ont pas réussi. C'est que l'importance de l'opération de la vinification est pratiquement moins grande que celle de l'écoulement des produits. Ces Sociétés manquaient de débouchés et c'est à l'importance de ceux-ci que doit être subordonnée l'étendue de la fabrication. En fait, l'évolution de l'industrie œnologique s'opère dans le sens suivant. Elle échappe en partie aux viticulteurs pour tomber aux mains des commerçants en vins qui préfèrent souvent, particulièrement quand il s'agit de préparer des vins fins, opérer eux-mêmes en achetant aux récoltants, non les vins faits mais les raisins qui serviront à les produire. L'opération industrielle de la vinification reste subordonnée, désormais moins à la culture qu'à la vente des vins. Cette évolution est presque complète dans la Champagne, où les fabricants de vins mousseux achètent le plus généralement les raisins pour les vinifier eux-mêmes et préparer à leur convenance les vins de tirage. Ce n'est que dans les années de grande abondance ou de récoltes de mauvaise qualité qu'ils laissent aux viticulteurs, avec ce soin, les risques de l'écoulement, alors considérables. Il en est de même dans les régions du Saumurois et de la vallée du Rhin où la fabrication des mousseux s'est développée. Aujourd'hui, cette industrie paraît appelée à se généraliser à toutes les régions viticoles, même à celles de grande abondance comme le Midi. Si l'on réussit, comme les récentes expériences des concours d'Alger et de Béziers le font présumer, à créer le bock de vin mousseux à 0 fr. 25 destiné à combattre et supplanter la consommation de la

(1) Cours d'Agriculture T. V. p. 689.

bière au détail (1), il faut s'attendre à la voir implanter avec elle la pratique ici nécessaire, de la vinification autonome. Même pour les vins blancs et rouges, l'achat des raisins de vendange par le commerce est d'une pratique courante en Bourgogne et dans la Franche-Comté, dans la vallée du Rhin et sur beaucoup de points de l'Italie.

Cette innovation présente de nombreux avantages économiques. D'abord, les commerçants, plus au courant des goûts de la clientèle, peuvent composer et préparer leurs cuvées d'une manière plus satisfaisante pour elle. Ils ont aussi plus de chances, grâce à leur faculté de varier les achats et de grouper les récoltes de cépages et de lieux différents, d'arriver à obtenir des types d'une constance plus grande, considération de première importance pour l'établissement de cours réguliers et la création d'habitudes commerciales. Mieux pourvus de capitaux et généralement d'instruction spéciale et d'expérience technique que les petits propriétaires, ils peuvent donner à leurs cuvées des soins plus intelligents et plus parfaits. Leur matériel vinaire est abondant et régulièrement renouvelé, bien entretenu par des tonneliers, la propreté règne dans leurs celliers et appareils, leurs locaux sont spécialisés et construits selon les règles de l'art. Rien de tout cela n'existe chez la plupart des petits vignerons qui manquent de matériel et de vaisselle vinaire ou n'en possèdent trop souvent qu'en très mauvais état, qui n'ont aussi que des locaux encombrés, voisins d'écuries à mauvaises odeurs, bref qui sont souvent placés dans des conditions déplorables pour opérer une vinification suffisante. Même quand leur installation et leur expérience sont satisfaisantes, ils n'arrivent pas, pour les vins fins surtout, à tirer de leurs raisins le meilleur parti possible. S'ils possèdent quelques parcelles de crûs classés, l'étendue de celles-ci est généralement trop petite pour qu'ils puissent faire des cuvées particulières pour chaque catégorie de produits; ils sont obligés de grouper des raisins

(1) Progrès Agricole du 16 juin 1901. — *L. Roos*, le Concours des vins mousseux à Béziers.

de valeur différente et n'obtiennent ainsi que des vins qui ne peuvent plus revendiquer l'unité d'origine qui aurait fait leur distinction particulière. Rien n'est plus facile au contraire au négociant de grouper les raisins de même origine, de faire des cuvées séparées en quantité suffisante et de conserver ainsi les avantages du classement. Cette supériorité de la vinification directe par le commerce s'accuse partout où le morcellement devient extrême et le producteur plus impuissant à grouper des récoltes suffisantes. La grande propriété échappe à cet inconvénient; la très petite au contraire lui doit un état de malaise, particulièrement accusé dans notre région de l'Est et dans toute l'Allemagne.

La cause en est dans l'inégalité de situation entre le vigneron vendeur de raisins et le commerce acheteur et *vinificateur.* Même quand ils se syndiqueraient pour maintenir un prix uniforme, les vignerons qui ont perdu l'habitude de faire leurs vins ou manquent d'outillage suffisant seraient obligés de vendre à tout prix. C'est que leur récolte ne peut attendre, le raisin mûr doit être vendangé à temps et ne peut dès lors se conserver sans altérations graves, même pendant un très petit laps de temps. Il suffit que les commerçants s'entendent pour maintenir un moment leurs exigences de bon marché, la peur de ne pas vendre prend les vignerons les plus timorés ou les plus besogneux, et le reste cède à la débandade. On aperçoit ainsi le danger de l'évolution probable de l'industrie vinicole pour la catégorie des petits producteurs, surtout dans les régions à vins de qualité. Au début, ils trouvent de grands avantages à cesser de vinifier pour vendre leurs raisins : ceux d'être débarrassés de ce souci et du travail délicat de la garde des vins, l'exonération de la lourde dépense d'achat, d'entretien et de renouvellement d'un coûteux matériel et surtout l'agrément de convertir de suite en argent dès la vendange le produit de leur récolte sans avoir à se soucier de la vente des vins et sans courir les risques de ses fluctuations. Il leur est ainsi plus facile de rentrer dans leurs avances et ils peuvent se consacrer entièrement et sans trouble aux soins de la seule culture. Mais ces avantages ont à bref délai la contre-partie que nous avons aperçue. Les prix payés par le commerce pour ses achats de raisins s'affaissent au fur et à mesure que progresse l'entente des négociants et que disparaît la concurrence des viticulteurs vinifiant eux-mêmes. Dans les bonnes années, les prix sont déprimés par la grande abondance, dans les mauvaises le commerçant fait supporter aux producteurs les risques de l'emploi de vendanges avariées et les profits des vignerons vont ainsi s'affaissant d'année en année, jusqu'à dépasser l'extrême limite nécessaire à la satisfaction de leurs besoins. Alors le producteur en arrive à vendre sa propriété que généralement le commerce achète pour réunir les parcelles en exploitations plus considérables où souvent le petit propriétaire d'hier devient un simple salarié. Cette expropriation n'est pas sans exemples en France et en Allemagne; il suffit de constater que nos grands crûs sont presque tous aux mains de grands commerçants ou de financiers grands propriétaires pour se rendre compte de la tendance que les transformations de l'œnologie pourraient développer si les intéressés n'y prenaient garde.

AVANTAGES DE LA COOPERATION. — Le tableau précédent était justement celui de la viticulture du pays rhénan au moment où la coopération viticole y est apparue. On conçoit aisément qu'à une pareille situation, elle soit le seul remède et que l'idée d'y recourir ait dû nécessairement germer dans l'esprit des intéressés. Tout ce que ne peut pas la petite propriété isolée, faute de capitaux et d'une quantité de vendange suffisante, 10, 20, 100 propriétaires réunis le pourront avec facilité. Ils grouperont aussi bien que le commerce les qualités de raisins et les crûs de provenance différente pour tirer de leurs produits le meilleur parti possible. Grâce au crédit que leur procurera en des conditions exceptionnelles de bon marché leur mutuelle solidarité, ils pourront acheter tous les appareils et le matériel vinaire indispensable, soigner les vins à peu de frais, grâce au concours et à la surveillance de tous les intéressés, attendre l'occasion propice pour vendre leurs vins et ne les écouler qu'au moment où ils ont acquis toutes les qualités qui doivent normalement les distinguer. Ils feront ainsi de meilleurs vins, grâce aux bonnes conditions de vinification et à la direction des plus éclairés d'entre eux. Ils continueront à jouir de l'avantage d'être débarrassés individuellement des soins de la vinification et de la garde des produits. Grâce à un système d'avances immédiates facile à organiser en raison du crédit de l'Association et des facilités de warrantage que présente le groupement de toutes les récoltes dans un même local, ils pourront conserver aussi celui du paiement immédiat. Ils auront de plus les bénéfices de l'opération industrielle de la transformation des produits et garderont leur indépendance à l'égard du commerce acheteur des vins.

Par l'association coopérative, les petits propriétaires peuvent donc remédier à l'infériorité de leurs moyens d'action et bénéficier des mêmes méthodes de vinification que la grande propriété. Par le même procédé la production toute entière peut retenir dans sa dépendance l'industrie vinicole qui, au fur et à mesure que les progrès se précipitent, menace de passer dans celle du commerce ou de devenir le fait d'une nouvelle catégorie d'intermédiaires. La liaison de la vinification à l'industrie viticole proprement dite est la garantie des profits de cette dernière. La coopération, qui peut la maintenir, est donc le seul moyen de sauvegarder la production viticole des abus de spéculation qui accompagnent toujours le régime de la grande industrie.

LA MEVENTE DES VINS. — Mais si la difficulté de plus en plus grande d'adapter les procédés de la vinification scientifique aux moyens trop restreints de la petite production ne révèle encore au plus grand nombre des intéressés que des périls éloignés, la mévente des vins qui menace la viticulture reconstituée contraint dès maintenant les plus routiniers à se préoccuper de l'avenir. Ce n'est pas qu'il faille s'alarmer outre mesure de la crise qui a suivi la récolte de 1900 avec ses

67 millions d'hectolitres (1). Comparant la situation dans cette année d'abondance, où l'on a vu conclure dans le Midi des marchés de 2 à 3 francs l'hectolitre portant sur des récoltes considérables, à l'écoulement relativement facile de la plus forte récolte du siècle, celle de 1875 avec ses 83 millions d'hectolitres, beaucoup ont pris l'alarme et attribué la crise à une restriction déplorable de la consommation du vin.

Dans une série d'études, bien documentées (2), M. le Dr Côt a fait justice des légendes qui courent à ce sujet dans le monde viticole. Il montre en comparant les chiffres de la consommation *imposée*, celle qui représente les besoins du public non producteur, que la consommation du vin a augmenté en France de 23 % dans la période 1890-1900. En 1876, la consommation taxée n'était que de 31.289.000 hectolitres; elle atteint 35.963.000 hectolitres en 1900, et le premier trimestre de 1901 comparé au premier trimestre de 1900 révèle en raison surtout de l'application de la nouvelle législation sur les vins et les octrois, une augmentation nouvelle de 29 %: (10.330.747 contre 8.008.736 en 1900). En réalité depuis 20 ans « le goût de la dépense se développe de plus en plus sur tous les articles de consommation à la fois, le thé, le café, le cacao, le sucre, le tabac. Mais l'accroissement est inégal selon les articles. Il n'est pour la période 1890-1900 que de 11 % pour les bières et 23 % pour les vins, il s'élève de 1875 à 1900 de 80 % pour les alcools et de 228 % pour les absinthes ». Cette observation justifie les inductions de ceux qui considèrent le développement de la consommation du vin comme un des moyens les plus efficaces pour restreindre celle de l'alcool. On peut donc conclure avec le Dr Côt que si « pour les vins communs, l'exportation est condamnée fatalement à se réduire

(1) A la veille des vendanges de 1901, nous relevons dans les Revues Commerciales du *Progrès Agricole* et de la *Revue de Viticulture* les prix dérisoires de 15 fr. la barrique de 228 litres dans le Lot-et-Garonne, l'Aude et l'Hérault. Nous avons été témoin de vente à 20 et 25 francs dans la Côte-d'Or et Saône-et-Loire où les vins valaient encore 80 à 100 francs. en 1899, mais ces prix désastreux ne concernent que des vins altérés et à goût de pourri.

(2) La consommation des vins. Revue de Viticulture nos 398 et 399.

de plus en plus » en raison de l'accroissement formidable de l'exportation similaire de l'Italie, de l'Espagne et du Portugal, et de la production dans certains pays importateurs comme l'Argentine. « c'est sur le marché intérieur qu'il faut chercher la solution » (1). Il n'y a donc pas lieu de désespérer que la consommation du vin n'arrive en France à absorber normalement comme autrefois la moyenne des récoltes du vignoble reconstitué si la production sait s'organiser pour assurer la régularité de l'écoulement des récoltes surabondantes.

La crise de 1900-01 résulte moins d'une surproduction quantitative que d'une surproduction qualitative, celle-ci tombant sur un marché désemparé par un concours de circonstances fortuites. La preuve en est que les régions, par exception mieux favorisées à la vendange, comme l'Anjou, ont pu récolter de bons vins, et continuer pendant ce temps à vendre leurs vins très facilement et à des prix rémunérateurs. Mais sur l'ensemble des 67 millions d'hectolitres récoltés en 1900 et des 57 de 1901, près de la moitié était faite de vins trop faibles ou avariés; hors d'état de se conserver longtemsp, donc pour la plupart invendables, sinon à des prix de ruine, alors qu'il eût été de la dernière nécessité de les écouler au plus vite. D'autre part nombre de producteurs au sortir de la crise phylloxérique manquaient de matériel vinaire et de moyens de conservation pour leurs produits. Ces deux causes expliquent l'affaissement du marché encombré de mauvais produits dont il fallait se défaire à tout prix. Mais elles justifient aussi les considérations que nous faisions valoir sur la nécessité de perfectionner les moyens de vinification dont disposent la plupart des petits producteurs, partant en maints endroits l'urgence de l'organisation coopérative.

Toutefois, si la mévente actuelle a dans une assez large

(1) La Crise Vinicole. — Bull. des Vitic. de France — Juillet et Août 1901 p. 267.

Les chiffres de l'Annuaire statistique de la France p. 1900. Tableaux p. 534 montrent également la tendance de la consommation à se régler sur la production. De 1 hect. 50 en 1871, elle tombe à 1 hect. 04 en 1890 pour remonter à 1 hect. 40 en 1899.

mesure un caractère accidentel, il n'en est pas moins vrai que la surproduction est à redouter avec les progrès de la viticulture et de l'œnologie, si un progrès équivalent ne leur correspond pas dans l'organisation économique de la vente des vins. Sans aller aussi loin que M. Charles Gide qui annonce dans les vignes nouvelles, grâce à l'application de la culture intensive, « un rendement dix fois supérieur à celui du passé (1) », il n'est pas douteux que la moyenne de leur production ne soit sensiblement relevée dans toutes nos régions viticoles. D'autre part, la reconstitution n'est pas terminée, notre vignoble est encore en déficit d'environ 500,000 hectares sur la superficie cultivée en 1875. Sans doute, beaucoup ne seront pas reconstitués, mais il est vrai qu'on a planté, surtout dans les sols profonds et riches des vallées, des vignes là où jamais cette culture n'avait été pratiquée. Il faut donc se préparer à des rendements plus considérables encore que ceux de la récolte de 1875 et il n'est peut-être pas exagéré de penser que dans quelques années, les conditions favorables qui nous ont donné la production de 1900 pourront porter à cent millions d'hectolitres, et peut-être au delà, la récolte totale du vignoble français en année exceptionnelle. Dans ces conditions, la surproduction normale est un péril à craindre dont il n'est point prématuré d'étudier, dès aujourd'hui, les remèdes possibles.

Le danger est d'autant plus à redouter que la consommation du vin n'est pas indéfiniment extensible. Quand l'abaissement des droits fiscaux et d'octroi et que les efforts très remarquables et assez heureux actuellement tentés pour développer la consommation du vin dans les départements non producteurs des régions du Nord et du Nord-Ouest auront produit tous leurs effets, il faut s'attendre à voir s'établir un certain équilibre de la consommation. Une dépression de croissance deviendra probable pour la raison douloureuse qu'a très bien mise en lumière M. Charles Gide, c'est que *notre population reste stationnaire*. La conséquence fatale est une stagnation relative de nos forces de consommation et partant de toute

(1) La Crise du vin en France, Revue d'Economie Polit., mars 1901.

notre activité économique. « Ce n'est pas seulement sur la viticulture, conclut avec raison l'écrivain distingué auquel nous empruntons ces lignes, que cette situation pèse comme la pierre d'un sépulcre, c'est sur l'avenir de l'agriculture tout entière et sur la valeur de la terre elle-même. Par tout pays, en tout temps, la valeur de la terre est directement proportionnelle au nombre de ses enfants : là où la population reste stationnaire, la valeur reste stationnaire ou plutôt, comme toujours la culture progresse et que l'offre des produits agricoles s'accroît, ainsi que nous venons de le voir pour le vin, si la demande reste la même, la valeur des produits de la terre et de la terre elle-même tend à décroître (1). »

LES INTERMEDIAIRES. — En raison de ce fait, il faut donc organiser la vente, non seulement pour développer la consommation à son maximum de puissance, mais il convient de le faire surtout en s'appuyant sur la production, de manière à pouvoir efficacement, le moment venu, limiter celle-ci aux besoins réels et normaux. Mais ici surgit un grave obstacle, *l'existence d'une classe trop nombreuse d'intermédiaires variés*, courtiers, commissionnaires, négociants en gros, marchands en demi-gros et au détail, débitants, etc., etc., dont l'action, loin d'être subordonnée à l'organisation et aux besoins naturels de la production et de la consommation, domine au contraire celles-ci, les régit en fait et contrarie leur mutuel développement. « Les produits de la vigne, disait en 1868 le docteur Guyot, semblent souffrir plus que tous les autres d'un parasitisme effroyable (2) ». Nous appuyant sur les seuls chiffres officiels, bien vagues et insuffisants, dont on puisse disposer pour tenter le dénombrement de cette armée de commerçants, ceux de la Régie des Contributions indirectes, nous ne pensons pas avoir exagéré en évaluant ailleurs (3) « le nombre des personnes qui, à des degrés divers,

(1) L'auteur, s'appuyant sur l'exemple de l'Allemagne d'après l'étude que nous avions publiée dans la Revue de Viticulture de janvier-février 1900, conclut comme nous à la nécessité de la coopération.

(2) Rapp. cité p. 33.

(3) Les vins de France, 3e partie ch. II. — Achat et vente des vins, p. 173-74.

bénéficient de la revente des vins à *500.000 environ*, le tiers du nombre total des producteurs. » Encore avons-nous négligé d'y ajouter, comme il serait logique, celui des employés de la Régie elle-même. Chose frappante, ce nombre s'est accru d'un quart pendant la crise phylloxérique, alors que la production moyenne s'affaissait de près de la moitié. Il serait difficile de soutenir que ç'a été pour le plus grand avantage des producteurs et des consommateurs.

Donc actuellement, dans les rapports de ceux-ci, l'emploi d'intermédiaires est la règle et les relations directes sont l'exception. Sauf dans la consommation locale, toujours insuffisante comme débouché pour les régions de production viticole exclusive, le vigneron ignore en général autant les vrais besoins et les désirs du consommateur que celui-ci se désintéresse de la connaissance des moyens ou des ressources de la production et de son éductation œnologique personnelle. Chacun s'en remet à l'action de l'intermédiaire, négociant ou marchand de vins, qui s'en acquitte tant bien que mal, assez souvent au détriment des uns et des autres. Mû comme tout le monde par son intérêt personnel trop de fois mal entendu, l'intermédiaire fait souvent payer bien cher aux uns et aux autres de très médiocres services ; au producteur, en achetant ses produits au plus bas prix possible sans tenir un compte suffisant des différences de qualité et au consommateur, en lui vendant le plus cher possible un produit qui n'est pas toujours d'origine authentique, ni même de source française ou viticole. Même quand le commerce est honnête et quoi qu'on en dise, c'est heureusement le cas le plus fréquent, car le dol ne peut être longtemps la règle dans aucune entreprise sans en compromettre à jamais le succès, son rôle dans le mouvement général des vins est à notre avis, présentement fort exagéré. En raison de l'ignorance réciproque des viticulteurs et des œnophiles, il est devenu le commanditaire indispensable de la production et le directeur général de la circulation des vins. S'il lui convient d'acheter de préférence à l'étranger, de différer les achats pour en changer le mode à son profit, le producteur embarrassé de sa récolte et poussé par le besoin d'argent est trop souvent obligé de subir ses conditions faute de pouvoir se passer de son intermédiaire. De son côté, le consommateur ne connaît que lui ; c'est par ses livraisons qu'il juge de la qualité des produits de telle ou telle région, sans autre garantie que la probité personnelle du vendeur. Si le vin est d'origine fausse ou composite, s'il est sophistiqué et d'un prix sans rapport avec le véritable prix de revient, si le client n'est pas connaisseur, nul moyen pour lui de s'en apercevoir. En un mot, pas d'autre garantie pour les producteurs et les consommateurs à l'égard des intermédiaires que la *concurrence* que ceux-ci se font entre eux.

Si par un accord assez facile en raison de leur petit nombre, par le groupement syndical des négociants en vins, qui existe déjà dans la plupart de nos régions viticoles, ils parviennent à atténuer ou supprimer localement cette concurrence, le commerce est maître de la production et du marché. Jusqu'ici, en raison de l'énorme déficit de la production française durant la crise phylloxérique et des difficultés de l'approvisionnement, ces inconvénients n'ont pas été aussi sensibles qu'ils semblent devoir bientôt le devenir. Le consommateur en avait jusqu'à présent le plus souffert, beaucoup en raison de la surélévation factice des prix créée par les droits d'octroi des grandes villes. Trop souvent, il a été habitué à consommer sous le nom de vin un produit hétérogène qui n'avait avec le jus de raisin que de vagues et lointains rapports. Il en était venu, en certains lieux, à Paris notamment, à douter de la possibilité de se procurer du vin naturel et même, résultat plus déplorable encore, à prendre goût aux mixtures sans nom qu'il consommait d'habitude. Il n'y a pas à se le dissimuler, actuellement l'éducation œnologique d'une grande partie du public est à refaire (1), beaucoup de consommateurs actuels considèrent que le vin est nécessairement un liquide noir
[illegible]

(1) Dans son rapport à la commission permanente de la Société des Agriculteurs de France, M. Turrel montre que l'originalité de notre opuscule : les *Vins de France*, ou Manuel du consommateur pour la connaissance, le choix et l'achat des vins naturels, Bibl. Utile, F. Alcan, est de tenter cette entreprise.

à saveur forte et épaisse qui empâte la bouche et alourdit l'estomac et le cerveau. Les vins frais, légers et souvent clairets de nos côteaux ordinaires, vins parfois un peu vifs mais particulièrement salubres et stimulants, leur paraîtront certainement de vulgaires piquettes. Le reste des consommateurs ne sait plus guère distinguer les vins des diverses régions et presque tous ignorent qu'aujourd'hui la production est presque partout en état de leur fournir à des prix modérés d'excellents vins de toutes sortes, purs de tout mélange et complètement identiques aux bons vins d'autrefois. Aussi arrive-t-il dans les années d'abondance, comme le cas s'est déjà présenté en 1893, que les vins naturels restent dans les caves ou n'en sortent qu'à des prix désastreux, tandis que malgré prohibitions et droits de douane les vins artificiels, le mouillage et l'importation des vins étrangers, continuent à fleurir au grand dam du consommateur qui ne perçoit guère de changements ni dans les prix, ni dans les qualités.

A notre humble avis, producteurs et consommateurs feront bien de ne pas trop s'en rapporter au commerce, les uns pour reconquérir leurs anciens débouchés et écouler facilement leurs produits naturels, les autres pour bénéficier de la restauration du vignoble et refaire leur éducation œnologique. « Ne t'attends qu'à toi seul », dit un sage proverbe. Producteurs et consommateurs feront sagement de veiller directement à leurs propres intérêts, s'ils ne veulent pas que le commerce profite seul des progrès réalisés et de la prospérité revenue, mais déjà compromise par la mévente.

LA VENTE PAR LA COOPERATION. — Mais comment y arriver ? Est-ce par la suppression tant vantée des intermédiaires ? Nous le croyons d'autant moins qu'ainsi formulée cette proposition est une utopie. Le petit consommateur ne peut, moralement et matériellement, pas plus connaître en détail les ressources du marché et régler ses achats sur elles que le petit producteur ne peut discerner des besoins trop multiples et attendre leur manifestation pour écouler ses produits. Ni l'un ni l'autre n'ont le temps et les moyens de se rechercher, de s'aboucher et de se comprendre. Tous deux ont intérêt à ce qu'un tiers se charge de grouper les offres et les demandes pour satisfaire, en temps utile et propice à chacun, les unes au moyen des autres. Cette division du travail est plus nécessaire encore dans le commerce des vins que dans tout autre.

1° Parce que la production et la demande sont infiniment variées selon les pays, les années et les tempéraments individuels. Tandis que tel producteur ne récolte qu'un type de vin particulier, type qui n'est jamais constant, ce que le public ignore beaucoup trop, en raison de la différence des années et des terroirs, tel consommateur en réclame un autre qui lui plaît et qu'il veut toujours le même, en dépit des saisons, parce qu'il y est habitué. Comment arriver à satisfaire tous ces goûts s'il n'y a pas quelque part un intermédiaire qui s'enquiert des besoins divers de ses clients, rassemble les demandes, recherche dans les lieux de production les différents types demandés et s'ingénie par d'habiles mélanges des vins d'années ou d'origines différentes à leur assurer une certaine uniformité ?

2° Ensuite, parce que le vin est une marchandise encombrante et dont la consommation ne peut en général s'opérer qu'après un temps de garde plus ou moins long, selon les qualités. Le vigneron la récolte en grande quantité et le particulier ne la consomme qu'en petites et lentement, dans la proportion modique de ses besoins journaliers. Or, d'une part, le vigneron souvent bien mal outillé pour faire son vin dans des conditions convenables, l'est plus mal encore pour le conserver. Il n'a généralement pour cela ni le temps ni la place nécessaires, quelquefois pas les connaissances, trop souvent pas les moyens. Pour suffire aux charges de son exploitation, il a besoin d'argent peu après sa récolte et il faut qu'il vende. Comment d'ailleurs, puisque chaque client ne consommera au plus que quelques pièces de vin, pourrait-il s'enquérir des préférences et de la solvabilité de chacun ? Là encore, il a besoin d'un intermédiaire qui absorbe tout ou partie importante de sa récolte, et en temps utile, d'un intermédiaire qui soit outillé pour la conservation des vins, qui ait assez de capitaux pour acheter beaucoup à l'avance et un personnel spécial pour se couvrir des pertes possibles, soigner les vins, chercher des acheteurs et vérifier leur crédit.

Loin d'être superflu, cet intermédiaire précieux n'est que trop indispensable. Il l'est tellement, nous l'avons dit, que producteurs et consommateurs sont trop souvent sous la dépendance de son intérêt exclusif. Combien le premier y tombera plus encore, comme nous l'avons montré précédemment, si le négociant, à l'instar des fabricants de mousseux, avec le soin de la vente des vins prend celui de leur préparation, quand il devient non seulement l'acheteur et le vendeur habituel des vins, mais *l'acheteur indispensable de la vendange* qui ne saurait attendre sans se détériorer ! Combien le second risque d'être de jour en jour moins apte à distinguer, non seulement les crûs d'origine, mais les vins composites des vins naturels et le prix légitime des uns et des autres, au fur et à mesure que se développent les habitudes déjà très répandues par raison de nécessité, la première dans la classe ouvrière, d'acheter les vins au litre chez un débitant et l'autre, chez la plupart des petits bourgeois, d'acheter les vins fins en bouteilles chez un négociant au fur et à mesure des besoins, au lieu d'immobiliser un capital déjà rare en provisions peu transportables et de soin difficile ? Est-il prudent, à la fois pour la production et la consommation, de s'en rapporter pour la sincérité et la justice de leurs échanges mutuels, exclusivement à cette classe d'intermédiaires, dont le nombre est trop étendu pour que la nécessité de la concurrence ne tourne pas en faveur des moins scrupuleux ? Alors que leur intérêt peut les pousser en sens contraire, faut-il se fier aux scrupules de leur probité en face de producteurs pauvres et de consommateurs ignorants pour n'acheter et vendre qu'à des prix convenables et ne livrer que des vins purs de toute adultération, sous la marque authentique de leur naturelle origine ? Il faudrait n'avoir jamais lu les prix-courants de certains négociants ou les cartes de nos hôtels pour afficher une telle naïveté. Quelles réflexions un initié peut-il s'empêcher de faire quand il lit par exemple dans un prix-courant : Château-Margaux, Pommard, Nuits 1re, 800, 1000, 1200 francs la pièce de 225 ou 228 litres, selon qualité, alors qu'il est constant que depuis plusieurs années ces vins n'atteignent plus dans la cave du propriétaire la moitié de ces prix exagérés ? La note devient comique quand on voit sur tant de cartes d'hôtel figurer avec abondance des vins d'années antérieures à 1870, alors que l'âge de 25 ans est pour la plupart des vins fins rouges une extrême limite de durée que seuls les produits supérieurs d'années exceptionnelles peuvent atteindre sans trop faiblir. Que dire sinon que l'hôtelier connaît son monde. quand elle offre, comme celle que nous avons sous les yeux, le Moulin-à-Vent (vin de Gamay que le Syndicat du Haut-Beaujolais offre actuellement prêt à la bouteille à 180 francs la pièce de 228 litres), 4 fr. 50 la bouteille et concurremment le Pommard 1re (vin de Pinot qu'on ne trouverait pas à moins de 3 à 400 fr. la pièce) à 3 fr. ? Bienheureux encore quand, péchant cette fois par le bon marché, elle ne célèbre pas les mérites du prétendu Sauternes à quarante sous et de la Romanée illusoire à trois francs la bouteille.

Ce que le public ignore, c'est que les frais actuels du commerce des vins, exagérés par la vivacité de la concurrence et aussi, on ne saurait le nier, par le développement excessif du train de vie de la plupart des intermédiaires, assurément plus exigents à ce point de vue que la grande masse des producteurs, font à beaucoup une obligation de ne vendre que si le prix de la pièce *fait le saut*, selon l'expression du métier. Ce saut métaphorique est du double du prix d'achat au propriétaire, mais les bons jarrets ne se font pas faute surtout dans le commerce des vins fins, de pousser plus avant les résultats de cette gymnastique. On conçoit ainsi aisément pourquoi l'apparence monumentale d'une maison de commerce des vins, même de dixième ordre, la tenue, les habitudes et les frais de maison de son propriétaire font un contraste assez piquant avec ceux de la plupart des petits et moyens exploitants. Il faut bien que tout se paie.

—

L'ORGANISATION DE LA VENTE PAR LA COOPERATION. — Quoi qu'il en soit, la morale de cette situation est que producteurs et consommateurs doivent s'organiser pour se passer au besoin de serviteurs si dispendieux et pour remplir autrement leur indispensable office en se partageant l'excès de leurs profits. Non que nous croyions à la disparition totale de l'intermédiaire commercial. Les bonnes maisons réputées de longue date pour leur conscience dans les livraisons garderont aisément leur clientèle, ce ne sont d'ailleurs pas celles-là qui exploitent la production et excitent son hostilité. Mais comme le commerce honnête paraît impuissant à se débarrasser de l'autre, il faut bien que la production s'ingénie à le faire à sa place. Eliminer les intermédiaires surabondants, purger le commerce des vins des courtiers-marrons et des spéculateurs sans vergogne qui s'y sont multipliés au temps de la crise phylloxérique comme les moisissures sur les végétaux malades est une besogne urgente. Pour cela, partout où la chose devient nécessaire, il faut que la consommation dans les grandes villes et la production pour les régions principales de viticulture exclusive prennent leurs dispositions pour résister à l'occasion aux prétentions excessives du commerce et toutes les fois que la chose deviendra nécessaire, pour s'émanciper de sa tutelle. Autrement dit, ce que nous croyons possible, c'est moins la suppression complète des intermédiaires que la *réduction de leur rôle.* Du monopole et de la direction générale du mouvement des échanges qu'ils détiennent à peu près, il importe de les ramener à la tâche plus modeste de simples auxiliaires de la production et de la consommation. De ces commanditaires onéreux aux bénéfices exagérés, il faut faire des commandités à rétribution normale et quand il sera nécessaire, de simples employés qui travaillent avec intérêt dans les bénéfices au lieu de patrons en surabondance.

Pour cela, il n'est qu'un moyen décisif, c'est la coopération sous ses deux formes principales : coopération de consommation dans les villes et coopération de production dans les campagnes. La première peut se charger d'acheter les vins aux lieux de production, d'opérer les coupages qui peuvent à l'occasion paraître indispensables, de mettre les vins en bouteilles et de les conserver pour ne les écouler qu'au fur et à mesure des besoins de ses adhérents. La seconde préparerait les vins de chaque crû dans les conditions les plus avantageuses établies par l'expérience locale et les soignerait jusqu'au moment où ils peuvent entrer dans la grande consommation. Le prix normal s'établirait par la libre discussion entre ces deux puissances également libres de leurs mouvements et également intéressées l'une et l'autre à la qualité et à l'authenticité des produits. Par le lien de la responsabilité solidaire, toutes deux peuvent facilement se procurer le crédit nécessaire à leurs opérations. Bien administrées, et à la condition de débuter avec circonspection en n'étendant leurs opérations et leurs immeubles que dans la proportion des besoins constatés et des ressources acquises, elles peuvent aisément suppléer aux défauts du commerce actuel et souvent le remplacer, parce qu'elles auraient toujours sur lui deux avantages. Le premier est d'offrir à leur clientèle des garanties de pureté et d'authenticité supérieures, nulle réputation individuelle ne pouvant dépasser la garantie collective d'une Association administrée au grand jour et régulièrement contrôlée. Le second est d'opérer à moins de frais. Sans doute, au moins tant que les Coopératives de consommation ne leur offriront pas un débouché suffisant et réservé, les Coopératives vigneronnes seront obligées d'effectuer leurs ventes par les mêmes modes que le commerce, celui de la vente aux enchères étant mis à part. Nous verrons que la plupart ont, elles aussi, dû recourir à des voyageurs, à l'installation de dépôts et débits dans les grandes villes, même à l'ouverture de vastes restaurants-dégustations à la ville et à la campagne. Mais tous les agents de ce service restent dans leur rôle d'auxiliaires de la production. L'intermédiaire ne dirige plus le mouvement de la circulation des vins, c'est l'Association qui joue elle-même, avec leur concours il est vrai, mais pour son propre compte et non plus au seul bénéfice des agents de relation, le rôle que nous avons reconnu nécessaire.

On nous objecte avec courtoisie, à la suite de la déclaration de M. Méline dans son discours de Remiremont (13 juin 1901) qui recommandait « l'organisation de la vente comme la dernière étape du Progrès agricole », que la discipline de la coopération « est odieuse et contraire à notre caractère (1) ». Qu'un organe commercial considère qu'il vaut cent fois mieux dans ces conditions se servir de ce commerce qui existe déjà, qui est outillé en capitaux, en personnel, en matériel, c'est assez naturel. Que la discipline soit pesante à qui n'a jamais pratiqué que le misonéisme routinier, c'est également compréhensible. Mais la question n'est pas là ; il s'agit de savoir si l'organisation coopérative ne devient pas de jour en jour plus nécessaire, précisément en raison de l'impuissance de la production isolée et de l'organisation commerciale anarchique d'aujourd'hui à assurer l'écoulement régulier des vins, comme à garantir et l'indépendance des producteurs et la satisfaction des consommateurs. L'organisation qui peut sauver les premiers et garantir les seconds ne paraîtra jamais odieuse, si elle leur apporte ces bienfaits, mais ce qui leur deviendra certainement de plus en plus odieux, c'est l'exploitation dont les uns et les autres sont trop souvent victimes. Quand à l'argument tiré de notre caractère national, nous n'en dénions pas la valeur actuelle ; il serait une objection dirimante s'il s'était révélé moins impuissant contre toutes les innovations d'ordre économique ou social auxquelles le progrès, mû par la nécessité, contraint les individus et les nations. Sans doute, il serait plus agréable de dormir avec quiétude sur la vieille routine, mais cet oreiller est devenu trop dur; on ne peut plus y dormir tant il fatigue. D'ailleurs, la nuit est passée, un jour nouveau se lève ; il faut bien se remettre à la peine. Le caractère du vigneron français a dû se plier à bien des nouveautés au temps de la crise phylloxérique, quand la vieille culture se fut révélée impuissante à le nourrir. Quand l'estomac crie, la tête ne boude plus. Quand la dure nécessité frappe à l'huis des cabanes, il n'est pas de cervelle de paysan, si dure qu'elle soit,

(1) Moniteur Vinicole du 21 juin 1901.

qui ne s'ouvre aux enseignements de cette rude maîtresse d'école. En préconisant ici la coopération viticole, nous ne prétendons pas apporter aux difficultés de la situation viticole actuelle un remède théorique, imaginé à loisir par des chercheurs désintéressés. La coopération viticole est née de la misère ; elle a été inventée par la nécessité et, si pénible que soit cette constatation à l'économiste qui ne peut se défendre de sympathie, elle ne se propagera que dans la mesure de la contrainte exercée sur les individus par les exigences économiques nouvelles. Notre rôle ne peut être en l'occurrence que de signaler aux intéressés la solution dont l'expérience a déjà montré ailleurs l'efficacité et de leur en faciliter l'étude pour qu'ils puissent, au besoin, recourir à sa sauvegarde. Il est probable que si son application est, comme nous le croyons, apte à se généraliser largement, cela ne se fera que peu à peu, au prix de bien des tâtonnements et avec bien des variantes selon les circonstances locales. C'est le secret de l'avenir. Aussi bien l'étude des faits nous révèlera, chemin faisant, la plupart des difficultés inhérentes à la matière ; ce sera le moment de les examiner d'une manière utile.

DIVISION GENERALE. — Pour notre tâche, il faut donc quitter maintenant le domaine des généralités théoriques pour celui de l'expérience. Notre étude comprendra quatre parties :

1° Le tableau historique et descriptif du développement de la coopération viticole dans les pays d'Europe où elle a pris naissance : la Suisse et l'Allemagne.

II° Celui de son extension actuelle à l'étranger dans les pays où le mouvement a pénétré tour à tour, en dégageant les enseignements particuliers de chacune de ces applications nouvelles.

III° L'étude de la situation économique présente de chacune des régions viticoles de la France pour déterminer, en s'éclairant des exemples du passé, les chances et conditions d'adaptation de la coopération à la viticulture française.

IV° L'étude économique et la discussion critique de la constitution, du rôle et de l'avenir des institutions qui représentent les différentes applications actuelles ou possibles de la coopération viticole.

LIVRE PREMIER

La Coopération Viticole dans ses pays d'origine : l'Allemagne et la Suisse

CHAPITRE PREMIER

La Coopération Vinicole en Allemagne

SECTION I

ÉTAT ÉCONOMIQUE DE L'AGRICULTURE ET DE LA VITICULTURE ALLEMANDES

SECTION II

HISTOIRE ET DÉVELOPPEMENT DE LA COOPÉRATION VINICOLE EN ALLEMAGNE

SECTION III

DIFFICULTÉS PRÉSENTES ET RÉSULTATS GÉNÉRAUX DE LA COOPÉRATION VITICOLE ALLEMANDE

CHAPITRE II

La Coopération Viticole en Suisse

LIVRE PREMIER

CHAPITRE PREMIER

La Coopération Vinicole en Allemagne

SECTION PREMIÈRE

ÉTAT ÉCONOMIQUE DE L'AGRICULTURE ET DE LA VITICULTURE ALLEMANDES

INSTITUTIONS DIVERSES. — Comme nous le verrons plus loin, dans l'industrie vinicole comme dans l'industrie laitière, c'est en Suisse que sont apparues les premières manifestations de l'action coopérative. Mais si dans l'histoire, la Suisse doit conserver le mérite de l'invention, c'est incontestablement à l'Allemagne qu'appartient l'honneur d'avoir dégagé d'une manière décisive les formules pratiques de la coopération agricole, d'avoir conçu et créé les types les plus complets de cette organisation dans les principales branches de l'Agriculture et de s'être engagée la première, avec une méthode rigoureuse qui n'excluait ni la vigueur ni l'enthousiasme, dans la voie du coopératisme agraire. Les résultats sont déjà si grandioses qu'on ne sait ce qu'il faut le plus admirer de la rapidité avec laquelle s'est opérée cette transformation économique, puisque ses débuts datent à peine de cinquante années, de la vaste extension qu'il a prise depuis l'ouverture de la crise agricole à partir de 1878, ou de la grande variété de ses applications. C'est vers 1840 que le grand chimiste Liebig et l'économiste F. List, le promoteur du système de l'Economie Nationale, ont montré pour la première fois, dans un esprit tout pratique, combien le domaine de l'industrie agricole était un champ propice aux applications de l'idée coopérative que Fourier et Buchez venaient de formuler en France. C'est à partir de 1850 que *Schulze*, désabusé de la politique proprement dite par l'échec de la Révolution de 1848, ouvrit le nouveau mouvement d'organisation économique par la fondation de la première banque populaire, le *Vorschussverein* de Delitsch, sa ville natale. L'année précédente, son émule *Raiffeisen* l'avait devancé en fondant la première Caisse rurale, celle de *Flammersfeld*.

L'action coopérative, jusqu'alors localisée avec Schulze-Delitsch et ses disciples dans le monde de la petite production urbaine, se développa sous l'action de Raiffeisen et de ses adeptes jusque dans les plus petites agglomérations rurales. Et déjà l'Allemagne possède plus de 17.400 Associations de tous genres (1) dont 13.636 agricoles (80 % du nombre total). Parmi celles-ci figurent 6.114 banques rurales qui fonctionnent à la fois comme Sociétés d'épargnes et de prêts *(Spar und Darlehnscassen)*. C'est par elles qu'a débuté le mouvement coopératif agraire. Appuyé sur la forte base de la coopération de crédit, il se développe depuis trente années dans toutes les directions de l'activité rurale. Chaque jour se multiplient les ingénieuses applications de la coopération de production aux diverses industries agricoles par les Sociétés de production *(Produktivgenossenschaften)*. Elles ont tour à tour pénétré l'industrie de la laiterie et de la fromagerie avec les *Molkereigenossenschaften* (Sociétés de laiterie) aujourd'hui au nombre de 859 en Allemagne, celles de la meunerie et de la boulangerie avec les *Müllerei* et *Backereigenossenschaften* (Sociétés de meunerie et de boulangerie), le commerce et le débit de la viande de boucherie avec les *Viehverkaufs* et *Schlachtereigenossenschaften* (Sociétés de vente de bétail et boucheries

(1) D'après le dernier rapport du syndic. de l'Union des Sociétés agricoles allemandes au Congrès des Associations rurales de Munich. Août 1901 — analysé in *Jahrbucher für Nationalœkonomie und Statistik* — Août 1901 n° 328.

coopératives), la distillerie agricole avec les *Brennereigenossenschaften* (distilleries coopératives), le commerce des grains par l'institution des entrepôts coopératifs pour la régularisation de leurs cours et leur vente en gros (Korn on *Lagerhaussergenossenschaften* ou encore *Genossenschaftlichen Getreideverkaufs*, la production et les vente des fruits et la préparation de leurs conserves dans les *Obstzuchtvereine* et les *Obstverwerthungsgenoss...* (Sociétés pour la production ou la vente des fruits), la vente des légumes, du tabac, du houblon et même des œufs avec les *Gemüse*, *Tabak*, *Hopfen* et *Eiergenossenschaften* (1).

La coopération s'étend enfin à tous les besoins de la société agricole avec les *Konsumvereine* (Sociétés de consommation) et *Ankaufs* (ou Bezugs) *und Verkaufs* (ou Absatz) *Genossenschaften* (Sociétés coopératives d'achat et de vente), au nombre de 1.055 en 1900, analogues à nos syndicats français ou plutôt à leurs coopératives annexes. « En suivant de plus près la répartition des Sociétés coopératives dans l'Empire allemand, dit M. le Conseiller D. Mueller, on reconnaît qu'elles s'étendent surtout dans les régions où domine la petite culture rurale (O. et S. de l'Empire). En fait, leur développement est pour le cultivateur une question des plus importantes. La mise en commun du travail met tous les petits cultivateurs en mesure de s'approprier les avantages des grosses exploitations agricoles. Les résultats les plus visibles de la formation des sociétés coopératives sont de supprimer la prépondérance du commerce intermédiaire et de délivrer les cultivateurs des mains des usuriers (2). »

Un mouvement aussi rapidement généralisé, ne pouvait pas négliger un domaine aussi important que celui de la viti-

(1) Sur toutes ces Associations, voir le gros ouvrage de MM. *Ertl* et *S. Licht:* Das landwirthschaffliche Genossenschaftswesen in Deutschland — Manz édit. — Vienne 1899, suivi de statuts types pour chacune d'elles.

(2) L'Agriculture Allemande à l'Exposition Universelle de Paris — Bonn. Georgi 1900 p. 65. V. aussi *Leisewitz.* Die landw. Produktion im Deutsche Reiche und ihr Verhältnitz Zum Stande des bezuglischen inländischen Bedarf — in Jahrbucher für Nationalœkonomie — 1901. passim.

culture, de la vinification et du commerce des vins. D'où l'apparition de coopératives nouvelles qui, sous les noms de *Weinbauvereine* (Unions pour la culture de la vigne), *Winzervereine* ou *Weingartnereigenossenschaften* (Sociétés ou Unions de vignerons) se proposent toutes de transformer, d'une manière plus ou moins complète, l'économie viticole par les mêmes moyens que les précédentes institutions coopératives.

L'ORGANISATION DU MOUVEMENT COOPERATIF. — L'esprit de méthode qui semble le trait caractéristique du génie de la race germanique, s'est surtout affirmé dans l'organisation de ce mouvement coopératif. De bonne heure, les apôtres de la coopération en Allemagne ont compris que les Associations nouvelles n'acquerraient toute leur utilité et ne pourraient se développer malgré la résistance du milieu qu'à la condition de se fédérer pour s'éclairer et s'entr'aider mutuellement. D'où la constitution de groupes très vastes où la plupart des Associations locales s'agglomèrent selon leurs affinités particulières et qui constituent aujourd'hui dans l'organisation économique de l'Allemagne des fédérations puissantes avec lesquelles doit compter la puissance politique. Ce phénomène de constitution, à l'intérieur d'un Etat aussi imbu des traditions d'omnipotence administrative que la monarchie prussienne en particulier, de fédérations libres qui comptent parmi les facteurs les plus importants de la vie économique de l'Empire, n'a pas été sans inquiéter le gouvernement impérial, qui, dès sa constitution en 1871, s'est empressé de légiférer pour régler cette activité trop spontanée. Pour bien comprendre le développement de la coopération viticole qui fait l'objet particulier de notre étude, il importe donc d'esquisser au préalable ses rapports avec le mouvement d'organisation agraire où elle a pris place et l'état de la législation qui règle son existence.

Le mouvement agraire en Allemagne, comme d'ailleurs dans tous les pays a, de même que le mouvement ouvrier urbain, une double face : politique et économique. La première sur laquelle nous n'avons pas à insister ici, est surtout conservatrice, en raison de l'influence prépondérante de la grande propriété dans l'administration des groupes qui la représentent (1) : la célèbre ligue des Agriculteurs *(Bund der Landwirthe)* et les Associations de paysans *(Bauernvereine)*, particulièrement développées dans les régions viticoles comme la Prusse Rhénane, où le baron de Loë introduisit ce mouvement en 1882. Elles reposent sur l'affirmation discutable que toutes les formes de la propriétés ont des intérêts complètement solidaires. Elles se proposent, comme le Rheinischer Bauernverein « la fusion des classes par la constitution d'un ordre de paysans ou *Bauernstand.* » (2) Le clergé y sert en général de trait d'union entre l'aristocratie et les paysans. On espère ainsi barrer la route au socialisme agraire. C'est à l'influence de ce parti agrarien qu'est dûe en particulier la tentative présente de réaction protectionniste où le gouvernement impérial s'est engagé avec le projet de réforme douanière du 5 juillet 1901. Cette organisation politique ne nous intéresse que par l'appui qu'elle prête au développement des coopératives rurales. Une section spéciale du Bund est affectée au service de cette propagande et les Bauernvereine du Rhin et de la Hesse-Nassau ont été plusieurs fois les instigateurs de la fondation de Winzervereine.

Au point de vue économique, ce qui caractérise l'organisation coopérative rurale allemande, c'est sa liaison étroite avec la coopération de crédit. Celle-ci est en quelque sorte son sol nourricier, à la fois support naturel et milieu nutritif. Généralement en effet, les Winzervereine comme la plupart des autres coopératives de production agricole,ne se sont développés que dans les lieux où existait préalablement une banque rurale, laquelle leur avait préparé le terrain ; d'une part en leur procurant le crédit nécessaire aux avances primitives pour l'installation nouvelle, de l'autre en faisant l'éducation administrative des paysans et les habituant à la discipline

(1) *V. E. Milhaud.* — Le mouvement agrarien en Allemagne. Revue de Paris, 15 avril 1900.

(2) *G. Blondel.* — Etudes sur les populations rurales de l'Allemagne et la Crise Agraire, Larose 1897, ch. II par M. Brouilhet ef. 233-242.

coopérative. En outre, ce sont les grandes fédérations coopératives déjà créées pour les besoins du crédit rural qui ont été les agents les plus actifs dans la propagation de la coopération viticole. (1).

Les 10.427 banques populaires de l'Allemagne se partagent entre 3 groupements principaux qui ont chacun une physionomie distincte : le premier et le plus ancien est l'*Union générale des Associations agricoles et industrielles de l'Empire allemand* fondée par Schulze-Delitsch en 1864 et qui a son siège à Berlin, la banque Sorgel et Parisius pour caisse centrale et pour organe les *Blatter für Genossenschaftswesen*. Elle compte plus de 4.000 Sociétés, presque toutes urbaines. Aucune Société vinicole ne lui est rattachée (2). Les deux autres ont au contraire un caractère agricole très prédominant ce sont : l'*Union générale des Associations rurales d'Allemagne* constituée à Neuwied-sur-le-Rhin par Raiffeisen de 1874 à 1877. Elle comprenait en 1900, 3.327 sociétés dont les 2/3 de caisses rurales Raiffeisen. Celles-ci sont toutes reliées à la *Landwirthschaftliche Central Darlehnscasse* de Neuwied dont dépendent 12 succursales régionales ou *Filialen*. L'organe de l'Association est *Das landwirthschaftliche Genossenschaftsblatt*. Cette Union a pris dès son origine une part très importante au mouvement de propagation des Winzervereine. Elle comptait dans son sein 17 sociétés de ce genre en 1885 (3), nombre fort accru depuis qu'elle a organisé en 1898 une Société centrale de vente pour leurs produits. Le deuxième groupe agricole est l'*Union générale des Associations agricoles allemandes* de *Darmstadt*, organisée en 1883 (précédem-

(1) Sur les détails de l'organisation du crédit rural en Allemagne, V. la première partie du gros ouvrage cité de *Ertl* et *Licht* — *Wien* 1899, not. le 2e chap. *Die Centralgenossenschaften der Créditorganisation*, Sections I et II, par le Dr Licht.

(1) Lettre du Syndic général, M. le Dr Crüger, du 5 janvier 1901. Le journal est édité chez J. Guttentag, Lützowstrasse 107/8, Berlin.

(3) Handwörterbuch der Staatswissenschaft. 2e suppl. p. 576. Les documents qui nous avaient été adressés par l'Union de Neuwied ont malheureusement été égarés par la poste. — Lettre du Syndic général M. le Dr Cremer, du 13 février 1901.

ment à *Offenbach-sur-Mein)*. Bien que la plus récente, elle est aujourd'hui la plus importante des trois fédérations, quant au nombre des affiliées (26 Unions et 6.822 Sociétés en 1900 sur 15.033 Sociétés enregistrées). Elle a pour organe *Die Deutsche Genossenschaftspresse* qui paraît à Darmstadt. Son rôle dans le développement de la coopération viticole n'a pas été jusqu'ici aussi considérable que celui de l'Union de Neuwied. Elle comptait pourtant parmi ses adhérentes en 1900, 16 sociétés de vignerons avec un total de 838 membres (16 à 180 par Société), dont l'actif représentait une somme de 1.438.861 marks et le passif 1.411.507 m. balance qui fait ressortir un gain de 27.394 m. Ces Sociétés possédaient 145.870 m. de fonds de réserve, 38.575 m. de parts d'affaires ; l'ensemble de leur avoir s'élevait à 1.237.831 m. et leurs frais d'administration à 25.142 m. Elles avaient vendu en 1899-1900 pour 194.034 marks de marchandises (1) (le mark 1 fr. 25.)

Ces deux groupes coopératifs agraires sont animés chacun d'un esprit un peu différent. Tandis que celui de Neuwied est caractérisé par ses tendances centralisatrices et son esprit évangélique, celui de Darmstadt est décentralisateur et indépendant de toute préoccupation religieuse. La tendance de ce dernier groupe est de créer une union spéciale pour chaque région et pour chaque catégorie de coopératives spéciales, tandis que la préoccupation de l'Union de Neuwied est de maintenir avec une étroite liaison au groupe central l'unité d'esprit et de tendances qui caractérise les œuvres Raiffeisen. M. E. Julniet qui admire dans la caisse Raiffeisen « le groupe le plus parfait de l'Association agricole par l'esprit conservateur et élevé qui l'anime (2) » y perçoit pourtant l'ébauche d'un collectivisme rural que ses origines chrétiennes ne laissent pas d'être assez ressemblant à celui du socialisme possibiliste. Fondées sur trois principes : la limitation des grou-

(1) Lettre du Syndic général, M. le Dr Haas, du 3 avril 1900. Cette fédération ne s'est résolue qu'en 1900 à instituer, elle aussi, une banque d'escompte.

(2) Le Crédit rural en Allemagne in *Blondel :* Etudes sur les popul. rurales de l'Allemagne p. 316.

pements élémentaires aux membres de la même commune, la nécessité du lien rigoureux de la responsabilité solidaire illimitée de tous les membres de ce groupe, enfin la constitution d'un capital de réserve *inaliénable* destiné à étendre progressivement la propriété commune à tous les objets de l'activité rurale, les coopératives Raiffeisen ont pour objectif lointain, d'amener « avec le temps et peut-être dans le cours de notre génération, chaque village à avoir une seule Société d'exploitation qui embrassera toute l'activité économique des individus. » (2) Ce communisme agraire n'est d'ailleurs que l'adaptation au milieu rural des idées et des doctrines que Buchez, parti du même point de vue chrétien que Raiffeisen, proposait à la prime aurore du mouvement coopératif pour la transformation du monde de la production industrielle. (3). Débarrassées des préoccupations religieuses, ces idées sont analogues à celles du coopératisme indépendant en France et semblent pénétrer de plus en plus le mouvement coopératif universel. Quoi qu'il en soit, l'esprit plus éclectique du groupe de Darmstadt, qui admet des organisations de formes différentes sans se préoccuper du point de vue religieux et tient plus compte des conditions propres à chaque région, lui a donné la prédominance. Comme d'autre part, les méthodes d'action et les tendances économiques sont à peu près les mêmes dans l'un et l'autre groupe, un rapprochement très sensible s'opère entre eux à mesure que grandit le sentiment des bienfaits de tous genres que l'unité d'action peut assurer au mouvement coopératif. Aussi la fusion des deux groupes paraît-elle devoir s'opérer dans un avenir assez prochain. Au-dessous d'eux, il y aurait lieu de mentionner un certain nombre de groupes régionaux, également très puissants, mais que nous aurons occasion de mentionner quand nous étudierons leur influence particulière sur l'extension de la coopération viticole.

(2) Cité par Julhiet d'après Crüger — id. p. 330.

(3) Comparer dans Hubert-Valleroux : Les Associations coopératives en France, Guillaumin 1884.

L'ampleur de ce mouvement coopératif agraire devait nécessairement préoccuper le gouvernement de l'Empire qui a senti le besoin de légiférer, à plusieurs reprises, d'abord pour le favoriser, ensuite pour le régler et peut-être aussi pour le contenir dans les formes jugées les moins dangereuses pour l'ordre établi. Dès 1868, une loi prussienne avait déterminé spécialement le régime des coopératives. Devenue loi d'Empire en 1871, elle leur permit alors d'étendre leurs opérations à d'autres qu'à leurs membres. Une loi du 30 juin 1894 a créé des chambres spéciales d'Agriculture. Celle du 1er octobre 1889 a réglementé à nouveau les coopératives. Inspirée par Schulze-Delitsch, elle semble à certains égards conçue pour faire échec aux tendances socialistes que révèle le système Raiffeisen. Elle autorise en effet, concurremment avec les Sociétés à responsabilité solidaire, illimitée *(eingetragenegenossenschaften mit unbeschrankter Hapftpflicht)* deux autres types de sociétés enregistrées, celles à responsabilité limitée tant à l'égard de la Société que des tiers *(G. mit beschrankter Hapftpflicht)* et celles à responsabilité limitée envers les tiers seulement *(G. mit unbeschrankter Naschlusspflicht)*. Elle impose, contrairement aux principes de Raiffeisen, à toutes les sociétés, outre une révision périodique de leurs opérations, la nécessité d'un capital social représenté par des parts d'affaires, ce qui est peut-être les induire à abandonner dans la suite le principe coopératif de la répartition des bénéfices proportionnellement aux chiffres d'affaires traitées avec elles pour le principe capitaliste de la répartition aux actionnaires. D'autre part, elle supprime l'aliénabilité du fonds de réserve dont elle impose le renouvellement tous les 10 ans. Les Sociétés Raiffeisen ont tourné cette clause en réservant les deux tiers de leurs bénéfices à l'institution d'un capital de fondation collectif et inaliénable.

Enfin le gouvernement semble avoir voulu susciter une concurrence officielle aux caisses centrales privées par la loi du 31 juillet 1895, qui a créé une *Caisse centrale prussienne des Associations* dont le capital de fondation a été successivement porté par une série de lois ultérieures à 5, 20 et 50 millions de marks. Elle a surtout servi de soutien aux sociétés à responsabilité limitée qui ont trouvé auprès d'elle le crédit nécessaire. Son chiffre d'affaires dépassait 1 milliard en 1898.

Tel est le milieu organique où les coopératives vinicoles sont venues prendre place pour jouer un rôle, modeste encore, mais que l'importance de leur champ d'action possible rendra selon toute vraisemblance et à bref délai des plus considérables.

LA VITICULTURE EN ALLEMAGNE. — La Viticulture n'a pas sans doute dans l'économie rurale de l'Allemagne une place d'une importance comparable à celle qu'elle occupe en France et en Italie. Elle n'en présente pas moins, plus en raison de la renommée et de la haute valeur de ses produits (90 millions de marks en moyenne de 1892 à 1898) que pour la surface cultivée (126,109 hectares) et le chiffre de sa production moyenne (2,750,000 hectol. environ) un très grand intérêt pour la prospérité des populations rurales allemandes (1). D'une part, elle répond à un besoin très étendu dans le pays puisque la production indigène ne suffit pas pour alimenter la consommation des vins qui va toujours croissant en Allemagne. De l'autre, elle est une incomparable source de travail et de richesse pour les populations des vallées de l'Est et du Sud-Est (Ahr, Rhin, Moselle, Nahe, Neckar, Tauber, etc). Grâce à elle, les sols maigres et secs des flancs des coteaux qui seraient bien souvent impropres à toute autre culture, atteignent une valeur moyenne de 10 à 12,000 marks l'hectare, quintuplée dans les grands crus. Mais la viticulture (2), plus

(1) Statistisches Jahrbuch für das deutschen Reich — ann. 1899 — Sect. III page 27 Puttkammer et Muhlbrecht, édit. Berlin. Pour la technique viticole Allemande, v. le manuel de *Ph. Held-Weinbau*, in, Thaër-Bibliothek, chez P. Parey-Berlin.

(2) Sur elle, v. F. C. Huber : *Die Zukunft des süddeutschen Weinbaus*, br. 114 p. — Kohlhammer, Stuttgart — 1892 et l'étude bien documentée de *F. Deichen — Die Winzergenossenschaften und die deutsche Gesetzgebung über Wein unter eingehender Schilderung der Verhältnisse von Preussischen Winzer-Vereinen* 1901 : in *Jahrbuch* für Gesetzgebung. Verwaltung und Volkswirtschaft de *G. Schmoller* — 1900 4e fascicule p. 172-229 et 1901 — 1er fasc. Travail analyse dans notre étude de la Revue de Viticulture — *La situation économique de la Viticulture allemande* — août 1901.

encore que les autres branches de l'agriculture allemande traverse actuellement une période de crise aiguë qui tient à des causes d'ordres divers. Les premières sont les causes naturelles qui se résument dans la *rudesse du climat*, voisin de la limite de la culture de la vigne, le 51e degré; gelées d'hiver et de printemps, grêles d'été et froids d'automne y compromettent plus souvent les récoltes qui varient parfois de 1 à 7 : (748,462 hectolitres en 1890 à 5,050.808 en 1896). Il en résulte une *extrême inégalité de rendements*. C'est ainsi par exemple qu'à Neuenahr, la récolte moyenne de chaque vigneron tombait de 3,125 livres de raisins en 1897 à 62 en 1892. Le petit vigneron, presque toujours dépourvu d'avances pour attendre les bonnes années, plus rares en Allemagne que dans toute autre contrée (trois seulement dans la période culturale 1876-90 contre 10 mauvaises), a donc à un moindre degré qu'en France la possibilité de vivre au jour le jour en proportionnant ses dépenses à la moyenne de ses profits. A ces variations brusques dans la qualité des récoltes, s'en ajoutent d'analogues pour leur qualité, en raison de l'inégalité de la maturation selon les années. Le produit-argent est donc loin d'être toujours en proportion avec le rendement en raisins de vendange. Il arrive même qu'en certaines années, l'apparition de gelées dès le mois de septembre empêche l'achèvement de la maturité et rend les raisins impropres à la fabrication de vin potable. (1) Au point de vue cultural, la nécessité d'adapter l'exploitation à ces conditions difficiles conduit à deux conséquences qui se manifestent progressivement en Allemagne. 1° à la substitution de variétés plus précoces à celles qui étaient anciennement cultivées dans le pays, c'est ainsi, par exemple, que le Sylvaner, plus commun mais plus hâtif et plus productif, déloge peu à peu le noble Riesling de

(1) Un exemple de ce genre nous est fourni par l'année 1887 pour tous les vignobles de l'Ahrthal et de l'Unterrhein. A Mayschosz les moûts ne contenaient que 50 à 63 gr. de sucre par litre. Le Winzerverein n'en put tirer que de l'eau-de-vie et subit de ce chef une perte de 692 marks dans cet exercice. — *Josten*, in Mittheilungen über Weinbau et Kellerwirtschaft — 1896 n° 6.

tous les crûs ordinaires ; 2° à la spécialisation de la viticulture septentrionale dans la production de vins blancs en raison de la plus grande facilité d'obtenir avec eux une qualité régulière, puisque la pourriture a beaucoup moins de conséquences sur les raisins blancs que sur les raisins rouges. En effet, les vins blancs représentent aujourd'hui les huit dixièmes environ de la production vinicole de l'Allemagne tout entière.

Les causes économiques qui découlent des précédentes sont en premier lieu l'*élévation des frais de culture*, qui résulte de la nature et de la disposition des sols de coteaux sur lesquels la culture de la vigne est seule possible, en raison de la trop grande fréquence des gelées dans les plaines. Il a souvent fallu *tailler* en quelque sorte les vignobles, sur des pentes abruptes et rocailleuses pour leur créer des abris et un sol convenable; témoin les fameuses cultures en terrasses des vallées de l'Ahr, du Rhin et de la Moselle (1). Ces travaux entraînent des frais d'établissement et d'entretien considérables qui expliquent la haute valeur des terres à vignes (variant de 10.000 à 75.000 marcks l'hectare selon les crûs), et le coût très élevé de la culture annuelle (de 800 à 1200 marks l'hectare fumures non comprises). Dans ces conditions un ménage de vigneron ne peut guère cultiver qu'un hectare par an en moyenne, alors qu'il en travaille 2 en Bourgogne et 3 dans le midi de la France et l'Italie. 2° La production de *vins artificiels*, stimulée par les hauts profits que permet d'en retirer la cherté habituelle des vins naturels. Vins sucrés ou déguisés au moyen de colorants et de bouquets artificiels, vins de seconde cuvée, vins de raisins secs surtout se sont multipliés en des proportions considérables malgré la loi sur les fraudes du 5 juillet 1887 et à l'abri de la loi sur le commerce des vins et boissons assimilées du 20 avril 1892. Aussi leur production, officiellement évaluée à 700.000 hectolitres avant le vote de

(1) V. pour l'étude de cette double conséquence ampélographique et culturale notre série d'articles de la *Vigne américaine* (Macon) Les *Vignobles du Rheinthal*, mars à juillet 1900 et *A travers les Vignobles de la Champagne*, 4° Trim. 1901 et de la Revue de Viticulture : *Les Vignobles de la Belgique*, juillet 1899 et la *Reconstitution par les cépages précoces*, août 1900.

cette dernière loi, s'est-elle accrue depuis au point de constituer un véritable fléau contre lequel la loi d'Empire de 1901 vient de réagir par son article 3 qui en interdit la vente. 3° *La concurrence de l'importation étrangère*, 600.000 quintaux en 1900) particulièrement celle des vins rouges italiens et espagnols à bon marché, dont l'introduction est favorisée par le traité de commerce du 6 décembre 1893 qui accorde une réduction de moitié sur les tarifs des vins en fûts (20 marks par 100 kilogrammes) aux vins et moûts rouges destinés au coupage avec les vins blancs de l'Allemagne. L'importation italienne a cru de 228 % depuis cette époque. (1). La concession à l'Espagne du traitement de la nation la plus favorisée à partir du 1er juillet 1899 a encore aggravé cette situation. La valeur totale des vins importés en Allemagne, de 53 millions en 1898 est passée à 60 en 1900. Mais les réclamations des viticulteurs à ce sujet viennent de provoquer un mouvement de réaction douanière qui s'est traduit par le projet de relèvement actuellement soumis au Reichstag (2). 4° Le *morcellement exagéré de la propriété viticole* qui ne permet pas à la masse des petits propriétaires de travailler dans des conditions économiques avantageuses et de vivre sur leurs propriétés naines. Alors que pour toute l'Allemagne, la propriété parcellaire de moins de 2 hectares comprend 58,22 % de toutes les exploitations, sa proportion est la suivante dans les régions viticoles. (3)).

Rheinland . .	86.45 %	Bade	95.30 %
District de Trèves	83.04	Wurtemberg . .	78.21
» Cologne	91.80	Hesse-Nassau . .	75.91
» Wiesbaden	96.88	Alsace-Lorraine .	77.14
» Hesse .	83.17		

(1) De 82.857 quintaux, moyenne de 1885 à 91 à 272.347 moyenne de 1892-98 pour retomber en 1900 à 178.000 hectolitres tandis que l'importation espagnole passait en un an de 77.000 hl. à 121.000. Tableaux in étude de Deichen, Schmoller's Jahrbuch — 1er C. — 1901 p. 42 et Supplém. au Moniteur offic. du commerce du 12 Sept. 1901.

(2) A. Berget — La situation économique de la Vitic. allemande. Revue de Vitic, août 1901, et Bull. Soc. Vitic. de France, Sept. 1901 et Janvier 1902.

Sur 344.850 propriétés viticoles en l'année 1895, 93,15 % avaient moins de 1 hectare ; dans les districts de Wiesbaden, Cologne et de Coblentz, les propriétés de moins de 5 hectares forment la presque totalité des vignobles, 99 et 98 %. Sans doute la plupart de ces vignobles ne sont que des appendices d'autres exploitations rurales ou industrielles (1). Deichen évalue à 74,34 % du nombre total des viticulteurs ceux dont la profession principale est l'agriculture en général. Mais le peu d'importance de l'exploitation totale qui, pour une possession de 50 ares de vignes varie de 3 hectares 51 de terres arables en Alsace-Lorraine à 1 h. 50 dans le district de Coblenz, atteste la médiocrité de l'état économique de ces petits paysans.

CONSEQUENCES DU MORCELLEMENT. — Ce morcellement exagéré jusqu'à la pulvérisation (Deichen cite le cas de propriétaires à Adenau dont les 10 et 5 hectares étaient divisés en 190 et 180 lambeaux) a des conséquences économiques qui paraissent avoir été les facteurs déterminants de l'apparition de la coopération viticole en Allemagne.

La première est la *routine*, cause générale de la mauvaise culture. Dans son ouvrage sur l'*Avenir de la viticulture dans l'Allemagne du Sud* (1), le professeur F. C. Huber analyse les causes de la décrépitude des petits vignobles de son pays et de la misère de leurs détenteurs : non rajeunissement des vignes, absence totale de fumures, cultures intercalaires épuisantes, mauvais encépagement, absence ou insuffisance des traitements contre les maladies cryptogomiques, bref toutes les fautes par lesquelles un vignoble s'épuise en même temps que son propriétaire s'endette, jusqu'au moment où celui-ci tombe dans les griffes de quelque usurier qui l'exproprie à vil prix. « En général, dit Huber, il est très difficile de faire comprendre au vigneron ce que son grand-père n'a pas déjà fait de la même

(1) Statistik des Deutschen Reiches, Neue folge, Bd. 112 et F. Deichen- op. cité Schm. Jahrbuch — 4ᵉ C. — 1900 p. 173-180.
(2) Stuttgart-Verlag v. Kohlhammer — 1892.

façon. » (1). L'absence de curiosité intellectuelle et d'initiative, une passivité obstinée, la défiance de toute innovation sont dans tous les vieux pays la caractéristique des populations rurales. Mais on conçoit que ces défauts traditionnels doivent s'exagérer en raison même de l'impuissance économique des petits propriétaires à disposer des premiers capitaux et à risquer les avances qui sont indispensables à tout effort nouveau dans une direction toujours hasardeuse pour le producteur isolé et inexpérimenté.

En second lieu, l'obtention de bénéfices suffisants est d'autant plus difficile au très petit propriétaire avec ses moyens trop mesquins que ses maigres ressources sont en général épuisées par avance par son ardent effort pour l'acquisition des terrains. La passion du paysan pour la propriété entraîne une concurrence trop vive dans l'adjudication des lopins dont l'acquisition est seule à la portée de sa bourse. Il en résulte une exagération générale des prix d'achat de la propriété parcellaire, d'autant plus regrettable que cette forme de propriété est justement celle qui a le moins de valeur en raison des difficultés et du coût élevé de son exploitation. Huber cite à ce sujet pour les bonnes expositions de la vallée du Neckar et avant 1892, le prix-courant de 10 à 15,000 marks l'hectare par *journal* de vigne (33 ares environ) (2) qui dépasse selon lui, le total de la valeur des produits de ces parcelles pendant quinze années d'exploitation. C'est dire qu'écrasé par la charge des intérêts, le petit propriétaire n'arrive pas en général à s'acquitter de sa dette s'il achète à crédit et, dans le cas contraire, que l'amortissement du capital d'établissement devient presque impossible : d'où dans les deux cas, l'insuffisance du capital circulant pour l'entretien du vignoble et l'impossibilité de rajeunir celui-ci en temps opportun. Dans ces conditions, le paysan ne cultive plus que la misère et sa terre, la propriété qu'il a si imprudemment convoitée, devient pour lui le rocher de Sisyphe contre lequel il épuise vaine-

(1) op. cité p. 15.
(2) Cf. p. 8.

ment son activité et ses forces au temps de sa virilité, pour finir tôt ou tard par être écrasé au moment même où la fatigue de l'âge commanderait le repos.

Enfin, la conséquence la plus dommageable dans les exploitations viticoles est l'insuffisance du matériel vinaire, partant l'*infériorité de la vinification et des produits de la petite propriété*. C'est un fait malheureusement trop général en Allemagne que la plupart des petits récoltants ne possèdent ni cuverie spéciale, ni pressoir pour leur vendange, ni tonneaux en bon état, ni cave suffisante pour la conservation des vins, ni même les connaissances pratiques nécessaires pour faire de bons vins et les conserver jusqu'au moment convenable pour leur vente. Quand ils font cuver leurs raisins pour faire des vins rouges, l'opération se fait trop souvent dans une grange froide et mal aérée, voisine d'une écurie aux mauvaises odeurs et dans une cave trop petite ou en mauvais état, bref dans des conditions extrêmement défavorables à une fermentation suffisante et complète et par contre éminemment propices au développement des ferments de maladies. La fabrication des vins blancs n'exige pas autant de place et de matériel puisque le moût n'a pas à séjourner dans des cuves, mais elle impose la possession d'un pressoir, sans lequel il est impossible d'extraire des marcs la forte proportion de moût qu'ils retiennent après le foulage des raisins et l'écoulement du vin de goutte. Enfin, dans les deux cas, les vins faits sont trop souvent reçus dans une vaisselle vinaire trop vieille et en mauvais état, où le produit contracte des goûts de fût ou de moisi, que le vigneron met généreusement sur le compte du terroir, mais qui ont habituellement pour effet d'obliger de vendre à vil prix ce produit déprécié.

On conçoit d'autant plus aisément que le petit propriétaire ne fasse pas les frais d'une installation viticole, que l'importance de ses récoltes serait en moyenne hors de proportion avec les frais d'entretien et d'amortissement de ce matériel nécessaire. Deichen cite à ce sujet le cas des communes de Filzen, Muffendorf et Himmelsberg, où la récolte moyenne de chaque propriétaire en 1897, année pourtant ordinaire, n'était respectivement que de 250, 273 et 375 litres pour tomber en 1898, année mauvaise, à 200, 60 litres et 50 litres et plus bas encore à Capellen-Stolzenfels, Neunahr et Carweiler, où chaque vigneron ne récolta que 41, 18 et 10 litres de vin. Cette production infinitésimale exclut toute possibilité de vinification séparée, donc toute possession de matériel œnologique. Dans ces conditions, le producteur n'a plus qu'un moyen de tirer parti de ses raisins, c'est de les vendre au moment des vendanges à un négociant qui acquiert les raisins de toute la contrée et les vinifie pour son propre compte. Cette pratique est devenue aujourd'hui la plus générale dans la viticulture allemande.

LA DETRESSE DE LA PETITE PROPRIETE VITICOLE. — Au premier abord, elle n'offre que des avantages pour le vigneron. Elle semble une application rationnelle du principe de la division du travail ; le propriétaire se spécialise dans la production des raisins tandis que le négociant, plus instruit des goûts et des besoins de la consommation, mieux outillé pour la conservation des vins et plus au courant de cette pratique délicate, prend à sa charge toute la tâche et les risques de la vinification des produits. Le vigneron y gagne d'être déchargé des dépenses d'une coûteuse installation œnologique qui eût été nécessairement imparfaite à cause de la modicité de ses récoltes et de ses ressources ; il n'a plus aussi le poignant souci de la vente avec tous ses aléas ; il touche au contraire de suite le prix de ses raisins et se trouve ainsi au début d'une nouvelle campagne en possession du produit net de la précédente, donc dispensé d'avances coûteuses de capital immobilisé et parfaitement au courant de sa situation vraie et des ressources dont il peut disposer. C'est pourquoi, même dans les pays où les propriétaires faisaient habituellement leurs vins comme dans l'Ahrthal et toute la vallée du Rhin, cette pratique de la vente des raisins s'est progressivement généralisée à partir de 1850, à mesure que se développait le commerce des vins sous l'action des nouveaux moyens de transport et des plus larges débouchés qui, grâce à eux, s'ouvraient à ses efforts. Malheureusement, si tout semblait pour le mieux aux débuts de cette organisation nouvelle, le petit propriétaire ne tarda guère à apercevoir le revers de cette brillante médaille.

En effet, du jour où le vigneron a perdu l'habitude de faire lui-même son vin et de s'occuper de sa vente plus ou moins directe ; quand il n'a plus ni le matériel nécessaire, ni les débouchés, ni même l'expérience indispensable, alors il tombe radicalement sous la dépendance économique de l'intermédiaire qui assume toutes les charges de la vinification et de l'écoulement des produits. Comme le raisin est une marchandise qui ne saurait attendre pour être vendue, dès que les commerçants savent se coaliser et s'entendre pour éviter de se faire une concurrence trop vive pour l'achat des raisins, les producteurs sont fatalement obligés de subir les prix qu'il plaît au commerce de leur accorder. Comment pourraient-ils discuter quand chaque jour de retard compromet la qualité et jusqu'à l'existence même de leur marchandise ? Dans ces conditions le prix des raisins va déclinant d'année en année ; dans les mauvaises, le commerce peu soucieux de s'embarrasser de vin médiocre n'achète qu'à des prix de famine ; dans celles de bonne qualité, il s'arrange pour limiter étroitement l'élévation des cours, dans celles de production abondante, il profite de l'élévation de l'offre pour déprimer la valeur réelle des récoltes. Dans ces conditions, le petit vigneron ne trouve plus dans les bonnes années la compensation attendue au déficit des mauvaises, force lui est alors de recourir à l'hypothèque, puis à l'usurier. Tremblant de ne plus vendre sa récolte, il devient de plus en plus dépendant de ses acheteurs habituels ; il perd ainsi d'année en année toute indépendance matérielle ou morale, jusqu'au jour où il abandonne sa terre, découragé de peiner pour un résultat toujours insuffisant ou chassé par un créancier qui l'exproprie brutalement au détour d'une dernière échéance.

Telle était partout la situation, en Allemagne dans les régions viticoles quand il fallut s'ingénier sous l'aiguillon de la plus extrême nécessité, à trouver un moyen de sauver la petite propriété viticole d'une ruine, autrement fatale à brève échéance.

Au cours d'une interpellation du 2 novembre 1901 à la Chambre bavaroise, un député du Palatinat, F. W. Müller, citait les prix moyens de 20 et 30 marks par hectolitre de vin blanc ou rouge comme l'extrême limite à partir de laquelle les vignerons commencent à ne plus recouvrer même leurs frais de culture (1). Or, dans le grand Duché de Bade, ces prix tombaient respectivement en 1895 et 1896 de 13 à 15 marks pour les vins blancs et de 20 à 25 pour les vins rouges. Dans la vallée du Rhin où le cours moyen jugé nécessaire est de 20 à 25 pfennigs la livre, en raison de la qualité supérieure et de la plus faible quantité des produits, dès 1894 on vit se généraliser le cours de 10 à 12 pfennigs qui tombait en année d'abondance et de qualité à 5, 4 et même 2,5 selon les localités (2). Dans ces conditions, la continuation de la culture de la vigne cesse même d'être possible. En même temps, à mesure que s'accélérait la détresse de la classe vigneronne (Winzerstand), on voyait croître chaque jour en des proportions vraiment excessives, le nombre et les prétentions des intermédiaires. C'est ainsi que le Dr Ertl pouvait dénombrer en 1897 dans la seule ville de *Bingen* (8.187 hab.), 90 négociants ou commissionnaires en vins, dont 70 israélites, proportion qui se retrouve à peu près dans tous les centres du commerce des vins en Allemagne, témoin les exemples suivants pris au hasard (3).

1. Mayence (76.946 hab.), 254 négociants.
2. Coblenz (39.639 hab.), 63 négociants.
3. Eltvillé (3.643 hab.), 24 négociants.
4. Deidesheim (2.783 hab.), 42 négociants.

(1) Cité par Huber — cf. p. 15.

(2) Chiffres de Häcker et Deichen, cf., passim.

(3) In Deutsches-Reichs Adressbuch für Industrie-Gewerbe und Handel Berlin — 2 vol.

A Ahrweiler (4.773 hab.) le nombre des négociants tombe à 11 en raison de l'existence des Winzervereine.

C'est ce qui justifie l'exclamation du Directeur de la Banque Filiale-Raiffeisen de Wiesbaden, M. Dietrich, au Congrès de Berlin (juin 1897), que les vignobles sont ruinés par une autre sorte de phylloxera , non moins dangereuse que l'espèce commune, c'est « l'armée des courtiers et commissionnaires en vins. » Il montrait que c'est moins le commerce véritable que cette classe superflue « d'exploiteurs et de parasites dangereux » qui pèse d'un poids si lourd sur le marché des vins (1). Le parasitisme social est, en effet, un signe de la souffrance économique au même titre que le développement des moisissures à la surface des corps en décrépitude. Ce phénomène est l'indice d'une transformation nécessaire et prochaine. C'est précisément au caractère quasi désespéré de la situation du Winzerstand allemand que sont dûs l'apparition, puis le développement si rapide, dans ces dernières années, des institutions coopératives dans la Viticulture rhénane.

SECTION II

HISTOIRE ET DÉVELOPPEMENT DE LA COOPÉRATION VITICOLE EN ALLEMAGNE

LES ORIGINES. — C'est un fait digne de remarque que l'idée coopérative est apparue dans la viticulture dès le début du mouvement d'association en Allemagne, mais qu'elle n'a pris consistance et n'a rencontré le succès qu'au moment où le terrain a été préparé par le développement préalable de la coopération de crédit. C'est, en effet, au moment même où les idées et la propagande de Schulze-Delitzch commençaient à ébranler la petite bourgeoisie allemande, c'est-à-dire vers 1855, que les premières tentatives en ont été faites. Selon

(1) Ertl et Licht. — cf. p. 378.

le Dr Huber (1) la première impulsion fut donnée alors comme un moyen de remédier aux maux engendrés par une série de mauvaises récoltes, surtout celle de l'année 1854. C'est en effet à cette date qu'apparurent simultanément sur la Moselle et dans le Würtemberg des unions viticoles (Weinbauvereine) pour assurer, avec une culture plus parfaite, l'écoulement normal des produits du vignoble. Dans les deux cas, l'exemple des confréries de vignerons suisses paraît avoir servi au moins de source primitive d'inspiration. Sept de ces Sociétés furent ainsi fondées sur la Moselle, mais sauf celle de *Dussemont*, toutes disparurent après 1860. Dans le Würtemberg, la première association fut fondée en 1854 dans la commune d'Asperg, cercle de Ludwigsbourg par le maire *Weis* et cet exemple fut suivi l'année suivante par les communes de *Neckarsulm* et de *Fellbach* dans le cercle de Cannstadt. Ces trois sociétés existent encore : la première s'est cantonnée exclusivement dans le perfectionnement de la culture, mais les deux autres se sont préoccupées d'assurer la vinification et la vente des produits en organisant chaque année après la confection des vins, la vente aux enchères publiques des produits de tous les viticulteurs ainsi groupés pour l'écoulement en commun. Elles sont le premier type de ces associations temporaires qui, sous le nom de *Sociétés de vendanges* (Herbstgenossenschaften) ou *Sociétés de pressurage* (Kelternvereine), se sont depuis souvent formées dans la région pour obvier aux mauvaises années. Mais la plupart n'ont eu qu'une existence éphémère et occasionnelle. Les Sociétés de Neckarsulm et de Fellbach revendiquent l'honneur d'être les plus anciennes de l'Allemagne. Mais jusqu'à leur réorganisation, vers 1878, leur existence ne fut qu'intermittente et bien longtemps nominale. Avec les bonnes années, les vignerons oubliaient bientôt le remède des jours de détresse et retournaient à leur égoïste indifférence. C'est pourquoi l'exemple décisif, dont l'imitation devait être féconde, n'a

(1) Die Winzergenossenschaften in ihrer Bedeutung für die Massenerziehung und für die Massenorganisation. Chmoller's Jahrbuch, 1892 — op. cité p. 68-71 et lettre du 29 mars 1900.

surgi que plus tard et dans une autre région, en 1868, dans le pays qui doit être regardé comme le véritable berceau de la coopération viticole, la *vallée de l'Ahr.*

S'il fallait une preuve nouvelle de cette observation qu'en tous pays l'Association est fille de la plus extrême nécessité, il suffit de considérer la situation de cette petite région viticole de l'Arthal. « Qu'on se figure un profond sillon, long de 18 lieues, large d'un à deux kilomètres à son embouchure, et parfois de 100 mètres à peine dans sa partie moyenne, creusé de 100 à 200 mètres dans la masse granitique ou schisteuse de l'Eifel, voilà le dernier retranchement de la vigne vers le Septentrion, depuis qu'elle semble abandonner définitivement la ligne de la Meuse-Belgique » (1). Cette vallée ou plutôt ce cagnon qui débouche sur la rive gauche du Rhin à Remagen, entre Bonn et Coblenz, est exactement située sous l'extrême limite de la culture de la vigne en Allemagne, le 51°. Tout y semble réuni pour donner à cette culture un caractère de précarité vraiment incomparable, la maigreur du sol schisteux, la froideur du climat, les pentes parfois invraisemblables où le vigneron va construire les étroites terrasses qui escaladent les côtes comme les marches d'un escalier cyclopéen, la fréquence des gelées d'hiver, de printemps et d'automne, la parcimonie du cépage presque exclusivement cultivé, notre Pinot de Bourgogne, la spécialisation de la culture dans la production, si aléatoire sous ce climat, des vins rouges, etc., etc. Pourtant les six lieues de vignobles qui vont de la Landskron à Brück par Neuenahr, Ahrweiler, Walporzheim, Dernau, Bodendorf, Mayschosz, Altenahr comptent parmi les plus réputés de l'Allemagne, aussi bien par la perfection de la culture que par l'excellence des produits, preuve frappante de la vérité du proverbe : « Tant vaut l'homme, tant vaut la terre. » De ce vignoble, jadis obscur, perdu dans un pays glacé, les vignerons de la seconde moitié du XIXe siècle ont fait une école où la viticulture du monde entier vient aujourd'hui chercher des encouragements et des exemples.

(1) A. Berget. — Vigne américaine — mars 1900 — Dans l'Ahrthal.

« Wein Land, arm Land » (1) écrivait mélancoliquement en 1865, l'auteur de la statistique du cercle d'Arweiler, von Groote. A cette époque, la culture de la vigne semblait défini-

Vue de Marienthal-sur-Ahr (Winzerverein à droite)

tivement condamnée dans tout l'Ahrthal. Après la Révolution qui avait dépouillé les seigneurs et couvents du pays et rendu les paysans propriétaires, le vignoble de l'Ahrthal avait connu

(1) « Pays de vin pauvre pays ».

un demi-siècle de prospérité. C'est là que tous les hôteliers, débitants et simples amateurs des villes et régions voisines de Coblentz, Linz, Bonn, Cologne, Aix-la-Chapelle, venaient après les vendanges s'approvisionner de bon vin rouge. Sans concurrence et sans dérangements, le vigneron vivait bien, exempt de soucis pour la vente de ses produits qui s'écoulaient ainsi sans peine à des prix très rénumérateurs. Vinrent les chemins de fer, à partir de 1850. Avec eux affluèrent dans le Rheinthal et la Westphalie les vins de l'Allemagne du Sud et de la France, sans compter les vins artificiels, tous importés par de nouveaux-venus : négociants et courtiers qui s'offraient pour débarrasser les consommateurs du souci de faire eux-mêmes de coûteux approvisionnements et les vignerons des soins et des risques de la confection et de la vente des vins. Les intermédiaires des villes habituèrent ainsi les hôteliers et débitants à rester chez eux et à boire d'autres vins que ceux de l'Ahrthal, tandis que ceux qui étaient installés dans cette vallée accoutumèrent les vignerons à leur vendre directement non des vins faits, mais les raisins qu'ils transformaient ensuite à leur gré pour les vendre jusque sur les plus lointains marchés de Berlin et de l'Allemagne de l'Est. Le goût de l'Ahrrothwein baissait ainsi dans sa région de consommation ordinaire à mesure que sa fabrication et ses débouchés dépendaient plus de l'action des intermédiaires, lesquels, d'ailleurs, ne se faisaient pas faute de l'adultérer par des pratiques peu faites pour entretenir sa réputation. Bref, à partir de 1850, les prix des raisins allèrent baissant d'autant plus que ceux-ci trouvaient de moins en moins d'acheteurs, le commerce trouvant plus de profit à importer des vins étrangers ou à fabriquer des vins artificiels qu'à acheter aux vignerons les matériaux du bon vin tonique et réconfortant que recommandaient autrefois les médecins de l'Allemagne. Non seulement les prix de vente des raisins ne suffisaient plus pour assurer aux vignerons la rémunération de leurs peines, mais il arriva que le commerce cessant d'acheter, sinon à des prix inacceptables, ceux des vignerons qui n'avaient plus le matériel et l'expérience œnologiques nécessaires pour la cuvaison abandonnèrent de plus en plus la culture de la vigne. De 1860 à 1870, l'émigration prit dans tout l'Ahrthal des proportions alarmantes. Toute la jeunesse partait pour les mines et les usines de la Westphalie, ou même pour l'Amérique. Les vignerons obstinés ou mieux pourvus qui continuèrent de préparer eux-mêmes leurs vins, faute de débouchés, ne trouvaient plus à les vendre. La situation devint donc bientôt intolérable. C'est ainsi que les vignerons avaient, en 1870, trois à quatre années de récoltes invendues dans leurs caves. Il fallait renoncer à la vigne ou trouver un moyen de salut. C'est alors que la coopération apparut comme la suprême ressource.

LES WINZERVEREINE DE L'AHRTHAL (1). — La plupart des auteurs allemands qui se sont occupés des Winzervereine, Huber, Havenstein, Deichen, rapportent à l'inspiration des Sociétés agricoles de la région du Rhin et à Schulze-Delitsch en particulier, l'honneur de l'inspiration première de cette application nouvelle. Cette affirmation ne nous paraît pas justifiée. Sans doute, les idées de Schulze-Delitsch et le succès de ses Vorschussvereine n'étaient pas tout-à-fait inconnus dans l'Ahrthal et n'ont pas été sans influer sur quelques esprits, mais nous n'avons pas trouvé trace d'intervention directe dans la genèse originelle de la première Coopérative vinicole apparue dans la région, le Winzerverein de Mayschosz (2), Au contraire, l'originalité la plus curieuse de

(1) Lettres de M. H. Mies, des 25 janvier et 23 septembre 1899, 15 février et 22 juillet 1900.

(2) Le seul écrit de Schulze-Delitsch où nous ayons trouvé une allusion à cette affaire est une polémique qu'il soutint dans son journal : *Blätter fur Genossenschaftswesen* en oct. 1873 contre la presse ultramontaine qui l'accusait de sectarisme, à la suite de l'exclusion des Sociétés de Mayschoss et Walporzheim de l'Union générale des Associations allemandes. Il répond que cette décision a dû être prise en dehors de toute considération politique ou religieuse pour non-paiement persistant des cotisations obligatoires. Il rappelle à ce sujet les services rendus par lui à ces sociétés, entr'autres « d'avoir examiné et amélioré les statuts de la Société de Walporzheim ». Il est évident que s'il avait été à quelque degré l'initiateur de la Société de Mayschoss, il n'eut pas manqué d'en faire mention — *Der Auschlusz der Winzervereine Mayschosz und Walporzheim.... und die ultramontane Presse* — N° du 30 oct. 1873.

cette institution nouvelle est qu'elle émane directement du génie local, car l'honneur de l'invention revient à un simple paysan, à un praticien obscur, au modeste sacristain de la paroisse de Mayschoss, *Joseph Kossmann*. « A la fin de 1868, nous écrit à ce sujet, M. Josten, l'obligeant et dévoué prési-

Joseph Kossmann

dent du Winzervereine de Mayschoss, malgré la présence de maisons de commerce considérables dans la vallée, nous avions trois à quatre années de vins dans nos caves. C'est pourquoi se produisit chez nous un mouvement énergique pour sauvegarder notre existence (eine Bewegung in's Leben), en découvrant de nouveaux moyens d'assurer le débit et l'écoulement de nos vins autrefois si estimés. C'est alors que dans notre petit cercle, Joseph Kossmann eut l'initiative de proposer un plan qu'il avait conçu pour faire ensemble et offrir en commun nos vins au commerce. Après en avoir conféré à différentes reprises avec le maire d'alors, M. Nakel, il fut décidé que ce plan serait exposé à une assemblée générale de viticulteurs de la paroisse convoqués à cet effet. Une première assemblée resta sans effet. Enfin, une nouvelle réunion aboutit à la nomination d'un Comité provisoire chargé de préparer les statuts dont l'essai devait être fait. Ce Comité, dont j'avais l'honneur de faire partie, siégea toute une semaine dans mon habitation pour s'acquitter rapidement de sa tâche. Le projet élaboré fut ensuite discuté dans une nouvelle Assemblée et adopté par la plus grande majorité des nombreux assistants. Un conseil fut alors élu aussitôt, et le premier Winzerverein était fondé » (1).

Le premier conseil d'administration était composé de cinq membres parmi lesquels Nakel fut choisi pour président, Kossmann pour secrétaire et Josten pour caissier. Mais la question d'argent restait tout entière à résoudre : on put se procurer les premiers fonds nécessaires par l'engagement solidaire des soixante premiers adhérents. Les débuts furent modestes et pénibles. La société n'avait pas d'établissement particulier ; pour loger ses vins elle utilisait les caves de ses membres, le fourneau de M. Josten servait de chaudière à l'unique employé qui préparait les fûts pour l'expédition. Un premier essai de vente en gros ne réussit pas ; il fallut entrer dans la même voie que le commerce ordinaire par la vente en petits fûts. Enfin, au bout de trois années, en dépit des efforts de ses ennemis et des envieux, la Société qui commençait à avoir une clientèle, entreprit la construction de sa cave et de son cellier. Le succès ayant couronné les efforts des premiers organisateurs, tous les autres vignerons de la paroisse vinrent successivement se joindre aux premiers adhérents. C'est alors que les communes voisines commencèrent à suivre l'exemple et les avis de leurs devanciers,

(1) Lettre de M. Josten, du 9 février 1901.

(1) Une preuve graphique de l'adaptation des Winzervereine aux conditions et procédés du commerce moderne nous est fournie par la gravure ci-jointe qui nous a été envoyée comme la reproduction *exacte (?)* du Winzerverein de Maysehosz. Nous avertissons le lecteur que le grand bâtiment figuré au fond du dessin n'existe encore qu'à l'état de projet, bien que l'administration de cette société le fasse déjà figurer sur ses prospectus. Les autres reproductions de Winzerverein qui figurent dans cet ouvrage ont été obtenues par la photographie, moins complaisante à la réclame, même coopérative. Malheureusement, ces gravures ne peuvent montrer la partie la plus intéressante de ces établissements : leurs *caves*, creusées dans le roc de la montagne, très fraîches et très spacieuses et parfaitement installées en général.

les vignerons de Walporzheim en 1871, de Dernau en 1873, d'Ahrweiler en 1894, de Neuenahr en 1875 s'organisèrent tour à tour de la même façon, avec le même objectif complexe de la préparation et de la vente en commun des vins obtenus en

Vue générale du Mayschosser Winzerverein.

rassemblant les raisins récoltés séparément par chaque propriétaire récoltant. Aujourd'hui, il n'est plus une seule commune de l'Ahrthal qui ne possède une ou plusieurs sociétés sous les noms complètement synonymes dans la région, de

Winzervereine et de *Weinbauvereine*. Ceux-ci possèdent tous des caves et un cellier spécial installés avec toutes les exigences de l'œnologie moderne. Nombre d'entre eux ont en outre ouvert sur place un débit-restaurant *(Weinstube* ou *Winzerhaus)* pour l'écoulement au détail de leurs vins. Le Winzerverein de Mayschosz demeure le plus important aussi bien pour le nombre des membres que pour sa richesse (1) Son bilan était pour l'année d'affaires 1899-1900.

ACTIF

(en Marks de 1 fr. 25)

Espèces en caisse.	1.016 75
Vins en cave (valeur réduite de 20 0/0) . .	463.979 72
Prêts à des membres avec intérêt. . . .	24.917 81
Créances pour livraison de marchandises	60.459 90
Bâtiments et caves	133.434 15
Fûts en cave (déduction 7 0/0)	38.933 48
Fûts en circulation (déduction 20 0/0 . . .	9.350 22
Mobilier (déduction 10 0/0)	12.074 78
Avoir dans les Coopératives de consommation .	8.940 22
	753.116 03

PASSIF

Dû aux membres de la société. .	342.689 02
A des non-sociétaires	311.893 93
Réserve du capital	89.683 08
Parts d'Affaires	8.850 00
	753.116 03

L'examen de ce bilan montre que la majeure partie du capital nécessaire à la société a été fournie par les sociétaires eux-mêmes pour qui le Winzerverein fonctionne donc en même temps comme une société d'épargne, mais où les placements ne reçoivent qu'un intérêt fixe comme ceux des

(1) Il a célébré son jubilé par une fête solennelle du 30 août 1898 — 25 Jahriges Jubelfest des Winzers Vereins zu Mayschosz a d. Ahr, in Ahrweiler — Zeitung du 8 sept. 1894.

(1) Communication de M. Josten, du 24 mars 1901.

M. H. Mies, aujourd'hui gérant de la Winzerhaus de la même société, fut notre aimable cicerone lors de notre voyage d'août 1899 dans cette pittoresque vallée. Outre le précédent, Ahrweiler possède aussi deux *Weinbauvereine* de même organisa-

Vue générale de l'Ahrweiler Winzer-Verein.

tion qui ont respectivement 138 et 58 membres. Viennent ensuite par ordre d'importance quant à l'effectif des associés ceux de Neüenahr (112 membres), Dernau (98 et 82 m.), Walporzheim (96), Altenahr, etc. Le tableau suivant, établi

BILANS DES WINZERVEREINE CONFÉDÉRÉS DE L'AHRTHAL

(Année 1899-1900) (1)

Siège des Winzervereine	Nombre des membres au 31 Août 1900	ACTIF					PASSIF					
		Espèces en caisse	Mobilier	Créances sûres	Immeubles	Vins en cave	Parts d'affaires	Fonds de réserve	Emprunts avec intérêts	Fonds des raisins	Frais d'administration	Balance
Ahrweiler (C^al)	151	42	29.912	77.903	102 000	291.612	5 525	31.118	450.500	13.175	1.153	501.471
Mayschosz	177	1.016	60.367	94.317	133.434	463.979	8.850	89.683	661.507	6.925		760.041
Altenburg	32	52	4.700	5.900	15 000	41.525	680	2.589	59.550	3.597	759	67.177
Bodendorf	71									122		67.775
Lautershoven	38	149	2.243	2.717	20.021	12 075	500	238	36.349	-		37.207
Dernau	81		8.000	13.822	21.000	84.088	1.632	11.704	115.584	6.346		135.367
Carweiler	28	334	1.813	1.168	8.579	6.212	384	450	17.267			18.102
Heppingen	27	629	1.011	7.351	1.618	4.029	185	377	13.601	476		14.610
Saffenburg	25	1.297	3.307	5.700	5.000	49.073	120	8.876	55.383			64.379
Neuenahr	105	1.465	7.388		37.400	54.340	3.158	23.126	92.958	4.806		124.450
Ahrweiler (W)	136	795	9.005	22 373	60 000	199.647	2.694	15.568	257.012	6.626		291.816
Rech	79		5.006	23.931	24.000	166.664	3.672	3.993	86.044	129.056		222.766

(1) Pour uniformiser les éléments de ces bilans nous avons dû, en quelques cas, réunir des comptes analogues, par exemple : Espèces en caisse et en dépôts, emprunts et apports ou créances des sociétaires, etc.

avec les bilans annuels publiés conformément aux statuts dans les journaux de la région, l'*Ahrweiler Volksblatt* et la *Neuenahrer Volks-Zeitung*, montre l'importance économique de ces organisations coopératives.

Pour développer leur action extérieure, accroître les garanties de sincérité commerciale qu'ils présentent et prévenir toute défaillance des administrateurs, les principales coopératives de l'Ahrthal se sont fédérées à partir de 1879 en une union (Verbandes der Winzer-vereine a d. Ahr) qui a son siège à *Ahrweiler*.

Sept de ces sociétés sont en outre adhérentes à la Station centrale de vente des Winzervereine réunis de Konigswinter. Au point de vue financier, la plupart sont étroitement liées aux Sociétés coopératives *de Crédit* (Créditvereine) qui existent dans les mêmes localités ; celles-ci leur ont souvent fourni des fonds et escomptent généralement leur papier. Même, la plupart des Winzervereine, pour fortifier leur crédit, se sont soumis au contrôle financier des *Réviseurs* des grandes Unions de Crédit. Les unes dépendent à ce point de vue de l'Union des Caisses rurales de *Neuwied s.* le Rhin (caisses Raiffeisen) et les autres du Conseil de Revision organisé à Kempen par le *Rheinischer Bauernvereine*. Celles de Mayschoss, Dernau, Saffenburg, Bodendorf, Ahrweiler (central) et Heppingen ont accepté le contrôle judiciaire prévu par la loi de 1889.

L'esprit catholique, plus ou moins pénétré de tendances socialistes chrétiennes, paraît dominer dans la plupart de ces Sociétés. Mais il n'y manifeste pas l'exclusivisme qu'on a pu reprocher avec justesse à beaucoup de groupes Raiffeisen. Au contraire, ce qui, au cours de notre visite dans l'Ahrthal nous a paru caractériser les transformations d'ordre moral dues à l'influence des Winzervereine, c'est qu'ils ont considérablement élargi l'esprit pratique des paysans.

Ceux-ci ont eu la sagesse de recruter presque exclusivement dans leurs rangs les directeurs et administrateurs de leurs Sociétés. Ils ont ainsi évité les patronages dangereux qui défigurent fatalement tôt ou tard les Sociétés ouvrières ou rurales, ceux des personnalités considérables ou considérées, mais toujours encombrantes, qui s'installent ou laissent installer par la déférence publique dans leurs présidences comme dans un poste purement honorifique et subordonnent trop souvent les intérêts de leurs administrés à ceux de leur politique ou de leur vanité. Grâce à cette précaution, la coopération a pu développer dans l'Ahrthal toute la bienfaisance de ses effets éducatifs. Les simples paysans, judicieusement choisis par leurs pairs comme les plus aptes à s'assimiler rapidement les connaissances nécessaires à la tâche commune, sont devenus aujourd'hui des comptables vigilants et des hommes d'affaires expérimentés, qui ne le cèdent en rien par l'ouverture générale de l'esprit et l'instinct pratique aux négociants en vins, leurs rivaux. Leur tempérament présente même une combinaison originale du flair commercial avec la prudence foncière du paysan, qui n'a pas été le moindre élément de succès des Winzervereine. C'est pourquoi au moment critique où le commerce local tenta de boycotter les coopératives naissantes, on vit celles-ci s'engager délibérément dans la lutte avec lui et répondre à ses attaques par une vigoureuse offensive ayant pour but la conquête de la clientèle de leurs adversaires. Elles y arrivèrent en s'adaptant toutes les méthodes et les procédés habituels du commerce. Comme lui, elles prirent des représentants et des voyageurs, ouvrirent des dépôts dans les grandes villes voisines, lancèrent des réclames, se mirent à vendre au détail, développant surtout la vente par petits fûts et caisses de bouteilles, inaugurant même des procédés nouveaux. C'est ainsi qu'elles surent profiter de l'exceptionnelle beauté de leur pays pour développer l'affluence d'étrangers que l'existence des sources thermales de Neuenahr avait commencé à diriger vers l'Ahrthal. Cette vallée si pittoresque est aujourd'hui devenue la villégiature la plus fréquentée par les industriels de la Westphalie. En même temps que les Winzervereine faisaient vanter l'excellence du climat de l'Ahrthal pour calmer les affections nerveuses, à côté des stations médicales (Kuranstalt für Nervenkranke) ouvertes à cet effet, elles édifiaient leurs débits-restaurants (Winzerhaüser) pour faire apprécier des pseudo-malades le vin rouge de l'Ahrthal dont d'ingénieux prospectus répandus à profusion vantent les qualités toniques, améliorantes et reconstituantes. On ne trouve dans ces établissements que le vin de la Société, dans des conditions de pureté et d'authenticité garanties, à un prix de détail très peu différent de celui du gros (le prix de la bouteille est celui du litre dans ces dernières conditions ; la différence représente le bénéfice du tenancier adjudicataire de l'établissement). L'amateur qui prend ainsi la douce habitude de consommer sur place a bien des chances de devenir dans la suite un client définitif. Une autre manifestation non moins frappante de cette entente de la réclame est dans la profusion des pancartes qui enlaidissent le beau paysage des côteaux viticoles. Sur tous les points du vignoble à proximité du chemin de fer, on voit plantés, sur les nombreuses terrasses qui escaladent la côte une multitude de panneaux à l'enseigne du Winzervereine pour indiquer la position du crû dont la Winzerhaus offre les produits. Ainsi obsédé de toutes parts, le voyageur ne peut résister à la tentation de déguster. De là à devenir acheteur, il n'y a plus qu'un pas, rapidement franchi pour celui qui ne fait pas profession d'abstémie et se moque du fanatisme antialcoolique des teetotallers.

Il est aussi une qualité notable que la coopération viticole a développée chez les vignerons de l'Ahrthal, c'est le sentiment de la discipline et du dévouement nécessaires à l'action commune. Le premier se montre en particulier dans ce fait que la plupart des présidents élus par leurs pairs pour diriger les affaires des Winzervereine, sont en fonctions depuis de très longues années, certains même comme Josten à Mayschosz, Mies à Ahrweiler, Knieps à Walporzheim, depuis la fondation. Il en est ainsi d'un grand nombre de membres du bureau et des commissions de surveillance. Pour chacun de ces hommes, le Winzerverein représente donc l'effort de toute une vie, et sa prospérité le résultat d'une longue suite de travaux et de dévouements. Toute la collectivité bénéficie donc ici du développement de qualités qui, dans le régime de la concurrence commerciale ne servent souvent qu'à l'exploitation du plus grand nombre. D'autre part, chacun étant intéressé avec tout son avoir au succès de l'entreprise commune apporte à son service le maximum de sa bonne

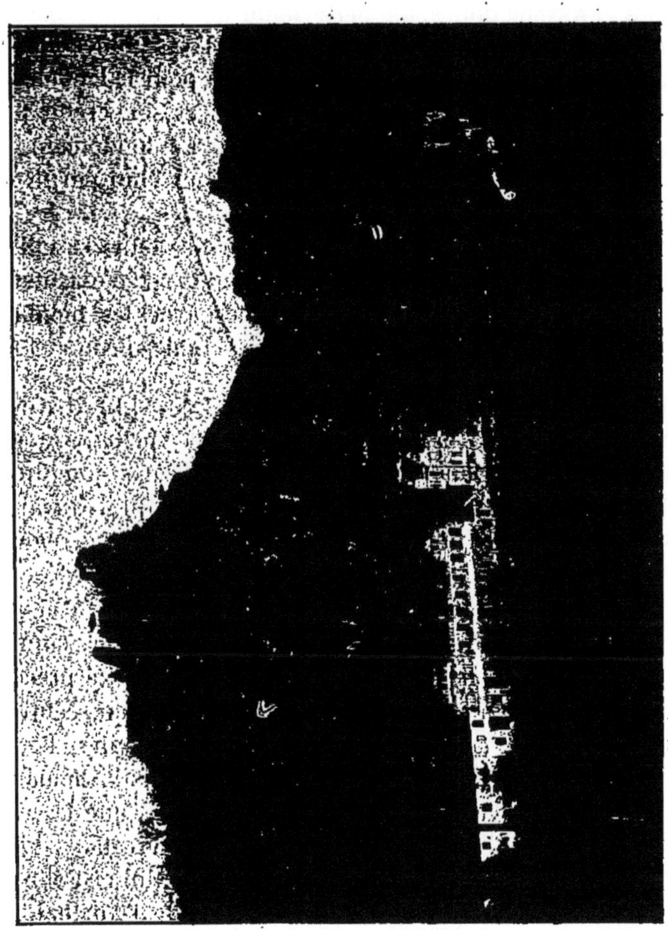

Le Winzerverein d'Altenahr.

volonté et de ses efforts. C'est grâce à la vigueur de ce lien de solidarité matérielle et morale que toutes ces associations ont pu triompher des difficultés considérables des débuts et des manœuvres dirigées contre elles. Un exemple caractéristique a été rapporté par M. le Dr Wygodzinski (1) au sujet du premier Winzerverein d'Altenahr. Mise subitement en demeure par une banque locale de rembourser dans les 24 heures le total des avances que celle-ci lui avait autrefois consenties, l'Association allait périr faute de pouvoir s'exécuter. Elle réunit en hâte ses adhérents et l'Assemblée décida que chacun d'eux aurait le devoir de trouver pour le lendemain matin tous les capitaux que ses relations et son crédit personnel lui permettraient de se procurer. Le lendemain, la Société était ainsi libérée. Elle compte aujourd'hui parmi les plus prospères.

C'est de cette double façon que se réalise dans la solidarité commune l'accord harmonieux de la plus large expansion des aptitudes et de l'action individuelles avec les bienfaits de la discipline volontaire et de l'effort simultané.

PROPAGATION DU MOUVEMENT EN ALLEMAGNE. — L'exemple donné par les vignerons de l'Ahrthal n'a pas tardé à réagir sur leurs voisins placés dans des conditions analogues. Aussi l'organisation coopérative qu'ils avaient inaugurée a-t-elle gagné de proche en proche toutes les régions viticoles de l'Allemagne : la vallée du Rhin, celle de la Moselle, le Rheingau, puis le Würtemberg, le Palatinat bavarois, le Grand Duché de Bade et l'Alsace-Lorraine. Toutefois, comme nous avons vu que le mouvement nouveau avait été précédé dans le Würtemberg d'un mouvement plus ancien, celui de 1854-60, qui avait laissé des traces et des souvenirs, l'organisation de la coopération offre plus variété dans l'Allemagne du Sud que dans celle de l'Ouest. Nous verrons que la constitution des coopératives du Süddeutschland est partagée entre le type primitif des Sociétés de Neckarsulm et Fellbach et celui plus développé des Winzervereine de l'Ahrthal. En outre, comme tous les grands phénomènes sociaux, celui-ci a été nécessairement affecté par les conditions locales aux-

(1) Les Associations de viticulteurs de la Prusse rhénane. Progrès agric. et vitic. du 19 janvier 1896. (Art. rédigé sur la demande de M. Ch. Gide) et lettre particulière du 16 mars 1899.

quelles il devait s'adapter, d'où une diversité relative des modes d'extension et des procédés d'organisation que nous allons avoir à relater. Il convient à cet égard de diviser la matière d'après les régions qui tour à tour ont ont été gagnées par ce mouvement : la vallée du Rhin d'abord, la Hesse (Rheingau) et la vallée de la Moselle ensuite, puis les régions de l'Allemagne du Sud : Würtemberg, Grand Duché de Bade, Palatinat et Alsace-Lorraine.

1°. RHEINTHAL. — Les vignobles qui bordent directement le cours du Rhin forment deux groupes : l'un celui du Bas-Rhin (Unterrhein) qui va de Konigswinter à Coblenz et l'autre, celui du Rhin moyen (Mittelrhein) de Coblenz à Assmannhausen en face du coude du Rhin, le Bingerloch. Comme le premier voisine immédiatement l'Ahrthal, c'est par lui que le mouvement coopératif s'est propagé d'abord, (Leutesdorf, 1877). Mais en fait, les mêmes influences ont concouru dans l'une et dans l'autre région à son développement rapide.

La principale est ici l'action d'un groupe très puissant et déjà ancien : *la Fédération des Sociétés Agricoles de la Prusse rhénane* (Verband der rheingraubischen landw Genossenschaften) dont le siège est à Bonn.

Elle publie un organe viticole spécial, la *Winzerzeitung*, rédigé par les professeurs Kerp et Schulte. Bien que certains auteurs lui fassent à tort l'honneur de la première initiative de coopération viticole, celle de Mayschoss, il n'est pas douteux que l'organisation et la propagande de cette Fédération agricole n'aient puissamment contribué à l'essor du mouvement (1). Les deux sections viticoles entretiennent trois professeurs d'agriculture dont l'un est spécialement affecté à la propagande coopérative. De ce groupe s'est récemment détachée l'*Union des Coopératives de la Prusse rhénane* dans laquelle s'est constituée une section spéciale des coopératives viticoles. A cette double action s'est jointe celle du groupe

(1) Rapports de son président, le Dr Havenstein, aux Congrès de Paris 1896 et Stuttgart 1898.

socialiste chrétien, l'*Union des paysans du Rhin* (Rheinischer Bauernverein) organisé en 1882.

Dès 1893, 12 Winzervereine figuraient parmi ses adhérents (2). Le Bauernverein a fondé à *Kempen* une fédération de caisses rurales, dont les réviseurs inspectent nombre des Winzervereine des vallées de l'Ahr et du Rhin. Il possède une Commission viticole qui publie à Konigswinter, d'accord avec la Station centrale de vente de cette ville, un organe spécial (3) concurrent de la Winzerzeitung : le *Rheinisches Winzervereinsblatt*. Grâce à l'action combinée de tous ces groupes il existait en 1899 dans la Prusse rhénane (Ahrthal compris) 56 Sociétés vinicoles dont 40 enregistrées, nombre qui s'accroît d'année en année. La fondation des Winzervereine a été en beaucoup de localités préparée par celle des *Casinos*, groupements analogues à nos Syndicats agricoles français et qui ont comme eux pour objet de répondre aux divers besoins de l'Agriculture : enseignement, achats de matières premières et de machines agricoles, vente collective, etc. Il en existe aujourd'hui plus de 1,000 dans la Province rhénane.

Tous les Winzervereine du Rheinthal qui sont sortis de la phase d'organisation préparatoire caractérisée par la simple union de fait sont organisés sur le même modèle que ceux de l'Ahrthal, conformément aux statuts de Mayschoss reproduits avec plus ou moins de développements dans les Statuts-modèles (Musterstatuten) publiés par les Confédérations de Darmstadt et de Neuwied et par la Fédération agricole de Bonn. Les causes qui ont amené la fondation des Winzervereine sont ici les mêmes que dans l'Ahrthal : la baisse constante des prix des raisins récoltés par les petits propriétaires et l'impuissance de ceux-ci à tirer eux-mêmes parti de leurs récoltes, en raison de l'extrême division de la propriété. Ce dernier inconvénient est plus développé dans le Rheinthal

(2) Nitti. — Le socialisme catholique. — Paris, Guillaumin 1894 p. 202 — 03.

(3) Fondu avec le Winzer-Genossenschaftsblatt publié autrefois par la Fédération d'Ahrweiler — hebd. — édit. à Bonn.

que partout ailleurs. La plupart des vignerons qui ont concouru à la formation des Winzervereine exercent concurremment une autre profession pour gagner leur vie : celle de marinier, mineur, journalier, agriculteur, petit commerçant, etc. C'est même le cas de la totalité des associés à Caub (23 s. 23) Manubach (53 s. 53), Winkel (38 s. 38). etc. L'étendue moyenne de leurs propriétés est extrêmement faible (44 ares à Caub 66 à Filsen, 32 à Manubach), de même que les quantités tités de raisins récoltés par chacun d'eux, surtout dans les mauvaises années comme 1898 (437 livres à Filsen, 160 à Muffendorf, 96 à Cappellen Stolzenfels) (1). La plus puissante de ces Associations est la plus ancienne, celle de *Leutesdorf*, puis viennent celles de Rheinbrohl, Rhensbrey. Caub (1884) etc. La fondation des Winzervereine s'est surtout accélérée depuis l'aggravation de la crise viticole dans la période 1893-98. Le plus grand nombre d'entre eux date des années 1896, 97 et 98.

Mais la faiblesse même de ces groupements leur a révélé dès l'abord la difficulté d'organiser eux-mêmes la vente de leurs produits. C'est pourquoi dès 1898 un certain nombre d'entre eux ont constitué sous les auspices du Rheinischer Bauernverein une Station centrale de vente (Weinvertriebstelle) chargée d'assurer l'écoulement collectif des vins produits isolément par chaque Winzervereine. Dans la région extrême des *Siebengebirge*, les vignerons ont de même fondé à Honnef un Weinbauverein à circonscription étendue qui a surtout le caractère d'un syndicat pour l'étude des questions particulières à ce petit vignoble : choix de variétés précoces, mélanges de vins, vente des raisins, etc. D'après un rapport de l'Union de révision de Kempen, la situation financière des vingt sociétés viticoles placées sous son contrôle était la suivante au 1er janvier 1900 (2) :

(1) Chiffres donnés par Deichen, cf. Table 4.
(2) Winzervereinsblatt du 15 Décembre 1899.

Total des affaires	396.571 m.	contre 310.824	en 1898
Avoir	862.170	» 784.424	
Fonds de réserve	42.427	» 32.533	
Déficits	3.392	» 2.137	
Récolte en vins rouges	102 041 litres	» 105.109	
» » blancs	140.930 »	» 25.328	

Les déficits signalés étaient apparus dans quatre sociétés qui avaient commis la faute d'évaluer trop haut les raisins à la vendange. Sept autres, au contraire, avaient donné un sage exemple en affectant la totalité de leurs bénéfices au fonds de réserve.

HESSE ET MOSELLE. C'est à la Hesse-Nassau qu'appartient la majeure partie de la région viticole la plus fameuse de l'Allemagne, le *Rheingau*, qui s'étale au pied du Taunus sur quatre lieues de long et deux de large depuis le coude du Rhin à Rüdesheim jusqu'à Niederwalluf. Elle est moins célèbre par son étendue que par la haute valeur et la qualité de ses produits. En effet, la surface de ses vignobles n'est que de 1859 hectares qui produisaient en 1899, 17.333 hectolitres de vin (1445 foudres de 1200 litres) parmi lesquels 17.261 de vins blancs et 7 seulement de vins rouges (1). Les deux territoires les plus productifs sont ceux de Lorch (3.288 hectolitres sur 160 hectares) et de Rüdesheim (1.728 hectolitres), puis viennent par ordre décroissant, Hallgarten (1440), Œstrich (1380), Lorchhausen (1284) et Niederwalluf (20 hectolitres). Les crûs fameux de cette région (Johannisberg, Marcobrunn, Steinberg, etc.) appartiennent à de grands propriétaires dont les vins atteignent toujours de hauts prix (2). Il n'en est pas de même de ceux des petits possesseurs de parcelles sans renom, surtout depuis que la concurrence étrangère leur dispute le marché des vins ordinaires. Aussi les vignerons du Rheingau ont-ils, depuis 1895, senti le besoin de s'unir pour

(1) Rh. Winzervereinsblatt — 15 mars 1900.

(2) Presque fabuleux dans les années exceptionnelles — 28 marcks le litre en 1893 pour les crûs précités.

sauvegarder leurs intérêts. L'action prépondérante dans ce mouvement local a été ici exercée par la Fédération de Neuwied dont le statut-modèle a été adopté par la plupart des Winzervereine du Rheingau. Le Nassauischer Bauernverein est également intervenu dans la propagation du mouvement. L'influence du clergé a concouru sur beaucoup de points à la fondation de ces sociétés, quelques-unes comme celle de Geisenheim (1), sont même effectivement dirigées par le curé ou pasteur du lieu. La plus ancienne de ces Sociétés est le Winzerverein de Winkel (1885); la plupart des autres datent des années 1897 et 1898. Les conditions dans lesquelles ces Winzervereine se sont constitués sont absolument les mêmes que dans le Mittelrhein. Les vignerons y souffraient plus que partout ailleurs de l'influence prépondérante des commissionnaires en vins qui servent d'intermédiaires aux grandes maisons de commerce de Mayence, Wiesbaden, Trèves, Bingen, Kreuznach, etc. Ces agents s'entendaient aisément pour déprimer les prix d'achat et profiter des besoins pressants des vignerons. En raison de leur influence, tout producteur qui veut tenter de s'affranchir de leur tutelle doit s'attendre à leur hostilité manifeste. Les premiers qui le tentèrent furent boycottés par eux, de même que les Winzervereine qui s'organisèrent pour entrer en relations directes avec le commerce et s'affranchir de leur entremise. C'est pourquoi la coopération viticole se heurta dans cette région dès ses débuts à l'ostracisme du commerce. Il fallait créer de nouveaux débouchés pour écouler ses produits. C'est pourquoi s'est fondée en 1898 sous l'inspiration de la Fédération de Neuwied et avec l'appui financier de sa Filiale de Wiesbaden dont le directeur, M. le Dr Dietrich, compte parmi les plus ardents propagandistes de la Coopération Viticole, une Union de vente à *Eltville*. C'est le *Central-Verkaufsverein Rheingauer Winzervereine*, société enregistrée à responsabilité limitée, type Raiffeisen (2).

(1) Curtel. — Les caves coopératives en Allemagne, Rev. de vitic. n° 403.

(2) N° 16 des Wochenblatts fur Landwirtschaft de 1898. La demande de renseignements que nous avons adressée à cette Association est malheureusement restée sans réponse.

Sur la Moselle, le mouvement avait eu comme nous l'avons vu, un antécédent dans celui des années 1854-60. Il n'a repris qu'à une date récente, sous l'impulsion du *Trierischer Bauernverein*, mais beaucoup des Associations de cette région n'ont pas encore revêtu la forme légale des coopératives. Elles sont pour le moment de simples syndicats de vente ou *Casinos* dont quelques-uns embrassent même le territoire de plusieurs communes, tel celui qui s'est organisé en 1899 à *Loef* et dont la circonscription s'étend sur les communes voisines de Hatzenport, Kattenes, Lehmen et Condorf. Les différentes sociétés de la Moselle ont également formé une Union de vente à Trèves, le *Trierischer Winzerverein* mais qui n'a pas un caractère fédéral aussi prononcé que les Unions de Königswinter et d'Eltville. C'est plutôt une sorte de syndicat général qui comprend à la fois des propriétaires qui adhèrent individuellement et des Associations viticoles.

ALLEMAGNE DU SUD. — Dans l'Allemagne du Sud, le mouvement d'Association viticole possède, avons-nous dit, une plus grande variété de formes que dans la région précédente. Il présente aussi ce caractère d'avoir été plus secondé que dans l'Allemagne du Nord, par des influences et des appuis officiels, particulièrement ceux du gouvernement des Etats, des conseils locaux, des municipalités et des professeurs spéciaux d'agriculture.

Le mouvement s'est propagé du Wurtemberg au Grand-Duché de Bade, puis à l'Alsace-Lorraine et au Palatinat bavarois.

1° WURTEMBERG. — Nous avons vu que le Wurtemberg était le premier berceau de la coopération viticole en Allemagne. Les primitives associations d'Asperg (1854), de Neckarsulm et Fellbach (1855) y subsistent encore, la première sous sa forme primitive d'Association libre pour l'amélioration de la culture de la vigne (1), les deux autres avec

(1) Statuten der Weingartnergesellchaft Neckarsulm, 1878 — art. 1 et 2.

les développements ultérieurs qui datent de leur réorganisation vers 1878. Sous le nom de *Weingartnergesellchaft* (Société de vignerons), la première, qui nous a communiqué ses statuts, constitue ce qu'on appelle en Allemagne une *Herbstgenossenschaft* ou encore *Herbstverkaufsverein* (Sociétés temporaires de vente ou plutôt *Sociétés de vendanges*). Son but général est de vendre à un prix convenable les vins produits par les membres de l'Association. Les moyens sont l'acquisition de tous les ustensiles nécessaires à une préparation rationnelle des vins, l'installation et la réunion en un même local de tous les foudres et futailles loués aux associés pour opérer la vinification en commun, la publicité et les relations directes avec les fournisseurs et consommateurs des villes, l'enseignement mutuel des membres dans les Assemblées générales pour généraliser les meilleures pratiques viticoles et assurer dans toute la commune une production soignée et de qualité supérieure. La Société n'est pas enregistrée, ne possède pas de biens propres et ne constitue légalement qu'une *Société de fait* de durée limitée à celle des opérations qui s'opèrent en commun, vinification et vente des produits obtenus au moment convenable, toujours peu éloigné de la récolte, en général fin octobre. Cette vente s'opère par adjudication aux enchères publiques après publication d'un catalogue adressé à tous les négociants, débitants et amateurs de la région (1). Nous y trouvons l'indication du nombre d'hectolitres de chaque sorte de vin mise en vente, chacune d'elle étant divisée en lots variant de 3 à 6 hetolitres pour permettre aux particuliers de concourir eux-mêmes aux enchères. Les sortes sont très judicieusement établies d'après la nature du cépage qui a fourni le vin : Klewner (Pinot) 75 hectolitres en 1900, Trollinger (150 hectolitres) et Schwarze Riesling (675 hectolitres en 1re classe et 282 en 2e) pour les vins rouges; Riesling (105 hectolitres) Kleinberger et Riesling pour les vins blancs (336 hectolitres); en outre deux qualités de vins faits

(1) Neckarsulm's Weingesellschaft — Versteigerung am Dienstag den, 23 oct. 1900.

avec des variétés en mélange, une pour les vins rouges (1950 hectolitres), l'autre pour les blancs (291 hectolitres). La livraison des vins vendus est faite dans les dix jours et le paiement doit avoir lieu comptant. L'Association ne remplit donc à l'égard de ses membres que le rôle d'un commissionnaire qui prendrait soin, non seulement de la vente des vins, mais de leur vinification. Elle sommeille dans l'intervalle des vendanges pour renaître avec la nouvelle récolte. Ce type élémentaire de coopérative de vinification et de vente paraît convenir à la région, en raison des habitudes de la consommation locale qui se fournit encore à la propriété, comme c'était l'usage dans l'Ahrthal avant 1850. Le commerce des vins n'a pas encore dans cette région la prépondérance et le développement qu'il a pris dans la vallée du Rhin, aussi le type coopératif de la Société de Neckarsulm a-t-il été adopté depuis par nombre de sociétés plus récentes.

Le mouvement d'association viticole n'a repris dans le Wurtemberg qu'en 1878, en conséquence du développement rapide de la coopération de crédit et en même temps que toutes les autres branches de la coopération rurale. En 1899, la statistique (1) montrait l'existence dans le royaume de 812 Unions de crédit avec un total de 74,444 membres. 425 d'entre elles étaient en même temps Sociétés d'achat ayant fait pour 1,029,425 marks d'affaires. Les Sociétés de vente étaient au nombre de 306 avec 18,700 membres. Ce mouvement d'association s'est développé parallèlement dans toutes les branches de l'industrie agricole : laiterie, céréales (30 magasins de vente) horticulture, viticulture, etc. Dans cette dernière, il a repris à partir de 1878, date de la réorganisation des sociétés anciennes, et s'est développé par la fondation de celles de *Beilstein* et *Oberstenfeld* (1879), *Weinsberg* (1880), *Untertürkheim* (1887) et *Heilbronn* (1888). Toutes ces associations sont des Weingärtnergenossenschaften du même type que celle de Neckarsulm. Ce n'est qu'au lendemain du vote des conventions douanières de 1892 que la nécessité d'une orga-

(1) Mittheilungen des K. Statistik Landesamts, du 29 juin 1900, n° 6.

nisation plus complexe semble s'être fait sentir et que le type coopératif de Maychoss a été introduit dans l'Allemagne du Sud. C'est à lui que viennent les deux plus récentes coopératives vinicoles du Würtemberg, celles d'*Ingelfingen* (1892) et *Markelsheim* (1898), sociétés à responsabilité solidaire illimitée qui contrastent avec leurs aînées, constituées sur le type de l'*union libre* (freie Vereinigung). Mais en dehors de ces sociétés il en existe encore d'autres qui représentent d'autres modalités de l'association viticole. Outre les deux unions libres d'*Asperg* et de *Rüdern* qui sont plutôt analogues à nos syndicats ou aux confréries suisses, il faut mentionner les sociétés enregistrées, partie à responsabilité limitée et partie à responsabilité illimitée de *Waldenbronn*, *Liebersbronn*. *Tubingen* et *Reutlingen*, où la vinification continue à être individuelle mais où le travail des vignes et la vente des vins sont régularisés par engagements collectifs. Enfin à *Künzelsau* est apparu un type de coopérative viticole dont il n'existe encore que cet unique exemple en Europe; celui d'une Société pour la culture collective de vignobles sociaux achetés en commun. Malheureusement nous n'avons pu obtenir de renseignements détaillés sur cette tentative qu'on dit en bonne voie. En tout, il existe actuellement en Würtemberg vingt-quatre sociétés viticoles de types divers (1). L'Office central d'Agriculture créé au Ministère de l'Agriculture à Stuttgart travaille activement à leur développement. Plusieurs d'entre elles ont même reçu des subventions de l'Etat pour leurs frais de premier établissement. Le tableau suivant résume la situation générale des neuf coopératives vinicoles proprement dites du Würtemberg à la date du 1er Janvier 1900 :

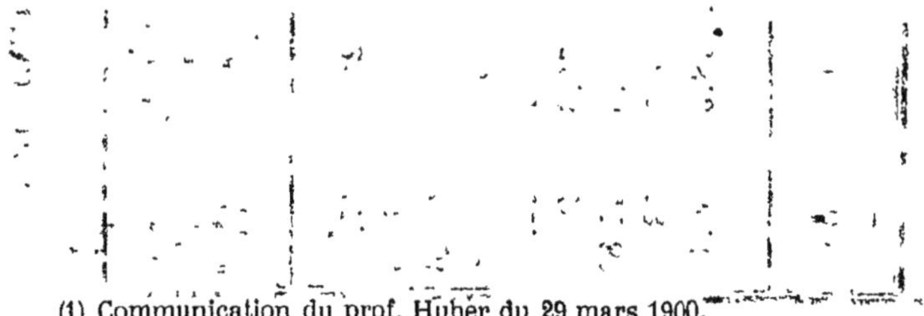

(1) Communication du prof. Huber du 29 mars 1900.

SITUATION DES WEINGARTNERGENOSSENSCHAFTEN DU WURTEMBERG AU 1er JANVIER 1900

SOCIÉTÉS	Nombre des Membres	Vins vendus Hl	Montant des ventes Marks	Récolte moyenne par membre	Prix moyen de l'Hl obtenu par les Sociétaires	Proportion des vins de la commune vendus par l'Association	Prix moyen de l'Hl obtenu par les non Sociétaires
				Hl	Marks	0/0	Marks
Beilstein	87	287	16.645	3,3	58	24.1	47.45
Fellbach	83	390	23.098	4,7	59.23	10.9	51.55
Heilbronn	87	377	37 683	4,3	100	25.1	49.26
Ingelfingen	98	500	26.550	5,1	53.10	90.9	
Markelsheim	65	472	27.005	7,3	57.21	33.7	42.88
Neckarsulm	98	323	24.608	3,3	75.19	71.8	48
Oberstenfeld	68	127	5.894	1,9	46.40	14.5	44.80
Untertürkheim	45	155	15.674	3,5	101.12	6.7	58
Weinsberg	100	188	19.400	1,8	103.20	18.5	50.14
Ensemble	731	2.819	196.557	3,9	69.73	21.67	50.95

Rapporté à l'ensemble de la viticulture würtembergeoise qui s'étend sur 597 localités, ce mouvement coopératif est de proportion minuscule. Il n'embrasse que 1,3 % de la population vigneronne et 2,9 % de la production totale du vignoble. La faiblesse du chiffre de la récolte moyenne de chaque membre (3 hect. 9) témoigne que ses conditions de développement sont les mêmes dans le Würtemberg que dans l'Allemagne du Nord. Il est un produit naturel de la division de la propriété poussée jusqu'au voisinage de l'absurde. Mais l'élévation du prix moyen de l'hectolitre semble expliquer pourquoi le mouvement est encore si restreint. En raison des conditions favorables de la vente locale, qui s'opère toujours aisément sur place, la crise n'avait pas jusqu'à 1898 déprimé les prix dans des proportions aussi alarmantes que dans la vallée du Rhin. Cela tient à ce que la consommation du vin est plus générale dans ce pays que dans le reste de l'Allemagne, la production inférieure aux besoins locaux et peut-être aussi à ce que le Würtemberg est une des rares régions de l'Allemagne qui produisent encore des vins rouges. Très recherchés, ils obtiennent, de plus hauts prix; mais la concurrence des vins italiens et des coupages menace de déprimer cette plus-value.

Quoi qu'il en soit, les résultats obtenus par les coopératives würtembergeoises sont des plus encourageants. La moyenne de la plus-value de leurs vins sur ceux vendus isolément par les petits propriétaires à la même époque, le lendemain des vendanges est, suivant la même statistique, par hectolitre de 15 % à Felbach, de 22 à Beilstein, 33 à Markelsheim, 59 à Neckarsulm, 79 à Unterturkheim, presque double à Heilbronn et Weinsberg. L'indéniable faveur dont jouissent auprès des consommateurs et du commerce les vins des Associations est due à la supériorité et à l'homogénéité plus grande de leurs produits, grâce à la perfection régulière de la culture, à la vinification plus rationnelle et au groupement plus judicieux des sortes de raisins et des qualités de vins. En réunissant un grand nombre de récoltes qui, traitées isolément eussent été trop infimes pour permettre la séparation des sortes, les coopératives peuvent vinifier à part chacune d'elles et donner ainsi aux produits leur maximum de valeur. En 1899, les qualités mises en vente étaient ainsi réparties dans les sociétés suivantes :

Neckarsulm	8 classes	aux	prix	variant de	60-120	marks l'hect.
Fellbach,	7	»	»	»	49-83	
Heilbronn	6	»	»	»	87-118	
Ingelfingen	6	»	»	»	30-60	
Untertürkheim et Weinsberg,	5	»	»	»	75-125	

Les frais généraux à répartir entre les associés étaient très faibles ; ils variaient de 2 à 5 % du prix des ventes.

De toutes les Coopératives vinicoles du Wurtemberg, la plus puissante et la plus prospère est aujourd'hui celle d'*Heilbronn*. Fondée en 1888 avec soixante membres, elle en comptait 174 en 1900. Son originalité est d'avoir été soutenue par l'aide effective de la commune. Les premiers fonds lui furent fournis par un prêt municipal de 15.000 livres à 4 %. La production de la première année ne dépassait pas 900 hectolitres. Dès 1898 la commune faisait bâtir pour la Société, moyennant 925 marks de loyer annuel, une double cave pour 3.000 hectolitres. Le dernier inventaire (1899) accusait un avoir social de 30.000 marks sur lesquels 10.000 seulement restent encore à rembourser ; l'emprunt à la municipalité l'est depuis plusieurs années (1). Les ventes aux enchères publiques des vins de la Weingärtner-Gesellschaft d'Heilbronn ont acquis dans toute la région une renommée comparable à celle des vins des Hospices de Beaune en Bourgogne. Le maire de la ville préside lui-même aux enchères. Il n'est pas d'hôtelier du voisinage qui ne tienne à honneur d'y acquérir quelques pièces de choix pour pouvoir les faire figurer sur sa carte des vins. Grâce à cette réputation, les vins de la société d'Heilbronn ont obtenu depuis sa fondation une plus-value moyenne de 30 % nets sur les ventes libres des propriétaires isolés.

(1) Lettre du Secrétaire, M. Carl Fleiner, du 31 janvier 1901.

Les avantages pratiques de l'Association vinicole s'affirment donc en Wurtemberg comme sérieux et incontestables. Si cette Association ne s'est pas encore plus généralisée, c'est que son besoin paraît moins pressant qu'ailleurs. Une preuve de cette situation relativement plus favorable est dans le maintien de l'Association libre pour la vente immédiate, du type de Neckarsulm. Il semble que la coopération et le commerce font dans cette région meilleur ménage que dans le reste de l'Allemagne, puisque les ventes aux enchères dès le lendemain de la vendange ont suffi jusqu'ici à assurer aux produits des coopératives un écoulement avantageux. Cette situation se maintiendra-t-elle ? L'adoption par les Sociétés les plus récentes du type de Mayschoss semble en faire douter. En tous cas, cet exemple nous donne une formule pratique des moyens de concilier les besoins de la production avec les intérêts du commerce, quand celui-ci ne prétend pas dominer exclusivement le marché des vins. La coopérative se borne alors aux ventes en demi-gros et n'aborde pas le domaine de la spéculation commerciale ; elle n'élimine que les commissionnaires, agents inutiles puisque le groupement des producteurs rend alors au commerce de gros et de détail les mêmes services. Ce type d'Association, intermédiaire entre le simple syndicat de vente et la coopérative générale, est donc à recommander toutes les fois que l'accord de la propriété et du commerce demeure possible.

BADE ET BAVIERE. — Dans le Grand-Duché de Bade et les régions viticoles de la Bavière (Basse-Franconie et Palatinat), le mouvement d'Association viticole est de date plus récente et de caractère plus accentué. Il tient à l'aggravation graduelle, à partir de 1892, en raison de l'affluence des vins italiens à bon marché, de la situation économique déjà très mauvaise de la petite culture vigneronne (1). Dès la conclusion des traités de commerce, l'alarme avait été vive dans

(1) Résumée dans Huber. — L'Avenir de la Viticulture ds. l'Allemagne du Sud. Ch. I et II — 1892.

toute cette région. Peu après l'interpellation Schenk au Reichstag, le baron de Hornstein provoquait le 20 janvier 1892 à la Chambre des Seigneurs du Grand-Duché de Bade une grande discussion sur les conséquences probables du nouveau régime douanier sur l'état des vignerons du pays(2). S'inspirant de l'exemple des cantons suisses de *Schaffouse* et du *Valais* qui avaient organisé des stations officiellement contrôlées pour opérer le mélange des vins blancs du pays et des vins rouges italiens, pour satisfaire aux goûts de la consommation, il n'hésitait pas à réclamer une pareille intervention de l'Etat pour stimuler les initiatives privées. Il faisait appel aux grands propriétaires et au gouvernement pour venir en aide aux petits propriétaires et les aider à se grouper en associations coopératives. L'interpellateur et le ministre tombaient d'accord sur la nécessité de développer et d'appuyer ce mouvement. Le 24 novembre 1891, un député du Palatinat, M. Müller, avait déjà provoqué à la Chambre des députés bavaroise un débat analogue suivi de pareille conclusion. Ici d'ailleurs un exemple récent montrait la marche à suivre. C'est le brillant succès des Associations coopératives apparues dans la production fruitière, les *Obstzuchtvereine* (Unions pour la production des fruits et les *Obstverwerthungsgenossenschaften* (Société de vente et de transformation des fruits), apparues dans la Basse-Franconie en 1887. La Société type d'*Obernburg* fondée en 1888 avait, dès 1890 réuni 540 associés et vendu pour 464.132 marks de fruits à un prix supérieur de 4 marks par 50 kilog. à ceux pratiqués auparavant. Depuis, stimulée par une avance de l'Etat, de 24.000 marks, elle a étendu ses opérations à tout le district, quadruplé leur chiffre et inauguré la fabrication du cidre, des confitures et compotes, celle du kirsch et étendu le champ de son exportation jusque sur les marchés lointains de Cologne, Paris et Londres (1). Aussi, les administrations des deux Etats badois et bavarois n'hésitè-

(2) Reproduite dans Huber — Annexe III p. 90 — 113.

(1) Huber, cf. 76-77 et Ertl — Das Landw. Genossenschaftswesen, 2e partie, 6e s. p. 425.

ront pas à entrer dans la voie interventionniste où on les conviait.

Dans le Grand-Duché de Bade, il existait déjà en 1890 deux Associations de vignerons, celle d'*Hagnau*, fondée le 20 décembre 1881 par le curé de l'endroit, le Dr Hansjacob et celle de *Meersburg*, 1884. L'Etat ayant décidé d'appuyer d'une subvention de 20 % de leur capital primitif les Sociétés qui offriraient des garanties suffisantes, trois autres furent fondées dans ces conditions en 1894, grâce à l'initiative des œnologues Nessler, Schmid et Häcker, celles de *Beckstein*, de *Reichenau* (lac de Constance) et d'*Immenstadt*. « Toutes les Sociétés badoises, dit le professeur Hacker, de Radolfszell, se sont fondées parce qu'il était impossible aux vignerons de vendre leurs vins à un prix convenable. Ici comme ailleurs, nécessité fut le maître le meilleur. » (1). Suivant le même auteur, les prix du vin blanc étaient tombés à Hagnau en 1881 à 10 marks l'hectolitre pour le vin blanc et 18 pour le vin rouge. Les vins mis en cave par l'Association furent vendus peu après à 5 marks de plus par hectolitre, en moyenne. A Beckstein et Meersburg, la coalition des négociants en vins avait déprimé les prix, les Associations réussirent à les relever jusqu'à 50 marks en moyenne pour le blanc et 100 pour le rouge. A Reichenau, ce fut une coopérative de consommation qui prit en main la vente des vins des vignerons en 1895 et réussit à les sauver de l'exploitation commerciale. A Immenstadt, en 1896, les prix n'étaient que de 13 à 20 marks tandis que l'Association voisine d'Hagnau obtenait de 15 à 25 marks., 66 vignerons possédant 34 hectares s'unirent, firent venir le conférencier Häcker pour organiser leur société et obtinrent les mêmes résultats l'année suivante.

Les Associations d'Hagnau et de Meersburg étaient constituées au début comme celles du Wurtemberg. Elles ont dû depuis s'organiser comme leurs plus jeunes sœurs sur le type des Winzervereine, en raison de l'hostilité du commerce.

(1) Rapport au 14e Congrès des Sociétés agricoles allemandes de Karlsruhe, 1898 p. 50.

Comme les sociétés de l'Ahrthal, n'ayant pas réussi à écouler tous leurs vins par des ventes en gros faites au lendemain des vendanges, elles se sont outillées pour la conservation des vins et leur vente au détail. Toutes, sauf celle de Beckstein, possèdent maintenant ou ont loué des celliers et des caves qui peuvent contenir de 2.500 à 4.000 hectolitres. Les résultats d'exploitation sont excellents. Selon M. Hacker, la Société d'Hagnau qui produit annuellement 1215 hectolitres de vin blanc et 1790 de rouge possède maintenant un fonds de réserve de 40.000 marks, celle de Meersburg, fondée avec 32 membres possédant 13 hectares, en compte maintenant 134 avec 50 hectares. Au premier janvier 1898, son bilan accusait un bénéfice net de 6.280 marks et 16.582 marks au fonds de réserve. La Société de Beckstein fondée avec 18 membres, en avait 46 en 1898 avec 62 hectares (4 seulement aux non-sociétaires) ; ses achats de raisins étaient montés de 7.491 marks à 41.035. Toutes les Associations ont reçu du gouvernement grand-ducal une subvention de 5.000 marks, pour l'achat des ustensiles nécessaires à leurs travaux ; pour celles qui sont fondées sur le principe de la responsabilité illimitée, cette subvention peut atteindre comme à Hagnau et Meersburg jusqu'à 20 % de leur avoir. Elles ont jusqu'ici réussi à écouler tous leurs vins, malgré l'animosité du commerce qui, pour défendre un monopole de vente, refusait d'entrer en relations avec elles. Aussi les chefs du mouvement coopératif songent-ils à constituer bientôt une fédération des sociétés bavaroises pour assurer au mouvement si bien commencé un nouvel essor.

En *Bavière*, l'organisation viticole a été plus lente à se développer. La première Société ne fut fondée à *Kallstadt* (Palatinat), qu'en 1897. « En général, nous écrit un œnologue réputé de ce pays, M. F. Buhl, le paysan n'avait pas trop de difficultés pour vendre son produit. Selon une ancienne coutume, chaque propriétaire de vignoble prend la vendange de ses ouvriers qui, fort heureusement, possèdent en grande majorité des vignes. Le petit paysan qui ne dispose pas de cave et de pressoir, était lié avec des commerçants qui connaissaient de longue date ses produits, enfin venait le marchand de vin des villes voisines qui achetait les petits crûs pour les débiter en chopines. Mais ces dernières années, la mévente des *vins de qualité* se fit sentir aussi chez nous tandis que le petit vin (rouge et blanc) est encore fort recherché. Ce sont donc les crûs les plus estimés, à Deidesheim-Forst, Vachenheim, et Dürckheim qui ne reçoivent plus les prix rémunérateurs d'autrefois (1). » C'est là que se développent aujourd'hui les Winzervereine. Celui de Deidesheim (2.000 habitants) fut fondé en 1898 avec 45 membres récoltant 600 hectolitres. En 1900, ils étaient 62 possédant 1200 hectares. Son organisation est conforme au statut-type de la Fédération de Neuwied. Les capitaux nécessaires à son installation ont été fournis par la banque coopérative de Ludwigshafen (type Raiffeisen) et grossis par une subvention de l'Etat bavarois et des prêts de l'Etat et de la commune. Ce Winzerverein ne vend pas aux particuliers, sauf dans son débit-restaurant. Il espère ainsi se concilier le commerce en évitant de lui faire concurrence. A Dürckheim (6.000 habitants), existe aussi une Association qui n'a été formée qu'en 1900 avec 76 membres; elle diffère sensiblement d'organisation avec la précédente. Pour en faire partie chaque propriétaire doit y prendre préalablement une part d'affaires de 1.500 marks. En 1900, elle a réuni 1199 hectolitres de vins blancs et 1700 de vins rouges, les premiers divisés en quatre classes, aux prix variant entre 14 marks et 15 m. 25 la hotte de 40 litres d'après la situation des vignobles, appréciée par une commission spéciale. A Deidesheim, les prix payés *sans diminution* aux sociétaires sont plus élevés, 24 marks les 40 kilog. en moyenne car les vins, répartis en cinq classes, sont de qualité supérieure.

ALSACE-LORRAINE. — En Alsace, la coopération viticole est également à ses débuts, mais elle trouve un champ d'action plus étendu. « Ce pays n'est pas, comme beaucoup se l'imaginent en France, un pays de buveurs de bière. Sans doute, Gambrinus, surtout à Strasbourg, y compte de fervents

(1) Lettre du 26 Novembre 1900.

adorateurs, mais c'est le Dieu des tavernes, et si l'alsacien, à l'estomac éclectique, copieusement lui sacrifie, c'est après avoi rendu préalablement à Bacchus les premiers honneurs. Ceui-ci est vraiment le Dieu du foyer; c'est lui qui trône sur l'autel domestique, la table hospitalière, et si sa royauté n'est pas sans partage, c'est qu'il se montre trop souvent avare de ses dons, dans ce pays où l'on aime à boire à ventre déboutonné. » (1) En effet, l'Alsace ne consomme pas moins de 1,500,000 hectolitres de vin par an et comme ses 26,000 hectares de vignes ne parviennent à lui en fournir en moyenne qu'un million, pour s'abreuver à suffisance, elle est obligée de recourir à l'importation étrangère. C'est pourquoi la viticulture alsacienne n'a pas bénéficié autant qu'on l'a cru en France de l'annexion allemande. Sans doute elle voyait disparaître pour ses vins communs la concurrence redoutable des vins français et s'ouvrir devant elle le vaste marché allemand. Mais en fait ses vins fins, dont beaucoup valent largement ceux des bons crûs de la Hesse et du Rheingau, n'ont pas encore réussi à balancer leur réputation et les autres ont trouvé la place prise par les vins artificiels. Bien mieux, ils sont depuis la loi de 1892 fortement concurrencés sur leur propre marché par les vins de coupage et les vins sucrés des régions voisines. En 1898, cette importation montait en Alsace à 220,000 hectolitres dont 120,000 du Palatinat, vendus 16 marks l'hectolitre franco rendus à Colmar, alors que les vins les plus communs du pays revenaient à 25 marks la mesure de 50 litres aux propriétaires. En vain, les viticulteurs alsaciens cherchèrent à réprimer les fraudes manifestes qui fournissaient les éléments de ces vins à bon marché. Malgré plusieurs procès retentissants et des condamnations s'élevant jusqu'à 3 mois de prison et 10.000 marks d'amende, l'habileté des falsificateurs l'emportait de jour en jour sur la chimie officielle (2). Devant l'impuissance des lois et de l'administration

(1) A. Bergel — En Alsace : *Une visite à M. Oberlin* — Vigne américaine mai 1900.

(2) Renseignements fournis par MM. Bürger, Sigrist et Kuhlmann, à Colmar.

à empêcher cette invasion et l'abâtardissement du goût des consommateurs qui est la conséquence ordinaire de l'usage des vins artificiels, les viticulteurs alsaciens comprirent la nécessité de s'unir et de s'organiser pour la vente de leurs vins naturels.

La coopération viticole trouva d'ailleurs pour s'implanter en Alsace un terrain préparé par les nombreuses Sociétés d'études agronomiques qui existaient depuis longtemps dans le pays. C'est ainsi que le premier Winzerverein organisé en Alsace, celui de *Ribeauvillé* (Rappoltsweiler) a remplacé un groupe d'études plus ancien « la Société libre d'agriculture et de viticulture de Ribeauvillé, fondée en 1869. Le secrétaire de celle-ci fut durant de longues années, *M. Oberlin*, le célèbre viticulteur de Beblenheim, actuellement directeur du Service phylloxérique d'Alsace-Lorraine et créateur de l'Institut viticole de Colmar, inauguré en 1900 (1). C'est à l'obligeance de cet éminent confrère que nous devons la plus large part des renseignements qui suivent.

Il existe actuellement en Alsace-Lorraine deux grandes Sociétés viticoles qui ont à la fois le caractère de Sociétés d'Etudes et de Syndicats pour l'achat en commun des différents produits et des machines nécessaires pour le perfectionnement de la viticulture. Ce sont : la Section viticole de la Société d'horticulture et de viticulture de la Haute-Alsace (1893) *Weinbausection des Garten-Obst-und Weinbauvereins für den Ober-Elsass)* dont le siège est à Colmar et qui comprend 401 membres; le *Weinbauverein von Elsass-Lothringen* qui vient de se former en 1900 avec 3 sections : Haute-Alsace, Basse-Alsace et Lorraine et 230 membres sous la présidence de M. Laugel, propriétaire à Saint-Léonard, et la *Société de Viticulture du Pays Messin* (Weinbauverein) qui a remplacé une Société française très ancienne.

Pour la vente des vins, l'Alsace possède aujourd'hui plu-

(1) *Oberlin* : « Weinbau . Institut. » — Systematisches Verzeichniss. — Colmar, 1900 — Rapport pour l'année 1900 — Journal Agricole, supplément au n° 21 et lettres des 8 janvier et 27 décembre 1900.

sieurs types de Sociétés, les unes à base capitaliste comme celle qui s'est organisée en 1899 au château de la Isenburg à Rouffach, sous la direction de M. Ostermeyer, les autres de caractère coopératif comme le Winzerverein de Ribeauvillé et la Société fondatrice de la Bourse aux vins de Colmar.

La première a été organisée sous sa forme actuelle en 1895. C'est une Société enregistrée à responsabilité solidaire illimitée, du même type que celle de Mayschoss. Elle compte actuellement 163 membres. Des groupes semblables d'organisation encore rudimentaire sont apparus depuis 1898 dans plusieurs communes viticoles de l'Alsace : à Eguisheim, Guebwiller, Wolxheim, Dambach, etc. Tous sont rattachés aux caisses Raiffeisen locales. Leurs vins sont surtout vendus en demi-gros.

La Bourse aux Vins de Colmar.

La Société des Viticulteurs alsaciens *(Winzer Genossenschaft für das elsassische Weinland)* appartient à un autre type : c'est exclusivement une Société coopérative de vente des vins du pays. Elle a été fondée en 1897 à Colmar, sous la forme d'une Société à responsabilité limitée au montant de la part d'affaires (60 marks) avec un capital initial de 60.000 marks, dont les deux tiers souscrits par les sociétaires. Elle compte aujourd'hui 235 membres. Ceux-ci sont des propriétaires des divers points de l'Alsace viticole, unis pour faire connaître les vins authentiques de l'Alsace et assurer leur écoulement par tous les moyens du commerce. Son fonctionnement tel que nous l'a exposé sur place son secrétaire général M. Bürger, est le suivant (1).

Les vins produits séparément par chaque adhérent admis sont examinés sur échantillons par une commission de dégustation qui ignore leur origine et prononce sur leur admission ou leur refus au prix proposé par le propriétaire. Si le vin est accepté, la quantité disponible est inscrite sur les registres de la Bourse à la disposition des acheteurs. Dès qu'il se trouve un amateur, le propriétaire est informé et la vente conclue, moyennant une commission de 2 % pour la Société.

Pour faciliter les ventes, celle-ci a créé à Colmar des ventes publiques par adjudication pour les vins vieux bons à être mis en bouteilles et ouvert à partir du 1er Janvier 1899 un débit-restaurant, confortablement installé dans une des maisons les plus anciennes de Colmar. Le but de cette dernière institution est de faire connaître directement au public les vrais vins d'Alsace disponibles chez les associés et d'offrir à chacun l'occasion d'en contrôler la valeur réelle, car ils ne sont ainsi vendus en détail qu'avec une majoration légère, à des prix variant de 0 m. 60 à 4 marcks la bouteille. La Weinstube pratique aussi la vente au demi-gros par fûts de 25 à 400 litres. Fin 1899, elle débitait déjà plus de 100 hectolitres par semaine. L'effet sensible de son action a été d'avoir obligé les autres restaurants à la concurrence pour la qualité des vins offerts à leur clientèle.

(1) V. Satzungen des W — G., nebst Reglement über den Betrieb der Weinbörse — Colmar — 1897 — 48 p.

RECAPITULATION GENERALE. — Le chiffre total des coopératives vinicoles actuellement existantes en Allemagne est assez difficile à déterminer avec exactitude, en raison du caractère indécis de beaucoup de sociétés des Etats du Sud, dont la forme coopérative n'est pas toujours très-nette. Aucune statistique complète n'a encore pu être publiée, surtout en raison de la difficulté de se renseigner avec exactitude sur les sociétés non enregistrées qui, n'existant qu'à l'état d'Unions libres, n'ont souvent pas publié leurs statuts. Le professeur Hacker évaluait en 1878 à 140 le total des Associations viticoles existantes en Allemagne (1). Ce chiffre était à la fois trop faible et exagéré. Trop faible, si l'on y fait rentrer les Sociétés de fait de type indéterminé, les simples Sociétés d'études que leur nom de Weinbauvereine adopté aussi par maintes coopératives permet de confondre avec elles, et surtout les nombreuses sociétés d'achat ou casinos qui jouent le rôle de nos Syndicats. Pour le seul Wurtemberg, le nombre de ces différentes sociétés viticoles dépassait 50 en 1900 (2). Ce chiffre est au contraire trop fort si l'on ne considère que les véritables coopératives de vinification et de vente, même en y comprenant celles du type élémentaire de Neckarsulm. Le tableau qui nous a été fourni par la Fédération de Darmstadt ne comprend que 52 sociétés. L'enquête très minutieuse de M. Deichen, opérée à l'aide d'un questionnaire en 17 articles qui résume tous les points essentiels à l'étude de cette question n'a, comme la nôtre, malheureusement pas recueilli un nombre de réponses suffisant. Les colonnes des 6 tables dans lesquelles il a condensé le résultat de ses recherches renferment trop de blancs pour nous renseigner suffisamment sur les résultats généraux du mouvement (3). Suivant les chiffres qu'il donne d'après le Dr Crüger, le nombre réel des Coopératives vinicoles était : en 1870 = 1, 1875 = 9, 1880 = 14, 1885 = 24, 1890 = 25, 1892 = 29,

(1) Rapp. au Congrès de Karlsruhe, 1898.

(2) Lettre de M. Schoffer, Directeur de l'Ecole de Vitic. de Weinsberg, du 15 février 1901.

(3) Schmollers Jahrbuch — 4e cahier — 1900 — p. 219-29. (2) id. p. 190.

1894=35, 1896=51, 1879=79. Lui-même les dénombre ainsi au 30 Juin 1898 : (1)

Rheingau	11
Mittelrhein	11
Moselle	8
Uuterrhein	16
Ahr	26
Total	72 pour la Prusse.
Bade	10
Würtemberg	10
Hesse	2

Ensemble, 94 pour toute l'Allemagne.

Personnellement, nos renseignements particuliers nous permettent d'affirmer que leur nombre réel doit dépasser aujourd'hui 140; il s'est encore accru depuis avec une accélération proportionnelle à celle qu'on voit se manifester à partir de 1896. En condensant les renseignements de nos devanciers et ceux que nous avons pu puiser à toutes sources, nous arrivons à un total de 112 Sociétés. Le tableau suivant résume ainsi, d'une manière qu'il n'a pas dépendu de nous de rendre plus complète, l'état approximatif du mouvement coopératif dans la viticulture allemande à la fin du XIXe siècle :

(1) Idem, p. 190.

Tableau *général du développement des Caves Coopératives de l'Empire d'Allemagne au 1er Janvier 1900.*

REGIONS	Nre	SIÈGE	Année de fondation	DÉNOMINATION	ORGANISATION légale	Nombre des associés en 1899
AHRTHAL (26 Sociétés), avec une Union à AHRWEILER	1	Mayschoss.....	1868	Winzerver.	Soc. enr. à	179
	2	Walporzheim ..	1871	»	Responsab.	75
	3	Ahrweiler	1874	»	Solidaire.	154
	4	Ahrweiler		Central-W.	Illimitée.	34
	5	Ahrweiler	1883	Weinbauv.	»	138
	6	Neuenahr......	1875	Winzerver.	»	110
	7	Dernau	1873	»	»	95
	8	Dernau	1881	Weinbauv.	»	81
	9	Heimersheim ..		»	»	12
	10	Heimersheim ..		Winzerver.	»	14
	11	Altenahr.......		Central-W.	»	34
	12	Altenahr.......		Winzerver.	»	56
	13	Altenburg......		»	»	33
	14	Rech		»	»	79
	15	Bachem		»	»	49
	16	Saffenburg.....		»	»	25
	17	Marienthal.....		»	»	12
	18	Himmelsburg ..	1893	»	»	10
	19	Bodendorf		»	»	71
	20	Sinzig.........		»	»	69
	21	Westum	1894	»	»	20
	22	Lohndorf		»	»	71
	23	Lautershoven ..		»	»	38
	24	Carweiler......	1897	»	»	28
	25	Heppingem		»	»	27
	26	Oberbreisig....		»	»	15

RÉGIONS	Nre	SIÈGE	Année de fondation	DÉNOMINATION	ORGANISATION légale	Nombre des associés en 1899
UNTERRHEIN (17 Sociétés) avec une Union à Konigswinter	1	Cappellen-Stolz.	1898	Winzerver.	Resp. illim.	22
	2	Erpel..........		»	»	36
	3	Bruchhausen ..		»	»	44
	4	Konigswinter ..	1898	Winzerver.	»	54
	5	Leubsdorf		»	»	30
	6	Leutesdorf.....	1877	»	»	20
	7	Heimersheim ..		Weinbauv.	»	
	8	Lannesdorf		»	»	33
	9	Honningen-Ar..		Winzerver.	Resp. illim.	56
	10	Muffendorf.....		»	»	33
	11	Honnef		»	»	46
	12	Oberwinter		»	»	52
	13	Remagen		»	»	30
	14	Rheinbreitbach.		»	»	25
	15	Rhensbrey.....		»	»	87
	16	Rheinbrohl.....		»	»	65
	17	Unkel		»	»	72
MITTELRHEIN (11 Sociétés)	1	Boppard		Winzerver.	Resp. sol. ill.	
	2	Braubach......		»	»	
	3	Caub		Winzerver.	»	23
	4	Filsen		»	»	34
	5	Manubach		»	»	53
	6	Niederlahnstein		»	»	
	7	Oberlahnstein..		»	»	
	8	Oberspay......		»	»	
	9	Oberwersel		»	»	37
	10	Trechtinghausen..	1895	»	»	
	11	Wallhausen....	1896	»	»	

RÉGIONS	Nrs	SIÈGE	Année de fondation	DÉNOMINATION	ORGANISATION légale	Nombre des associés en 1899
MOSELLE (10 Sociétés) avec une Union à TRÈVES	1	Condorf	1896	Winzerver.	Resp. sol. ill.	40
	2	Cobern			»	15
	3	Coenen-s-Saar		»	»	19
	4	Cluesserath		»	»	
	5	Dussemont	1854	Weinbauv.	»	
	6	Filzen-s-Saar	1897		»	19
	7	Kaimt			»	25
	8	Mehring			»	77
	9	Mertesdorf	1897		»	12
	10	Pommern	1897		»	42
HESSE (3 sociét.)	1	Bingen		Winzerver.	Resp. sol. ill.	
	2	Filsen		»		
	3	Wollstein		Ketereigen.	»	
RHEINGAU (11 Sociétés) avec une Union à ELTVILLE	1	Eltville			Resp. sol. ill.	50
	2	Geisenheim	1898		»	53
	3	Hallgarten			»	62
	4	Johannisberg	1897		»	33
	5	Kiedrich		Winzerver.		
	6	Lorch	1897	»	»	21
	7	Lorchhausen	1897	»	»	35
	8	Neudorf		»	»	54
	9	Niederwalluf		»	»	18
	10	Œstrich		»	»	65
	11	Winkel				38
BADE (7 Sociétés)	1	Beckstein	1894	Winzerver.	Resp. limit.	46
	2	Gau-Bickelheim		»	Resp. illim.	
	3	Hagnau	1881	»	»	
	4	Meersburg		Weinbauv.	»	
	5	Meersburg	1884	Winzerver.	»	134
	6	Immenstadt	1897	»	»	66
	7	Reichenau-Insel	1896	»	Limitée	

RÉGIONS	Nro	SIÈGE	Année de fondation	DÉNOMINATION	ORGANISATION légale	Nombre des associés en 1899
Palatinat (3 Soc.)	1	Deidesheim....	1898	Winzerver.	Resp. illim.	65
	2	Durckheim.....	1900	»	»	76
	3	Kallstadt	1897	Weinabsatz	»	
WURTEMBERG (16 Sociétés)	1	Asperg	1854		Société lib.	
	2	Neckarsulm...	1855	»	»	98
	3	Fellbach......	1855	»	»	83
	4	Beilstein	1879	»	»	87
	5	Heilbronn	1888	»	»	174
	6	Ingelfingen ...	1892	»	Resp. illim.	98
	7	Liebersbronn ..		Kelterver.	»	
	8	Markelsheim...	1898	Weingartn	»	65
	9	Oberstenfeld...	1879	»	Société lib.	68
	10	Rüdern.......		Keltergen.	»	
	11	Untertürkheim.	1887	Weingart.	»	45
	12	Weinsberg....		Kelterver.	Resp. illim.	
	13	Weinsberg....	1880	Weingartn.	Resp. illim.	100
	14	Waldenbronn..		Kelterng.	Resp. illim.	
	15	Reutlingen....			»	
	16	Kunzelsau		Weinbaug.	»	
ALSACE-LORRAINE	1	Colmar.......	1900	Winzergen.	Resp. limit.	235
	2	Colmar.......		Weinbauv.	»	230
	3	Metz		Weinbaug.	»	
	4	Rappoltsweiler.		Winzerver.	Resp. illim.	163
	5	Wolxheim	1897	»	»	
	6	Dambach		»	»	
	7	Eguisheim.....	1898	»	»	
	8	Guebwiller.....		»	»	

TOTAL POUR L'ALLEMAGNE : 112 Sociétés particulières et 4 Fédérations régionales.

SECTION III

DIFFICULTÉS PRÉSENTES ET RÉSULTATS GÉNÉRAUX DE LA COOPÉRATION VITICOLE ALLEMANDE

Quand on embrasse d'un coup d'œil d'ensemble le tableau que nous venons de retracer du développement de la coopération viticole, trois grandes phases apparaissent dans cette histoire. Sans parler de la courte et inefficace tentative de 1854-60, on distingue aisément une *période* préparatoire faite d'essais et de progression lente autour du foyer d'origine de l'Ahrthal, celle qui va de 1868, date de la fondation du premier Winzerverein, au vote des lois douanières en 1891. La seconde, *phase d'extension rapide* qui dure dix années. Nous entrons dans une troisième qui commence à se dessiner dès 1898 et qu'on pourrait appeler la phase de *consolidation ou d'organisation*. Ce qui la caractérise en effet, c'est la constitution d'Unions fédérales pour relier les Associations isolées, coordonner leurs *efforts et multiplier* leur puissance d'action. Il importe d'insister sur les débuts de cette période décisive dont on ne peut préjuger encore les résultats définitifs.

MOYENS DE VENTE. — La coopération viticole allemande n'est entrée dans cette dernière phase qu'en raison de l'hostilité du commerce et de la nécessité de s'organiser pour la combattre. Nous avons vu que la plupart des Associations, même celle de Mayschosz à ses débuts, n'avaient pour programme primitif, comme encore aujourd'hui les *Sociétés de vendanges* de la vallée du Neckar, que de remédier à l'impuissance œnologique du petit producteur. En lui permettant de confectionner ses vins lui-même par Association avec ses voisins, elles voulaient seulement le soustraire à la nécessité immédiate de subir les prix fatalement très bas faute de pouvoir attendre et discuter, qu'entraîne la vente directe des raisins lors de la vendange. Mais elles n'avaient pas pour dessein de se passer de l'intermédiaire du commerce pour la vente des vins ; elles voulaient seulement cantonner celui-ci dans son rôle naturel, l'écoulement des récoltes, en retenant dans le domaine de l'exploitation l'industrie œnologique, qui tendait à être absorbée par le commerce.

Sauf dans le Würtemberg, ce dessein n'a pu être réalisé par la faute du commerce, qui partout boycottait les Associations dès leurs débuts en refusant d'entrer en relations avec elles et de leur acheter leurs vins. Cette politique intransigeante, qui ne voulait pas tenir compte des intérêts légitimes de la production, devait partout avoir pour effet d'obliger les Winzervereine à tenter d'assurer eux-mêmes l'écoulement de leurs produits et à se mettre en rapports directs avec les consommateurs. L'Association de vinification se doublait ainsi presque partout, par la seule force des choses, d'une Association de vente.

Dans cette voie, les dirigeants des Winzervereine, encore inexpérimentés, devaient nécessairement éprouver des difficultés sérieuses. Ils avaient pour eux une force morale considérable qui, bien mise en relief par une habile propagande, leur a valu les succès obtenus : les garanties supérieures d'*authenticité* et de *pureté* que le seul fait de l'Association ouverte et les prescriptions de leurs statuts assurent devant le public aux vins des Winzervereine. Mais ils avaient partout contre eux les obstacles de l'infériorité des capitaux et de l'inexpérience commerciale, vraiment bien redoutables pour affronter la conquête de positions déjà occupées par le commerce individuel. Ce qui accroît la portée des succès, même incomplets, qui ont été obtenus par les Associations les plus anciennes, c'est que le plus souvent ils n'ont pu l'être que par les moyens habituels du commerce ordinaire, la vente en petites quantités, même en barils et en bouteilles, l'entente particulière avec les débitants, hôteliers et négociants de demi-gros, etc. Les deux seuls procédés un peu originaux qui soient dûs à l'initiative des Associations et caractérisent spécialement leurs méthodes cmmerciales sont la pratique des *ventes aux enchères publiques*, inaugurée en Würtemberg et depuis partout répandue et l'ouverture de *débits-restaurants*, tant au siège social quand sa situation le permet que dans les villes voisines.

VENTE AUX ENCHERES. — Le premier de ces procédés n'a pas été primitivement inauguré pour faire tort au commerce ordinaire. Bien loin de là, les Associations qui y recourent encore normalement, comme celles du Würtemberg et de la Moselle, ont voulu faciliter ainsi leurs relations avec le commerce en lui offrant l'occasion de s'approvisinner facilement de vins bien préparés et authentiques. Elles désiraient en faire le mode d'écoulement normal de leurs produits pour n'avoir pas à s'imposer les ennuis et les charges, comme à courir les risques, tant de la conservation des vins pendant deux ou trois années, que de leur vente au détail, tout en profitant des avantages de la concurrence et du concours des amateurs dans cette nouvelle catégorie d'adjudications. L'exemple était évidemment fourni par les ventes célèbres qui sont depuis longtemps en usage pour des vins fameux, notamment celles des Hospices de Beaune en France et de quelques crûs allemands appartenant aux domaines royaux où à des familles illustres. Le procédé a réussi partout où le commerce a eu la sagesse de comprendre que les Associations viticoles ne sont pas fatalement ses adversaires et qu'elles peuvent au contraire être ses auxiliaires en le débarrassant du souci de rechercher les vins bien faits, des frais de commission et souvent de l'obligation de procéder lui-même à la vinification en courant tous les risques de cette opération. Malheureusement, ce cas est demeuré l'exception. Là où il s'est normalement maintenu comme en Würtemberg, il semble que le fait soit dû surtout au maintien chez les débitants et nombre de particuliers de l'habitude ancienne de s'approvisionner directement chez le producteur au lendemain des vendanges. Le commerce n'ayant pas encore monopolisé dans ces régions l'achat et la conservation des vins n'a pu s'habituer à confisquer tous les profits de cette opération, la concurrence qu'il rencontrait auprès des producteurs l'obligeait à payer des prix plus élevés; n'ayant pas de prétentions et de puissance excessives, il pouvait plus facilement s'accommoder du nouveau régime. D'ailleurs, quelques commerçants en ont compris les avantages. Le professeur Hacker cite le cas de négociants du Grand Duché de Bade qui ont pris l'habitude de se servir auprès des Associations et leur paient volontiers quelques marks de plus par hectolitre, parce que leurs vins sont mieux préparés, mieux soignés, plus homogènes, partant meilleurs et plus avantageux pour le commerce. Mais, ajoute-t-il, c'est l'exception car beaucoup de négociants ne peuvent se faire à l'idée de voir leur profit diminué et de ne pouvoir plus *fouler comme des oignons* (zwiebeln) les vignerons comme autrefois (1). Aussi a-t-on vu plus souvent les marchands de vins en gros se liguer pour boycotter les Associations nouvelles, créées pour se mettre en relations directes avec eux sans passer par l'intermédiaire habituels des commissionnaires. C'est ce qui arriva en particulier aux Winzervereine de Trechtinghausen et d'Oberwesel dont la tentative d'adjudication à Coblentz en 1897 échoua faute d'acheteurs, le commerce ayant fait le vide autour de leur vente publique. Elles réussirent pourtant l'année suivante où leurs vins atteignirent les prix de 400 à 690 marks par foudre de 1,200 litres (2). Il n'en est pas moins vrai que plusieurs tentatives de groupements viticoles (ex. Wöllstein) ont échoué dès l'origine en raison de l'hostilité manifeste du grand commerce qui se solidarisait avec ses commissionnaires, menacés d'être rendus inutiles.

DEBITS AU DETAIL. Les associations qui n'ont pas d'emblée réussi à assurer suffisamment l'écoulement de leurs produits par le système des ventes publiques ont dû, comme celle de Mayschosz dès ses débuts, recourir à la vente au détail et particulièrement à l'ouverture de débits-restaurants. Malheureusement, ce procédé exige de longues avances de fonds,

(1) Rapport au Congrès de Stuttgart — 1898 p. 51.
(2) Deichen — cf. p. 209.

toujours pénibles pour les Associations naissantes. Il faut d'abord que l'Association s'organise pour prolonger ses opérations bien au delà du moment des vendanges, qu'elle installe des caves pour conserver ses récoltes et développe son

La Winzerhaus de Mayschosz.

administration et ses services comme dans une maison de commerce ordinaire. Il faut ensuite qu'elle fasse la réclame nécessaire pour mettre sa marque en relief, construise ou loue des locaux, subventionne un débitant, le tout souvent pendant deux ou trois années avant de récupérer le fruit de ses avances. Cette entreprise n'a réussi en Allemagne que grâce au principe de la responsabilité solidaire illimitée qui permettait d'obtenir le crédit suffisant et à l'appui des caisses rurales, presque partout multipliées dans les centres viticoles. En outre, beaucoup d'associations, notamment celles des vallées de l'Ahr et du Rhin ont bénéficié de cette situation exceptionnelle, que leur pays est un lieu de plaisance où l'été affluent des quantités de consommateurs étrangers. C'est la raison de l'édification de ces élégants débits-restaurants qu'on rencontre annexés aux principaux Winzervereine de l'Ahrthal : à Neuenahr, Ahrweiler, Walporzheim, Dernau, Rech, Mayschosz, Altenahr, etc., et sur le Rhin à Leutesdorf, Condorf, Caub, Geisenheim, etc. La tenue de ces débits de dénomination variable : *Weinstube*, *Winzerhaus*, *Restauration*, *Gartenwirtschaft*, etc., est en général confiée à un gérant, moyennant un prix de location débattu à l'amiable ou mis aux enchères. Il ne doit vendre que les vins fournis par la cave de l'Association avec une remise variable de 20 % en moyenne sur le prix de détail. L'hiver, ce gérant voyage dans les grands centres pour le compte de l'Association.

Les sociétés les plus fortes comme celles de Mayschosz et d'Ahrweiler ont également créé des débits analogues dans les grandes villes, à Cologne et Berlin. Celui du Winzerverein de Mayschosz à Berlin (Klosterstrasse ; 28) a particulièrement réussi. Ces établissements sont à la fois des entrepôts pour le demi-gros et des centres de dégustation au détail. Ils font connaître les produits de l'Association et suivant l'activité de leurs gérants, permettent de rayonner autour de cette succursale et de grouper la clientèle urbaine et extra-muros. Les résultats obtenus par les premières associations ont été assez heureux pour que de toutes parts on songe à les imiter, comme va nous le montrer l'étude des Fédérations coopératives.

LA VENTE AUX COOPERATIVES. — Il semble pourtant que les Coopératives de consommation viticoles devraient rencontrer pour l'écoulemnt de leurs produits un terrain propice et pour ainsi dire réservé dans les Associations de consommation (Konsumvereine). Rien ne paraît plus naturel que le rapprochement de ces deux catégories de groupements, également conçus pour bénéficier de la réduction des intermédiaires. Par la simple mise en rapports de leurs deux administrations, il semble que cet effet devrait être réalisé de la manière la plus simple avec avantage mutuel, sur le principe du partage égal du prélèvement ordinaire des intermédiaires. Malheureusement, ce mode d'écoulement des produits, qui deviendra peut-être un jour le débouché normal des Associations de production, est encore aujourd'hui en Allemagne comme en France, un mode exceptionnel. Outre des causes secondaires que nous retrouverons dans notre pays, les raisons de ce défaut d'harmonie entre deux mouvements qui poursuivent pourtant une fin commune ; l'instauration d'un régime commercial plus simple et moins dispendieux, sont partout les mêmes. C'est d'abord une différence d'esprit assez grave entre les coopératives agricoles et les coopératives de consommations urbaines, les premières plutôt à esprit conservateur et souvent à tendances évangéliques, les autres de tempérament plus avancé et fortement pénétrées d'esprit socialiste. Les premières ne sont peut-être pas assez affranchies de l'influence morale des grands propriétaires, les autres de celle des politiciens en quête de mandats et de subsides. Il y a aussi aussi en Allemagne une raison économique plus forte encore qu'en France, c'est que les Sociétés de consommation sont là-bas, comme chez nous, en majeure partie composés d'ouvriers ; or l'Allemagne ne produit que des vins d'un certain prix, alors que la faiblesse relative des salaires ouvriers ne peut permettre aux travailleurs manuels que l'achat des petits vins à très bas prix. Ceux-ci ne peuvent guère être obtenus en Allemagne que par l'utilisation des moûts italiens, pratique à laquelle les Associations viticoles sont manifestement hostiles. L'écoulement des bons vins de l'Allemagne ne pouvant guère se faire que dans la consommation bourgeoise, plus rarement organisée au point de vue coopératif, les Winzervereine forcés d'entreprendre eux-mêmes la vente de leurs produits ne pouvaient donc trouver de débouché sérieux qu'auprès de la clientèle ordinaire des négociants en vins, d'où la fatalité d'un conflit entre eux et le commerce qui ne voulait pas composer avec les coopératives.

En fait, peu de coopératives allemandes ont trouvé quelques débouchés auprès de Konsumvereine. Celle de Mayschosz fait quelques affaires avec ceux de Berlin et de la Westphalie. Il en est de même de l'Union de Trèves et de quelques Sociétés rhénanes et badoises (surtout celle de Reichenau), mais ce n'est encore là qu'un mode d'écoulement occasionnel et minime alors qu'il devrait être considérable et presque régulier. Mais les Fédérations de Darmstadt et de Neuwied se préoccupent de l'étendre et travaillent activement au rapprochement des groupes coopératifs urbains et ruraux. L'avenir et les débouchés des Sociétés de production ne seront réellement assurés que le jour où cette grande œuvre sera accomplie.

LES UNIONS DE VENTE. — En attendant cet ultime résultat, les Winzervereine, contraints par l'intransigeance commerciale à faire concurrence aux intermédiaires de tout ordre pour les déposséder de leur clientèle ordinaire, ont bientôt reconnu que la dispersion et l'incohérence de leurs efforts particuliers serait une mauvaise condition de succès. Chaque association ne produit en effet que des types de vins nécessairement peu variés ; son stock manque d'ampleur et ses récoltes n'ont pas la constance de qualité suffisante pour qu'elle arrive toujours à servir ses clients d'une manière uniforme. En outre, pour lutter avec le commerce, il faut pouvoir au moins bénéficier des mêmes avantages que lui : réserves abondantes, concentration des services auxiliaires, possibilité d'accéder aux grandes adjudications, organisation d'une publicité étendue, exportation sur les marchés de l'étranger, etc., tous moyens qui ne sont pas à la portée d'une Association isolée, pauvre et sans expérience. D'où la pensée qui devait nécessairement se faire jour, de procéder pour l'Association viticole comme on avait fait pour l'Association de crédit, de grouper les sociétés particulières par les mêmes moyens et sur les mêmes bases qu'on avait groupé les individus en coopératives, de façon à former des Fédérations puissantes qui travailleraient dans l'intérêt de toutes leurs adhérentes. Par ce moyen, tout ce qui semble interdit aux sociétés particulières devient possible à leur confédération : formation de stocks imposants, régularisation des types, mélanges de vins, propagande méthodique et étendue, concours aux grandes adjudications, installation d'entrepôts et de débits dans les grands centres, accès aux marchés extérieurs, etc. L'entrée des Associations dans cette voie grandiose marque la dernière étape de l'état actuel du mouvement d'Association viticole en Allemagne.

L'exemple avait été donné, là comme précédemment, par les coopératives de l'Ahrthal qui dès 1879 se sont fédérées autour du Winzerverein d'Ahrweiler. Son président, M. F.

Fr.-H. Mies.

Mies, simple vigneron dont l'expérience avait vérifié le dévouement et les aptitudes, fut appelé par la confiance générale à diriger la Fédération nouvelle. Depuis 22 ans, il remplit cette fonction avec une autorité incontestée (1). Mais l'Union

(1) V. Ein Jubilaum — Rheinisches Winzervereinsblatt Volksblatt — 15 août 1899.

des Sociétés viticoles de l'Ahr n'est encore qu'une sorte de Syndicat général destiné seulement à établir des rapports généraux entre les Sociétés adhérentes (1). Les statuts ne prévoient pas la constitution d'un capital propre à l'Union et d'institutions communes sous sa dépendance (2). Elle a pourtant institué à Ahrweiler des ventes publiques qui ont obtenu un assez grand succès, pas assez cependant pour dispenser les Winzervereine de l'Ahrthal de concourir sur les autres marchés. La vente au détail est restée jusqu'ici le fait particulier des Sociétés adhérentes.

L'Union viticole de Trèves organisée par le *Trierischer Bauernverein* a le même caractère que celle d'Ahrweiler, avec cette différence qu'elle admet dans son sein conjointement avec les Associations viticoles, des grands propriétaires, à titre individuel. Son activité s'est consacrée jusqu'ici à l'organisation de ventes publiques annuelles à Trèves et à l'ouverture en 1897 d'un débit collectif (Weinverkaufstelle) à Berlin, Wilhelmstrasse 92/93. Ses ventes aux enchères (Weinversteigerungen) sont aujourd'hui connues dans le monde entier et attirent chaque année une grande affluence.

Ce n'est que tout récemment, à partir de 1897, que les Coopératives vinicoles ont senti le besoin d'une Union plus étroite, constituant un organisme propre pourvu de moyens d'action particuliers et plus considérables. L'initiative dans cette deuxième phase du mouvement appartient à la Fédération de *Neuwied*. Celle d'Offenbach-Darmstadt a plus longtemps résisté à engager les Winzervereine dans ce mouvement, redoutant les conséquences d'une rupture définitive avec le grand commerce. Au Congrès de Karlsruhe en 1898, le Dr Havenstein, directeur de l'Union des Associations de la Prusse rhénane, insistait sur le danger de créer des Unions avec une douzaine de petites Sociétés seulement. Il espérait même que le développement et le succès des ventes aux enchères pourrait le plus généralement dispenser de recourir

(1) V. Liv. IV, Ch. II, Sect. III.

(2) Statuten des Verbandes der Winzer-Verein a. d. Ahr. — art. 2 et 14.

à l'institution coûteuse et toujours un peu risquée de Stations centrales de vente.

Quoi qu'il en soit, l'Association de Neuwied n'a pas hésité à engager en 1898 ses groupements viticoles du Rheingau, boycottés par le commerce de cette région qui refusait d'acheter leurs vins, à entrer résolument dans cette voie. Déjà M. Dietrich, directeur de la *Filiale Raiffeisen* (banque succursale) de Wiesbaden, avait pris l'initiative en louant une cave pouvant contenir une centaine de foudres pour abriter les réserves communes des jeunes Sociétés et les warranter au besoin. Il voulait ainsi procurer aux déposants le crédit nécessaire pour attendre la vente de leurs produits (1). Dans l'Assemblée générale des Sociétés Raiffeisen à Berlin (Juin 1897) il soutint l'idée qu'il fallait développer cette organisation de manière à affranchir totalement les petits vignerons du joug des intermédiaires et des usuriers. Une Assemblée particulière des délégués des régions viticoles fut réunie à cet effet à Coblenz le 24 novembre 1897. Elle nomma une commission chargée de préparer un avant-projet. Le Comité se réunit à Cologne en Décembre de la même année et décida la création dans cette ville, véritable centre du commerce des vins de la région rhénane, d'un établissement, à la fois station centrale de vente et débit pour la dégustation (Probierstube) pour servir à l'écoulement des vins de toutes les Sociétés adhérentes à la Fédération de Neuwied et répandre leur goût dans le public. Cet établissement a été inauguré le 19 Février 1898 dans une des maisons les plus intéressantes du vieux Cologne, à proximité du Dom (cathédrale) et de la gare, dans le débit de la *Cloche* (Zur Glocke) édifié en 1693. Ses caves peuvent recevoir 250.000 bouteilles et la carte des vins du restaurant annexé ne porte pas moins de 98 numéros entre lesquels peut choisir le consommateur, à son gré et selon ses ressources. On constate déjà que l'influence de ce débit a porté à Cologne un coup sensible à la fabrication des vins artificiels en répandant la connaissance des vrais vins du Rhin. Le but

(1) Ertl et Licht, ouv. cité — 2 P. p. 378/80.

avoué de l'institution est en effet de supplanter et détruire ainsi le commerce frauduleux (unreelle Weinhandel).

En même temps, s'organisait sous les auspices et avec l'appui financier de la Filiale de Wiesbaden l'*Union centrale de vente des Sociétés de vignerons du Rheingau* (Central Verkaufsverein Rheingauer Winzervereine). Le dépôt créé à Wiesbaden par le Dr Dietrich fut transféré à Eltville à partir du 16 février 1898 et développé pour recevoir au besoin tous les vins invendus des Associations du Rheingau, les conserver jusqu'à maturité et les vendre ensuite par les procédés usuels du grand commerce. Cette organisation était plus nécessaire dans le Rheingau que partout ailleurs, en raison de l'hostilité du puissant commerce de cette région et de la nécessité de conserver 3, 4 et 5 années de bons vins de ses crûs pour les vendre avec leur valeur dans la plénitude de leurs qualités. La Société centrale se propose d'instituer des ventes aux enchères à l'usage du commerce et si celui-ci s'abstient d'y paraître, d'accepter franchement la lutte en s'adressant directement au consommateur, en concourant aux grandes adjudications pour la marine et la Cie du Lloyd et en créant des dépôts dans les grands ports d'exportation et les principales villes de l'Allemagne et de l'Angleterre.

Elle pense enrayer ainsi la prolétarisation des petits vignerons du Rheingau, progressivement opprimés et dépossédés par l'usure, au profit du grand capital détenteur des principaux crûs et désireux d'arrondir ses domaines ou l'influence de ses maisons de commerce. Cette Union est organisée sous la forme d'une Société coopérative à responsabilité limitée, où chaque Winzervereine adhérent contribue par la souscription de parts qui servent de base à la mesure de sa responsabilité (1). Il est évident que le succès d'une entreprise aussi vaste dépend beaucoup de la valeur et de l'expérience technique de l'homme appelé à la diriger. Véritable chef d'armée de la coopération, il devra rivaliser d'initiative et d'efforts avec

(1) D'ap. Hacker — Rapp. cité — Notre demande de renseignements directs est restée sans réponse.

les directeurs des vieilles et puissantes maisons de commerce, quelquefois soutenues par une longue réputation. Mais il faut reconnaître qu'il y a plus de chance pour trouver un tel homme en groupant les efforts et les ressources, que d'en découvrir un dans chaque société, si celles-ci restaient avec leurs faibles moyens dans l'isolement.

D'autre part, l'*Union de révision* du Rheinischer Bauernverein a constitué à la même époque que la Fédération de Neuwied une Station centrale de vente pour le service des 20 sociétés sous sa surveillance. Sa commission viticole, réunie à Erpel en février-mars 1898, décida la création d'une Union coopérative à responsabilité limitée, dont le siège d'abord fixé à Boppard, puis à Kempen, a été définitivement transféré à Königswinter. C'est la *Zentralvertriebstelle vereinigter Winzervereine*, (e. g. m. b. h.)

Dès le début, les neuf sociétés adhérentes lui constituèrent une réserve de 120 foudres de vin blanc et 200 foudres de vin rouge des années 1893 et 97 (1). En novembre 1898, le nombre des sociétés adhérentes était monté à 14. Il était de 16 en 1900 : 8 de l'Ahrthal : Ahrweiler (2 Soc. Central et Weinbau), Altenahr, Carweiler, Heimersheim (2 Soc.), Lautershoven et Rech ; — 6 de la vallée du Rhin : Boppard, Erpel, Oberbreisig, Oberspay, Rhensbrey et Muffendorf ; — 2 de la Moselle : Kaimt et Hatzenport. Son directeur, M. Otto Rings, a déployé une grande activité pour surmonter les difficultés qui se sont affirmées dès le début. Préoccupée d'éviter tout malentendu avec le commerce de gros, la Station avait déclaré qu'elle voulait borner son action aux rapports directs avec lui sans passer par l'intermédiaire, si onéreux pour les deux parties, des courtiers et commissionnaires. Elle conviait le commerce à marcher avec la production la main dans la main. « Les Winzervereine, disait son journal, savent bien que la vente en gros même avec un faible gain est préférable à la vente en petit avec des bénéfices proportionnellement relevés. Si on leur achète leurs vins

(1) Renseignements transmis par M. O. Rings et Rheinisches Winzervereinsblatt — Août 1900 p. 46.

ainsi, ils cesseront de vendre au détail (1) » Renonçant donc à tout empiètement sur le domaine ordinaire du commerce, elle voulait se borner à assurer par des ventes publiques l'écoulement normal du vin de ses adhérentes. Après une première tentative peu fructueuse en 1899, elle organisa une nouvelle vente aux enchères, le 2 mai 1900, en son local de Cologne, Frankischen Hofe, Komödienstrasse 32/36. — Mais sur 50 lots mis en vente, 6 seulement trouvèrent preneur, le commerce s'étant abstenu de paraître à cette adjudication (2). Cette hostilité de principe obligeait la Station centrale à entrer en lutte directe avec le commerce sur le terrain de la vente au détail. C'est la voie où elle s'est depuis engagée, car son prix-courant comporte des ventes en fractions, même minimes, par bouteilles, verre compris, au prix du litre dans les ventes en gros et en petits fûts depuis 25 litres à 200 litres. Ces prix variaient en 1900 de 0 m. 60 à 2 marks le litre, selon qualités (3). D'autre part, l'*Union des Associations agricoles de la province du Rhin* a fondé à Bonn une Coopérative générale d'achat et de vente pour fournir les Sociétés adhérentes de tous les articles nécessaires aux entreprises agricoles, les mettre en relations entre elles et organiser le débit de tous leurs divers produits. Cette *Haupt-Bezugs-und Absatz-Genossenschaft für Rheinpreussen* (4) est une société enregistrée à responsabilité limitée à 20 fois la valeur des parts d'affaires, celles-ci fixées à 50 marks. Elle s'occupe en particulier de l'achat en gros, de la commission générale et de la vente de tous les produits de la viticulture ou nécessaires à son exploitation. Mais la première vente aux enchères organisée à Bonn n'a donné que des résultats insuffisants, en raison de l'abstention du commerce. 9 Winzervereine adhérents avaient envoyé 147 numéros de vins rouges et blancs dont 37 seulement ont trouvé preneur à des prix variant de 560 à 1600 marks les 1000 litres (2), de

(1) Rheinisches Winzervereinsblatt, 15 avril 1900.

(2) Id. 15 mai 1900 — Polémique avec l'organe du commerce « Die Weinzeitung ».

(3) Preisliste des Weine der vereinigten Winzervereine.

(4) Winzerzeitung — 20 janvier 1899.

blanc s. 60 et 16 de rouge s. 97). Partout, nous voyons donc que l'idée première des Unions, celle d'éliminer simplement les sous-intermédiaires inutiles pour les remplacer auprès du commerce en lui garantissant un approvisionnement facile et régulier de vins bien préparés et de pureté certaine, a peine à se réaliser. Le commerce leur tient partout rigueur et ne semble entrer qu'à contre-cœur en relations avec elles, politique qui semble peu sage car elle entraîne nécessairement les Winzervereine et leurs Unions à s'ériger définitivement comme ses concurrents en les forçant d'aborder la vente au détail.

Pourquoi cette hostilité, qui s'atténuera peut-être quand le commerce de gros comprendra mieux le rôle utile des Associations de producteurs ? Il reproche aux Winzervereine leurs ventes au détail qui empiètent sur sa clientèle et à leurs vins particulièrement aux rouges, d'être trop chers. Les coopératives répondent que si le commerce venait franchement à leurs ventes et apportait plus de bonne volonté à acheter couramment leurs produits, elles n'auraient pas besoin de recourir à la vente au détail pour compléter leurs débouchés. Au reproche de cherté, elles opposent l'accusation contre le commerce de ne pas vouloir tenir compte de la supériorité de préparation et de la garantie de pureté contrôlée de leurs produits, double avantage qui doit nécessairement entraîner quelque différence de valeur avec les vins des petits vignerons isolés. Elles l'accusent surtout de préférer pour les vins rouges les coupages avec des vins italiens ou même des mélanges frauduleux, aux vins naturels du pays (1). Bref, le conflit plus ou moins avéré du commerce avec les coopératives viticoles, appuyées par les sociétés agricoles et les fédérations de banques populaires, paraît entrer dans une phase aiguë dont le retentissement se fait actuellement sentir sur la législation et la politique douanière de l'Empire tout entier.

(1) Zu vorstehenden gemeinsamen Weinversteigerung — R. Winzervereinsblatt 15 av. 1900.

LES WINZERVEREINE ET LA LÉGISLATION DES VINS. — Les Winzervereine ont en effet pris une part des plus actives à l'agitation agraire actuellement déchaînée en Allemagne contre le régime douanier de 1892, qu'ils accusent d'être la cause principale de la situation précaire des viticulteurs allemands (1). Leur action se proposait un double but : 1° La réforme de la Législation du 20 avril 1892 sur les Boissons de manière à mette un terme à la concurrence des vins artificiels ; 2° La surélévation des droits de douane et notamment pour la disparition du régime de faveur concédé en 1892 aux vins et moûts rouges destinés au coupage avec les vins blancs allemands.

Sur le premier point, trois ordres de faits justifiaient amplement les réclamations viticoles : l'ébranlement du goût public qui, surtout dans le Nord et l'Est de l'Allemagne, acceptait couramment des vins à bas prix dont l'étiquette *façon* St-Emilion ou St-Estèphe dénonçait pourtant l'origine artificielle ; des causes retentissantes comme ce procès Sprendling qui montra l'exemple d'une cave où sur 366 foudres de vin, 63 seulement provenaient d'origine naturelle ; l'importation croissante des raisins secs passée de 127,738 quintaux en 1880 à 430,810 en 1898. C'est pourquoi les Winzervereine rhénans, dans leurs Assemblées mensuelles, notamment dans celles d'Ahrweiler, 7 janvier 1900; Konigswinter, 5 février; Neuss, 10 avril; Hatzenport, 25 novembre; Cologne, 11 décembre, furent unanimes à appuyer la pétition du Rheinisches Bauernverein du 8 décembre 1898 développée au Reichstag par les députés Deinhard et Wallenborn dans la séance du 11 avril. Elle demandait l'interdiction absolue de la fabrication et de la vente des vins artificiels (vins de sucre, vins de raisins secs, vins colorés ou bouquetés par des procédés chimiques, etc.);

(1) Rh. Winzervereinsblatt — Zur Weingesetzfrage 15 janv. 15 août et 15 décembre 1900, Deichen : Die Winzergenosschaften und die Deutsche Gesetzgebung uber Wein, Schmoller's Jahrbuch — Janvier 1901 — 140-48 et A. Berget. Les Revendications des Viticulteurs allemands et les nouveaux projets de réformes — Rev. de Vitic. — 31 août 1901.

la limitation de la faculté de sucrage à la fois dans le temps, jusqu'à fin décembre après les vendanges et par rapport au volume 15 % du vin à améliorer, l'institution d'une police de contrôle des caves et l'obligation légale de la déclaration du mélange des vins blancs et des vins rouges. L'Union des vignerons du Rheingau allait plus loin et demandait la prohibition absolue de la faculté de sucrage. Quelques divergences se sont à cette occasion fait jour entre les Winzervereine sur deux points particuliers : la faculté de sucrage des vins et l'encouragement des mélanges de vins blancs allemands avec les vins rouges de l'étranger. Sur la première mesure, la majorité reste acquise au sucrage, reconnu nécessaire pour l'amélioratinn des vins de l'Allemagne dans les mauvaises années où leur acidité, qui s'élève alors jusqu'à 10 et 12 grammes par litre exprimée en SO^4H^2, a besoin d'être atténuée pour que ces vins puissent être livrés à la consommation. On conçoit pourtant que les vignerons des régions plus favorisées du climat comme le Rheingau ne tiennent pas à une faculté qui permet à d'autres vins de faire concurrence aux leurs. L'accord s'est fait sur ce point, qu'une réglementation est au moins nécessaire pour que la pratique du sucrage ne dissimule pas une falsification, le mouillage, par accroissement du volume du moût au moyen d'addition d'eau sucrée et de produits chimiques pour rétablir les proportions légales d'alcool et d'extrait sec.

L'avantage des mélanges des vins blancs allemands avec des vins ou moûts rouges étrangers est plus discutée parmi les coopérateurs-vignerons de l'Allemagne (1). Tandis que les coopératives de la Moselle et celles d'Honnef et d'Unkel sur le Rhin n'ont pas hésité à permettre cette pratique pour écouler plus avantageusement leurs petits vins blancs, les Winzervereine de l'Ahrthal en particulier, producteurs de vins rouges, la prohibent avec rigueur et s'élèvent contre les faveurs légales qui compromettent la vente de leurs vins, en leur suscitant

(1) Schutz des deutschen Rothweines et Das Verschnittweingeschaft im Jahre 1898, Winzerzeitung. 30 septembre 1899.

ainsi des concurrents qui se déguisent le plus souvent sous les noms des vins rouges les plus réputés de l'Allemagne : Walporzheim ou Assmannhausen (1). Ils ne tolèrent dans leurs statuts qu'un sucrage modéré et sous la condition rigoureuse de déclaration préalable au client. Dans l'Assemblée générale du Rheinisches Bauernverein de 1898, le président Josten s'éleva contre les tolérances admises par les associations de la Moselle et fit voter un vœu en faveur de l'interdiction de la vente des vins mélangés (Verschnittweine) sous le nom de vins rouges et demandant le relèvement des droits réduits concédés en 1892 aux vins, moûts et raisins rouges d'origine étrangère destinés à cette opération (10 marks au lieu de 24 pour les moûts et vins, 4 m. au lieu de 10 pour les raisins). Dorénavant les vins mélangés devraient être vendus comme tels et leur préparation contrôlée par une police spéciale.

Cette question est particulièrement grave pour les Winzervereine. D'une part, il n'est pas douteux que ces vins de mélanges ne soient favorablement accueillis par la consommation allemande comme en témoigne la constance du chiffre des vins, moûts et raisins, importés chaque année pour leur fabrication. De 112,000 hl en 1892, elle était encore de 107,029 en 1898 pour les moûts et vins et de 162,910 quintaux de raisins elle est montée à 164,791 quintaux en 1898, la plupart d'origine italienne. Comme 150 kilogr. de raisins méridionaux donnent 100 litres de vin environ, c'est en tout près de 200,000 quintaux de vins rouges qui viennent chaque année concurrencer les vins rouges de l'Allemagne. Or, d'après le Dr Havenstein (2), si trois livres de raisins italiens revenant en Allemagne à 0 m. 12 la livre en moyenne suffisent pour obtenir un litre de vin, il faut pour le même résultat trois livres et demie de raisins allemands qui revenaient en 1899 à 0 m. 31 la livre sur le Rhin et à 0 m. 45 dans l'Ahrthal. Grâce à la

(1) Zum Verschnitt von Rotwein und Weisswein — Rh. Winz..... 15 avril 1899.

(2) Rapport — in Winzerzeitung, 30 décembre 1899.

concurrence nouvelle engendrée par les faveurs douanières, ces prix sont tombés en 1897 à 0 m. 12 sur le Rhin et à 0 m. 27 sur l'Ahr. Le prix moyen du litre revient ainsi avec les raisins italiens de 0 m. 30 à 0 m. 40 et de 0 m. 80 à 1 mark avec les raisins allemands. Aussi la culture des raisins rouges en Allemagne est-elle gravement compromise.

Pourtant les faveurs douanières de 1892 ont été justement concédées pour favoriser la production nationale, faite pour les 5/6 de vins blancs en permettant d'écouler ainsi les qualités inférieures, trop acides. Mais cet avantage ne semble avoir profité qu'au commerce, car sur 150.970 hectolitres de vins de mélange ainsi préparés en 1898, (avec 67.87 % de vins rouges et 32.27 % de blancs) 137.370 l'ont été par le commerce, et 12.308 seulement par les viticulteurs (1). Aussi les plus ardents promoteurs du mouvement coopératif vinicole, Huber, Häcker, Deichen sont-ils d'accord pour recommander aux Winzervereine de ne pas hésiter à pratiquer cette opération et de surmonter sur ce point leurs scrupules si honorables en ne s'obstinant pas dans une lutte impossible contre le goût public, de moins en moins porté pour les vins naturels acides. « C'est, certes, un but louable, dit M. Deichen (2), de vouloir habituer le public au vin naturel, mais difficile à atteindre. L'homme d'affaires doit se conformer au goût du public et se plier aux nécessités du temps ». C'est pourquoi il considère qu'un des objets les plus avantageux des Winzervereine est précisément de permettre aux petits vignerons de tirer parti, au même titre que le grand commerce, des facultés douanières. Le professeur Hacker pense que c'est justement un rôle particulièrement indiqué pour les Unions de coopératives d'importer en gros les vins et raisins étrangers pour pouvoir, en combinant avec eux des mélanges avec les vins particuliers des coopératives adhérentes, confectionner les types de vins ordinaires qui jouissent de la faveur du public.

(1) Winzerzeitung, id.

(2) Art. cité p. 161-62.

Quoi qu'il en soit de ce débat, les Winzervereine en majorité continuent à considérer que des mesures législatives sévères pourront seules remédier à la crise actuelle et mettre un terme aux fraudes et abus de tous genres qui les mettaient en état d'infériorité dans la lutte que le commerce engage avec eux. Ils demandent à défaut de la prohibition des coupages de vins blancs et de vins rouges, la surveillance de cette opération et sa déclaration obligatoire. Leurs revendications adoptées par le parti agrarien et soutenues par le Bund der Landwirte ont déjà obtenu un double résultat. Le premier est le vote définitif de la loi du 24 mai 1901 sur le commerce des vins et boissons similaires en Allemagne (1). Elle prohibe complètement la fabrication des vins artificiels, crée un service d'inspection et de contrôle des caves ayant droit d'entrée dans les locaux où l'on manipule des vins, élève à une année d'emprisonnement et 3.000 marks d'amende les pénalités infligées à ses infractions, frappe rigoureusement les contrefaçons de marques et limite étroitement les proportions dans lesquelles la faculté de sucrage peut être pratiquée.

D'autre part, un nouveau projet de tarif douanier a été publié le 26 juillet 1901 par le Moniteur officiel de l'Empire (2). Il substitue au droit fixe de 20 m. par 100 kg. sur les vins une tarification au degré qui va de 24 m. pour les vins de 14 % d'alcool et au-dessous, à 160 m. pour ceux titrant plus de 20 %. Elle porte de 10 à 15 m. par 100 kgrs. (Doppelcentner) le droit sur les raisins frais et supprime toutes les concessions faites par les tarifs de 1892 aux vins, moûts et raisins destinés aux coupages (2). Les viticulteurs comprennent qu'il doit impliquer la prohibition du coupage des vins blancs avec les vins rouges. Mais ce projet, qui d'ailleurs ne pourra en cas d'adoption être appliqué qu'à partir du 31 décembre 1903, lors de l'expiration des traités en vigueur, suscite déjà en Allemagne une violente opposition, de la part des partis libéraux et des Associations

(1) Traduite in Bull. des Vitic. de France, sept. 1901.

(2) Wirminghaus. — Der Entwurf eines neuen zolltarifgesetzes für den Deutschen Reiche — in Jahrbucher fur Nationalœkonomie — Ann. 1901 p. 627.

commerciales. Au congrès du *Verein für Socialpolitik*, en Septembre 1901, à Munich, nombre d'économistes ont protesté contre les concessions faites par le gouvernement au parti agrarien au nom de l'intérêt des consommateurs allemands et de l'industrie qui, aujourd'hui supérieure en force à l'Agriculture allemande ne doit pas, disent-ils, lui être sacrifiée (2). D'autre part, l'Italie et l'Autriche-Hongrie, malgré leur alliance avec l'Allemagne, menacées de perdre ainsi des débouchés péniblement acquis menacent de représailles sur le double terrain économique et politique.

Un avenir prochain dira donc dans quelle mesure les Winzervereine ont eu raison de compter sur l'influence de la législation économique pour remédier aux difficultés présentes; si les lois préventives triompheront de la concurrence des fraudes commerciales ou si, comme le pense M. Deichen, la chimie officielle sera toujours impuissante contre les falsificateurs habiles; si la concurrence des vins italiens et espagnols sera matée par le relèvement des tarifs douaniers ou si les Associations vinicoles devront se résigner elles-mêmes à user de tous les procédés du commerce pour lui faire une concurrence efficace. Dans tous les cas, il semble peu probable que la lutte commencée avec lui s'achève de bonne heure. Peut-être à la longue, le second, ayant enfin compris par force que les producteurs ont des droits légitimes à l'indépendance et au juste profit, reviendra-t-il à une plus sage compréhension des choses en acceptant le modus vivendi que ses concurrents forcés lui offraient dès l'origine de leurs institutions. Mais ce résultat ne pourra sans doute être atteint que le jour où le nombre des sous-intermédiaires aura été réduit par l'action des Wnizervereine et où ceux-ci auront enfin trouvé un appui efficace et des débouchés sérieux auprès des coopératives de consommation. En attendant, le mouvement d'Union et de Concentration que nous avons vu s'opérer entre les Coopératives vinicoles devra sans doute acquérir de plus en plus de force et d'étendue au fur et à

(2) Blondel — Analyse in Réforme Sociale — Octobre 1901.

mesure que se multiplieront les Association locales. Si remarquable que soit le mouvement actuel, il ne peut donc apparaître que comme une préface à un mouvement plus étendu qui englobera peu à peu toutes les masses viticoles, précisément dans la mesure où les prétentions du commerce rendront cette organisation nécessaire.

ANALYSE ET DISCUSSION DES RESULTATS ACQUIS. — Au moment où l'extension du nombre des Associations viticoles en Allemagne se précipite avec une accélération nouvelle, il est particulièrement intéressant d'analyser les résultats obtenus par les plus anciennes, lesquels justifient pour une bonne part la valeur actuelle des idées qu'elles représentent. Malheureusement tout travail de ce genre ne peut que rester fort incomplet, en l'absence d'une statistique spéciale et complète, vu la difficulté d'obtenir des renseignements directs en raison de l'indifférence et parfois même de la défiance qu'excite semblable recherche auprès des intéressés. En outre, le plus grand nombre des Sociétés vinicoles actuellement existantes sont d'origine trop récente pour qu'il soit possible de porter dès maintenant un jugement sérieux sur leurs résultats et leur avenir. Il faut donc se contenter d'observer certains résultats partiels qui peuvent servir d'indication générale sur ceux possibles ailleurs, mais nécessairement sous la réserve des conditions particulières et locales qui ont concouru à les produire ici et pourront les modifier en d'autres lieux. Ces résultats sont de deux ordres différents, d'ordre matériel et d'ordre moral, ces derniers encore plus difficilement mesurables.

Les résultats *matériels* de l'action des coopératives vinicoles peuvent être appréciés au moyen de divers éléments quelquefois sensibles dès l'origine, mais généralement très variables d'une année à l'autre. Ce sont par exemple 1° l'importance des quantités de raisins en raison de l'abondance et de la qualité des récoltes manipulées ; 2° celle des quantités de vins produits, mis en vente et annuellement écoulés ; 3° les prix moyens auxquels les coopérateurs ont pu vendre leurs raisins comparativement à ceux qui ont été obtenus dans le même lieu et avec les mêmes produits par les non sociétaires ; 4° l'élévation graduelle du prix des terres dans la région ; 5° celle de l'actif social et des fonds de réserve ; 6° enfin les bénéfices réalisés sur la vente des produits, et répartis ultérieurement aux vignerons vendeurs de raisins à la Coopérative. Naturellement, les exemples les plus fréquents seront fournis par les Sociétés les plus anciennes, les Winzervereine de l'Ahrthal, auxquels il faut toujours revenir quand il est besoin dans cette matière d'exemples probants et décisifs.

RESULTATS MATERIELS. — 1° L'importance des quantités de raisins livrées aux coopératives permet de mesurer, avec l'étendue de leurs opérations, la position économique de leurs membres. C'est celle qui fait apparaître avec le plus de clarté le degré d'impuissance et par conséquent de dépendance dans lequel seraient les petits propriétaires sans le concours de l'Association. Les chiffres obtenus par M. Deichen dans son enquête (1) varient en 1897 et 1898 entre les extrêmes suivants pour les Associations ci-dessous :

Récoltes (livres de raisins récoltées en commun)

	de 1897	et 1898		1897	1898
Ahrweiler	668.000 livres	46.000	Carweiler.........	30.000	1.100
Neuenahr	350.000 »	7.000	Muffendorf.......	24.200	5.300
Walporzheim	292.000 »	42.000	Himmelsburg...	18.000	800
Dernau	253.000 »	46.000	Filzen..........	12.200	8.300

La comparaison des quantités pressées en 1897 et 1898 fait ressortir l'extrême inégalité des récoltes dans le Rheinthal et par suite le double bienfait de l'Association, de régulariser le débit et le cours des produits en compensant les années de pénurie par celles d'abondance et de permettre aux petits viticulteurs de vivre dans les mauvaises années, en reportant à celles-ci la distribution des bénéfices réalisés par la vente

(1) Schmollers Jahrbuch — Oct. 1900 — tables 3 et 5 p. 225-28.

en commun des vins. Cette dernière mesure est une précaution des plus recommandables pour les Associations à leurs débuts.

2° D'autre part, les quantités traitées, divisées par le nombre des membres de la coopérative, font ressortir les extrêmes de récoltes moyennes suivants, par tête de sociétaires :

	(en raisins)		(en vins)	
	1897	1898	1897	1898
Leutesdorf	6.896 livres	2.414 livres	2.759 litres	828
Ahrweiler	4.453	307	1.200	133
Neuenahr	3.125	62	893	18
Walporzheim	3.041	437	1.218	177
Caub	3.044	1.480	1.043	573
Condorf	2.848	1.965	1.029	776
Spay	1.125	50	500	28
Muffendorf	733	160	273	61
Filzen	718	437	250	158
Capellen-Stolzenfels	—	96	—	43

Si l'on tient compte enfin de ce double fait : que l'étendue moyenne des vignobles possédés par chaque membre ressort pour les 13 Assciations qui ont répondu sur ce point au questionnaire de M. Deichen à 33 a. 33 c. (juste le *journal* français), on s'aperçoit que l'Association vinicole est le seul remède aux inconvénients multiples du morcellement poussé à ses extrêmes limites. Elle seule permet au très petit propriétaire de tirer parti dans des conditions convenables, même des récoltes les plus infimes ou les plus médiocres. Dans ces conditions, comme les 9/10 de ces terriens minuscules exercent en même temps une autre profession, celle de journalier, batelier, manœuvre, bûcheron ou cultivateur, la possession d'un lopin de vigne devient une ressource supplémentaire appréciable. Bien qu'aléatoire dans ses résultats annuels, elle représente en moyenne un revenu accessoire d'autant plus apprécié qu'il est généralement le produit d'heures de travail qui, sans cette ressource, eussent été perdues, faute de travail régulier ou d'occupation pour les loisirs habituels.

3° L'étendue des débouchés obtenus par les coopératives viticoles pourrait être mesurée par la comparaison des quantités récoltées dans une série d'années et celle des livraisons durant la même période, malheureusement les chiffres communiqués à ce sujet sont très rares, encore faudrait-il tenir compte pour les apprécier, de la durée, variable selon les crûs, pendant laquelle les vins doivent être conservés pour acquérir un degré de maturité suffisant. Les quelques chiffres recueillis par M. Deichen oscillent entre les extrêmes suivants :

FOUDRES DE 1.000 LITRES DE CAPACITÉ

	Récoltés en		*Vendus en*	
	1897	1898	1897	1898
Dernau	65	17	65	17
Walporzheim	117	17	43	48
Neuenahr	100	2	30	35
Filzen	18	4	21	21
Caub	24	13	5	5
Condorf	36	27	5	0

Nous avons d'autre part vérifié sur les lieux que le Mayschosser Winzerverein, dont les 180 membres (la totalité des vignerons de la commune) possèdent ensemble 120 Hectares représentant une récolte moyenne de 2.500 Hl., détient en réserve dans ses caves 9.000 Hl. de vin, soit la récolte de trois années. Le chiffre moyen de ses ventes dépasse 7 Hl. 5 par jour, de sorte que ses récoltes ne suffisent pas pour alimenter sa clientèle, aussi recourt-il à l'aide de ses voisins, auxquels il écoule environ 300 Hl. de vin par an. Il achète à ses membres 0 m. 25 la livre de raisin et comme 150 livres donnent un hectolitre de vin, celui-ci revient donc en moyenne sous le pressoir à 37 m. 50. Après trois années de manipulations et de garde, il arrive à revendre ce même vin 90 marks l'hectolitre, résultat évidemment des plus favorables et qui justifie l'observation que nous avons déjà faite à Ahrweiler, que le bénéfice des ventes procure quelquefois lors de sa répartition aux associés un avantage supérieur au prix d'achat de leurs raisins à la vendange.

Vue du Winzerverein de Rech-s-Ahr.

Il est difficile, en l'absence de documents plus complets, d'examiner si ces avantages ont un caractère purement exceptionnel. D'une manière générale, il nous a semblé que la vente était plus facile et les bénéfices plus grands dans l'Ahrthal que partout ailleurs. L'air d'aisance qui règne dans la vallée, la beauté sans luxe criard des édifices élevés par les Winzervereine, avec judicieuse entente de l'adaptation au site, environnant, tout témoigne en cette région des résultats décisifs de ces Associations vinicoles. On ne saurait méconnaître, précisément parce que l'Association est devenue à peu près générale dans la viticulture de cette région, que l'ampleur des résultats s'accentue avec l'extension et la prédominance de la coopération. Cet exemple doit donc servir aux associés dans les débuts toujours difficiles de leur entreprise. Il leur montre que les résultats sont au prix de l'effort et de la constance et d'autant plus beaux quand une persévérance inlassable travaille à développer sans cesse l'entreprise une fois victorieuse.

4° L'élément le plus immédiatement sensible pour mesurer les avantages de l'Association semble la *comparaison du prix moyen des raisins* payé par l'Association et de celui obtenu dans le même lieu et avec les mêmes produits par les non-sociétaires. Nous avons vu que pour les neuf Sociétés de vendanges du Würtemberg, ces avantages variaient de 15 % à Fellbach jusqu'à 100 % à Heilbronn. Les quelques chiffres obtenus par M Deichen sont de signification plus variable (1). On peut les répartir en trois catégories : le plus grand nombre favorables à l'Association, les autres indifférents, les derniers en apparence défavorables, témoin les suivants :

	Sociétés	Prix payés aux Sociétaires (par livre de raisin)		Aux non-sociétaires	
		1897	1898	1897	1898
1°	Walporzheim	18 à 43 pfenn.	22 à 46	18 à 35	18 à 20
	Ahrweiler	22	26	20	22
	Johennisberg	18 22	15 16	16 22	12 14
	Filsen	20 25	18 22	18 23	18 20
	Oberwesel	20 32	17 28	18 24	15 22
2°	Winkel	14 20	12 16	14 20	12 16
	Dernau	20	22	26	22
	Pommern	20 25	22 25	20 23	23 24
3°	Himmelsburg	19 25	15 21	25 28	20 22
	Neuenahr	22	22	26	26

(1) c. f. table 2.

Mais il faut tenir compte ici de divers éléments qui faussent la comparaison. D'abord, que les sociétaires et les non-sociétaires n'ont pas toujours leurs propriétés dans les mêmes crûs. Il arrive souvent ainsi, c'est la règle dans le Rheingau, que les petits propriétaires ne possèdent que les expositions les plus médiocres, tandis que tous les crûs classés appartiennent à de grands propriétaires. On conçoit que dans ces conditions il n'y ait pas de comparaison possible entre les prix payés aux uns et ceux obtenus par les autres. D'autre part, il faut remarquer que les prix payés par les Winzervereine ont un caractère un peu conventionnel, puisqu'ils ne constituent en quelque sorte qu'une avance immédiate sur le prix définitif auquel sera vendu en temps utile le vin obtenu avec les raisins. La tentation contre laquelle les sociétaires doivent se prémunir est celle d'estimer trop haut le prix de leurs raisins à la vendange, car ce fait peut obliger l'Association à faire des prix trop élevés pour bien écouler ses vins et l'induire à des pertes ou à une mévente. C'est le danger sur lequel le président Josten attirait spécialement notre attention avec une franchise qui fait honneur à sa capacité administrative. Il nous signalait la faute commise par le Winzerverein de Mayschosz dans la campagne 1896. Les raisins de cette récolte ayant été payés trop cher aux sociétaires, la qualité des vins obtenus avec eux trompa les espérances. Ils ne purent être vendus qu'à un prix inférieur à leur estimation dans l'inventaire, d'où une perte de 600 marks sur l'exercice 1899-1900. Les sociétaires eurent la sagesse de profiter de la leçon en décidant en Assemblée générale que ce déficit serait comblé par une retenue sur leurs bénéfices antérieurs, proportionnellement aux livraisons de 1896 (1). Inversement, la comparaison peut être faussée par la modération des sociétés qui ont eu la sagesse d'estimer les raisins à la vendange un peu au-dessous du prix normal pour rendre plus facile l'obtention de bénéfices dans la vente des vins Mais dans les Associations du Wurtemberg où la vente aux enchères suit aussitôt la confection des vins, le bénéfice est

(1) Lettre du 15 mars 1901.

immédiatement évaluable et nous avons vu que sur ce point, les résultats étaient concluants.

Dans l'Ahrthal, il n'est pas douteux que l'institution des Winzervereine n'ait eu pour résultat un relèvement considérable du prix des raisins à la vendange. D'après les renseignements que nous avons recueillis sur place, ceux-ci étaient payés en moyenne 15 à 18 pfennigs la livre avant la fondation des coopératives, la moyenne ressort aujourd'hui à 28 pfennigs la livre pour toute la vallée (2). Suivant Huber, la valeur des vins vendus sur le principal marché de l'Ahrthal ressortissait au total à 539.145 marks pour la période 1870/80, soit une moyenne de 53.914 marks par an. Ces chiffres se seraient respectivement élevés dans la période décennale suivante, celle qui vit la généralisation du mouvement coopératif à 866.841 et 70.179 marks (1). Aujourd'hui, comme le montrent les chiffres cités plus haut pour Himmelsburg et Neuenahr, la situation semblerait tendre à se renverser. Les non-sociétaires obtiennent sur certains points des prix supérieurs à ceux des coopérateurs. Mais ce résultat est tout à l'honneur des Associations. Maintenant que la grande majorité des vignerons de l'Ahrthal sont entrés dans les Winzervereine, le commerce concurrent a de plus en plus de peine à se procurer directement des raisins de cette région pour les vins que lui demande sa clientèle. Il est donc obligé de les payer le même prix que les Sociétés et même plus cher. Cette tactique peut aussi être employée à l'occasion pour détacher d'une coopérative à ses débuts les vignerons un moment favorables. Mais dans l'Ahrthal, il n'en est plus un seul qui s'y laisserait prendre. Tous conviennent que le relèvement du prix des raisins est uniquement dû à leur raréfaction sur le marché en raison des livraisons aux coopératives et que même les non-sociétaires profitent ainsi des bienfaits de leur institution. Bien peu d'ailleurs sont susceptibles de quitter l'Association par l'appât d'un profit immédiat, mais nécessairement sans

(2) Chiffres communiqués par M. F. Mies.

(1) Op. cité p. 9 et 10.

lendemain, car ils se rendent compte que la modération du prix d'achat de leur coopérative aura fatalement pour contrepartie une élévation correspondante du bénéfice à répartir après la vente des vins de la même année. En fait, l'Union des producteurs a donc eu ce résultat remarquable de renverser les rôles entre le commerce et la propriété, puisque ce n'est plus celui-ci mais les coopératives qui établissent la base des cours du marché.

5° Un élément d'appréciation plus probant est le relèvement du prix de la valeur de la propriété dans les régions où les coopératives vinicoles arrivent à prendre une grande extension. Ce résultat s'est produit dans tout l'Ahrthal ; il est une preuve indéniable du rétablissement de la prospérité de cette vallée, auparavant menacée d'une ruine complète. Suivant M. Mies, la valeur des terres à vignes y varie aujourd'hui selon celles des expositions et des terrains de 100 à 600 francs l'are. Elle était tombée de 1868 à 1875 de 75 à 200. Huber cite pour les années 1890 et 1891 les prix comparatifs suivants obtenus alors dans des ventes domaniales de cette région :

Vignoble	payé	500	marks	en	1867	vendu	en 1890	700 marks.
»	»	137	»	»	1864	»	»	600
»	»	85	»	»	1865	»	»	432
»	»	457	»	»	1885	»	»	860
»	»	100	»	»	1883	»	»	250
»	»	334	»	»	1867	»	»	674
»	»	368	»	»	1881	revendu	» 1891	527
»	»	515	»	»	1875	»	»	1100
»	»	202	»	»	1875	»	»	400
»	»	231	»	»	1860	»	»	750
»	»	100	»	»	1884	»	»	300
»	»	196	»	»	1860	»	»	500

6° L'élévation de l'actif social, notamment celle de la valeur des immeubles et des marchandises en magasin est plutôt un signe de l'importance de la Société que de sa prospérité réelle car elle doit être interprétée comparativement avec le chiffre des dettes sociales. Inversement, l'élévation de celui-ci ne saurait dans la plupart des cas être regardé comme un indice de situation défavorable puisque toute coopérative a ses débuts doit nécessairement recourir à l'emprunt pour constituer les capitaux nécessaires à son établissement et à son fonctionnement. Il suffit que les valeurs qui entrent ensuite dans l'actif social représentent une valeur au moins correspondante pour que son fonctionnement normal soit assuré. L'amortissement du capital emprunté ne peut avoir lieu que peu à peu, par prélèvement sur les bénéfices annuels ; il exige donc une longue période de temps que l'âge de la majeure partie des Winzervereine ne suppose pas encore. D'ailleurs, même les plus anciens n'ont pas toujours intérêt à cet amortissement, soit que les circonstances commandent plutôt d'affecter les excédents à développer l'entreprise sans emprunts nouveaux, soit qu'une partie du capital ayant été souscrite par les associés, la coopérative joue dans l'avenir pour ceux-ci le rôle d'une caisse d'épargne. C'est par exemple ce qui se produit dans l'Ahrthal. Le plus grand nombre des sociétés se sont d'abord constituées très modestement, avec les fonds apportés par chacun de leurs membres. Celle de Mayschosz a débuté ainsi avec 20,000 marks qui représentaient la majeure partie des réserves particulières de ses adhérents. Ces dépôts se sont accrus depuis, comme le montre le bilan que nous avons publié, jusqu'à plus de 340,000 marks. En fait, ces dettes de l'association représentent plutôt des bénéfices réalisés car leurs fonds proviennent pour la plupart des allocations annuelles qui revenaient aux membres lors de la répartition des profits de la vente. La Société ayant besoin de capitaux nouveaux pour se développer, les membres préféraient laisser à sa disposition ces capitaux gagnés, puisqu'ils trouvaient à cette combinaison l'avantage d'un intérêt fixe et d'un gage d'autant plus certain qu'ils en avaient eux-mêmes l'administration. En fait, grâce à l'Association, les sociétaires ont pu dans une large mesure devenir à eux-mêmes leurs propres commanditaires. C'est la même pratique qui permet aux caisses rurales de fonctionner à un double point de vue : comme caisses d'épargne par appel des fonds de leurs adhérents et comme caisses de prêts pour les avances dont ceux-ci ont besoin. Il n'y a qu'un danger à cette pratique, c'est que l'intérêt qu'ont les associés comme déposants ne vienne à masquer un jour leur intérêt comme coopérateurs et qu'ils ne soient tentés d'augmenter la rétribution fixe du capital au détriment des répartitions attribuées à la production. Mais les statuts préviennent ordinairement ce danger en limitant le chiffre des sommes que chacun peut laisser en avances à la Société et en assurant dans les délibérations générales une complète égalité de situation entre tous les associés, créanciers ou non de la Société.

Ces observations étaient nécessaires pour comprendre pourquoi les coopératives vinicoles paraissent s'être peu préoccupées de rembourser les avances auxquelles il a fallu recourir à leurs débuts. L'exemple de Mayschosz, imité à Ahrweiler, Walporzheim et dans la plupart des autres centres, montre qu'elles ont plutôt songé à changer simplement de créanciers et à se développer de telle sorte que les titres de leur dette puissent passer en majorité aux mains des coopérateurs eux-mêmes. C'est d'une sage politique, l'intérêt des associés dans l'œuvre commune s'accroissant ainsi de l'engagement volontaire, mais de plus en plus complet, de leur avoir dans la vie économique de l'entreprise. Ailleurs, comme à Neuenahr, quand le capital a été surtout fourni par la banque rurale du lieu, la situation est à peu près la même, puisque les membres de l'une des sociétés sont en majorité les mêmes que ceux de l'autre. Quant à l'estimation de l'actif qui sert de gage aux emprunts sociaux, outre que la responsabilité solidaire illimitée en prolonge considérablement la valeur, il ne faut pas oublier que les statuts dictent à ce sujet de sages règles de prudence pour maintenir les évaluations au-dessous de l'estimation qui serait légitime. L'intérêt individuel des associés leur commande d'ailleurs cette modération ; c'est le seul moyen d'éviter la mise en jeu éventuelle de leur responsabilité solidaire dans le cas de liquidation forcée. Les chiffres suivants empruntés au tableau que nous avons publié pour l'Ahrthal et à ceux qu'a pu recueillir M. Deichen (1) montrent la correspondance habituelle de ces deux éléments : emprunts et avoir social (Marchandises et Magasins).

NOM DES WINZERVEREINE	MARCHANDISES et MAGASINS	EMPRUNTS	FONDS de réserve
Mayschosz (1868)	742.298	661.507	89.683
Ahrweiler (1874)	374.844	336.822	31.118
Rech	184.394	87.066	3.993
Rhensbrey	24.063	23.532	165
Rheinbrohl	37.605	40.600	1.522
Oberwinter	13.000	9.531	321
Heimersheim	31.059	20.000	100
Boppard	10.378	10.175	64
Muffendorf (1897)	5.443	5.161	99
Condorf (1896)	24.784	24.000	1.153

Sans tenir compte des éléments annexes qui influent sur la balance de ces comptes (créances, solde du fonds des raisins, etc.), il y a un autre chiffre que nous avons placé en regard des deux précédents, parce qu'il a une signification spéciale, c'est le *montant du fonds de réserve*. Quoique figurant au passif dans les inventaires, il représente en réalité des bénéfices réalisés par l'action coopérative. Il en est souvent de même du montant total des parts d'affaires (2). Les statuts prévoient en effet que le fonds de réserve sera consti-

(1) c. f. Table 6.

(2) 9000 marks à Mayschosz, 4165 à Ahrweiler, 7555 à Altenahr, 6187 à Caub, 185 à Heppingen, 170 à Lannesdorf. Le montant statutaire de chacune de ces parts est extrêmement variable selon les sociétés ; il va depuis 300 marcks à Lorch et Konigswinter à 5 marcks à Walporzheim et 3 à Mertesdorf. Les chiffres les plus habituels sont 50 m. (Mayschosz) et 25 (Ahrweiler).

tué par prélèvements, soit sur les prix des raisins soit sur les bénéfices ultérieurs à répartir.

Souvent aussi, ils disposent que lors de la constitution de la Société, en dehors du faible versement immédiat exigé par la loi, les parts d'affaires de chaque membre fondateur seront complétées de la même façon. De la sorte, l'élévation graduelle de ces deux éléments, particulièrement du fonds de réserve, peut servir à mesurer les progrès de la situation de la Société, jusqu'au point où les statuts limitent le total de cette capitalisation collective. Il est naturel de le trouver à peu près nul dans les sociétés à leurs débuts.

L'accroissement de la valeur particulière des immeubles sociaux mesure aussi l'importance du développement des Winzervereine. Tous, dès qu'ils ont acquis une certaine extension et pris confiance dans l'avenir, sentent la nécessité de constituer un établissement central pour la vinification et la garde des produits mis en commun. Débutant avec prudence, ils commencent par louer des locaux anciens et à réunir après estimation les éléments du matériel de chacun des associés. La modicité des sommes que représente ce loyer, atteste la modestie de ces associations à leurs débuts. En 1898, cette dépense était de 150 marks à Goarshausen, 112 marks à Lorch (fondé en 1897), 91 à Manubach (1896). Mais les associations les plus anciennes ont presque toutes des locaux à elles. Souvent même, il en est qui en construisent dès le début, telles les Sociétés vinicoles du Grand Duché de Bade, grâce à l'appui pécuniaire du gouvernement. La valeur de ces établissements devient de plus en plus considérable avec l'âge du groupement. Elle est de 38,789 marks à Caub (1888), de 77,056 à Ahrweiler (1875), de 75,000 à Walporzheim (1871), de 175,000 à Mayschosz (1868).

Il est enfin un précieux élément d'appréciation, qui plus que tout autre pourrait renseigner sur les avantages pécuniaires de l'Association vinicole. C'est le chiffre des gains réalisés en dernier lieu après la vente définitive des vins et qui reviennent aux associés comme une sorte de *ristourne* qui s'ajoute au produit ordinaire des récoltes représenté par le prix de vente des raisins. Malheureusement, il est très difficile d'évaluer ce profit de caractère commercial et d'obtenir sur ce point des renseignements précis. Il varie en effet beaucoup d'une année à l'autre suivant l'abondance et surtout la qualité des récoltes. De plus, comme les ventes ne se réalisent que peu à peu et se répartissent sur plusieurs exercices, les éléments du bilan annuel ne permettent pas de juger de sa valeur exacte par rapport à une campagne viticole donnée. C'est pourquoi on ne saurait tirer aucune conclusion des quelques chiffres communiqués sur ce point à M. Deichen sur l'exercice 1897-98.

Oberwesel —	9.428	marks,	pour	35 associés,
Canle	3.778	»	»	22
Condorf	7.950	»	»	40
Boppart	285	»	»	22
Spay	1 186	»	»	56
Lorchhausen	1.356	»	»	34
Muffendorf	1.615	»	»	33
Oberwinter	6.718	»	»	52
Rech	[illegible]0	»	»	83
Altenahr	[illegible]0	»	»	56
Walporzheim	5617	»	»	75
Neuenahr	6 020	»	»	110

Il faudrait que nous puissions comparer ces profits aux quantités vendues et aux prix déjà payés pour les raisins qui ont servi à la fabrication des vins écoulés. Il faudrait surtout posséder des chiffres pour une assez longue période afin d'établir des moyennes plus significatives que des résultats isolés, toujours plus ou moins accidentels, surtout dans un pays où les récoltes sont si variables d'une année à l'autre.

RESULTATS INTELLECTUELS ET MORAUX. — Mais si avantageux qu'aient été dans beaucoup de cas les résultats matériels des coopératives vinicoles allemandes, ils seront aux yeux du sociologue dépassés par les résultats intellectuels et moraux qui commencent à se dessiner d'une manière très accusée.

Le premier, et, à notre avis le plus considérable, c'est d'avoir soustrait leurs membres à l'individualisme étroit et jaloux qui entretient dans le monde rural l'impuissance et la routine. Obligés de se serrer les coudes et de s'entr'aider mutuellement pour échapper à une ruine imminente, les petits vignerons d'Allemagne ont pris peu à peu par l'Association conscience de leur solidarité d'intérêts et de leurs droits dans la société économique. D'autre part, ils se sont initiés graduellement par les assemblées, réunions de comités et conférences de toutes sortes aux nécessités multiples de la viticulture moderne. Les Winzervereine sont ainsi devenus pour leurs membres, non seulement des organes de défense matérielle, mais des écoles pratiques d'enseignement mutuel dont les effets éducatifs sont des plus apparents. « Le devoir principal des Winzervereine, dit le Docteur Havenstein, est l'éducation de tous leurs membres » (1). Les résultats acquis ne démentent pas cette vue idéaliste. Cette éducation se poursuit activement à deux points de vue : général et professionnel.

En général, les vignerons associés ont acquis dans les Winzervereine le sentiment de leurs intérêts généraux et de la puissance possible de leur collectivité organisée. Il en est résulté ce fait important que le *Winzerstand*, la classe des vignerons, n'est plus une simple entité rhétorique comme au temps où elle fut imaginée par les propagandistes du catholicisme social, mais qu'elle est devenue une réalité, c'est-à-dire un corps d'individus unis par les mêmes aspirations, conscients de leurs intérêts communs et organisés pour les défendre. La part très importante que les coopératives et leurs Unions ont prise au mouvement pour la réforme des lois et tarifs de 1892 sur les boissons, la pression qu'ils ont exercée sur les pouvoirs publics et le résultat déjà obtenu, le vote d'une loi et le dépôt d'un projet conformes à leurs réclama-

(1) Rapp. au Congrès de Karlsruhe, 1898.

tions, sont autant de preuves du développement de leur influence. Sans doute, leur action rencontre des résistances et leurs réclamations, peut-être trop exclusives, pourront dans les faits subir des atténuations imposées par la nécessité. Il n'en est pas moins vrai que dès aujourd'hui l'influence des groupements commerciaux est déjà fortement ébranlée par celle de ces associations, dont la force s'accroîtra nécessairement avec leur nombre et leur fédération progressive.

D'autre part, et ce résultat est peut-être le plus rare dans le monde rural, les Winzervereine ont développé l'éducation économique de leurs adhérents à un point tout à fait remarquable. Le paysan a pris dans leurs assemblées conscience des difficultés de l'administration, de la vigilance et des aptitudes de tous genres qu'elle suppose.

La preuve la plus tangible en est dans ce fait, presque exceptionnel, que des rangs de ces humbles ont pu sortir des hommes d'une valeur administrative incontestée que rien dans leur éducation première, très négligée, n'avait préparé au rôle que les circonstances leur ont imposé. Si nous avons insisté sur le caractère bien paysan du mouvement à son origine dans l'Ahrthal, c'est qu'il y a là un fait d'une portée sociale remarquable. Jusqu'ici, la classe ouvrière seule, dans ses coopératives urbaines, avait, depuis l'exemple fameux des Equitables pionniers de Rochdale, révélé subitement dans son sein des aptitudes administratives insoupçonnées. Mais il faut bien avouer que dans toutes les Associations rurales, aussi bien dans celles de l'Allemagne que dans nos Syndicats français, très rares sont les cas où non seulement la direction, mais même l'administration subordonnée, sont effectivement paysannes. Toutes ou presque toutes sont en fait dirigées par de grands propriétaires pourvus de l'éducation bourgeoise ou par des intellectuels spécialisés dans l'Economie rurale, c'est pourquoi les vœux et manifestations officielles de l'activité des sociétés sont loin de correspondre toujours avec les votes effectifs de leurs adhérents dans les élections politiques. En fait, le rôle du paysan se borne trop souvent à profiter des avantages de l'Association sans participer par aucun dévouement effectif à les produire. Nous avons vu qu'il en était tout autrement dans les Winzervereine. Ils ne tolèrent pas l'indifférence ; l'obligation stricte sanctionnée dans leurs statuts de la présence aux réunions de tous genres en est la preuve. D'ailleurs, il suffit de connaître l'esprit intéressé du paysan pour comprendre qu'il n'y a guère lieu de recourir à la contrainte des amendes pour obtenir de lui l'exécution de ce devoir, du moment que tout son avoir est engagé par la responsabilité solidaire au succès de la Société. Dans ces conditions, on comprend que les adhérents aient aperçu dès la première heure qu'on n'est jamais si bien servi que par soi-même, c'est-à-dire que pour bien sauvegarder leurs intérêts, le plus sage était de trouver des administrateurs dévoués dans leurs rangs. C'est ainsi qu'ont surgi les Kossmann, les Josten, les Mies, toute cette pléïade d'organisateurs et d'administrateurs paysans dont le succès a prouvé la haute valeur pratique. C'est même un fait remarquable que partout ailleurs où semblable découverte n'a pu encore être faite, partout où les coopératives sont dirigées par d'autres que des vignerons de profession (pasteurs, curés, grands propriétaires, anciens commerçants, etc.) comme c'est souvent le cas sur le Rhin et dans le Rheingau, les résultats sont moins frappants et moins décisifs. C'est la meilleure preuve que les profondeurs du monde rural comme celles du monde ouvrier recèlent des réserves d'aptitudes et d'énergies insoupçonnées du plus grand nombre et que cet incomparable instrument d'éducation sociale qu'est la coopération pourra graduellement faire surgir en pleine lumière, pour le plus grand profit des classes pauvres et de la société tout entière.

Au point de vue strictement professionnel, les résultats acquis par l'éducation mutuelle des Winzervereine sont tout-à-fait frappants. Tous les observateurs s'accordent à reconnaître que leurs vignobles sont les mieux tenus, les mieux défendus, partant les plus productifs. «Ce qu'il faut signaler surtout, dit le professeur Häcker, c'est que l'Association donne au vigneron plus de courage, de confiance et d'amour pour son métier. Il sait qu'il pourra écouler ses produits à leur valeur et se donne plus de peine à chaque tentative ». Tous les statuts mentionnent parmi les objets de la Société, outre l'acquisition en commun des objets nécessaires pour la culture et

Le Walporzheimer Winzerverein.

la défense des vignobles (engrais chimiques, soufre, sulfate de cuivre, pulvérisateurs, etc.) « la lutte en commun contre les agents destructeurs des vignobles et la propagation des connaissances et des progrès dans le domaine de la viticulture et de l'œnologie » (1). La plupart ont créé à l'imitation des Sociétés suisses, un service d'inspection des vignes. En n'acceptant que les raisins des meilleurs cépages, et réglant la marche des vendanges, elles provoquent l'amélioration graduelle de la production locale. Beaucoup, comme celle de Walporzheim, ont déterminé pour chaque portion du terroir la nature et les quantités d'engrais nécessaires. Toutes veillent à l'observation des pratiques du sulfatage contre le mildew et du soufrage contre l'oïdium, en déterminent les époques et en facilitent l'application. C'est grâce à elles en particulier que la pratique du sulfatage s'est généralisée si vite dans les vignobles septentrionaux de l'Allemagne, alors que ceux du Midi ont été très longtemps éprouvés par le mildew. Le plus grand nombre des Winzervereine a prescrit en outre des recherches phylloxériques régulières et veille à l'exécution rigoureuse des prescriptions légales à ce sujet. Ceux de l'Ahrthal et du Rhin subventionnent des journaux spéciaux comme la Winzerzeitung et le Winzervereinsblatt, appellent des conférenciers ou provoquent des consultations importantes et des congrès sur les questions les plus urgentes. C'est à l'initiative de la Société de Ribeauvillé qu'est dûe l'idée première de l'Institut viticole qui vient d'être créé à Colmar. Celle des Winzervereine de l'Ahr vient de même d'obtenir en principe l'institution d'une école pratique de viticulture à Ahrweiler. Bref, les Winzervereine ont tiré leurs adhérents de la torpeur intellectuelle qui est la caractéristique de trop de populations rurales et ont fait d'eux des praticiens intelligents et expérimentés, ouverts à la compréhension de tous les progrès.

Les Winzervereine ont fait mieux. Ils cherchent à développer le sentiment de la solidarité chez leurs membres en leur apprenant chaque jour à se prêter aide et assistance. C'est ainsi par exemple, que la préoccupation si louable de la Société de Mayschosz de réserver tout le travail disponible à ses adhérents les plus pauvres en raison même de leur indi-

(1) N° 3 et 4 des Statuts — Types publiés par la Fédération de Darmstadt.

gence a été imité de proche en proche. « Le travail en commun, écrit à ce sujet le président Josten, et l'habitude de supporter en commun les charges, fortifient la force morale des individus et leur font surmonter plus facilement les temps pénibles comme ceux que nous avons malheureusement dû passer dans ces dernières années de mauvaises récoltes. Le grand bienfait de l'Association est non seulement dans une meilleure mise en valeur de ses productions, mais surtout en ce que les individus ne sont pas abandonnés et dépendants d'éléments extérieurs, mais qu'ils savent que leurs confrères sont à leurs côtés en cas de nécessité (1) ». Il est évident que de même que les sociétés de crédit ont servi de base aux sociétés de production, celles-ci pourront de même provoquer la fondation de sociétés de secours mutuels ou d'assurance et les appuyer par une subvention prélevée sur leurs fonds de propagande. On sait que ce souci de développer par une sorte d'enchaînement mutuel toutes les applications morales de la coopération est une des caractéristiques des Sociétés Raiffeisen. Mais les documents précis nous font défaut pour juger sur ce point de la part qui revient aux Winzervereine dans la constitution des œuvres de ce genre qui sont apparues dans leur rayon d'influence.

LIMITE DES RESULTATS. — Néanmoins, après avoir conclu également que les avantages des Associations vinicoles sont indiscutables, M. Deichen constate qu'elles n'ont pu encore réaliser intégralement leur programme, qui est de faire bénéficier par l'union tous leurs membres des avantages de la grande exploitation. Comparant les prix de vente atteints par leurs vins dans les ventes publiques les plus fréquentées, comme celles de Trèves, à ceux obtenus en de semblables circonstances par les produits des grands propriétaires, il constate que la différence est toujours en faveur de ces derniers. En foudres de 1000 litres, la moyenne des prix payés aux Winzervereine ne dépassait pas en 1897 400 à 600 marks et 800

(1) Mittheilungen für Weinbau und Kellerwirtschaft, 1896. p. 213-18.

en bouteilles, alors que les grands propriétaires obtenaient de 863 à 961 marks par foudre. La coopérative de Johannisberg même n'arriva pas à dépasser dans sa vente du 7 juin 1898 le prix de 730 marks par foudre, alors qu'à la vente des vins des Domaines impériaux du 31 mai de la même année on avait vu certains crûs de premier ordre (Markobrunner, Hattenheimer, Steinberger) atteindre respectivement les prix fabuleux de 15, 18 et 28 marks le litre. Bien que ce dernier exemple soit trop exceptionnel pour servir de comparaison, il est bien vrai que les vins des petits vignerons ne jouissent pas de la même faveur que ceux des grands propriétaires. Mais la cause en est tout entière dans ce fait qu'ils ne possèdent en général que les crûs de dernier ordre, situés dans les expositions les plus défectueuses, alors que tous les crûs classés et depuis longtemps réputés sont aux mains des grands propriétaires, quelques-uns mêmes constituent des majorats dans certaines familles princières.

Bien que l'ambition de certains Winzervereine soit de réserver dans l'avenir une part de leurs bénéfices à l'acquisition de vignobles sociaux, il est peu probable qu'avant longtemps leurs disponibilités soient suffisantes pour obtenir des résultats sérieux dans cette voie et même que leur propriété collective puisse jamais entreprendre sérieusement la conquête des grands crûs. En dehors du cas non élucidé de la société de Kuenzelsau, les quelques acquisitions de ce genre faites par trois ou quatre Winzervereine de l'Ahrthal n'ont porté encore que sur de très petites parcelles, en général pour faciliter l'exportation des vignobles associés ou créer de petits champs d'expérience (1). Il n'y a pas encore là un programme d'action bien défini et qui puisse permettre de conclure à une politique d'extension collective vraiment définie. D'ailleurs la valeur des terres dans les grands crûs, qui s'élève jusqu'à 20, 30, 50 et 80,000 marks l'hectare selon leur degré de réputation, oppose un obstacle trop grand à ce rêve de quelques coopérateurs : la conquête progressive de la grande propriété par la

(1) Lettre de M. Josten, mars 1901.

propriété associée des travailleurs. Comme la presque totalité des terres de leurs adhérents est dans les deux dernières parmi les 6 classes établies entre les vignobles allemands pour le paiement de l'impôt foncier, leur base d'action et les moyens qu'elles ont à leur disposition sont trop minces pour tenter une telle entreprise.

Mais il est vrai d'autre part que la moindre valeur des terres des petits vignerons et le soin qu'ils apportent à leur travail, surtout avec le contrôle de l'Association, leur permet de produire autant et à moins de frais que les grands propriétaires. Il n'est donc pas du tout certain qu'aux prix inférieurs qu'ils recueillent, leurs bénéfices ne soient pas plus grands que ceux de leurs concurrents à des prix même beaucoup plus élevés. D'ailleurs, c'est un fait général dans le commerce des vins que les produits de luxe se vendent aujourd'hui de plus en plus difficilement, alors que la consommation des vins ordinaires se développe. Les produits les plus recherchés et qui se vendent le mieux ne sont pas à vrai dire les gros vins les plus communs, ce sont les produits assez distingués et pourtant de prix modeste qui sont susceptibles de bien se conserver et d'acquérir après un court vieillissement les qualités convenables à un bon ordinaire. Or les produits des Winzervereine rentrent précisément dans cette catégorie et possedent toutes les qualités requises. Moins chers que ceux des grands propriétaires et beaucoup plus susceptibles de se conserver et bonifier que les coupages du commerce, ils ont, l'expérience de Mayschosz et des coopératives de l'Ahr, de la Moselle et du Würtemberg l'a prouvé, de sérieuses chances de réussir auprès du public par la vente directe. Il est donc loin d'être certain que les Winzervereine ne recueillent pas des profits équivalents à ceux de la grande propriété et ne pourront pas supporter sa concurrence avec avantage. En tous cas, s'ils sauvent les petits producteurs, comme ils l'ont fait sur l'Ahr et partout où l'association a pu survivre aux difficultés du début, ils n'en auront pas moins rendu à la viticulture allemande un signalé service, suffisant pour assurer leur gloire.

Un reproche qui nous a paru un peu plus justifié et qu'on

adresse aux Associations vinicoles allemandes est celui de plus chercher pour le moment à relever les prix qu'à améliorer les produits eux-mêmes. Non qu'on puisse les accuser de ne pas veiller aux soins d'un bonne vinification ; à ce point de vue elles ont réalisé un grand progrès sur la vinification individuelle, mais peut-être comme les petits vignerons ont elles une une considération trop bienveillante et superstitieuse pour la qualité de leur crû local. Beaucoup qui veillent avec un soin jaloux à sa pureté agiraient plus sagement en songeant à modifier et améliorer cette qualité insuffisante. Des pratiques qui ne sont à aucun degré des adultérations, mais seulement des perfectionnements rationnels apportés par l'œnologie moderne : le levurage des moûts par exemple ou la pasteurisation des vins sont trop peu connues et pratiquées. Sur l'Ahr même, les vins blancs obtenus nous ont paru trop médiocres, ce qui favorise sur place l'action du commerce qui les concurrence aisément avec les produits de la vallée de la Moselle. La cause n'en est nullement, comme beaucoup le croient, dans la nature des sols, moins favorables à la production de bons vins rouges qu'on ne le pense dans le pays, faute du calcaire que réclame le cépage usité (notre Pinot noir) pour développer le maximum de qualité de ses produits. Elle tient à l'emploi exclusif d'un cépage médiocre et mal adopté au climat, le *Kleinberger*, (Elbling ou Bürger), qui ne saurait surtout sous cette latitude donner de fins produits. Aussi avons-nous formellement conseillé à nos correspondants d'importer dans leur région pour obtenir des vins blancs au moins équivalents à leurs vins rouges les Pinots gris (Grauer Klewner) et surtout le Pinot blanc *vrai* (Weisser Klewner) qu'on rencontre en abondance dans les meilleurs vignobles de l'Alsace. De semblables perfectionnements pourraient être obtenus ailleurs par l'essai de variétés plus précoces que celles traditionnellement cultivées dans le pays (1). Il est également probable que les Sociétés

(1) A. Berget. — La question des Pinots blancs. Rev. de Viticulture octobre 1899 et la Reconstitution par les cépages précoces. — Id. nos 345, 46 et 47 et *La Viticulture Septentrionale*, Vigne Américaine, 1er sem. 1902.

qui ne produisent que des vins de la dernière qualité feraient sagement à l'exemple du commerce, mais avec plus de franchise que lui, de tirer parti des facultés douanières pour améliorer leurs produits par des coupages.

Mais ce ne sont là que des difficultés esentiellement passagères que l'expérience corrigera quand la nécessité en deviendra plus pressante. Ce sera le rôle des nouvelles Unions et Fédérations coopératives vinicoles de compléter l'instruction technique et les facultés opératoires des Sociétés isolées, de leur indiquer les perfectionnements désirables et de faire bénéficier chacune de l'expérience acquise par toutes les autres. Aucune raison sérieuse ne permet de douter que les Winzervereine n'arrivent aisément et même mieux et plus vite que la grande propriété, à régler leur pratique conformément aux conditions les plus récentes du progrès scientifique et économique.

CONCLUSIONS. — De cet ensemble de considérations et de quelques-uns des plus éloquents parmi les chiffres que nous avons cités, il n'en ressort pas moins cette impression que, bien dirigés, les Winzervereine ont pu obtenir des résultats qui, notamment dans l'Ahrthal, ont pris une ampleur telle que leur signification dépasse de beaucoup la portée d'un simple fait local. Nombre d'entre eux sont déjà des établissements qui, tant pour le chiffre annuel des affaires que pour celui de leur actif social et de leurs réserves en capitaux et en marchandises, peuvent aller de pair avec les meilleures maisons de commerce et les concurrencer sur le marché des vins. Les Fédérations de ces Sociétés constitueront nécessairement à bref délai des puissances commerciales et financières avec lesquelles le commerce devra compter de plus en plus. En vain objecterait-on que ces résultats décisifs sont encore particuliers et peuvent dépendre de circonstances locales exceptionnelles, par exemple, dans l'Ahrthal, la réputation des crûs et l'avantage d'une situation pittoresque qui attire l'étranger et favorise le recrutement de la clientèle. Pour qui a vu cette contrée, il n'y a qu'une chose qui puisse étonner à bon droit, c'est que des résultats si remarquables aient pu être obtenus dans une pareille situation, avec une culture si dispendieuse, une propriété si morcelée, des récoltes si irrégulières et un climat si difficile. Le brillant succès remporté dans ces conditions prend ainsi une éclatante signification qui explique son retentissement dans l'Allemagne viticole tout entière. Il semble évident que les résultats obtenus dans un milieu si peu propice et où la situation viticole paraissait, avant le secours de la coopération si désespéré, ne peuvent qu'être plus accentués en des conditions naturelles et économiques plus favorables.

Mais il intervient ici un facteur moral dont on ne saurait négliger l'importance. C'est une remarque banale que les populations les plus énergiques et les plus capables d'initiative sont celles des contrées les moins favorisées par la nature. Des deux facteurs économiques en présence : l'homme et la nature, la valeur du premier est généralement en raison inverse de la facilité du second. S'il n'y a donc rien d'étonnant à ce que l'effort si remarquable de la coopération viticole ait pris naissance en Allemagne, il n'est pas certain qu'il trouve en des conditions naturelles plus favorables un terrain moral aussi propice. « Nécessité l'ingénieuse » est au fond la vraie mère de toutes les inventions et de tous les progrès. C'est pourquoi il est probable que l'exemple de l'Allemagne ne sera imité que dans la mesure où les mêmes périls imposeront le même remède. Il importe toutefois d'en bien préciser les enseignements.

Cet exemple revêt une signification décisive à deux points de vue : 1° Pour la connaissance des formes coopératives qui paraissent répondre le mieux aux besoins économiques de la viticulture moderne ; 2° Pour l'étude des conditions générales qui semblent particulièrement propices à l'extension de ce mouvement.

Au premier aspect, l'Allemagne nous montre le fonctionnement de trois types coopératifs bien définis et parfaitement adaptés à des stades différents de l'Economie viticole. Le plus élémentaire est la *Société temporaire de vinification en com-*

mun, les Weingartnereigenossenschaften du Wurtemberg, type de Neckarsulm. Comme la plus simple, cette forme de société coopérative vinicole est naturellement la plus ancienne.

Limitée à la confection des vins en commun et à leur vente au lendemain de la vendange, elle n'a pour but que d'obtenir une vinification meilleure par la classification et l'utilisation rationnelle de chaque qualité de raisins et d'assurer ainsi aux vins produits le maximum de valeur désirable. Elle permet aussi aux récoltants d'échapper aux inconvénients de la vente directe des raisins, d'attendre le moment favorable pour vendre leurs vins et de reporter en partie la concurrence, du champ de l'offre dans celui de la demande, par le mode des ventes collectives aux enchères publiques. Cette forme de la coopération n'a pas pour but de remplacer le commerce des vins, mais seulement d'éviter les abus de la multiplication des intermédiaires et de la spéculation commerciale. Elle assure une séparation normale des fonctions du producteur et de celles du commerçant, suppose leur accord mutuel et peut aisément profiter aux deux parties. Elle semble donc particulièrement recommandable partout où le commerce aura la sagesse de comprendre que ses intérêts sont solidaires de ceux des producteurs et ne peuvent longtemps, sans danger pour lui-même, résider dans l'exploitation de leurs besoins et de leur détresse.

La seconde forme et la plus répandue, celle des Winzervereine du type de Mayschosz est la *Cave coopérative* proprement dite, organisée non seulement pour la préparation des vins et leur vente en gros, mais encore pour leur conservation et leur vente en demi-gros et même au détail. Celle-ci suppose une organisation légale mieux définie, une constitution plus parfaite, des organes plus complexes, une discipline plus complète et partant, une responsabilité commune plus étendue. A la fois coopérative d'achat pour tous les matériaux de l'industrie vinicole, coopérative de production et coopérative de vente, elle réalise un type supérieur d'Association susceptible d'être acclimaté partout où l'éducation coopérative des travailleurs-vignerons étant assez avancée, des circonstances les contraignent à tenter d'assurer eux-mêmes la garde et l'écoulement de leurs produits.

Le dernier, la *Station centrale de vente*, sorte de Magasin coopératif de gros affecté non seulement à la fourniture des marchandises nécessaires aux coopératives adhérentes, mais plutôt et surtout au débit de leurs produits particuliers, est encore trop récent pour que sa constitution, ses services normaux et son rôle définitif soient dès maintenant définis par l'expérience dans tous leurs détails. De même que le Winzerverein est fait pour suppléer à l'insuffisance du commerce local ou à sa mauvaise volonté, la Station centrale devient nécessaire toutes les fois qu'il s'agit, soit d'assurer au loin le débit ou l'exportation des vins des coopératives, soit de lutter contre l'hostilité du commerce, syndiqué contre les producteurs et leurs groupements coopératifs. Sans parler du type encore isolé de la *coopérative de culture viticole* que serait la Société de Kuenzelsau, le développement de la coopération vinicole allemande offre donc au monde viticole des exemples appropriés à toutes les situations différentes du marché des vins.

2° Au point de vue des conditions générales de leur institution, l'histoire des Winzervereine allemands nous montre que de tels groupements de producteurs sont les seuls remèdes pratiques aux situations extrêmes dans deux cas étroitement connexes : celui d'un morcellement exagéré de la propriété qui engendre l'impuissance des petits producteurs et celui où ceux-ci sont exploités par des intermédiaires surabondants ou trop puissants.

Dans le premier, il est tout à fait impossible au petit propriétaire de tirer un parti convenable des faibles quantités de raisin qu'il récolte ; il est donc obligé de s'habituer à vendre non plus le vin fait, mais les raisins eux-mêmes, et nous avons vu comment l'impossibilité d'attendre une offre convenable quand la vendange presse, amène fatalement le récoltant placé dans ces conditions à subir l'exploitation de plus en plus étroite des commerçants coalisés pour imposer leurs prix au marché des raisins.

Le second cas dérive le plus souvent du premier, mais dans un pays de propriété moins divisée, il peut résulter aussi bien de la multiplicité des intermédiaires qui les oblige à une concurrence trop vive pour que le producteur n'en fasse pas les frais que de la prépondérance des grandes maisons de commerce, qui se coalisent pour peser sur les cours et les régler suivant leur fantaisie et leur intérêt exclusif. Dans ce dernier cas, l'exploitation des producteurs peut aller jusqu'à leur expropriation totale. En cette double occurrence, il devient de toute nécessité pour ceux-ci de se mettre en mesure d'assurer eux-mêmes l'écoulement de leurs produits par l'établissement de relations directes avec les consommateurs, tâche qui, dans les conditions actuelles du marché, n'est sérieusement possible qu'avec une organisation puissante et complexe, encore plus perfectionnée que celle des maisons particulières.

Dans tous les cas, la brillante victoire remportée par les paysans de l'Ahrthal est bien faite pour servir d'avertissement utile et d'enseignement à méditer, aussi bien pour le commerce qui abuse de ses avantages que pour la production qui gémit sur son impuissance. Nous allons voir que la viticulture internationale commence à le comprendre et que l'exemple de l'Allemagne semble appelé à une extension grandiose dont il serait téméraire de préjuger dès maintenant l'ampleur et le degré de généralisation possible.

CHAPITRE II

La Coopération Viticole en Suisse

L'ORGANISATION DE LA VITICULTURE HELVETIQUE. — Si la Suisse n'occupe sous le rapport de la surface cultivée qu'une place infime dans l'Economie viticole de l'Europe, en revanche, sa viticulture est une des premières pour la perfection des méthodes culturales et le développement de son organisation économique.

Longtemps préservé des atteintes du phylloxéra par l'application rigoureuse des méthodes d'extinction, son vignoble occupe encore une surface d'environ 32,000 hectares répartis dans 19 cantons. Le tableau suivant montre pour les 10 cantons qui possèdent plus de 500 hectares, l'importance relative de cette production en année moyenne (1).

(1) Nous devons ici des remerciements tout particuliers à notre dévoué correspondant, *M. de Clercq*, vice-consul de France à Bâle, dont l'obligeante entremise nous a procuré la plupart des documents utilisés dans ce chapitre. Nous avons été très heureux d'apprendre que la lecture de ces pièces lui a suggéré l'idée de publier un travail d'ensemble sur les sociétés viticoles et vinicoles Suisses pour utiliser les renseignements qui échappaient au point de vue un peu spécial de notre étude personnelle. Ce travail est paru dans les renseignements agricoles du Journal Officiel de Septembre 1901 et le Bulletin des Vitic. de France du mois suivant. On ne sera pas surpris des similitudes que présentent nos deux études puisqu'elles ont été rédigées de concert sur les mêmes documents.

Nous devons remercier également MM. le Dr *Dufour*, directeur de la Station viticole de Lausanne et *de la Pierre*, ancien conseiller d'Etat, directeur de la Société vinicole de Sion, des communications intéressantes qu'ils ont pu nous procurer.

(1) D'après le *Statistisches Jahrbuch der Schweiz* pour 1899.

CANTONS	SURFACE cultivée	PRODUCTION moyenne à l'HA	VALEUR moyenne de l'HL
Tessin	7.970	10hl,9	
Vaud	6.626	39, 4	45fr.
Zurich	4.769	31, 6	39,38
Valais	2.584	36, 3	35 91
Argovie	2.129	21, 8	40,10
Genève	1.825	51, 8	34,15
Neufchâtel	1.171	34, 1	41.28
Schaffouse	1.140	31, 7	40,64
Berne	629	34, 9	40,31
Saint-Gall	533	28, 3	61,70

La production totale, montée à 1.300.000 hectolitres en 1900, s'élevait en 1899 (année moyenne) à 867.909 hectolitres, d'une valeur totale de 33.687.212 francs. La valeur de l'hectolitre ressortissait à 38 fr. 81 pour l'ensemble de la production suisse, avec les moyennes extrêmes de 47 fr. 92 pour les bons vins et de 14 fr. 75 pour les ordinaires. La culture de la vigne constitue donc en Suisse une spéculation assez avantageuse, d'autant plus qu'on évalue à 2.500.000 hectolitres la consommation vinicole annuelle de la Suisse. Cette situation est depuis 1892 menacée par la concurrence étrangère toujours croissante. C'est la raison du développement récent de l'organisation déjà ancienne de la viticulture suisse.

Au point de vue syndical et coopératif, cette organisation est pour les nations voisines à la fois un exemple et une école. Elle a en effet le double mérite d'avoir des origines très anciennes et un développement absolument original. Elle constitue ainsi, avec celle de l'industrie laitière (1), quoiqu'avec moins de notoriété et d'étendue, une des manifestations les

(1) *V. Lullin*, Des Assoc. rurales pour la fabrication du lait, Genève, 1811.

plus originales de l'esprit d'association qui distingue le libre génie helvétique. Les exemples d'Associations viticoles les plus lointains semblent être en Suisse les vieux Syndicats de propriétaires qui, dès le XIIe siècle, construisirent dans le *Valais* les remarquables canaux d'irrigation ou *Bis* qui, de 15 à 20 kilomètres amènent les eaux des glaciers sur les terrasses escarpées où croissent les beaux vignobles de cette contrée (1). Cette application à la viticulture des méthodes d'irrigation remonte, selon M. de la Pierre, jusqu'au XIIe siècle, époque de la construction du premier *Bis*, celui de Clavoz. Ces canaux sont devenus aujourd'hui la propriété des communes qui en assurent directement l'entretien (2). A une époque plus rapprochée de nous, vraisemblablement au XVIe siècle, sont apparues les *Confréries* de Vignerons dont la plus ancienne et la plus fameuse est la *louable Confrérie des Vignerons de Vevey*, illustrée par les célèbres fêtes des vignerons qu'elle donne tous les quinze ans, à l'approche des vendanges. Celles de 1889, qui durèrent du 5 au 10 août coûtèrent plus de 200.000 francs et attirèrent un nombre égal de spectateurs. Un registre de 1647 mentionne déjà l'existence de cette société, telle qu'elle s'est conservée de nos jours, sous le nom d'*Abbaye* (corporation) de l'Agriculture de Vevey, dite de Saint-Urbain. Selon M. Georges Renard (3) son origine remonterait à quelque temps avant 1536. — C'est encore aujourd'hui une association de propriétaires-vignerons créée pour surveiller la culture des vignes, récompenser les bons travailleurs et remédier d'office à la négligence de ceux qui se laissent emporter « à la fainéante paresse. »

A la fin du 18e siècle, au début du 19e et depuis une vingtaine d'années, les institutions de ce genre ont peu à peu

(1) V. Pulliat. — Les Vignobles du Haut-Rhône et du Valais. (Extrait du bull. de la Société des Agric. de France. — 1885.)

(2) Nombre de communes suisses possèdent depuis plusieurs siècles des pressoirs communaux où les petits propriétaires portent leur vendange moyennant un droit très minime par hectol. de vin pressé.

(3) Notice histor. insérée dans le livret officiel de la fête des Vignerons de 1889.

gagné toute la Suisse, à l'exception du Tessin, particulièrement sur les bords des lacs de Zurich (10 sociétés), de Genève, de Bienne, de Neuchâtel. Parmi les plus importantes, on peut citer celles de Twann-Ligerz-Tücherz, fondée en 1782, de Lausanne (1818), Vevey (Vaud), Neuveville (c. de Berne 1860), d'Aigle et Yvorne (c. de Vaud) et de Winterthür. Nombre de ces sociétés primitives ont été peu à peu amenées à étendre leurs services aux besoins nouveaux de la viticulture, particulièrement lors de l'apparition du phylloxéra et des maladies cryptogamiques de la vigne. La loi suisse du 22 décembre 1893 les a autorisées à se constituer à cet effet en Syndicats de défense (1). Plus récemment encore la concurrence croissante des vins étrangers, particulièrement celle des vins italiens importés par le Gothard, les a amenées à se préoccuper d'assurer l'écoulement des produits de leurs membres. C'est alors que sont apparus des types nouveaux de Sociétés entre lesquels il faut distinguer pour dégager l'accentuation de l'idée coopérative dans la viticulture Suisse.

On en peut aujourd'hui dénombrer quatre qui représentent comme autant d'échelons par où les viticulteurs évoluent de l'antique confrérie ou de l'association syndicale ordinaire, à la coopération complète des Winzervereine : les *Sociétés* ou *Confréries de vignerons* — les *Sociétés d'Agriculture* — les *Syndicats Vinicoles* et les *Sociétés Vinicoles*.

CONFRERIES DE VIGNERONS. — Les Confréries de vignerons ou Sociétés de Viticulture (Weinbaugenossenschaften) ont pour but général « l'encouragement et le perfectionnement de la culture de la vigne. » Elles semblent avoir été instituées tout d'abord, surtout dans l'intérêt des propriétaires « pour stimuler le zèle des vignerons » qu'ils emploient (2). Elles y travaillent : 1° par la surveillance exercée sur leurs travaux au moyen de visites d'experts; 2° en déli-

(1) Règlements des Confréries de Vevey, art. 1 et Lausanne, id.

(2) Complétée par l'ordonnance fédérale du 10 juillet 1894 (Vollziehungsverordnung Zum Bundesgesetz betreffend die Forderung der Landwirtchaft durch den Bund.)

vrant des prix à ceux qui se distinguent dans la culture de leurs vignes. Nous n'avons pas à entrer dans le détail du fonctionnement de ces sociétés où la coopération proprement dite n'apparaît pas encore. Il suffit de signaler qu'elles ont rempli d'une manière beaucoup plus sensible et plus efficace cette tâche de stimuler le zèle des praticiens qui, chez nous est dévolue aux Comices Agricoles. Nombre d'entre elles, comme celles de Vevey, de Neuveville, d'Aigle et d'Yvorne, Twann, etc., ont publié des *Règlements, Instructions* ou *Directions* pour la culture de la vigne qui constituent de véritables manuels de viticulture pratique, particulièrement adaptés aux conditions locales. Leurs prescriptions se sont peu à peu généralisées, grâce aux conseils et directions des experts qui, deux ou trois fois par an, après la taille, l'ébourgeonnement ou *effeuille* et avant la vendange, sont chargés d'inspecter les vignes, de noter leur état et de faire les observations nécessaires. Ces notes, inscrites de 0 à 20, et réunies d'année en année, servent à l'attribution aux vignerons les plus méritants de primes d'importance variable, de 0 fr. 50 à 1 fr. 50 par *hommée* ou *ouvrée* de vigne de 3 ares 96 (Twann) à 8 et 12 francs par *juchart* de 36 ares (Winterthür). L'obtention consécutive de ces prix annuels pendant 3, 5 ou 9 ans, donne droit comme à Vevey à des *grands prix*, médailles ou *diplômes d'honneur* qui constituent pour leurs possesseurs de véritables brevets de capacité de maîtres-vignerons. C'est à la continuité de cette action qu'est dûe la perfection de la culture de la vigne en Suisse, particulièrement sur les bords du Léman.

II. SOCIETES D'AGRICULTURE. — Celles-ci sont des institutions absolument similaires des sociétés françaises du même nom et qui se sont développées surtout dans le dernier quart du XIXe siècle pour l'étude et la propagation des meilleures méthodes de culture. On peut prendre pour type celle du Valais, la *Société sédunoise d'Agriculture* fondée en 1889 avec cinq sections : arboriculture, apiculture, culture fourragère, culture des céréales et plantes sarclées, viticulture et vinification. Aux inspections annuelles et distributions de primes des confréries, cette société a joint l'institution de cours théoriques et pratiques de viticulture sanctionnés par des examens à la suite desquels elle délivre des certificats de capacité de 1re et de 2e classe, puis des diplômes de maître-vigneron. Les sociétés locales se sont fédérées par cantons et régions ; le groupe le plus puissant est la *Fédération des Sociétés d'Agriculture de la Suisse romande* (1). Les sections spéciales de ces sociétés fonctionnent à peu près comme nos syndicats agricoles français sans en porter le nom. Elles sont devenues de véritables sociétés d'achat de matières premières qui, pour l'industrie viticole en particulier, procurent à leurs membres dans les meilleures conditions de prix et de garanties possibles, les instruments, le soufre, le sulfate de cuivre, les engrais, bref, tous les produits nécessaires à une exploitation rationnelle. La Fédération vient d'ouvrir à la fin de 1901 une *Bourse des produits agricoles* à Lausanne.

SYNDICATS VINICOLES. — L'embryon de coopératives qu'on voit paraître dans ces sociétés se développe dans une institution plus récente, les *Syndicats vinicoles*. Sous ce nom, sont apparus en Suisse, surtout depuis la rupture momentanée des relations commerciales avec la France, de 1892 à 1895, des groupements nouveaux plus particulièrement destinés à faciliter l'écoulement des vins suisses sur le marché national. Bien que la production helvétique soit notablement inférieure à la consommation du pays et particulièrement spécialisée dans la production des vins blancs, elle est aujourd'hui menacée dans ses débouchés par la concurrence étrangère, surtout celle des vins italiens à bon marché. Dans le seul canton de Genève où la consommation locale était en 1896 de 180.000 hectolitres, les 96.000 Hl. produits en 1895 par les vignerons avaient à subir la concurrence de 100.000 Hl. de vins importés de l'étran-

(2) Il existe aussi en Suisse un groupement général, l'Union ou *Ligue des Cultivateurs suisses*, de caractère semi-politique et qui représente dans ce pays les intérêts et les idées du parti agraire, nous n'avons pas trouvé trace qu'il ait effectivement influé sur la coopération viticole.

ger (1). Comme la Suisse ne saurait lutter avec l'Italie pour le bon marché des produits, elle ne peut maintenir à ses vins un prix suffisamment rémunérateur qu'en assurant leur qualité et l'éducation œnologique du public habitué à apprécier leur supériorité. C'est le premier but des Syndicats vinicoles.

Le second est de chercher des débouchés aux vins du pays et d'en favoriser le commerce et l'écoulement. Les moyens sont l'institution d'expositions des vins du pays, la création d'agences et de dépôts de vente dans les lieux de consommation, l'organisation d'une publicité particulière, etc., etc. Les syndicats entretiennent en général à cet effet un agent spécial rétribué, chargé de tenir un registre d'inscription des offres et demandes d'achat, de donner aux clients tous les renseignements utiles, d'expédier les échantillons, de visiter et éclairer la clientèle, de stipuler les marchés et contrôler leur exécution. Les syndicats de ce type, comme l'*Association viticole de Küssnacht* (Canton de Zurich), le *Syndicat des vins Vaudois*, institué à Lausanne en 1883, et l'*Association vinicole Genevoise*, fondée le 12 janvier 1895, ont déjà obtenu des résultats importants. Dès 1895, le second avait déjà vendu dans l'année, par l'intermédiaire de son agent, 7,680 hectolitres de vin, soit la moitié de l'excédent disponible dans le canton. Mais l'action de ces groupes n'a encore qu'un caractère syndical et non coopératif, puisqu'elle se borne à mettre producteurs et consommateurs en rapport, en déclinant toute responsabilité collective. Par exemple, l'art. 7 du règlement de l'Association vinicole Genevoise dispose : « que la Société ne fera aucune opération d'achat ou de vente de vin pour son propre compte ».

(1) Pour développer son exportation, l'Italie avait même fondé en Suisse un Institut œnologique, dont le directeur était chargé de renseigner ses nationaux par des rapports périodiques sur les conditions du marché et les désirs des consommateurs, mais l'agence de Zurich a dû être rattachée à celle de Berlin en 1898. — Cette importation montée pour la Suisse à 470,427 hect. en 1894, est aujourd'hui retombée à 168.000 en 1902, en raison du relèvement de l'importation française, de 18 millions d'hect. en 1894 à 157 en 1900 et de la concurrence croissante des vins espagnols, qui l'emporte de plus de moitié sur l'Italie dans l'importation actuelle en Suisse (plus de 600.000 hect.).

L'association n'accepte aucune responsabilité civile pour les marchés conclus par les soins de l'Agence, non plus que pour la qualité des vins de ses sociétaires, les mesurages, le transport. non plus de même qu'à l'égard des dettes contractées par l'Association, lesquelles ne sont garanties que par l'avoir social (1).

Mais l'idée première de ces véritables syndicats de vente s'est, dans les syndicats les plus récents, développée et enrichie de nombreuses dispositions nouvelles sur tous les points visés par l'article ci-dessus. Leur objet est d'introduire, avec une garantie plus rigoureuse pour les consommateurs, la responsabilité collective qui est le corollaire indispensable de la coopération vraie. Ce développement est favorisé par la législation suisse dont les prescriptions du Code des obligations, titre XXVII règlent la constitution des syndicats. Ceux-ci ne sont pas régis comme chez nous, par une législation exceptionnelle, mais par la législation générale des sociétés civiles dont ils peuvent exercer tous les droits et fonctions. C'est pourquoi la forme et l'extension des attributions de ces

(1) Depuis la même époque, le commerce des vins, lui aussi a recours en Suisse à l'organisation syndicale, au besoin pour contrebalancer l'influence des sociétés de producteurs. On peut prendre pour type de cette organisation le *Syndicat des marchands de vins en gros du canton de Neufchâtel* (1892), « ayant pour but la défense et la protection des intérêts généraux et collectifs du commerce des vins en gros dans le canton de Neufchâtel (art. 1er des statuts). Son Comité (art. 18) a pour fonction « de maintenir et défendre ses intérêts généraux par toutes voies amiables, d'intervenir en son nom auprès de toutes autorités fédérales, cantonales et communales, toutes administrations publiques, douanes, contributions, compagnies de chemins de fer, etc,. pour sauvegarder les droits du commerce des vins en gros dans le canton de Neufchâtel et faire redresser les torts qui pourraient lui être portés. »

De même le souci trop exclusif des intérêts de la propriété par rapport à ceux du travail salarié qui se manifeste dans les Confréries et Sociétés de viticulture, a provoqué, surtout sur les bords du Léman, la fondation de nombreux syndicats de travailleurs-vignerons, dont l'action a eu pour effet une grande élévation des frais de culture. Ceux-ci se monteraient sur ce point, dans les contrats de vigneronnage, à 855 fr. par hect., plus une prime de 0 fr. 03 par litre de vin récolté et une part de 4 % sur le produit de la vente. (Note de M. Bihourd, in Moniteur Off. du Comm., 7 nov. 1901.)

syndicats varient beaucoup de l'un à l'autre, de sorte qu'on peut établir entre eux une classification graduelle par où on les voit évoluer de la forme syndicale ordinaire, telle que nous la connaissons en France, à la coopération complète des Winzervereine allemands.

Cette évolution se manifeste par les degrés de responsabilité qui s'introduisent dans le syndicat relativement aux obligations de ses membres entre eux, d'une part, et de l'autre, dans celle de leur collectivité à l'égard des tiers acheteurs.

Dans les syndicats de Lausanne et de Genève, l'obligation des adhérents se borne à n'offrir que des vins absolument purs ; elle n'a, en cas en contravention, d'autre sanction que l'expulsion du syndicat, sous réserve de recours à l'assemblée générale. Dans les statuts du syndicat viticole du canton de Bâle-Campagne, on voit s'étendre les obligations des membres et les droits du Comité-directeur. L'art. 5 des statuts dispose « que l'affiliation au syndicat entraîne l'obligation de se conformer aux statuts, de cultiver d'une manière rationnelle les vignes, de faire la vendange le plus exactement possible, de renfermer le vin dans des fûts et des celliers propres. La direction du syndicat est autorisée à prélever des échantillons de vins, à les analyser, à visiter les pressoirs, les caves et les diverses installations de ceux de ses membres qui le chargent d'effectuer la vente de leurs vins ; elle peut également les faire prendre. » Sans accepter encore de responsabilité dans les ventes de vins, le syndicat entre dans l'action coopérative en se faisant entrepreneur, puisqu'il range au nombre de ses services (art. 2) « la constitution de nouveaux vignobles, la surveillance des vignes, la direction et l'entreprise des travaux périodiques de culture des vignes appartenant aux membres du syndicat, aux prix fixés par la direction dans le prix courant qu'elle aura à établir. »

Déjà la Société Argovienne de Viticulture, fondée en 1859 à Wildegg et qui a compté un moment jusqu'à 850 adhérents a constitué 5 hectares de pépinières (Baumschulen) pour l'étude des meilleures variétés à répandre et la production de boutures enracinées. Dans les statuts du *Syndicat viticole de garantie* de *Dachsen*, près de Schaffouse et d'*Ossingen* (Zurich) nous voyons apparaître à côté de l'obligation de laisser en tout temps peser leurs vins et visiter leurs caves par le président, la *clause pénale* en cas de contravention à la pureté des produits. « Tout membre est responsable des dommages qu'il cause au syndicat par la vente de vins de mauvaise qualité. Celui qui s'est rendu coupable de falsification est d'après l'importance des quantités falsifiées, condamné à payer à la caisse du syndicat une amende de 20 à 100 francs; le bureau en fixe le montant. Le membre condamné peut en appeler à un tribunal arbitral où chaque partie élit un juge. »

Toutes ces innovations se régularisent et s'étendent dans le *Projet normal de statuts pour syndicats viticoles* avec ou sans obligation solidaire élaboré à Eglisau le 20 juin 1896 par l'Assemblée des députés des Sociétés agricoles du canton de Zurich, dans le but de faciliter la propagation de ces institutions nécessaires. En cas de falsification avérée, l'amende au profit de la caisse du syndicat s'élève de 100 à 500 francs; l'époque des vendanges est fixée par le syndicat, leur marche contrôlée par des experts nommés par lui et l'assistance aux Assemblées générales obligatoire sous peine d'amende de 0 fr. 50 à 1 fr. Au lieu de la petite cotisation de 1 à 2 francs, annuellement exigée des syndiqués, son montant « est fixé d'après les frais à couvrir par le bureau et de telle sorte que les cotisations se trouvent réparties en fin d'exercice entre les membres individuellement, au prorata de leur participation et respectivement de l'étendue de leur vignoble (1) ». Enfin, apparaît la garantie collective pour cautionner les obligations du vendeur. Le syndicat s'étant engagé « à fournir toute garantie aux acheteurs et à ne leur vendre que des produits de bonne qualité (art. 1er), cette obligation est sanctionnée dans l'article 10 des statuts par ses biens seuls et le texte prévoit l'introduction éventuelle de *l'obligation solidaire de ses mem-*

(1) Normal — Statuten Entwurf fur Genossenschaften, art. V.

bres « pour les engagements pris conformément au droit par le syndicat quand la fortune du syndicat ne suffit pas à les garantir ».

Enfin d'autres syndicats sont entrés plus complètement dans la voie de la coopération complète, à tel point que les plus avancés d'entre eux ressemblent de très près aux Winzervereine allemands. Tels sont par exemple le Syndicat pomicole et viticole du lac de Zurich à Wadensweil, 1897 et les syndicats viticoles d'Elgg et d'Ossingen.

La première de ces institutions fonctionne comme une société par actions. Chaque membre se fait acheteur et vendeur et s'oblige (Art. 9) « en cas d'achat de fruits, raisins, vins et eaux-de-vie, à prix égal, à donner la préférence aux membres du syndicat plutôt qu'à d'autres fournisseurs. » Mais les syndiqués ne sont pas obligés de vendre leurs produits au syndicat. Pour constituer les ressources nécessaires aux opérations communes, chaque syndiqué doit prendre une action indivisible d'au moins 500 francs, portant intérêt à 3,3/4 % et après paiement d'un droit d'admission fixé par l'assemblée générale d'après les ressources de la Société (art. 4). Les membres du syndicat s'obligent pour leurs divers engagements personnellement et solidairement (art. 7). Les bénéfices éventuels sont jusqu'à décision contraire attribués à un fonds de réserve après déduction du pour cent fixé par contrat (art. 21).

Les syndicats d'*Elgg* 1895 et d'*Ossingen* 1897 (C. de Zurich) comme celui de Wadensweil bornent la coopération à la vente des produits en laissant leur fabrication sous le mode individuel avec contrôle de la direction, mais ils vont plus loin dans la voie de l'organisation commerciale. Tous deux se donnent pour objet général « d'assurer et de développer le bien-être matériel de leurs membres. » Ils joignent aux divers moyens employés par les sociétés précédentes « le relèvement des prix du vin grâce à des achats de vins faits à des membres du syndicat. » Ils tendent à devenir ainsi l'intermédiaire universel pour ces ventes. Leurs membres sont en effet obligés de céder au syndicat tous les vins blancs, rouges ou mélangés, dont ils n'ont pas l'usage. La vente peut être obtenue par un membre, mais non conclue directement par lui. Le syndicat est dans tous les cas acheteur et vendeur. Les vins faits doivent être pressés et mesurés au pressoir communal. Le capital d'exploitation est fourni par un emprunt auprès des membres du syndicat, d'autres personnes ou d'établissements financiers et chaque membre est tenu sur ses biens des engagements pris par le syndicat, en tant que la fortune de ce dernier ne suffit pas à y faire face. Le syndicat est dirigé par un administrateur soumis à caution et à la surveillance du bureau. Celui-ci fixe le prix de vente des vins et peut seul le modifier selon les circonstances. Les bénéfices sont affectés, partie à la formation et à l'entretien d'un fonds de réserve, partie remboursés aux membres en proportion de leurs livraisons de vins (Ossigen, art 24). Cette proportion est fixée par l'Assemblée générale sur la proposition du conseil.

SOCIETES VINICOLES. — Dans les sociétés précédentes, nous avons aperçu la tendance actuelle des syndicats ordinaires à évoluer vers le type de la coopérative de vente. Mais la préparation des vins reste individuelle, quoique soumise à contrôle. Pour arriver au type complet des Winzervereine, un dernier pas reste à faire dans la voie coopérative, c'est d'étendre l'action collective, non seulement à la vente, mais à la confection des vins. Il est franchi dans les *Sociétés vinicoles.*

Celles-ci ne sont développées pour l'instant que dans le canton du Valais. Une autre, instituée à *Bex (C. de Vaud)*, vers 1880, pour une période renouvelable de dix années cessa ses opérations à l'expiration du premier terme. Ses Statuts (1), très judicieusement établis, définissaient ainsi le but général, commun à toutes les Sociétés Vinicoles, « l'exploitation en commun des produits vinicoles du sol ».(Art. 1)... Son objet était de faire profiter les propriétaires, quelle que soit l'importance de leurs récoltes, des avantages résultant d'un bon pressurage, d'une manipulation bien entendue des vins et de leur

(1) Communication de M. le Dr Dufour, du 7 janvier 1901.

vente effectuée dans les conditions les plus favorables, résultat que n'obtiennent pas ordinairement ceux qui ne peuvent disposer que de faibles quantités. » La plus ancienne et la plus prospère des sociétés vinicoles est celle de Sion (Valais), fondée en 1872 par M. de la Pierre, ancien conseiller d'Etat, « dans le but de soustraire les propriétaires du vignoble aux manœuvres exercées par les acheteurs au moment des récoltes. » Ceux-ci

M. de la Pierre.

profitaient de l'embarras de beaucoup de producteurs qui n'ayant pas de caves meublées ni de pressoirs étaient obligés de vendre le fruit de leur labeur au prix qu'on voulait bien leur donner (1). Au début elle ne comptait que 15 actionnaires qui fournissaient en moyenne dans les premières années de 1500 à 2000 brantes (45 litres) de vendange, récoltées sur un vignoble de sept hectares. Leur nombre est passé à 41 possédant ensemble 350 actions et un vignoble de 26 hectares. Ces chiffres montrent que la coopération viticole est ici comme en Allemagne, un produit de la très petite propriété.

(1) Communication du Musée Social de mars 1899. Lettre de M. de la Pierre du 2 mars 1901.

Au premier abord, cette société se présente comme une simple société capitaliste par actions. Elle est, en effet, constituée sous la forme civile simple, en participation, dirigée par son promoteur qui est son directeur pour sa durée et les bénéfices y sont répartis au prorata des actions. Mais ce n'est là qu'une apparence. Les actions ne sont ici que la représentation des vignobles mis en société. En vertu de l'Art. 11 des Statuts, tout propriétaire qui désire faire partie de la Société doit, pour obtenir le bulletin d'admission, être agréé par l'Assemblée générale sur l'avis du Comité et de la commission d'examen chargée de vérifier la situation des vignobles présentés. Ceux-ci doivent avoir au moins une superficie de 2 *pheurs (3 a, 80)* et leur propriétaire est tenu de souscrire une action de 80 francs par pheur de vigne. Cette valeur est spécialement employée à l'achat de matériel, des pressoirs et des cuves; elle est majorée le cas échéant de sa part des bénéfices non répartis (art. 10). Dans les délibérations communes, les sociétaires jouissent d'autant de voix qu'ils possèdent de fois cinq actions. Tout le produit des vignes mises en Société doit être livré et mesuré à son pressoir pour être traité et vendu par elle, soit en gros, soit en détail. L'intérêt spécial de cette organisation réside dans le mode d'évaluation de la vendange livrée. En vertu de l'article 16, elle sera taxée par le Comité dès le milieu de la récolte ou à sa fin en s'aidant des considérations suivantes :

A. Les prix rationnels établis.

B. La quantité et la qualité de la récolte locale et extérieure.

C. La situation générale du marché, des affaires, des ventes, des soldes en cave et de la concurrence.

Le compte de chaque sociétaire sera crédité de la vendange qu'il aura apportée, au prix fixé. Il pourra être augmenté des plus-values ci-après :

A. Pour *la position du terroir de chaque* vigne, une augmentation de 0 fr. 00 à 0 fr. 60 par brante de 45 litres de vendange livrée. Cette plus-value est déterminée à l'entrée de l'immeuble en société ; elle reste constante.

B. *L'état de la récolte* pendante et la tenue de la vigne constatés annuellement ; augmentation de 0,00 à 0 fr. 40 par brante.

C. *Le poids du moût* par l'éprouvette, augmentation de 0,00 à 0,31 par brante.

Les résultats obtenus ont été très favorables. Les prix de la vendange se sont en général maintenus supérieurs à ceux de la moyenne de la localité. (2 fr. par brante en 1900). Les bénéfices viennent ensuite s'y ajouter après la vente des vins et prélèvement de 30 % pour le fonds de réserve.

Cellier de la Société Vinicole de Sion.

En 1900, la Société a reçu 10.000 brantes de vendange au prix moyen de 10 fr. 50 et il a été payé 3.218 francs de plus-value ». Le bénéfice probable est évalué à 20.000 fr., sur lesquels il faut déduire 6.000 fr. pour le fonds de réserve et 1.400 francs pour le Comité, soit 12.600 francs à répartir entre 41 propriétaires possédant ensemble 351 actions, ce qui représente un bénéfice de 39 fr. 50 par action.

Le succès de cette première société a déterminé l'établissement d'institutions similaires à Saint-Maurice, Sierre, Vetroz, Granges-Lens et Charrat. Mais celles-ci sont plutôt des syndicats de propriétaires qui ne se contentent pas de traiter leurs produits, mais achètent encore au dehors. Aussi, ont-elles été soumises à l'impôt de la patente, à l'inverse de celle de Sion qui ne met en vente que le produit de ses vignes.

CONCLUSIONS. — En résumé, le développement de la coopération viticole en Suisse est donc caractérisé par deux traits originaux qui lui donnent un intérêt éducatif tout spécial pour l'édification du public français. Le premier est de s'être constitué en dehors de toute influence étrangère, par l'évolution graduelle d'institutions absolument autochtones et d'origine très ancienne dont l'expérience avait éprouvé les mérites. Le second est d'offrir une grande variété de formes établies en raison des besoins différents et des conditions locales et qui constituent autant de degrés dans la voie de l'Association culturale.

D'autre part, nous n'avons retrouvé dans son développement, aucune des influences qui, ailleurs, surtout en Allemagne et en Italie, ont puissamment contribué à stimuler la coopération viticole : ni l'appui des caisses rurales de crédit qui de nos jours ne font qu'apparaître dans les régions viticoles de la Suisse (1), ni celui du gouvernement et des conseils locaux, ni le concours des coopératives de consommation qui ont pourtant déjà pris en Suisse une extension remarquable et fondé à Bâle un magasin de gros (1). L'association viticole est donc en ce pays un produit spontané du génie de ses populations rurales, au même titre que ses fameuses fruitières (laiteries et fromageries coopératives), imitées aujourd'hui dans le monde entier. De tous ses traits distinctifs, celui-là n'est certainement pas le moins remarquable.

Des types d'association différents qui ont été expérimentés dans la viticulture suisse, aucun n'a jusqu'ici pris une extension telle qu'il puisse apparaître comme la forme défi-

(1) V. sur elles. — Gilliéron — Duboux. — Institutions rurales de crédit. Les Caisses mutuelles, *in chronique agricole du canton de Vaud.* Avril à Novembre 1900.

(1) V. Notamment *Totomianz.* Une expérience coopérative en Suisse. La société de *Birsek.* Revue d'Econ. Polit. 1898 et R. Pictet. La Coopération en Suisse, Emancipation du 15 sept. 1897.

nitive la mieux adaptée au tempérament et aux besoins particuliers du pays. Mais il serait injuste de méconnaître que les Confréries de viticulteurs suisses ont été en Europe, bien avant les lois récentes votées dans tous les pays sur les syndicats et coopératives, les prototypes sur lesquels se sont modelées les premières sociétés de viticulture, les Weinbauvereine anciens de la vallée du Rhin et de l'Allemagne du Sud comme celles de la France et dans une certaine mesure nos syndicats viticoles modernes. De même, l'analogie frappante que nous retrouverons entre les sociétés vinicoles suisses, les Winzervereine allemands et les Cantine Sociali d'Italie semble témoigner que cette forme coopérative est bien celle qui, dans tous les pays, paraît devoir répondre le mieux aux besoins généraux de la viticulture contemporaine. Pour toutes ces raisons, si la Viticulture suisse n'apporte à la coopération qu'un théâtre de dimensions modestes, l'intérêt qu'offre déjà son expérience n'en est pas moins considérable au double point de vue de la pratique et de l'histoire.

LIVRE II

La Propagation de la Coopération Viticole en Europe

CHAPITRE PREMIER

Europe Centrale

SECTION I

AUTRICHE-HONGRIE

SECTION II

RUSSIE

CHAPITRE II

Italie

SECTION I

HISTOIRE ET DÉVELOPPEMENT DE LA COOPÉRATION VITICOLE EN ITALIE

SECTION II

LES RÉSULTATS DE LA COOPÉRATION VINICOLE ITALIENNE

CHAPITRE III

Europe Méridionale

SECTION I

PÉNINSULE DES BALKANS

SECTION II

PÉNINSULE IBÉRIQUE

CHAPITRE PREMIER

Europe Centrale

SECTION PREMIÈRE

AUTRICHE-HONGRIE

L'ORGANISATION ÉCONOMIQUE DE L'AGRICULTURE AUTRICHIENNE. — L'Autriche-Hongrie est la 4ᵉ puissance viticole de l'Europe, par le chiffre de sa production annuelle qui s'est élevée en moyenne dans la période 1890-1901 à 7 millions d'hectolitres. Jusqu'aux traités de commerce de 1891, cette production, alors de 8 millions d'hectolitres par an, paraissait suffire aux besoins de la consommation, puisque l'Autriche n'importait qu'une moyenne de 30,000 hectolitres contre une exportation plus de vingt fois supérieure.

Mais depuis cette époque, la production ayant été atteinte par l'invasion phylloxérique, les vins austro-hongrois sont concurrencés dans leur propre pays par les vins italiens à bon marché. Cette invasion est la conséquence d'une disposition particulière du traité de commerce de 1891 avec l'Italie, suivant laquelle les vins des provinces italiennes autrefois voisines des provinces autrichiennes ayant fait retour à l'Italie, bénéficient d'un tarif-frontière de faveur. Le droit d'entrée de 50 fr.

(1) Comme on le verra, nous sommes redevables de la plupart des renseignements que nous avons recueillis pour l'Autriche à M. le Dʳ Mach, qui vient de mourir en Juin 1901, un an à peine après sa nomination de Conseiller aulique et d'assistant technique au ministère de l'agriculture. Nous lui devons aussi un double complet de la belle collection ampélographique de San Michele, aujourd'hui reproduite après greffage dans les allées de notre vignoble de Pontailler-sur-Saône. C'est donc pour nous un véritable devoir de rendre hommage à la mémoire de ce savant dont la modestie et la parfaite obligeance scientifiques égalaient le mérite.

par quintal, *fût compris*, qui paralyse l'importation des vins français, est abaissé pour ces produits italiens à 8 fr. Après une mission d'études de 1895, un de nos plus distingués spécialistes, M. Tallavignes, directeur de l'Ecole d'Agriculture d'Ondes (H^te-Garonne), avait réussi à démontrer l'injustice des prétentions du gouvernement autrichien à soustraire l'application de cette fameuse « clausola » à la généralisation obligatoire qu'aurait dû imposer le principe de la nation la plus favorisée, inscrit dans les traités de commerce. Pour des raisons diplomatiques, notre gouvernement s'est abstenu de réclamer. Mais l'Autriche elle-même a fortement pâti de ses complaisances commerciales pour sa voisine et alliée. Tous les vins italiens, même ceux des Deux-Siciles, passant aujourd'hui par la fissure de la clausola par simple changement de nom, paralysent l'écoulement des vins du pays et amènent la dépression générale des prix de vente. Leur importation après avoir brusquement décuplé en 1892, est montée progressivement jusqu'à 1 million 239,000 hectolitres en 1899. La Basse-Autriche et la Styrie, surtout productrices de vins blancs ont à peu près réussi à maintenir leurs débouchés, mais les provinces du Sud, particulièrement le Tyrol, qui jadis approvisionnaient de vins rouges le marché de Vienne, ont eu beaucoup à souffrir de la mévente. Cette situation particulière paraît être l'occasion déterminante de l'apparition de la coopération viticole en Autriche, tout d'abord et surtout dans la région la plus éprouvée : le Tyrol méridional.

Son développement procède directement dans ce pays de l'imitation allemande. A partir du moment où l'Autriche eût renoncé à prendre sa revanche de Sadowa pour lier bientôt partie avec son vainqueur, il semble qu'elle se soit mise définitivement à l'école de l'Allemagne. Parmi tous les emprunts qu'elle fit à l'organisation économique de ce pays, l'un des plus heureux et des plus féconds pour elle a certainement été celui de la coopération rurale sous toutes ses formes. Mais plus qu'en Allemagne, l'action gouvernementale s'est occupée de ce mouvement pour le protéger et l'encourager.

Dès 1873, une loi du 9 avril, inspirée par la législation allemande de 1868 et modifiée par la loi du 27 décembre 1880, réglementait spécialement et dans un sens très libéral les coopératives sous le titre d'*Associations productives et économiques* en les autorisant même à faire le commerce (1). Dès 1890 on ne comptait dans tout le pays pas moins de 1916 coopératives dont 1,464 Sociétés de crédit (2). Des villes où il avait débuté, le mouvement coopératif s'étendait aux campagnes sous l'action d'une institution nouvelle : les conseils provinciaux d'Agriculture.

A partir de 1882, dans tous les pays autrichiens proprement dits, particulièrement en Bohême, Moravie, Tyrol, Basse-Autriche et Dalmatie, ont été institués des conseils d'agriculture spéciaux, les *Kulturäthe*, dont le rôle est de représenter officiellement et de défendre les intérêts agricoles. Au-dessous d'eux, dans chaque circonscription judiciaire (Gerithsbezirk) embrassant en général 10 à 25 communes, sont des groupes librement élus *(les landwirtschaftlichen Bezirksgenossenschaften)*, analogues à nos comices agricoles. Leurs présidents (Obmänner)font de droit partie du Landeskulturrath. Avec eux siègent un président choisi par l'Empereur, deux vice-présidents délégués, l'un par le Landesauschusz (délégation permanente du Landtag, quelque chose comme notre commission départementale), le second par le Statthalter, et 4 autres membres, deux nommés par le ministère de l'Agriculture et deux par les notables agriculteurs de la province. L'assemblée plénière se tient une fois l'an. Dans l'intervalle, le Président veille à l'exécution de ses décisions (3). Cette institution a été la cheville ouvrière de la coopération rurale en Autriche. L'exemple du Tyrol est caractéristique de la méthode et de la rapidité avec laquelle s'est opérée la propagation de l'organisation économique nouvelle.

(1) Annuaire de législ. étrang. — A. 3 — 1873 — p. 221-33, notes de J. Dietz.

(2) L. Decrais. — Rapport sur les conditions du travail, Berger-Levrault 1890 — T. I. (Autriche).

(3) Lettre du Dr Mach, 18 janvier 1899.

LA COOPERATION DANS LE TYROL. — 1892-99. — Pendant 18 années, 1882-99, le Kulturrath du Tyrol eut pour président un homme de grande intelligence et d'initiative, le baron von Riccabona-Reichenfels, encore aujourd'hui syndic de l'Union des caisses rurales du Tyrol à Innsbrück. C'est à son action personnelle que revient une large part des brillants résultats obtenus. Au 1er août 1901, la province possédait, différemment réparties en 14 circonscriptions, 192 Coopératives de crédit, avec 14.000 membres, ayant fait pour 28.294.630 fr. d'opérations et ajouté 202.585 fr. de bénéfices à leurs fonds de réserve; 146 Sociétés de laiterie ou fromageries, les unes privées, les autres coopératives, celles-ci pour la plupart pourvues d'appareils centrifuges, 34 Sociétés d'assurances du bétail, 9 Sociétés d'achats et de ventes, une Société centrale de transformation et de vente des fruits à Méran et *Sept Caves Coopératives* en activité *(Kellereigenossenschaften)* (1). Toutes ces Sociétés sont fédérées en deux Unions fondées en 1894 à *Bozen* (13 circonscriptions et *Innsbruck* (30) outre les groupements spéciaux représentés dans le Landeskulturrath : les deux *Wein, Obst und Gartenbau* Genossenschaft de Bozen et Méran, l'Union centrale des apiculteurs, l'Union forestière du Tyrol et Vorarlberg (1859) et l'Union des laiteries d'Innsbruck, celle-ci groupant 102 Sociétés dont 69 privées et 33 coopératives.

Les caves coopératives ont pénétré dans le Tyrol surtout par l'initiative d'un homme de haute valeur que l'Autriche vient de perdre, le Dr Mach, savant œnologue, qui dirigea pendant vingt-six ans, depuis sa fondation, l'Ecole d'agriculture et station d'essais de San-Michele, devenue, grâce à lui

(1) D'après le *Tiroler Landwirthschaftlicher Kalender* pour l'année 1901 p. 125-140, excellente publication pratique créée par le Dr Mach en 1884, 216 p. in-4, rédigée par les professeurs de l'école de San Michele et de la station de Rotholz. Par la variété et l'étendue des renseignements agricoles de toutes sortes qu'elle condense, elle constitue un instrument de vulgarisation parfaitement adapté aux habitudes de la classe rurale et qui, en France, pourrait être pris pour modèle. Il est aujourd'hui publié à 14.000 exemplaires, succès qui témoigne que les intéressés apprécient ses services.

un établissement modèle, de réputation européenne. C'est lui qui, s'inspirant des travaux de Huber sur l'*Avenir de la Viticulture dans l'Allemagne du Sud*, 1892, fit connaître à ses compatriotes l'organisation et les résultats des Winzervereine allemands (1). Sur sa proposition, le Kulturath du Tyrol, dont il faisait partie, mit à l'étude l'introduction dans la province, qui commençait à éprouver les effets du traité de commerce, de cette institution si remarquable. Le conseil publia un modèle de Statuts avec le concours du Syndicat central des caisses Raiffeisen du Tyrol. Dès l'année suivante s'organisaient sur cette base, avec l'appui pécuniaire des Caisses de la province et de l'Etat, trois Kellerei-genossenschaften, celle de *Neumarkt*, *Andrian* et *Terlau*. La contagion de l'exemple passait la frontière et provoquait trois créations semblables dans le Tyrol italien à *Borgo*, *Riva* et *Revo*. En attendant que leur nombre permit d'organiser une fédération spéciale, les *réviseurs* du Syndicat des Caisses Raiffeisen d'Innsbruck

Dr Mach.

(1) Notamment dans deux articles des 16 août et 1er sept. 1892 des Tiroler landw. Blätter — V. A. Berget : Un pionnier de la coopération viticole le Dr Mach, Rev. de Vitic. du 29 juin 1901.

furent chargés du contrôle de la caisse et de l'inspection des nouvelles Coopératives viticoles. Elles bénéficiaient ainsi de l'expérience des Coopératives de crédit et de la confiance qu'inspirait leur appui. C'était un gage assuré de succès (1). La plus importante de ces caves coopératives du début est actuellement celle d'Andrian. Elle a construit avec l'aide des subventions officielles et les prêts de la Caisse Raiffeisen du lieu un cellier spécial, agencé suivant les prescriptions de l'œnologie moderne, et pourvu de caves pour la conservation de 3.000 hectolitres (2), bâtiment déjà devenu insuffisant. Les autres ont suivi son exemple. Non seulement ces trois premières Coopératives ont subsisté, malgré de graves difficultés au début pour choisir des administrateurs à la hauteur de la tâche et trouver des débouchés, mais, à partir de 1898, leur exemple et leur succès ont provoqué d'année en année de nouvelles créations : en 1898 à *Tramin*, en 1899 à *Auer*, en 1900 à *Kaltern* et *Kurtatsch*, en 1901 à *Margreid* et *Marling*. On prévoit dès lors une rapide extension du mouvement, surtout depuis la création dans l'automne 1900 d'une Union des Caves coopératives du Tyrol allemand du Sud à *Bozen* (3), organisée comme celles-ci en coopérative indépendante enregistrée avec responsabilité limitée (20 fois le montant des parts sociales). Outre l'organisation régulière de la vente par tous les procédés du commerce et la création de débits dans les grands centres, au besoin le coupage des vins selon les goûts de la clientèle, cette Union a justement pour but de travailler au développement de la coopération viticole, par son aide, ses conseils et la garantie d'un sérieux contrôle. Toutes les Sociétés affiliées doivent en effet se soumettre aux inspections de ses délégués.

Nous devons à M. le professeur *V. Portele*, le distingué collaborateur du Dr Mach et son successeur à la direction de

(1) Lettre du Dr Mach du 27 déc. 1898.

(2) Décrit avec plan par le Dr Mach : Das Kellergebaude in Andrian. Tiroler landw. Bl. du 16 mars 1898.

(3) Verbandes der Kellereigenossenschaften Deutsch-Sudtirols, eingetragene Genossenschaft mit beschränkter Haftung.

l'École de San Michele, le tableau suivant de la situation des neuf Kellereigenossenschaften du Tyrol allemand (1). Toutes ces Sociétés sont du type de Mayschoss, à responsabilité illimitée. La valeur de leurs installations et des vins qu'elles possèdent en caves représente actuellement un capital de 1.300 000 couronnes (1 fr. 052). Elles ont travaillé en 1900 plus de 30.000 hectolitres de moûts de vendange. Par rapport au nombre de leurs adhérents, la moyenne individuelle des apports varie de 100 hectolitres de vendange (Kaltern) à 45 (Kurtatsch). Etant donné que pour le Tyrol la moyenne de la production à l'hectare est d'environ 50 hectolitres, on peut inférer que la majeure partie des membres de ces Sociétés sont de très petits propriétaires. Les Kellereigenossenschaften paraissent donc avoir pris naissance dans des conditions et des milieux tout à fait analogues à ceux des Winzervereine dont elles reproduisent l'organisation et l'histoire.

AUTRES REGIONS. — Si le mouvement coopératif est évidemment lancé aujourd'hui dans la viticulture tyrolienne, il n'a pas encore trouvé dans les autres régions viticoles de l'Autriche un terrain aussi favorable, sans doute parce qu'elles ont été moins éprouvées par la mévente. Toutefois, il paraît devoir s'y implanter également à bref délai, en commençant par la Basse-Autriche. Ailleurs, notamment en Moravie et en Styrie, ce sont pour le moment les *Associations pour la vente des fruits et la préparation de leurs conserves* (Obstverkaufs ou Obstverwerthungsgenossenschaften)), type de Méran (Tyrol) ou de Schollvehitz (Moravie), qui prennent le plus d'extension, de même que les magasins coopératifs pour la conservation et la vente du blé (Getreidelagerhauser).

Deux de ces derniers ont été créés récemment sous le patronage de l'Union des Associations agricoles de Vienne. Pour la vente des vins, la marche suivie par la coopération dans la Basse-Autriche est inverse de celle qui a prévalu dans le Tyrol. Au lieu de partir des groupements communaux

(1) Lettre du 19 avril 1901.

NOM DES COOPÉRATIVES	ANNÉE de FONDATION	ÉTAT DES KELLEREIGENOSSENSCHAFTEN, FIN 1900				
		Nombre des Membres	Valeur des Bâtiments, en couronnes	Valeurs mobilières	Raisins travaillés en 1900	
					Hectol.	
Andrian	1893	50	46.000	40.000	5.192	Vins rouges et blancs en fûts.
Neumarkt.	1893	41	64.000	31.000	4.400	Id.
Terlau.	1893	23	Utilise les caves des associés	16.600	3.004	Vins rouges et blancs en fûts et en bouteilles
Tramin.	1898	80	50 000	57.750	8.500	Id.
Auer	1899	23	34.000	32.600	4.000	Id.
Kaltern.	1900	64	102.000	39.000	6.500	Id.
Kurtatsch.	1900	49	caves des associés	10.066	2.200	Id.
Margreid	1901	Pas encore en activité				
Marling.	1901	Idem.				

élémentaires, les intéressés se sont d'abord syndiqués pour la vente directe sur le marché de Vienne. Un groupe de propriétaires a fondé dans cette ville le 28 octobre 1898 une Station centrale de vente analogue à la Weinborse de Colmar, la *Niederösterreichisches Winzerhaus* avec trois succursales (Verkaufstellen) pour le débit au détail dans la ville. Ses membres seront les Associations locales fondées sur le modèle allemand et, en attendant, les propriétaires qui lui envoient directement leurs vins. Elle est dirigée par le professeur Franz Richter. Le succès ayant répondu aux efforts, des groupement locaux vont être créés dans les centres de production eux-mêmes, avec toutes les garanties coopératives. En septembre 1901, il en existait déjà deux en activité, à *Rohrendorf* et *Matzen* (1). On peut donc prévoir le développement prochain du mouvement dans toute l'Autriche viticole.

La coopération viticole en Autriche, bien qu'à sa naissance, semble donc appelée dans ce pays à un large et brillant essor. Pour nous, ce nouvel exemple présente un double intérêt : 1° de montrer à nouveau comment le développement préalable de la coopération de crédit est une condition très favorable à la propagation et au succès de toutes les autres formes de la coopération rurale ; 2° comment l'action officielle de la province et de l'Etat, venant appuyer l'initiative des représentants les plus qualifiés de l'Agriculture locale, peut aider à la naissance et au développement rapide d'un mouvement coopératif nouveau. Il nous montre aussi comment à l'étranger on sait profiter des leçons de ses voisins. Maintenant que pour nous aussi, l'heure sonne de nous remettre à l'école, tâchons de tirer parti des leçons de tous et de ne pas être moins habiles à nous plier à la discipline de cette éducation nouvelle.

HONGRIE

Nous avons séparé dans cette étude la Hongrie de son associée politique, parce qu'en fait ces deux nations, tout en demeurant côte à côte, vivent et évoluent à part. « La Hon-

(1) Lettres du Dr Mach d'Avril 1900 et Septembre 1901 et note in *Winzerzeitung* du 21 Janvier 1899 : Errichtung einer Winzer-Centralgenossenschaft für Niederösterreich.

grie, nous écrivait le regretté Dr Mach en déplorant son impuissance à nous procurer des renseignements sur la viticulture de ce pays, est pour l'Autriche un véritable pays étranger; nous y éprouvons plus de difficultés d'informations qu'en Allemagne, en France ou en Italie. » On ne s'étonnera donc pas que nos tentatives de recherches soient restées à peu près stériles quand un œnologue aussi réputé, à qui sa situation de conseiller aulique aurait dû, semble-t-il, ouvrir les avenues des bureaux ministériels où l'on centralise les renseignements agricoles, n'a pas été plus heureux, malgré toute la bonne volonté qu'il avait si gracieusement mise à notre service. Après avoir adressé, dans ce pays, sous le patronage de hautes recommandations, 18 demandes de renseignements, dont trois ont été suivies seulement de réponses contenant des promesses, mais pas d'indications utiles, nous avons dû recourir à l'entremise de notre Consul général à Budapesth. Mais toute son obligeance n'a pas réussi à combler les lacunes de notre documentation.

LA VITICULTURE HONGROISE ET LA COOPERATION. — La Hongrie possède encore, malgré le phylloxéra, 250.000 hectares de vignes qui produisent en moyenne 2,5 à 3 millions d'hectolitres de vin par an. Elle importait, en outre, en 1899, 1.228.643 quintaux de vins, dont 889.962 d'origine italienne, 331.333 d'Autriche et 120 seulement d'origine française (1). Mais les progrès de la reconstitution sur souches américaines et ceux de la technique locale paraissent devoir réduire rapidement le total considérable de cette importation. Le gouvernement a déployé depuis quelques années une grande activité pour développer cette branche si importante de la production nationale. Il a créé, à cet effet, une école supérieure de viticulture et d'œnologie, huit écoles pratiques, cinq inspecteurs spéciaux, de nombreux cours de greffage et 53 pépinières de greffes boutures. La viticulture figurait au budget de 1900

(1) Bulletin des Viticulteurs de France, Mai 1901 et Rev. de Vitic. 21 juillet 1900.

pour la somme importante de 2.301.000 couronnes (environ 2.500.000 fr.) En outre l'Etat hongrois a donné une vive impulsion au mouvement d'organisation agraire par l'appui effectif qu'il prête à la coopération de crédit. Celle-ci, introduite dans le pays par le comte Alex. Karolyi, le Raiffeisen hongrois, a été vivement stimulée par la loi XXIII du 11 juillet 1898 qui a créé la *Société coopérative centrale de crédit mutuel* (Landes Zentral-Crédit-Verein), sorte de banque centrale subventionnée par l'Etat pour appuyer les caisses locales et escompter leur papier. Le nombre des caisses coopératives est passé de 54, en 1895, à 712, en 1899, avec 135.275 adhérents (1). Pour la viticulture, une loi de 1896 a autorisé l'avance par l'Etat d'une somme de 50 millions de couronnes destinée à des prêts individuels de 1.000 florins au maximum pour aider les propriétaires à reconstituer leurs vignobles. Bien qu'absorbé par la préoccupation particulièrement urgente d'assurer cette reconstitution au fur et à mesure que le phylloxéra achève son œuvre de destruction, le gouvernement ne s'est pas désintéressé de la coopération viticole.

Sur l'initiative du Ministre de l'Agriculture, un concours fut ouvert en 1899 pour la rédaction d'un manuel pratique destiné à vulgariser la connaissance des procédés de la coopération viticole et à faciliter leur application.

Le prix a été décerné au travail de MM Zoltan Zigany, professeur à l'école supérieure de Commerce et Karl von Baross, rédacteur du journal de viticulture Boraszati Lapok (2). Ce travail, qui nous a été envoyé par M. le Consul général de France, est rédigé avec méthode et simplicité, mais il se borne malheureusement pour nous à exposer les moyens pratiques de constitution des Caves coopératives, sans faire

(1) J. de Mailath, les Assoc. de Crédit rural en Hongrie. Journal d'Agric. pratique, 22 sept. 1900. — S. Bernat : la Question des Assoc. agric. en Hongrie, id. 18 Nov. 1899 et Rapp. de M. de Navratil au Congrès coop. int. de 1900.

(2) Uber die Kellereigenossenschaften, br. de 90 p. Buda-Pest, Pallas, edit. : 18 Nov. 1899 avec modèle de statuts en allemand et en hongrois.

allusion aux tentatives de réalisation qui ont déjà pu être faites dans le royaume de Hongrie (1).

Pourtant, il n'est pas douteux que la coopération viticole ait déjà été expérimentée dans ce pays. Le professeur Dr Huber mentionne l'existence, en 1892, de deux Sociétés coopératives de Vignerons analogues à celles du Würtemberg, à *Arbegen*, dans le Grosskokler Comitàt (Transylvanie Saxonne, région des Siebenburgen) sous le nom d'*Arbegener Kellerverein* et dans le Karst, à *Saint-Daniel* (2). Dans une communication personnelle, il croyait pouvoir nous dire que la première Société avait essaimé dans la région, à Kronstadt et environs. Cette information est corroborée par la communication qui nous a été faite par M. le Dr Mach des statuts du *Weingau* (en hongrois Borvidek erdélyi Bortermelok részvénytarsasaga Médgyesen), *Société par actions des vignerons siebenbourgeois*, dont le siège est à *Mediasch*. Ce document est la seule pièce certaine qu'il ait pu se procurer sur la coopération viticole hongroise. Personnellement, et malgré des efforts réitérés, nous n'avons pu obtenir aucun détail sur l'histoire et l'organisation des sociétés précédentes, si toutefois elles existent encore aujourd'hui.

Quant au *Weingau*, il paraît être une coopérative qui a mal tourné, c'est-à-dire qui s'est transformée en Société par actions. L'art. 40 mentionne qu'elle reprend toute la fortune, les obligations et les dettes de la Société actuelle, le Weingau, dont les parts de capital sont converties en actions de 100 florins. Comme le montre l'art. 2 des statuts, elle est à objectif complexe, comme les sociétés russes. Elle se propose, en effet. l'écoulement des crûs du pays comme aussi la vente des réserves de vins des *Unions viticoles* plus petites de la

(1) M. Kovessi, insp. génér. de la Vitic. hongroise, nous a informé que son collègue H. Mayer, Dr de l'Ecole de Vitic. de Porsony avait également publié une brochure sur la même question. Mais notre demande est restée sans réponse.

(2) Op. cit.p . 69 et lettre du 29 mars 1900.

(3) Nous relevons aussi dans le **Bottin** de 1900 l'existence d'une *Assoc. des Vitic. de Magyarad et de Menes à Arad.*

région *(sic)*, par l'intermédiaire de la Société. Outre la production aussi constante que possible d'un vin pur et facile à écouler, la Société a aussi pour objet d'encourager la culture et le travail de la vigne dans la contrée par les moyens appropriés : vignobles d'étude et caves de dégustation, enseignement, réclames, journaux de viticulture, conférences par des professeurs spéciaux, etc. En outre, la Société peut diriger d'autres affaires commerciales et des entreprises comme : *(a)* Achat et vente de produits du pays pour son compte ou en commission; *(b)* Direction de magasins de dépôt à Mediasch dans lesquels les producteurs et les négociants peuvent mettre leurs produits et leurs marchandises, moyennant paiement d'un droit de location; *(c)* Crédit contre garanties sur marchandises et produits. Son capital est de 71.400 florins, complètement versés et divisé en 714 actions nominatives de 100 florins. Elle est dirigée par un conseil de 10 membres élus pour 3 ans par l'assemblée générale et rétribués par une allocation de 5 % dans les bénéfices nets. Ce Comité élit ses président et vice-président, et nomme en dehors de son sein un gérant, un trésorier et un secrétaire. Les bénéfices sont répartis aux actionnaires après déduction d'une quote-part pour le fonds de réserve.

Tels sont les seuls renseignements que nous possédions sur l'état de la coopération viticole dans le royaume de Hongrie. Ils sont insuffisants pour conclure autrement sur ce sujet que par le regret de ne pouvoir enregistrer ici que la mention de nos déboires dans la recherche d'informations plus complètes.

SECTION II

RUSSIE

LA SITUATION GENERALE DE LA VITICULTURE RUSSE. — Si la culture de la vigne n'a pas en Russie, en raison des froids extrêmes de l'hiver, toute l'étendue qu'elle possède dans l'Occident sous les mêmes latitudes, elle n'occupe pas moins une place déjà importante dans l'économie rurale de l'Empire. En l'absence de toute statistique officielle certaine, les chiffres donnés par MM. B. Tairoff et A. Bazaroff permettent de juger de son importance (1). Le premier évalue la surface qu'elle couvre à 225.000 *dessiatines* (109 ares 25) avec une production moyenne de 28 millions de vedros (12 l. 29) dont la moitié est fournie par la province du Caucase, surtout dans sa partie méridionale, 12 millions par la Bessaralie, 1.500.000 par la Crimée et le reste par les régions secondaires des Gouvernements du Don et du Turkestan.

Selon A. Barazoff, cette culture serait en voie de progrès rapide car la surface occupée aurait crû de 196.650 hectares en 1890 à 238.300 en 1900. La production est absorbée presque en entier par la consommation nationale, où les vins jouiraient sur le marché des grandes villes d'une faveur croissante qui

Nous sommes particulièrement redevable pour la rédaction de ce chapitre à notre obligeant confrère, M. *Basile Tairoff*, assistant au ministère de l'Agriculture et des Domaines, directeur du journal *Westnik Vinodelia*, à Odessa. C'est grâce à ses indications que nous pu orienter nos recherches et obtenir les renseignements qui suivent. Nous devons aussi des remerciements particuliers à MM. D. Wak et A. Winberg, directeurs des Sociétés de Tiflis et de Biouk-Lambat ainsi qu'à Mlle Tanciez, élève du cours de russe de M. Haumant à la Faculté de Lille, qui, sur la recommandation du distingué professeur, a bien voulu se charger de la traduction des documents qui nous avaient été transmis.

(1) B. Tairoff : Viticulture and wine industry et Note sur la culture de la vigne et les vins du Caucase. (Extrait du Progrès agricole, Montpellier 1887). A. Bazaroff — ch. sur la Viticulture en Russie, in *Kovalewky*, la Russie à la fin du XIXe siècle — Dupont édit. 991 p.

ne pourra que grandir avec les progrès considérables qui restent à effectuer dans la vinification.

Mais le tableau que trace de l'état économique de la viticulture russe un de nos agents commerciaux, délégué à l'Exposition de Nijni-Novgorod, est moins optimiste que celui de la publication officielle de M. Kovalevsky. Malgré l'absence de tous droits sur les boissons à l'intérieur de la Russie et le tarif quasi prohibitif que « la nation amie et alliée » applique aux vins français à leur entrée en Russie (97 fr. 68 par 100 k.), les vins russes auraient peine à lutter, malgré leur bon marché, sur le marché de Moscou et de Saint-Pétersbourg contre les vins étrangers et les vins artificiels, ceux-ci très abondants puisque le centre principal du commerce des vins, Moscou, expédie plus de vins dans les provinces qu'il n'en reçoit d'elles. « Ce commerce, dit M. Verstraete, est presque tout entier dans les mains des Juifs qui tiennent les vignerons à la fois parce qu'ils ont besoin d'argent et parce qu'ils possèdent les tonneaux. Ils en profitent pour acheter les vins à vil prix et pour les adultérer avant de les livrer au commerce (1). Le même auteur témoigne qu'on a vu vendre le vin en Bessarabie 15 kopeks le vedro (environ 0 fr. 03 le litre) et que la moyenne des prix d'achat ne dépasse pas dans les autres provinces 80 kopeks à 1 rouble, 75 le vedro alors qu'on revend les mêmes vins 60 kopeks la bouteille à Moscou. Encore n'arriveraient-ils même pas sur ce marché sans les droits excessifs qui pèsent sur les vins étrangers. La moyenne de la production ne dépasserait pas 18 hectolitres à l'hectare et la misère des vignerons, jointe à l'action du phylloxéra, aurait amené la dépression des rendements moyens de 400 pouds par dessiatine à 215.

Quoi qu'il en soit de la situation vraie, le gouvernement russe a senti le besoin d'encourager la viticulture nationale. Une commission spéciale instituée au Ministère des Domaines a, conjointement avec les représentants des régions vinicoles, élaboré une série de mesures qui ont été progressivement

(1) Maurice Verstrate — La Russie industrielle — Hachette, 1897 — Les Boissons ch. VIII p. 253.

appliquées : création de deux écoles spéciales dans chaque grande région, installation de caves-modèles pour les manipulations et la conservation des vins, création de pépinières pour la production des greffes-boutures, organisation du crédit viticole, ouverture de cours spéciaux pour les instituteurs de village, distribution de machines et appareils, pénalités contre les falsificateurs, etc., bref l'ensemble des mesures dont l'expérience des autres pays d'Europe a démontré la valeur pratique. Malgré cela et la protection douanière, le développement de la viticulture russe est aujourd'hui paralysé par trois obstacles principaux : 1° *L'invasion du phylloxéra et des maladies cryptogamiques*, notamment de l'oïdium, aggravée par l'ignorance et la torpeur des paysans. L'auteur d'une étude récente (1) considère comme « indispensable d'organiser le traitement collectif des vignobles appartenant aux classes rurales et surtout de fixer autant que possible par les soins d'une commission spéciale l'époque des vendanges et de ne pas laisser le choix aux paysans qui, trop souvent, les font dès la moitié du mois d'Août et obtiennent alors un produit aigre et aqueux » ; 2° *L'insuffisance de l'expérience œnologique* des propriétaires et de leur matériel vinaire; la fermentation ne se fait encore chez la plupart que dans les jardins et dans les caves, malgré les nuits froides de Septembre et d'Octobre et la conservation des vins s'opère trop souvent dans des outres goudronnées ou après une addition de résine ; 3° *La concurrence des vins d'imitation* fabriqués par le commerce, surtout des vins faits avec les raisins secs importés de Turquie. A ces obstacles est venue s'ajouter depuis l'instauration du monopole de la vente des spiritueux par l'Etat une réglementation étroite et trop arbitraire qui fait peser sur le commerce des vins une incertitude très préjudiciable à son développement. Aussi beaucoup d'économistes russes ne voient-ils plus de salut pour la viticulture de leur

(1) Dr Stylos — Rapport à la Société d'agriculture de la Russie méridionale d'Odessa sur la *Crise Viticole en Russie*, in. Bull. des Vitic. de France, mai 1901.

pays que dans le développement de l'Association, stimulée au besoin par l'aide effective de l'Etat. « C'est en ayant recours à l'association, dit M. Stylos qu'on pourrait arriver à installer dans chaque village des caves où les paysans prépareraient leurs vins sous la surveillance d'un vigneron expérimenté. Les vins seraient ainsi mieux faits et les acheteurs auraient de plus la possibilité de se procurer des lots importants de vins identiques, ce qui n'arrive pas aujourd'hui. »

LA COOPERATION VITICOLE EN RUSSIE. — Déjà quelques tentatives de ce genre ont été faites depuis une dizaine d'années. Il semble que la Russie aurait dû entrer depuis plus longtemps dans cette voie car le paysan et l'ouvrier russes, au rebours de ceux de maints pays de l'Europe, ont un instinct d'association naturellement développé, en raison du caractère communiste des institutions rurales encore existantes. Les *artèles*, groupe de travailleurs manuels associés pour l'exécution d'une même tâche ou l'approvisionnement et la consommation en commun des denrées nécessaires à la vie, constituent depuis plusieurs siècles des sortes de coopératives primitives très répandues dans la classe ouvrière. Mais ces institutions sont aujourd'hui en pleine décadence. Selon leur historien, M. P. Apostol (1), elles dégénèrent en groupes de travailleurs asservis à des intermédiaires ou en Sociétés de patrons capitalistes. D'ailleurs, elles n'ont, selon M. Taïroff, jamais pénétré dans l'industrie viticole, sans doute en raison des capitaux élevés qui sont ici nécessaires et qui, en Russie plus que partout ailleurs, font particulièrement défaut aux Associations de main-d'œuvre. Les Sociétés que nous allons étudier se rattachent donc toutes au mouvement coopératif contemporain qui s'est manifesté en Russie à partir de 1860, quand les idées de Schulze-Delitsch et les exemples de l'Angleterre et de l'Allemagne commencèrent à influer sur l'Empire des Tzars. Dès le début, leur application fut tentée dans le domaine agricole par Veretchaguine pour

(1) *P. Apostol* « l'Artèle et la coopération en Russie. — Guillaumin 1898. — 202 p.

l'industrie laitière et Longuinine pour l'organisation du crédit rural (2). Mais ce n'est que depuis une dizaine d'années que les syndicats et coopératives ont pris un sérieux développement, surtout depuis 1895, date de la promulgation d'une loi sur le crédit agricole. Ils groupent aujourd'hui un quarantième environ des 20.000.000 de travailleurs adultes que possède la Russie.

En viticulture les fondations, en petit nombre, qui nous ont été signalées sont toute d'origine récente et dues aux mêmes causes générales que celles qui ont déterminé la fondation des Winzervereine et des Cantine sociali : la nécessité d'améliorer les pratiques de la vinification et de s'assurer des débouchés directs pour s'affranchir de l'exploitation commerciale. Les mêmes causes ont là, comme en Allemagne, comme en Suisse, comme en Autriche, comme en Italie, produit exactement les mêmes effets, tant il est vrai que partout aujourd'hui la coopération agricole apparaît comme le seul remède efficace contre les excès de la spéculation commerciale sur les denrées alimentaires.

En dehors d'un nombre indéterminé de petits groupements créés pour lutter contre le phylloxéra ou l'oïdium et de caractère plus syndical que coopératif, il n'existe encore en Russie, selon M. Taïroff, que *quatre sociétés vinicoles* proprement dites : deux en Crimée : la Société des horticulteurs-viticulteurs et agriculteurs de *Yalta*, et la Société des viticulteurs-propriétaires du midi de la Crimée, à *Biouk-Lambat*, une en Bessarabie, la Société des Horticulteurs et Viticulteurs-propriétaires de Bessarabie, à *Kichinew*, et la quatrième, dans le Caucase : la Société des Viticulteurs de Kakhétie, à *Tiflis* (1).

(2) Sur le développement de ce mouvement coopératif, v. les rapports de MM. *P. Apostol* au Congrès internat. des coop. de consommation et *Fernay* à celui des Syndicats Agricoles, Paris, 1900.

(1) *Huber*. cf. p. 36 (en note) mentionne l'existence d'une autre Société fondée en 1890 à *Sarata* (Bessarabie) par une colonie d'Allemands immigrés en 1816. Sous le titre de « Saratskoje obstsohetswo Winodâloff », les viticulteurs du lieu ont organisé un véritable Winzerverein au capital de 10,000 roubles, en partie avancés par la banque de l'Empire, le reste divisé en parts de 100 roubles souscrites par chacun des associés. Nous n'avons pu savoir si cette institution existe encore car plus de la moitié des lettres que nous avons adressées en Russie semblent n'être jamais arrivées à destination.

Sauf la dernière, ces sociétés sont encore peu actives et d'une faible prospérité. La première, celle de Yalta, ne semble même qu'un simple groupement d'études, jusqu'ici sans action effective.

1° La *Société des propriétaires-viticulteurs de la Côte Méridionale de Crimée* est un syndicat de vente des vins récoltés par ses membres (1). Elle a pour but de répandre l'usage du vin de la Crimée méridionale et s'occupe de la vente des vins et des produits accessoires de la viticulture et du développement des meilleurs procédés de culture de la vigne et de fabrication du vin.

Le vin de Crimée méridionale pour son complet développement exige trois années et plus de soins assidus, dont les années de cave. Les petits et moyens propriétaires, ne pouvant supporter tous les frais vendaient leurs vins trop jeunes. C'est pour remédier à cet inconvénient que s'est fondée la Société en 1894; les statuts ont été approuvés par le Ministre de l'Agriculture, et en décembre 1896, la Société a commencé ses opérations.

Elle a créé une cave modèle; elle organise et loue des caves particulières, reçoit en dépôt et vend, soit à la marque du propriétaire, soit à la marque de la Société, le vin de ses membres et, s'il y a possibilité, le vin des autres vignerons de la Côte Méridionale. Elle exécute les commissions de ses membres et aussi des personnes étrangères pour l'acquisition du matériel de la viticulture. Elle a ouvert un laboratoire pour les recherches sur les vins, et établi des pépinières particulières pour propager les meilleures sortes de vignes et aider à l'établissement de leur exacte nomenclature. La Société fait aussi des avances de fonds à ses membres ; la garantie est le vin déposé par eux ; l'avance ne peut jamais dépasser 1/3 de la valeur du dépôt. A la vente, la Société retient l'argent du prêt et les intérêts ; le reste est pour le propriétaire.

La répartition des bénéfices se fait en Assemblée générale Le revenu de l'année est réparti de la façon suivante :

(1) Documents communiqués par M. A. Winberg, son président.

10 % sont joints au capital de réserve jusqu'à ce que celui-ci atteigne la somme de 30.000 roubles (le rouble = 2 fr. 60) et le reste, 90 %, est réparti entre les membres, proportionnellement aux sommes payées par eux dans l'année courante à la caisse de la Société pour commissions sur la vente du vin et des autres produits de la viticulture ou pour le dépôt de leurs vins.

Pour le vin vendu avec la marque de la Société, la répartition se fait entre les membres proportionnellement à la valeur du vin (estimé à son entrée au dépôt), on en déduit le paiement pour la conservation du vin et la commission pour la vente. La Société, en commençant ses opérations le 5 décembre 1896, était composé de 17 membres. Elle comptait le 15 novembre 1900, 19 membres, dont le président est M. W. Winberg. Le siège de la Société est à Yalta.

Du 1er mai 1898 au 15 novembre 1899, il a été vendu en tout :

30.145 bouteilles de vin pour la somme de 18.152 roubles 20 kopeks (le kopek est la 100e partie du rouble).

Il y avait en cave 7.303 vedros de vin (le vedro = 12 litres 29) il en a été vendu 1.773 vedros, les pertes ont été de 249 v. 9. Il reste donc 5.280 vedros.

Du 15 décembre 1896 au 15 novembre 1899, il y a eu en

Actif : 11.961 roubles 47.

Passif : 11.050 roubles 82.

Il restait en caisse, le 15 novembre 1899, 910 roubles 65. En somme, les opérations de cette Société n'ont encore qu'une importance bien réduite par rapport à l'ampleur du but qu'elle se propose.

2° *La Société des Viticulteurs de Bessarabie* a été fondée à Kichinew le 1er janvier 1893 (1). C'est une sorte de Société œnologique à but complexe formée par un syndicat de viticulteurs, au nombre de 24, en 1897. Elle se proposait d'améliorer la culture de la vigne et de développer l'exportation des vins du pays par l'institution d'un bureau de renseignements viticoles remplissant en outre l'office de commissionnaire pour

(1) D'après le Bulletin du minist. de l'Agriculture de Russie, 1898.

les demandes des viticulteurs, par le groupement des commandes et l'achat collectif des meilleures boutures de vignes, l'organisation de cours spéciaux et d'une propagande commerciale active, l'ouverture de caves sociales où les vins de ses adhérents seraient traités jusqu'au moment de la mise en bouteilles, etc. Si elle a obtenu quelques résultats dans les voies précédentes, elle n'a pu jusqu'ici réussir à ouvrir des débouchés importants aux petits vins de la Bessarabie, peut-être en raison de la crise locale et de la concurrence des vins de raisins secs. A la fin de 1896, son bilan n'accusait encore qu'un total annuel de recettes de 2.395 roubles, 44 K. dont 480 de versements de ses membres, et 1915 r. 44 pour commissions et ventes de vins. Elle s'estimait heureuse de n'avoir pas subi de pertes et d'enregistrer un modeste bénéfice de 21 roubles 79 Kopeks.

LA SOCIETE DES VITICULTEURS-PROPRIETAIRES DE KAKHETIE. — La dernière de ces Sociétés vinicoles, « *la Kakhétie* », a seule donné jusqu'ici des résultats importants et vraiment décisifs. Les rapports annuels insérés dans l'organe du Ministère de l'Agriculture témoignent de son développement graduel. En raison de l'intérêt spécial que présente cette tentative originale dans une région éloignée, nous insérons dans son intégralité la note en français que son directeur, M. D. Wak, a eu la complaisance de rédiger à notre intention sur l'histoire et le développement de cette Société. Pas n'est besoin d'insister sur la concordance des causes et des effets qu'elle révèle dans cette région éloignée avec la situation des pays viticoles plus avancés, où les mêmes maux portent aujourd'hui à recourir aux mêmes remèdes.

« *De la Société des viticulteurs-propriétaires Kakhétiens « Kakhétie » et de son organisation.* — « La Kakhétie, une des régions pittoresques de la Russie, se trouve située dans le Transcaucase, au pied de la chaîne causasique, et sa population est exclusivement composée de Georgiens. Couverte au Nord et au Sud de montagnes, elle se trouve traversée en son milieu par la rivière Alazany et présente, par elle-même, une vaste vallée dans laquelle, des deux côtés de la rivière, sur des buttes peu élevées, s'étendent, cela presque sans interruptions, des vignobles.

La Kakhétie, dès les temps anciens, était renommée comme pays vignoble, et elle est suivant l'opinion de plusieurs, le lieu d'origine de la vigne; cette dernière se rencontre encore en grandes quantités, à l'état sauvage, dans les forêts de la Kakhétie. Actuellement, la culture de la vigne, ici, se trouve être la principale occupation de la population. L'étendue occupée par les vignobles, en Kakhétie, est évaluée à 15.000 hectares, donnant jusqu'à 300.000 hectolitres.soit une moyenne de 20 hectolitres par hectare. Sous le rapport de la qualité, le vin de Kakhétie est considéré comme le meilleur des vins de table produits dans toute la ..ussie; jouissent principalement d'une grande renommée les vins rouges de la qualité « Saperavy », originaire de la Kakhétie.

Jusqu'en 1870, mais en partie jusqu'en 1880, les marchés causasiens consommaient presque seulement le vin de Kakhétie et celui-ci avait un débit bon et assuré. Les vignobles des autres régions trancaucasiennes avaient un faible développement (exceptés ceux du gouvernement de Koutaïs) et la production parvenait seulement à satisfaire les besoins locaux. Mais, par suite de l'extension, en Kakhétie de l'Oïdium Tuckeri qui a fortement diminué la quantité produite de vin, et de la construction, en 1870, du chemin de fer transcaucasien qui rapprochait les endroits principaux de commerce et le centre de consommation — Tiflis, — les autres régions vinicoles, en ces derniers temps, développèrent cette industrie dans un but commercial.

Bientôt Tiflis et aussi tous les autres marchés ne s'occupèrent que de la vente des vins bon marché, provenant de toutes les régions vinicoles du Transcaucase, et. le vin de Kakhétie, comme plus cher et comme plus éloigné, par suite du manque de voies de communication fut supplanté et ainsi frustré de son débit.

Actuellement, tous les commerçants en vins, tant du Transcausase que de toute la Russie, ont pour base la vente des vins falsifiés ou artificiels, pour la plupart nuisibles à la santé; ceux-ci sont vendus, en Russie, sous de pompeuses dénominations étrangères et, au Transcaucase, sous le nom de vins de Kakhétie.

Tous les viticulteurs-propriétaires tombèrent sous le joug des commerçants en vins, (localité Siradji). Les producteurs, se trouvant dans une situation précaire, ne surent comment et où écouler leurs produits et, les commerçants firent tellement baisser les prix, que la viticulture n'offrit plus aucun avantage.

De ce fait, la situation créée fut telle que plusieurs millions de consommateurs durent absorber des vins plus ou moins nuisibles, falsifiés et, les vins naturels, savoureux et sains, ne trouvèrent plus d'écoulement.

Vu cette situation, en 1890, parmi la partie intellectuelle de la Kakhétie, fut conçu le projet d'organiser, par soi-même, le débit des vins et, en 1894, quinze propriétaires-viticulteurs ouvrirent à Tiflis un débit de vins de Kakhétie. En même temps fut soumis à l'approbation du Gouvernement un projet de règlements et après sanction de celui-ci, la Société des Viticulteurs-Propriétaires kakhétiens, sous la raison sociale « Kakhétie », comprenant 39 membres, commença à fonctionner en 1896.

Suivant les Statuts, la Société s'est posé comme devise : 1° d'organiser, d'une façon régulière, les exploitations vinicoles des viticulteurs-propriétaires Kakhétiens, ses membres; — d'étendre la culture des meilleures sortes de vignes et de leur donner les instructions techniques; 2° de corriger et soutenir les vins provenant de ses membres, en modifiant rationnellement l'économie des caves et 3° vendre directement aux consommateurs, sans intermédiaire, les vins des membres de la Société.

Peuvent être membres de la Société, exclusivement, les viticulteurs-propriétaires kakhétiens; par suite, le nombre des membres n'est pas limité. Tous doivent remettre à la Société tout leur vin, qui, après avoir été estimé par l'Administration, est placé au dépôt; le membre en reçoit la valeur suivant sa vente, toutefois il peut lui être remis une avance égale au tiers de la valeur du vin estimé. Suivant les règlements, les membres de la Société reçoivent ordinairement toute la valeur de leur vin dans l'année qui suit la livraison.

Les ressources de la Société se composent comme il suit :

1° D'un versement unique, comme membres, calculé à raison de 20 roubles (environ 60 francs) par hectare de vignes plantées.

2° D'un versement annuel de 5 % de la valeur du vin estimé et accepté pour la vente.

3° Des sommes perçues sur le boni, suivant fixation, annuellement, par la Direction et approbation par l'Assemblée générale.

10 % de toutes les sommes indiquées ci-dessus, sont affectées au capital de réserve, devant servir à parer les pertes possibles.

La Société a le droit de conclure des emprunts pour atteindre son but; par suite toutes les dettes de la Société sont garanties par tous les biens mobiliers et immobiliers lui appartenant et le vin reçu de ses membres; en outre, chaque membre répond de ses biens personnels, de la dixième partie des sommes qu'il a versées comme sociétaire.

Les affaires de la Société sont régies par des Assemblées générales annuelles et extraordinaires des membres, de la direction et de la commission de révision.

Toutes les affaires de la Société sont administrées, par l'intermédiaire de la direction, composée de trois directeurs, nommés pour trois ans par l'Assemblée générale. Le siège social de la Société est à Tiflis. Le compte-rendu est publié, chaque année, dans l'organe du Ministère de l'Agriculture.

Depuis sa formation, la Société a obtenu d'assez suffisants résultats fondamentaux. Elle a, avant tout, organisé le débit des vins de ses membres; pour cela, elle a installé des dépôts et magasins de vente à Tiflis, à Bakou et à Moscou; lié des relations avec les marchés intérieurs de la Russie, avec quelques points de la Sibérie, de la province Transcaspienne, du Turkestan. Le choix commercial de la Société augmente chaque année, et, actuellement, dans la région transcausasienne, il atteint déjà la moitié de la vente totale des vins; les acheteurs, clients de la Société, se composent principalement de consommateurs privés, de Sociétés économiques d'officiers, de Sociétés économiques et de consommation, de Compagnies, de Clubs, etc. La raison commerciale « Kakhétie » a acquis la grande confiance des consommateurs dont le nombre s'accroît chaque année, malgré que la Société n'ait fait aucune réclame, si ce n'est celle annonçant l'ouverture de ses opérations.

Le compte-rendu, pour la première année, fut assez séduisant, comme l'atteste l'Organe du Ministère de l'Agriculture, (année 1898, n°s 12 et 13). « Les chiffres cités, dit l'organe, montrent clairement que la Société « Kakhétie » a réussi, dès la première année de fonctionnement, à se placer sur un terrain ferme et fournir ainsi aux viticulteurs un appui fondamental pour le débit de ses vins et pour lutter contre les diverses maladies dont les vignes sont atteintes.

Le nombre des membres, par année, a été le suivant :

Au 1er Janvier	1896,	il y avait	39	membres.
Au 1er Août	1898,	«	69	»
»	1899,	»	86	»
»	1900,	»	86	»

Quantités de vins reçus des membres :

Récolte 1895	19.916 védros	(1360 hect.)	pour	35.461 roub. 06 cop.	(106.000 frs)
» 1896	18.541 »	(2315 hect.)	»	62.652 roub 85 cop.	(187 400 frs)
» 1897	27.122 »	(3390 hect.)	»	71.718 roub. 58 cop.	(214.500 frs)
» 1898	53.566 »	(6690 hect.)	»	109.216 roub. 38 cop.	(327.000 frs)
» 1899	37.129 »	(4640 hect.)	»	82.177 roub. 28 cop.	(246.000 frs)

Vins vendus :

Du 1er janvier 1896 au 1er août 1897 (19 mois) = 24.199 vedros (3.060 hect.) pour 116.104 roubles, 04 copeks (348.000 fr.)

Du 1er août 1897 au 1er août 1898 (12 mois) = 21.439 vedros (2.678 hect.) pour 102.791 r. 62 c. (308.000 fr.).

Du 1er août 1898 au 1er août 1899 (12 mois) = 27.255 v. (3.400 hect.) pour 119.189 r. 10 c. (357.000 fr.).

Du 1er août 1899 au 1er août 1900 (12 mois) = 35.058 v. (4.380 hect.) pour 162.529 r. 57 c. (487.000 fr.).

La Société estime toujours le vin livré par ses membres à un prix supérieur à celui du marché, fortement en baisse durant ces dernières années, de 10 à 15 % et malgré cela, le bénéfice annuel net a encore atteint 5 % qui a été employé à augmenter les moyens de revirements de la Société.

Les moyens de revirements de la Société (fonds propres) ont été les suivants :

Au 2 Janvier 1896 . . .	roubles	12.455, 31	cop.	(37.000 frs)
Au 1er Août 1897 . . .	»	21.827, 31	»	(65 000 frs)
Au 1er Août 1898 . . .	»	31.029, 76	»	(92 500 frs)
Au 1er Août 1899 . . .	»	62.290, 57	»	(186.000 frs)
Au 1er Août 1900 . . .	»	67.790, 23	»	(202.500 frs)

Les données présentées démontrent que la Société progresse d'année en année. Ne regardant ceci, elle ne se trouve encore qu'à l'état naissant de son activité. Pour l'extension et l'évolution complète de son entreprise, lui manquent les moyens de revirements, qui sont formés, en majeure partie, par les sommes défalquées de celles dûes aux membres pour leurs fournitures de vins. Il est vrai que la Société a du crédit auprès des établissements financiers locaux, mais ces crédits sont de trop courte durée pour être adoptés pour une organisation ayant un tel caractère qui est encore nouvelle, non seulement pour le Caucase, mais pour toute la Russie. La Société a besoin d'avoir des fonds importants et, avant tout, pour la construction de caves destinées à la conservation des vins et pour l'organisation de l'exploitation vinicole de ses membres. De même des fonds sont nécessaires pour le paiement des vins livrés par les membres qui ne peuvent attendre leur règlement jusqu'à la vente.

De cette manière, sans faire allusion aux nombreuses demandes de vin, ni au désir des propriétaires-viticulteurs de faire partie de la Société, cette dernière ne peut, par suite de la médiocrité de ses ressources, satisfaire en un seul coup aux demandes, comme au désir des propriétaires-viticulteurs et cette entreprise ne pourra se développer que progressivement, suivant l'augmentation des ressources de la Société.

Mais déjà, la Société ne craint pas pour son avenir; elle est déjà suffisamment solide et repose sur des fondements durables; tous les éléments qui lui sont nécessaires pour réussir sont entre ses mains : la confiance des consommateurs, le crédit dans les établissements financiers, la solidarité des viticulteurs ayant conscience de la valeur réelle de l'entreprise.

La Société est certaine d'atteindre à son but principal, assurer la vente des vins de Kakhétie et ainsi délivrer les viticulteurs kakhétiens des prétentions des accapareurs. »

CONCLUSIONS. — En somme, la coopération viticole n'est encore qu'à ses débuts en Russie. Mais la carrière qu'elle y peut remplir dans l'avenir est plus belle que partout ailleurs, surtout en raison de la tâche immense qui reste à accomplir pour assurer aux producteurs une éducation technique et des moyens d'action suffisants. C'est pourquoi les Sociétés que nous avons rencontrées ont un objectif si complexe et combinent à la fois les attributions des Sociétés d'études, des syndicats agricoles et des coopératives allemandes. Elles ne prendront vraisemblablement un sérieux essor qu'après l'organisation préalable du crédit agricole, surtout si l'Etat leur prêtait quelque appui, condition presque indispensable dans ce pays d'omnipotence administrative. Peut-être aussi que les Sociétés œnologiques à base capitaliste pourront trouver dans la viticulture russe un terrain favorable, en raison du manque de capitaux et de l'insuffisance technique des producteurs. Les résultats obtenus par quelques grands propriétaires et la direction des Apanages Impériaux semblent l'attester (1). Elles pourraient lutter avec avantage contre le commerce local en raison de la supériorité de leurs produits et joueraient alors un rôle de transition pour préparer les voies à la coopération vraie.

---

(1) Kovalevsky. — Ouv. cité ; L. C. R. La Viticulture en Russie. — Vigne Américaine, Mars 1897.

CHAPITRE II

Italie

SECTION PREMIÈRE

HISTOIRE ET DÉVELOPPEMENT DU MOUVEMENT COOPÉRATIF DANS LA VITICULTURE ITALIENNE

LA SITUATION ECONOMIQUE DE LA VITICULTURE ITALIENNE. — La viticulture est incontestablement une des branches les plus importantes de l'Agriculture italienne. Sa production moyenne, à peine déprimée par l'invasion du phylloxéra, plus lente à se généraliser qu'en France en raison de la dispersion des vignobles, s'élevait dans la période décennale 1890-1900 à 27 millions d'hectolitres représentant une valeur totale d'environ 700 millions (1).

Cette production est loin d'être uniforme en qualité. Le Midi de la péninsule et la Sicile produisent des vins de coupages et des vins de liqueur (Marsala, Zucco, Lacryma Christi), l'Italie centrale et la vallée du Pô, des vins de table à bon marché et des vins de luxe dont la renommée a dépassé les frontières du pays (Chianti, Asti, Barbera, etc.). Elle pourrait être encore considérablement accrue tant cette culture est bien adaptée aux conditions climatériques de l'Italie et tant y sont variés les sols et les expositions favorables.

(1) Annuario statistico italiana — 1897. — Bertero-Roma, p. 100 — 03.
En 1901, la production s'est exceptionnellement élevée à 47 millions d'hectolitres, déchaînant une crise de surproduction analogue à celle du Midi de la France.

Mais outre l'invasion du phylloxéra, trois obstacles paralysent l'essor de la viticulture italienne : le manque de capitaux, l'insuffisance de l'instruction technique des paysans, encore plus routiniers, moins experts en œnologie et plus mal outillés qu'en France, enfin et surtout l'insuffisance des débouchés.

Sur le marché intérieur, l'Italie a bien l'avantage d'une législation exceptionnellement libérale; les vins y sont exempts de toute taxe et formalités de circulation et voyagent avec la même liberté que les céréales, l'alcoolisation des vins s'y fait en franchise, mais les octrois subsistent encore autour des grandes villes et l'insuffisance de la richesse générale paralyse l'essor de la consommation. A l'extérieur, malgré les efforts du gouvernement et ceux du commerce italien, les facilités obtenues de l'Allemagne et de l'Autriche, l'ouverture des voies directes et rapides du Gothard et du Simplon et les achats toujours croissants des pays de l'Amérique du Sud, l'Italie n'a pas encore réussi à compenser la perte éprouvée sur le marché français depuis que la politique mégalomane de Crispi amena la rupture commerciale de 1888. L'Italie importait alors en France 2.103.000 hectolitres de vin, chiffre tombé en 1897 à 23,159 (1). Malgré la reprise des bonnes relations en 1899, cette exportation n'a pu encore se relever qu'à 85,892 hectolitres, la place étant prise sur le marché français par les vins d'Espagne et d'Algérie. Bien plus, l'Italie semble redouter aujourd'hui sur son propre marché, la concurrence des vins français pour ses produits moyens et de luxe. Si son commerce gagne du terrain en Amérique il paraît avoir peine à maintenir en Europe les positions récemment acquises, d'ailleurs compromises par la réaction douanière que menacent de provoquer les réclamations des agrariens en Allemagne et en Autriche-Hongrie. Pour le premier de ces pays, les rapports de l'agent technique italien Plotti, constatent avec mélancolie que l'importation italienne tend plutôt à la dimi-

(1) Rapport *Lalande*, in. Moniteur officiel du Commerce, 7 novemb. 1901 et Pestellini : *Il vino* Conférence au Comice agricole de Florence, 3 juin 1898.

nution, même sous le régime favorable du traité de 1892 (1). Après s'être un moment élevée en 1899 à 240.512 hectolitres pour les vins en fûts, elle est brusquement retombée à 100,172 pour 1900 en raison de l'admission de l'Espagne au bénéfice des traités de 1892. Les mêmes résultats défavorables s'affirment en Suisse et en Autriche c'est-à-dire partout où les vins italiens rencontrent la concurrence espagnole, toujours grandissante et généralement victorieuse en raison de l'avantage du change (2).

Dans ces conditions, le sort de la viticulture italienne paraît subordonné à deux conditions, 1° *l'amélioration des produits* par une vinification plus rationnelle et plus perfectionnée, seul moyen d'étendre la consommation à l'intérieur et de concurrencer à l'extérieur les produits similaires de l'étranger; 2° *l'organisation méthodique de l'exportation* sur les marchés extérieurs. C'est pourquoi nos voisins ont depuis longtemps songé pour l'obtention de ces résultats à la Coopération, sans que le succès ait jusqu'ici pleinement répondu aux efforts des économistes et des œnologues qui se sont fait dans ce pays les champions de la coopération viticole : les Ottavi, Cerletti, Pestellini, Puschi, Marescalchi et tant d'autres.

L'histoire de ces tentatives est déjà longue. Elle commence au lendemain même de la constitution définitive de l'unité italienne, en 1870, alors que de larges perspectives d'avenir s'ouvraient à la vaste ambition de la jeune Italie. On peut la diviser en trois périodes. La première de 1870 à 84 est celle des initiatives capitalistes: elle est caractérisée par la fondation des *Sociétés œnologiques*. La seconde de 1884 à 98 est marquée d'abord par une propagande théorique continue et réussit à dégager les vrais principes de la coopération pratique, qui s'affirment enfin autour de 1890 par une institution nouvelle,

(1) C. Calvi. — Les vins italiens en Germanie et en Suisse. Giornale Vinicolo 4 novembre 1900.

(2) La baisse de l'exportation est pour la Suisse de 338,661 hectolitres en 1897 à 253.302 en 1900 et pour l'Autriche de 1.282,981 hectolitres en 1898 à 860.000 en 1900. *Lalande* loc. cit.

les *Cantine sociali*. Mais le souvenir de l'échec primitif paralyse longtemps l'essor du mouvement, malgré les efforts du Gouvernement pour stimuler l'œnologie italienne et l'appui que vient prêter à l'association viticole le développement de la coopération de crédit dans l'Italie du Nord. Enfin dans une troisième période qui se dessine nettement depuis 1890, les bons résultats obtenus et l'organisation perfectionnée de la propagande coopérative rurale dans le royaume déterminent l'accélération du mouvement et la multiplication rapide des institutions approuvées par l'expérience : les *distillerie sociali* et les *cantine sociali*.

PREMIERE PERIODE. — LES SOCIETES ŒNOLOGIQUES. — Tout d'abord, dans l'ivresse de l'unité reconquise, nos voisins voulurent faire grand. Pour stimuler leur viticulture, organiser l'écoulement de ses produits et conquérir à l'étranger les nouveaux débouchés qu'on espérait, ils crurent trouver un moyen sûr dans l'application à l'industrie œnologique et au commerce des vins des moyens puissants de la concentration capitaliste. Ils fondèrent sous le titre de *Sociétés œnologiques* de vastes Sociétés par actions qui, achetant directement les raisins aux moyens et petits propriétaires, les vinifiant dans leurs celliers-modèles selon les procédés techniques les plus perfectionnés, devaient aussi les vendre en temps convenable par les voies ordinaires du commerce sur les marchés des grandes villes et surtout de l'étranger. C'est ainsi que furent fondées successivement de 1870 à 1876 les Sociétés œnologiques d'Asti, Allessandra, Stradella, Alba et Gattinara en Piémont, de Travedone et Sondrio en Lombardie, de Conegliano et Vérone en Vénétie. Toutes, sauf une, succombèrent en peu de temps et leur désastre, surtout celui de la Société d'Asti fondée pourtant avec un capital de 20 millions, eut un retentissement désastreux qui paralysa longtemps toute nouvelle tentative et pèse encore aujourd'hui sur l'essor de la coopération viticole en Italie. La cause principale de leur échec, malgré les moyens relativement considérables dont elles disposaient, réside dans la hâte de leur ambition. Elles ont d'emblée immobilisé de gros capitaux en coûteuses constructions avant de s'être assuré des débouchés et procuré une clientèle suffisante. Toutes ces Sociétés ont été ainsi acculées à la faillite, faute de pouvoir écouler les masses de vins qu'elles avaient imprudemment emmagasinées.

Une seule de ces premières Sociétés œnologiques, celle de *Sondrio* dans la Valteline a survécu. Constituée en 1870 sous forme privée, elle a été définitivement organisée en 1872 en Société par actions, selon M. Mabilleau « dans le but d'affranchir les producteurs de la véritable exploitation dont ils étaient l'objet de la part du commerce Suisse » (1). Elle se proposait d'acheter leurs raisins pour opérer dans les conditions du marché la fabrication et la vente des vins pour son propre compte, ainsi que de propager dans la province les meilleures maximes de viticulture et de vinification. Son capital primitif était de 400,000 lires et divisé en actions de 125 lires. Il s'est beaucoup accru depuis. Le succès de cette Société s'est affirmé

Etablissement de la Société Œnologique de Sondrio.

par la construction d'un vaste batiment pourvu de caves spacieuses renfermant 272 foudres dont l'un «la botte Noë » est des plus grands de toute l'Italie. Elle a fondé des dépôts de vente à Milan et Londres et s'honore d'avoir été la première à organiser la vente des vins d'Italie sur le grand marché

(1) Communication du Musée social. — N° 236 — 1897.

d'Angleterre (1). Elle a obtenu en 1882 la médaille d'or de 2000 francs au concours ouvert par le gouvernement italien entre les Sociétés viticoles. Son succès paraît dû surtout à la supériorité des vins de la Valteline dont les produits ont toujours obtenu des prix plus rémunérateurs que ceux des vignobles à vins de table de la péninsule. Mais, bien que ses actions eussent été pour la plupart souscrites par des propriétaires-viticoles, la société de Sondrio ne peut être regardée comme une véritable coopérative de producteurs, car les bénéfices n'y sont pas répartis au prorata de leurs apports en raisins, mais uniquement en proportion du montant de leurs actions particulières. D'une façon générale, comme les sociétés œnologiques se proposent uniquement de bénéficier des avantages de la vente des récoltes achetées aux producteurs, après en avoir pressé et vinifié les raisins, que d'autre part, tous leurs bénéfices vont au capital-actions et non à leurs fournisseurs de matière première, elles ne sont en réalité que des entreprises commerciales ordinaires, sans autre ressort interne que l'habituel attrait du profit de la spéculation.

DEUXIEME PERIODE. — SES CARACTERES GENERAUX. — La seconde période de la coopération italienne (1884-98) est la contre partie fidèle de la précédente. Autant celle-ci avait débuté par une hâte fiévreuse d'édifications mal étudiées, autant la seconde est faite de temporisation prudente et d'études préalables. L'échec des Sociétés œnologiques découragea pour un temps tout nouvel effort. Mais le rapide succès d'une autre institution née à la même époque, les laiteries coopératives *(Latterie Sociali)* inaugurée en 1872 dans le district d'Agorda (Bellune, Vénétie) par l'archiprêtre *A. Della Lucia*, devait bientôt incliner les esprits à appliquer les mêmes méthodes coopératives à l'industrie œnologique. C'est de cette pensée qu'est sortie par analogie, le nouveau type de Société vinicole inauguré durant cette période, *la Cantina Sociale*

(1) La Societa Œnologica Valtelinese in Sondrio et le sue Cantine Sondrio. — 1896.

(Cave Coopérative). Il ne semble pas que l'exemple de l'Allemagne ait influé sur les débuts de ce mouvement. Les allusions que les spécialistes italiens font aux Winzervereine n'en dénotent qu'une connaissance très imparfaite. Ce n'est qu'à partir de 1893, au moment où le Dr Mach importa ces sociétés dans le Tyrol autrichien, que l'attention semble avoir été appelée en Italie sur les brillants exemples de l'Ahrthal (1). La pensée initiale des Cantine Sociali semble donc proprement italienne. Elle dérive du vaste mouvement coopératif, qui fut commencé par Luzzati en 1864, étendu aux campagnes par L. Wollemborg à partir de 1883 et propagé depuis dans toutes les régions de l'Italie avec l'appui moral du gouvernement. Bien qu'il procède des idées de Schulze-Delitsch et de Raiffeisen, il n'en revêt pas moins des caractères particuliers dignes de remarque. Dans leur précieux travail sur la *Prévoyance Sociale en Italie*, publié à la suite d'une mission d'études du Musée Social : MM. L. Mabilleau, Ch. Rayneri et C. de Rocquigny se sont méthodiquement attachés à les dégager.

« Le secret de la résurrection de l'Italie, dit M. Mabilleau, tient en un mot qui n'a rien de mystérieux : l'Association ; seulement, l'originalité du génie local se manifeste par la variété, la liberté, la fécondité des applications données au principe, en même temps que par leur étroite subordination au but commun (2). La création des Cantine Sociali est une de ces manifestations particulières du génie local et nous allons retrouver dans son histoire les deux traits fondamentaux qui selon les observateurs français, caractérisent le développement de la Prévoyance sociale en Italie.

« La coopération, dit M. de Rocquigny, s'engendre elle-même avec une rare fécondité. Lorsqu'une de ses branches s'est organisée et à développé de vigoureux rameaux, il en sort des branches nouvelles qui vont étendre leur ombre bien-

(1) V. not. L. Wollemberg, Cooperazione rurale du 15 janvier 1894. Mais au moment de mettre sous presse nous apprenons la publication d'un ouvrage italien destiné à vulgariser leur connaissance : *La cooperazione agraria nella Germania moderna* par le Dr Lorenzoni.

(2) A. Colin, édit., Paris, 1897. — Introd. p. XVIII.

faisante sur les travailleurs (1)».En Italie,comme en Allemagne la branche maîtresse a été la coopération de crédit et ce sont surtout les banques populaires qui ont donné naissance aux autres formes du mouvement coopératif. Ces institutions, actuellement au nombre de 800 en Italie servent aujourd'hui de base à toutes les applications coopératives. Une de leurs créations les plus originales a été l'organisation avec les seules ressources de la coopération agricole de tout un enseignement très efficace et très pratique, celui des *chaires ambulantes d'agriculture*. Ce sont précisément les titulaires de cet enseignement extra-officiel que nous allons retrouver parmi les initiateurs les plus heureux et les propagandistes les plus ardents de la coopération viticole en Italie.

Un deuxième caractère du mouvement général est l'accord de l'initiative privée avec l'action gouvernementale ; celle-ci s'efforçant de n'intervenir qu'à titre de stimulant de la première, non pour la suppléer quand elle fait défaut, mais uniquement pour renforcer son action et développer ses premiers résultats quand ceux-ci commencent à se manifester. Le procédé employé a été ici le même que dans le développement des Latterie Sociali, l'institution de concours entre Sociétés. Leur avantage n'est pas seulement d'exciter entre celles-ci une émulation salutaire et de procurer par cette voie légitime aux plus méritantes d'entre elles l'encouragement de prix importants en espèces, il est surtout de régler les efforts et les résultats, de dégager les meilleures méthodes d'organisation et de préparer ainsi la constitution d'un corps de principes éprouvés par l'expérience qui facilite beaucoup dans la suite la constitution et le succès des institutions similaires nouvelles. C'est pourquoi les rapports des concours institués par la coopération viticole en 1882, 87, 91, 95 et 98 constituent pour l'étude de cette matière une source de renseignements des plus précieuses.

LES PREMIERES CANTINE SOCIALI. — Après l'échec des Sociétés œnologiques, l'idée coopérative subit dans la viti-

(1) Id. liv. II, p. 202.

culture italienne une éclipse de plus de 10 années. C'est en vain qu'à partir de 1880 ses partisans s'efforcèrent de dissiper la confusion qui régnait dans l'esprit du public entre ces Sociétés purement commerciales et les institutions vraiment coopératives.

Il fallut passer par une longue période de propagande théorique pour arriver à dissiper, et toujours incomplètement, le préjugé funeste qui entrave encore l'essor du mouvement en Italie. Cette propagande a été l'œuvre de quelques-uns des œnologues les plus éminents de l'Italie, comme *Ottavio Ottavi*,

Ottavio Ottavi.

le directeur du *Giornale vinicolo* qu'il avait fondé en 1875 (1), et G. Cerletti alors directeur de l'Ecole nationale d'œnologie à Conegliano. Ils eurent le mérite de dégager les principes constitutifs de la *Cantina Sociale*. Partant d'un point de vue tout œnologique, Ottavi lui assignait pour but de réunir les raisins des sociétaires pour confectionner avec eux, par les méthodes rationnelles, une ou plusieurs qualités de vins à type constant et uniforme et de leur en procurer la vente dans l'intérêt commun, aussi bien à l'intérieur qu'à l'extérieur. Il montrait avec juste raison que l'extrême diversité des produits récoltés séparément par chaque propriétaire est un obstacle à leur écoulement avantageux. Les consommateurs, et surtout ceux de l'étranger, peu soucieux de la différence des crûs et des récoltes, réclament pour la consommation courante un vin qui présente toujours à peu près les mêmes qualités pour le même prix. Le commerce, expert dans l'art des coupages, a développé chez eux cette tendance et transformé ce goût en habitude. Au lieu de lutter contre elle, les producteurs des régions à vins communs doivent avoir la sagesse de s'y soumettre s'ils veulent pouvoir lutter contre le monopole des intermédiaires. Pour y parvenir, le meilleur moyen est de grouper les producteurs pour presser et vinifier en commun les raisins de leurs récoltes particulières, afin

(1) *O. Ottavi*, né à Sandigliano de Biella, le 15 août 1849, ancien élève de l'Ecole supérieure d'Agriculture de Portici a été comme professeur, publiciste et viticulteur, l'initiateur le plus actif du mouvement viticole contemporain en Italie. Outre l'idée de la Coopération viticole, il a importé en Italie notre industrie de la fabrication du Cognac. Il est mort en 1893. Son fils *Ed Ottavi*, né en 1860, ancien élève des Ecoles supérieures de Milan et Montpellier a continué son œuvre et fondé en 1895 la Biblioteca agraria Ottavi. Il est depuis plusieurs années député au Parlement et actuellement désigné comme secrétaire général pour l'organisation du Congrès international d'Agriculture de Rome en 1903. Son gendre *Arturo Marescalchi*, rédacteur en chef du Giornale Vinicolo, fondateur de la Societa degli œnotechnici italiani a brillamment développé dans ces dernières années la propagande coopérative commencée dès l'origine par le Giornale Vinicolo. Sur la recommandation cordiale de M. Ed. Ottavi, il a bien voulu se charger de guider nos recherches. C'est à son active sollicitude que nous devons les documents italiens utilisés dans ce chapitre, aussi est-ce pour nous une grande satisfaction de le remercier ici de ce généreux exemple de confraternité scientifique internationale.

de combiner les diverses qualités d'une manière aussi rationnelle qu'avantageuse et, par la vinification en grand, d'obtenir avec un minimum de frais de fabrication, un vin fait dans les meilleures conditions possibles, donc susceptible d'atteindre sur les marchés le maximum du prix courant.

La première Cantina Sociale véritable, établie sur ces principes, fut instituée en 1884 sur des bases très modestes par l'avocat *Ippolyte Pestellini*, à Bagno de Ripoli, près de Florence; elle a plus ou moins servi de modèle à toutes celles qui ont été instituées depuis. Après quelques années d'essai, elle procura à ses membres un gain de 8 à 12 francs par hectolitre. Elle fut définitivement organisée par acte enregistré le 9 juillet 1888 avec un effectif de 14 membres dont 5 propriétaires et 9 colons métayers, monté à 22 en 1892. A la même époque concurremment avec M. Pestellini, le professeur V. Vanuccini s'efforçait aussi de répandre les principes coopératifs dans la région toscane, pays de petite propriété qui semblait devoir constituer un terrain des plus favorables (1). M. Pestellini s'est fait en Italie un des propagandistes les plus zélés de la coopération viticole au moyen de nombreux articles, brochures de propagande et conférences où il exposait avec simplicité les avantages multiples des associations semblables à celle qu'il avait fondée. Il en distingue sept principaux : 1° De procurer dès la récolte aux coopérateurs tout ou partie des deniers dont ils ont besoin pour le paiement partiel ou intégral des raisins livrés à la cave coopérative; 2° De leur permettre de substituer au matériel insuffisant et imparfait des producteurs isolés une installation conforme à toutes les exigences de l'œnotechnique moderne et cela, en réduisant les frais généraux par l'avantage de la vinification en commun; 3° De permettre pour vendre les vins d'attendre le moment convenable suivant leur état et la situation du marché; 4° De réduire par la suppression de la vente des raisins au poids les prélèvements des intermédiaires; 5° D'as-

(1) Vanuccini. — Conferenza sulle Sociali in Scansano, 21 décembre 1884. Firenze, Faramosca, éd.

surer la garde des vins dans les années de pléthore et leur écoulement avantageux dans les mauvaises ; 6° De confectionner un vin de qualité presque toujours égale et en quantité suffisante pour que sa marque soit bientôt connue et appréciée sur le marché, condition nécessaire pour grouper une clientèle stable et étendue ; 7° De jouer pour les sociétaires le rôle d'une véritable caisse d'épargne par la formation d'un fonds de réserve ultérieurement remboursable (1).

L'exemple de la Cantina Pestellini (2) fut mis en pleine lumière par son succès au deuxième Concours ouvert par le Gouvernement italien depuis 1887 et dont les prix ne purent être attribués qu'en 1892. Ce n'est qu'à partir de ce moment que l'active propagande des publicistes et des professeurs des chaires ambulantes porta ses fruits. Dans l'intervalle quelques Sociétés œnologiques nouvellement fondées avaient réussi à se maintenir : l'Unione OEnologica di Ripatransone à Ascoli (Piceno) fondée en 1886, celles de Porto-Ferrajo (Ile d'Elbe), Cassano (Vérone), Strada (Vénétie) (3). L'une d'elles existe encore : l'*Unione Vinicola de Brindisi* fondée en 1888 par le concours de capitalistes souscripteurs d'actions de 100 francs et de producteurs qui s'engageaient à fournir chacun au moins 30 quintaux de raisins, qui seraient achetés au prix moyen du marché de Brindisi. Comme une partie des bénéfices de la vente devait revenir à cette catégorie d'associés, cette Société représente donc le type mixte entre la Société coopérative et la Société par actions. Ce caractère lui valut une médaille d'or de 2,000 francs au concours de 1892. Elle travaillait alors plus de 8,000 quintaux de raisins par an et son capital s'élevait à 50,000 lires.

(1) Le cantine sociali. — Lettera ai fattori et contadini del Bagno a Ripoli 1884.

Le Esposizione et l'Enologia, extrait du Journal «la Nazione» Mars 1884 et le Cantine sociali per i Contadini. — Firenze 1885.

(2) Son bilan au 20 septembre 1890 se balançait par une somme de 8.831 fr. 26.

(3) Quelques unes ont succombé pour des raisons purement accidentelles, par exemple, la seule qui ait été instituée en Sicile, celle d'*Acireale* dont l'établissement fut incendié sans avoir été assuré.

PHASE D'EXPÉRIMENTATION. — En somme, les résultats de ces dix années de propagande étaient plutôt médiocres. C'est pourquoi lorsque la rupture des relations commerciales avec la France rendit plus nécessaire que jamais l'ouverture de nouveaux débouchés, le Congrès des producteurs vinicoles et le Ministère de l'Agriculture, également persuadés que ni les Sociétés vinicoles par actions ni les Coopératives ne pourraient améliorer rapidement la production et suffire à organiser l'exportation, se mirent d'accord pour l'adoption d'une série de mesures générales dont on attendait des effets plus rapides et plus décisifs (1) :

1° Développer la première école d'Œnologie fondée à Conegliano (alors dirigée par notre distingué correspondant, M. G. B. Cerletti) et en instituer quatre autres à Avellino, Alba, Catania et Cagliari ; 2° Fonder trois chaires ambulantes d'Œnologie en Calabre, dans les Abruzzes et à Gattinara ; 3° Trois *Cantine* royales et des stations œnologiques pour l'expertise et les recherches sur les vins à Barletta (Rispoto) près de Catane et Noto, près de Syracuse ; 4° des pépinières royales de vignes américaines pour la reconstitution des vignobles phylloxérés à Asti (Vellétri), Barletta (Messine), Palerme et Macomer en Sardaigne ; 5° Pour favoriser l'exportation des vins fut fondée à Rome la Société royale des Viticulteurs italiens et on créa des agences techniques spéciales auprès des consulats de Zurich, Trieste, Fiùme, Bruxelles, Amsterdam, Berlin, Londres, Buenos-Ayres et New-York (2). En même temps plusieurs grands établissements vinicoles de producteurs et négociants associés furent établis pour la préparation des Marsala et Vermouth.

Ces mesures d'ordre général ne firent pas perdre de vue l'utilité d'introduire les coopératives dans la viticulture italienne. On espérait d'ailleurs beaucoup de leur effet pour stimuler et éclairer ce mouvement encore confus et incertain de

(1) Letre de M. le professeur Cerletti, novembre 1900.

(2) Réduites à cinq en 1896 : Trieste, Fiume, Berlin, Buenos-Ayres et New-York.

sa voie. En effet, on hésitait toujours entre les deux types de sociétés vinicoles déjà apparus dans le pays : la Société œnologique et la Cantina Sociale. C'est ce que témoigne le caractère indécis des rares sociétés fondées à cette époque et qui

La Cantina Sociale d'Oleggio.

ont survécu, telle l'Unione Vinicola de Brindisi, la Société vinicola imolese *d'Imola* (Bologne), la Societa œnologica coopérativa de *Riéti* et celle de *Frascati* (Rome). Toutes à l'exemple de l'Union vinicole de Brindisi ont un caractère mixte, car fondées par actions et à base capitaliste, elles empruntent des coopératives ce trait particulier qu'elles accordent une prime ou quote-part des bénéfices de la vente des vins aux producteurs des raisins, au prorata des livraisons faites par eux à la Société. L'adoption de cette organisation mixte par les sociétés œnologiques les plus récentes était déjà un hommage rendu à la supériorité pratique de l'organisation coopérative en œnologie. Pourtant le concours de 1890 ne révélait encore, outre celle de Bagno, que deux sociétés nouvelles également modestes, conçues d'après l'idéal nouveau : la *Sociéta dei propriétarii de Vérone* et la *Cantina Sociale d'Oleggio* (Novare). La première, constituée avec un capital de 70.000 lires, entre 4 propriétaires associés, produisait un total de 4,000 hectolitres de vin, mais elle n'offrait qu'une coopération trop voisine des Sociétés commerciales en nom collectif. La seconde, celle d'Oleggio, fondée en 1891 par le chevalier *Balsari* avec la collaboration du professeur *Puschi*, est avec la Cantina Pestellini, un des types les plus caractéristiques de la coopération proprement rurale (*Cantine sociali prettamente rurali*). Elle fut constituée sans capital par dix propriétaires et fermiers qui convinrent de mettre en commun leur matériel, leurs raisins et leur travail (1).

Ils utilisèrent au début le petit établissement du chevalier Balsari, la production était alors de 700 hectolitres. Les bénéfices réalisés ont permis en 1898-99 la construction d'un très vaste cellier avec caves souterraines, qui couvre une superficie de 1,800 mètres et renferme 24 grands foudres de 85 à 90 hectolitres. La production annuelle dépasse 3,500 hectolitres; elle est répartie en trois qualités de vins, vendus de 30 à 40 francs l'hectolitre. La majeure partie en est écoulée sur les marchés de la Lombardie, du Piémont et de l'Emilie. La Société travaille à développer ses affaires à l'extérieur : en Autriche, Suisse, Angleterre et même jusqu'en Chine et au Japon. Toutes les coopératives analogues qui ont été créées depuis sont également dues à l'inspiration des professeurs dévoués qui furent chargés de répandre en Italie les principes de la coopération avec ceux d'une meilleure œnologie. La cave de Barbaresco (p. de Cuneo) fut aussi fondée en 1893 par le professeur *Cavazza*, titulaire de la chaire ambulante de Bologne, pour la préparation du type de vin le plus réputé dans la région : *le Barolo*. Comme celle d'Oleggio, elle fut d'abord instituée sans capital d'établissement, rien que par la simple concentration dans un même local des instruments et foudres possédés par ses membres. L'année suivant fut instituée celle de *Stra* (près de Padoue) avec 20 sociétaires, sous l'inspiration du directeur de la caisse rurale de Vigivino. En 1895, apparut

(1) La cantina sociale di Oleggio. — Brochure de 8 pages. Oleggio, 1900.

la *Cantina sociale prealpina di Maggiora* (près de Novare). Le mouvement se développait donc avec lenteur. Celle-ci avait pour cause la confusion persistante dans l'esprit public entre les sociétés œnologiques de fâcheuse mémoire et les véritables coopératives, et l'incertitude qui régnait alors sur sur l'accord de l'institution nouvelle avec la législation commerciale italienne. La Cantina sociale de Bagno s'était d'abord constituée sous la forme de Société coopérative selon les prescriptions du Code de Commerce, mais elle ne fut pas reconnue comme telle par le tribunal de Florence et dut se dissoudre pour se reconstituer sur de nouvelles bases. La justice n'admettait pas que le bénéfice de l'art. 228 du Code de Commerce pût être étendu aux sociétés sans capital d'établissement, comme celle-ci. Le Congrès des œnophiles italiens, amené à s'occuper de cette question adopta sur le rapport du professeur Puschi (1) l'avis que les Cantine sociali devaient s'organiser d'abord modestement, sans capital d'établissement, en utilisant les caves et vases vinaires appartenant aux sociétaires et sous la forme civile, selon les principes du Code civil. Il leur recommandait de se constituer d'abord en simples sociétés de fait (via privata di fatto) s'en rapportant pour leur reglement provisoire à un contrat interne servant de règlement entre les associés.

Ces discussions montrent que le mouvement avait peine à pénétrer dans les masses rurales, bien que l'exemple des sociétés œnologiques eût démontré qu'en dehors d'elles, par le seul effet d'initiatives capitalistes, il n'était pas possible d'arriver à de sérieux résultats. En fait, les associations qui avaient réussi à se maintenir le devaient pour la plupart à l'activité et à la prépondérance du grand propriétaire qui avait pris l'initiative de leur fondation.

PREMIERS RESULTATS. — C'est ce que constate le rapport du concours international entre Cantine sociali organisé en 1895 par la Société des Œnotechniciens italiens à l'occasion

(1) Le cantine sociali. — Relazione al secundi congressi œnofili italiani. Milano, septembre 1894. Biella, 16 p.

de la fête agraire de Casale-Monferrato. On n'avait cru mieux faire pour honorer la mémoire d'Ottavio-Ottavi, premier initiateur du mouvement. Le rapport du jury, rédigé par l'avocat Priora, constate qu'aucune des quatre sociétés concurrentes ne peut être qualifiée véritablement Cantina sociale rurale. Il remarque que dans les caves rurales de Bagno de Ripoli et d'Oleggio la part des fondateurs, MM. Pestellini et Balsari, est trop considérable par rapport à celle de leurs associés pour que puisse exister dans la société cette égalité relative de situation et d'apport qui est nécessaire pour le développement de l'*affectio sociétatis*, laquelle résulte du sentiment de l'équivalence générale des intérêts et des responsabilités engagés. Dans la cave d'Oleggio, en 1892 et 1893, 80 % des raisins traités appartenaient au fondateur ; il en était sensiblement de même à Bagno. D'autre part, si l'une et l'autre de ces deux caves sociales avaient pu facilement s'établir sans capital initial c'est qu'il leur suffisait au début d'utiliser les locaux et le matériel de leurs fondateurs, gracieusement mis au service de tous. Elles n'avaient pas non plus à se préoccuper de la direction technique, assurée par ceux-ci. Dans ces conditions, les sociétés prennent un caractère personnel, individuel qui absorbe le caractère coopératif proment dit. Elles représentent d'honorables tentatives de grands propriétaires pour s'associer effectivement leurs métayers, mais il est impossible de leur attribuer le caractère de collectivité anonyme qui distingue la véritable coopérative.

Malgré la médiocrité générale des premiers résultats, le gouvernement continuait à stimuler la création d'Associations nouvelles par les primes de ses concours. Un arrêté du 18 août 1895 institua au nouveau concours entre les Associations vinicoles et Cantine sociali créées à une date antérieure au 18 janvier 1894, avec un prix de 5,000 lires, trois de 2,500 et trois de 1,000 et autant de prix de 500, 250 et 150 lires pour les directeurs techniques de ces institutions (1). Le jugement n'a été rendu qu'à l'occasion de l'exposition générale de Turin en

(1) Bolletino di Notizie agraria. Min. di agricoltura n° 47.

1898. Les deux premiers prix furent accordés à la Cantina sociale de Stra (près de Venise), et à son directeur, Amédéo Bennetti, les autres ne purent être distribués, sauf un des troisièmes à la Cantina sociale préalpina de Maggiora. La relation de la commission constitue une véritable monographie de ces Sociétés (1). La Cantina de Stra fut fondée le 8 septembre 1893 par les propriétaires locaux qui apportèrent 800 quintaux de raisins. Chacun fournit la meilleure part de son matériel pour être concentrée dans un local loué pour servir de cuverie et de cellier commun. L'essai ayant réussi, la société fut définitivement constituée par acte du 11 juillet 1894 en société anonyme avec capital de 50,000 lires divisé en actions de 1,000 lires, souscrit par 15 viticulteurs de *Stra* et de *Fiesso d'Astico*. Leur nombre a été porté depuis à 38, peu après à 69. Le but de la société est de préparer avec les raisins des sociétaires et ceux que la société trouverait opportun d'acquérir des tiers pour améliorer les produits de ses membres, des types de vins à caractère constant et distinct, aptes à satisfaire les exigences de la consommation intérieure et extérieure. La société acquit alors un terrain de 5 hectares pour son installation. Dès 1894, elle traitait 1757 quintaux de raisins, obtenait 1286 hectolitres de vin et fondait des dépôts pour la vente à Padoue et Trieste. En 1895, le chiffre de la vendange traitée passait à 4,935 quintaux dont 4,100 fournis par les actionnaires. La Société obtenait en tout 3,543 hectolitres de vin, chiffre monté en 1897 à 4,300. Son directeur technique, Amédéo Benetti, ancien élève de l'école de Conégliano, outre la direction des caves, a l'obligation d'instruire les adhérents sur les travaux du vignoble.

Le fonctionnement de la société de Stra est le suivant. A l'époque de la vendange, le Conseil d'administration fixe la quantité de raisins à travailler et la divise par le nombre des actions ; chaque sociétaire fournit une quantité de raisins déterminée et en proportion du nombre d'actions qu'il possède. L'estimation des raisins est faite par le directeur et un arbitre

(1) *La Revista*, organe de l'école de viticulture et d'œnologie de Conegliano, février et mars 1899.

nommé par le président en tenant compte : 1° du lieu de production des raisins; 2° du degré gleucométrique; 3° de l'état de maturité et de la santé des raisins ; 4° des prix pratiqués sur les marchés voisins les plus importants et pour les raisins acquis par la société à des tiers. Le prix fait est fixé sans appel. La société possède une distillerie avec quatre cuves en ciment pour contenir 131 quintaux de vin, deux bâtiments pour servir de cuverie et de cellier, et deux cuves contenant 4 foudres de 380 hectolitres, quatre de 208 et un grand nombre de 50 à 25 hectolitres, revenant de 5 fr. à 8 fr. l'hectolitre. Les moûts proviennent des cépages Pataresca et Corbinella et sont améliorés par des achats de petites quantités de raisins blancs de Soave (près de Vérone). On prépare avec eux trois types de vins, un de table marque *Stra* avec les raisins de Pataresca, un second obtenu avec les raisins de Corbinella et mélangé avec des vins du midi de la péninsule et un troisième de marque supérieure fait de Corbinella mélangée avec des raisins blancs de Soave. Les bonnes pratiques dont la société a donné l'exemple se sont répandues, tant pour la vinification que pour la conduite des vignes, dans toute la région. Elle a créé en outre un vignoble modèle planté de variétés du pays et de Cabernet du Bordelais, conduit à la mode française. Pour l'écoulement de ses produits, elle a créé des dépôts à Venise, à Padoue, Udine, Trieste. Les bénéfices sont ainsi répartis : 20 % au fonds de réserve, 70 % aux actions et 10 % aux sociétaires en raison des quantités de raisins fournies.

Dans le même concours, une autre société la Cantina Sociale prealpina di Maggiora bénéficia d'un troisième prix. Elle a été fondée en 1898 par sept propriétaires de Maggiora et de Bocca qui réunirent leur matériel et le complétèrent par une souscription de 1500 lires pour l'achat d'une pompe et la construction d'une cuve en ciment, sur les conseils et sous la direction du professeur V. Puschi, directeur de la chaire ambulante de viticulture et d'œnologie de Gattinara.

La quantité de vins produite oscille de 800 à 1.200 hectolitres et s'écoule facilement sur les marchés de Turin, Milan et Bologne. En 1898, cette société n'avait pas encore pu, faute de capitaux, acquérir toute l'installation nécessaire pour bénéficier complètement de la production en grand ; elle était pourtant un bel exemple de la possibilité de cônstituer une coopérative efficace avec les dépenses les plus minimes.

L'OEUVRE OENOLOGIQUE DES COOPERATIVES DE CONSOMMATION. — Mais tandis que la coopération de production n'aboutissait qu'à des résultats, heureux sans doute, et d'un exemple utile pour l'avenir, une autre modalité de la coopération vinicole apparaissait en Italie et, d'emblée, atteignait à des résultats d'une importance beaucoup plus considérable (1). C'est la production directe des vins par les grandes coopératives de consommation. L'exemple le plus remarquable a été fourni par l'*Union Coopérative de Milan*, fondée en 1886 par l'ouvrier copiste, Luigi Buffoli, avec trente souscripteurs d'une part de 25 lires. Dix ans après, en 1897, elle comptait 4.556 sociétaires avec un capital de 1.450.000 lires et effectuait pour 4.756.115 lires de ventes par an. Le cinquième de ces ventes est représenté par les vins produits par la société elle-même dans ses caves du Château Sforzesco à Milan et sa succursale de la Via Panfila Castaldi. Elle achète à cet effet les raisins les plus fins des vignobles d'Alba et d'Asti et les vinifie dans ses celliers, de manière à constituer quelques types de vins d'un caractère constant, en rapport avec les goûts de sa clientèle. Elle avait confectionné elle-même en 1896, 40.000 hectolitres de vin et pour maintenir la constance de ses types et satisfaire plus complètement sa clientèle, elle avait dû acheter encore 14.500 hectolitres de vins auprès des propriétaires. Elle vend la plupart de ses vins en bouteilles moyennant un simple supplément de 0.05 par bouteille, port et étiquette compris. Sa vente journalière s'élevait en 1900 à 5.500 litres par an. Le prix de ses vins de choix variait de 0,90 la carafe à 1 fr. 20. Un œnologue responsable assisté d'un adjoint est chargé de la direction de son service vini-

(1) Mabilleau, cf. p. 334 et *Eneu Cavaliero*, Latterie et Cantine Sociali Rome, 1896.

cole avec pleine autorité sur le personnel secondaire (1). Cet exemple a été imité par la grande coopérative des employés de l'Etat et l'*Union Militaire* de Rome dont les ventes de vins sont montées respectivement de 300 hectolitres en 1891 à 8.500 et 15.000 en 1894. Ces chiffres et la rapide croissance de leurs opérations, rapprochés de la faible production et du lent développement des coopératives de producteurs, semblaient à M. le Commandeur Enéa Cavalieri, une preuve de la supériorité d'aptitude de la coopération de consommation sur la coopération de production dans la matière de la production et de la vente des vins (2).

3e PERIODE. — 1896-1901. - Mais depuis cette époque, le mouvement coopératif vinicole d'origine proprement agraire a pris un essor de plus en plus rapide, conformément aux prévisions des œnologues qui ne désespéreraient pas de voir enfin l'industrie œnologique rurale dans la même voie que l'industrie laitière. Les difficultés plus grandes de la matière semblent avoir exigé seulement une expérimentation préalable plus lente et plus méthodique. L'un des plus fervents propagandistes des coopératives vinicoles, notre dévoué correspondant M. Arturo Marescalchi, rédacteur en chef du Giornale Vinicolo (3), jugeait que la lenteur de leur développement tenait uniquement au caractère trop théorique du but primitif assigné à leurs efforts, la production de vins à types constants. Il fallait, pour frapper l'esprit positif du paysan, des réalités aux conséquences plus tangibles et plus immédiates. « Je crois, nous écrivait-il, que les idées coopératives pourraient se consolider et aboutir à quelque chose de pratique pourvu qu'elles aient comme but une question économique : produire de bons vins commerçables promptement *pour les réaliser le plus tôt possible* et les produire

(1) Elle a fondé à Berlin en 1900 pour les vins un entrepôt avec restaurants annexes qui a obtenu des résultats très satisfaisants. — V. Bonefon, série d'articles du *Figaro*, décembre 1901 et 9 janvier 1902.

(2) Rapp. cité p. 21-22 et lettre d'août 1900.

(3) Casale Monferrato. — Hebdomadaire.

avec le moins de frais possible, ce qui ne peut s'obtenir qu'avec la coopération. Voilà le problème tel qu'il peut frapper le paysan et convaincre le public (1). » Cette opinion est pleinement corroborée par la progression croissante du mouvement d'association depuis ces deux dernières années, maintenant que les conditions pratiques dégagées par les expériences de Bagno de Ripoli, Oleggio et Maggiora ont éclairé les partisans de la coopération viticole.

C'est ainsi que sont apparues en 1898, sur le même type que les précédentes et les bases les plus modestes, les Cantine Sociali de Soave et Riéti, en 1899 celles de *Bergamo* (organisée par la chaire d'agriculture provinciale), de *Frascati* (Rome), de *Manerba* et qu'on a préparé le terrain pour fonder en 1901 des caves sociales à *Lucca* (également organisées par la chaire provinciale d'Agric. et à *Mugello* (Florence).

L'exemple de l'improvisation des Caves de Manerba et de Valpolicella est particulièrement instructif sur les conditions de la naissance de semblables institutions. A Manerba, les vignerons se trouvaient en présence d'une grosse récolte sans matériel vinaire suffisant, avec la perspective d'être obligés de vendre leurs raisins aux prix désastreux que le commerce, profitant de leurs embarras, se préparait à leur imposer. Ils demandèrent l'appui de la Caisse rurale Catholique de Manerba (du groupe fondé par le célèbre abbé Cerutti) (2). D'autre part, un grand propriétaire du lieu Mme Lucie Vitalini mettait provisoirement à leur disposition une cave spacieuse bien pourvue de foudres en parfait état de conservation. La Caisse rurale avança à la Société un prêt de 15 lires par chaque quintal de raisin consigné à la Société. Le vin fait et vendu, le profit réalisé après remboursement de cette avance sera réparti entre les sociétaires au prorata des apports de raisins faits par eux à la cave commune. La Cantina Sociale de Fumana dans la région viticole de Valpolicella (province

(1) Lettre du 10 juin 1900.

(2) Giornale Vinicolo, 4 novembre 1900. Come si improvisa una Cantina sociale et 20 octobre 1901. Una cantina sociale in Valpolicella.

de Verone), fut créée dans les mêmes conditions en 1901, sur l'initiative du comte Ugo Guarienti et les conseils du professeur Poggi, avec 20 sociétaires qui mirent en commun, dès la première année, 2.500 quintaux de raisins. Pour local, on loua celui d'un des sociétaires, pour la vaisselle vinaire on fit de même en réunissant les meilleurs éléments du matériel de chacun d'eux, après estimation et moyennent un intérêt annuel de 3 %. Les capitaux furent fournis par la banque catholique de Verone. En Italie, comme en Allemagne, nous voyons par ces exemples que le développement de la coopération de crédit est la base et souvent la condition préalable du développement de la coopération viticole.

La rareté plus grande des capitaux y explique aussi la modestie des débuts et justifie le patronage temporaire des grands propriétaires qui facilitent ou provoquent l'association des petits producteurs de leur voisinage.

L'année 1901 a été marquée par une très vive poussée du mouvement en faveur de la coopération viticole dans toute l'Italie supérieure. La cause en est dans l'accentuation de la crise viticole « qui, nous écrit M. Marescalchi, pousse les tardifs, attire les savants, force à l'union pour avoir la force de vaincre les difficultés présentes (1). » C'est pourquoi au cours des dernières vendanges ont fonctionné, outre celle de Fumana, les Cantine Sociali nouvelles de *Calliano*, *Castagnole*, *Cunico*, *Castellalfero*, *Portacomaro*, *Monbercelli*, toutes dans la province d'Alexandrie. Dans celle de Turin, les caves de *Montemagno*, *Valenza* et d'*Asti*. Cette dernière a été fondée grâe au concours de la caisse d'épargne d'Asti. Elle produisit 1.500 hectolitres de vin dans la dernière campagne. Un syndicat central s'est formé à Asti sous la présidence de M. le député *Annibal Vigna* pour aider à la formation et au développement de ces Caves Sociales et organiser la vente de façon à éviter que les coopératives se fassent concurrence. Un autre syndicat est en formation à Casale Monferrato. D'autre part, deux œnologues très distingués de l'Italie, MM. les

(1) Lettre du 13 novembre 1901.

professeurs Cavazza et Strucchi, ont fondé à *Alba* un syndicat pour la défense du vin piémontais. Un fait digne de remarque, c'est que plusieurs des coopératives nouvelles, celles de Castellalfero et de Portomaco entr'autres, se sont instituées sur l'initiative du député Vigna pour préparer le vin pour les coopératives de consommation de Turin et de Milan. C'est là un fait nouveau bien digne de remarque, car il manifeste l'accord décisif de la coopération de consommation et de celle de production, sans absorption de l'une par l'autre ni subordination d'aucun intérêt, mais par division du travail et partage du profit pour le commun avantage des producteurs et des consommateurs. De cette manière est résolue la plus grave des difficultés : la découverte de débouchés pour la vente du vin. Pour les Caves rurales indépendantes, la formation des syndicats centraux de Casale Monferrato et d'Asti décèle la tendance du mouvement à s'organiser dans le même sens qu'en Allemagne par la Fédération des sociétés locales.

Au dernier congrès viticole, celui de Novare (27-28 octobre 1901), la discussion des résultats obtenus par les caves coopératives a abouti au vote des résolutions suivantes qui résument en quelque sorte l'expérience des dernières années (1).

1° Le Congrès affirme que les caves coopératives concourent efficacement à la solution de la crise vinicole.

2° Recommande aux fondateurs de Caves coopératives la plus grande simplicité d'organisation, la plus rigoureuse économie dans les dépenses de premier établissement et d'exercice et une direction technique et unique.

3° Déclare préférables les petites associations autonomes, sauf à elles à se constituer ensuite en fédération.

(1) Journal Officiel du 23 décembre. — Une communication récente de notre Consul à Turin décrit ainsi le fonctionnement des caves nouvelles. On relève le degré alcoolique des raisins apportés par chaque sociétaire, la comparaison au degré moyen des vins du marché d'Asti permet d'établir le prix provisoire affecté aux apports de chaque sociétaire. Il est porté à son crédit. La vente terminée. la clôture des comptes fait voir s'il y a retenue ou bénéfice à effectuer.

4° Reconnait la nécessité d'allier les Caves Coopératives aux caisses rurales.

5° Fait des vœux pour qu'une loi émanant de la sollicitude du gouvernement favorise la création des Caves Coopératives.

Enfin sur la proposition de MM. Vigna et Corazza, le Congrès a émis le vœu « que les Coopératives de consommation évitent de se mettre en concurrence avec les Caves coopératives et les producteurs de vin et entretiennent au contraire avec eux des rapports directs ».

L'évidente analogie de ces déclarations avec l'organisation de la coopération viticole allemande montre que les mêmes méthodes s'imposent partout à la viticulture aux prises avec les mêmes difficultés.

AUTRES INSTITUTIONS COOPERATIVES. — Concurremment avec les Cantine Sociali, se sont développées en Italie dans ces dernières années, d'autres institutions à coopération moins étendue, néanmoins conçues dans un but viticole analogue. Tels sont les *Syndicats de vente* et les *Distilleries Sociales*.

Le type le plus ancien des premiers est le syndicat vinicole de *Novare* fondé en 1895 par le professeur V. Puschi à l'imitation de ceux de la Suisse, particulièrement du canton de Vaud (1). En 1900 il a pris une nouvelle une nouvelle initiative qui constitue un pas décisif vers une coopération plus étendue. Pour arriver à constituer un type de vins constant pour l'exportation sans courir au début les risques d'une installation nouvelle, il s'est mis en rapports avec la Cave Sociale déjà existante d'Oleggio, qui travaille ses vins dans des conditions analogues à celles faites à ses propres membres. La banque populaire de Novare a fourni les avances nécessaires. Un nouveau syndicat du même genre a été fondé fin 1899 à

(1) Voir ses statuts dans l'excellente brochure de propagande du professeur. *A. Marescalchi*. La cooperazione nell' industria Enologica. — Guide pratique pour constituer des caves sociales et d'autres coopératives viticoles. — Casale Monferrato 1900, prix 1 lire.

Martinafranca (Lecce). Un pas plus considérable vient d'être fait dans la même voie par les *Consorzi agrari* (syndicats agricoles italiens). Ils se sont fédérés en 1899 au nombre de 150 pour constituer la *Federazione italiana dei Consorzi agrari*, à Plaisance (1). Celle-ci a constitué une section spéciale de statistique et de propagande coopérative. En 1901, nous apprend notre infatigable correspondant, M. Marescalchi (2), ces syndicats qui s'occupaient exclusivement jusqu'alors, comme les nôtres, de l'achat des engrais, semences, machines, etc., tentent de s'occuper de la vinification en compte commun des raisins des sociétaires. Pour cela, ils profitent de la cave plus grande de quelque adhérent et passent en compte social les fûts soigneusement choisis des sociétaires. Ceux-ci s'obligent par contrat à fournir les sortes et quantités de raisins nécessaires et la main-d'œuvre pour leur vinification. Ce genre de cave sociale très simple parait appelé à un grand avenir. Le premier exemple en a été fourni par la Coopérative agricole Reggiana à *Reggio* (Emilie) fondée par le Consorzio agrario de Parme (3). Ces faits déterminent l'accentuation décisive du mouvement syndical dans le sens de la coopération complète et l'annonce de la généralisation prochaine des Cantine Sociali dans la viticulture italienne.

Pour préparer le terrain et amener peu à peu les paysans inertes à la coopération plus étendue, MM. Ottavi et Marescalchi ont fondé en 1900, à Casalemonferrato, une *Bourse vinicole* pour tenter de créer un marché régulateur des prix et qualités des vins de la région et devenir la base future de Syndicats de vente, Caves sociales et Distilleries coopératives (4).

Enfin, depuis 1895 sont apparues dans la viticulture ita-

(1) Dr J. Rayneri. Annuario dei Consorzi agricoli.

(2) Lettre du 5 août 1901.

(3) Giornale Vinicolo du 28 juillet 1901. I Consorzi agrari e la lavorazione in comune delle uve dei soci.

(4) Son règlement vient de paraître dans le G. Vinicolo du 16 février. Sur l'initiative des mêmes œnologues, une *Société des Viticulteurs du Monferrat* vient de s'organiser à Casale en janvier 1902.

lienne de nouvelles institutions coopératives d'objet analogue mais plus limité que celui des Cantine sociali, et qui d'emblée ont brillamment réussi : *Les distilleries coopératives.* Leur développement est pour une bonne part la conséquence d'une disposition législative sur les spiritueux. La loi du 8 août 1895 divise les distilleries en deux catégories : 1° Celles qui travaillent les matières amylacées, grains, mélasses; 2° Celles qui distillent des vins, marcs, fruits, miel, etc... Les établissements coopératifs de cette deuxième catégorie ont droit à un boni de 18 % sur le total de la taxe de 180 lires par hectolitre d'alcool anhydre à la température de 15°. Cette différence de situation entre la distillerie industrielle et celle des bonnes eaux-de-vie de vin, vainement réclamée en France par nos producteurs de l'Armagnac et des Charentes, a été ainsi sagement conçue de manière à provoquer le groupement des producteurs pour l'obtention de bonnes eaux-de-vie par les méthodes les plus perfectionnées. Cette méthode garantit aussi d'une manière plus sûre, avec la facilité de contrôle des opérations communes, l'authenticité et la qualité des produits livrés à la consommation. L'art. 2 du règlement du 5 juillet 1896 pour l'application de la loi exige que les coopératives constituées dans ce but se conforment aux conditions de l'art. 220 du Code de Commerce, c'est-à-dire qu'elles se constituent par acte public et sous la forme commerciale (2).

Le gouvernement a encouragé leur institution par des dépôts de machines dans les stations ou écoles d'œnologie d'Asti, Alba, Catania, Cagliaro, Conegliano, etc... Ils peuvent être prêtés aux viticulteurs pour une période déterminée, celle de la distillation des résidus de la vinification. La plus ancienne de ces sociétés, celle de *Frascati*, fondée en 1894 par M. Anas-

(1) V. pour les conditions de constitution, Marescalchi op. cité, p. 25-32. — Dans une lettre du 4 janvier 1902, M. Marescalchi nous informe qu'un décret du 30 décembre 1901 vient d'élever la bonification de taxe à 25 % pour la distillation des vins et marcs, à 30 % par faveur spéciale, pour les coopératives créées pour le traitement de ces mêmes produits.

Id. *A Bergel.* — Les distilleries coopératives et la transformation du privilège des bouilleurs de crû. *Rev. de Vitic.* — 1er sem. 1902.

tasio Réali avec 17 membres, s'est dès le début procuré les appareils nécessaires par un emprunt de 2.500 lires, auprès d'une banque populaire et de la Caisse d'épargne. Dès sa fondation elle travaillait 3,000 quintaux de marcs (4,198 en 1900) achetés à ses membres au prix moyen du marché, 2 fr 50 les

Vue de la Distillerie Coopérative de Frascati.

100 kilog. En 1899, elle possédait 166 membres et distribuait un dividende de 5 fr. 50 pour les marcs de 1re qualité et de 4 fr. 50 pour les secondes. Elle décida alors de compléter son installation en prélevant sur son bénéfice net de 30,368 lires, une somme de 20,000 lires pour les constructions et achats d'appareils nécessaires. En 1901, le nombre de sociétaires

montait à 276 et le dividende à 7 l. 28 par quintal de marcs (1).

Celle de Gattinara réalisa de même dès sa première année de fonctionnement (1896-1897) un bénéfice de 4 l. 48 par quintal. Ces bénéfices, qui ont plus que doublé pour les viticulteurs associés les profits qu'ils tiraient isolément des résidus de la vinification, s'expliquent par une distillation mieux conduite, plus complète, et plus économique, en raison du travail en grand et par le profit que donne l'extraction de la crême de tartre que renferment les résidus de la distillation, opération ultime qui n'est possible qu'à la condition d'opérer sur de grandes masses de matière. En raison de l'excellence de ces premiers résultats, cette institution paraît devoir se propager rapidement. Sur 46 distilleries agricoles que M. Marescalchi dénombre en Italie (2) outre celles de Frascati, Borgogiesa, Gattinara et Novare, figurent trois nouvelles coopératives : celles de *Valenza* (Piémont), *Schio* (Vénétie) et *San Severo* (Italie Méridionale), récemment organisées.

STATISTIQUE. — En combinant les renseignements qui nous sont parvenus de différentes sources, nous pouvons tenter de dénombrer et de classer ainsi les sociétés de caractère coopératif, plus ou moins étendu, qui existent actuellement en Italie :

Sept distilleries coopératives : Borgogiesa, Frascati, Gattinara, Novare, Schio, San Severo, Valenza.

Cinq sociétés œnologiques ou mixtes : Sondrio, Stra, Brindisi, Imola, Frascati.

Deux Syndicats généraux : Asti et Alba.

Une Bourse vinicole : Casale Monferrato.

Trente-cinq Caves Coopératives. — Durant l'impression

(1) Tiré de *A. Marescalchi. Come si impianta una Distilleria cooperativa.* Dans cette nouvelle brochure on trouvera des détails complets sur l'organisation de ces institutions et leur installation technique. — Publication du Giornale Vinicolo. — Casale 1902.

(2) Brochure citée, p. 36-37.

de cet ouvrage, le *G. Vinicolo* du 16 février nous en apporte la statistique la plus récente et la plus complète qui ait pu encore être dressée. Elles sont ainsi réparties :

PIEMONT

Province de Cuneo. — 10 cantine sociali : Barbaresco (2 sociétés), Govone (8 sociétaires produisant 650 Hl.), Conegliano d'Alba (5 avec 500 Hl.) Monforte d'Alba (100 s., 1500 Hl.), Vezza d'Alba (51 300 Hl.), Mango (18 — 600 Hl.), Castiglion Tinella (20 — 750 Hl.), Castiglion Faletto (2 sociétés).

Province d'Alexandrie. — 12 Cantine : Asti (40 sociétaires, product. 800 Hl.), Calliano (72 — 1300), Castagnole Monferrato (52 — 650 ; barbera), Castellalfero (70 — 1200), Fubine (43 — 550), Montemarzo d'Asti (62 — 550), Portacomaro (30 — 600; barbera), Rocca d'Arazzo (44 — 600; barbera) Valenza (15 — 500). Ces neuf sociétés ont formé pour les régions d'Asti et du Monferrat l'*Union coopérative agricole d'Asti* qui groupe 428 sociétaires représentant une production totale de 6.750 hectolitres.

En dehors d'elle existent dans la même province les caves sociales plus récentes de Cunino (70 s. avec 1,500 Hl.), Montemagno (500 H.), Monbercelli (112 s. — 2,800 H.) ; une autre est en formation à Vignale Monferrato.

Province de Novare. — Deux Sociétés : *Oleggio* et Maggiora.

LOMBARDIE

Province de Pavie : Stradella. — *Province de Brescia* : Manerba et Tremosine. — *Province de Bergame* : Bergamo. — *Province de Mantoue* : Luzzara et Curtatone.

VENETIE

Province de Verone. — Soave et Fumane (Dr B. Boggiali).

Province de Rovigo. — Lendinara (Dr C. Volpe).

EMILIE

Reggio Emilia (20 sociét. prod. 630 hectolitres, Dr L. Vecchia). Une autre est en formation à Gualtieri.

TOSCANE

Province de Florence. — Bagno de Ripoli (elle a installé en 1901 une succursale à Sizzano pour la production du Chianti, 1.600 hectolitres), Borgo S. Lorenzo (Dr G. Gerini).

LATIUM

Province de Rome. — Rieti (Dr C. Marani) et Marino.

En dehors de ce total, on annonce la formation de six autres sociétés, notamment à Ruvo (Bari).

On voit en comparant les nombres de sociétaires et ceux de la production commune, que les Cantine Sociali sont comme les Winzervereine, surtout formées de petits et très petits propriétaires. Les indications précieuses que vient de recueillir M. Marescalchi, confirment donc à nouveau les conclusions que nous avons dégagées sur le rôle, le caractère et le meilleur mode de constitution de ces institutions essentiellement rurales.

SECTION II

LES RÉSULTATS DE LA COOPÉRATION VINICOLE ITALIENNE

Nous voyons que si le développement de la coopération viticole n'a pas encore atteint en Italie l'ampleur qu'il possède à cette heure en Allemagne, il n'en est pas moins riche en enseignements à cause de la variété des formes d'association qui ont été expérimentées. En dehors des bourses vinicoles et syndicats de vente, dont d'autres régions et la France elle-même nous offrent une plus grande variété d'exemples, nous avons pu en dénombrer quatre qui méritent chacun de retenir encore notre attention : les Sociétés œnologiques, les Caves sociales, les Coopératives vinicoles de consommation et les Distilleries coopératives.

SOCIETES ŒNOLOGIQUES.— Les Sociétés œnologiques, simples Sociétés anonymes capitalistes de fabrication et de vente des vins, n'ont pas donné de résultats. Les seules qui aient réussi à se maintenir, comme celles de Sondrio, Brindisi et Stra, le doivent à ce que leur organisation d'apparence capitaliste, masque en réalité comme dans l'exemple des coopératives du Valais, leur caractère semi-coopératif. Leur capital provient en effet des souscriptions de propriétaires de vignobles et les actions représentent souvent en fait pour chacun d'eux la proportion moyenne des quantités de raisins qu'ils livrent à la cave commune. L'attribution d'une prime de 10 à 20 % des bénéfices, au prorata du prix des raisins livrés par les vendeurs non sociétaires, complète encore ce caractère semi-coopératif.

Toutes les autres Sociétés, où l'intérêt du capitaliste-actionnaire était complètement séparé de celui du récoltant vendeur de raisins, ont complètement échoué. C'est la condamnation de cette forme d'organisation dans la pratique. Ce résultat tient à deux raisons faciles à percevoir : 1° D'abord, à l'infériorité de nature de ces Sociétés, à la fois sur l'organisation commerciale et sur l'organisation coopérative. En effet, elles n'ont pas comme la première le ressort interne de l'activité patronale, qu'elles doivent remplacer par une gérance et un conseil d'administration, tous deux fort coûteux et insuffisants quand il s'agit de contrôler des opérations aussi complexes et fractionnées que les détails de l'achat, de la conservation et de la vente des vins. Elles n'ont pas non plus comme la seconde, pour y suppléer, l'intérêt capital de chaque associé, la conscience de sa solidarité et la vigilance de son dévouement ; 2° Ensuite, elles ne peuvent débuter modestement. Obligées de concurrencer le commerce par les mêmes moyens, il faut qu'elles disposent de ressources au moins aussi considérables que les maisons rivales dominantes sur le marché. Dès l'abord, elle doivent faire de grands frais d'installation, d'achats et de réclame alors que la clientèle n'est pas encore assurée et les débouchés incertains. Si les ventes tardent à se développer, les rentrées à se produire, le capital avancé et qui escomptait de gros bénéfices prend peur, le crédit se resserre et il faut liquider, peut-être à l'heure où plus de persévérance et de facultés d'attente aurait commencé à produire des résultats. Tel a été le cas de la plupart des Sociétés œnologiques d'Italie. La plupart ont succombé faute de débouchés. Elles ont voulu aborder d'emblée la grande production, sans passer par la phase d'organisation prudente et de développement commercial progressif qui s'impose à toutes les entreprises nouvelles que ne guide pas l'expérience du passé.

Leur échec doit servir de leçon aux tentatives récentes. Il justifie la recommandation des œnologues italiens de commencer par de petits groupements de producteurs avec des capitaux d'établissement très modestes, pour n'étendre le champ des opérations et les dépenses d'installation qu'en proportion avec les débouchés obtenus et dans la mesure des espérances que les premiers résultats autorisent.

CANTINE SOCIALI. — Les caves sociales ou coopératives, qui ont au contraire donné des résultats encourageants, représentent un type d'organisation tout différent, d'un caractère coopératif aussi net que celui des Winzervereine. Leur premier initiateur heureux, l'avocat Hippolyte Pestellini, a parfaitement résumé en ces termes les contrastes de ces deux modes d'organisation : cave coopérative et société œnologique: « Dans la première, dit-il en substance, les propriétaires mettent en Société leurs raisins, dans la seconde les raisins et le vin doivent être achetés à bon marché. Dans la première, celui qui fournit le raisin est intéressé dans les produits et leur vente, dans la seconde, les producteurs vendent à la Société comme à un tiers quelconque les raisins ou le vin, et leur intérêt ne va pas plus loin. Les raisins ou le vin vendus, le propriétaire a fini sa fonction, ensuite le capitaliste le remplace. Dans la première, la responsabilité et l'amour-propre du propriétaire sont en jeu, dans la seconde il n'y a en jeu que l'esprit de spéculation pour trouver le gain et le fruit du capital engagé ; la prospérité de la Société n'a que ce but : un bilan rémunérateur. Dans la première, les sociétaires se connaissent tous entre eux et se secondent dans toutes les affaires qui se rapportent à leur entreprise agricole. Dans la seconde, les actionnaires ne se connaissent pas entre eux, sauf dans les réunions et pour la plupart ne sont ordinairement pas des agriculteurs (1).» La cave sociale seule présente donc les avantages de la communauté d'intérêts et d'action qui caractérise la coopération vraie.

Nous avons vu que cette forme de Société vinicole est apparue en Italie par désir d'appliquer à la viticulture l'organisation qui avait si bien réussi en agriculture dans les laiteries sociales. Les résultats sont bien loin d'être aussi étendus et aussi généralement favorables. Alors qu'il existe aujourd'hui sur tous les points de la péninsule plus de 300 laiteries coopératives, c'est à peine si nous avons pu dénombrer une vingtaine de véritables coopératives vinicoles et pourtant voilà près de vingt années que leur instauration préoccupe activement nos voisins. C'est que l'entreprise était autrement complexe et difficile. Un des propagateurs les plus autorisés de la coopération sous toutes ses formes, M. V. Niccoli, professeur d'Economie rurale à l'Ecole supérieure d'Agriculture de Milan, en a fort bien dégagé les raisons dans son excellent manuel sur les Coopératives rurales (2). Outre les inconvénients, dégagés par le professeur Puschi, qui résultent de la législation fiscale italienne, les difficultés particulières de l'installation des coopératives viticoles sont au nombre de deux : 1° La plus grande complexité du problème de l'évaluation équitable des produits à travailler en commun. En effet, s'il n'y a pas souvent lieu de tenir compte dans les laiteries des différentes qualités de lait apportées, détermination d'ailleurs assez simple avec le butyromètre, il est impossible

(1) Le Vin. — Conférences de Mai-Juin 1898. — 9e Conférence : Cantine Sociali et Società Enologiche. — Firenze 1898. page 19.

(2) *Cooperative rurali.* — Hœpli, éditeur Milano. — *Coopérative di lavoro et di produzione, 1898, pages 150-51.* Cet ouvrage et le suivant du même auteur. *Economia rurale*, Contabilità delle Cantine Sociali et Latterie Sociali, Turin 1898, contiennent d'excellents modèles de comptes et tableaux applicables à la comptabilité de ces institutions.

de payer au même prix les raisins de cépages distincts apportés de terroir différents en des états très divers de maturité ou de bonne conservation. Il ne suffit plus de procéder à l'évaluation en quantité, il est de toute nécessité de procéder aussi à celle de la qualité. Il faut absolument tenir compte de tous les éléments ci-dessus et il est très difficile d'arriver dans cette voie délicate à l'équité parfaite et à la satisfaction générale, en raison de l'amour-propre des producteurs qui apportent leurs raisins. La multiplicité même des méthodes employées que nous éludions dans la quatrième partie de cet ouvrage, ch. II, révèle la difficulté de cette évaluation si complexe ; 2° En second lieu, la durée plus grande du cercle des manipulations et transformations des produits jusqu'au moment favorable à la vente, l'éloignement de celle-ci, qu'il peut être quelquefois avantageux d'attendre plusieurs années, tout cela retarde le règlement définitif du bilan d'un exercice et de la distribution des bénéfices, donc le moment où le producteur perçoit clairement les avantages de l'association. Dans les laiteries coopératives, la transformation et la vente des produits, beurre et fromage, s'effectuent rapidement. Au terme des premiers mois de l'exercice, la distribution des bénéfices peut déjà commencer et l'évidence des profits vient aussitôt stimuler la conviction et le zèle des associés.

Une troisième raison souvent invoquée et qui a moins de valeur, est le coût plus élevé de l'installation nécessaire pour opérer en commun. Sans doute, si dès le début les caves coopératives, imitant l'exemple des premières sociétés œnologiques, voulaient créer de toutes pièces une installation modèle complète, avant même d'avoir trouvé des débouchés pour les produits, non seulement elles auraient besoin de gros capitaux difficiles à trouver, mais comme leurs devancières, elles courraient grand risque d'aboutir aux mêmes désastres. Mais les expériences faites ont eu au moins ce résultat de dégager les conditions pratiques de leur institution Tous leurs partisans s'accordent maintenant en Italie à reconnaître qu'elles doivent débuter dans les conditions les plus modestes et presque sans capital. Leurs membres mettront en commun leur matériel particulier, au moins pour la partie qui aura été choisie après estimation.

Il en sera de même du choix du ou des celliers et caves nécessaires. On se contentera aux débuts de louer les locaux indispensables. Tout au plus auront-elles besoin, si le matériel fait trop défaut à leurs membres, d'acheter une pompe et un filtre à pâte, soit selon M. Marescalchi, pour une production totale d'un millier d'hectolitres une dépense totale de 600 à 1000 fr. au maximum, facilement couverte par le crédit commun (1).. Cette dépense à amortir en dix années aurait grevé la production d'un petit propriétaire récoltant 200 hectolitres au plus de 0.30 à 0.50 par hectolitre. Le seul fait d'opérer en commun dans le cas ci-dessus réduira ces frais à 0.06 ou 0.10 puisque les mêmes appareils seront suffisants pour tous les associés. Dans la suite, la société se constituera peu à peu un matériel propre avec les fonds annuellement réservés à cet effet sur ses bénéfices. Elle n'a donc pas besoin à ses débuts d'engager de sérieuses dépenses. Encore avons-nous raisonné dans le cas normal, à fortiori, les débuts des sociétés deviennent-ils plus faciles quand elles n'ont comme à Bagno de Ripoli et Oleggio, qu'à profiter d'une installation particulière, mise à leur service par un associé grand propriétaire. Mais il importe que cette situation n'ait qu'un caractère temporaire et transitoire, car la coopération vraie est exclusive de tout patronage, même désintéressé.

CONDITIONS LEGALES ET SOCIALES. — En fait, nous avons vu pourtant que la plupart des caves coopératives actuellement existantes en Italie sont nées, dans ces dernières conditions, de l'initiative d'un grand propriétaire qui commençait par grouper ainsi ses métayers et proches voisins. Si nous étudions leur répartition actuelle, on voit en effet qu'elles ont trouvé un terrain d'établissement plus particulièrement propice dans les pays de *métayage*. « Au point de vue de l'éco-

(1) Marescalchi. — Per una Cantina Sociale nel Monferrato. — Conférence. — Casale, 1899.

nomie rurale, l'Italie, dit M. Mabilleau (1), est partagée, suivant les régions, entre deux entraînements contraires également dangereux pour l'équilibre économique du pays : l'un vers l'extension indéfinie des grands domaines, l'autre vers le morcellement fatal des petits fonds ruraux, deux excès inverses qui s'expliquent de la même façon, par l'abandon complet de l'homme aux suggestions de la terre et aux exigences locales de la culture. » La grande propriété domine d'une manière presque exclusive dans les riches plaines de l'Italie supérieure et dans le Midi de la péninsule ; aussi n'y saurait-on rencontrer de coopération rurale. Le mouvement d'Association ne peut s'y manifester que sous la forme de groupements de grands propriétaires en sociétés à gros capitaux et opérations étendues, par exemple pour faciliter l'exportation de grandes quantités de produits. C'était nous l'avons vu le caractère des Sociétés œnologiques. C'est encore celui des rares institutions de ce genre qui ont subsisté. Mais la coopération vraie ne saurait se rencontrer que dans les pays de petite propriété très divisée où elle devient une véritable nécessité économique. En Italie, cette propriété naine domine dans la Ligurie, le Piémont, l'Emilie, la Toscane et les Marches. Les chiffres rapportés par MM. Mabilleau et A. Mauri y révèlent pour la répartition de la propriété une grande analogie de situation avec celle de la viticulture allemande. C'est ainsi que dans les Marches le nombre des petits propriétaires représente 94.58 pour cent du nombre total, dont 59,43 pour cent pour les propriétés de moins de 1 hectare. Il n'est pas surprenant que les mêmes causes tendent à implanter en Italie les institutions qui semblent appelées à remédier aux inconvénients qui résultent de ce morcellement extrême : la routine du petit exploitant, son impuissance faute de capitaux, l'absence du matériel indispensable et l'extrême dépendance à l'égard des intermédiaires. Mais en Italie, le développement intellectuel des paysans est beaucoup moins avancé qu'en Allemagne, d'autre part leur misère est plus extrême en raison de deux causes : la lourdeur

(1) La Prévoyance Sociale en Italie. — Introduction p. XII.

des charges fiscales qui,selon M. Mabilleau (1),absorbent pour la richesse agricole un tiers et demi du revenu et la plus grande rareté des capitaux, conséquence du faible développement de la richesse publique. Joignez à cela les obstacles qu'on retrouve partout dans les pays viticoles et particulièrement en France et que nous rapporte aussi M. Maroscalchi, la défiance, qu'il faut combattre et même l'orgueil de chaque viticulteur, qu'il faut persuader. « Les propriétaires, écrit le professeur V. Vannuccini, ont surtout dans l'Italie Méridionale, une véritable répulsion à s'associer; chacun a la conviction que son vin est le meilleur qu'on puisse trouver et ne veut pas gâter sa production en mêlant ses raisins avec ceux d'autres voisins ». (2)

Toutes ces raisons nous expliquent que la coopération viticole à ses débuts n'ait pu réussir en Italie que par le patronage de grands propriétaires avisés, stimulés par les conseils et les exhortations des professeurs spéciaux. C'est pourquoi le terrain le plus propice s'est révélé celui des pays de métayage comme la Toscane et l'Emilie. C'est de là qu'est parti le mouvement, où il répondait à ces trois conditions que M. Pestellini exposait au moment où il se préparait à son heureuse tentative de Bagno de Ripoli (3).

« 1. Production du vin dans les conditions d'économie les plus grandes de manière qu'il coûte toujours moins à l'Association qu'au propriétaire isolé, ce qui n'était pas le cas dans les sociétés œnologiques à fort capital d'établissement ; 2. que l'action du propriétaire se trouve parfaitement en harmonie avec celle des colons ; 3. qu'elle ne se trouve pas exposée aux vexations du fisc comme l'inconvénient se présente quand les sociétés prennent un caractère de spéculation séparé de la simple production de la terre ».

Sur ce dernier point, une grave difficulté surgissait qui a paralysé plus d'un effort et, de même qu'en France pour la question du paiement de la patente, divise encore les coopé-

(1) Op cité Introduction p. IX.

(2) Lettre du professeur V. Vanuccini, 12 novembre 1900

(3) Les Expositions et l'Enologie (extrait du journal la *Nation*, (année XXVI, numéro 79.)

rateurs italiens. La législation italienne exempte bien les vraies Sociétés Coopératives commerciales fondées sur les principes du Code de Commerce (art. 224-28) avec un capital inférieur à 30.000 fr., des taxes de timbre et d'enregistrement (1.80 pour 1.000 de la valeur des actions) lors de leur institution et de toutes les autres relatives aux actes et écrits nécessaires pour leur fonctionnement dans les cinq premières années depuis l'acte de fondation. Mais c'est là une concession minime en comparaison de la charge dont le fisc les frappe par la taxe sur la richesse mobilière (1). L'administration des finances a fait aux Sociétés Viticoles qui s'étaient constituées sous cette forme, comme celle de *Martinafranca* (2), application de l'art. 18 de la loi du 14 juillet 1887 modifiant le paragraphe 2 de l'art. 1er du tarif annexé à la loi du 13 septembre 1874. Elle les frappe ainsi de la taxe proportionnelle de 0.60 pour cent de la valeur des raisins apportés par les sociétaires à la Cave sociale. Par une interprétation quelque peu arbitraire, elle considère cet apport comme un tranfert de meubles et l'Association elle-même comme une personne à part, distincte de la fonction des sociétaires et par conséquent animée de l'intention spéculative qui caractérise le véritable commerçant, sujet à la taxe. La Commission, constituée en 1894 au Ministère de l'Agriculture, du Commerce et de l'Industrie pour étudier les méthodes propres à diffuser la Coopération chez les masses rurales, dans son rapport de mars 1895, rédigé par le C. Enea Cavalieri, demande leur exemption en raison de cette considération que leur personnalité n'est que le prolongement de celles des associés (3). Ceux-ci, exempts de la taxe comme producteurs isolés, ne devraient pas perdre leur immunité quand ils ne font qu'unir leurs efforts. La situation n'ayant pas changé, la

(1) Voir sur cette question. — V. Puschi : les Cantine Sociali. — Biella 1895. — Les Coopératives sans capital d'établissement n'ont d'ailleurs pas été reconnus conformes à ce type légal, ex. Oleggio.

(2) Statuts publiés dans le Bulletin officiel des Sociétés par actions, p. XI-21.

(3) Annales de l'agriculture, 13e année 1895. — V. sur la question de l'assiette des taxes d'enregistrement une consultation du député *Calleri*, G. Vinicolo, 13 fév. 1902.

plupart des auteurs, sauf Niccoli qui préconise la forme de l'Association en participation réglée par les articles 233 à 238 du Code de Commerce (1), se sont mis d'accord pour préconiser leur institution sous la forme de simples associations civiles (1), (art, 1697, 1698, 1705 et 1706 du Code Civil). C'est la forme qui assure à l'action des sociétaires et des administrateurs le plus de liberté, sous réserve de la bonne foi et la confiance réciproque sans lesquelles il n'est pas d'association durable. Le professeur Puschi et le cercle des Enofiles italiens sont même d'avis que ces sociétés ne se constituent aux débuts qu'en Société de fait (via privata di fatto) s'en rapportant pour leur fonctionnement provisoire à un réglement interne, renouvelable année par année et constituant un contrat privé réglé par les principes généraux du droit (2). Telle est la physionomie présente de la plupart des sociétés vinicoles actuellement existantes. Mais la difficulté demeure; dès que ces sociétés pour étendre leurs opérations veulent constituer un capital par actions, elles tombent sous le coup de l'art. 229.

Le développement de la coopération italienne dépend donc aujourd'hui dans une certaine mesure de la disparition, d'ailleurs probable, de cet obstacle, puisqu'elle est reconnue désirable par les Commissions administratives elles-mêmes.

LES DISTILLERIES COOPERATIVES. — Ces sociétés ne diffèrent pas, sauf leur objet plus restreint, des précédentes, et les considérations qui militent en faveur des unes s'appliquent également aux autres. Mais comme les lois de 1889 et de 1895 qui font une situation privilégiée aux coopératives exigent qu'elles aient la forme commerciale, leur existence n'est possible que dans les conditions légales imposées par l'art. 2 du réglement du 5 juillet 1896. Elles doivent donc se constituer par acte public après déclaration faite en double original à

(1) *Cooperazione rurale*, page 161.

(2) V. le modèle de statuts édité dans ce sens par *Galanti*, in Italia œnologica 1896, traduit par *Tallavignes* de son art. sur les *Caves Coopératives*. — Progrès agricole 1896 — et celui rédigé par Marescalchi. — Op. cité page 12-17.

l'Office technique des finances, 20 jours au moins avant de commencer leurs travaux, déclaration accompagnée du plan des ateliers et de la fabrique. L'acte constitutif doit contenir le nom de tous les sociétaires et le nombre d'années pour lesquelles ils s'engagent à consigner à la Société tout ou partie des vins ou marcs qu'ils produisent. Pour régler en détail les rapports de la distillerie avec chaque sociétaire, un réglement interne est ensuite nécessaire. Toutes les dispositions pratiques qui déterminent le fonctionnement des caves coopératives sont également applicables aux distilleries, il n'y a donc pas lieu d'insister spécialement sur cette application particulière de la Coopération viticole.

COOPERATIVES VINICOLES DE CONSOMMATION. — Mais sa dernière forme d'organisation, la préparation des vins par les grandes coopératives de consommation elles-mêmes, présente au contraire un intérêt considérable. Cet intérêt réside moins dans son fonctionnement, qui pour le détail ne diffère pas de celui des caves coopératives, que dans la grave question de principe qu'engage cette institution. Ce n'est rien moins que celui de savoir si le producteur doit être subordonné au consommateur ou s'il convient au contraire d'organiser à part la coopération de production et la coopération de consommation. Si l'on ne s'en rapportait pour résoudre la question qu'aux résultats présents de l'une et de l'autre dans la péninsule italienne, il serait facile de conclure en faveur de la prédominance de la coopération de consommation. C'est ce que montre d'abord avec sa grande autorité le commandeur Enéa Cavalieri, dans le rapport de la Commission royale de 1894 (1). Il examine tour à tour la question sous l'aspect industriel et sous celui des méthodes coopératives. Au premier, il conclut qu'il semble préférable que le consommateur lui-même prépare la marchandise ; c'est le moyen le plus assuré de la faire correspondre à ses goûts et à ses besoins. Au point de vue coopératif, la coopération de consommation lui paraît

(1) Annali de Agricoltura n° 211. — Roma 1896.

seule capable d'assurer l'identification complète des intérêts de la production et de la consommation, qui est comme l'idéal de la vie économique. Cet avantage de l'idéalité lui semble impliquer qu'il y aurait plus à compter sur le dévouement individuel des associés et le désintéressement des administrateurs dans la coopérative de consommation que dans les coopératives de producteurs, où chaque associé n'a en vue que son profit immédiat dans l'association et où naturellement, les directeurs doivent chercher à se faire payer le mieux possible de leurs services. En outre, il lui semble que dans la coopérative de production, le souci de la perfection des produits doit être moins grand que dans l'autre en raison des nécessités de la concurrence. Le producteur n'y cherche qu'à se débarrasser de sa marchandise et celle-ci une fois sortie de ses caves, il n'a plus à s'en inquiéter et à la suivre jusqu'à sa consommation définitive, comme cela est nécessaire dans les coopératives de consommation. Il craint en outre, comme le fait s'est souvent produit dans la coopération de production, que les associés n'aient pas assez de souci des intérêts des travailleurs auxiliaires qu'ils emploient et ne soient portés à exploiter le travail pour grossir leurs profits. Mais il reconnaît d'autre part que le sort des paysans sera plus directement amélioré par les coopératives de production fondées par les ruraux eux-mêmes pour leur profit et que, s'il est possible de faire loin du centre de production des quantités de vins communs, il est nécessaire pour les vins de qualité que la vinification soit opérée sur les lieux mêmes. Enfin, qu'il serait à craindre qu'avec la prédominance exclusive des coopératives de consommation, l'intérêt des grands consommateurs des centres n'absorbât tout-à-fait la considération de ceux des campagnes. Abordant alors la question des relations des coopératives de production et de celles de consommation pour assurer aux premières un débouché certain dans les secondes, il craint qu'une opposition d'intérêts ne surgisse entre elles pour y faire obstacle, c'est pourquoi il pense que les unes et les autres ne sauraient pour leurs opérations aliéner leur indépendance sans compromettre leur existence même. Aussi conclut-il d'une façon générale que dans l'état actuel du développement coopératif vinicole en Italie, il serait prématuré de vouloir fixer à l'avance un type unique considéré comme celui qui aurait définitivement pour lui l'avenir. Pour cette raison, la commission spéciale a émis le vœu, ratifié par le gouvernement italien, que dans les concours spéciaux, toutes les formes de sociétés devaient être admises à concourir sans qu'à l'avance, il fut préjugé en faveur d'aucune d'elles par des dispositions spéciales.

Nous aurons à revenir d'une manière générale sur la question de principe que soulève la diversité d'intérêts entre producteurs et consommateurs dans l'industrie vinicole. Mais pour l'Italie, nous pensons avec l'économiste distingué dont nous venons d'analyser les opinions si autorisées, que l'expérience de ce pays est encore trop restreinte et incomplète pour permettre de conclure dans ce débat. Si pour l'importance des quantités de vins produites, les celliers des coopératives de consommation ont aujourd'hui l'avantage, cela nous paraît tenir uniquement à la différence des milieux. Il était plus facile d'aboutir à des résultats immédiats dans les grandes villes avec les Sociétés existantes, sûres de leurs clientèle et déjà en possession, grâce à leurs épargnes, des capitaux nécessaires à une vaste entreprise, que dans les campagnes où manquaient à la fois les premiers éléments d'une préparation même élémentaire à l'union coopérative, l'esprit d'initiative, les épargnes et les débouchés. Que l'organisation ait progressé avec plus de lenteur et de circonspection dans ce milieu où tout était à créer, rien de plus naturel. Mais l'exemple des Winzervereine allemands, qui d'ailleurs ont mis une vingtaine d'années à se répandre sérieusement, montre qu'il eût été téméraire de préjuger qu'il en serait toujours ainsi. Les résultats des années 1900 et 1901 semblent d'ailleurs avoir dégagé la formule pratique de l'accord de ces deux types coopératifs.

CONCLUSIONS. — Pour être relativement moins avancée qu'en Allemagne et en Suisse, l'organisation économique de la viticulture italienne ne nous paraît donc pas moins intéressante pour l'observateur préoccupé de l'avenir. Si les résultats présents semblent de faible importance rapportés à l'étendue de la production italienne, en revanche ils paraissent plus gros de conséquences prochaines que partout ailleurs et cela pour deux raisons. La première est celle que M. Mabilleau a nettement dégagée dans son ouvrage; l'union et la coordination méthodique de toutes les branches de la mutualité. Dans un pays pauvre comme l'Italie, né d'hier à la vie économique internationale, toute l'organisation de la production et du crédit était à constituer. On a commencé par assurer l'épargne. Les banques populaires ont développé l'usage du crédit, l'enseignement agricole est venu fortifier leur action en diffusant les principes de la culture rationnelle; coopératives de consommation d'abord et puis coopératives de production ont alors pu apparaître dans le monde rural appuyées sur ces deux bases indispensables : le crédit et l'esprit d'entreprise. La nécessité aidant, il est à prévoir d'après l'exemple des laiteries sociales, que la coopération de production, éclairée par une expérience suffisante, ne tardera pas à s'étendre avec l'impulsion des progrès réalisés par les autres branches de la mutualité, et avec toute l'accélération que permet désormais le fonctionnement normal des institutions mères de l'organisation coopérative. En second lieu, la viticulture italienne est nécessairement amenée à une organisation économique moins rudimentaire par la possibilité d'étendre ses débouchés. En effet, ni le marché intérieur ni le marché extérieur ne sont pour elle inextensibles. Sur le premier, elle peut d'autant mieux élargir la consommation qu'une grande partie de sa population ne consomme pas de vin ni aucune autre boisson fermentée, faute de ressources suffisantes. C'est un sujet d'étonnement d'apprendre par les auteurs que nous avons cités que, si bon marché que soit le vin italien, une bonne partie des paysans de la péninsule sont trop pauvres pour en consommer couramment et doivent se contenter de piquette (vinello) et autres boissons résiduaires. Or maintenant que le désastre d'Adoua semble avoir guéri l'Italie de la ruineuse mégalomanie crispinienne, le relèvement de la richesse publique continuera à s'accentuer de jour en jour si son gouvernement sait être prudent et sage. La consommation des boissons hygiéniques s'étendra avec d'autant plus de force que la croissance de la population est rapide, au rebours de notre pays où sa stagnation ne permet pas d'espérer une croissance égale des forces de consommation.

Sur le marché extérieur, les vins italiens ont une supériorité assurée en raison du bon marché. Si, jusqu'ici, les résultats obtenus ne sont pas aussi considérables que nos voisins l'avaient espéré, c'est que leur préparation laisse généralement bien à désirer. Mais, comme le prévoit Deichen pour l'Allemagne, le jour où le paysan italien aura fait les progrès intellectuels qui accompagnent toujours les progrès économiques, il n'est pas douteux que l'amélioration des procédés techniques ne devienne générale dans la viticulture italienne. Les efforts tentés en Allemagne et en Autriche pour élever de nouvelles barrières douanières contre les vins italiens sont une preuve de la gravité toujours croissante de leur concurrence. Mais le protectionnisme à outrance n'aura qu'un temps, il montre déjà des signes de décrépitude.

Pour toutes ces raisons, la coopération viticole semble appelée en Italie à un avenir d'autant plus grand qu'elle est évidemment le moyen unique dont nos voisins disposent à l'heure actuelle pour tirer tout le parti possible de leurs incomparables avantages naturels pour la culture de la vigne. Nous avons vu que les plus éclairés de ses œnologues et de ses économistes, l'avaient depuis longtemps compris et que tous s'emploient avec ardeur à instaurer le nouvel état de choses. Le gouvernement lui-même appuie le mouvement. Dans ces conditions, son succès ne saurait être qu'une affaire de temps, celui, variable selon les peuples et les conditions économiques, qui sera nécessaire pour faire l'éducation économique des masses rurales, partout insuffisante.

CHAPITRE III

Europe Méridionale

SECTION PREMIÈRE

PÉNINSULE DES BALKANS

ETATS DE LA PENINSULE DES BALKANS

L'état politique de la péninsule balkanique explique suffisamment, sans qu'il soit besoin d'insister, la brièveté de notre chapitre sur la coopération viticole dans cette région de l'Europe. L'ignorance des paysans, la médiocrité de leur culture, l'insuffisance de leurs capitaux, l'absence des principes technologiques les plus élémentaires en matière de vinification et de commerce des vins, tout concourt à maintenir la viticulture de cette région, pourtant si favorable à la culture de la vigne, dans un état d'enfance peu propice à l'essor de l'Association.

Mais précisément en raison de la difficulté d'élever rapidement la condition et le savoir du paysan isolé, il semble que l'institution de Coopératives rurales patronées par les Etats ou de grands propriétaires pourrait être dans cette région un moyen d'éducation très puissant pour initier rapidement les masses rurales aux méthodes de la viticulture moderne. D'autre part, comme les récoltants, faute d'expérience, de vaisselle vinaire et de capitaux, sont incapables de tirer eux-mêmes un bon parti de leurs récoltes, il semble aussi que des sociétés de vinification créées par des capitalistes en vue de traiter les raisins du pays par les procédés les plus perfectionnés pour les exporter au loin comme vins de coupages, pourraient trouver dans ceux des Etats balkaniques où la sécurité est le mieux garantie, un champ propice en avantages.

C'est en effet dans cette double voie : intervention de l'Etat et initiative capitaliste que nous rencontrons çà et là dans la péninsule des Balkans quelques rudiments d'organisation viticole. Les deux Etats dont l'organisation politique est la plus avancée, la Roumanie et la *Grèce*, sont naturellement ceux où ils se sont produits.

ROUMANIE

Cet état possède environ 120.000 hectares de vignes d'une production moyenne d'environ 30 hectolitres à l'hectare. D'après M. Viorescu, inspecteur agricole à Jassy, le produit de l'hectare dans sa région serait d'environ 1.000 fr. (40 hl. à 25 fr.) et les frais de culture de 600 fr. dans les conditions actuelles « La facilité de vente et l'avantage considérable qu'on peut retirer de la distillation, écrit un ingénieur français, font que la mise en vignobles de beaucoup de terrains inexploités, mais fertiles serait une véritable fortune et indiquent naturellement un placement sûr et amplement rémunérateur pour les capitaux étrangers (1).

Le gouvernement s'est efforcé de travailler au développement de cette branche importante de la viticulture nationale. Il y a quelques années, il projeta même sur les avis du professeur Huber, d'affecter une somme d'un demi million de francs à l'institution d'Associations de vignerons mais l'invasion du phylloxéra lui fit porter ailleurs son attention et ses capitaux (2). Il a réservé jusqu'ici toutes ses subventions à la création de champs d'expériences et de pépinières pour l'étude et la propagation des vignes américaines.

L'initiative privée n'a pas donné jusqu'alors dans la voie de l'Association viticole de résultats plus décisifs. L'enquête dont s'est obligeamment chargé pour nous *M. Pompiliu*

(1) F. Changeant. — La viticulture en Roumanie. — Rev. de Vitic., n° 383.
(2) Huber. — Note de mars 1900.

Eliade, ancien élève de l'Ecole Normale Supérieure, actuellement professeur à la Faculté des Lettres de Bucharest, (1) n'a relevé que des essais avortés ou trop récents pour être instructifs. Parmi les premiers, le plus ancien est la tentative de *Ploesti* (chef-lieu du départ. de Prahova). Le «Sindicatul viticol de la Ploesti» fut créé en 1892 pour relever les vignes, détruites par le phylloxéra, au moyen des vignes américaines, mais il ne parvint jamais à fonctionner.

Cinq ans après, une nouvelle tentative du même genre fut faite à Focsani (chef-lieu du départ. de Putna sur la rivière Milior) dans le triple but d'expérimenter la reconstitution des vignobles, de contribuer à l'éducation des vignerons moldaves par des conférences théoriques et pratiques et, détail important pour notre sujet, de *vendre en commun* les vins de la localité. Mais Valaques et Moldaves entrèrent bientôt en conflit dans le sein du syndicat dès la première séance,d'où l'avortement de l'institution.

En 1898, nouvelle tentative mort-née à Husi (chef-lieu du départ. de Falciu sur le Pruth) dans un congrès où les mêmes divisions politiques n'aboutirent une fois de plus qu'à montrer le peu d'aptitudes des Roumains à l'Association.

Depuis un nouveau syndicat viticole a été créé à *Jassy*, dans le but de vendre les vins, de procurer aux vignerons des instruments et des plants pour la reconstitution des vignobles phylloxérés. Il est composé surtout des grands propriétaires du département. C'est la seule société viticole proprement dite actuellement existante en Roumanie.

En dehors d'elle, il n'existe que deux groupements purement commerciaux d'*angrosisti* (marchands en gros) à Bucharest, pour développer l'exportation des vins du pays.

SERBIE, BULGARIE ET BOSNIE

L'organisation politique de ces différentes régions de la péninsule est trop récente pour que leur organisation économique soit bien avancée. Le mouvement d'association agraire

(1) Lettre du 23 janvier 1901.

s'est pourtant déjà sérieusement implanté en Serbie où existent plus de 180 banques rurales du type *Raiffeisen*, fédérées en une Union qui a son siège à Belgrade. Cette fédération a fondé une *Institution centrale* chargée d'acheter en gros tout ce qui peut être utile à l'agriculture. Pour la viticulture proprement dite, il n'existe encore que 2 syndicats spéciaux (1). Nous n'avons pu avoir mention de tentatives nouvelles. Les 89.236 hectares de vignobles que ce pays possédait en 1889 (2) sont aujourd'hui attaqués par le phylloxéra et la lutte contre ce fléau paraît absorber pour l'instant toute l'attention de ses viticulteurs et du gouvernement.

Il en est de même en Bulgarie (3), ou une communication émanée du Ministère de l'Agriculture nous apprend qu'il n'existe aucune Association viticole (4). Pourtant, nous tenons de M. Viala, à qui sa grande réputation internationale valut il y a quelques années d'être appelé par le gouvernement bulgare pour déterminer les bases de la reconstitution dans ce pays, qu'il y existe quelques *Sociétés œnologiques* qui achètent les raisins aux paysans et préparent elles-mêmes les vins, pour les écouler ensuite sur les marchés de l'étranger comme vins de coupages.

En Bosnie-Herzégovine, le mouvement d'Association viticole ne semble pas non plus avoir pénétré, car la grande publication officielle préparée à l'occasion de l'Exposition de 1900 est muette à ce sujet (5).

TURQUIE

Pour ce pays, la réponse que nous transmet obligeamment M. *Rougon*, ancien consul général de France, est suffisamment

(1) Avramovitch. — La coopération en Serbie. — Almanach de la Coop., année 1899, p. 108.

(2) Chiffre donné par M. R. Millet. — La Serbie économique et commerciale, Berger-Levrault 1889.

(3) 110.000 hect. de vignes produisant 3.950 milliers d'hectol. en 1895. — 20.000 hect. sont attaqués aujourd'hui. — Fenouil, Rev. de Vitic. n° 405.

(4) 6 mars 1901. — Transmise par notre compatriote dijonnais, M. Lochot, directeur des jardins du Prince de Bulgarie.

(5) V. *C. Huber* Die Landwirthschaft in Bosnien und Hercegovina, Sarajevo, 1899.

éloquente dans son laconisme : « Il n'existe pas jusqu'à présent d'Associations agricoles en Turquie» Pareille constatation suffit pour juger un régime.

GRECE

La race grecque a de tous temps possédé un instinct d'Association relativement développé, surtout chez les populations maritimes du littoral. A la fin du 18e siècle, il s'était formé sous la domination turque de nombreuses associations d'un caractère coopératif très accentué, en général patronées par les Municipalités. Les plus importantes étaient celles de la Thessalie (Raba, Rapsani, Tournovos, Larisse, Pharsale, etc.). Elles avaient organisé la culture et la vente en commun des produits du pays : mûrier, vigne. olivier, tabac, etc. Celle d'*Ambélakia* réunissait en 1810 jusqu'à 10,000 personnes et s'étendait sur 22 villages. Cinq grandes commissions l'administraient. Son capital montait à 20 millions de piastres et elle avait organisé avec les prélèvements sociaux tout un système accessoire d'institutions d'instruction et de secours, fort original pour l'époque (1). Toutes ces organisations ont disparu à la suite de la guerre de l'Indépendance en raison de la suspicion du despotisme turc. Depuis, il a été impossible de les ranimer.

De nos jours, l'initiative gouvernementale a seule fait quelque chose pour l'organisation économique de la Viticulture. En dehors d'elle, il n'existe encore en Grèce que des Associations de capitalistes comme « la Société des *Industries agricoles* (ci-devant Zannos Roche et Cie, capital deux millions de drachmes) et quelques Sociétés agricoles qui s'occupent à l'occasion de viticulture. La seule qui lui soit spécialement affectée est « *la Ligue des Viticulteurs de Chalcis* » fondée en 1900, donc trop récente pour avoir déjà produit des résultats (1)

(1) E. Rochetin. — Les premières associations coop. en Grèce (d'après des notes du primat Drossos-Drossinos). Rev. polit. et parlem., 11 janvier 1899.

(1) Nous sommes obligés pour nos renseignements relatifs à la Grèce à M. le comte d'Ormesson, notre ministre plénipotentiaire, à M. Mauruard, chargé d'affaires à la légation et a M. Zannos, chef d'une importante maison d'exportation d'Athènes.

C'est l'Etat qui jusqu'ici assume auprès de la Viticulture grecque le rôle tutorial dévolu ailleurs aux syndicats et coopératives agricoles. Il le remplit au moyen de ses Stations agronomiques et d'une institution spéciale : la *Banque du raisin sec*. C'est lui qui achète en gros pour les revendre aux viticulteurs, soit au comptant, soit à crédit, et sans bénéfice, le sulfate de cuivre et les instruments agricoles nécessaires, qui réunit les renseignements commerciaux utiles et achète les vignes américaines en vue d'une prochaine invasion du phylloxéra.

La Banque du raisin sec est le rouage le plus original de cette organisation officielle (1). Elle dérive d'une institution semi-fiscale, semi-protectrice qu'on désigne sous le nom de *Retenue* ou *Rétention*. L'Etat impose sur le raisin sec un impôt déterminé et variable par périodes (actuellement 15 %) dont une partie destinée au Trésor (4 %) est perçue en espèces et l'autre, la plus importante, en nature. Ce dernier prélèvement est destiné à prévenir l'avilissement des prix du raisin sec, le principal élément de production et d'exportation de la viticulture grecque.

Le *raisin de la Retenue* est vendu par l'Etat aux particuliers sous la réserve expresse qu'il ne pourra être utilisé comme fruit comestible et revenir à l'exportation qu'après transformation en d'autres produits : alcool, vins, etc. Il perd ainsi la plus grande partie de sa valeur commerciale; les adversaires du système lui reprochent de constituer une destruction des richesses nationales par confiscation du 1/7 de la récolte sans profit pour l'Etat, car les frais d'administration absorbent la plus grande partie du revenu de cet impôt.

En faveur de la Retenue, on invoque au contraire que le marché se trouve ainsi déchargé du 1/7 de la récolte ce qui, surtout en année favorable, prévient l'avilissement des cours, fort à redouter pour deux raisons : D'abord, à cause des mesures fiscales restrictives prises par les Etats étrangers contre l'im-

(1) Créée par la loi du 17 juin 1899 « sur l'imposition du raisin sec et la fondation d'une banque spéciale pour la culture du raisin. »

portation des raisins secs et la fabrication des vins qui en proviennent, ensuite parce que la consommation, en quelque sorte purement condimentaire du raisin sec utilisé pour la bouche ou dans les préparations culinaires, ne varie guère malgré la baisse des prix et que celle-ci n'amènerait dans ces conditions aucun progrès de l'exportation.

Le résultat de l'institution serait d'avoir provisoirement sauvé le monde des producteurs de raisins secs, en prévenant l'avilissement des prix, mais elle a en même temps provoqué une augmentation rapide des plantations qui fait craindre à bref délai une surproduction nouvelle.

La Banque du raisin sec a été créée à Patras pour vingt années dans le but de faire profiter la viticulture du produit de l'impôt en nature. Le montant de celui-ci, limité en principe à 10 %, est déterminé chaque année suivant la récolte par une commission spéciale dont l'avis est soumis au Conseil des Ministres. La quantité ainsi perçue en nature forme le capital de la Banque. Ses actionnaires sont tous les propriétaires qui ont apporté aux magasins de l'Etat, par application de l'impôt, une valeur de 1000 livres vénitiennes au moins. Ils ont autant de voix qu'ils ont fourni de fois cette quantité. L'Etat livre à la Banque la somme d'argent provenant de la vente du raisin. La Banque a été en outre autorisée à contracter un emprunt de 5 millions de drachmes, amortissable en quinze années et gagé sur son fonds social.

Elle doit utiliser ce capital et ses revenus en prêts aux viticulteurs (à 5 %) jusqu'à la limite de 1000 drachmes par an. Ces prêts doivent être répartis entre les provinces productrices de raisin de Corinthe en proportion de leur récolte moyenne des trois dernières années.

S'il serait prématuré de discuter les résultats de cette curieuse banque d'Etat, le jugement par lequel conclut M. Zannos sur l'avenir de la viticulture de son pays nous paraît devoir être retenu comme conclusion de ce chapitre (1) «Ce qui rend la viticulture grecque si puissante, ce n'est pas la

(1) Lettre du 14 août 1901.

sagesse législative en matière de mesures économiques ni le monopole de son ciel toujours bleu, mais bien la sobriété des viticulteurs qui les rend aptes à produire avec bénéfice, même avec des prix de vente tout à fait modestes et c'est de ce côté qu'elle fait de vrais progrès. Mieux que l'augmentation artificielle du prix de vente, la diminution du prix de revient pourra maintenir la production du raisin sec à la place importante qu'elle tient aujourd'hui dans la production agricole du pays. »

SECTION II

PÉNINSULE IBÉRIQUE

ESPAGNE

L'Espagne est la seconde puissance viticole de l'Europe. Ses 1.600.000 hectares de vignes produisent annuellement une moyenne de 28 à 30 millions d'hectolitres d'une valeur globale de 15 fr. l'hectolitre. Depuis une douzaine d'années, son exportation s'est considérablement accrue, en France d'abord pour obvier au déficit de la production pendant la crise phylloxérique et partout, en raison des qualités spéciales des vins d'Espagne, particulièrement ceux des provinces du littoral méditerranéen, qui les font préférer même aux vins italiens pour les coupages avec les petits vins de France et d'Allemagne.

L'importation des vins d'Espagne est montée en France jusqu'à 9.397 milliers d'hectolitres en 1891; elle s'est de même élevée en Allemagne, en Autriche, en Suisse et en Angleterre. Mais la reconstitution du vignoble français, arrivé maintenant à un degré de productivité inquiétant, vient de restreindre considérablement le débouché nouveau de la viticulture espagnole, tandis que les progrès du phylloxéra l'obligent à de durs sacrifices pour reconstituer ses vignobles. La situation un moment avantageuse, est donc aujourd'hui gravement compromise, d'autant plus que l'état économique et politique du royaume laisse beaucoup à désirer et ne permet pas de compter aux temps de crise sur un appui efficace de l'Etat. C'est pourquoi les viticulteurs espagnols commencent à se préoccuper d'introduire dans leur pays la coopération viticole.

Jusqu'alors, la coopération ne semble pas avoir pénétré dans le monde des travailleurs ruraux de l'Espagne. Le silence des nombreux spécialistes à qui nous nous sommes adressé pour obtenir des renseignements de première main confirme sur ce point celui des statistiques. La coopération n'a jusqu'à présent trouvé de terrain propice en Espagne que dans la Catalogne et les Baléares parmi les ouvriers de l'industrie. Les 110 coopératives de consommation de cette région ont ouvert à Barcelone un « office de relations commerciales » pour faciliter l'extension du mouvement (1).

Dans la viticulture espagnole, le seul embryon coopératif qu'on ait pu nous signaler apparaît dans le développement et l'évolution du métayage dans la région de Xérès. Aux temps heureux du vignoble de la Frontera, nous dit un correspondant (2), le propriétaire faisait presque toujours la récolte des raisins et la vinification. Il ne vendait les vins faits qu'au moment propice. Depuis le début de la crise phylloxérique et la baisse des prix qui résulte de la concurrence des vins artificiels fabriqués à l'étranger, beaucoup de propriétaires, pour éviter les pertes, ont remis leurs vignobles à des colons ou fermiers. Dans le plus grand nombre de ces cas, le propriétaire donne les terres, paie les contributions et fournit quelques denrées en nature tandis que le colon apporte son travail. Le partage des produits se fait en général à moitié fruits.

A la même époque, le commerce transforma ses habitudes en développant la coutume, jadis exceptionnelle, d'acheter

(1) Rapport Juan Salas Anton au Congrès internat. des Coop. de consommation, 1900, compte-rendu p. 48.

(2) Lettre de la Rédaction de la Agricultura Bética, Jerez, 20 février 1901.

directement les raisins pour les vinifier lui-même. Il n'achète le plus souvent qu'au poids, sans faire de différences sérieuses entre les qualités de raisins. Au début, les propriétaires cherchaient à vendre leurs raisins sur pied en laissant à l'acheteur la charge de la vendange. Mais l'insuffisance graduelle des prix ainsi obtenus oblige de plus en plus propriétaires et colons à chercher un autre mode de réalisation des produits. Beaucoup de propriétaires ont dû construire les installations et se procurer les cuves et foudres nécessaires pour vinifier la récolte commune. Quelques-uns achètent à leurs colons la part de raisins qui leur revient, mais dans la plupart des cas, la vendange et la vinification se font à frais communs et le partage des produits n'est effectué qu'au premier soutirage des vins faits, en février ou mars.

Cette sorte d'association viticole entre propriétaires et métayers, également signalée dans l'Estrémadure portugaise (1).

Les Caves de Métayage représentent comme une première ébauche de coopération viticole, à base patronale, propre à la grande propriété. Elle peut être recommandée pour l'exploitation des grands domaines, surtout en raison de l'ignorance des paysans, de leur impuissance technique et de leur pauvreté. Il leur serait impossible d'obtenir avec leurs raisins les vins solides et bien préparés qui sont de plus en plus exigés du commerce d'exportation. Mais le partage des produits laisse au métayer les soucis de la vente, pour laquelle il n'a pas de facilités en raison du faible pouvoir d'achat des marchés locaux. Il est donc à prévoir que le grand propriétaire devra de plus en plus se préoccuper de vendre pour ses co-associés en différant le partage jusqu'à la réalisation des produits en numéraire. Dans ces conditions, le métayage se

(1) Isidoro de Souza. — Conférence sur les Syndicats agricoles et les caves sociales. Bull. de la Société d'agric. portug., juillet 1900, p. 360. Selon cet auteur des landes improductives y ont été transformées en vignobles luxuriants et sans que le propriétaire dépensât un sou, par le simple effet de ce contrat de *parceria*, ordinairement verbal. Dans le cas de plantation nouvelle, le métayer ne fournit pour la rente ou loyer que le tiers du produit.

transforme en association véritable. Si le grand propriétaire a le louable souci d'initier ses métayers aux opérations communes, l'action patronale ainsi entendue peut remplir le rôle éducatif de la copération vraie et lui préparer les voies.

Ce n'est qu'à partir de l'année 1900 que les exemples des Cantine Sociali italiennes et des syndicats viticoles français semblent avoir incité en Espagne quelques hommes d'initiative à des tentatives de coopération viticole complète. Le premier fait de ce genre nous est signalé par un article de l'*Agriculture espagnole* sur les caves coopératives (bodegas coopérativas) (1). C'est la publication par le comte de Retamoso, député aux Cortès pour *Tarancon* (départ. de Cuenca) d'un projet de statuts pour la création d'une «coopérativa vinicola» dans cette ville. Selon les termes du projet, cette société serait « une Société anonyme pour la fabrication rationnelle du vin avec les raisins de ses sociétaires et des personnes ou établissements qui pourraient être autorisés à s'y joindre, ayant pour objet d'améliorer la vinification et de créer un nombre limité de types à caractères constants, convenable pour la consommation intérieure et extérieure. Elle pourra de même opérer la fabrication des vinaigres, des liqueurs et l'utilisation de tous les résidus de la vinification ». La coopération serait étendue à l'achat en commun de machines, engrais et autres produits. Pour former le capital, on recourerait à l'émission d'actions de 50 pesetas qui recevraient un intérêt fixe de 5 %, le reste des profits étant réparti au prorata des apports en raisins des sociétaires, après prélèvement pour former un fonds de réserve. On retrouve dans ce projet, avec la préoccupation d'arriver à la confection de vins à types constants qui caractérise les Cantine Sociali d'Italie, tous les traits essentiels de leur organisation. Il est en effet logique que deux pays placés au point de vue viticole dans des situations aussi analogues que l'Italie et l'Espagne soient conduits à s'em-

(1) E. Lopez Guardiola. — Les bodegas cooperativas. — Agricultura Espagnola Valencia, 15 décembre 1900, et lettre de M. de Retamoso, du 1er mars 1901.

prunter les éléments d'organisation économique qui ont fait leurs preuves dans l'un ou l'autre de ces pays. C'est pourquoi l'exemple des Cantine Sociali semble devoir réaliser à bref délai de nouveaux effets dans la péninsule ibérique.

PORTUGAL

La Viticulture est depuis longtemps une des branches de richesses les plus précieuses du Portugal. Sa prospérité date de l'ouverture du large débouché que lui offrit le marché anglais après la conclusion du fameux traité de Sir Methuen (1703). C'est de cette époque que date le grand usage et la réputation du fameux vin de Porto, le *Portwine* d'ailleurs improprement dénommé, car les environs de ce port ne produisent que des vins verts (*vinhos verde*). Les vins de table (maduros et collares) proviennent des régions du Haut Douro et du Minho. Quant aux vins du Portugal méridional, notamment de l'Alemtejo, ils n'ont pu encore trouver à l'étranger tous les débouchés possibles, en raison de l'imperfection de leur fabrication. Au reste, le commerce ne s'est guère fait faute d'écouler sous le nom de Porto toutes sortes de vins portugais. Cette fraude ne paraît d'ailleurs qu'une des plus légères de celles qui ont compromis l'écoulement des vins du Portugal (1). Le commerce anglais et allemand paraît avoir plus largement contribué à ce résultat en vendant sous le nom de Porto toutes sortes de mélanges où les vins artificiels jouaient un rôle étendu. Pareille aventure est arrivée à presque tous les vins de liqueurs : Madère, Malaga, Marsala, Tokay, Frontignan, aujourd'hui dépréciés par l'avalanche des imitations.

Cette situation a eu deux graves conséquences pour la viticulture portugaise : une baisse des prix de vente du véritable

(1) C'est ainsi que le Consulat de France à Porto n'a eu à délivrer en 1900 que huit certificats d'origine pour les envois directs en France. Bien que les expéditions de vins de Porto soient généralement faites chez nous par l'intermédiaire des entrepôts de Londres, la faiblesse de ce chiffre semble attester que l'authenticité du Porto vendu en France peut à bon droit être souvent suspectée.

vin de Porto coïncidant avec la restriction des achats dans le pavs de production, par suite de la concurrence des vins d'imitation. Cette restriction générale des débouchés et des profits de la viticulture portugaise coïncide d'autre part avec l'invasion du phylloxéra, de sorte que les propriétaires portugais voient disparaître leurs revenus juste au moment où ils auraient eu besoin du stimulant de hauts prix pour défendre et reconstituer leurs vignobles. C'est à l'extrême gravité de cette situation économique que sont dûs en Portugal, comme partout ailleurs, les essais coopératifs que nous allons retracer.

COOPERATION ET ETATISME EN PORTUGAL. — L'histoire de la coopération viticole portugaise a ceci de particulièrement intéressant qu'elle nous montre tour à tour en action les deux forces auxquelles on peut recourir pour tâcher de rémédier à une crise économique : l'initiative individuelle et l'intervention de l'Etat. L'une et l'autre ont dans ce pays une histoire assez intéressante pour fournir quelques sujets de réflexion aux viticulteurs des grands Etats qui traversent une crise analogue (1).

Le Portugal peut revendiquer à bon droit des titres sérieux à l'antériorité dans le domaine de la coopération. Le délégué des 70 coopératives actuellement existantes en Portugal, M. L. de Castro, rappelait avec une légitime fierté au dernier Congrès international que la première société coopérative de travail et de secours mutuels fut créée en Europe par les pêcheurs de Faro, en 1552 (2). Des sociétés semblabes, les *Compromissos maritimos* se multiplièrent jusqu'à la fin du 18e siècle dans la plupart des ports du Portugal. Vers la même époque, la coopération de crédit naissait dans ce pays, bien avant les premières tentatives d'Ecosse et d'Allemagne, avec les greniers communaux (oscelleiros communs). Cette coopération *tradi-*

(1) Nous devons des remerciements particuliers pour la documentation de cette étude à notre ami et ancien élève *M. Michel Graillet*, ex-chancelier du Consulat de France à Porto.

(2) Compte-rendu du X° Congrès des Soc. coop. de consomm. Paris, Imprimerie Nouvelle 1900, p. 51-53.

tionnelle se retrouve encore suivant M. de Castro, dans l'extrême nord du royaume, à Tras-os-Montes, où « des campagnards possédant des terres, mais n'ayant pas les moyens de les faire cultiver, travaillent à tour de rôle et en commun toutes les propriétés des compagnons. »

Ce mouvement coopératif ancien semble avoir été étouffé par la centralisation administrative qui se développa en Portugal au 18e siècle, surtout sous le ministère énergique du fameux marquis de Pombal (1) (1750-77). C'est justement ce Richelieu portugais qui organisa l'intervention administrative dans le commerce des vins du Portugal. C'est lui en effet qui créa par un édit du 16 septembre 1756, la première compagnie royale privilégiée pour l'exportation, surtout en Angleterre, des vins du Haut-Douro (Vinhos de Embarque). Par une série d'ordonnances, 1751, 1768, 69 et 77 il règlementa la production des vins du Portugal dans le but d'empêcher les fraudes sur l'origine des vins exportés.

C'est de cette époque que date la division officielle des vignobles du Douro en trois régions : D. inférieur, Haut-Douro et D. supérieur dont les deux dernières seules (30,480 hectares environ) fournissent les vins de choix qui doivent exclusivement entrer dans la composition du mélange qui constitue le Portwine. Sous l'empire de cette règlementation, l'exportation de ces vins en Angleterre monta de 19,337 pipes (de 500 litres) en 1748, jusqu'à 36,407 pipes en 1772 pour retomber ensuite jusqu'à 1788, date où tout ce système cessa en fait de fonctionner, bien que la règlementation ait subsisté légalement jusqu'aux traités de commerce de 1842-65, mais avec beaucoup de remaniements. Selon un défenseur de la liberté du commerce, M. de Freitas (2), l'influence de la compagnie aurait été plutôt néfaste, à la fois aux producteurs et au commerce, décourageant les uns par ses exigences et ses tracasseries, paralysant

(1) V. Rodrigues de Freitas. A. Questão dos Vinhos do Douro. — Porto, 1889.

(2) Id. A. Companhias Vinicolas. — Commercio de Porto, n° 315. — 20 décembre 1888.

le développement de l'autre par son monopole et compromettant la réputation des vins du pays par l'abus des pratiques auxquelles sa création devait mettre un terme : achat de vins étrangers, substitution d'eaux-de-vie des îles à celles du pays, alcoolisation des petits vins du Bas-Douro, etc.

LA COMPAGNIE ROYALE. — C'est à une solution mixte que semble s'être arrêté définitivement le gouvernement portugais pour surmonter les difficultés de la crise viticole; à la combinaison du système des compagnies privilégiées avec l'institution de coopératives locales. Il a débuté par le premier point, c'est en quoi on semble aujourd'hui reconnaître en Partugal qu'il y a eu erreur de tactique.

Le gouvernement royal a inauguré ce nouveau système en 1888, un siècle après l'affaissement de l'œuvre de Pombal, en relevant la création de celui-ci, la Compagnie royale des vins de Porto. A ce moment, les évaluations officielles de la douane portugaise à la barre du Douro attestaient une dépression progressive et considérable de la valeur des vins d'exportation de cette région. Elle était tombée de 5 % depuis 1875, la valeur du litre ne ressortissant plus qu'à 175 réis au lieu de 274 (1). Par un décret du 30 Mars 1889, le roi donna son approbation à un contrat passé le 15 du même mois entre le Ministère des Travaux publics, Commerce et Industrie, représenté par le Directeur E. Madeira Pinto, et un groupe de huit œnologues et propriétaires portugais. Ce contrat constituait pour une durée indéfinie la Compagnie royale vinicole du Nord du Portugal *(Réal Companhia vinicola do norte de Portugal)*, Société anonyme à responsabilité limitée, ayant son siège à Porto. C'est une Société privilégiée, mais sans monopole.

Aux termes de ses statuts (Ch. 1, art. 2) (2), elle a pour

(1) Cette réduction peu considérable pour la quantité exportée. — 40.012 pipes de 500 litres en 1887 au lieu de 44.755 en 1875, était inquiétante au point de vue de la valeur des marchandises : 3.769.859 milréis (5.5555) au lieu de 7.688.502, chiffres discutés par de Freitas cf., p. 62-66.

(2) Estatutos da Real Companhia Vinicola. — Porto, S. Teixeira, 1889, 52 p.

fins principales : d'assurer la vente et l'exportation des vins du pays, de veiller au maintien et au développement de leur réputation et de créer une banque pour soutenir les viticulteurs portugais et warranter leurs produits dans ses magasins. Elle doit servir d'agence de renseignements et d'intermédiaire général entre les producteurs nationaux et les négociants de tous pays; ouvrir un laboratoire spécial à Porto, publier des instructions pour perfectionner la viticulture et la vinification et s'attacher en particulier à l'exploration méthodique du marché allemand. Un dépôt permanent capable de recevoir de suite 200 pipes de 500 litres et bientôt un millier devait être installé à Berlin et suivi à bref délai d'installations semblables dans les autres grands centres de l'Empire. Enfin le paragraphe 10 du même article stipulait en particulier que la Compagnie devrait « promouvoir la formation de Sociétés coopératives locales, en conformité avec les lois en vigueur, ayant pour but de préparer et fabriquer des vins de type moyen, de distiller les eaux de vie du pays et d'exercer généralement toutes les industries avantageuses pour les viticulteurs ». La circonscription de la Compagnie s'étend sur les districts de Vianna, Braga, Porto, Villa Réal. Bragança, Guarda, Vizeu Aveiro et Coïmbre. L'article 4 de ses statuts prévoyait la fondation de compagnies analogues dans les autres provinces. Son capital est fixé à mille contos de réis (1) émissibles par séries de 200 contos et divisé en actions de mille réis (555 fr. 55). En retour des charges qu'elle assumait, le gouvernement a concédé à la Compagnie le privilège d'une marque officielle spéciale et un subside annuel de 15 contos de réis pendant les 15 premières années, subside remboursable, sauf les trois premières annuités, par partage des bénéfices ultérieurs, quand ceux-ci dépasseront 6 %.

L'institution de cette Compagnie, qui semble avoir été inspirée par le désir de soustraire le marché des vins aux maisons anglaises, dominantes sur cette place, provoqua aussitôt des réclamations très vives de la part du commerce.

(1) Le réal, 0,0055. — Le conto, 1 million de réis, soit 5555 fr. 55.

La polémique fut dirigée dans le journal *Commercio de Porto* par un distingué publiciste, M. Rodrigues de Freitas. On accusait le gouvernement de tendre à reconstituer l'ancien monopole et de jeter la déconsidération sur le commerce de Porto par la création d'une marque privilégiée et les considérants de l'arrêté du 30 Mars, visant les pratiques frauduleuses accusées de la décadence de l'exportation. La création nouvelle fut soutenue par la *Ligue des Viticulteurs du Douro*, Société de grands propriétaires fondée vers la même époque, sous forme de coopérative à responsabilité limitée, pour déendre les intérêts des producteurs et leur fournir les matériaux nécessaires à l'industrie viticole. Quelques-uns de ses membres les plus actifs figuraient d'ailleurs parmi les fondateurs de la Compagnie royale; deux d'entre eux, MM. de Samodoes et Pestana da Silva, soutinrent particulièrement la polémique engagée. Mais devant les réclamations anglaises, relatives à la disposition des statuts qui excluait les étrangers établis en Portugal du droit aux services de la Compagnie et à l'entrepôt dans ses comptoirs, et les protestations du commerce, certains tempéraments durent être apportés aux dispositions primitives. Un règlement du 31 janvier 1889 avait d'ailleurs réservé le droit du gouvernement d'autoriser des commerçants en nom particulier à établir des dépôts dans les mêmes conditions que ceux de la Compagnie royale. Quoi qu'il en soit, la Compagnie a survécu. Son premier inventaire accusait déjà fin 1890 un bénéfice de 2.941 milreis (1). Elle a particulièrement développé l'exportation du Porto en bouteilles dont elle livre environ 100,000 caisses par an. Quant à la Ligue des Agriculteurs, c'est moins en fait une véritable coopérative qu'une Compagnie à base capitaliste particulièrement formée de grands propriétaires. Le programme général assigné à la Compagnie royale n'a été qu'imparfaitement rempli; elle a bien créé une succursale à Rio de Janeiro et des agences à Rotterdam, Londres, Paris, Berlin, Hambourg

(1) Rapport in. Boletim da liga dos Lavradores du Douro. — Porto, 5 déc. 1900.

et dans plusieurs ports de l'Amérique du Sud, mais elle n'a pas réussi à supplanter le commerce de Porto. Son programme d'extension à l'intérieur et à l'extérieur est resté inachevé, beaucoup d'ailleurs en raison des soucis particulièrement urgents que le développement du phylloxéra imposait au gouvernement.

LA COOPERATION VITICOLE EN PORTUGAL. — Le point le moins négligé de ce programme n'a pas été la création de coopératives locales de producteurs, malgré les facilités que donne la loi exceptionnellement libérale de 1867, qui exempte les Sociétés de ce genre de tout impôt. Jusqu'ici, le Portugal ne peut enregistrer dans cette voie que des tentatives particulières, dûes à l'initiative privée. Selon notre distingué correspondant M. *Duarte d'Oliveira* (1), la première fut faite en 1888 par un enthousiaste viticulteur de Mogofores, M. Albanho Coutinho, qui fonda la *Société agricole de Barraida*, particulièrement affectée à la viticulture, mais cet essai fit bientôt « naufrage sur la mer politique de la localité ». Une autre tentative du même genre fut faire dix ans plus tard par le Syndicat agricole de Filgueiras qui tenta d'organiser une coopérative vinicole, mais sans succès, faute d'appui de la part des propriétaires. Mais l'essai plus restreint qui fut tenté en 1893, presque sur le même terrain que celui de 1888, par quatre propriétaires d'*Anadia*, a mieux réussi (2). Sous la dénomination d'Association vinicole de Barraida, ils ont formé une Société coopérative pour tranformer en mousseux les vins de la région. Installée dans les caves du Mont Crasto, près d'Anadia, elle fabrique avec des vins blancs et rouges des mousseux qui ont obtenu une médaille d'or à l'Eposition Universelle de Paris en 1900. Leur fabrication est dirigée par un Français. La Société possède actuellement dans ses caves environ 150,000 bouteilles prêtes à l'expédition;

(1) Note sur notre étude : La coopération en Viticulture. — In Jornal Horticolo Agricola, août 1900. — Porto.

(2) A. Vinha Portugueza. — Lisboâ, année 1901, n°s 7 et 8.

elle livre ses produits sur le marché presque à moitié du prix auquel reviennent là-bas les Champagnes français. Enfin, un œnologue portugais réputé, M. Isidoro de Souza, a inauguré en 1897 la première cave coopérative sur le type de Mayschoz, l'*Adega Social de Vianna de Alemtejo*. Suivant un de ses rapports à l'União Vinicola et Oleicola do Sul, elle aurait réussi, par une réclame bien menée, à provoquer des demandes nombreuses et l'embarras pour elle serait plutôt d'y satisfaire entièrement. Son fondateur exprimait le vœu que d'autres caves analogues se fondent au plus tôt pour former avec elle une fédération capable de satisfaire, avec la constance de qualité nécessaire, la clientèle prête à lui donner la préférence.

D'autre part, M. de Souza s'est efforcé de répandre dans son pays cette idée que la création de coopératives semblables devait être la préface indispensable du relèvement de la viticulture nationale et la condition préalable de l'institution future de grandes compagnies de commerce. Il a récemment développé ses idées devant la *Société royale d'Agriculture du Portugal* dans une magistrale conférence, faite pour signaler le danger de la création des grandes compagnies (projet auquel venait de s'arrêter le Congrès vinicole du 5 février 1901) sans avoir préalablement assuré les bases de leur action. Il pense que « la création immédiate de compagnies qui n'auraient pas organisé auparavant la production par le moyen de caves sociales mènerait au plus grand des désastres, parce que la majeure partie des viticulteurs ne sont pas en état de fournir en quantité suffisante des vins de fabrication convenable. Avant de vendre il faut produire. » (1). Cette opinion s'est formée dans les esprits à la suite de l'échec de la tentative d'établissement d'une compagnie royale vinicole pour le Sud du Portugal, entreprise qu'il avait soutenue au Congrès d'Estremos de 1889 et qui ne put aboutir par la faute des proprié-

(1) Boletim da Real Associaçao Central da Agricultura portuguesa. Ann. 1900, n° 7 : Syndicats Agricolas et Adegas Sociaes. Soluçao do problema vinicola pelo coopérativismo, p. 361. Relation suivie d'une traduction portugaise des statuts de Mayschosz.

taires du Sud. Eclairé depuis par les exemples de l'Allemagne et de l'Italie, comme par les bons résultats des caves de métayage de l'Estrémadure, il conclut que l'institution rapide des caves coopératives (*Adegas sociaes*) est le seul moyen « de sortir du monde stérile des vagues conceptions platoniques pour entrer enfin dans le champ pratique des réalités fécondes. »

Cette opinion semble prévaloir peu à peu, même dans les conseils du gouvernement, si l'on en juge par le récent décret que celui-ci vient de rendre pour organiser le sauvetage de la viticulture portugaise. La situation, compliquée des progrès du phylloxéra, s'est en effet aggravée par la restriction de plus en plus grave des débouchés alors que les plantations nouvelles se sont multipliées. Un moment stimulée par l'élargissement du marché français qui, en raison de la crise phylloxérique absorbait en 1892 47,000 hectolitres de vins portugais, importation tombée à 500 hectolitres en 1900, l'exportation portugaise est concurrencée avec énergie sur les marchés d'Angleterre et du Brésil par les vins d'Espagne, de France et d'Italie. La viticulture portugaise avec sa production moyenne de 2.500.000 hectolitres sans cesse accrue, malheureusement dans le souci exclusif de la quantité, est donc menacée d'une mévente croissante(1). Pour y remédier le ministre de l'Agriculture avait déposé aux Cortès, au commencement de 1901, un projet de loi sur le régime des vins et des alcools qui allait jusqu'à lui permettre d'interdire la plantation des vignes dans les terres d'alluvion. Puis jugeant qu'il y avait trop urgence pour attendre sa discussion, le gouvernement a cru devoir lui donner force exécutoire par un décret en date du 14 Juin (2). Sa disposition principale montre que le sentiment de la nécessité des coopératives vinicoles s'allie définitivement dans la politique économique du gouvernement portugais avec ses traditions d'interventionnisme commercial.

(1) Duarte d'Oliveira. — Revue de Vitic. n° 387.

(2) Publié dans les *feuilles d'informations du Minist. de l'Agriculture* de France, 13 juillet 1901.

L'exposé des motifs déclare en effet que les moyens par lesquels on pourra remédier à la crise consistent : « A favoriser la fabrication économique de bons vins régionaux par l'*établissement de caves sociales* et de dépôts; à confier à des compagnies commerciales la mission d'ouvrir des marchés aux vins qui seront rendus recommandables par la pureté et la constance des types et par la modicité des prix ; à faciliter la fabrication de l'alcool de vin par l'établissement de postes de distillation qui serviront d'aiguillon à l'industrie particulière ; à favoriser l'établissement de nouvelles industries pour augmenter les revenus de la viticulture par la préparation des raisins secs, l'extraction du tartre et la concentration des moûts : à permettre la bonification des moûts pauvres par addition de sucre ; à restreindre la concurrence que les alcools artificiels font à l'alcool de vin ; enfin à alléger les charges et les entraves qui pèsent sur le commerce des vins, etc. »

Ces mesures sont en voie d'application rapide (1). C'est ainsi que le gouvernement, pour faciliter la création de *dépôts de vin* de récoltants les a exemptés des droits de timbre et de licence. Ils peuvent faire toutes les opérations nécessaires pour faciliter la vente des produits de la vigne : coupages pour unifier les types, concentration des moûts, vinage à l'alcool de vin, mise en bouteilles, etc. Des subventions sont allouées pour la création immédiate de huit *chais sociaux* pour faciliter le perfectionnement de la fabrication et du traitement des vins ainsi que l'unification des types régionaux. Nous voyons reparaître ici la préoccupation originelle de la coopération italienne. Après trois ans, la production de ces chais ne devra pas descendre au-dessous de 5000 hectolitres de vin;ils peuvent être constitués sous forme de sociétés coopératives et auront la facilité d'émettre des warrants. Des sociétés analogues peuvent se former librement dans le même but. Pour assurer l'écoulement des vins, le gouvernement portugais a mis au concours en promettant de larges subventions, l'organisation

(1) C. B.— Les encouragements à la vinification et à la distillation coopétives en Portugal. — Rev. de Vitic., 23 nov. 1901.

à Lisbonne d'une *Société viticole portugaise* au capital minimum de 5000 contos de réis (28 millions de francs). Elle devra ouvrir des expositions, des agences et des dépôts commerciaux de 1000 hectolitres au moins, en Europe, au Brésil et dans les colonies portugaises. Pour susciter des méthodes nouvelles, le gouvernement se réserve le droit de concéder des monopoles pour la fabrication des raisins secs, l'extraction du tartre ou la concentration des moûts par des procédés non encore mis en œuvre en Portugal. Il prévoit enfin la création *de stations agricoles de distillation* et réorganise le marché des alcools et eaux-de-vie aux bourses de Lisbonne et de Porto.

CONCLUSIONS. — En somme la coopération viticole semble devoir s'implanter sérieusement en Portugal sous le patronage et avec l'aide effective de l'Etat.

Cette combinaison réussira-t-elle ? Deux obstacles sont à craindre. Le premier est ce défaut du caractère national que nous signale un de nos correspondants (1) « que le portugais n'a aucune suite dans ses idées. Les villes en sont un exemple frappant. Telle possède plusieurs édifices en construction depuis cent ans; on continue de construire d'un côté et l'autre tombe en ruine. » Le second réside dans les divisions politiques, qui jouent dans ce pays un rôle plus considérable encore qu'ailleurs, pour le plus grand dam des entreprises commerciales ou industrielles.

Quoiqu'il en soit, le nouvel exemple que nous offre ce pays, après ceux de l'Allemagne du Sud, de la Hongrie et de l'Italie, semble justifier cette remarque générale que plus le mouvement coopératif vinicole s'étend loin de son berceau primitif, les vignobles de la Prusse rhénane, plus il semble avoir besoin de l'aide effective, sinon du patronage de l'Etat. L'insuffisance de l'éducation économique des masses rurales en est la cause probable. Accuser les populations de ces régions viticoles d'une débilité spéciale, qui les rendrait impropres à la même initiative que leurs confrères prussiens, serait

(1) Lettre du 8 août 1901.

méconnaître que la crise viticole ne les a frappées que plus tard et moins gravement jusqu'ici, en raison des avantages que leur donne la supériorité du climat. Elles souffrent moins de l'irrégularité que de la pléthore des récoltés et c'est l'insuffisance des débouchés plus que celle des produits qui les pousse à chercher dans la coopération l'amélioration de leur technique viticole et de leur puissance commerciale.

Après celui de l'Italie, le cas du Portugal manifeste encore deux faits d'ordre général. D'abord que la coopération s'impose particulièrement aux viticulteurs des pays à grande production, pour donner à leurs vins les aptitudes de conservation et la constance des types qui sont les qualités reconnues nécessaires pour les produits destinés à l'exportation. Ensuite l'impuissance de toute organisation commerciale d'ensemble, même soutenue par l'Etat, quand elle ne s'appuie pas sur des organisations locales préalablement généralisées à un certain degré. De même qu'on ne fonde pas un édifice sur un sol sans cohésion, on ne saurait asseoir un régime commercial perfectionné sur la poussière des individualités productrices perdues dans l'impuissance et l'isolement. La coopération viticole, pour s'étendre, semble devoir partout passer par l'école primaire de la coopérative locale de type analogue à celui de Mayschosz, avant de songer à s'épanouir en institutions plus vastes aux visées plus ambitieuses.

Note sur la Coopération viticole dans les pays extra-européens

Bien que cette matière échappe à notre sujet, nous pouvons relever sur trois points des efforts analogues à ceux que nous avons relatés dans la viticulture européenne : en Palestine, Californie et Australie.

1° *Palestine :* Ertl et Licht, cf. p. 377. mentionnant l'existence à *Sarona* près de Jaffa d'un véritable Winverzerein, créé par des colons allemands et d'ailleurs, adhérent à la Fédération de Darmstadt. Le capital social était monté en 1896-97 de 60.092 fr. à 74.450 fr., son mouvement d'affaires de 67.707 fr. à 95.956, son avoir matériel de 41.902 fr. à 53.916 fr., son administration coûtait 4.500 fr. Il avait construit un vaste cellier pour le service de ses 28 membres.

2° *Californie :* M. P. Antoine. — (Rapport sur la situation industrielle et commerciale de la Californie en 1889. — Supplément n° 19 au Monit. Offic. du Comm. du 14 mars 1901) rapporte que dans ce pays l'industrie vinicole est divisée en 3 branches : la culture de la vigne, la fabrication du vin et la vente du vin. Pour opérer la vinification, des industriels ont créé des *vineries* où ils traitent moyennant tant de l'hectolitre les raisins des producteurs. Ils avaient formé une Association des « Wine Makers » qui s'est dissoute après la perte par altération de son stock de trois millions de gallons. « Cette détermination, dit M. Antoine, pourra retarder le mouvement général de coopération qui semble nécessaire pour assurer la prospérité des exploitations agricoles et horticoles de ce pays. Pendant 15 ans cette Association avait lutté contre le syndicat des marchands de vins et pour le bénéfice des vignerons. » Mais d'autre part 2.100 propriétaires, désireux d'échapper aux exactions des commissionnaires ont fondé en août 1898 la « Raisin grovers association » pour la production des raisins secs. Elle contrôle la récolte, fixe les prix et les qualités marchandes. Des Associations analogues ont été formées par les producteurs de fruits de la vallée de Santa-Clara. Le Syndicat des producteurs de prunes représente aujourd'hui 90 % des récoltants : il a réussi à conclure une entente régulière avec l'Association des marchands de fruits, laquelle se contente d'un bénéfice de 3 dollars par tonne.

Nous n'avons pu obtenir, malgré demande, de renseignements directs sur les *Vineries* de San-José.

3° *Australie :* Ce pays est remarquable par la large extension de l'initiative et de l'intervention de l'Etat. M. *Métin.* (Législ. ouvr. et sociale en Australie et Nouvelle-Zélande. — Public. de l'Office du Travail, 1901, p. 158), mentionne qu'à Adélaïde, le gouvernement a installé un grand dépôt pour l'exportation. Le vin apporté par les récoltants est goûté par un professeur d'Agriculture et en cas d'acceptation, envoyé à l'entrepôt de Londres sous marque officielle. L'agent général de la colonie, sorte de fonctionnaire-vendeur, s'occupe de son placement. « Notre vin a beaucoup de mal à supplanter les marques françaises en Angleterre, constate un agent, mais l'entremise du gouvernement lui donne un cachet qui le relèvera dans l'estime du consommateur anglais. » La réclame pour la vente est admirablement organisée. V. de *Loverdo*, Agric. nouvelle, mars 1901. — Id. pour l'installation des entrepôts californiens à Londres.

LIVRE III

L'Application de la Coopération à la Viticulture française

CHAPITRE PREMIER

Situation générale de la Viticulture française

CHAPITRE II

La Coopération dans les principales régions viticoles de la France

SECTION I

CHAMPAGNE

SECTION II

BOURGOGNE ET FRANCHE-COMTÉ

SECTION III

RÉGION DU CENTRE-OUEST

SECTION IV

RÉGION DU SUD-OUEST

SECTION V

RÉGION DU MIDI ET ALGÉRIE

LIVRE III

CHAPITRE PREMIER

Situation générale de la Viticulture française

CARACTÈRES PROPRES DE L'ÉCONOMIE VITICOLE FRANÇAISE. — Comme nous avons longuement exposé dans une volume spécial (1) l'ensemble des questions qui constituent l'Economie viticole de la France, il suffit de rappeler ici ses traits généraux pour montrer dans quelle mesure ils sont favorables au développement de la coopération viticole.

1° La *France est la première nation viticole du monde* tant par la quantité de ses récoltes annuelles que par la qualité générale de ses produits. Si avec ses 1,730,451 hectares de vignes, elle paraît au-dessous de l'Italie pour la surface générale des vignobles (2) elle la dépasse aujourd'hui tant par le chiffre de sa récolte totale que par le coefficient de productivité de l'hectare. Longtemps déprimée par la crise phylloxérique surtout depuis 1880, notre production s'est aujour-

(1) *Les Vins de France.* — Bibl. Utile. F. Alcan, Paris 1900.

(2) Chiffres de 1900. — D'après le relevé de la *Direction générale des Contributions indirectes.* In Bull, de statistique et législ. du Ministre des Finances, oct. 1901 et l'Annuaire, Statistique de la France. L'Italie avait 3.462.0.. hect. de vignobles en 1897, parce que ce chiffre comprend les surfaces considérables où la vigne n'est plantée qu'en culture intercalaire, mais la moyenne de la production annuelle n'est que de 29 millions d'hectol., soit moins de 11 hectol. à l'hectare.

d'hui considérablement relevée grâce à la reconstitution par le greffage sur souches américaines. Bien que le déficit de la surface cultivée en 1901 soit encore d'environ 400,000 hectares sur celle de 1875 et que son total n'ait commencé à se relever qu'en 1900, la productivité des vignes nouvelles paraît devoir dépasser considérablement celle des vignes d'autrefois en raison du perfectionnement des soins et méthodes de culture. Alors que la récolte moyenne dans la période de 1875-1890 n'était que de 27 millions d'hectolitres, elle dépasse 35 millions dans la période 1890-1900 pour atteindre en 1900, 72,946,840 hectolitres avec la Corse et l'Algérie (1). La valeur moyenne de la récolte annuelle dans la dernière période décennale ressortissait à 1,100 millions de francs, soit à une moyenne de 36 francs l'hectolitre, fort supérieure à celle atteinte par les vins de nos deux principaux concurrents, l'Italie (25) et l'Espagne (17). Ce fait montrerait, si la réputation universelle des crûs français ne dispensait de la démonstration, la supériorité générale de qualité des vins de France sur ceux du reste du globe.

2° Notre pays est aussi *le premier marché viticole du monde*, moins encore en raison des faits précédents que de l'élévation du chiffre de la consommation moyenne annuelle, estimée au total à environ 45 millions d'hectolitres, soit en 1900 à 117 litres par tête. Jusqu'à ces dernières années, la production moyenne ne suffisait donc pas aux besoins de la consommation et le déficit avait dû être comblé par la fabrication des vins artificiels, aujourd'hui proscrite par la loi du 6 octobre 1897, et l'importation de vins étrangers. Mais cette situation paraît devoir se modifier rapidement.

Les deux dernières récoltes semblent supérieures aux besoins de la consommation et l'importation étrangère, encore de 8,466,000 hectolitres en 1899, est tombée en 1900 à 5,215,000 hectolitres, dont il faut défalquer 2 millions d'hectolitres d'origine algérienne, tandis que notre exportation montait

(1) En 1901 — 57.963.514 hectol., plus 5.563.032 en Algérie. Le rendement moyen a été de 33 hectol. à l'hectare.

légèrement de 1,717,000 hectolitres à 1 905,000. Mais si l'importation étrangère est encore supérieure en quantité à l'exportation française, elle est déjà tombée au-dessous quant à la valeur des produits, qui ressort en douane pour les vins étrangers à 177 millions en 1900 et pour les vins français exportés à 290 millions environ. La France importait donc principalement des vins communs tandis qu'elle exporte surtout des produits de luxe. Aujourd'hui que le Midi reconstitué et l'Algérie paraissent produire les premiers plutôt en surabondance, de marché d'importation elle devient pays exportateur, changement qui aura nécessairement sa répercussion sur notre politique commerciale (1).

3. Au point de vue de l'économie rurale, la viticulture est en France *le domaine par excellence de la petite culture*. Elle est une des principales ressources de 56 de nos départements qui possèdent un total de 21,700,000 habitants. Sur cette population, on compte près de 1,590,000 viticulteurs qui possèdent les 99 % de la surface totale de nos vignobles, 17,000 hectares seulement appartiennent à des collectivités : Etat, communes et établissements publics. La viticulture n'est pas seulement celle de nos cultures qui est la plus individualisée, c'est aussi celle où le faire-valoir direct est le mode d'exploitation le plus habituel. Alors qu'il ne s'applique pour l'ensemble de notre territoire qu'à 52,77 % des terres, il s'exerce sur 83,7 % des vignobles, le reste étant également partagé entre le métayage et le fermage. Enfin, la proportion des vignobles possédés par les petits exploitants est beaucoup plus grande dans la viticulture que dans l'agriculture en général. Alors que la très petite propriété (moins de 1 hectare) représente 2,6 % seulement de la superficie totale, elle couvre 7,6 % des vignobles et la petite propriété de 1 à 5 hectares, 20,6 % au lieu de 11,1. En résumé, dit à ce sujet un économiste des plus autorisés, M. F. Convert, professeur d'Economie rurale à

(1) Témoin par ex. les réclamations nombreuses suscitées à l'occasion du récent voyage du tzar contre les tarifs vraiment excessifs que la Russie applique aux vins étrangers : 97 fr. 60 par 100 kilog.

l'Institut agronomique (1), « on est amené à conclure des chiffres de la statistique que la très petite et la petite culture réunies comprennent le quart environ de nos vignobles; la moyenne culture (de 5 à 10 hectares), un sixième à un septième, la grande culture (de 10 à 40 hectares), un quart, la très grande culture, au-dessous de 40 hectares, un tiers. » Mais il remarque très judicieusement cette autre différence avec l'agriculture générale que tandis qu'avec les cultures ordinaires on distingue des pays de grande culture et d'autres de petite culture, les vignobles de dimensions variées se rencontrent très souvent les uns auprès des autres. Il y a plus, la coexistence dans le même milieu des grands et petits vignobles est souvent un des traits principaux de l'économie viticole d'une contrée. Nous ajouterons que le morcellement est d'autant plus accentué que les vignobles ont plus de renom, parce que la haute valeur du sol restreint la possibilité d'acquisition tout en surexcitant la concurrence des acheteurs, désireux d'être propriétaires de crûs distingués.

De ces trois caractères généraux résultent au point de vue coopératif les conséquences suivantes : L'importance exceptionnelle d'une classe de petits et très petits propriétaires vignerons rend plus nécessaire que partout ailleurs, pour les raisons énoncées dans les chapitres II et III de cette étude, l'introduction de l'organisation coopérative dans l'industrie viticole. Cette nécessité apparaît d'autant plus évidente que le relèvement brusque de la production française impose une réorganisation sérieuse du commerce des vins. C'est un fait digne de remarque que le nombre et les profits des intermédiaires avaient crû dans cette branche de la production en raison inverse de la quantité des récoltes et de celui des producteurs. Tandis que le dernier tombait de 2.170,831 en 1874 à 1.491.766 en 1896, celui des seuls marchands en gros grandissait dans la même période de 24.168 à 28.227 (2), soit d'un 6e

(1) La propriété viticole d'après la statistique décimale : Revue de Viticulture, 4 déc. 1897.

(2) Résultats statistiques du recensement des industries et professions (Public. de l'Office du Travail, 1899). — Chiffres remontant à l'année 1896.

tandis que croissait d'un quart celui des débitants et marchands au détail. Ce fait s'explique par les circonstances de la crise qui a eu pour caractère de *développer le rôle des intermédiaires*. En effet, pour suppléer au déficit de la production, il fallait fabriquer des vins artificiels, faire venir des vins étrangers, les couper avec les nôtres, combiner mille mélanges plus ou moins sincères, clandestins ou frauduleux, toutes opérations qui relèvent non de la production rurale, mais du commerce de gros et de détail. Aujourd'hui, au contraire, que ces opérations ont été interdites ou sont devenues oiseuses et sans profit en raison de l'abondance et du bon marché des vins naturels, les intermédiaires qui en vivaient deviennent inutiles (1). Mais au même moment la baisse générale des prix qui résulte de la grande abondance oblige à restreindre les profits. C'est pourquoi en plus d'un lieu les commerçants en surabondance, pour tâcher de se maintenir, sont obligés de récupérer sur la propriété par une baisse souvent exagérée des prix d'achat et même des manœuvres de spéculation, la perte qu'ils éprouvent sur leurs prix de vente habituels. Il semble qu'ils pourraient trouver une compensation, dans le fait qu'ils ont à écouler une plus grande quantité de vins et dans l'ouverture des nouveaux débouchés qu'offre à la consommation des vins la disparition des droits sur les boissons et des taxes d'octroi, en grande partie réalisée par la loi du 29 décembre 1901.

Mais peut-être déconcerté par ce brusque changement, habitué à d'autres pratiques ou impropre aux tâches nouvelles qui s'imposaient à lui, le commerce s'est révélé insuffisant à assurer l'écoulement normal des récoltes de 1900 et 1901. D'où un trouble général du marché des vins, la souffrance aiguë de la production et la tendance grandissante, à la fois chez les consommateurs et les producteurs, d'établir entre

(1) Dans un récent rapport à la Ch. de comm. de Carcassonne, M. J. Génie établit pourtant que les vins vendus en ce moment à Paris 12 fr. 50 l'hectol. auraient dû être achetés 0 fr. 75, les frais étant de 12 fr. Ils sont donc fabriques de toutes pièces. On évalue à 2 millions d'hectol. la production de ces vins artificiels en 1901 pour la seule ville de Paris.

eux des relations plus directes et partant plus économiques, toutes conditions où la coopération apparaît fatalement comme un des moyens possibles les plus urgents et les plus efficaces.

LA CRISE VITICOLE. — Si cet aspect de la question est d'une importance primordiale pour l'étude de la crise viticole déchaînée en France depuis deux années, il serait injuste de ne voir dans celle-ci que le résultat d'une organisation commerciale défectueuse. Elle procède de causes multiples dont les unes, naturelles, échappent à toute prévision, tandis que les autres, d'ordre économique, peuvent être mieux déterminées pour en prévenir le retour. Elle résulte surtout d'une exceptionnelle réunion de circonstances accidentelles, caractère particulier qui permet de douter de sa permanence.

En effet, parmi les causes naturelles, il faut ranger en premier lieu l'extrême variabilité des récoltes, en quantité et en qualité. Au point de vue de la quantité cette amplitude des variations est extrême en France, où elle peut atteindre du simple au double d'une année à l'autre, témoin l'exemple de 1875-1876 où la récolte tomba de 83 millions d'hectolitres à 41. Quoique moins facilement mesurables, les variations de qualité sont peut-être plus considérables encore. Or, l'année 1900 a présenté le phénomène assez rare de la réunion de ces deux ordres de variations à un degré également exceptionnel. Un accroissement considérable de quantité, 31 millions d'hectolitres de plus qu'en 1899 y correspond à un affaissement inverse de la qualité, généralement très médiocre sur tout le territoire, en raison de la pourriture, généralisée par les vendanges pluvieuses. En outre, par un hasard évidemment malencontreux, ces mêmes conditions ont été reproduites, avec une amplitude un peu diminuée, par la récolte suivante de 1901 dont les 57 millions d'hectolitres sont également d'assez faible qualité. Le marché des vins s'est donc trouvé subitement encombré par une grande abondance de vins médiocres, en trop forte proportion incapables de se conserver longtemps ou de gagner à cette conservation.

A ces conditions économiques accidentelles des plus funestes, sont venues s'ajouter des conditions économiques passagères des plus fâcheuses, qui ont fortement contribué à exagérer l'effet ordinaire de pareilles coïncidences. Elles se résument toutes dans ce fait que la viticulture française absorbée par le grand effort de la reconstitution de ses vignobles n'avait pu s'occuper encore de l'organisation du marché des vins. Toutes les ressources disponibles avaient été dirigées vers la restauration du vignoble, c'est ainsi que le total des plantations nouvelles, s'élevait en 1899-1900 à 87.861 hectares. Les propriétaires n'avaient pu mener de front cette entreprise et celle de la restauration et de l'accroissement de leur matériel vinaire, qui aurait été nécessaire pour les mettre à même de recevoir et conserver un temps suffisant les abondantes récoltes qu'ils espéraient de leurs vignobles nouveaux. Bien mieux, la plupart d'entre eux comptaient un peu sur le produit des premières récoltes pour se procurer les ressources nécessaires à cette reconstitution de leur matériel. Il arriva donc que, surpris par le retour d'une abondance, moins déplorable en elle-même qu'en raison de la médiocre qualité de ses produits, nombre de récoltants se trouvèrent dépourvus de caves, de foudres et de futailles pour recevoir cette récolte, de moyens techniques pour la conserver malgré son peu de qualité et surtout d'avances pour faire face à tous ces accidents et attendre le moment propice à l'écoulement de leurs vins. Dans ces conditions, une masse de vins médiocres afflua brusquement sur le marché au devant d'un commerce qui fut bientôt également désemparé par cette avalanche d'un nouveau genre.

En effet, troublé dans ses habitudes anciennes par la crise phylloxérique, le commerce avait dû en prendre d'autres, dont quelques-unes sont peu accommodables avec la situation nouvelle. Nous n'insisterons pas sur les affreux mélanges avec des vins artificiels qui, dans les grandes villes à octroi comme Paris, ont dépravé le goût public et compromis la vieille réputation de pureté et de salubrité du vin de France. Grâce à la vulgarisation néfaste de ce type artificiel innommable que toute une génération a connue sous le nom de *gros bleu de*

Bercy, nous avons vu se propager depuis vingt années les légendes funestes de la rareté du vin naturel et de la nuisance de l'usage habituel des vins de consommation courante. Heureusement que cette fabrication, qui avait résisté aux lois de 1894 et 97 sur les fraudes a été bien compromise par la réforme de la législation des boissons et des octrois et surtout par la pléthore du vin naturel à bon marché. Si la crise présente ne devait avoir que ce résultat, peut-être faudrait-il plus tard la bénir au lieu d'en déplorer l'accident (1). Mais il ne faut pas confondre la masse du commerce, malgré tout demeurée honnête en général, avec la troupe mêlée des manipulateurs d'entrepôt et des détaillants mouilleurs de crû. Malheureusement elle aussi, n'était plus très suffisamment préparée à s'accommoder des circonstances nouvelles. Habituée à chercher à l'étranger les compléments nécessaires à son approvisionnement, elle a en plus d'un lieu perdu quelque peu le contact direct des producteurs français. Les commissionnaires et courtiers de tous genres se sont multipliés au delà des limites du nécessaire. D'autre part, nombre de maisons, suivant en cela l'exemple des plus importantes de la Champagne, de la Bourgogne et des Charentes, sont devenues propriétaires de vignobles, soit pour se donner le luxe de la possession de crûs de marque, soit pour profiter dans l'esprit de leur clientèle de la qualité de propriétaire-récoltant, plus en faveur que celle de simple négociant. Elles ont donc été nécessairement entraînées à restreindre d'autant plus leurs achats à la propriété que leurs récoltes personnelles se sont plus accrues. En outre celles, et leur nombre est grand, qui avaient pris au temps de la crise l'habitude de préparer elles-mêmes leurs vins en achetant directement des raisins aux producteurs, qu'elles avaient aussi

(1) Mais une conséquence désastreuse persiste qui pèse lourdement sur la viticulture présente et demeure très grave pour l'avenir, que le commerce a longtemps poussé la production exclusivement vers la recherche de la quantité en ne payant pas suffisamment les différences de qualité et donnant même une prime aux vins grossiers mais très colorés, qui se prêtaient à certains mouillages. Il ne suffit pas de reprocher aux propriétaires du Midi de n'avoir cherché à produire que des vins d'abondance. Qui les y a incités et qui devrait en subir les conséquences ?

encouragé à négliger l'entretien de leur matériel vinaire, ont naturellement restreint ou cessé leurs achats dès que la qualité des récoltes s'est annoncée trop médiocre pour faire espérer des avantages à accumuler et conserver des réserves de vins en cave. Celles enfin, et c'était le cas de la plupart, qui avaient en réserve des vins achetés très cher dans les années précédentes et comptaient les écouler aux prix assez élevés dont elles avaient l'habitude, ont vu tout à coup cet espoir compromis par l'avalanche des vins à bon marché et, en attendant, ont restreint leurs achats. Bref, pour toutes ces raisons, quelques-unes passagères et les autres plus profondes, les récoltes 1900 et 1901 ont révélé tout à coup cette situation nouvelle, grosse de transformations fatales, que le commerce des vins plus souvent, il faut le dire, par force que par mauvaise volonté, était impuissant, au moins pour le moment, à assurer l'écoulement normal de la production française dans les conditions nouvelles des années d'abondance. Or, comme la propriété ne saurait attendre, force lui est de songer à assurer elle-même ce service par la vente directe au consommateur, toutes les fois et dans toutes les conditions où celle-ci paraît possible. De là le grand effort, dont nous rencontrerons bientôt les indices et qui restera caractéristique de ces deux campagnes viticoles, pour étendre le champ de la consommation directe. De là nécessairement le souci généralisé des bienfaits possibles de l'action commune et de l'extension à donner aux œuvres syndicales et coopératives.

Y A-T-IL SURPRODUCTION ? — Cette crise présente donne donc à notre sujet un intérêt d'actualité de premier ordre, car l'expérience de l'étranger devient dans ces conditions un exemple et un guide qui peut nous dispenser en partie de bien des tâtonnements et des épreuves. Mais avant d'étudier dans quelle mesure elle peut éclairer l'action des intéressés dans chacune de nos grandes régions viticoles, il importe de rechercher au préalable si la situation présente autre chose qu'un caractère accidentel et si, le moment aigu passé, il subsistera en face des producteurs et du commerce des difficultés assez graves et persistantes pour que la coopération viticole reste en maintes régions d'une pressante nécessité.

D'abord, la situation actuelle est-elle susceptible de remède? Beaucoup commencent à en désespérer en arguant du tarte à la crême des économistes dans l'embarras : la *surproduction*. Il y a trop de vin, répètent actuellement les mille voix de la presse; on a trop planté; jamais la consommation ne pourra s'élever assez pour absorber le fleuve débordé d'une production qui va s'accroître encore par des plantations nouvelles pour s'enfler absurdement jusqu'à crever de pléthore, comme la grenouille de la fable. Chose digne de remarque et qui semble décourager d'avance notre dessein, nous avons déjà vu (Ch. III) que c'est le représentant le plus éminent de l'école coopérative française, le propagandiste le plus autorisé des œuvres de solidarité économique, M. Ch. Gide, qui a poussé le premier ce cri d'alarme et presque de désespoir : « Songez donc, disait-il, que d'ici peu il y aura deux millions d'hectares replantés. Or, 80 millions d'hectolitres (maximum dépassé une seule fois au XIX siècle, en 1875), pour deux millions d'hectares, c'est une moyenne très faible au taux de rendement actuel. Soumis au régime de culture intensive, ces deux millions d'hectares pourraient produire 2 à 300 millions d'hectolitres, c'est-à-dire beaucoup plus que ce que boit le monde entier (1) ». Le Ministre de l'Agriculture, M. Dupuy, croyait pouvoir corriger ce tableau qu'il jugeait trop sombre et déclarer que la vigne peut se développer chez nous sans inconvénient majeur (2). Peut-être hésiterait-il maintenant que les événements semblent, comme nous l'écrit M. Gide (3), avoir donné trop raison à son pessimisme prophétique.

Pourtant, malgré sa justification relative par la crise présente, ce pessimisme nous paraît excessif.

Tous les vignobles de France ne sont pas dans le Midi et

(1) Conférence au Musée Social du 20 mai 1900.

(2) Note au développement de M. Gide. — Revue d'Economie Politique, 1er sem. 1900.

(3) Lettre de mars 1901.

même dans cette région, il n'y a qu'une portion des vignobles, celle des plaines de l'Hérault, de l'Aude et du Gard qui soit susceptible d'atteindre par une culture intensive et encore, non comme rendement moyen, mais à titre exceptionnel, le chiffre de production indiqué par M. Gide, de 2 à 300 hectolitres par hectare. Pour l'Hérault même, qui produisait à lui seul en 1899 le quart de la récolte française (12.360.000 hectolitres sur 45 millions), bien que la reconstitution y soit à peu près achevée et les vignes dans toute l'abondance de leur jeunesse, le chiffre de la production moyenne oscille comme l'établit fortement M. Leenhardt-Pomier, président de la Société centrale d'Agriculture de Montpellier, entre les extrêmes de 23 hectolitres à l'hectare en 1897, et de 66 en 1899 (1). De plus, comme le fait remarquer très justement M. G. Audebert (2), « sur 1.700.000 hect. de vignes qui existent en France, 600.000 hect. sont plus ou moins phylloxérés et destinés à disparaître. Puis, deux fléaux nouveaux, le mildew et le black-rot, arrêtés durant les deux dernières années par une sécheresse et une température exceptionnelles, menacent toujours nos récoltes et peuvent les réduire à rien comme en 1897 (2) ». Il est donc probable que la moyenne de 40 hectolitres à l'hectare, citée par M. Gide comme un minimum de production, représente au contraire, pour l'ensemble du vignoble français, une moyenne maxima qui ne sera pas de sitôt atteinte et beaucoup dépassée, puisqu'elle ne l'a pas été en 1900, année exceptionnelle. D'autre part, le ralentissement graduel des plantations nouvelles permet de penser que la surface productive ne remontera pas au total de deux millions d'hectares dépassé en 1875. Moins encore que M. Gide, qui conclut comme nous à la nécessité de la coopération pour bien rémédier aux dangers en perspective, nous ne pensons qu'il y ait lieu de désespérer de l'avenir de la viticulture fraçaise. Mais comme lui, nous croyons qu'il

(1) Le Vignoble de l'Hérault en 1900. — Publication collective faite à l'occasion de lExposition de 1900. — Page 45.

(2) La récolte de 1900 et la consommation du vin en France. Communication à la Société d'Agriculture de la Gironde. — in Bull. des Vitic. de France, mars 1901.

serait fort dangereux de méconnaître les avertissements de la crise présente. Il importe donc de dégager les causes profondes de trouble qui s'y sont révélées, concurremment avec les accidents passagers que nous avons signalés. En serrant de près les données du problème, peut-être apercevrons-nous mieux les éléments de sa solution.

LE PROBLEME VITICOLE FRANÇAIS. — 1° La production actuellement possible du vignoble français reconstitué ne nous paraît pas dépasser normalement les besoins moyens de la consommation française. Nous avons vu dans le ch. III que celle-ci croissait régulièrement et que s'il y a eu crise en 1901, c'est beaucoup en raison de circonstances accidentelles. Néanmoins, il est évident que l'élargissement possible de notre marché intérieur n'est pas illimité. M. Audebert évalue à 4 millions d'hectolitres l'accroissement possible de la consommation du vin dans les trente départements non-viticoles. Nous, qui avons pu observer sur place la surprise des intéressés en constatant la facilité avec laquelle les populations du Nord accueillent le vin à bon marché, quand il est sain et non additionné de substances chimiques, nous croyons volontiers que ce chiffre peut être étendu encore (1). Mais ce résultat ne peut être obtenu que par une propagande patiente et méthodique et à la condition d'opérer les ventes de vins ordinaires dans les meilleures conditions possibles de régularité et de bon marché. En outre, cet accroissement n'est pas illimité. En admettant que dans l'espace de dix années, la consommation taxée, de 35 millions d'hectolitres en 1900 s'élève de 10 à 15 millions d'hectolitres, la consommation en franchise par les récoltants restant dans la moyenne de 15 millions d'hectolitres, c'est au maximum pour la France une production moyenne d'environ 60 millions d'hectolitres par an qui deviendra possible. Mais il est à prévoir que l'entrée en rapport des vignobles récemment plantés et la reconstitution probable, au moins en

(1) Rapport cité page 96. — Son élévation dans l'année 1901, vient d'être évaluée par le ministère des finances à 7.513,654 hectolitres, soit 21,01 %. Elle démontre donc pour le présent et autorise pour l'avenir cette espérance.

grande partie, des 500.000 hectares actuellement phylloxérés mais non détruits jusqu'à présent, élèvera encore la moyenne de production présente. Heureusement, comme la majeure partie des vignobles à reconstituer actuellement appartient aux régions du Centre et du Nord-Est, aux récoltes plus irrégulières que dans celles du Midi et du Sud-Ouest, cette élévation future ne semble pas devoir être aussi considérable que celle qui s'est manifestée depuis 1890. Le problème viticole français à l'heure présente peut donc être formulé en ces termes : La production nationale accrue peut-elle se maintenir en état d'équilibre avec la consommation quand celle-ci atteindra la moyenne annuelle de 55 à 60 millions d'hectolitres qui semble devoir être la limite de son extension actuellement possible ?

Les chiffres approximatifs que nous avons retenus pour apprécier la productivité probable du vignoble français et le pouvoir de consommation de notre pays ne sont pas réfractaires à l'établissement de cet équilibre. Mais de ce fait que leur concordance ne peut avoir lieu régulièrement, mais seulement si on considère une certaine période de temps, pour juger de la situation viticole présente, il faut examiner deux questions subordonnées sans lesquelles il est impossible de conclure :

1° Si la production actuelle est assez bien équilibrée pour permettre de conserver l'excédent des années d'abondance pour le répartir sur celles de déficit.

2° Si la production et le commerce sont suffisamment organisés pour effectuer dorénavant cette tâche dans des conditions convenables ?

Sur la première question, l'examen de la production française présente, comparée à celle de la période préphylloxérique, révèle tout de suite une différence grave tout au désavantage de la viticulture actuelle.

Il y a exagération de la production des vins communs de conservation difficile. La région du Midi, dont la reconstitution s'est effectuée durant la période de pénurie des vins ordinaires et, par suite, de cherté anormale qu'a engendrée l'extension du phylloxéra, a trop méconnu, malgré l'avertissement de 1893 (année d'abondance relative où l'écoulement fut déjà difficile), que cette situation favorable n'aurait pas de durée. Elle a multiplié les vignobles de plaines complantés en cépages d'extrême abondance : Aramon et hybrides Bouschet, ne cherchant qu'à produire de la quantité, exagérée encore par les modes nouveaux de la viticulture intensive : taille de Quarante, fumures massives, submersion, etc... La production des beaux vins de coupages si recherchés du commerce pour tirer partie de nos petits vins acides des montagnes du Centre et du Nord-Est, s'est ainsi raréfiée dans l'Aude le Roussillon et la Provence, au point que nous restons malgré tout pour eux tributaires de l'Espagne. Celle des vins de liqueur a presque totalement disparu, écrasée par la concurrence des vins artificiels. L'Algérie, qui aurait pu suppléer au Midi dans cette double production, s'est elle aussi laissé entraîner, pour la même raison passagère, dans la voie de la grosse production. de sorte qu'aujourd'hui elle souffre plus encore que le Midi de l'encombrement et de la mévente. « Dans les récoltes de 1874 et de 1875, dit M. Audebert (1), la production du Midi entrait pour 20 et 25 millions d'hectolitres sur 64 et 83 millions d'hectolitres. En 1899, elle est de 24 millions sur 48, en 1900 de 24,5 sur 67 millions. Elle représentait le quart de la récolte totale il y a 25 ans, elle égale la moitié aujourd'hui que nous avons en plus les 4 millions fournis par l'Algérie. » De plus, l'exemple du Midi a entraîné les autres régions dans la même voie funeste. C'est ainsi que, dans l'Est de la France, on a vu se multiplier les Gamays teinturiers, le Groslot dans le Centre, ailleurs les hybrides producteurs directs anciens ou nouveaux : Jacquez dans le Var, Othello en Bourgogne, Noah dans l'Armagnac, tous cépages qui ne donnent que des vins d'abondance sans qualité et trop souvent sans durée. Passe encore dans les années chaudes, où leur vin a suffisamment de degré pour atteindre un débit plus avantageux, mais dans celles à automnes pluvieux, comme 1900 et 1901, la conservation de ces vins devient presque impos-

(1) Cf. p. 94.

sible. Les plus avariés d'entre eux ne sauraient passer l'été. Leur vente immédiate devient une pressante nécessité. Même capables de conservation, ces vins ne se bonifiant guère avec le temps, l'avantage de l'attente devient problématique. Dans tous les cas, ces vins ne satisfont donc pas aux conditions naturelles qui sont indispensables pour assurer l'équilibre normal de la production et de la consommation. Jadis, ces vins mal constitués trouvaient en années de pléthore un débouché naturel dans la distillation des eaux-de-vie, qui faisait disparaître l'excédent des récoltes. En 1868, l'Hérault ayant récolté 9 millions d'hectolitres de vin en distillait 224.000, en 1872, 3.200.000 sur 14.900.000, en 1873, 2.200.000 sur 6.500.000. Mais depuis, la fabrication des eaux-de-vie de vin des types anciens de Béziers ou Montpellier s'est réduite presque à rien. Dès 1880, elle tombait à 4.200 hectol. en raison du haut prix des vins et de la concurrence des alcools d'industrie. Aujourd'hui la reprise de cette pratique s'imposerait, non qu'elle soit avantageuse aux producteurs, mais parce qu'elle dégage le marché. Comme l'écrivait l'auteur de la meilleure étude parue sur cette question, M. Dr Côt (1). « Les mauvais vins ruinent les bons. Pour relever les cours des bons vins, il aurait fallu distiller le quart de la récolte 1900 dans un grand nombre de départements. La situation du marché aurait changé, non parce que la production aurait été réduite du quart, mais parce qu'on aurait supprimé l'article à 1 fr. 50 ou 2 fr. l'hecto qui, depuis le début de la campagne, est le facteur principal de la baisse. » Malheureusement la distillation des vins est devenue très difficile, faute de débouchés pour les eaux-de-vie, en raison de la concurrence des alcools d'industrie tombés environ à 30 francs l'hectol. et de la loi du 24 juillet 1894 qui interdit le vinage à la propriété. Aussi, la Société centrale d'Agriculture de l'Hérault s'est-elle ralliée à l'unanimité aux conclusions de M. le Dr Côt, qui n'aperçoit d'autre palliatif à la situation du marché des vins communs dans les années de

(1) La Crise Vinicole. — Rapp. à la Société Centr. d'Agr. de l'Hérault, in Bull. des Vitic. de France. — Juillet 1901, p. 228.

pléthore que le rétablissement de la faculté de vinage en franchise, dans les limites tolérées par l'Académie de Médecine (2° par hectol.). Les mauvais vins serviraient ainsi à remonter en alcool les ordinaires passables pour assurer leur conservation et leur vente convenable au moment opportun. Mais cette décision a soulevé les protestations de la région du Roussillon, dont les vins riches en alcool sont actuellement employés pour les coupages avec les vins faibles de degré. D'autres, comme M. Augé, député de l'Hérault, réclament l'institution d'une prime à la distillation des vins (1). Quelques-uns ne voient de remède à cette situation que dans le Monopole de l'Alcool qui permettrait à l'Etat de dériver les alcools d'industrie vers les emplois industriels pour réserver ceux de vin à la consommation et de proportionner leur production à l'Etat du marché des vins (2). Quoi qu'il en soit de la valeur de tous ces remèdes, le fait que l'intervention de l'Etat en est la base commune témoigne que les viticulteurs du Midi commencent à désespérer d'assurer eux-mêmes leur salut. Il n'y a donc pas à se dissimuler la gravité du trouble que la surproduction des vins de mauvaise garde menace de jeter en permanence dans la viticulture française reconstituée.

2° Avec cette cause de crise, surtout localisée à la région méditerranéenne, l'examen de la seconde question en révèle une autre, d'ailleurs assez connexe avec elle. C'est que le commerce est *impuissant à assurer normalement la conservation et l'écoulement des vins à très bon marché.* Ce fait n'a pas été jusqu'ici assez remarqué, en raison de la confusion qui règne encore dans beaucoup d'esprits sur la nature et les vraies causes de la crise actuelle. Pourtant, elle a été signalée dans l'Hérault avant même que les faits en eussent montré la gravité : « Le commerce des vins, dit M. Leenhardt-Pomier, s'est beaucoup transformé par suite de la reconstitution du vignoble. Il avait autrefois dans ses vastes chais, de larges

(1) Interpellation sur la Crise Viticole. — Ch. des députés. — Séance du 29 novembre 1891.

(2) Vœu adopté à la réunion de Béziers. — Novembre 1901.

approvisionnements de vins vieux et nouveaux les plus divers. Aujourd'hui, quoique *les maisons de commerce soient vingt ou trente fois plus nombreuses qu'alors*, et qu'il s'en soit créé jusque dans les moindres villages, les stocks commerciaux sont bien moindres. D'une moyenne de plus de deux millions d'hectolitres, ils se sont réduits pour l'ensemble du département à 8 ou 900.000 hect. (1). » On est frappé de la gravité du fait en constatant la faible étendue des stocks commerciaux d'après les évaluations de la Régie des Contributions indirectes. Elle n'est, à l'heure actuelle, que de 15.600.000 hectol. pour toute la France, à peine de quoi suffire à la consommation normale du pays pour quatre mois. Ainsi, le commerce s'habitue de plus en plus à laisser à la production tous les risques et les charges de la conservation des vins ordinaires, pour restreindre son intervention dans ces opérations au domaine des vins fins. La raison principale de ce fait peut être facilement découverte. Elle est indiquée dans un récent rapport de la Chambre de commerce française de Constantinople, qui montre l'étendue du débouché que nos vins à très bon marché pourraient trouver sur cette place : « Il faut, dit-elle, éviter l'intermédiaire, c'est-à-dire le négociant en vins de France, qui s'est habitué à gagner beaucoup et ne veut pas changer sa manière de travailler. Pour s'en rendre compte, il suffit de faire la différence entre le prix auquel le vigneron vend son vin et celui que paye le consommateur français. » La raison vraie est moins dans l'avidité du commerce, souvent évidente mais non fatale, que dans ce fait de gravité plus générale, que vendre des vins à très bon marché ne laisse pas à l'intermédiaire une marge de profit suffisante pour lui assurer des bénéfices réguliers ou honnêtement acquis. En raison de l'étendue des frais généraux du commerce actuel, surtout ceux de la représentation, 10 à 15 % du prix de vente au minimum, il lui devient impossible de payer la matière première au producteur un prix suffisant pour que

(1) Le vignoble de l'Hérault en 1900, page 52.

(2) Economiste français du 1er novembre 1901. — Les stocks des vins.

celui-ci couvre ses frais. Dans le Midi, avec les frais supplémentaires qu'a entraînés la reconstitution (2.000 fr. au minimum par hect.), et le coût plus élevé de la culture moderne, il faut arriver pour les vins communs à un prix moyen de 12 à 15 fr. l'hectol. *en gros* dans l'année de la récolte pour que le producteur recouvre ses dépenses. Il est donc bien évident que les commerçants qui offrent aujourd'hui en détail des vins prétendus vieux de cette région aux prix de 35 à 40 fr. la pièce *nue* de 220 litres ne peuvent réaliser de bénéfices qu'au détriment des producteurs ou de la qualité de la marchandise. Aussi a-t-on pu remarquer dans le cours de 1901 que c'étaient justement les vins de qualité douteuse, dépréciés par quelque tare originelle, qui trouvaient le plus facilement preneurs dans le commerce. C'est que seuls, en raison de leur vil prix, ils permettaient au négoce, grâce à une série d'opérations industrielles pour rétablir un instant leur conservation compromise, de réaliser des bénéfices importants sur leur revente au détail. Mais on peut considérer que, d'une manière normale, il deviendra de plus en plus difficile au commerce de s'accorder avec la propriété pour vendre au détail des vins de consomation courante aux prix déjà pratiqués pour les qualités les plus communes, d'environ 50 fr. la pièce de 220 litres dans le Midi, et 60 à 70 fr. dans le Bordelais et en Bourgogne. Pour qu'à ce prix un bénéfice soit encore possible, il faut que les frais de vente soient réduits au minimum, que producteurs et consommateurs entrent en relations directes, en un mot que l'intermédiaire soit éliminé. Ainsi, la viticulture intensive à grosse production de vins de consommation courante ne semble pouvoir se maintenir qu'à la condition d'assurer elle-même la conservation provisoire et la vente directe de ses produits. L'attrait du bon marché est le seul moyen pour elle d'élargir continuellement ses débouchés actuels, encore insuffisants. C'est dire pour que l'entreprise soit possible, qu'elle devra compter de plus en plus sur elle-même et de moins en moins sur le commerce pour atteindre ce résultat.

Il n'est pas non plus certain, en raison de cette affluence

des vins à bon marché, que le commerce soit toujours suffisant pour assurer désormais, même l'écoulement des vins de qualité. La prospérité indéniable de cette branche du commerce des vins dans les vingt dernières années est dûe surtout aux très hauts prix qu'atteignaient ces produits de choix, tant sur le marché intérieur que sur celui de l'extérieur, en raison de leur raréfaction. Mais aujourd'hui que l'abondance est revenue, ces hauts prix sont devenus un grave obstacle pour l'écoulement des récoltes des producteurs. L'heure est passée pour les vins fins de Bourgogne ou de Bordeaux des prix de 8 à 1.200 fr. la barrique à la 3e année. Partout le commerce se plaint de la mévente des produits de choix, le consommateur même assez fortuné, hésitant de plus en plus à payer au-dessus de 2 à 3 fr. un litre de vin, même des crûs les plus réputés. On peut déplorer au point de vue esthétique cette tendance perpétuelle vers l'article bon marché, mais la production sera plus avisée de s'ingénier à la satisfaire en maintenant le maximum de qualité possible que de laisser tout ce soin au commerce. Il est, en effet, à peu près impossible à un producteur de vins classés dans la Champagne, la Bourgogne ou le Bordelais, de vendre ses produits de choix moins de 2 à 400 fr. la pièce selon qualités, tant les frais de culture sont élevés et le taux de la production minime dans les grands crûs. Ici encore, il est donc à présumer que les producteurs, pour élargir leurs débouchés et conserver un bénéfice suffisant, seront bien souvent amenés à la vente directe. Dans tous les cas, comme leurs produits n'acquièrent toute leur valeur qu'après conservation en fûts durant 3 à 4 années, il est de toute évidence que s'ils veulent conserver l'avantage de cette plus-value, leur intérêt est de retenir dans leur domaine l'industrie de la vinification au lieu d'abandonner au commerce la confection des vins et par suite, comme nous l'avons vu partout, la domination presque absolue du marché des raisins. La nécessité de cette adaptation est d'ailleurs conforme à la loi d'évolution qui rapproche de plus en plus les conditions des exploitations agricoles de celles des exploitations industrielles. Comme le disait M. Méline, dans son discours d'ouverture du Congrès international d'Agriculture de 1900 : « L'industrie ne se borne pas à faire de la bonne marchandise. Quand elle est créée, elle cherche à la vendre dans les meilleures conditions possibles en évitant soigneusement de se mettre dans les mains d'intermédiaires ou de spéculateurs qui lui prendraient le meilleur de ses bénéfices (1). » Cette observation, que faisait à propos de la vente du blé le représentant le plus autorisé de l'école protectionniste française, peut s'appliquer dans les mêmes termes à celle du vin. Comme le cultivateur, le vigneron « est à la merci des intermédiaires qui prélèvent sur lui tout ce qu'il pourrait gagner. » Nous devons donc conclure avec lui « qu'il faut arriver à la réorganisation du marché des produits agricoles ».

NECESSITE DE LA COOPERATION. — Ainsi donc, partout en France, à l'heure actuelle, le problème de l'organisation de la production et de la recherche de nouveaux débouchés s'impose à la viticulture nouvelle. Mais, en viticulture, comment arriver dans l'avenir à restreindre la production des vins trop médiocres et la plantation des cépages vulgaires, sinon par une action commune qui fasse prévaloir l'intérêt général sur l'intérêt individuel mal compris ?

Comment assurer la confection des vins dans les meilleures conditions possibles par les procédés savants et onéreux de l'œnologie perfectionnée, avec les trop faibles moyens de la petite production individuelle, sinon par l'Association des intérêts et des ressources.

Comment effectuer la conservation et le classement rationnel des vins pour la vente, au besoin leur warrantage provisoire, sans groupements collectifs des marchandises et du crédit ?

Comment enfin aborder les marchés lointains et assurer la vente directe des produits sans entente entre les producteurs d'abord, puis avec les consommateurs ensuite, sans organiser

(1) Sixième Congrès international. Compte-rendu, page 53.

les uns et les autres pour faciliter ce rapprochement si désirable ?

Ainsi de toutes parts, l'Association s'impose aujourd'hui à la viticulture française, non l'Association vague, intermittente, nominale, mais l'Association habituelle, effective, économiquement organisée, en un mot, la coopération. Des deux causes nouvelles de trouble que nous a révélées l'étude des conditions présentes, elle seule pourra dans l'avenir pallier la première et remédier complètement à la seconde. En effet, par la coopération, les petits producteurs peuvent s'éclairer mutuellement pour leurs plantations futures, régler celles-ci au mieux des intérêts généraux de leur viticulture régionale, généraliser l'emploi des meilleures pratiques et améliorer la qualité habituelle de leurs produits. Nous avons vu que c'était en Suisse et en Allemagne la première fonction des Sociétés locales.

Par la coopération, ils pourront arriver à la vinification collective qui permet l'emploi des instruments et des procédés œnotechniques les plus perfectionnés, de manière à obtenir toujours un vin sain et de bonne conservation. Nous avons vu que c'était l'objet propre des Caves coopératives.

Par la coopération, les vins produits en commun peuvent être conservés de même le plus rationnellement et avec le moins de frais possible, tout en assurant aux producteurs, par une créditation devenue facile en raison du groupement des récoltes, les ressources nécessaires pour attendre le moment propice à une vente avantageuse. Nous avons vu comment les Winzervereine ont réalisé cette mission.

Par la coopération, producteurs et consommateurs peuvent de même s'organiser, les uns pour vendre ou acheter en temps et lieux propices et retirer de leur travail le profit légitime auquel ils ont droit et les autres pour obtenir avec le plus juste prix, les garanties maxima de pureté et d'authenticité partout désirables. Nous avons que tel était le but commun des Winzervereine, des Syndicats ou Unions de vente, et des Coopératives de consommation. Seule, l'entente mutuelle des uns et des autres peut assurer l'équilibre normal de la production et de la consommation.

Ainsi, quand les causes accidentelles qui masquent encore dans la crise actuelle les causes profondes de transformation économique que nous avons aperçues se seront atténuées ou auront disparu, la nécessité d'étendre progressivement et méthodiquement l'action coopérative partout où domine la petite culture ne fera qu'apparaître avec plus de force et d'évidence. Mais c'est là une entreprise qui ne peut aboutir qu'avec le temps et au prix de bien des efforts. Avant d'étudier les conditions locales, propices ou non, qu'elle rencontrera sur les divers points du vignoble français, il reste à voir d'une manière générale comment la viticulture française y est aujourd'hui préparée et si l'Association agricole a déjà pris chez nous un essor suffisant pour autoriser dès maintenant dans cette branche nouvelle de vastes espérances.

LE MOUVEMENT SYNDICAL DANS LA VITICULTURE FRANÇAISE. — Nous avons vu qu'en Allemagne et en Italie, l'essor récent de la coopération viticole résultait en général des progrès considérables de l'idée et de la pratique de l'Association dans le monde rural et en particulier du développement préalable de la coopération de crédit. L'une et l'autre conditions sont-elles déjà suffisamment réalisées en France pour avoir produit en viticulture des résultats d'un pareil augure ?

Certes, s'il est un spectacle bien fait pour autoriser toutes les espérances sur l'avenir de la coopération rurale, c'est celui du développement si rapide du mouvement syndical dans l'Agriculture française. Nés à la vie légale par le hasard d'un amendement heureux, au cours de la discussion de la loi de 1884 primitivement conçue pour les seuls syndicats ouvriers, les Syndicats agricoles français, au nombre de 5 en 1884, étaient déjà 1.092 en 1894; ils sont aujourd'hui 2.204, avec un chiffre de 533.454 membres (1) et forment 35 Unions qui groupent effectivement 1.326 Syndicats, avec 487.145 socié-

(1) Annuaire statistique de la France. — Chiffre au 1er janvier 1901.

taires. Comme l'écrit très justement M. de Rocquigny, dans un livre récent qui condense et résume leur œuvre (1). « Pour quiconque cherche à étudier le sens de ce vaste mouvement dans lequel se sont si inopinément engagés les hommes de la terre, marchant vers des destinées inconnues; pour le philosophe et le moraliste anxieux d'en saisir la portée, c'est incontestablement l'âme rurale qui se dégage des obscurités atayiques et prend conscience d'elle-même un seuil d'une vie supérieure. » A la viticulture en particulier, cette organisation a déjà rendu de nombreux services. La plupart des Syndicats agricoles qui comprennent des viticulteurs se sont attachés à leur rendre tous les services spéciaux à cette branche de l'agriculture. Ce n'est que dans les régions spécialement vinifères qu'il a été constitué des Syndicats exclusivement composés de viticulteurs. L'œuvre de tous ces groupes est déjà très complexe (2).

Pour l'exploitation du sol, la viticulture a bénéficié des achats collectifs opérés par les syndicats : engrais, insecticides. fils de fer, pulvérisateurs et soufreuses sucres et produits pour la vendange, etc., comme de leurs efforts à vulgariser les meilleures méthodes et les connaissances indispensables aux agriculteurs, par la voie de leurs bulletins, conférences, laboratoires, etc. Parmi leurs diverses entreprises, il en est deux spécialement qui ont eu en viticulture une importance particulière. La première est l'organisation de la défense des vignobles contre les fléaux naturels : grêles et gelées de printemps, phylloxéra, pyrale, cochylis et divers insectes ampélophages, mildew, black-rot et autres maladies cryptogamiques. La seconde est la reconstitution des vignobles au moyen des cépages franco-américains, greffés ou non.

(1) Les Syndicats agricoles et leur œuvre — 1900, Conclusion p. 339.

(2) Sur elle V. De Rocquigny. — op. cité ch. IX, p. 224-48 et la Coopération de production dans l'Agriculture. — Guillaumin et Masson, 1896, p. 109-112-146 et 155.

Id. L. Hautefeuille. — Annuaire des Syndicats Agricoles. — Edition de 1898. Paris.

Contre les gelées de printemps, il s'est constitué surtout en Champagne et çà et là en Bourgogne, Lorraine et Franche-Comté, des syndicats pour l'application du procédé de défense par la production de nuages artificiels (type : Syndicat de Thiaucourt, Meurthe-et-Moselle). Comme ce procédé ne peut guère avoir d'efficacité sérieuse qu'à la condition de s'étendre sur tout le territoire d'une même commune viticole, l'action collective s'imposait là plus que partout ailleurs. Ces syndicats peuvent être rendus obligatoires par arrêté préfectoral, conformément aux dispositions de la loi sur les associations syndicales du 21 juin 1865, quand le nombre des adhésions atteint les deux tiers des intéressés et représente les trois quarts de la superficie en vignes ou les trois quarts des intéressés et les deux tiers de la superficie (art. 5). Il importe, en effet, dans ce cas que quelques propriétaires ne puissent donner le fâcheux exemple de bénéficier de l'activité de leurs voisins sans vouloir faire eux-mêmes preuve de bonne volonté. Ces syndicats présentent déjà un embryon sérieux de coopération, car ils exigent non seulement la contribution pécuniaire de leurs membres, mais leur dévouement personnel effectif pour veiller à l'entretien et à l'allumage des foyers en cas de danger.

Il en est de même des récents syndicats formés pour lutter contre la grêle par le moyen du tir au canon. Ceux-ci exigent une coopération plus étendue encore, d'une part à cause des frais considérables nécessités par l'acquisition du matériel, de l'autre en raison du dévouement et de la discipline rigoureuse qu'exigent le service des pièces et la coordination du tir au moment précis où l'artillerie agricole doit entrer en action pour produire le maximum d'effet utile. Cette institution a pris naissance en Italie où il existe actuellement plus de 10,000 stations organisées en consorzi grélifuges (1). Importée en France par M. Guinand, vice-président de l'Union des Syndicats du Sud-Est, en 1899, elle s'est rapidement propagée chez nous en 1900 et 1901, surtout dans la région du Beaujolais.

(1) Statuts dans l'ouvrage très complet de M. Houdaille : Les orages à grêle et le tir au canon. F. Alcan 1901.

Il existe déjà dans notre pays 73 communes réparties dans 12 départements, et qui possèdent un total de 834 canons couvrant 22.000 hectares. La région lyonnaise possède à elle seule 18 sociétés possédant 339 canons (1). Elles se sont fédérées autour de la société mère de *Denicé* (Saône-et-Loire), qui peut être proposée comme modèle à toutes les sociétés analogues. Les conclusions prudentes du récent Congrès de Lyon semblent avoir un peu refroidi l'enthousiasme du début, mais il n'en reste pas moins vrai que si l'efficacité de la défense contre la grêle par le tir au canon peut être définitivement établie par l'expérience d'une manière indiscutable, ce résultat sera dû à l'action syndicale, ici d'autant plus efficace que l'organisation commune est plus forte et plus rigoureuse.

Contre le phylloxéra, la loi du 15 décembre 1888, après les lois spéciales des 15 juillet 1878 et 2 août 1879, modifiant celle du 21 juin 1865, prévoyait de même la constitution d'associations syndicales obligatoires constituées en vue de la recherche du phylloxéra ou de la défense contre lui par les insecticides. Elle leur donnait le pouvoir d'ordonner le traitement par extinction ou arrachage, sauf à indemniser les propriétaires au moyen d'une contribution syndicale répartie au prorata des surfaces possédées par chacun et proportionnellement accrue par une subvention de l'Etat. Nous verrons par l'exemple de la tentative faite en Champagne pourquoi les syndicats de ce genre n'ont pas réussi. Mais les syndicats libres ordinaires ont rendu à leurs membres le service de leur procurer aux meilleures conditions possibles les insecticides nécessaires aux traitements (sulfure de carbone, sulfocarbonate de potassium) et les pals-injecteurs ; ils ont formé des moniteurs pour en enseigner l'application et vulgariser les meilleures méthodes vérifiées par l'expérience. Ils ont fait de même dans la lutte contre le mildew et le black-rot par les pulvérisations de bouillie cuprique et dans celle contre l'oï-

(1) Congrès international contre la grêle. — Lyon. 15-17 novembre 1901. Rapports de MM. Guinand, Ottavi et Châtillon et collection du Journal La Grêle. — Station viticole de Villefranche (Rhône).

dium par le poudrage à la fleur de soufre. Beaucoup ont acheté pour cela des appareils simples ou à grand travail dont ils livrent l'usage à leurs membres moyennant une très minime rétribution. Tous leur en facilitent l'achat en obtenant des remises des fournisseurs spéciaux.

Mais c'est surtout dans le difficile travail de la reconstitution des vignobles que les syndicats viticoles ont rendu le plus de services. Tout était à improviser dans cette longue et pénible tâche : expérience pratique, personnel exercé et matériaux. Le mouvement syndical a débuté trop tard pour exercer ici un rôle prépondérant. Il serait injuste de méconnaître que c'est à l'action des Sociétés d'Agriculture et plus encore à l'initiative privée des premiers intéressés, propriétaires et pépiniéristes méridionaux, qu'est dûe la plus grande part de l'établissement et de la vulgarisation des procédés pratiques. Mais dans la seconde phase du mouvement et dans les régions dévastées les dernières, l'action syndicale est heureusement venue régulariser et renforcer celle des intérêts privés. Il s'est opéré entre les Syndicats, les simples Sociétés d'Etudes (Comices agricoles, Sociétés d'Agriculture, d'Horticulture ou de Viticulture et Sociétés vigneronnes) comme un partage d'attributions. Les premières se sont attachées surtout à l'œuvre de vulgarisation générale par des conférences, des Congrès (Macon 1889, Beaune 1890, Montpellier 1893, Arbois 1896, Lyon, 1894, 1898, et 1901), l'organisation d'enquêtes générales et l'ouverture de cours supérieurs de greffage, distribuant des diplômes de maîtres-greffeurs. Parmi les plus actives, il faut citer au premier rang la Société centrale d'Agriculture de l'Hérault, celles de la Gironde et de la Haute-Garonne, la Société régionale de Viticulture du Rhône, la Société vigneronne de Beaune, etc. La Société des Agriculteurs de France et en particulier sa Section de Viticulture a provoqué une série d'enquêtes des plus décisives pour déterminer la valeur et l'importance des résultat acquis, par exemple pour l'étude de l'adaptation en sols calcaires (sur laquelle le remarquable rapport de M. Prosper Gervais a jeté une lumière définitive), la défense contre le black-rot et l'étude des hybrides producteurs directs (1). Les syndicats communaux ou régionaux se sont plus particulièrement attachés à faire l'éducation pratique des petits vignerons et surtout à leur procurer les moyens de produire eux-mêmes les plants greffés dont ils auraient besoin pour reconstituer leurs vignobles (2). Ils y sont arrivés en appelant des greffeurs-diplômés pour enseigner dans chaque village la pratique du greffage et de l'entretien des pépinières, puis en achetant en gros les bois américains nécessaires et surveillant les livraisons par des délégués envoyés auprès des adjudicataires, de manière à assurer à leurs membres avec la garantie du juste prix, celle de l'authenticité des variétés, ici particulièrement indispensable. Beaucoup ont fait plus, ils ont créé des champs d'expérience et de démonstration, opéré la détermination du calcaire pour les sols de leurs adhérents, acheté pour en louer l'usage des charrues défonceuses et des pulvérisateurs à grand travail, quelquefois engagé des professeurs spéciaux (S. de Chalon-sur-Saône), provoqué des essais comparatifs dans des concours techniques pour déterminer la valeur des méthodes et des appareils et publié des bulletins qui répandent au jour le jour les connaissances et les conseils. Telle est, par exemple, l'œuvre des Syndicats agricoles du Gard, d'Anse et de Villefranche, du Syndicat agricole de la de Cadillac et Podensac (Gironde), du Syndicat agricole de la Haute-Garonne, du Syndicat de la Côte-Dijonnaise, etc.... Le Syndicat de Saint-Genis-Laval (Rhône) a créé un service d'inspection des vignes à l'instar de celui des Confréries de la Suisse. Pour encourager la reconstitution, beaucoup ont institué des concours et délivré des diplômes et médailles aux viticulteurs les plus méritants (Comice de Châlon, Société vigneronne de Beaune); celui de Lambeye (Basses-Pyrénées) a constitué des primes de 100 francs attribuables aux meilleurs exemples de reconstitution d'un *demi-hectare de vigne,*

(1) Prosper Gervais. — Adaptation et reconstitution en terrains calcaires. — Masson, 1896. Rapports Michon et Roy-Chevrier sur les Hybrides producteurs, Congrès de Lyon, 1901.

(2) De Rocquigny, op. cité p. 238-40.

de préférence en plants fins (1). Quelques-uns enfin, ont opéré d'une manière plus catégorique encore et qui confine à la véritable coopération de production, en se chargeant de préparer dans des pépinières syndicales les plants de premier choix qu'ils livraient ensuite à leurs adhérents au prix de revient. Tel est, par exemple, le cas des Syndicats cités par M. de Rocquigny, de Belleville-sur-Saône (Rhône), d'Anse et Villefranche, de Cerdan (Ain), de Nazelles (Indre-et-Loire) et aujourd'hui celui de la grande Association viticole champenoise qui produit particulièrement plusieurs millions de greffes par an.

Donc, si l'action coopérative véritable n'a pas jusqu'ici pénétré dans le domaine de la production proprement dite, on voit par contre que l'action syndicale y a trouvé un large emploi. Ses applications semblent devoir se généraliser et se développer de plus en plus dans le domaine de la viticulture pour assurer aux petits producteurs les connaissances et les moyens aujourd'hui nécessaires pour une exploitation rationnelle et économique. Dans le domaine de la vinification, l'action syndicale n'a pas montré jusqu'ici toute l'expansion dont elle est susceptible, sans doute parce qu'il fallait courir au plus pressé, la reconstitution des vignes. Elle s'est affirmée pourtant par des achats en gros de substances souvent nécessaires aux viticulteurs : acide tartrique dans le Midi, sucre dans le Nord-Est, pour l'organisation de laboratoires spéciaux d'œnologie (Lambeye, Nîmes, Villefranche, etc.). Une application plus importante encore et qui semble susceptible de prendre dans l'avenir une sérieuse extension, est l'achat par les syndicats régionaux des coûteux appareils nécessaires pour la pratique de certaines opérations œnologiques qui sont appelées à se répandre : alambics à marche rapide et surtout pasteurisateurs à grand travail. L'exemple a été donné dans cette dernière voie par le Syndicat agricole du Gard, en 1897; et depuis la mauvaise récolte de 1900, beaucoup de vins sujets

(1) Lettre de son président et bienfaiteur, M. le Dr Doléris, du 7 août 1901.
(2) Cf. — Page 240.

à la casse ont pu être préservés dans l'Hérault, le Rhône et la Côte-d'Or, grâce à la location d'appareils par les syndicats locaux. Ceux-ci pourraient procéder de même pour l'achat de filtres à pâte, de pompes à vin et d'appareils pour la concentration des moûts ou la champagnisation des vins. Mais il faut bien reconnaître, sauf pour les pasteurisateurs, que le prêt et le déplacement de tous ces instruments ne sont pas toujours très pratiques et économiques. Dans chaque commune viticole, la concentration en un même local d'appareils possédés individuellement et qui n'avaient pas ainsi un usage suffisant, ou achetés pour l'usage commun, complétée par l'installation de foudres et cuves à grande capacité, rendrait des services autrement efficaces et plus susceptibles de généralisation et d'extension. Mais les frais et la permanence que supposent de semblables institutions exigent une organisation plus forte et plus intime que celle des simples syndicats, elle implique des responsabilités et des engagements qui excèdent leur capacité juridique ; l'installation de caves rurales ne peut donc être que le fait de la coopération proprement dite.

Cette raison est celle du peu de succès des tentatives faites avant la crise actuelle pour assurer la vente directe des vins. Après essai, le Syndicat de Montpellier et du Languedoc déclara l'entreprise impossible (1). Celui de Montagnac (Hérault) échoua de même avec sa création d'un dépôt à Paris. Ceux du Puy-de-Dôme, du Tonnerrois, du Lot-et-Garonne et l'Union du Sud-Est ont fait dans la même voie des tentatives qui n'ont donné que peu de résultats. La seule institution de vente organisée par les syndicats avant 1900 et qui ait eu du succès, d'ailleurs très relatif, est celle des marchés, expositions, ou foires aux vins, les premiers quelquefois permanents, les autres annuelles ou périodiques. Telle a été par exemple, l'œuvre des Syndicats du Loiret, des Pyrénées-Orientales, d'Anse et Villefranche (foire de Belleville, de Cournonterral (Hérault), de Nolay (Côte-d'Or), du Syndicat viticole de la Côte-Dijonnaise

(1) De Rocquigny. — La Coopération de production dans l'Agric. p. 129 et les Syndicats agricoles p. 20 et 245.

(marché permanent de Dijon, rue Vauban), des Syndicats de Tonnerre, Joigny, Auxerre, de l'Union des propriétaires-viticulteurs d'Indre-et-Loire (foire de Tours), du Loir-et-Cher, de la Loire-Inférieure, etc. Dans une autre direction, le Syndicat des Viticulteurs des Deux-Charentes et l'Association syndicale des Viticulteurs de la Gironde ont également obtenu quelques résultats en organisant d'une part la répression des fraudes, de l'autre la garantie d'origine des produits de leurs adhérents par leur classement et l'apposition de marques spéciales. Enfin, le Syndicat du Haut-Beaujolais a, sur l'initiative de son ancien président, le comte de St-Pol, institué à Fleurie (Rhône) un office de courtage et de vente, chargé des relations directes avec le public. Cette tentative n'a pas donné tous les résultats espérés. Il en a été de même pour les Offices généraux de vente institués par les Unions du Sud-Est et des Alpes et de Provence. La réorganisation générale de ces entreprises en 1900 pour tâcher de les développer avec une énergie nouvelle souligne l'insuffisance de leur succès antérieur. Mais le fait que les puissantes Unions régionales et les grands Syndicats ont dû, pour éviter les réclamations du commerce et assurer leurs services d'achat, créer à côté d'eux des coopératives annexes, indique à fortiori que pour le service plus délicat et plus complexe des ventes de toutes sortes, la forme de l'Union syndicale n'a plus une efficacité suffisante. Il est d'une évidence trop éclatante que les intermédiaires ne sauraient tolérer longtemps la concurrence effective sous le couvert de la loi de 1884. L'extension du rôle des syndicats au domaine de la coopération d'achat a déjà provoqué des réclamations qui ont eu leur écho judiciaire. Les opérations de vente revêtent plus souvent encore un caractère commercial qui pourrait être pour de simples syndicats une source permanente de difficultés. D'ailleurs, la vente au détail suppose une régularité de livraisons et une organisation qui ne peuvent guère être le fait d'un simple office obligé de surveiller des caves et des récoltes souvent très différentes, disséminées dans tout le rayon administratif de l'association. Elle peut aussi impliquer à l'occasion des responsabilités auxquelles les maigres ressources d'un syndicat ne sauraient faire face. De même que les syndicats ont dû remettre le soin de leurs achats aux Coopératives annexes et les concentrer dans leurs magasins, ils seront également entraînés pour développer leurs ventes à concentrer les vins dans des caves et des locaux à eux, à se subtituer comme vendeurs aux récoltants, bref, à organiser des Coopératives de vente qui, par la force des choses, se chargeront de plus en plus des opérations diverses de l'œnologie : conservation, traitement et même préparation des vins. Le syndicat de vente primitif aura ainsi évolué progressivement comme les vieux Weinbauvereine Allemands au type complet de la cave coopérative.

L'action syndicale simple nous paraît donc, en France comme à l'étranger, appelée en viticulture à se cantonner dans le domaine cultural, pour éclairer et fortifier l'action individuelle du petit producteur. Mais si elle nous paraît ici pour l'instant suffisante, dans celui de préparation et de la vente des vins, elle s'est révélée trop superficielle et inefficace. Là, il faut une forme d'organisation à solidarité plus effective et plus étendue, celle de l'association coopérative.

LES COOPERATIVES DE CREDIT EN FRANCE. — L'organisation syndicale n'est que le degré préparatoire de la coopération vraie, une forme de transition propice aux développements ultérieurs. Mais si nous pouvons la regarder comme l'école maternelle de la coopération, c'est en tous pays la coopération de crédit qui doit être considérée comme sa véritable école primaire. Nous avons vu qu'en Allemagne, en Autriche et en Italie, le mouvement coopératif viticole n'avait pu prendre son essor que le jour où il put s'appuyer sur les caisses rurales antérieurement développées. La coopération de crédit prépare en effet à la coopération agricole de production et de vente : 1° En habituant les paysans à l'usage de la responsabilité solidaire, avantage que n'offre pas l'organisation syndicale; 2° En leur permettant d'emprunter sur leurs récoltes pour attendre le moment propice à la vente et de trouver à bon compte les premiers capitaux nécessaires à l'établissement des institutions nouvelles; 3° En préparant à celles-ci dans chaque commune des administrateurs capables déjà initiés aux règles de la comptabilité et des membres habitués à la discipline de l'association.

Malgré les efforts multiples tentés depuis quelques années pour implanter définitivement chez nous cette forme d'association coopérative, il faut bien reconnaître qu'elle n'y a pas pris encore un développement comparable à celui qu'elle atteint non seulement en Allemagne, mais encore en Autriche et dans l'Italie du Nord. Nous possédons aujourd'hui deux types de caisses rurales, les *Sociétés coopératives de Crédit*, régies par la loi du 24 juillet 1867, et les *Sociétés mutuelles de Crédit* à responsabilité solidaire illimitée, organisées suivant les prescriptions de la loi du 5 Novembre 1894 modifiée par la loi du 20 juillet 1901. Celles-ci sont le développement logique de l'action syndicale, puisque les syndicats ou membres des syndicats peuvent seuls concourir à leurs opérations (art. 18). A ces organisations élémentaires, bases nécessaires de l'organisation d'un crédit sérieux, la loi du 31 mars 1899 a superposé les caisses régionales appelées à participer à l'avance de 40 millions dont est tenue la Banque de France (1). Mais les caisses rurales s'étaient déjà organisées, en dehors de la tutelle de l'Etat, en deux fédérations indépendantes : *l'Union des Caisses rurales à Lyon* (552 Sociétés d'esprit catholique) et *le Centre fédératif du Crédit populaire* à Marseille, avec 150 Sociétés, de caractère neutre. Officiellement, le total des différentes Sociétés de crédit agricole n'est encore que de 552 dont 326 caisses sous la régime de la loi de 1867, 189 sous celui de la loi de 1894 et 37 caisses régionales (2). Selon M. Hubert-Valleroux, ce nombre serait en réalité de

(1) Sur l'organisation des Caisses rurales. V. *L. Durand*. Manuel des Fondateurs et Administrateurs des Caisses rurales et ouvrières Françaises. — Lyon, 97, Avenue de Saxe, la Brochure de propagande éditée par la Société Centrale d'Agr. de l'Aude. Les Syndicats Agricoles et les Caisses de Crédit Agric. mutuel p. *G. Barbut et Marty*, 82 p. et l'ouvrage de MM. *G. Maurin et Brouilhet*. — Manuel pratique de Crédit Agricole. — Rousseau-Paris, 1900.

(2) Journal officiel du 18 juin 1901.

800 environ en tenant compte des caisses Durand, type Raffeisen, sans capital d'établissement(1). La créditation de la viticulture sera encore grandement favorisée par les facilités de la loi du 18 juillet 1898 sur les warrants agricoles, quand celle-ci aura été mise au point et que nos ruraux se seront habitués à en faire usage.

Malgré cela, nous sommes encore bien loin de l'Allemagne avec ses 10,500 caisses de crédit, surtout si on compare leur chiffre annuel d'affaires, qui dépasse *un milliard* avec celui plus de cent fois plus faible des caisses françaises recensées, sept à huit millions en 1900. On peut espérer de la progression du nombre des caisses rurales dans ces dernières années une amélioration rapide de la situation présente, mais le chiffre de leurs affaires est encore trop modeste pour que leur concours soit présentement très efficace. Le crédit coopératif n'est donc pas encore en France assez connu et généralisé pour apporter dès maintenant un appui sérieux à la coopération agricole de production et de vente et servir de base au développement rapide de ses applications.

Ce retard sur nos voisins est évidemment un grand malheur pour la viticulture française, en ce moment où une coopération plus effective s'impose de toutes parts à ses producteurs. Pour passer de l'association élémentaire qu'est le syndicat viticole à l'association complexe qu'est la cave coopérative, un échelon manque à nos vignerons pour suivre aussitôt l'exemple de l'Allemagne. Généralement d'ailleurs, ce qui leur manque à tous c'est l'éducation coopérative. Comme nous le disions ailleurs, « combien de ceux qui dépensent sans compter leur temps et leurs efforts pour fonder et soutenir nos syndicats agricoles n'ont-ils pas déploré l'indifférence de nos paysans, assez disposés à profiter des avantages de l'association mais toujours bien peu à la servir en payant de leur personne pour donner l'exemple de la coopération vraie, celle du travail et du dévouement ! (2) ». L'usage du

(1) Economiste Français, 16 novembre 1901.

(2) Rapp. à la Société des Viticulteurs de France. — Mars 1901.

crédit mutuel ne procure guère plus que l'action syndicale l'habitude d'agir dans l'intérêt commun, c'est pourquoi il n'est pas absolument indispensable comme préface à la coopération de production. Mais il habitue à s'appuyer sur ses voisins par la solidarité des obligations pour parer aux dangers de l'isolement économique, et c'est à ce titre qu'il prépare moralement à se concerter avec eux pour une coopération plus active et plus efficace encore. Faute de cette préparation, il faudra sans doute temporiser en plus d'un lieu avant d'aller plus loin dans la voie coopérative et passer préalablement du simple syndicat à la caisse rurale avant d'arriver à la cave coopérative, bref employer à une éducation tardive un temps qui eût été précieux pour agir. Ailleurs où les nécessités sont plus pressantes, il faudra d'emblée passer de l'isolement individuel ou de l'ébauche syndicale à l'association complète, saut toujours téméraire pour les novices, car il faut prévoir le découragement qui suit les premières difficultés, quand l'enthousiasme des débuts se heurte aux obstacles, toujours nombreux et souvent imprévus, que rencontre toute coopérative naissante. Nous avons vu que les premières coopératives de l'Ahrthal avaient dû débuter ainsi, mais qu'elles avaient connu ces épreuves et leurs angoisses. Elles en ont triomphé, surtout en raison de la nécessité qui contraignait leurs adhérents à la persévérance. Rien ne prouve que nos vignerons ne soient pas à l'occasion capables du même exploit, mais le défaut de préparation que nous venons de constater nous expliquera mieux la raison de l'échec ou de la modestie des tentatives que nous allons passer en revue.

CHAPITRE II

La Coopération dans les principales régions viticoles de la France

DIVISION NECESSAIRE. — Pour préjuger dans la mesure du possible des chances d'adaptation de la coopération à la viticulture française, il importe d'abord de se garder des généralisations superficielles. Nulle part en effet plus qu'en France, les conditions de la production viticole ne sont plus variées, quel que soit le point de vue que l'on considère : caractères de l'exploitation, nature, quantité ou qualité des produits. Ailleurs, on peut ranger par exemple la majorité des vignobles allemands et suisses dans une même catégorie économique : celle de la production à faibles quantités moyennes mais de valeur relative élevée, qui est la caractéristique des vignobles septentrionaux. De même, la majorité de ceux de l'Italie ou de l'Espagne rentre dans la catégorie opposée, caractéristique des vignobles méridionaux; celle de la production abondante des vins à bon marché. En France au contraire, règne une extrême diversité de conditions entre nos différents vignobles; les uns comme ceux de l'Est participent surtout des caractères de la première catégorie, les autres, ceux du Midi, des caractères de la seconde. Mais parfois dans l'intérieur de chacun de ces groupes et souvent en dehors d'eux, dans les régions intermédiaires, ces caractères se combinent à des degrés divers qui correspondent à des conditions climatériques et économiques spéciales. Il faut donc étudier séparément chacune des grandes régions naturelles qu'on peut distinguer dans la viticulture française. Nous prendrons ici à cet effet une classification analogue à celle que nous avons adoptée dans notre précédent travail sur *les Vins de France*, auquel nous renvoyons pour l'étude détaillée de la production particulière de chacun des quatre groupes y déterminés : *Est*, *Centre-Ouest*,

Sud-Est et *Midi*. Pour chacun d'eux nous aurons à étudier : 1° Ses conditions économiques générales à notre époque ; 2° Les tentatives de caractère coopératif qui ont pu s'y produire dans le passé ; 3° Dans quelle mesure l'expérience de l'étranger peut éclairer les tentatives nouvelles qui se produisent déjà et guider celles de l'avenir.

Au premier abord, la ressemblance des conditions économiques indique que l'exemple de l'Allemagne et de la Suisse est plus spécialement instructif pour la région de l'Est, et celui de l'Italie pour la région du Midi. Tout ce que nous dirons pour elles peut s'appliquer à des degrés variables aux deux autres, de caractère intermédiaire. Les développements qui concernent la région de l'Est auront une particularité ampleur pour deux raisons : 1° Que l'expérience de l'Allemagne et de la Suisse étant pour le moment plus étendue et plus décisive, peut nous apporter par analogie des indications plus précises et plus sûres que celle, encore trop incomplète, de l'Italie; 2° Que nous en possédons comme ampélographe et viticulteur bourguignon, une connaissance plus directe et plus intime qui autorise plus largement nos conclusions personnelles.

Mais le groupe viticole de l'Est français ne peut lui-même être étudié en général car il n'a guère d'autre unité que la prédominance des influences continentales dans son climat. Nous avons montré ailleurs que le caractère distinctif de l'œnologie de l'Est de la France est une extrême variété qui résulte de la combinaison des différences de latitude avec celles de l'altitude, du régime des pluies, de la disposition des coteaux et de leur nature géologique. Cette variété se manifeste à la fois par une grande diversité dans les cépages employés pour la plantation des vignobles et dans la nature et la qualité des vins produits selon les années et les climats locaux. C'est pourquoi il faut subdiviser ce groupe lui-même en régions particulières ayant chacune leur physionomie distincte. Pour notre présent dessein, il suffit d'en retenir deux qui offrent au point de vue coopératif un intérêt particulier : celle de *Champagne* et celle de *Bourgogne et Franche-Comté*.

SECTION PREMIÈRE

RÉGION DE LA CHAMPAGNE

La région champenoise mérite d'attirer tout spécialement notre attention, moins en raison de sa célébrité particulière que de la ressemblance frappante des conditions générales de sa viticulture avec celles de l'Allemagne de l'Ouest et de l'intérêt sociologique exceptionnel de sa situation économique présente (1).

Au premier point de vue, nous retrouvons dans cette région de la France, à un degré au moins aussi accusé, tous les traits caractéristiques de la viticulture du Rheingau et de la vallée du Rhin : propriété très divisée, frais de culture énormes avec rendements faibles, d'où une élévation anormale du prix de revient qui fait du maintien de hauts prix de vente une nécessité économique absolue. Au second, nous apparaissent aussi les mêmes caractères : prédominance du commerce et surabondance des intermédiaires ayant pour conséquence l'assujettissement des producteurs; par suite des abus de spéculation et, entre la petite propriété et le commerce, un conflit latent gros de conséquences encore indéterminées.

(1) Nous regrettons de ne pouvoir, contrairement à notre habitude et à nos désirs, mentionner ici les sources individuelles de nos informations. Mais au cours de l'enquête minutieuse que nous avons menée, auprès d'hommes tous bien qualifiés et placés dans des situations sociales très variées, partout en Champagne nous n'avons pu obtenir de renseignements précis que sous l'engagement préalable de ne pas mentionner les noms de nos correspondants occasionnels. Ce fait est l'indice le plus éloquent que nous puissions rapporter de la gravité particulière de la situation économique de cette contrée. C'est aussi pourquoi nous avons tenu à vérifier *de visu* l'exactitude de l'impression que l'examen des documents de notre enquête nous avait laissée.

V. surtout au point de vue ampélographique : A. Berget, *A travers les Vignobles de la Champagne*. Vigne Américaine. — 4e trim. 1901 et 1er trim. 1902.

Considérons tour à tour ces deux catégories de faits avec toute l'impartialité scientifique que le sujet comporte, en nous attachant particulièrement à leur développement historique depuis les débuts de la crise phylloxérique.

1° LA VITICULTURE CHAMPENOISE. — En aucun pays de France, la propriété viticole n'est aussi divisée qu'en Champagne. Sans insister sur des cas exceptionnels et pourtant significatifs par leur exagération même, comme celui de ce propriétaire de Tréloup qui cultive 2 hectares 25 ares répartis en 186 parcelles (1), on ne peut qu'être frappé de la concordance des différentes évaluations entreprises à cet effet. M. Raoul Chandon de Briailles, directeur de l'une des maisons les plus universellement connues de la Champagne, estime dans un travail bien documenté (2) à 15,358 hectares la superficie viticole du département de la Marne. Elle serait ainsi répartie d'après les évaluations cadastrales :

Très petite propriété,	moins de 1 hectare,	14.430	propriétaires
petite propriété	— de 1 à 5 —	3.202	»
moyenne »	— de 5 à 20 —	89	»
grande »	— au dessus de 20 h.	18	»

D'autre part M. E. Legrand, dont l'évaluation ne porte que sur la région spécialement viticole productrice des vins les plus réputés (3), y dénombre 9,751 propriétaires pour 8,632 hectares ainsi répartis :

7.289	possèdent	moins de 1 hectare
2.357	»	de 1 à 5 hectares
84	»	de 5 à 20 hectares
21	»	plus de 20 hectares

(1) Cité p. M. R. Chandon de Briailles, d'après un journal local, Rev. de Vitic. n° 316 p. 7.

(2) Série d'etudes sur le *Vigneron Champenois* in Rev. de Vitic, à partir du Tome VI n° 158, années 1898-99 et 1900, passim. N° du 6 janvier 1900.

(3) Les *Vins de Champagne*, Reims, Matot-Braine, 1896.

Pour 119 communes de la même région, M. R. Chandon était arrivé à des résultats sensiblement analogues (1). Il estimait à

7.998	le nombre des propriétaires possédant moins d'un hectare.				
2.581	»	»	»	de 1 à 5	»
84	»	»	»	de 5 à 20	»
21	»	»	»	de 20 et au-dessus.	

La superficie cultivée par chaque propriétaire ressort donc à 1 hectare 12 en moyenne, à 0 h. 80 si on défalque les 3,500 hectares environ qui représentent la part de la moyenne et de la grande propriété. Le chiffre de 1 hectare ou 3 arpents de 33 ares, est d'ailleurs celui qui est généralement accepté comme représentant la superficie qu'un ménage de vigneron peut cultiver d'une manière courante.

La faiblesse même de cette surface, inférieure de plus de moitié à celle du vigneronnage normal des autres régions à grands vins, la Bourgogne et le Bordelais, implique une élévation correspondante des frais de culture. Celle-ci a pour cause le grand nombre de ceps cultivés à l'hectare, de 38 à 50,000 selon les crûs, la pratique habituelle des fumures par composts de terre et fumier répartis à bras pendant l'hiver, l'opération du provignage annuel de chaque cep de vigne et la perfection remarquable de tous les autres travaux d'entretien.

Un des meilleurs praticiens de la Champagne nous a communiqué ses livres de compte; les frais de culture, engrais compris, y ressortent pour la période 1890-1900 à *2.800 fr.* par an à l'hectare. Encore son estimation est-elle faite pour un crû d'ordre moyen. Dans les plus réputés, à Ay, Bouzy, Ambonnay, par exemple, ce chiffre s'élève jusqu'à 3.500 fr. par hectare.

La valeur de la propriété est naturellement en rapport avec ces dépenses énormes. L'enquête officielle de 1890 pour l'établissement d'un grand Syndicat de tous les viticulteurs

(1) Rev. de Vitic. n° 210.

champenois évalue ainsi le prix moyen de l'hectare de vignes dans chacun des arrondissements viticoles de la Marne.

Arrondissements	Nombre d'Hª	Prix moyens
Chalons	540	11.340
Epernay	6.062	7.200
Reims	6.738	10.915
Sainte-Menehould	127	1.398
Vitry le-François	1.715	2.395

Mais ces chiffres paraissent au-dessous de la vérité, car ils font entrer en ligne de compte les vignobles sans réputation annexés aux exploitations agricoles de la plaine et de la montagne. M. Legrand adopte pour 1890 le chiffre de 18.000 fr. qui serait tombé aujourd'hui à 12.000. Un questionnaire adressé en 1891 par le directeur du journal *La Révolution Champenoise* à ses abonnés a recueilli les évaluations suivantes pour les principales communes viticoles de la Champagne (1).

Communes	Valeur moyenne d'un Hª	Communes	Valeur moyenne d'un Hª
Ay	35.000 frs	Fleury-la-Rivière	7.000 frs
Avise	25.000 frs	Mesnil-sur-Oger	20.000 frs
Ambonnay	45.000 frs	Rilly-la-Montagne	20.000 frs
Bouzy	45.000 frs	Verzy	40.000 frs
Cumières	10.000 frs	Verzenay	40.000 frs
Cramant	25.000 frs	Vertus	12.000 frs
Damery	25.000 frs		

Même en admettant que ces nombres aient été un peu influencés par les maxima exceptionnels de 75 et 100.000 fr. l'hectare atteints par certains vignobles dans les années de grande prospérité, et en tenant compte de la dépréciation survenue depuis 1890, il n'en est pas moins vrai que le vignoble champenois représente un capital énorme. Pour que celui-ci soit suffisamment rémunéré malgré le coût extraordinaire de la culture, il faut évidemment que le produit atteigne un prix moyen très élevé. Cette nécessité est d'autant

(1) Révolution Champenoise n° 46 et id. n° 13 et 14.

plus évidente que les rendements moyens sont très faibles. Des relevés d'un de nos informateurs les plus autorisés, il ressort que la moyenne décennale de la production a été chez lui de :

16 hectolitres à l'hectare pour la période 1870-1880
22 » » » 1880-1890
22 » » » 1890-1900

L'élévation depuis 1880 serait dûe au rajeunissement des vignobles, conséquence du développement de la vente directe des raisins au kilogramme, mais elle n'aurait été obtenue qu'aux dépens de la qualité générale. Cette moyenne est naturellement variable selon les terroirs. Mais, en général, on regarde pour l'ensemble de la Champagne comme

Très bonne une récolte de 40 hectolitres à l'hectare
Bonne » » 30 » »
Assez bonne » » 24 » »
Passable » » 20 » »
Mauvaise » » 4 à 6 » »

Dans les grands crûs où les frais de culture s'élèvent jusqu'à 3.500 fr. l'hect. et le prix de la terre à 40.000 fr., il faudrait donc tirer 6 à 7.000 fr. environ de la récolte pour obtenir un prix rénumérateur, soit en moyenne les prix de 300 à 350 fr. l'hectolitre ou, selon le mode d'évaluation habituel en Champagne, de 600 à 700 fr. la pièce de 200 litres. Le questionnaire que nous avons déjà cité a recueilli les chiffres suivants pour les 12 communes dénommées :

	Prix de vente de la pièce de 1880 à 1884	Prix moyen de 1884 à 1891	Prix normal désiré par les vignerons
Ambonnay	840	720	1.200
Avize	710	550	1.200
Ay	770	650	1.200
Bouzy.	840	720	1.200
Cramant.	720	560	1.200
Damery.	720	560	1.200
Fleury-la-Riv.	200	185	600

	Prix de vente de la pièce de 1880 à 1884	Prix moyen de 1884 à 1891	Prix normal désiré par les vignerons
Mesnil-sur-Oger	550	700	1.200
Rilly-la-Montagne . . .	600	700	1.400
Verzy.	360	340	700
Verzenay	660	640	800
Vertus	280	290	800

Mais ces chiffres, surtout le dernier, peuvent être suspectés d'exagération, en raison de la campagne tendancieuse que menait alors le journal enquêteur, pour établir que la propriété est exploitée par le Syndicat des négociants en vins mousseux de Champagne créé en 1884. Les chiffres réels suivants, relevés sur les livres d'un moyen producteur de la montagne de Reims, montrent la marche des prix dans les trente dernières années (1). Il faut tenir compte de ce fait qu'à partir de 1890 l'usage s'est généralisé de vendre directement les raisins aux fabricants de mousseux à la *caque* de vendange pressée et foulée de 60 kilos. Or il faut en Champagne une moyenne de 400 à 420 kilos de raisins pour obtenir une pièce de 200 litres de vin clair aux soutirages, soit 7 caques de vendange.

(1) Avant cette époque, un document rare qui nous a été communiqué : *Les récoltes vinicoles de Bouzy et d'Ambonnay de 1788 à 1874.* — Reims 1893, recueil établi de 1788 à 1844 par Guillard, chirurgien, et poussé jusqu'à 1874 par Vesselle-Berancourt donne les prix de 120 fr. la pièce de 200 litres en 1788, 45 fr. en 1798 et 1808. — 140 fr. en 1818 — 60 fr. en 1838. — 85 fr. en 1848, 200 à 250 en 1858. — 360 fr. en 1868 et 200 fr. en 1870.

TABLEAU des récoltes et des prix dans le Vignoble de la Montagne de Reims de 1871 à 1901

ANNÉES	RENDEMENT à l'Hectare	PRIX de la caque	PRIX de la pièce	QUALITÉ de la RÉCOLTE
1871	5 pièces	50	310	Médiocre
1872	5	100	700	
1873	4	120	800	
1874	11	100	700	Très bonne
1875	11	45	360	Moyenne
1876	15.5	21	150	
1877	12	25	180	
1878	10	95	650	Bonne
1879	1 3/4	28	340	
1880	2	185	1300	
1881	20	66	420	
1882	10.5.	55	370	
1883	12	110	710	T. B.
1884	15	66	425	Très bon
1885	15	50	365	Médiocre
1886	7	45	320	
1887	12	45	340	
1888	8	70	505	Très bon
1889	11	200	1400	
1890	10	90	715	
1891	3	160	1155	B.
1892	4.5	170	1190	Exceptionnelle
1893	22	635	435	
1894	12	32	224	T. B.
1895	7	32	224	
1896	18	28	150	
1897	13	45	320	T. B.
1898	9	65	426	T. B.
1899	9	80	560	
1900	15	40	280	
1901	12	30 à 35	200 à 250	Moyenne

Augmentés d'un 1/6 à 1/4 selon qualités, ces prix donnent ceux des meilleurs crûs supérieurs : Bouzy, Verzy, Ay, etc. Le propriétaire très consciencieux qui nous a gracieusement fait bénéficier de sa longue expérience estime qu'au dessous du prix de 350 fr. la pièce en année moyenné, la production du vin cesse aujourd'hui dans son pays de couvrir les frais. Or la moyenne décennale qui était de :

242 fr. l'hect. pour la période 1850-60 s'est élevée dans la suite à
261 » » 1860-70
468 » » 1870-80
615 » » 1880-90
544 » » 1890-1900

Mais si l'on défalque la période de prix exagérés, dont nous verrons plus loin les causes et le caractère exceptionnel, de la série d'années 1889-93, la moyenne des prix dans les neuf dernières années ne ressort plus qu'à 315 fr. et témoigne d'un affaissement progressif inquiétant depuis l'ouverture de la crise générale de 1900 et 1901.

D'autre part, l'examen des chiffres de ce tableau montre qu'il est impossible d'établir une relation sérieuse de correspondance habituelle entre le prix des vins et la quantité ou la qualité des récoltes. Le vigneron champenois ne paraît pas retirer de ses produits un prix en rapport normal avec leur valeur réelle. Cela tient à deux causes : 1° à l'existence dans les caves du commerce des vins mousseux d'un stock de réserve considérable, qu'on évaluait autrefois en quantité à trois ou quatre récoltes moyennes et qui pèse sur les cours dans les bonnes années pour restreindre l'élévation des prix (1); 2° A ce que depuis une dizaine d'années en particulier, nombre de commerçants s'approvisionnent, au moins en partie, en dehors de la Marne, ce qui leur permet de faire

(1) Legrand, cf. p. 100 constate que ce stock est descendu de 661.345 hectolitres en 1893 94 à 347.874 en 1897-98 en raison de ce fait «que l'étranger, les Allemands, achète en Champagne des milliers d'hectolitres de vins en cercles qui doivent servir à faire une concurrence dangereuse au commerce Champenois. »

varier leurs achats en Champagne selon l'état probable des cours. La conclusion rationnelle de tout cet examen est donc que l'achat des vins de Champagne paraît aujourd'hui réglé, non par l'état et la valeur naturelle des récoltes, c'est-à-dire par la production, mais par le jeu de la spéculation, c'est-à-dire par le commerce, seul directeur du marché.

RAPPORTS DE LA PROPRIETE ET DU COMMERCE DES VINS DE CHAMPAGNE. — Cette observation nous révèle la seconde analogie de situation qui existe entre l'économie viticole de la Champagne et celle du vignoble allemand. Dans ce pays comme chez nos voisins, l'extrême division de la propriété a produit son ordinaire conséquence : l'assujettissement des producteurs au commerce. Mais ce qui donne à l'exemple de la Champagne un intérêt exceptionnel, c'est que ce résultat s'est produit dans ce pays plus tôt et plus complètement que partout ailleurs en France, parce qu'il est le pays du monde où l'industrie œnologique est aussi passée le plus tôt et le plus complètement aux mains du commerce. C'est l'effet de la loi économique que nous croyons avoir dégagée dans l'économie viticole et qui se vérifie dans toutes les autres industries agricoles : sucrerie, distillerie, fromagerie, fabrication des conserves, etc. : celle-ci, que *sous le régime de la concurrence, la prépondérance sur le marché des produits agricoles appartient nécessairement à celui qui détient leur transformation industrielle.* C'est de lui que dépend en effet le producteur, pressé d'argent et incapable d'attendre puisque ses récoltes ne sauraient se conserver sous leur forme naturelle; c'est de lui aussi que dépend le consommateur toutes les fois qu'il y a accord, trust ou syndicat entre les principaux détenteurs de cette industrie. Nous allons retrouver en Champagne ces deux caractères du monopole industriel.

Il faut d'abord pour bien pénétrer le phénomène se rendre compte que ce résultat ne peut être atteint que dans la mesure où la quantité du produit possible est, elle aussi, naturellement limitée. Or c'est un fait sur lequel insistent justement les négociants de Champagne et que le gros public ne comprend pas assez, que le *vrai* Champagne est un produit exceptionnellement réservé à cette heureuse province. Nous ne jouons pas sur les mots ; nous insistons simplement sur ce fait qu'en nul autre pays, il n'a été possible jusqu'ici d'obtenir des vins mousseux présentant le même ensemble de qualités ou un ensemble à peu près équivalent. Jadis, quand la Champagne était réputée pour l'excellence de ses vins rouges, il était loisible d'ouvrir, comme la chose advint au XVIIIe siècle, de doctes débats pour savoir qui d'eux ou de leurs rivaux de Bourgogne devait avoir la prééminence. Mais depuis l'année 1720 où dom Pérignon, prieur de Hautvillers, inventa la préparation des vins mousseux, il est avéré que le produit des Pinots des côtes qui vont de Reims à Epernay est plus propre que tout autre à cette fabrication (1). Ce n'est pas qu'ailleurs les mêmes cépages (Pinot noir et P. Chardonnay) ne produisent de grands vins. Mais ceux-ci, les fameux Bourgogne ou Chablis, sont trop capiteux et naturellement trop secs et trop alcooliques pour gagner à la transformation en vins mousseux. Il leur manque cette finesse de sève, cette fraîcheur, cette légèreté spiritueuse et cette distinction de mousse qui caractérisent les vrais champagnes. Partout aujourd'hui on fabrique ou tente de fabriquer des vins mousseux. Sur 110 millions de bouteilles que produit annuellement notre pays, c'est à peine si la Champagne en fournit une trentaine, mais l'abondance de ces vins similaires, loin de paralyser la vente des grands mousseux de Champagne, n'a fait que la stimuler. Il semble que leur rôle ait été surtout d'aviver et de développer le goût des vins mousseux et partant celui des produits de choix prototypes du genre. La Champagne possède donc bien un monopole naturel, source de profits considérables dont chacun des différents facteurs économiques qui l'exploitent devait naturellement rechercher la plus grosse part.

(1) Sur l'histoire des vins de Champagne, v. Bulletin de la Maison Moët et Chandon, N°s 16, 17, et suiv. 1901-02 et *A. Bourgeois*. — Le Vin de Champagne sous Louis XIV et Louis XV. — Bibl. de la Critique, Boulevard Latour Maubourg, Paris 1897.

Le commerce l'a emporté pour trois raisons. 1° Comme le revendiquent avec justesse ses défenseurs, que la réputation de la *marque* Champagne est en grande partie son œuvre. Un propriétaire, de nos correspondants, a la justice de le reconnaître : « Le commerce de nos vins, écrit-il, ne peut pas être considéré comme le véritable commerce des vins de table et des vins ordinaires. La clientèle des vins de Champagne est surtout à l'étranger et de là, impossibilité de se créer facilement et vivement des acheteurs. » (1). En effet, sur trente millions de bouteilles environ qui partent chaque année des caves de la Marne, les trois quarts (22.855.798 contre 6.204.115 en 1896-97) (2) étaient à destination de l'étranger. Ce résultat n'a été obtenu que grâce à un siècle de réclame et de propagande admirablement organisées, par l'institution d'agences et de dépôts à l'étranger, l'offre continue des voyageurs, de grandes avances de capitaux, en un mot par une action commerciale patiente et vigoureuse, qui justifie dans une assez large mesure les profits considérables réalisés par les grandes maisons de la Champagne. 2° De plus le caractère industriel du vin mousseux est progressivement arrivé à masquer son origine naturelle. Ç'a été la suprême habileté du commerce champenois d'arriver à substituer peu à peu la *marque* de chaque maison au nom des crûs d'origine. Jadis les vins de Champagne n'étaient connus, comme ceux du Rheingau, de la Bourgogne ou du Bordelais que par le nom de la commune productrice : Ay, Bouzy, Verzenay etc. Aujourd'hui le public ne connaît plus que ces noms fameux, qui ont chacun leurs fidèles et même leurs fanatiques : Veuve Clicquot-Ponsardin, Moët et Chandon, H. Mumm, Heidsieck, L. Rœderer, V. Pommery, Saint-Marceaux etc., etc. C'est qu'aujourd'hui les *cuvées de tirage* de chaque maison ne sont plus composées d'un seul vin, mais d'un mélange de vins de diverses origines. L'expérience a montré que pour obtenir le mousseux le plus parfait, celui qui réunit à la fois ces qualités en apparence incompa-

(1) Lettre du 16 Septembre 1899.

(2) N. Legrand. — Art. cité p. 100.

tibles : force et légèreté, douceur et vinosité, bonne prise de mousse et absence de casse, il faut combiner un savant mélange des vins de divers crûs de la Champagne (1). Ce travail est le secret de chaque opérateur. C'est à cette découverte qu'est dûe la récente annexion à la Champagne vineuse des terroirs vulgaires de la vallée de la Marne, des pays de la *Varrocce*, dont les vins plus verts et plus rudes, jadis dédaignés, sont aujourd'hui reconnus nécessaires aux meilleures cuvées pour assurer leur tenue et leur longévité. Dans ces conditions et sans parler de la composition des *liqueurs de tirage*, variable selon le goût des consommateurs des différents pays et l'expérience de chaque maison à le satisfaire, la préparation des vins mousseux devient une opération industrielle qui ne peut plus être le fait d'un propriétaire isolé. Il faut de grands approvisionnements,des vins vieux nécessaires au mélange des crûs et des années, des achats multiples dans les régions différentes, une grande expérience des manipulations des vins et des goûts de la clientèle, en un mot l'intervention du capital industriel et de ses agents techniques.

3° Enfin, le commerce champenois est arrivé à dominer le marché local des produits en s'annexant peu à peu l'industrie de la vinification tout entière. Jadis, il n'opérait que sur les vins préparés isolément par les vignerons eux-mêmes. A partir de 1889 s'est progressivement généralisée dans toute la Champagne ce qu'on appelle *la vente au kilog.* C'est-à-dire que le commerce achète aux vignerons non plus les vins en primeur, mais les raisins eux-mêmes aux vendanges, pour préparer les vins par grandes masses en des conditions meilleures et plus économiques. Cet achat se fait au moyen de commissionnaires attitrés qui, dans leur résidence habituelle, représentent chacun telle ou telle maison et choisissent leurs fournisseurs. Les défenseurs des négociants affirment que cette organisation était devenue nécessaire « pour surveiller leurs intérêts car ils étaient exploités comme dans une forêt de Bondy » (1).

(1) Sur la préparation des vins mousseux, v. notre *Pratique des Vins*; Bibl. Utile, F. Alcan, p. 161-66.

(2) Journal des Halles et marchés, août 1891.

Aujourd'hui l'accusation s'est retournée, comme nous avons pu en juger sur place. « Autrefois, nous dit un correspondant, si peu qu'il y eût disette ou montre de qualité, une lutte plus ou moins funeste s'organisait ; tel gros négociant ne se gênait pas pour fausser sa parole et jouer le tour aux chers confrères, le vigneron en profitait ; le fameux jeu de l'offre et de la demande s'essayait encore. Il n'en est plus ainsi. Les gros se sont engagés à ne se pas faire concurrence, sous peine d'amende, à ne pas se prendre leurs clients. Inutile donc au propriétaire mécontent de son acheteur X d'aller voir Z. Impossible, répondrait celui-ci, vous êtes le client de X, je ne puis vous prendre sans son autorisation. Le propriétaire doit donc céder, ou faire son vin. Mais celui-ci fait, à qui le vendre ? Il est noté, on ne lui achètera pas, qu'à la dernière extrémité et après toutes les manœuvres de baisse. » D'ailleurs beaucoup de vignerons n'ont plus assez de matériel et d'expérience œnologique pour faire eux-mêmes leurs vins ; les plus petits propriétaires n'ont souvent pas une récolte suffisante pour effectuer cette opération en des conditions convenables. Il faut donc vendre en hâte au moment de la vendange et bientôt à tout prix, si le commerce hésite ou ne veut pas payer assez cher. La situation est trop inégale entre le vendeur qui ne peut attendre et l'acheteur qui a les capitaux et le choix des offres, pour que les moins scrupuleux ne se laissent pas aller à la tentation de peser sur les cours par les pires manœuvres. Telle maison, par exemple, fait courir à la veille des vendanges le bruit qu'elle n'achètera pas cette année ; aussitôt vignerons de prendre peur et de la supplier d'être leur cliente, jusqu'au moment où ils auront assez réduit leurs prix pour qu'elle cède à la douce violence de les exploiter en ayant l'air de leur rendre service. Telle autre, peu désireuse de s'encombrer de vins médiocres, n'accepte les livraisons qu'avec lenteur dans une année pluvieuse, oblige à ralentir les vendanges et refuse ensuite impitoyablement tout raisin taché de pourriture, amenant ainsi la perte de 1/3 ou moitié de récolte. Celle-ci, pour s'attacher quelques propriétaires amis, leur verse après la récolte une prime qu'elle n'accorde pas aux autres vendeurs ;

celle-là fait de même d'une manière déguisée en leur laissant tout le vin qui reste dans le marc après les trois pressées ou *tailles* réglementaires, cette autre accepte 400 kilos de raisins au lieu de 420 exigibles pour représenter la pièce de vin à obtenir, bref il nous a semblé que la fameuse maxime de gouvernement « diviser pour règner » est merveilleusement appliquée dans les présents rapports de la production et du commerce champenois.

Pourtant, comme il est naturel aux gens de faible culture, il nous est apparu sur les lieux que c'est moins du grand commerce que de ses agents et auxiliaires : commissionnaires et spéculateurs, que se plaignent les petits vignerons champenois. « Jurez-moi que vous n'êtes pas commissionnaire », nous répondit dès l'abord un brave vigneron que nous accostions sans présentation, pour tâcher de connaître les opinions de derrière la tête du paysan champenois. Rassuré par l'exhibition de notre titre universitaire, il se plaignit, comme d'autres que nous avions interrogés çà et là au hasard de notre course rapide, de n'être plus libre. « On épie les mauvaises langues, nous disait-il et les *fortes têtes*, ceux qui parlent de syndicat et de résistance, ne trouvent plus à vendre leurs raisins. — C'est nous, disait un autre, qui supportons toutes les commissions sur le faible prix de nos raisins pour avoir le droit de les vendre. — Les commissionnaires gagnent tous 10 à 20.000 francs par an, concluait un troisième, tandis que nous ne pouvons plus boire que de la piquette ! » Quoi qu'il en soit de ces accusations pittoresques et de la réalité du rôle que les imaginations soupçonneuses prêtent à certains commissionaires, leur nombre comme leur influence, paraît s'être démesurément accru, naturellement au détriment des bénéfices de la production. Il est difficile de se rendre compte du contingent réel et de la proportion des intermédiaires de toutes sortes par rapport à celui des propriétaires récoltants, parce que nombre de ceux-ci cumulent souvent cette qualité avec celle de représentant ou tirent eux-mêmes une certaine quantité de vins en mousseux et les écoulent directement à la clientèle. Dans une commune d'environ 1300 habitants, le nombre exact des intermédiaires était de 22. D'après le Bottin des départements on compte par exemple à :

Avize	(2.652 habitants)	38	négociants et	commissionnaires.
Epernay	19.377 »	89	»	»
Reims		164	»	»
Ay	7.061 »	31	»	»
Mareuil	1285 »	15	»	»
Rilly	1567 »	16	»	»

En sachant que la proportion se maintient jusque dans les plus petites communes, on conviendra que c'est beaucoup d'intermédiaires pour une région qui ne récolte bon an mal an que 300,000 hectolitres de vin et qu'ici, la libre concurrence n'a pas précisément engendrée l'économie des rouages et des frais de transmission.

De plus, si nous sommes bien informé, un fait très grave se produirait qui est d'ailleurs la conséquence ultime et normale des précédents. C'est l'expropriation de nombre de petits propriétaires obligés de vendre leurs vignes, soit que les moyens leur fassent défaut pour les reconstituer, soit que l'impossibilité de faire face aux dettes et hypothèques accumulées leur impose cette solution. Un journal qui n'est pas suspect d'exagération révolutionnaire signalait déjà la chose en 1891 (1). « Si les vignerons ne voient pas le phylloxéra, ils voient très bien la grande propriété s'étendre autour d'eux, monopoliser la fabrication du champagne, leur acheter leur vendange à des prix dérisoires et la revendre au poids de l'or. Le petit vigneron n'a ni les avances ni la quantité de vendange nécessaires pour champagniser ses produits. Il ne peut livrer à la consommation qu'un petit vin sans grande valeur. Et s'il a besoin de quelques avances, il est toujours assuré de trouver prêteur. Mais ce prêteur prend hypothèque et s'arrange de façon à ne pouvoir être remboursé. Le petit vignoble est vendu et va se réunir à la grande propriété voisine. » Déjà une maison de Champagne possède un vignoble d'une étendue totale

(1) *Gazette de France* du 27 avril 1891 : Notes contemporaines.

de 550 hectares, répartis dans les principaux crûs de la région. Une autre qui a beaucoup grandi en influence depuis une douzaine d'années possède plus de 100 hectares. Plusieurs ont de 20 à 50 hectares. Ce mouvement d'acquisition paraît se développer, particulièrement depuis quatre années, avec l'extension du phylloxéra. Des mauvaises langues accusent même quelques maisons de commerce de chercher à se passer du concours des petits propriétaires en s'assurant une production suffisante à leurs besoins principaux et d'avoir fondé leurs espoirs d'extension territoriale sur les ruines qu'engendre l'aggravation du fléau phylloxérique. Quelqu'exagérées que sont évidemment ces hypothèses particulières, elles traduisent au moins les appréhensions graves que suscite le développement d'une crise qui ne semble malheureusement qu'à ses débuts.

Si l'on réfléchit, d'une part que ces faits n'ont commencé à se produire qu'il y a une vingtaine d'années et n'ont pris une sérieuse gravité que depuis 1893, de l'autre que la fondation du *Syndicat du commerce des vins de Champagne* (la *Coalition* des négociants, traduisait le rédacteur de *la Révolution champenoise)* date de 1884 et n'a pris toute sa force qu'après 1890, enfin que la baisse de la moyenne des prix annuels de vente des raisins n'apparaît avec constance et évidence dans les chiffres que nous avons publiés qu'après 1893, il n'est guère possible, quelque souci de modération critique qu'on apporte dans ce jugement, de ne pas voir une certaine relation de cause à effet entre tous ces phénomènes.

Enfin, il faut tenir compte d'un fait très grave qui se produit depuis quelque temps. Certaines maisons qui accordent de grands frais de réclame avec l'extrême bon marché de leurs produits et les *spéculateurs* (on appelle ainsi en Champagne, des sortes de petits négociants qui achètent aux récoltants les vins de cépages inférieurs, des crûs non classés et ceux qui proviennent des *tailles* et *rebêches* ou pressées successives du marc après le tirage du vin de goutte) ont pris, surtout depuis une vingtaine d'années, l'habitude de s'approvisionner largement au dehors de la Champagne. Ils font venir de l'Aube, de l'Yonne, de la Côte-d'Or, du Jura, beaucoup du Saumurois et même du Midi, des raisins et des petits vins blancs, qui, coupés avec ces vins de Champagne inférieurs et levurés avec les lies des grands vins, arrivent à former des cuvées de second choix imitant celles du pays. Soit qu'ils les tirent eux-mêmes ou les vendent aux maisons de commerce pour la fabrication de la *tisane* de champagne et des mousseux à bon marché, ils pèsent ainsi sur les cours des produits du pays et en accroissent artificiellement la masse, au grand détriment de la réputation de la Champagne. Déjà, la circulaire préfectorale du 13 juin 1882, concernant « les raisins de vendange provenant d'arrondissements phylloxérés et expédiés à destination de la Marne », constatait officiellement cette introduction suspecte. Celle-ci n'a fait que croître et embellir depuis que le phylloxéra menace de déprimer gravement la production champenoise durant de longues années. Un journal local (1) constatait en 1891 « qu'il est de toute évidence que les vins mousseux vendus à l'avenir au dessous de 3 francs pris ici ne peuvent être considérés comme vins purs de la Champagne. Entre 3 et 5 francs, l'acheteur n'a que le produit des crûs secondaires ». Que dire après cela de ceux qui vendent aujourd'hui du champagne en gros au dessous de 1 fr. 50 et même de 1 franc la bouteille ? Le mal a pris de telles proportions que les pouvoirs locaux ont dû s'émouvoir. Le Conseil général de la Marne dans sa session d'avril 1900 a adressé à la Chambre du commerce de Reims avec avis favorable un vœu lui demandant d'organiser la défense de la pureté des produits du pays. « Les vignerons champenois, dit l'exposé des motifs, si éprouvés déjà par les diverses maladies de la vigne, constatent depuis plusieurs années un phénomène qui ne devrait pas avoir lieu à l'égard d'un produit de luxe comme l'est le vin de Champagne : c'est l'avilissement du prix du raisin de vendange et des moûts de cuvée. Cette fâcheuse situation est due à ce qu'une grande partie des produits vendus sous le nom de Champagne

(1) *Courrier de la Champagne* du 1er décembre.

proviennent de raisins ou de vins importés de diverses régions viticoles de la France ou même de l'étranger, pour être revêtus ensuite d'une étiquette mensongère destinée à tromper le consommateur. C'est une fraude qui a été poussée à un tel degré que certains de ces produits truqués constituent une marchandise innommable et que, si on laisse aller les choses, on en arrivera bientôt à livrer au public, sous le nom fallacieux de « Vin de Champagne », une horrible mixture d'eau gazeuse sucrée et légèrement alcoolisée. »

Si on joint à cette série de constatations funestes pour l'avenir des vignerons de la Champagne, cette autre que le phylloxéra étend de jour en jour ses taches dans tous leurs vignobles sans que les moyens de reconstitution soient assez étendus pour assurer à celle-ci une marche concomittante de l'invasion, la situation économique de cette région apparaît sous un jour des plus sombres à l'observateur sympathique, quoique désintéressé. C'est ce qui justifie la conclusion désolée et sans doute trop empreinte de romantisme, d'un confrère qui nous demandait conseil : « Comment s'étonner de l'irritation qui se fait jour ? Elle se manifeste différemment, suivant les hommes. Le petit vigneron s'en prend à la propriété, coupe les ceps, fait inouï jusque là. « Quand nous n'aurons plus de vignes, ils n'en auront pas non plus », est une phrase courante ! Les propriétaires cherchent le moyen de défense. Une réunion est imminente. Les syndicats actuels ne peuvent servir au groupement nécessaire. C'est une lutte qui veut s'organiser et devient inévitable dans un pays jusqu'ici bien calme : Que faire ? »

L'AGITATION EN CHAMPAGNE, 1890-93. — Nous ne nous sommes si longtemps étendu sur l'état économique de la viticulture champenoise que pour mieux éclairer l'historique qui va suivre et dont l'intérêt ne saurait échapper à personne, si on le rapproche de celui que nous avons retracé des débuts de la coopération viticole allemande. L'évidente analogie de la situation des vignerons champenois avec celle des vignerons de l'Ahrthal vers 1870, semble impliquer à priori le même remède : l'union des producteurs pour reconquérir, au moins en partie, l'industrie œnologique et balancer la prépondérance du commerce sur le marché des vins du crû. Aussi ne sera-t-on pas étonné que la coopération viticole soit apparue pour la première fois en France dans la viticulture champenoise. Il est vrai qu'elle est bien loin d'y avoir eu le même succès que sur les rives de l'Ahr, mais ceux qui pensent comme nous que les échecs doivent être plus instructifs que les victoires nous sauront gré d'insister sur les détails de cette histoire d'hier.

Suivant les renseignements que nous avons pu recueillir aux sources directes, la première tentative de groupement de producteurs champenois pour la préparation et la vente directe des vins mousseux s'est produite en 1862. Un Anglais, M. Jaunay, ancien gérant de la maison J. Mumm et Cie, quittant cette vieille maison, parvint à grouper des propriétaires de tous les grands crûs de la Champagne : Ay, Verzenay, Bouzy, Avize, Mesnil, Vertus, etc. qui lui livraient leurs vins. Malgré la profonde expérience et les relations commerciales étendues de son gérant, cette première ébauche de coopération ne réussit pas à prospérer, en raison de l'opposition du grand commerce champenois qui paralysa tous les efforts. Il fallut liquider après plusieurs années et avec perte.

« Les Champenois, nous dit un correspondant, et particulièrement les vignerons, sont très particularistes, aussi ont-ils peine à se grouper, mais quand ils y arrivent, quelle que soit la forme du groupement, ils trouvent dans le commerce un adversaire (1) ». La leçon de cette première expérience devait être amplement vérifiée dans la suite. La seconde tentative de groupement dont nous ayons eu connaissance avait un but non commercial. Elle fut faite de 1878 à 1880 par un grand propriétaire du Mesnil-sur-Oger, M. *Vimont*, viticulteur remarquable à qui appartient sans conteste l'honneur d'avoir été dans la Champagne, à la fois par

(1) Lettre du 7 février 1901.

ses conseils et ses exemples décisifs, le premier initiateur de la reconstitution sur souches américaines (1). Préoccupé de l'invasion prochaine du phylloxéra, il voulut organiser dans son canton des syndicats d'études et de recherches. C'était avant la loi de 1884. L'autorisation préfectorale était nécessaire. L'administration, cédant peut-être à des préoccupations d'ordre politique, toujours fâcheuses en matière agricole, la refusa.

Dès que la loi de 1884 fût promulguée, un premier syndicat s'organisa dans le canton de Vertus sons les auspices de quelques grands propriétaires. Il se proposait entr'autres buts, de soutenir la petite propriété par des avances sur les récoltes, de manière à lui permettre d'attendre le moment favorable pour la vente. En juillet, le syndicat avait vécu, dissous par ses auteurs, après menace d'un grand négociant de ne plus acheter sur place si le syndicat se maintenait. En 1890, un nouveau syndicat s'organisa au Mesnil sur l'initiative de M. Vimont ; il a pu survivre, mais en bornant son action aux études et recherches pour préparer la reconstitution éventuelle du vignoble. Il a établi les premiers champs d'essai et préparé les premiers greffeurs qu'ait possédés la Champagne. Ce sont en grande partie ses études qui ont démontré la possibilité de reconstituer le vignoble champenois avec les porte-greffes usuels, étant donné que la haute teneur en calcaire du sol crayeux avait été considérablement atténuée dans la couche arable par les continuels apports de composts tirés des *magasins* établis annuellement à l'extrémité de chaque vignoble. Cet exemple fut également suivi par le syndicat de Boursault, fondé par le curé de l'endroit, M. l'abbé Tourneux (2).

Le mouvement syndical languissait ainsi, timide et sus-

(1) Nous apprenons sa mort au cours de l'impression de cet ouvrage, le 17 février. Lors de notre voyage en Champagne, il avait bien voulu nous faire part des enseignements de sa longue pratique culturale. V. à ce sujet nos articles de la *Vigne Américaine* de janvier et février 1902.

(2) Abbé Dervin. — *Six semaines en pays phylloxéré* suivi de *La Champagne devant l'invasion phylloxérique*. — Reims, Dubois-Poplimont, 1896, p. 325-27.

pect, quand tout à coup la découverte soudaine du phylloxéra en Champagne vint modifier cet état de choses, contraindre les viticulteurs à l'action et par contre-coup, révéler d'une manière très vive les éléments d'hostilité qui couvaient sourdement entre la petite propriété et le commerce dans toute la région champenoise.

Chose bizarre mais au fond bien révélatrice, le héros de cette tragi-comédie viticole fut un tout jeune homme dont le souvenir est resté populaire en Champagne sous l'appellation familière qu'il méritait alors : *le p'tit Lamarre.*

René Lamarre.

« Ce curieux échantillon de l'éphébie contemporaine (1), à peine sorti de la classe de philosophie du lycée Condorcet eut son heure de célébrité en tentant de soulever tous les vignerons de la Marne contre le puissant commerce des champagnes et de détruire sa prépondérance par l'organisation générale de tous les producteurs. L'entreprise était d'une témérité folle, bien digne d'un cerveau de dix-neuf ans. Sans expérience et presque sans ressources, insuffisamment ren-

(1) Mot de Jean Lacoste, *Gazette de France*, 27 août 91.

seigné sur les difficultés de la tâche et trop dépourvu de relations, d'autorité et de connaissances techniques pour un rôle de cette ampleur, M. René Lamarre fut pourtant, durant quelques mois, selon l'expression d'Emile Berr, « un des maîtres de la Champagne (1) ». Flatté sans doute de l'importance que les événements donnaient à son jeune personnage, évidemment sincère dans son enthousiasme révolutionnaire, peut-être avec quelque mélange d'ambition politique lointaine, d'ailleurs très actif et intelligent, cet agitateur imberbe a suffi pour remuer la Champagne durant trois années. Le fait serait surprenant si nous n'avions vu combien ce milieu recèle en réalité de souffrances économiques. Des circonstances propices accrues par une maladresse administrative ont déterminé l'explosion. Moins peut-être en raison de l'influence de celui qui la provoqua que de la force exceptionnelle des obstacles, cette explosion ne devait être que feu de paille. Ses détails importent cependant beaucoup à notre sujet parce qu'elle fut l'occasion de la première manifestation de l'idée coopérative dans notre production œnologique. C'est pourquoi son auteur, malgré le caractère utopique de ses conceptions premières et l'échec de sa téméraire entreprise, n'en conserve pas moins l'honneur d'avoir été, plus ou moins consciemment, le premier initiateur de la coopération dans la viticulture française.

La véritable cause immédiate de cette crise sociale champenoise paraît être le caractère exceptionnel de la campagne viticole de l'année 1889, « la mort du vigneron » comme l'appellent aujourd'hui les sages. La folle concurrence de deux grandes maisons rivales, plus que l'excellence de la qualité des vendanges, entraîna une hausse exagérée des prix d'achat que les vignerons n'avaient ni recherchée ni désirée. La pièce de vin de deux cents litres atteignit dans les meilleurs crûs les prix de 14 à 1600 francs. Les vignerons ravis se laissèrent emporter à de vaines espérances de relèvement définitif des cours. Comme celui-ci persista relativement du-

(1) *Figaro* 20 août 1891 : *Les gens de Vincelles.*

rant toute la crise, c'est-à-dire de 1890 à 93, le prix de la main-d'œuvre augmenta partout jusqu'à 5, 6 et 7 francs par journée, selon les périodes; on fit des dépenses de luxe et le prix des vignobles grandit avec le désir des acheteurs, attirés par des perspectives de placements exceptionnels. D'autre part, la vente directe des raisins au kilogramme devint plus générale, le vigneron y trouvant alors intérêt, et beaucoup abandonnèrent pressoirs et celliers. D'autre part, l'introduction des vins étrangers à la Champagne devint plus abondante, car la prime aux mélanges frauduleux était plus tentatrice et comme il n'y a que le premier pas qui coûte, les apports étrangers augmentèrent d'année en année.

Enfin, le syndicat des négociants ayant souffert de la rivalité des grandes maisons, se réorganisa de manière à éviter le retour de semblable accident et à empêcher désormais l'exagération des prix au-dessus du cours fixé par lui. Ainsi, la prospérité passagère engendra pour les vignerons des conséquences funestes qui n'ont fait que se développer plus gravement d'année en année.

Avant ce temps, il était évident que la première baisse un peu considérable devait provoquer chez les petits propriétaires un vif mécontentement. C'est ce qui se produisit dès les années suivantes. Tandis qu'en 1889 pour une récolte de 5 pièces de 200 litres à l'arpent de 45 ares 04, le commerce avait payé les raisins 3 fr. 50 le kilog., il ne paya plus que 1 fr. 50 en 1890 pour une récolte de moitié inférieure en quantité, 2 fr. 30 en 1891 pour une récolte de 1 pièce à l'arpent, 2 fr. 50 en 1892 pour une de deux pièces, et 1 fr. 15 en 1893, année exceptionnelle en qualité, avec un rendement de sept pièces à l'arpent. C'est dans ces conditions que se développa la campagne de M. R. Lamarre, particulièrement à la veille des vendanges de 1890 et 1891.

Il débuta en août 1890 par la publication soudaine d'une brochure tirée à 20.000 exemplaires et qui fut adressée à tous les vignerons de la Marne : la *Révolution Champenoise* (1).

(1) Br. de 46 p. — Imp. Boullay, Paris 1890.

Reprenant, disait-il, une idée jadis conçue et développée par son père, ancien inspecteur d'assurances établi à Damery, dans la vallée de la Marne, il y exposait sous une forme agressive un vaste projet de refonte totale de l'économie viticole de la Champagne. L'idée maîtresse en était « la *monopolisation du nom Champagne* » au profit des seuls producteurs, confédérés en une association gigantesque englobant tout le vignoble de la Marne. Chacun d'eux était invité à signer un bulletin d'adhésion au syndicat général à former pour réunir toute la récolte des 13.600 hectares possédés par les vignerons. Ce syndicat concentrerait la plus grande masse des vins de Champagne durant trois années ; il les paierait à ses adhérents au cours moyen des dix dernières récoltes, grâce à un emprunt garanti par leurs vignobles ou plutôt par la simple émission de warrants gagés par cette masse de vins de haute valeur. A la troisième année, il commencerait à vendre les vins qu'il ferait champagniser pour son propre compte. Le commerce, ayant vidé ses caves, et impuissant désormais à fournir à ses clients assez de vrai champagne pour les conserver, devrait capituler devant le syndicat. Celui-ci, poursuivant toutes les contrefaçons ou emplois frauduleux du nom de « Champagne », garantirait ainsi la solidité de son monopole. Le vrai champagne, réduit à sa quantité réelle en présence d'une demande exagérée, se vendrait désormais « *au poids de l'or* ». « Je le répète à dessein, disait M. Lamarre, ce n'est pas au prix de 8 francs la bouteille que vous vendrez quand le vin de champagne sera monopolisé et que les demandes s'élevant à 100 vous ne pourrez livrer que 20, c'est à 25 francs la bouteille sur lesquels il restera au vigneron au moins 23 francs ». C'était la fortune, mieux que cela, l'opulence assurée pour tous, du moins l'auteur le proclamait dans son lyrisme juvénile. « Songez-y tous, commerçants, ouvriers, artisans ; quand les 140 millions de bénéfice que donne par an la Champagne seront répartis entre 18.000 familles, au lieu de rester dans une centaine de mains qui ne peuvent les dépenser sur place, quand le plus pauvre aujourd'hui sera riche demain, tout le monde, jusqu'au plus humble s'en ressentira.

Le vigneron assez dépensier et très généreux de nature se donnera non seulement le bien-être, le confortable, mais aussi le superflu. Le commerce de la Marne sera le plus florissant de toute la terre (1) ».

Mais il fallait que « tous, jusqu'au possesseur d'une verge de vigne, tous adhèrent, sinon, en convenait l'auteur, je ne vais pas jusqu'à dire que tout serait perdu, mais l'entreprise se traînerait péniblement à travers quantité d'obstacles. »

Cette condition fantasmagorique fit évanouir la féerie. C'est à peine si M. Lamarre recueillit quatre ou cinq mille adhésions platoniques, mais en revanche une pluie de sarcasmes. D'ailleurs, objectait justement un contradicteur bienveillant, M. Ch. Gide : « Bien que la violence avec laquelle M. Lamarre a été attaqué nous le rende sympathique, il faut bien avouer que le plan qu'il expose est non seulement impraticable, mais surtout très contraire aux principes coopératifs. La coopération n'a jamais été l'exploitation des consommateurs par les producteurs. Certainement, nous serions ravis de penser que l'argent dépensé en vin de champagne irait dans la poche des petits vignerons du pays plutôt que dans celle des gros marchands, mais si nous devons être obligé de payer à ces intéressantes victimes 25 francs la bouteille, comme M. Lamarre nous l'annonce gracieusement, oh ! oh ! en ce cas, vivent Moët et Chandon ! vive même la duchesse d'Uzès ! Nous continuerons à boire leur vin ; nous le boirons même à leur santé (2). »

LE GRAND SYNDICAT. — Mais en même temps, l'éminent économiste conseillait aux vignerons champenois de se constituer « en sociétés coopératives locales suivant la nature des terrains et des produits pour s'affranchir des intermédiaires et affranchir du même coup les consommateurs (2) ». Le jeune Lamarre, que son échec n'avait pas abattu, allait bientôt être amené à se faire lui-même le protagoniste de cette nouvelle et plus sage méthode. En attendant, une coïncidence

(1) Op. cité p. 34, 33 et 39.

(2) « Une Révolution en Champagne ». — *Petit Nîmois* du 16 mars 1891.

pénible vint fournir à sa propagande une occasion favorable dont il sut habilement profiter. Le phylloxéra ayant été découvert sur les confins de la Marne dans le territoire de Tréloup (Aisne), l'administration préfectorale, encouragée dans ce dessein par le grand commerce de Champagne, conçut la pensée d'organiser dans la Marne un vaste syndicat de défense obligatoire constitué suivant les prescriptions de la loi de 1888, jusque-là restée lettre morte. Comme il arrive trop souvent aux initiatives officielles, celle-ci fut menée avec une légèreté qui, pour avoir fait place dans la suite à la lourdeur autoritaire, n'en compromit pas moins l'œuvre dès l'abord ; l'arbitraire dont on fit preuve pour la diriger officiellement la rendit impopulaire, de sorte que l'entreprise aboutit au bout de quelques années à un avortement qui a entraîné celui de la loi de 1888.

Le projet de l'Administration était de constituer un Syndicat départemental unique qui prendrait le caractère obligatoire par l'adhésion des trois quarts des intéressés. Il fallait donc recueillir 18.000 adhésions. Six mois après, le 16 juillet 1891, le Syndicat était déclaré constitué et ses statuts approuvés par le Préfet, mais au prix d'irrégularités flagrantes. Beaucoup de signatures émanées de mineurs et d'incapables n'étaient pas valables; d'autre part, pour obtenir les deux tiers de la superficie, on avait arbitrairement réduit à 12,321 hectares les 17,000 hectares de la surface du vignoble champenois. Le procès-verbal de la fondation, rédigé à Epernay dans une séance quasi clandestine, était nul et ne put jamais être produit. En outre, la taxe syndicale établie d'après la valeur des vignobles : de 3 francs par an au-dessous de 4.000 francs l'hectare, 5 francs de 5 à 6,000 francs et 10 francs au-dessus de 10,000 francs pesait trop lourdement sur les petits propriétaires et pas assez sur les possesseurs de grands crûs valant 25 à 50.000 francs l'hectare. Aussi dès le début, un sourd mécontentement s'éleva parmi les petits vignerons contre l'institution projetée. Un incident inopiné vint offrir à M. Lamarre l'occasion de le faire éclater.

Le 20 juillet, un arrêté préfectoral convoquait pour le

12 août à Epernay en Assemblée générale tous les propriétaires de vignes de la Champagne pour élire les 25 membres du Comité directeur du Syndicat. Au même moment, le professeur départemental d'agriculture, M. Doutté, découvrait en Champagne la première tache de phylloxéra sur le territoire de *Vincelles*. L'extirpation des ceps contaminés fut aussitôt décidée et une équipe accourut à Vincelles pour exécuter l'opération. On eut le tort de vouloir l'effectuer sans avertissement suffisant, hors de la présence de tout représentant de la commune et par un temps de pluie, moment où les vignerons n'aiment pas qu'on entre dans les vignes. Le Conseil municipal protestait; on voulut passer outre. Alors les vignerons survinrent en masse et s'opposèrent par leur attitude aux travaux de la délégation antiphylloxérique. Telle fut la *journée de Vincelles*, qui eut un immense retentissement et qui occupa un moment toute la presse en France et à l'étranger (1). Les vignerons croyaient peu à l'imminence du péril phylloxérique. Dans la coïncidence de cette découverte avec les faits précédents, ils virent une manœuvre du commerce n'ayant d'autre but que de décider les vignerons à vendre en masse leurs terrains. « Il y a là sans aucun doute, écrivait l'un d'eux, quelque grosse Compagnie qui convoite tous les terrains, et pour les avoir à bon compte, on cherche dès à présent à les déprécier (2). » Le péril phylloxérique n'était malheureusement que trop réel, mais l'Administration avait eu le tort de ne pas tenir assez compte de l'opinion des vignerons. Cette faute initiale devait amener la ruine du Syndicat.

Sur ces entrefaites, M. R. Lamarre, jugeant l'occasion favorable de reprendre sa campagne, venait de faire paraître un journal hebdomadaire : *La Révolution Champenoise*, qui se présentait comme « l'organe des revendications du vigne-

(1) Temps, 27 août; Daily Telegraph, 3/8: Berliner Zeitung, id.; Genevois, 1/8; The New-York World, 23 août; Stockolms Daglad 7/8; Daily inter Occan, Chicago 14 août, etc., etc.

(2) Lettre à l'*Egalité*, 21 août 1891.

ion ». Répondant aux critiques adressées à son projet de Syndicat général, il s'appuyait sur l'exemple des laiteries coopératives du Jura : « Ce n'est pas plus, disait-il, un essai idéal pour le vigneron que ce n'en était un pour les laitiers. Le lait et les anciennes fromageries des uns représentent bien le vin et les négociants des autres, avec cette différence que le lait, comme le vin mousseux du reste, peut exister en tout pays, tandis que ce n'est qu'en Champagne qu'on fait le délicieux nectar qui porte ce grand nom, qu'une Association seule peut monopoliser (1). » Les élections au Syndicat départemental lui parurent un terrain propice pour engager la lutte contre le commerce champenois et liguer contre lui tous les mécontents. Profitant de cette circonstance, que nombre des principales maisons de commerce champenoises ont été fondées par des Allemands d'origine naturalisés depuis, mais dont les noms frappent encore par leur consonnance étrangère, il s'écrivait avec une emphase propre à soulever les passions populaires : « Je vois un des plus beaux coins de France prêt à devenir la proie de l'étranger, ses habitants prêts à passer de l'état d'hommes libres à celui de serfs; je crie : Sus à cette féodalité étrangère ! (2). » Son appel fut entendu. Le 12 août, les petits vignerons de la vallée de la Marne accoururent à Epernay sous la conduite du petit Lamarre et élirent en entier sa liste de protestation contre la liste patronnée par les agents du Commerce et de l'Administration. Le premier des candidats protestataires, M. Vimont, inscrit un peu malgré lui, obtint 2,625 voix tandis que le premier de la liste quasi officielle, M. G. Chandon, pourtant le plus populaire des fabricants de Champagne, n'en obtenait que 1,464. L'Administration était fort embarrassée. Pendant quelques mois, elle garda le silence. On lui conseillait d'annuler les élections. Elle usa d'un autre moyen. La loi de Décembre 1888 donnant aux Conseils et Associations qui subventionnent les Syndicats antiphylloxériques le droit de s'y faire repré-

(1) Révol. Champ. n° 4.

(2) *Rev. Champ.* Art. cité.

senter proportionnellement au chiffre de leurs souscriptions, on entreprit de noyer les vingt-cinq représentants des vignerons dans le nombre de ces délégués. C'est ainsi que le total des membres du Conseil syndical fut progressivement porté, en raison des subventions du Conseil général, de la Ville et de la Chambre de commerce de Reims, à 85 membres. La commission permanente d'initiative élue dans ces conditions au mois de Mars 1892 ne comprit que trois vignerons. Mais on avait commis la faute de violer la loi en exagérant le nombre des délégués de la Chambre de commerce qui, pour une subvention de 80.000 francs, reçut 32 membres alors que les vignerons n'en possédaient que 25 pour un total de cotisations de 10,000 francs. Leurs représentants entamèrent une action judiciaire contre les arrêtés préfectoraux. Ils eurent gain de cause et le nombre total des délégués dut être réduit à 35. Mais ces faits avaient déconsidéré à l'avance le grand Syndicat obligatoire. L'opinion était soulevée contre lui et entretenue par le journal de M. Lamarre dans la créance qu'il n'était qu'un instrument administratif aux mains du Syndicat des vins pour régenter la propriété et en disposer à sa guise. Les vignerons de Damery donnèrent l'exemple, bientôt suivi, du refus des cotisations. Bien que la découverte de nouvelles taches phylloxériques à Mardeuil et au Mesnil eût démontré aux propriétaires que le péril n'était pas imaginaire, le Syndicat ne put fonctionner. Selon l'expression de M. l'abbé Dervin (1), « l'Administration, malgré ses ressources coercitives, est allée se briser devant l'inertie soupçonneuse de la multitude des propriétaires vignerons. » Le Syndicat dut être dissous vers 1896 et les cotisations perçues remboursées. A ce moment et malgré les travaux d'extinction entrepris tant par lui que par M. Chandon, le nombre des taches dépassait soixante et la surface arrachée six hectares. Aujourd'hui le phylloxéra se généralise de plus en plus dans toute la Champagne et il n'y a plus de salut pour elle que dans la voie tracée dès le début par M. Vimont et suivie depuis

(1) Cf. p. 323.

par la maison Chandon (1) et l'Association viticole champenoise, de la reconstitution par le greffage de ses Pinots sur souches américaines.

LES DEBUTS DE LA COOPERATION. — Pendant ce temps, le petit Lamarre continuait sa campagne, mais en modifiant insensiblement l'objet immédiat. L'Administration, par l'échec de son « Grand Syndicat », et lui, par celui de son projet d'Association générale pour la monopolisation du Champagne, avaient fait l'expérience de la vanité du rêve, qui est partout celui de la première heure, de constituer d'emblée le groupement général qui semble devoir être la panacée de salut. Comme en Italie, comme en Portugal, comme partout où les novateurs ont voulu débuter ainsi dans la voie syndicale ou coopérative, sans s'astreindre à passer par une période de préparation méthodique par l'institution de groupements locaux appelés à se fédérer progressivement dans la suite, l'échec avait été complet. En matière d'association plus que dans tout autre domaine de l'action, il faut savoir compter avec le temps. On n'y saurait improviser. Rien, même l'appui des pouvoirs publics, n'y saurait suppléer au manque d'éducation et d'expérimentation préalables. C'est ce que constatait mélancoliquement au début de 1892 le jeune Lamarre quand, malgré le succès temporaire de son agitation, il dut reconnaître que la réalité ne pouvait se plier à l'inexpérience de ses vingt ans.

Enfin, convaincu par les faits de la réalité du péril phylloxérique, il eut la sagesse de se rallier à la seule solution

(1) Cette importante maison, une des plus puissantes et des mieux dirigées de toute la Champagne, ne fait point partie du Syndicat des vins et suit une politique autonome. Elle a poursuivi à ses frais les traitements par le sulfure de carbone sur 36 hectares. Depuis, elle a installé à Epernay, un magnifique établissement, un peu fastueux pour son objet, sorte d'école pratique de Viticulture où sont produites en grand les greffes nécessaires à la reconstitution de ses 550 hect. de vignes. Son laboratoire expérimental publie, sous la direction de M. Raoul Chandon, vice-prés. de la Société des viticulteurs de France, un bulletin expérimental qui renferme les études spéciales de MM. Manceau et Mazade.

V. p. détails le n° de juin 1900.

décisive, l'expérimentation du greffage, que démontraient dans son journal deux viticulteurs bourguignons bien connus : MM. Bouhey-Alle et Camuzet. D'autre part, en attendant la coalition générale des producteurs, il recommandait la formation de syndicats communaux de vente des vins et la signature d'une pétition pour obtenir de l'administration un compte distinct et des acquits de couleur différente pour les vrais champagnes et les vins importés dans la Marne. Mais cette tactique nouvelle, imposée par la nécessité, n'allait pas sans exciter son impatience. « Ce qui n'est pas simple du tout, écrivait-il, c'est ce que nous faisons en ce moment, c'est de faire aboutir une pétition qui entravera la fraude ; c'est de constituer des syndicats communaux qui font l'objet de nos conférences actuelles, c'est enfin d'essayer une organisation sur laquelle les négociants auront encore prise au lieu de les rendre immédiatement impuissants. C'est justement parce que tous ces essais sont très compliqués, qu'ils ne peuvent aboutir qu'avec des peines inouïes, qu'on les entreprendra et que peut-être ils réussiront. Pour mon compte, je n'y crois qu'à moitié, mais je m'en réjouis parce que le vigneron fera là son école et qu'à force de tâter, de perdre son temps et de se donner beaucoup de mal pour rien, il finira par où il aurait dû commencer, par la chose la plus simple du monde, le Syndicat général de la monopolisation du nom (1). »

Malgré sa préférence personnelle pour la tactique révolutionnaire, cet agitateur, trop jeune pour être patient et sage, dut cependant pratiquer la méthode évolutionniste. Pour être moins bruyante que la précédente, cette partie de sa campagne est plus instructive pour la coopération viticole de l'avenir. Déployant une activité fébrile, il parcourut dans l'hiver de 1891-92 presque toutes les communes viticoles de la Champagne, faisant jusqu'à vingt-cinq conférences par mois pour exposer son grand projet et préconiser en attendant la formation de syndicats communaux.

Le projet publié dans le premier numéro de la *Révolu-*

(1) Révol. Champenoise n° 35.

tion champenoise de février 1892 en définissait ainsi le but transitoire : « Il est formé un syndicat destiné : 1° A soutenir les intérêts des vignerons ; 2° A améliorer la fabrication des vins, par le groupement des récoltes en cuvées importantes ; 3° A assurer la bonne renommée du crû en garantissant aux acheteurs des vins absolument purs et exempts de tout mélange avec des vins inférieurs; 4° A soutenir les propriétaires dans la gêne en leur faisant des avances pour la culture de leurs vignes; 5° A diminuer les frais de culture par la vulgarisation des procédés les plus rationnels pour l'achat en gros des engrais, échalas, tonneaux, etc. »

Ces prétendus syndicats qui devaient acheter les raisins au kilogramme, à un prix minimum établi par la moyenne des dix dernières années et les vinifier en commun pour les vendre ensuite de la même manière, devenaient en réalité de véritables coopératives, tout-à-fait analogues aux Winzervereine rhénans, dont les Champenois ignoraient alors l'existence. L'apparition et le développement de cette conception nouvelle, substituée à celle d'une Association centrale, sont une nouvelle preuve de sa conformité avec les nécessités générales de l'organisation viticole et de sa valeur pratique dans tous les pays atteints par la crise commerciale.

Le premier syndicat de ce genre fut naturellement organisé à Damery, résidence du jeune Lamarre, en septembre 1891. Cet exemple fut bientôt suivi dans trois communes, notamment celles de *Moussy*, *Reuil* et *Verzenay*. Mais partout on se heurta, dès l'abord au même obstacle : l'hostilité radicale du commerce qui refusait d'acheter une seule pièce de vin aux producteurs syndiqués. « Les résultats de cette union n'ont pas été brillants, écrivait à propos du syndicat de Moussy un journaliste local, loin de là, puisque pas un propriétaire n'a pu vendre sa récolte, que les négociants refusent de prendre au prix fixé par le syndicat. Cette combinaison eut plutôt pour résultat une gêne qui n'eût pas manqué de dégénérer en misère si les vignerons n'avaient reconnu leur erreur. Les vignerons de Moussy l'ont compris, ils ont résolu de revenir aux vieilles habitudes. » En vain les syndicats, pour rentrer en grâce, exécutèrent une naïve palinodie. Ils adressèrent au commerce des circulaires protestant « que leur Association n'avait aucun rapport avec les idées émises par M. Lamarre et que leur unique but était « de marcher la main dans la main avec le commerce honnête de la Champagne, afin d'empêcher la fraude. » Comme ils rappelaient en même temps qu'ils s'étaient constitués « afin d'échapper à l'exploitation par trop exorbitante des commissionnaires qui profitaient par trop ouvertement de leur misère (1) », le commerce décidé à ne pas abandonner ses auxiliaires, persista dans son attitude. Les premiers syndicats durent se dissoudre et leur échec enraya dès l'abord l'essor du mouvement.

M. Lamarre avait échoué. Le « tribun des vignes », comme l'appelaient les journaux amis, « le puissant orateur des *cossiers* (2) (les petits vignerons réduits à manger des *cosses* ou fèves), « le futur député du phylloxéra », comme le surnommaient ironiquement ses adversaires, était devenu « le syndic de la faillite coopérative. » Malgré son âge et la détresse de son journal, poursuivi et condamné pour l'ardeur agressive de sa polémique, il ne se découragea pas. Après une deuxième tentative infructueuse, un troisième syndicat s'organisa à Damery, aux vendanges de 1893, pour préparer des vins en vue d'une champagnisation future et d'un essai de vente directe. Ses statuts rédigés par M. Lamarre, établissaient pour dix années sous le nom d'*Association vinicole des propriétaires récoltants de Damery*, une Société ayant pour but « de réunir en une seule cuvée une partie de la récolte de chaque adhérent et de défendre les intérêts généraux du vignoble champenois, en ce qui concerne les vins. » L'Association s'engageait « à ne vendre son produit qu'après avoir été mis en bouteilles et champagnisé ». Elle acceptait des vins de tous crûs pour combiner des mélanges. Les bénéfices de la vente ultérieure devaient être répartis pour chaque adhérent « au prorata de sa

(1) Lettre du Syndicat de Moussy — 24 déc. 1891.
Lettre du Syndicat de Damery — 16 déc.
(2) *Dépêche de l'Est*, 7 février 1892.

livraison, faite chaque année (1) ». La première coopérative vinicole qui soit apparue en France était fondée. Elle représente le seul résultat pratique de l'ardente campagne de M. Lamarre (2). La même année ce jeune homme partit pour son service militaire, ce qui entraîna la chute de son journal et la clôture de sa propagande.

Ces paroles d'un vigneron de Damery que nous accostâmes au hasard pour connaître le jugement des paysans sur sa tentative, éclairent les motifs de son échec et traduisent bien la grosse mentalité finaude du paysan : « Lamarre avait peut-être raison, mais toutes les vérités ne sont pas bonnes à dire et j'aimais mieux être bien avec les négociants qu'avec lui, parce que ce n'est pas lui qui pouvait m'acheter mes raisins. » (sic). Cette aventure semble avoir mis fin aux tentatives d'émancipation des propriétaires. C'est du moins ce que constate un de nos correspondants, fonctionnaire que sa situation et ses idées ne permettent pas de soupçonner de tendresse pour la tentative révolutionnaire du jeune Lamarre. « Sa campagne, conclut-il, eut pour effet de faire monter d'une manière exagérée le prix des vins en 1890, 1891, 1892 et 1893. Depuis, c'est le marasme. Les vignerons sont sous la dépendance complète du syndicat des gros négociants qui font les prix d'avance. Ensuite, il faut passer par la porte ou la fenêtre. Quelqu'un essaierait-il une résistance ou un groupement de réistance, il est mis à l'index et ne peut plus vendre avant longtemps sa récolte (3) ».

Depuis 1893 à 1900, aucun autre groupement ne s'est produit dans la région que l'institution de l'*Association viticole Champenoise*, après la dissolution du grand syndicat obligatoire. Elle a été formée par les grandes maisons de commerce

(1) Articles 1, 2 et 9 des statuts.

(2) On ne peut qu'être frappé de l'analogie des circonstances de sa fondation avec celles des Coopératives ouvrières d'Albi (Verrerie) et Gueugnon. Quand l'avortement d'une agitation révolutionnaire s'affirme, force est à ses promoteurs de se rabattre sur la méthode prudente qu'ils dédaignaient naguère. La montagne accouche d'une souris. Mais cette souris porte dans ses flancs l'espoir d'une revanche lointaine, plus pacifique et décisive.

(3) Lettre du 2 janvier 1901.

dans le but exclusif d'organiser la défense et la reconstitution du vignoble champenois. Les ressources sont constituées par les cotisations de chaque maison, proportionnelles au chiffre de leurs expéditions. Cette Association a poussé à la constitution de syndicats communaux qui ne doivent avoir d'autre préoccupation économique que celle de la défense du vignoble ; elle achète en gros le sulfure de carbone et prépare dans ses pépinières les plants greffés, qu'elle cède ensuite aux syndiqués à un prix de faveur quelquefois au-dessous de celui de revient. Comme l'administration n'avait pas encore, malgré des réclamations trop justifiées, levé l'interdiction d'importer en Champagne des plants greffés venus d'autres régions (1), le mouvement de reconstitution, suscité par cette Association et ses syndicats adhérents ne nous a point paru, sauf dans la vallée de la Marne, assez étendu et puissant, pour parer aux éventualités de destruction rapide que la généralisation de l'invasion phylloxérique permet de redouter à brève échéance (2). Quant à l'Association de vinification et de vente, elle n'a pas durant la période 1893-1900 fait l'objet de nouvelles tentatives. Si quelques maisons champenoises, dans un but de réclame, ont cru devoir présenter au public leurs produits comme ceux d'une Association de propriétaires récoltants, elles n'ont rien de commun avec la coopération véritable. Il n'existe pas à l'heure présente, en Champagne, d'autre organisation coopérative que la Société de Damery. Malheureusement, nous n'avons pu obtenir sur elle que des renseignements de seconde main, son directeur n'ayant pas jugé bon de répondre à notre demande de renseignements directs. Les impressions que nous avons recueillies sur place à son sujet sont un peu contradictoires, suivant la situation et les opinions de ceux qui la jugent. La coopérative de Damery n'a commencé à vendre au public que le 1er Janvier 1897, après s'être définitivement constituée sous le titre et la marque d'Association du *Pur-Champagne*. Elle est très bien installée dans un immeuble

(1) Un décret de décembre 1901 vient enfin de lever cette interdiction.
(2) Vigne Améric., janv. 100.

de belle apparence au centre du village de Damery. En 1897, M. Lamarre, étant revenu du service militaire, fut désigné comme son représentant général. La Société lança des prospectus, fit une active propagande, exposa au Concours général agricole, obtint des prix. M. Lamarre noua des relations avec les grandes coopératives parisiennes de consommation, mais il éprouva la difficulté de lancer une marque nouvelle sans avances de fonds ni ressources suffisantes et les résultats ne répondirent pas à ses espérances ; il dut chercher une autre situation. Depuis, la Société ayant trouvé quelque crédit s'est réorganisée, mais en faisant au capital-actions une part bien large qui paraît menacer de lui donner la prépondérance. Les prix de ses vins varient de 2 à 7 francs la bouteille, selon origine et qualité, pureté garantie. Son bilan se balançait, au 31 Octobre 1899, par la somme de 91.630 fr. 05, et ses opérations se décomposaient ainsi :

ACTIF

En magasin à la fondation . . .	52.862 50
Frais généraux.	21.904 70
Profits et pertes.	4.503 15
Bénéfices.	5.619 15

PASSIF

Marchandises sorties. . . .	35.906 35
En magasin au 31 Octobre 1899 .	48.983 15

En 1898, cette coopérative, joignant la politique aux affaires, s'est affiliée au Parti Ouvrier Français (Guesdistes), sans doute dans l'espérance de trouver de ce côté un appui suffisant pour lui ouvrir un large débouché auprès des coopératives ouvrières de consommation. C'était peut-être oublier que le vin mousseux, surtout le pur champagne, est un produit de luxe, donc surtout un produit bourgeois. Malgré le lancement du *Champagne des Trois-Huit* et quelques autres affaires avec les sociétés parisiennes, la désillusion paraît grande parmi les adhérents au sujet des rapports avec les coopératives de consommation, même socialistes. « Faire des affaires avec les coopératives, disait l'un d'eux, pas moyen ! Elles paient encore moins que d'autres ! On nous dit : c'est vrai, vous vendez du pur champagne et du bon, mais voilà, on nous offre à ce prix-là, vous comprenez... Et, Monsieur, c'est si bon marché qu'il n'y a pas moyen de fournir. »

La coopérative de Damery ne paraît donc pas jusqu'à présent assurée de l'avenir; elle n'a pu encore rembourser ses emprunts ; peut-être aussi a-t-elle été mal dirigée ou mal inspirée par des politiciens étrangers, faute d'avoir pu trouver parmi ses fondateurs un Josten ou un Mies. Peut-être aussi a-t-on droit de conclure que c'est déjà un résultat non négligeable d'avoir vécu et duré malgré l'hostilité ambiante dans les conditions difficiles du commerce des vins mousseux. C'est sans doute ce que pense un témoin impartial qui nous écrit à son sujet « Anciens ou nouveaux sociétaires se taisent, d'autres anciens adversaires parlent trop. Je m'en défie. L'expédition a un air assez soigné, les bouteilles sont bien habillées. En somme, il me semble que l'affaire marche, mais modestement (1). »

Quoiqu'il en soit, le résultat n'ayant pas été assez décisif pour susciter des enthousiasmes, le mouvement coopératif demeure paralysé en Champagne. Pourtant, l'inquiétude grandit parmi les vignerons; la forte baisse des prix survenue en 1900 a provoqué vers l'idée d'Association un retour qui s'est traduit par des proclamations violentes, mais sans résultat. Deux syndicats nouveaux sont pourtant apparus dans ces derniers temps, celui de *Verzenay*, formé dans le but de s'entendre avec le commerce par l'intermédiaire des commissionnaires pour la vente des raisins, organisation trop

(1) Une récente circulaire aux Coop. de Consomm. fait mention de sa réorganisation, conformément aux principes coopératifs. Son capital est de 35.000 fr. divisé en actions de 100 fr. L'ass. gén. fixe la part de vendange que doivent livrer chaque année les actionnaires. Le trop perçu est attribué 20 % à la réserve légale, 10 % à la Caisse de prévoyance, 55 % aux sociétaires, 5 % pour former et alimenter un cercle, 10 % pour le fonds de développement. Elle fait une remise de 20 % aux Coopératives de consommation. Ses prix varient par bouteille de 2 fr. 50 à 8 fr., selon cachet et qualité.

platonique pour produire des résultats sérieux; l'autre à *Chamery*, composé jusqu'à présent de cinq propriétaires seulement, mais de caractère coopératif plus accentué, puisqu'ils se proposent de créer une marque pour vendre leurs vins en commun soit en fûts, soit en bouteilles, après champagnisation.

La situation s'est aggravée, d'une part en raison de l'invasion phylloxérique généralisée qui menace de déprimer considérablement les récoltes de pur champagne durant plusieurs années sans qu'il y ait de relèvement compensateur à espérer, en raison de l'afflux sans cesse croissant des vins de tous les vignobles reconstitués : Midi, Bourgogne et Saumurois. De l'autre, une concurrence redoutable dessine depuis quelques années une tactique habile, vraiment inquiétante pour l'avenir de l'exportation française. C'est le commerce allemand des vins mousseuux. Les fabriques de « Champagne » allemand se sont considérablement développées depuis 10 ans, surtout à Coblentz, Mayence, Eltville, centres principaux de cette industrie. Sans doute, les vins du pays ne sauraient donner des mousseux capables de rivaliser avec les vrais champagnes. Mais profitant des facilités des tarifs douaniers de 1892, les Allemands font depuis quelques années des achats de raisins considérables dans les premiers crûs de la Champagne. Un chiffre terrifiant est celui de l'année 1899, où malgré la très petite récolte du pays, les Allemands ont acheté en outre dans la Marne 119.000 hectolitres de vins en cercles, c'est-à-dire de quoi fabriquer 11 millions de bouteilles de vrai champagne. Pendant ce temps, nombre de négociants champenois développaient leurs achats de petits vins en dehors du département pour la fabrication du mousseux à bon marché, de sorte que les cours des bons vins champenois n'ont pu échapper à une dépression totale que grâce aux achats de nos concurrents d'Allemagne. « La vente aux Allemands a d'abord été mal vue, nous écrit un producteur, aujourd'hui, elle est bien côtée. Le commerce semble enchanté de voir son marché se décharger ainsi. C'est que, ce qu'il paraît le plus redouter maintenant, c'est la quantité. Il n'ose encore ne pas acheter dans les grands crûs; un certain prix lui est nécessaire comme réclame et justification de ses ventes élevées ; son effet se produit avec des ventes qui ne l'engagent pas trop. Les grosses maisons, satisfaites de leurs gros bénéfices, cultivent le statu quo. Il n'y a plus grand chose à gratter sur le vigneron pour augmenter la remise de l'intermédiaire qui décharge du travail ou baisse la qualité du vin. Mais cela ne peut durer. Partout où le commerce va chercher du vin, il se prépare une concurrence. Cette concurrence qui débute grandit et va compter. Notre commerce stationnaire depuis quelques années baissera et qui paiera la faute ? le vigneron.»

Ce tableau est peut-être un peu pessimiste, mais il est impossible de ne pas être alarmé en comparant l'état stationnaire de l'exportation champenoise (1), en progrès constant durant les 50 années antérieures et stationnaire depuis 1896 avec l'élévation si rapide de l'exportation des mousseux allemands, passée en 10 ans de 1.500.000 bouteilles à 13 millions. Evidemment, la prépondérance du commerce sur la production champenoise ne suffit plus à garantir ni la prospérité ni même la sécurité de celle-ci. La crise de 1890-93 a été pour le commerce un avertissement méconnu. Si, dans ses rangs, ne surgissent pas bientôt des hommes plus avisés, capables de comprendre les droits des producteurs et la nécessité de sacrifier nombre de pratiques funestes et d'intermédiaires inutiles et détestés, en encourageant au contraire les vignerons à se syndiquer pour leur fournir directement les bons vins de crû dans des conditions d'authenticité certaine et de juste prix garanti par une libre discussion, il est à craindre, pensons-nous, que la Champagne ne devienne à bref délai le foyer d'une agitation agraire désespérée qui, en présence de la concurrence intérieure et étrangère, serait probablement aussi funeste aux vainqueurs qu'aux vaincus.

(1) Passée d'après les chiffres de M. Le Grand, art. cité p. 100 — de 6.635.625 bouteilles en 1844-45 à 10.413.455 en 1865-66, 22.558.084 en 1888-89 et 28.359.913 en 1896-97.

CONCLUSIONS. — Quoi qu'il en soit de ces fâcheux pronostics, ce long exposé autorise des observations générales d'un grand intérêt pratique pour les autres régions françaises productrices de grands vins.

1. Il leur montre, de même que l'exemple du Midi pour la production des vins communs, le péril qui menace de plus en plus la production des grands vins quand celle-ci n'est obtenue que par l'emploi de méthodes de culture très dispendieuses. L'exagération des prix du sol et l'exagération des frais de culture, jointes à la faiblesse des rendements, rendent le résultat économique de plus en plus précaire à une époque où la concurrence développe partout le goût et le besoin du bon marché. Aussi pensons-nous que la Champagne en se reconstituant devra modifier ses méthodes de culture pour tâcher d'obtenir à moins de frais, avec une qualité générale encore suffisante, des rendements plus avantageux permettant de vendre à meilleur marché. Les essais de tailles nouvelles avec abandon du provignage annuel qui se multiplient de tous côtés dans cette région (ceux du Comice d'Avize, de MM. Vimont, Bonnet, etc.) semblent autoriser déjà cette conclusion.

2° Son exemple révèle le danger de laisser accaparer complètement le travail de la préparation des vins par le commerce. Partout où se développe l'habitude de la vente des raisins au kilogramme, il y a même péril d'exploitation prochaine pour la propriété, exposée à tous les abus de la spéculation. Il montre aussi le danger de la multiplication des commissionnaires et sous-agents de tous ordres, dont le nombre grandit fatalement avec la puissance des maisons de commerce, au grand détriment de l'indépendance et des bénéfices des producteurs. Seule l'association syndicale de vente, bientôt complétée par la coopération de vinification, peut remédier à ce péril en prévenant ses causes ou les paralysant avant qu'elles ne soient devenues trop graves.

3° Après celui des autres pays que nous avons étudiés, l'exemple de la Champagne montre qu'il est vain de tenter une organisation d'ensemble avant que des groupes locaux ne se soient formés et développés par une expérimentation prudente et graduelle. La centralisation révolutionnaire est absolument incomparable avec les méthodes coopératives, faites avant tout d'éducation individuelle et de fédéralisme progressif. On n'improvise pas un système coopératif; il se forme de lui-même par évolution régulière et développement normal des organisations élémentaires. Celles-ci arrivent à le constituer par agrégation volontaire; elles n'en sauraient dériver par voie de parturition naturelle.

4° Enfin, si l'on compare les deux situations analogues des vignerons de l'Ahrthal en 1870-80 et de ceux de la Champagne en 1890-1900, on comprend, toutes considérations de personnes mises à part, que si les premiers ont réussi et les autres échoué dans leurs tentatives d'émancipation économique, c'est que ceux-là n'ont eu à lutter que contre un commerce encore divisé et financièrement de puissance modeste, tandis que ceux-ci se heurtaient à une entente organisée et à une puissance financière formidable. En Allemagne, le terrain était préparé pour la coopération viticole et dès l'abord, il a trouvé de puissants appuis matériels et moraux dans l'admirable organisation des caisses rurales et des Associations agricoles ; en outre, l'influence des ruraux s'est trouvée plus forte à l'épreuve, en raison de leur confédération, dans les conseils du gouvernement que celle du commerce des vins en particulier. En Champagne, au contraire, rien n'était préparé, le besoin pressait et nul crédit, nulle force matérielle et morale n'a pu venir appuyer les vignerons et contrebalancer auprès des pouvoirs locaux et du gouvernement la suprématie du commerce, maître de la presse et même de l'influence électorale. Enfin, tandis qu'en Allemagne les coopératives pour trouver des débouchés n'avaient qu'à ressaisir les anciens clients des producteurs et pouvaient assez facilement concurrencer le commerce par les mêmes moyens, le caractère de produit de luxe et d'exportation qui est celui des grands mousseux rendait la tâche impossible à des groupements, non appuyés par une organisation commerciale et financière de puissance analogue à celle du commerce et préexistante aux tentatives des producteurs. L'entreprise n'eût été possible par exemple qu'avec l'appui de grandes fédérations coopératives de consommation françaises ou étrangères. A leur défaut, tout effort devait se briser devant la difficulté de disputer au commerce ses ordinaires débouchés.

Dans les autres régions de la France, la situation est moins grave et la prépondérance du commerce nulle part aussi ancienne et aussi assurée. Mais l'exemple de la Champagne montre le danger qu'il y aurait à la laisser croître sans prendre dès maintenant les précautions syndicales et coopératives capables au besoin de la mettre en échec.

Si quelques-uns viennent à nous reprocher la longueur de l'exposé qui précède ou à le taxer d'exagération pessimiste, nous nous en consolerons en pensant que plus fort on tire la cloche d'alarme, plus on a de chance de réveiller ceux qui dorment sans soupçon du danger prochain

---

SECTION II

BOURGOGNE ET FRANCHE-COMTÉ

SITUATION ECONOMIQUE DE LA VITICULTURE BOURGUIGNONNE. — La Viticulture de la Bourgogne et de la Franche-Comté présente des caractères analogues à ceux de la Viticulture Champenoise, mais avec des différences assez accentuées pour que les mêmes conséquences économiques ne s'y soient pas développées jusqu'ici avec une semblable gravité. L'étude détaillée que nous en avons faite dans nos vins de France nous permet d'être ici plus bref.

Comme en Champagne, la petite propriété domine, le plus grand vignoble homogène de la Bourgogne ayant longtemps été le Clos-Vougeot, qui n'a que 50 hectares. Le sol y possède également une grande valeur moyenne, qui va de

3.000 francs l'hectare pour les vignes de plaine à 8 et 12.000 fr. en côteau ordinaire, pour s'élever dans les crûs de marque de 20.000 à 40.000 fr. et au-delà (1). Mais les méthodes de culture, quoique très perfectionnées, sont moins dispendieuses, de sorte qu'un ménage de vignerons travaille couramment en Bourgogne une étendue de 6 à 10 *journaux* (2 hectares à 3 hectares 33 ares) selon les crûs. Il en résulte que l'émiettement des exploitations et l'impuissance œnologique des producteurs sont poussées à un moindre degré. Il faut distinguer pourtant à cet égard entre la production des vins ordinaires et celle des vins fins. Presque tous les vignerons ont un matériel vinaire, souvent assez défectueux, mais en général suffisant pour la préparation des vins ordinaires et ils ont conservé l'habitude de ce travail. Il n'en est plus tout-à-fait de même depuis le début de la crise phylloxérique pour les vins fins.

Comme ceux-ci sont, dans la Côte-d'Or et les bons terroirs de l'Yonne et du Jura, de goût, qualités et valeur extrêmement variables, d'après l'exposition du vignoble, la composition ou la profondeur de son sol et les variétés qui composent l'encépagement, il a fallu classer les crûs de chaque commune en catégories dont les produits, présentant habituellement de sensibles différences de qualité, atteignent aussi des prix différents (2). Or, pour qu'un vin puisse porter le nom du crû d'origine et atteigne ainsi sa valeur naturelle, il faut que le récoltant possède dans un même lieu et climat une quantité de vignes suffisante pour composer une cuvée (soit 10 hectolitres au minimum) du même type de vin. C'est rarement le cas des petits vignerons dont la majorité des vignobles appartient à la classe des ordinaires et qui ne possèdent dans les grands crûs que des parcelles souvent très disséminées. Il en résulte que les cuvées de petits vignerons n'atteignent jamais

(1) Une parcelle du crû de Musigny a été vendue il y a quelques années jusqu'à 100,000 fr. l'hectare.

(2) V. par exemple les tableaux publiés dans nos *Vins de France* pour les communes de Nuits, Chambolle-Musigny et Meursault, p. 131, 33 et 137. Ces classifications ont vieilli. Il y aurait aujourd'hui intérêt à réunir les *climats* de qualité analogue.

les prix de celles des grands propriétaires. En outre, tandis que les types de vins ordinaires blancs ou rouges de l'Est, notamment ceux du cépage Gamay, ont l'avantage d'être rapidement prêts à boire, donc de pouvoir être vendus de bonne heure, en général après les soutirages de mars dans l'année qui suit la récolte, les vins fins, ceux du cépage Pinot par exemple (1), exigent une attente de plusieurs années en fûts et en bouteilles pour être consommés dans les meilleures conditions possibles. La production de ces vins de luxe nécessite donc des avances de capitaux, une durée de soins minutieux et une installation technique qui ne sont guère le fait des petits vignerons, trop pressés d'argent et trop occupés par leur culture. Il en résulte que depuis une vingtaine d'années, l'absorption de cette branche de l'œnologie bourguignonne par le commerce a fait des progrès sensibles et même inquiétants.

Comme en Champagne, l'usage s'est répandu en Bourgogne de vendre les raisins de cépages fins dès la vendange, dans la Côte-d'Or, au kilogramme ou à l'hectolitre de vendange; dans le Jura au *caril* (75 litres) de vendange égrappée. Cette coutume s'étant propagée au temps de la crise phylloxérique a été favorisée par l'élévation considérable des prix des raisins à cette époque. Il en est résulté trois conséquences, toutes également graves pour les petits vignerons : 1° Beaucoup ont perdu l'expérience œnologique pour faire ces vins en de bonnes conditions et même le plus grand nombre, en reconstituant ses vignobles, a négligé la réfection ou l'entretien de son matériel viticole, le jugeant inutile, puisque le commerce achetait à la vendange. Pour éviter l'entraînement de la concurrence, le commerce a pris l'habitude de fixer annuellement les prix de ses offres dans les réunions de ses Syndicats particuliers (Beaune, Lons-le-Saulnier, etc.) sans que la propriété puisse pratiquement les discuter, faute chez les petits vignerons d'organisation et de moyens d'attente;

(1) A. Berget. Notes historiques et ampélographiques sur la famille des Pinots. Vigne américaine 1898 et 1899.

2° L'habitude d'acheter des raisins et non des vins faits permet au commerce d'échapper à tout contrôle quant à l'origine réelle des crûs et à la pureté des produits, pour le plus grand dommage des terroirs à vins fins dont les récoltes restent souvent sans acheteurs, tandis que le marché est encombré de produits similaires qui usurpent leur qualité. Aussi n'est-on pas surpris de voir se dessiner en Bourgogne depuis quelques années les mêmes traits caractéristiques du régime de la prépondérance commerciale que nous avons déjà rencontrés sur le Rhin et dans la Champagne : 1° La multiplication du nombre des intermédiaires, qui déprime les profits des producteurs tandis qu'elle restreint les débouchés des vins fins par l'exagération des prix de vente et l'habitude de manipulations suspectes.

D'après le *Bottin* des départements, nous pouvons, par exemple, dénombrer à :

Beaune	(13.726 hab.)	16 commissionnaires	et	99 négoc[ts].
Nuits	(3.625 »)	9 »		36 »
Meursault	(2.512 »)	17 »		21 »
Savigny	(1.718 »)	5 »		18 »

Les plus petits villages des localités à vins fins sont aujourd'hui pourvus de négociants et de commissionnaires. On en trouve cinq à Vougeot (246 habitants), 7 à Volnay (559 habitants), 15 à Rully, 13 à Pommard, etc. Encore le plus grand nombre d'entre eux, propriétaires de quelques portions de vignes, se dissimule-t-il habituellement sous la qualité de propriétaires-récoltants pour faire illusion à la clientèle ;

2° En raison de ce dernier fait, presque toutes les maisons de commerce ont progressivement cherché, durant la seconde moitié de ce siècle, à se donner le lustre de la possession de crûs de marque pour s'en faire une réclame auprès de leur clientèle. La crise phylloxérique leur a naturellement offert des occasions nouvelles, le plus souvent, il est vrai, au détriment de la grande propriété mal administrée. L'exemple classique de cette extension restera celui du Clos-Vougeot qui fut dépécé en 1888 en seize lots achetés en majeure partie par des négociants, désireux de bénéficier de la renommée de cette illustre marque. Il est à craindre aujourd'hui que le mouvement ne continue au détriment de la petite propriété, obérée par les lourds sacrifices de la reconstitution de ses vignobles. D'ailleurs, l'assujettissement de la propriété se révèle déjà par la proscription des tailles nouvelles par lesquelles nombre de propriétaires avaient tenté d'accroître les rendement de leurs vignobles pour compenser la baisse des prix de vente et la hausse des frais de culture. Le commerce a refusé d'en acheter les raisins, en arguant qu'elles donnent un vin de qualité inférieure. L'assertion est d'une généralité scientifique discutable. En tous cas, il est permis de penser que les maisons qui continuent de donner l'exemple de la culture intensive dans leurs propres vignobles, et leur nombre était grand avant la crise présente, manquent d'autorité pour la défendre aux autres ; 3° Enfin une dépression manifeste des prix de vente des raisins s'accuse depuis quelques années, faisant entrevoir aux vignerons l'impossibilité prochaine de rentrer dans leurs avances en même temps que se développe une extrême instabilité du marché. En effet, le commerce n'achète pas dans les mauvaises années et se décharge ainsi sur la propriété de leurs risques, tout en paralysant la hausse des prix dans les bonnes par son entente et par la persistance de certaines pratiques fâcheuses. Comme en Champagne, depuis une vingtaine d'années certain commerce a pris l'habitude de s'approvisionner en partie de Bourgogne hors de cette province et d'imiter les vins fins par d'habiles coupages. Des maisons vendent journellement des vins de crûs où elles n'ont rien acheté depuis de longues années; d'autres reçoivent chaque année des quantités de vins d'Espagne, de Dalmatie ou du Roussillon qu'on ne les voit jamais revendre sous leur nom et leur forme originelle. Ainsi, tandis que le prix des vins ordinaires s'affaisse par la concurrence des mauvais vins du Midi, celui des vins fins baisse d'une manière analogue par celle des coupages d'imitation. Cette crise latente a été brusquement portée à l'état aigu par les deux récoltes de 1900 et 1901, à la fois abondantes et médiocres en qualité, où le commerce, peu soucieux de s'encombrer de produits inférieurs, a cessé presque complètement ses achats et obligé la propriété à se tirer d'affaire elle-même. Il en est résulté des souffrances aigües et un brusque effondrement des cours qui est d'un sinistre augure pour l'avenir de la petite propriété, si elle ne réussit pas à réorganiser l'écoulement normal de ses récoltes. L'exemple de la meilleure commune à vins fins de la Côte-d'Or montre assez bien la tendance générale des prix dans les cinq dernières années. Ils sont rapportés aux 100 kilogrammes de raisins et à la pièce bourguignonne de 228 litres, étant donné qu'il faut en moyenne dans la région 300 kilogrammes de raisins pour obtenir une pièce de vin.

TABLEAU des prix de vente à la propriété dans la commune de Vosne-Romanée (Côte-d'Or) de 1880 à 1901

ANNÉES	PRIX des 100 kilos de raisins fins (Pinot)	PRIX de revient de la pièce	COURS moyen de la pièce dans l'année suivante	PRIX des 100 kilos de raisins ordinaires. (Gamay)	PRIX de la pièce en primeur
1880	fr. 72 + 30 fr. de frais environ	246	280	40	
1881	113	370	500	35	
1882	40	150	150	25	
1883	105	350	380	?	
1884	140	450	425	30	
1885	85	290	400	25	
1886	52	178	450	26	
1887	60	210	400	29	
1888	53	140	250	23	
1889	75	254	450	31	
1890	80	270	300	32	
1891	93	310	300	30	
1892	200	630	480	45	95
1893	100	330	400	30	90
1894	75	255	450	25	95
1895	85	291	450	35	95
1896	40	150	200	20	60
1897	30	120	150	18	75
1898	65	225	400	25	90
1899	55	195	275	27	90
1900 } qualité très médiocre	20	90	120	13	50
1901 } qualité très médiocre	12	65	?	10	35

(1) Renseignements extraits des livres de compte de M. Etienne Camuzet, maire de Vosne-Romanée et vice-président des Sociétés vigneronnes de Beaune et Nuits-St-Georges. Avant 1890, les ventes de raisins étaient faites à la *feuillette* de 114 litres. Il en fallait 4 pour faire une pièce de vin. La vente au poids s'est généralisée en 1892. Nous avons ramené aux 100 kilos les prix antérieurs.

L'examen de ces chiffres montre que, sauf dans quelques années exceptionnelles comme 1892, où le commerce encore mal organisé se laissa entraîner à la surenchère des prix sur les raisins, il y a ordinairement un assez large bénéfice pour les vignerons à faire leurs vins fins au lieu de vendre les raisins, parce que pouvant attendre le moment favorable pour les écouler, ils défendent mieux les prix qu'à la vendange. Mais ce bénéfice serait sensiblement accru si, réunissant en commun les vins du même crû, tous pouvaient conserver ainsi la plus-value de sa marque et de son renom. Opérant en de meilleures conditions, ils obtiendraient aussi une qualité générale plus parfaite et plus homogène.

Actuellement le marché est complètement démonté, en raison de la qualité inférieure des récoltes, de l'abstention du commerce et des besoins de la propriété, obérée par la reconstitution. Comme celle-ci est à peu près achevée dans les départements du Rhône, de la Côte-d'Or et de Saône-et-Loire, leur production annuelle moyenne va s'accroître considérablement, comme le montrent les chiffres suivants :

Rhône 40.252 hect. de vignes ayant produit de 1890 à 1899 — 814.240 hectolitres.
en 1900 — 1.865.241 hectolitres.

Saône-et-Loire 36.754 hect. de vignes ayant produit de 1890 à 1899 — 642.829 hectolitres.
en 1900 — 2.561.560 hectolitres.

Côte-d'Or 17.947 hect. de vignes ayant produit de 1890 à 1899 — 524.164 hectolitres.
en 1900 — 1.512.165 hectolitres.

En outre, les vins des nouvelles vignes greffées, sans être inférieurs aux anciens, à notre humble avis comme à celui de nombre d'excellents juges, paraissent devoir être de moindre durée, donc plus rapidement prêts à boire et à être lancés dans la grande consommation où ils viennent faire prématurément concurrence aux réserves anciennes. Comme le commerce a dû former celles-ci à grands frais et que durant la crise phylloxérique, il a habitué sa clientèle à de très hauts prix; il est à craindre qu'il ne puisse ou ne veuille les baisser assez vite pour assurer aux débouchés des bons vins l'extension possible. Il gémit présentement sur la difficulté d'écouler les grands vins au-dessus de 3 francs la bouteille, tandis que la propriété souffre de ne pas trouver l'écoulement des mêmes vins autour de 300 francs la pièce de 228 litres. Dans ces conditions nombre de récoltants se trouvent dans l'obligation de se créer eux-mêmes une clientèle, tâche bien difficile au producteur isolé qui n'a ni le temps ni les ressources nécessaires.

BESOINS ET DIFFICULTES D'ORGANISATION. — De tous côtés, on sent donc en Bourgogne à l'heure présente le besoin de s'organiser pour modifier les rapports de la propriété et du commerce. Il faudrait pour les vins fins : 1° Pouvoir assurer le respect absolu des marques d'origine en garantissant d'une manière effective l'authenticité de provenance des vins de tel ou tel crû quand ils arrivent à la consommation; 2° Organiser les récoltants de façon à ce qu'ils puissent tous reprendre ou conserver l'habitude de faire eux-mêmes leurs vins, grouper les raisins de même terroir pour les vinifier ensemble et bénéficier de leur classement, enfin vendre d'un commun accord pour que l'entente des commerçants ne règne pas seule sur le marché et doive compter avec celle des propriétaires. Pour les vins ordinaires, il faut élargir les débouchés, ce qui n'est possible qu'en restreignant les frais d'intermédiaires, c'est-à-dire en organisant la vente directe sur les marchés des grandes villes. Tous ces résultats ne peuvent être atteints que par l'association, syndicale d'abord, par le crédit solidaire ensuite, pour arriver à former les groupements locaux à base coopérative seuls capables de réaliser avec succès les différents objectifs précités.

Nulle part peut-être plus qu'en Bourgogne cette organisation n'est susceptible de donner de meilleurs résultats. Comme la petite propriété, moins déprimée qu'en Champagne, y possède encore des ressources sérieuses, elle n'aurait pas d'embarras à trouver par engagement solidaire des-

capitaux plus que suffisants pour l'installation modeste qui est nécessaire et le warrantage des récoltes en attendant le moment propice à leur vente. De plus, comme les vins de Bourgogne sont heureusement toujours connus dans tout l'univers par les noms de leurs crûs fameux, il serait aisément possible aux propriétaires d'une même lieu de retenir à leur profit le monopole naturel dont leur terroir est gratifié, au lieu de le laisser entamer et compromettre par le commerce. Conçoit-on quelle immense réclame fournirait gratuitement aux propriétaires de Pommard, Volnay ou Vosne-Romanée le seul nom de leur commune, s'ils savaient se liguer pour concentrer leurs récoltes et ne les céder qu'après entente ! Quelle sécurité et quelle facilité trouverait le consommateur à s'approvisionner en toute confiance s'il savait qu'il n'a qu'à écrire au groupe de la localité même pour être assuré d'y trouver le vin désiré au prix légitime ! Que de falsifications et de tromperies seraient paralysées si le Syndicat général ou la Société vinicole du lieu, ayant dressé l'inventaire de chaque récolte et de ses acheteurs, contraignait tout vendeur de Pommard, Volnay ou Romanée à justifier de la vérité de ses offres ! Pas ne serait besoin pour ce groupement de se préoccuper d'assurer lui-même la vente au détail de ses vins, car le commerce, contraint d'en passer par son intermédiaire pour se procurer les vins de crûs réclamés par sa clientèle, serait forcé d'acheter à ses ventes publiques et de subir les prix déterminés par la concurrence. Ce n'est plus le commerce qui tiendrait la production sous sa dépendance, c'est celle-ci qui serait maîtresse du marché, en le contraignant à demeurer dans son rôle naturel d'intermédiaire pour l'écoulement au détail. L'idée est si simple et de réalisation si facile pour des gens qui comprendraient véritablement leurs intérêts, qu'on est en droit de s'étonner qu'elle n'ait pas préoccupé plus tôt les intéressés et provoqué depuis longtemps des essais de réalisation. Cela est pourtant, et pour deux raisons : 1° Que les vignerons de Bourgogne ont, depuis l'ouverture des chemins de fer, retiré de la situation ancienne, grâce à l'élargissement considérable des débouchés, surtout pour les vins ordinaires jadis limités à la vente locale, des bénéfices satisfaisants qui leur ont empêché d'apercevoir les inconvénients de leur isolement et l'importance des profits qu'ils laissaient sans raison aux intermédiaires. Nombre d'entre eux, jadis vignerons à la tâche dans les grands crûs possédés par la haute bourgeoisie, avaient été enrichis par la plantation en vignes des terres de culture qui servaient autrefois à leur subsistance. Ces sols, vierges de vignes jusqu'alors, plantés en Gamays ont fourni pendant trente ans, avec une extrême abondance et sans grands frais, des récoltes très numératrices qui s'enlevaient facilement. Leurs bénéfices ont permis, à beaucoup d'acquérir des parcelles dans les grands crûs et d'y devenir propriétaires, à leur tour. Comme nous avons vu qu'en tous pays la coopération est fille de la nécessité, on conçoit que des gens qui s'enrichissaient dans la production isolée n'aient pas songé à se serrer les coudes. Mais aujourd'hui que les avances acquises ainsi ont été absorbées par la reconstitution et que les profits d'antan se sont évanouis pour faire place à des perspectives d'avenir bien sombres, il est très probable que la réflexion grandira dans les esprits avec l'appréhension de la misère prochaine; 2° En second lieu, il faut tenir compte des défauts du caractère bourguignon, peut-être trop vanté par les écrivains séduits par la facilité de relations et les habitudes d'hospitalité qu'on trouve généralement parmi les populations de cette région viticole. La sociabilité qui les distingue et leur loquacité naturelle ont une contre-partie, la première dans un souci excessif de l'effet immédiat et de l'opinion commune, qui paralyse l'originalité et la vigueur des initiatives, la seconde, dans le goût des effets oratoires non accompagnés ou suivis de la réflexion qui est indispensable à toute détermination sérieuse. Relativement favorisé par la nature, le vigneron de la Côte-d'Or rapporte trop à son mérite la perfection de ses produits et n'a pas l'esprit d'initiative que nous avons trouvé sous le climat du pays rhénan. Les questions de clocher, de coteries ou de personnes lui masquent aussi trop souvent la compréhension des intérêts généraux. Nous serions donc surpris si la coopération viticole s'organisait en premier lieu dans la région bourguignonne proprement dite. Il n'y aurait au contraire rien de surprenant, comme les faits vont nous le montrer, à ce qu'elle s'implantât dans la région franc-comtoise où la culture de la vigne est plus difficile. Il existe en effet un contraste de caractères assez frappant entre les habitants de ces deux contrées voisines. Le franc-comtois paraît au premier abord plus individualiste, moins sociable, plus préoccupé de l'emporter sur le voisin que de lui faire les concessions nécessaires à toute entente. Mais il a également plus d'indépendance morale, plus d'obstination dans ses desseins et par suite plus de vigueur dans l'action et de dévouement à ses idées. Cuvier, de Jouffroy, Proudhon, Fourier, Pasteur sont des représentants caractéristiques de ce tempérament, où la forte originalité s'unit à une détermination indomptable. Les autodidactes abondent parmi les paysans de cette région, aussi trouve-t-on plus facilement parmi eux des hommes d'initiative, capables d'organiser leurs compatriotes et de poursuivre toute leur vie la réalisation du dessein qu'ils ont conçu. Ces hommes deviennent de petits centres d'agrégation et de propagande. Préservée de la centralisation extrême par l'époque tardive de son annexion, la Franche-Comté est restée en effet une des rares provinces de France où l'esprit de libre association, sans besoin de patronage et de concours administratif, est encore aujourd'hui assez répandu. L'exemple le plus connu est celui des fromageries du Jura et du Doubs, organisation presque généralisée dans ce pays, et qui depuis, a fait fortune dans le monde entier. La ressemblance est trop grande entre les Caves coopératives et ces institutions pour qu'il n'y ait pas lieu d'espérer que par imitation et développement, la coopération ne s'étende bientôt de l'industrie laitière à l'œnologie jurassienne.

ESSAIS RECENTS D'ASSOCIATION VITICOLE EN BOURGOGNE. — Quoi qu'il en soit de ces pronostics, quelques essais de caractère semi syndical ou véritablement coopératif ont déjà été tentés depuis plusieurs années dans la viticulture bourguignonne, dans l'Yonne, la Côte d'Or, le Jura et le Beaujolais.

Yonne. — Dans l'Yonne, en dehors des Syndicats viticoles ordinaires, bornés à l'achat des produits d'usage commun et à l'étude des méthodes de reconstitution, il faut retenir l'exemple du *Syndicat des petits vignerons Tonnerrois*, fondé le 4 avril 1897, 5, rue Jean Garnier, à Tonnerre, et qui compte aujourd'hui 166 adhérents. Il a pour objet de « rapprocher dans le commerce des vins, les consommateurs des véritables petits vignerons, *travaillant eux-mêmes de leurs mains* et de leur donner les garanties désirables à tous ceux qui voudront à l'avenir acheter, aux mêmes prix que le gros commerce, soit des vins blancs de Chablis, soit des vins rouges supérieurs ou ordinaires du Tonnerrois, soit des eaux-de-vie de marcs absolument authentiques et naturelles (1) ». C'est donc un véritable Syndicat de vente. Comme l'Association de Damery, il a mêlé des préoccupations politiques aux commerciales, en adhérant aux principes généraux du collectivisme et à la Fédération des travailleurs socialistes de l'Yonne. Cela lui a permis de nouer quelques relations d'affaires avec les Coopératives ouvrières de la capitale, quoique ses vins soient naturellement plus chers que les ordinaires méridionaux. Il vendait, en 1900, les bons ordinaires blancs de 45 à 50 francs l'hectol. logé, les rouges de 30 à 35 fr. Suivant une lettre de son secrétaire, M. Thumereau, sa clientèle n'a pas cessé d'augmenter, malgré la crise phylloxérique qui sévit depuis trois ans dans cette région. Le Syndicat se livre à des expériences sur toutes les variétés de plants trouvés par la science viticole, sans oublier l'emploi des procédés nouveaux de la vinification qui arrachent un à un les adhérents vignerons à la séculaire routine. Les fûts nécessaires à ses vins sont fabriqués par des ouvriers spéciaux, payés 10 % de plus que partout ailleurs (2).

A Chablis, un Syndicat de propriétaires-vignerons qui compte 151 membres a été fondé dans le but spécial de

(1) Circulaire du Syndicat et lettre du Secrétaire M. E. Thumereau.
(2) *Cri du Peuple*, 8 Déc. 1901.

garantir l'authenticité des vins du cru. Son action ne paraît pas jusqu'ici avoir produit des résultats bien accentués, si nous en jugeons par la quantité d'autres vins blancs, notamment de vins de Muscadet de la région angevine, qui jouent les Chablis dans le commerce des vins blancs secs.

Côte-d'Or. — Dans la Côte-d'Or, il existe une forme d'Association viticole très ancienne qui n'a pas été jusqu'ici assez remarquée, ce sont les *Sociétés vigneronnes*. A notre connaissance, le département en posséderait une vingtaine au moins dans la bande vinicole de Selongey à Santenay. Cette institution n'est pas non plus inconnue en Saône-et-Loire et dans le Jura. Selon la définition de M. Dubois, qui en a signalé de semblables dans la Touraine, ce sont « des Sociétés d'assistance mutuelle dans lesquelles l'assistance est fournie par le travail ». Leur origine semble très ancienne, car elles dérivent des anciennes *Confréries de Saint-Vincent* que formaient les vignerons pour célébrer leur fête annuelle et, semble-t-il, par le grand nombre des règlements ducaux ou royaux portés contre eux, pour favoriser à l'occasion leurs coalitions pour l'amélioration de leurs salaires (1). Mais elles ont dû se réorganiser officiellement après 1851, à l'époque où le pouvoir poursuivait toute Société non officiellement autorisée. La plupart ont alors communiqué leurs statuts et demandé l'autorisation, conformément au décret du 26 mars 1852 sur les Sociétés de secours mutuels. C'est le cas, en particulier, des *Sociétés mutuelles* de Nuits Saint-Georges et de Vosne-Romanée dont nous analysons brièvement les statuts. Leur art 1er définit ainsi le but de la Société : « Porter secours et confectionner gratuitement l'ouvrage en retard de ceux des sociétaires-vignerons qui, par suite de maladies ou accidents graves, se trouveraient pendant quatre jours consécutifs au moins dans l'impossibilité de cultiver les vignes qui leur sont confiées. » Pour entrer dans la Société, il faut être vigneron dans la localité et âgé de 18 à 50 ans. La Société compte trois catégories

(1) Du Vigneron et de son salaire, p. 14-20. in Hist. et stastist. de la Vigne et grands Vins de la Côte-d'Or — p. *J. Lavalle*. — Dijon, 1855.

de membres : des membres *actifs*, comprenant les vignerons jusqu'à l'âge où ils abandonnent la culture de leurs vignes, des membres *associés* comprenant les propriétaires de vignes de l'endroit et des membres *honoraires* représentés par les membres reconnus inaptes à rester dans l'activité. Ces derniers n'ont d'autre charge que la cotisation annuelle (1 fr. 50) et bénéficient gratuitement des soins du médecin et de l'avantage en cas de maladie grave, d'être veillés sur leur demande par deux membres actifs, obligatoirement désignés à ce sujet. L'assistance aux obsèques des membres décédés est obligatoire pour toutes les catégories, sous peine d'une amende de 5 francs. Les membres associés n'ont pas d'avantages spéciaux ; ils ne font qu'aider la Société de leurs cotisations et de leur travail. Les membres actifs, outre les droits et obligations précédentes, ont l'avantage de pouvoir réclamer en cas de maladie ou d'obligation grave, jusqu'à concurrence de 2 hect. 5 ares 68 centiares, et d'une durée de deux années, l'exécution de tous leurs travaux en souffrance par leurs co-associés des deux premières catégories. Ceux-ci sont tenus, sur l'invitation du Conseil, de se rendre dans les trois jours au lieu et à l'heure désignés pour cultiver les vignes du sociétaire malade, sous peine d'une amende de trois francs par jour et d'exclusion possible. C'est là l'obligation essentielle qui caractérise le but de la Société. Sa rigueur est imposée par la nature des travaux, les opérations délicates de la culture des vignes ayant un caractère d'opportunité et d'urgence qui ne permet pas de les laisser en souffrance, sans danger de compromettre toute la récolte .La Société organise aussi une fête annuelle pour la Saint-Vincent (22 janvier). Elle fonctionne également comme Société de secours mutuels ordinaire par la faculté de faire de petits prêts aux sociétaires jusqu'à concurrence de 20 fr., de leur accorder des secours supplémentaires en médicaments et le paiement des frais de maladie. Le travail des vignes s'effectue par équipes de 6 ou 7. C'est le seul exemple d'application du travail en commun que nous ayons rencontré dans notre viticulture. Il est étrange que l'idée ne soit jamais venue d'en développer l'usage au travail de la préparation des vins. Elle montre néanmoins que les vignerons sont à l'occasion capables de comprendre les bienfaits de l'Association et de s'unir pour les réaliser. La pensée de dévouement qui s'y mêle ici justifie la remarque déjà faite, qu'en France l'Association ne réussit bien qu'à condition de renfermer un principe généreux qui ennoblit son objet pratique et l'assure par le développement d'un certain enthousiasme, toujours nécessaire pour triompher des obstacles habituels. Quelque rigoureuses que soient les obligations de ces sociétés, elles sont pourtant exécutées sans difficulté, moins en raison des obligations pénales, qu'on n'a pas souvent à appliquer, que du point d'honneur développé chez ces travailleurs par la sanction de l'opinion publique, la meilleure et la plus rigoureuse de toutes.

L'existence de ces Sociétés primitives explique en partie pourquoi les syndicats ont pu se développer aisément côte à côte depuis 1884 pour l'achat en commun des substances utiles à la viticulture et des bois américains nécessaires à sa reconstitution. Tantôt les syndicats spécialement viticoles ont assumé toute cette tâche à la fois éducative et pratique, tantôt ils se sont bornés à l'œuvre des achats, laissant la fonction d'étudier et propager les méthodes et connaissances nouvelles à des Sociétés spéciales également dénommées *Sociétés Vigneronnes*. L'exemple le plus caractéristique du premier cas est le Syndicat viticole de la Côte Dijonnaise ; pour le second, la *Société Vigneronne de Beaune.*

Le Syndicat de la Côte a été fondé en mars 1901 ; il comprend aujourd'hui près de 3.000 membres groupés dans les principales communes viticoles de l'arrondissement de Dijon. Sous l'active direction de son président et fondateur, M. A. Savot, il a organisé tour à tour l'achat des engrais et matériaux nécessaires à la viticulture et à la vinification, celui des bois américains, la publication d'un bulletin de propagande, l'enseignement du greffage et des moyens pratiques de la reconstitution, la vente des vins et l'assurance contre les accidents, coopéré à la formation d'une caisse de crédit agricole et mis à l'étude celle d'une caisse de retraites et de caves coopératives. L'idée de la coopération viticole a été maintes fois examinée dans le Bulletin avec une évidente sympathie par son dévoué président et le jour n'est peut-être pas éloigné où l'essai de son organisation couronnera logiquement l'œuvre syndicale. Une tentative qui a donné quelques résultats, mais insuffisants, semble avoir surtout contribué dans ce milieu à incliner les esprits à l'idée d'une organisation plus complète, c'est la création d'un *Marché aux Vins*, 3, rue Vauban, à Dijon, il y a une huitaine d'années. Ouvert tous les samedis, il présente une collection d'échantillons correspondant aux offres réelles des vendeurs, ce qui permet à l'amateur nanti de ces renseignements de faire un choix éclairé et de passer sa commande sous le contrôle du syndicat. Bien qu'ayant rendu et rendant encore des services, cette organisation s'est révélée insuffisante pour une double raison : l'indifférence du commerce des régions voisines qui néglige ce moyen d'approvisionnement et celle des viticulteurs eux-mêmes, qui n'apportent pas assez d'échantillons ou renouvellent insuffisamment leur provision. Les types de vins sont trop variés, les prix établis avec trop d'incohérence et le contrôle des livraisons trop difficile. Une organisation plus étroite des producteurs paraît donc s'imposer pour arriver à des résultats plus décisifs. La *Société vigneronne de Beaune* organisée en 1888 par le regretté J. Ricaud a surtout porté son attention vers l'étude des conditions pratiques de la reconstitution du vignoble à vins fins de la Côte-d'Or ; elle a institué à cet effet des champs d'expérience et des concours, ouvert un Congrès en 1891, provoqué la rédaction d'ouvrages spéciaux. Cette tâche étant aujourd'hui brillamment terminée par l'achèvement de la reconstitution côtedorrienne, elle a été amenée à se préoccuper, elle aussi, d'assurer la vente des vins. Cette question a été particulièrement agitée dans le groupe de Nuits-Saint-Georges. C'est là que, sur l'invitation de son vice-président, M. Et. Camuzet, nous avons, pour la première fois, dans une conférence du 9 septembre 1895, sur l'*Avenir de la Viticulture française*, proposé aux vignerons l'organisation des caves coopératives d'après l'exemple de l'Allemagne comme une nécessité imposée par l'évolution normale de l'œnologie moderne (1). Faute de préparation, l'idée n'a pu jusqu'ici aboutir. Mais l'inquiétude, généralisée chez les vignerons par la baisse constante du prix des raisins et les difficultés de la vente, leur fait sentir qu'il est temps de faire quelque chose pour s'organiser plus fortement (2). Déjà, en septembre 1900, sur l'initiative de M. Camuzet, la Société vigneronne de Beaune tenta de provoquer une entente entre les vignerons pour établir des prix de vente uniformes qui serviraient de base à une discussion amiable avec le Syndicat du Commerce. Un meeting fut tenu à cet effet, le 24 septembre, où nous avions été convié à prendre la parole. Nos idées et notre langage parurent effrayer un peu le bureau, sinon l'assistance ; c'est que, persuadé de l'insuffisance des moyens employés, nous ne croyions pas à la possibilité d'un accord avec le commerce en l'état d'impuissance actuelle d'une des parties délibérantes, la production, non organisée pour défendre ses droits. L'événement nous a donné raison. De simples sociétés d'études et des réunions occasionnelles sont suffisantes pour assurer une action efficace ; le commerce n'acceptera de délibérer que le jour où les vignerons auront une organisation assez forte pour attendre et soutenir leurs prétentions légitimes.

En dehors de ces tentatives insuffisantes, on ne peut guère citer pour la Côte-d'Or dans le même ordre de préoccupations que les organisations temporaires d'une Union des Sociétés viticoles pour prendre part en commun soit au Concours général viticole annuel de Paris, soit à l'Exposition Universelle, et l'ouverture en 1898, à Puligny-Montrachet, d'un Cellier de dégustation analogue aux Marchés aux Vins organisés ailleurs par les viticulteurs syndiqués.

(1) Résumés de la conclusion de notre *Vitic. Nouvelle*, 1re édit. 1896 et partiellement reprise dans celle de notre *Pratique des Vins*, 1899.

(2) Nous apprenons que la Soc. Vigneronne de Nuits a organisé cette année un service de vente pour l'écoulement des vins de ses adhérents.

CHALONNAIS ET BEAUJOLAIS. — En dehors de la Côte-d'Or, l'organisation syndicale s'est fortement implantée dans la région bourguignonne sur deux points : dans l'arrondissement de Chalon-sur-Saône et dans la région beaujolaise (arrondissement de Villefranche et partie de celui de Mâcon). A Chalon-sur-Saône, coexistent un grand Syndicat avec plus de 6,000 adhérents dirigé par un professeur spécial de viticulture et une grande Société d'études, l'*Union Viticole*, qui a organisé des visites de vignes et des concours très florissants. Mais c'est dans le Beaujolais que le terrain semble le mieux préparé pour une coopération plus effective. Cette région viticole a été le point de départ de la plus puissante orgnisation syndicale de France, l'*Union du Sud-Est* (250 syndicats en 1900). Selon son historien et dévoué secrétaire général, M. Silvestre (1), elle a son point de départ dans le Syndicat du Haut-Beaujolais, fondé le 7 juin 1888, qui se fédéra la même année avec quatre autres syndicats locaux, ceux de Belleville, du Bois d'Oingt, d'Anse et de Villefranche, pour former l'Union Beaujolaise. Celle-ci, à son tour, provoqua l'Union des principaux syndicats des dix départements de la région lyonnaise. L'Union Beaujolaise a organisé le crédit agricole dans les principaux centres du Beaujolais : Beaujeu et Belleville, et, plus récemment, elle a eu l'honneur de constituer en France le premier et le plus parfait groupement pour la défense contre la grêle. C'est le groupe du Haut-Beaujolais qui a aussi le mérite d'avoir fait la plus ancienne tentative pour organiser en France la vente des vins par les moyens syndicaux. Dès son institution, il avait créé à Pontanevaux un marché aux vins qui échoua contre la routine, après deux années d'expérience ; il en fut de même de celui créé à Villefranche en 1889. Une foire annuelle organisée à Belleville a eu plus de succès. En 1891, le Syndicat fit un pas plus décisif sous l'inspiration de son président d'alors, M. le Comte de Saint-Pol, en créant à *Fleurie* (Rhône), une agence de vente, dirigée par un agent

(1) V. — L'Union du Sud-Est des Syndicats Agricoles, 2 vol. avec album-1900 not. p. 494 t. I.

spécial, M. Demôle. Il doit recevoir et transmettre les commandes, goûter les vins expédiés et vérifier leur authenticité avant d'en donner garantie par l'apposition de la marque syndicale. Deux dépôts ont été créés à Beaujeu et Juliénas. De 1891 à 1899, cet Office a effectué pour 263,327 francs de ventes; le chiffre de celles-ci est monté annuellement de 3.281 francs en 1891 à 60.205 francs en 1899. L'office de vente publie un prix-courant, dont les offres variaient en 1900 depuis 80 francs la pièce logée de 215 litres pour le Beaujolais ordinaire à 200 francs pour le Moulin-à-Vent de deux ans, et 350 francs pour le grand vin blanc de Pouilly de même âge. Il vendait aussi en bouteilles par caisses de 25 assorties, à 55 francs. Bien que cette institution soit en progrès elle est loin d'avoir encore justifié les espérances formées sur elle. Aussi M. Silvestre déclare-t-il que les syndicats beaujolais « en sont encore à chercher la véritable formule de la vente des produits agricoles ». Il croit que si des résultats sont possibles pour les vins fins par la voie des syndicats de vente, il n'en est pas de même pour l'écoulement des vins ordinaires, qui semble exiger une entente régulière avec les Sociétés coopératives de consommation, jusqu'ici trop peu développées.

FRANCHE-COMTE. — Comme nous l'avons déjà fait remarquer, cette région semble plus favorable au développement de la coopération vraie sur la base de groupes communaux progressivement fédérés. L'esprit particulariste assez développé de cette région y favorise la constitution d'associations autonomes et variées, qui s'agglomèrent volontiers entre elles de la même façon que leurs adhérents se sont groupés dans leur sein. Une première preuve en est fournie par l'extention considérable dans cette région del'association fromagère, importée de Suisse vers la fin de la guerre de Trente-Ans. Les 3 à 400 *fruitières* jurassiennes ont formé deux syndicats généraux à Besançon et Salins. Un autre témoignage de cet esprit d'association est dans le développement autour des deux centres d'Artois et de St-Claude de foyers coopératifs nouveaux. Le premier, de caractère rural et d'esprit conservateur, est dû à l'initiative de M. Milcent qui fonda dans cette ville dès 1884 le Syndicat agricole de l'arrondissement de Poligny et, dès l'année suivante, la première caisse de crédit agricole mutuel qui ait été instituée en France. Elle prête aujourd'hui plus de 400.000 francs par an. Autour d'elle et grâce à son appui, se sont successivement formées une coopérative de consommation et une société de meunerie. L'institution d'une coopérative de production et consommation viticole y est à l'étude (1). Le second groupe, de caractère ouvrier et d'esprit socialiste est la *Fédération de St-Claude*, formée par le groupement des puissantes coopératives de production de la ville (Diamantaires), des coopératives de consommation, et de l'Université populaire. On ne sera donc pas surpris que la coopération viticole semble devoir s'implanter à bref délai dans ce milieu favorable.

Déjà, nous avons pu relever dans l'Exposition agricole des syndicats au pavillon spécial de l'Exposition de 1900, la mention de l'ouverture par le Syndicat le *Pulsard*; créé entre les vignerons de Vuillafans (Doubs), d'une cave annexe pour le service de ses adhérents. La Société agricole de Jussay (Haute-Saône) a organisé la reconstitution du vignoble local par l'action syndicale. Le Syndicat Agricole de *Salins*, après avoir travaillé à la même entreprise, a mis à l'étude la création d'une cave coopérative sur l'initiative de son dévoué président, M. Suffisant. Mais déjà cette question a fait dans le Jura un pas décisif. La première coopérative vinicole de production qui ait été formée en France sur le modèle des Winzervereine allemands y est apparue en 1900, à *Lavigny* près de Lons-le-Saulnier. Elle a inauguré en 1902 ses opérations de vente par le lancement d'une marque spéciale de vins mousseux à 2 fr. 50 la bouteille, et de vins blancs de fins cépages depuis 40 francs la demi pièce.

Suivant les renseignements de son président fondateur, M. E. Pelletier (2), la commune de Lavigny, particulièrement

(1) Lettre de M. Chauvin du 26 Janv. 1900.

(2) Lettres des 19 et 29 Mars 1900 et 5 Mars 1901.

réputée pour la production de vins blancs voisins du type Arbois, possédait déjà une caisse rurale, dont la campagne désastreuse de 1897 avait montré la grande utilité pratique. Une grêle épouvantable ayant ravagé le vignoble, les vignerons épuisés par l'effort de la reconstitution, se trouvèrent faute de récoltes presque sans ressources pour commencer une nouvelle campagne. Une sorte d'abonnement fut alors passé avec un épicier de Lons-le-Saulnier qui fit circuler chaque mois un bulletin de commandes parmi tous les adhérents de la caisse rurale (75 familles sur 500 habitants). Quelques jours après, il livrait les marchandises en faisant sur leur prix un léger escompte à la caisse rurale. Grâce à ces mensualités, celle-ci put prêter à 17 adhérents particulièrement éprouvés et à 2 % les sommes qu'elle même empruntait à 3 % et malgré cette perte, le fonds de réserve s'éleva de 300 francs en 2 ans. L'entente des négociants en vins déprimant les prix de vente du producteur, au moment même où celui-ci aurait eu besoin de récupérer les avances de reconstitution, les vignerons de Lavigny pensèrent au lendemain des vendanges de 1899 à profiter de leur première organisation pour s'assurer à l'avenir une meilleur situation économique. Ils résolurent de s'associer pour la confection et la vente de leurs vins. Une commission d'études fut nommée qui nous demanda communication des Statuts des Winzervereine. Après discussion des renseignements recueillis, la *Société viticole de Lavigny* fut fondée le 4 août 1900 sur les bases suivantes.

Des Statuts généraux furent rédigés pour régler les conditions légales d'existence de cette coopérative et les rouages de son fonctionnement : président, conseil d'administration et conseil de surveillance. Elle prit la forme d'un *syndicat d'industrie agricole* à multiples effets affilié à la caisse rurale. On a laissé le soin de régler son mode de fonctionnement provisoire à un contrat interne renouvelable chaque année. Ses organisateurs veulent se réserver ainsi la possibilité de le modifier au besoin, d'après les leçons de l'expérience. Celui de 1900 admettait deux catégories de membres : les *mêlants*, ceux qui devaient apporter leurs raisins dans une cave commune pour être vinifiés rationnellement après classement suivant crûs et variétés de vignes et les *non-mêlants*, sociétaires plus timides qui continueraient à préparer eux-mêmes leur vin sous contrôle et pourraient, sous certaines conditions bénéficier en second lieu des efforts collectifs pour la vente. La vendange de 1900 ayant été faite par une pluie désastreuse, les associés craignirent de mal débuter en faisant de mauvais vins et s'abstinrent de la vinification en commun. Mais la casse ayant depuis sévi sur maints produits ainsi préparés, ils regrettèrent leur prudence, car il eût été bien plus facile d'éviter cet accident et d'opérer les traitements convenables dans une cave commune. Aussi fut-il décidé d'inaugurer définitivement celle-ci en 1901.

Durant la même campagne, un grand viticulteur de Villeneuve, M. Jacquemin tenta de grouper tous les vignerons de la région pour s'aboucher avec le commerce et fixer les prix par un commun débat. Mais pas plus que celle de Beaune, la réunion qu'il avait provoquée au théâtre de Lons-le-Saulnier ne donna de résultats.

SECTION III

RÉGION DU CENTRE-OUEST

Le groupe viticole du Centre-Ouest présente des conditions climatériques et économiques fort analogues à celles de l'Est. On peut y distinguer deux régions particulièremnt importantes (1) : celle de Touraine et Anjou, à la fois productive de vins ordinaires et de vins fins (Vouvray, côteaux de Saumur) et celle des Charentes, dont la viticulture n'a pour objet que

(1) En dehors d'elles, l'Almanach de la Coopération mentionne l'existence à la Ricamarie de l'Indépendante, Société Coopérative Vinicole de Consommation. Nous n'avons pu obtenir de renseignements sur elle.

de produire la matière première pour l'industrie de la Distillation des fameuses eaux-de-vie dites de *Cognac*.

REGION DE LA TOURAINE ET DE L'ANJOU. — 1° Le vignoble de la Touraine et de l'Anjou est exclusivement formé de vignes de côteaux installées sur les flancs du Val-de-Loire et des vallées adjacentes. C'est par excellence un pays de petite propriété. M. Demolins a choisi ses vignerons pour le type simple des populations vinicoles (1), celui qui, rebelle à l'Association, aurait contribué dans une très grande mesure, à développer en France « le caractère égalitaire, démocratique, frondeur et casanier ». Un publiciste local, peu suspect de prévention contre les doctrines et les méthodes de Le Play, puisque ses travaux ont été présentés aux Congrès des *Unions de la paix sociale*, M. L. Dubois, directeur du Tourangeau, a fait justice de ces généralisations trop fantaisistes. Il a montré au contraire que « l'association par petits groupes locaux est très développée en Touraine, sous les formes les plus variées, venant satisfaire à presque tous les besoins et parer à presque tous les risques communs de la population (2). Suivant le Dr Guyot, c'est même dans le Loir-et-Cher que serait parue la première application de la coopération à la viticulture, car il signale en 1867, à Montlivaux, l'existence d'une société déjà ancienne, ayant pour objet l'exécution en commun de certains travaux du vignoble (3). Existe-t-elle encore, et quel était son véritable caractère ? Nous l'ignorons, notre demande de renseignements étant restée sans réponse. Mais nulle part les *Sociétés vigneronnes d'assistance par le travail*, que nous avons étudiées en Bourgogne, n'ont eu plus d'extension qu'en Touraine. Malgré le phylloxéra qui avait détruit complètement les vignes de plusieurs localités, M. Dubois en signalait encore 36 en 1899, réparties en deux types : les unes de type simple :

(1) Ouvr. cité, p. 123 et 149.

(2) Réforme Sociale. Juin 1899, p. 66-67.

(3) Rapp. sur la Vitic. du Centre de la France. Loir-et-Cher — in Etudes sur les Vign. de France.

sociétés anciennes non pourvues d'autorisation et ne donnant pas de secours en argent (sociétés de Mosnes, Noizy, Montreuil : 137 membres, Nazelles, id., Chançay, Granlay, etc.) ; les autres, sociétés *mixtes*, réformées suivant les prescriptions de la loi de 1884 et pratiquant à la fois les secours en travail et en argent. Quelques-unes ont même institué la « corvée du cheval », pour suppléer les chevaux malades des sociétaires. Leurs bienfaits sont, d'après l'auteur précité, outre l'assistance et l'enseignement mutuels par la pratique du travail en groupes, de satisfaire par leurs fêtes les besoins de récréation des ruraux et de développer la moralité de leurs membres par la rigueur de leurs prescriptions. « Le vigneron du Val-de-Loire, dit encore M. Dubois, avec une pittoresque justesse, n'est pas cet être passif qui manque d'initiative, de ressort intellectuel, qui se laisse mijoter dans son jus, qui ne sait pas se retourner en présence des difficultés et des circonstances diverses de la vie. C'est un être énergique qui a de l'initiative ». Il l'a prouvé par le parti qu'il a su tirer de l'association syndicale pour améliorer sa culture et reconstituer ses vignobles. C'est précisément dans cette région qu'est né le premier syndicat agricole français, celui que fonda en 1883 dans le Loir-et-Cher, le professeur départemental d'Agriculture, M. Tanviray. C'est d'une réunion de société vigneronne qu'est sorti le premier syndicat vinicole tourangeau, celui de *Cérelles.*

L'Indre-et-Loire ne possède aujourd'hui pas moins de 200 sociétés de secours mutuels. En mars 1898, il y avait aussi dans le département suivant M. Dubois, 110 syndicats agricoles dont 95 limités à la circonscription communale, tant ce groupe naturel élémentaire a en Touraine de vitalité collective.

Il semblerait que l'idée de le développer jusqu'à la production et la vente coopératives des vins aurait dû déjà germer dans un milieu si favorable. S'il n'en est rien, c'est moins par difficulté que par absence de nécessité. L'urgence de la reconstitution absorbait les énergies et, d'autre part, l'état du marché des vins était assez satisfaisant pour que le petit vigneron n'éprouvât pas d'inquiétudes. Il l'est même encore aujourd'hui, la Touraine ayant par faveur échappé à la mévente qui a frappé en 1900 et 1901 toutes les autres régions de la France viticole. Tandis que partout, les vendanges s'effectuaient sous la pluie en des conditions lamentables, la Touraine récoltait par un beau temps, ce qui lui a permis, surtout en 1900, d'obtenir des vins très réussis, qui se sont d'autant mieux vendus, qu'ailleurs la qualité faisait défaut. En outre les vins blancs font pour l'instant plutôt défaut au commerce et cette région en produit beaucoup et de qualités bien différentes (Chenin, Muscadet et gros Plant). De plus, nombre de ses raisins rouges les plus communs (groslot) ont trouvé un large débouché dans le pressurage en blanc pour l'industrie des Saumur mousseux à très bon marché. Il en résulte que le marché des vins de la Loire est encore dans une situation satisfaisante. Elle tient en grande partie à la facilité des débouchés, cette région productrice en avoisinant d'autres à qui la vigne fait défaut, les départements bretons et le nord de ceux de la Sarthe et de la Mayenne. A ces débouchés voisins sont venus s'ajouter la Hollande et la Belgique, qui absorbent 2000 pièces par an, puis le marché parisien qui consomme beaucoup de vins blancs ou *rougets* et de mousseux du Saumurois. Aussi, l'antagonisme entre la propriété et le commerce, qui a seul rendu nécessaire ailleurs la coopération viticole, n'existe pas, du moins jusqu'à présent, dans la région de la Loire. « Les rapports sont excellents entre les vignerons et le commerce local des vins, nous écrit notre distingué confrère M. Bouchard (1). Il y a de gros négociants qui ne font que les vins blancs d'Anjou. Ils ont parfaitement accepté, ou mieux subi, la majoration de 100 pour 100 des vins blancs pendant la crise phylloxérique et pas un d'eux n'a cherché à se substituer aux propriétaires ou aux petits vignerons que la crise a forcés de vendre leurs terrains vignobles. Le petit vigneron ne vend pas ses raisins, il les vinifie. Les négociants n'en achètent pas non plus, sauf pour les vins

(1) Directeur du Service phylloxérique de Maine-et-Loire. Lettre du 7 Janvier 1901.

mousseux, mais peu, et à leur porte seulement. Autant dire que l'achat de la vendange debout n'existe pas chez nous ». Dans l'année 1900 l'équilibre des prix s'est à peu près rétabli ; on est revenu pour les vins blancs à un prix moyen de 100 fr. la pièce de 225 litres avec 20 pièces à l'hectare pour les vins blancs et rouges deSaumur et pour les vins rougets, de 90 à 45 fr. la pièce avec 40 pièces à l'hectare, en 1900.Pourtant une certaine tendance à la baisse commence à se manifester pour ces différentes catégories. Néanmoins, les syndicats agricoles, très nombreux dans toute la région, n'ont pas encore eu à se préoccuper de la vente. L'*Union des propriétaires d'Indre-et-Loire* s'est bornée à créer une exposition annuelle avec foire aux vins à Tours. La municipalité a fait de même à Saumur, le Comice agricole à Vertou (Loire-Inférieure, la Société agricole et industrielle de Maine-et-Loire à Angers ; celle-ci a mis en outre à l'étude la création d'une *Union de Vignerons* dont le caractère est encore indécis. Dans la Loire-Inférieure, l'abstention du commerce après les vendanges de 1900 a excité des inquiétudes, mais la vente directe y a suppléé, beaucoup de débitants et d'amateurs de Paris étant venus s'approvisionner eux-mêmes au vignoble. Le succès de ces relations nouvelles paraît avoir encouragé et enhardi la propriété. Selon M. Convert, M. Fontaine, directeur du Service phylloxérique y aurait émis l'idée d'une société des Vins pour tous, qui tout en se proposant d'organiser la vente au détail, ne désespérerait pas de vivre en parfait accord avec le commerce en devenant son fournisseur préféré (1).

2° CHARENTES (2). — Si la situation vinicole semble encore généralement satisfaisante dans la région angevine, il n'en est pas de même dans celle des Charentes. La viticulture de la Saintonge présente, en effet, un état économique dont les traits généraux sont fort analogues à ceux de la production champenoise. Même division de la propriété en rai-

(1) La vente directe des vins. — Rev. de Vitic. 23 Mars 1901, p. 333.

(2) V. L. Ravaz et Vivier. Le pays du Cognac. — Coquemard, à Angoulême, 1899.

son de la haute valeur du sol, même prépondérance du commerce et même détresse de la petite propriété.

Comme en Champagne, la production du vin n'est pas l'opération ultime de la viticulture charentaise ; elle n'a généralement pour objet que l'obtention de la matière première, qui devra être transformée par l'industrie de la distillation pour arriver au produit définitif qui sera seul l'objet des spéculations commerciales : l'eau-de-vie de vin du type *Cognac*.

En 1875, les Charentes possédaient 266,192 hectares de vignes qui produisaient en moyenne de 8 à 9 millions d'hectolitres de vin par an. En tenant compte de la consommation locale et de quelques ventes de vins rouges et blancs dans les régions voisines, il restait 5 à 6 millions d'hectolitres pour la distillation, qui arrivaient à produire par an environ 600,000 hectolitres d'eau-de-vie de vin à 70°, vendue de 105 à 290 francs l'hectolitre, selon années et crûs différents. La culture était alors très rudimentaire et peu coûteuse. M. J. Hennessy l'évalue de 60 à 80 francs le journal (33 ares), donnant cinq barriques de vin en moyenne, soit 1 hectolitre 25 d'eau-de-vie ; la valeur du journal de vigne pouvait s'élever jusqu'à 3.000 francs (1).

2° Comme aujourd'hui la production champenoise, celle des Charentes excédait les besoins de la consommation française, le cognac étant comme le vin mousseux, un produit de luxe destiné pour la plus grande partie à l'exportation. Suivant M. Verneuil, « A Cognac, le commerce estime qu'un tiers au plus de ses expéditions est consommé en France. Ce serait pour l'intérieur un chiffre inférieur à 100.000 hectolitres (2) ».

De cette constatation, il ressort cette double conséquence : 1° Qu'avant 1880 il y avait déjà surproduction de cognac dans les Charentes, puisque la production du Cognac s'était élevée dans la période 1861 à 1880 à 12.682.246 hectolitres et les expé-

(1) Le Comité de Viticulture de l'arrondissement de Cognac. 1901.

(2) Eaux-de-vie des Charentes. Annales de la Soc. des Viticulteurs de France 1898, p. 148.

ditions à 8.921.480 hectolitres seulement ; 2° Qu'une surproduction nouvelle menace à brève échéance la viticulture charentaise en bonne voie de reconstitution.

Pour bien comprendre cette situation, il faut se rendre compte que le Cognac est plus encore que le Champagne, un produit dont la valeur dépend moins de la production que de la spéculation. Il lui faut, en effet, pour acquérir les qualités qui le font rechercher des consommateurs, une longue période de vieillissement, dans laquelle le volume et le titre des eaux-de-vie se réduisent par évaporation. Le producteur devrait donc être pourvu de grosses sommes pour conserver ses produits jusqu'au moment propice à leur entrée dans le commerce.

Mais d'autre part, comme la clientèle pour ces produits de luxe est surtout étrangère, ce commerce ne peut guère être le fait que de maisons pourvues de grands capitaux et d'une organisation puissante nécessaire à des relations lointaines. En fait, chacune de ces opérations différentes : production de l'eau-de-vie, conservation des produits et vente définitive, étaient dans la généralité des cas opérées par des agents différents. Le vigneron récoltait le vin et distillait ou faisait distiller l'eau-e-vie, les spéculateurs l'achetaient pour former des stocks de réserve qu'ils vendaient longtemps après au commerce et celui-ci, avec ces achats et des réserves particulières, s'occupait d'assurer l'écoulement régulier des produits. Les spéculateurs jouaient donc surtout un rôle régulateur en concentrant ls produits bruts et compensant l'insuffisance de production des mauvaises années par l'excédent des bonnes. En tenant compte de l'évaporation annuelle, il n'en ressort pas moins des chiffres précédents que cette spéculation aurait fait un Krach faute de débouchés, si la crise phylloxérique n'avait pas déprimé d'une façon extrême la production à partir de 1878.

Mais celle-ci a engendré une situation nouvelle dont les caractères ne font encore que se dessiner. La production annuelle des eaux-de-vie avait fléchi des quatre cinquièmes environ (113.333 hectolitres en 1894). La moyenne de la production des vins dans les deux départements charentais était descendue plus bas encore, tous les vins étant destinés à la chaudière. Elle n'est que de 772.246 hectolitres de 1890 à 1900. Aussi, les prix des vrais cognacs, devenus rarissimes, ont-ils monté dans des proportions considérables. L'hectolitre de fine champagne qui valait *en primeur* 80 francs en 1832, 270 en 1882, était payé 400 francs en 1894 ; pour les très vieux, il montait à 3.000 francs l'hectolitre (1).

Ce fut une source de beaux bénéfices pour les spéculateurs et négociants pourvus de stocks considérables. Mais la cherté des cognacs authentiques développa dans des proportions funestes l'industrie de la contrefaçon. Le commerce des liqueurs prit l'habitude de ne plus faire servir le vrai cognac qu'à la *bonification* des alcools rectifiés de l'industrie, pour donner à ceux-ci un peu du bouquet distingué des fines eaux-de-vie de vin. Cette pratique, démesurément généralisée, a répandu la légende que le vrai cognac n'existe plus, et paralyse aujourd'hui la vente des produits authentiques. Sur une moyenne de 2 millions d'hectolitres d'alcool pur produits annuellement en France, de 1893 à 1898, c'est à peine si le vin en fournissait 150. Mais aujourd'hui, cette situation tend à se modifier rapidement. Le vignoble charentais compte déjà 66.158 hectares qui ont produit en 1900 2.122.095 hectolitres de vin. Nous sommes encore bien loin des 260.000 hectares d'autrefois avec les 8 à 9 millions d'hectolitres, et pourtant la mévente menace déjà la production charentaise et commence à décourager la reconstitution qui commençait à se développer, malgré la nature calcaire du sol, grâce aux nouveaux hybrides de Rupestris et de Berlandieri.

C'est qu'il paraît impossible de revenir à l'état économique de la période antéphylloxérique pour deux sortes de raisons, les unes d'ordre viticole, les autres d'ordre fiscal. Au premier point de vue, la reconstitution et le développement des

(1) Chiffres de M. Baudoin, cités par Féret. Dictionnaire-manuel du négociant en vins, 1896, p. 152.

(2) Bulletin de Statistique et Législ. comp. Années 1898 et 1900.

maladies cryptogamiques ont eu pour effet d'accroître considérablement les frais de culture, d'après les chiffres de M. Hennessy, de 240 francs par hectare au maximum en 1875, à 750 francs en 1900. Il est vrai que le rendement des vignes nouvelles s'est aussi grandement accru. M. Verneuil estime que 160.000 hect. suffiront pour revenir à la moyenne de production ancienne. Mais nous avons vu que celle-ci était déjà excessive, il résulte de ces constatations que la reconstitution, même réduite, du vignoble charentais semble économiquement impossible dans les conditions présentes. Il faudrait de nouveaux débouchés pour écouler les bonnes eaux-de-vie, mais les anciens se sont réduits, à la fois à l'intérieur à cause de la consommation croissante des alcools d'industrie à bon marché, et à l'extérieur à cause de la concurrence des cognacs d'imitation et de l'aggravation des droits de douane. L'avenir est donc bien sombre pour la production charentaise.

La situation apparaît presque inextricable en présence des aggravations apportées par la loi du 29 décembre 1900 au régime fiscal des alcools, menaçant ainsi de réduire encore les débouchés intérieurs des eaux-de-vie de vin en surexcitant la concurrence des trois-six d'industrie: de l'autre, elle a aggravé la situation des petits bouilleurs en les soumettant pour la plupart à l'exercice des distillateurs de profession, par la restriction du privilège des bouilleurs de crû à ceux-là seuls qui emploient des alambics à marche discontinue d'une contenance inférieure à 5 hectol., lesquels ne peuvent produire plus de 200 litres d'eau-de-vie en 24 heures, et sont insuffisants pour la majeure partie de la production charentaise. En vain les viticulteurs de cette région ont-ils demandé des atténuations. Bien qu'ils soient d'intraitables défenseurs du privilège des bouilleurs de crû, ils se déclarent prêts à en accepter, sinon la suppression, du moins « une sage réglementation, un contrôle efficace, mais non vexatoire » (1). Mais ils voudraient que les eaux-de-vie ne fussent pas confondues avec les alcools

(1) Discours de M. le sénateur Calvet au Sénat, 21 Déc. 1900 et au meeting de Saintes, 20 Janvier 1901.

d'industrie dans un même régime fiscal. Le coût plus élevé de leur production, leur qualité intrinsèque, leur cherté qui fera toujours obstacle à une consommation excessive, ont semblé militer pour la distinction. Aussi le commerce et la propriété se sont-ils mis d'accord pour réclamer, avec un régime différentiel pour les eaux-de-vie de vin et les alcools d'industrie (propositions Lauraine et Calvet, déc. 1901), des acquits et comptes distincts, conformément à la loi non appliquée de 1872.

Comme il est évident que le fléau de l'alcoolisme, qui s'est déchaîné sur la France depuis une trentaine d'années seulement, n'a pas été engendré par les bonnes eaux-de-vie de vin, mais par les alcools d'industrie à bon marché, il leur semble illogique d'avoir à souffrir de la réaction légitime qui se manifeste de toutes parts contre le débordement progressif de ceux-ci dans la consommation publique. La politique fiscale nouvelle dont ils réclament l'instauration doit poursuivre un double but : la dérivation des alcools de grains et de betterave vers les emplois industriels et la substitution graduelle des eaux-de-vie de vin à ceux-ci dans la consommation humaine. En retour des charges que le fisc impose à leurs produits, les vignerons des Charentes et de l'Armagnac réclament en quelque sorte qu'il organise la garantie de l'authenticité de leurs produits et paralyse tout mélange frauduleux, de sorte que le public puisse choisir en toute connaissance de cause entre leurs produits de choix et les imitations frauduleuses qui en usurpent le nom.

Ces réclamations très légitimes montrent que le problème économique charentais né des circonstances nouvelles ne peut être résolu complètement par l'initiative privée. Il faut de toute nécessité qu'à son effort vienne se joindre celui de la législation fiscale. Mais peut-être que l'insuffisance de la première est dans une certaine mesure cause des défectuosités de la seconde. L'adage célèbre « Aide-toi le Ciel t'aidera » peut être invoqué pour montrer que les progrès de l'une commanderait ceux de l'autre à bref délai.

LA COOPERATION DANS LES CHARENTES. — Etant donné qu'aujourd'hui le marché Charentais est menacé à bref délai de surproduction, faute de débouchés suffisants, il faudrait que le récoltant, dont les frais de production sont triplés, pût défendre au moins le cours de ses produits et même bénéficier en compensation de la plus-value considérable que le vieillissement leur donne toujours. Pour vendre directement au public, supprimer totalement les intermédiaires semble impossible en raison de la part dominante de l'exportation dans l'écoulement des vrais cognacs. Mais il est évident que la réduction de leur nombre au strict nécessaire pourrait assurer aux producteurs une part de bénéfices plus satisfaisante. Il faudrait pour cela : 1° qu'ils puissent toujours faire eux-mêmes leurs eaux-de-vie, sans être obligés de vendre prématurément leurs vins, incapables d'une longue garde ; 2° se passer de l'intermédiaire de la spéculation pour garder eux-mêmes leurs eaux-de-vie jusqu'au moment propice à leur vente, soit par la voie directe, soit par l'intermédiaire du commerce et probablement par toutes les deux ensemble. Mais pour cela, il faudrait que tous pussent distiller eux-mêmes, ensuite que tous eussent les avances nécessaires pour attendre durant de longues années le moment de la vente. Surtout avec les difficultés nouvelles de la législation fiscale et après les sacrifices exigés par la reconstitution, ce double résultat ne saurait être atteint par les voies individuelles. Reste l'effort collectif par les méthodes de la coopération. « Les rapports sont actuellement assez tendus, nous écrit un correspondant qui a désiré garder l'anonymat, entre le commerce et la propriété dans les Charentes, mais ce n'est pas une raison pour qu'il y ait déclaration de guerre. S'il y a entente entre les commerçants lorsqu'il s'agit d'acheter les récoltes de la propriété au plus bas prix, il n'y a pas encore entente entre les propriétaires pour refuser de vendre à ces prix. La situation est ici la même qu'en Champagne, à peu de chose près, le producteur est à la merci du commerce et l'on prévoit aussi la baisse, mais des plaintes qui s'élèvent il ne résultera rien, sinon l'abandon de la propriété, vu l'inutilité prouvée de la reconstitution du vignoble, alors que ses produits ne couvrent plus les frais énormes qu'il faut faire aujourd'hui (1) ». Mais d'autres bons juges estiment que les propriétaires et les négociants, loin de chercher à devenir rivaux, ont tout intérêt à rester unis comme ils l'ont été jusqu'à présent, car il existe un obstacle dirimant au développement des coopératives de viticulteurs : la difficulté d'écouler les produits à l'étranger (2) ».

Pourtant des tentatives ont été faites dans les Charentes, qui montrent au moins la voie dans laquelle pourrait être le salut. Les négociants avaient créé depuis longtemps un syndicat du commerce des eaux-de-vie de Cognac, qui a joué un rôle analogue à celui du syndicat des vins de Champagne et représente comme lui une puissance financière considérable.

Mais plus que le précédent, il a rendu des services à la viticulture charentaise en instituant et subventionnant le Comité de Viticulture et la Station Viticole de Cognac. Cette dernière, sous l'active direction de M. Ravaz, puis de son successeur, M. Guillon, a rendu de très grands services à la région par ses belles recherches sur les cépages calciphiles. Grâce à ses travaux et à ceux des grands hybrideurs, Millardet et Couderc, la reconstitution du vignoble charentais est désormais possible et en très bonne voie.

Depuis, s'est constitué à Saintes en 1894, le *Syndicat des Viticulteurs des Deux-Charentes*, présidé par son fondateur, M. le sénateur Calvet. Il a cherché à assurer, de concert avec le *Syndicat*, nouvellement réorganisé à cet effet, pour la *défense de la marque Cognac*, une entente pour la vente en gros des récoltes des syndiqués au commerce local. Son but essentiel « est d'assurer par tous les moyens le retour à la consommation des eaux-de-vie pures à bouquet des Charentes. Il a des représentants à la commission en France et à l'étranger et s'adresse surtout aux consommateurs connaisseurs,

(1) Lettre du 22 Mars 1900.

(2) Lettre de M. Guillon, Dr de la Station Viticole de Cognac. 2 Janv. 1901.

désirant retrouver leur fine champagne d'antan. La vente se fait au prix de revient à la propriété (1) ». Les résultats atteints jusqu'ici paraissent faibles, faute de moyens d'action suffisants. Il existe aussi à Cognac une *Société des Producteurs vinicoles*, (gérant M. Monnet) fondée par actions, dont le but est d'assurer elle-même la vente des produits de ses membres. Mais comme elle ne partage ses bénéfices qu'entre ses actionnaires et non entre ses acheteurs ou fournisseurs, elle a un caractère plus capitaliste que coopératif. Mais l'exemple de la coopération vraie et complète a déjà été donné dans les Charentes par une société modeste encore, dont les débuts autorisent pourtant de sérieuses espérances, c'est la *Société Coopérative des Viticulteurs de Cognac et des Charentes*, fondée à Cognac (domaine de Monplaisir) le 30 juin 1896. Cette société, dont les statuts sont une application intéressante des principes coopératifs exposés au début de cette étude, a été organisée par M. *J.-B. Cruon*, directeur du journal le *Bien public*, à Cognac, ancien secrétaire d'Arsène Houssaye. Ses relations suivies avec les chefs du mouvement coopératif français le décidèrent à tenter dans son pays d'origine d'organiser l'alliance de la production et de la consommation pour émanciper les petits producteurs. Madame Etienne Cruon donna un immeuble de 20.000 francs pour l'installation provisoire. La Société fut fondée entre « les viticulteurs, les fermiers de vignobles et les ouvriers tonneliers qui ont adhéré aux statuts par la souscription d'actions (100 fr.) et les sociétés soopératives de consommation qui ont trouvé ou trouveront avantage à s'approvisionner de leurs produits (2) ». Elle a pour but de faciliter à ses membres producteurs l'écoulement sans frais de leurs récoltes en les dispensant de l'intermédiaire des courtiers et négociants, de donner aux ouvriers une rétribution équitable de leur travail et une part des bénéfices et d'assurer aux sociétés coopératives l'avantage de cognacs authentiques, dégagés des plus-values que leur fait

(1) Lettre de M. Calvet du 24 Février 1901.
(2) Art. 1, 2, 3 et 4 des statuts.

subir le commerce ordinaire. Elle se propose même de créer et agrandir un vignoble social qui deviendra la propriété de la collectivité des sociétés coopératives de consommation réunies aux travailleurs de la production, vignoble qui mettra les ouvriers vignerons en possession des instruments de leur travail.

Le caractère original de cette entreprise est dans sa tentative d'alliance directe entre les ouvriers de la production et les Sociétés de consommation associés ensemble sous la forme coopérative. Le moyen pratique est le suivant : La Société a émis des actions de 100 francs en faveur des coopératives de consommation ; chacune d'elles est entièrement libérée lorsque le total des commandes de la Société atteint 1000 francs ; les actions sont consacrées à l'achat de vignobles et donnent droit à une part des bénéfices. La Société titulaire peut en demander le remboursement, mais alors elle perd les droits à l'actif social et aux bénéfices. Ceux-ci, déduction faite de 4 % pour le service de l'intérêt des actions, des charges et des pertes s'il y en a, sont ainsi répartis : 15 % au fonds de réserve, le reste divisé par moitié entre les sociétaires (viticulteurs et ouvriers) et les sociétés coopératives de consommation. La Société n'implique pas de responsabilité solidaire, chaque associé n'étant tenu qu'à concurrence de ses actions. La Société Coopérative de Cognac est donc une société d'apparence capitaliste à méthode coopérative et fin socialiste : la création d'un vignoble collectif.

Si nous nous en rapportons à son bilan de l'exercice 1899-1900, les premiers résultats sont encourageants. La Société était alors composée de vingt-sept travailleurs et quarante-et-une coopératives de consommation. Elle avait réuni un capital de 18.341 francs qui a rapporté en 1896-97 5,37 %, 6,78 % en 1897-98, 7,16 % en 1898-99 et 7,55 % en 1899-1900.

Ces premiers résultats n'ont pas été obtenus sans peine, car dans une lettre-circulaire du 28 juillet 1900, adressée aux Sociétés coopératives de consommation adhérentes, le Conseil d'administration accusait en ces termes le commerce de gros de manœuvres hostiles. « Ennemi acharné de la coopération de production; il a un personnel de représentants et de voyageurs habiles qui, directement ou indirectement, arrivent au sein des Conseils d'administration des Sociétés coopératives de consommation et évincent la coopération de production, qui n'a généralement point de capitaux ,de la fourniture de ces sociétés ». D'après ce document, on serait allé jusqu'à fonder à Cognac une Société de consommation dont les bailleurs de fonds étaient des voyageurs de commerce qui, sous prétexte de consommation, cherchaient à se mettre en rapports avec les Coopératives pour dénigrer la Coopérative de production. Des lettres et circulaires apocryphes auraient été lancées au nom de celle-ci pour la compromettre et il aurait fallu « que l'honorable maire de Cognac certifiât, dans une lettre officielle, que notre Société était bien une Société coopérative de production, fonctionnant régulièrement, composée en majeure partie de petits vignerons et d'ouvriers ».

Quoi qu'il en soit de ces difficultés, la Société avait pu établir des relations d'affaires avec 41 Coopératives de consommation, pour un chiffre de 76.168 fr. 60, notamment avec l'Avenir Social de Saint-Denis, 12.972.fr., avec la Fraternelle de Cherbourg, 10.756 fr., avec la *Thémis* de Paris. Ces Sociétés possédaient déjà 8.341. fr. d'actions représentatives dans le capital social. Depuis, la Coopérative de Cognac a adhéré à l'Alliance coopérative internationale. Jusqu'à 1900, les adhérents viticulteurs distillaient eux-mêmes leurs vins et livraient ensuite leurs eaux-de-vie à la Société. Depuis, celle-ci a créé un nouvel entrepôt aménagé en distillerie, pour pouvoir distiller elle-même les vins des petits vignerons dépourvus d'appareils qui lui prêtent en outre leur concours pour la culture du vignoble social. Elle pense pouvoir ainsi mieux combiner ses types d'eaux-de-vie pour satisfaire plus complètement aux goûts de sa clientèle (1).

Un autre essai, encore restreint à la coopération de vente, vient aussi d'être tenté dans un pays où l'association a des origines anciennes ,l'île de Ré. Celle-ci comprend 9 communes

(1) Lettre du Secrétaire, M. J. Maurion, 7 Janv. 1901.

dont la principale la Flotte est des plus importantes au point de vue viticole. Il y a une quinzaine d'années, un certain Richard-Cossais, décédé aujourd'hui, tenta de former un Syndicat de producteurs pour organiser collectivement la vente des vins du pays. Il ne réussit pas dans ce vaste projet, mais il parvint à former une Société coopérative qui fut populaire sous le nom de *Société de bascules*, parce qu'elle avait pour but de fournir à ses membres des bascules devant servir à peser les vins vendus. Elle se proposait de remédier ainsi aux manœuvres des commerçants qui avaient la réputation de *tricher*, en se servant de futailles qui contenaient plus de vin que la jauge n'en accusait. La Société réussit à accréditer la vente au poids, à raison de un kilog. par litre de vin. Elle s'est dissoute en 1899, après avoir atteint son but, chaque propriétaire possédant aujourd'hui sa bascule particulière. Mais le 6 août de la même année, un petit groupe de vignerons fonda un groupement nouveau : la *Société viticole des vins naturels de la Flotte*, qui compte aujourd'hui une trentaine d'adhérents (1). C'est une sorte de Syndicat mixte d'achat et de vente. Aussitôt les vendanges, a lieu une assemblée générale pour s'entendre sur les prix et le mode d'écoulement d'une partie de la récolte de chaque vendeur. Après avis du Conseil, le président fait seul les achats et ventes, signe les contrats et traite avec les fournisseurs. Chaque membre est tenu d'un droit d'entrée de 10 fr., plus une cotisation de 0 fr. 10 par hectolitre de vin récolté par lui. Cette organisation paraît n'être que provisoire, sa durée ayant été fixée à trois années, après lesquelles les membres, éclairés par l'expérience, se réservent de la modifier selon ses indications.

Dans ces derniers temps, l'absence de chaudières a développé chez beaucoup de petits vignerons le sentiment de la nécessité de s'associer pour distiller en commun leurs produits. M. J. Hennessy signalait naguère (2) « qu'à Saintes et

(1) Lettre de M. Renaud, D[r] d'Ecole, 28 Janv. 1901 et statuts de la Société Viticole.

(2) Revue de Viticulture, 6 Juillet 1901.

à Angeac-Champagne, on a jeté les bases de Sociétés coopératives de distillation. » Des Syndicats de bouilleurs de crû se sont organisés de même à Saintes et à Jonzac. L'idée coopérative paraît donc s'imposer peu à peu aux vignerons charentais. Il est évident que son application méthodique peut seule permettre aux petits viticulteurs d'échapper graduellement à la prépondérance des intermédiaires, d'abord en permettant à ceux qui n'ont pas d'alambics de distiller quand même leurs produits avec le moins de pertes et de frais possible, ensuite en warrantant leurs eaux-de-vie dans un entrepôt commun, afin de se procurer le crédit nécessaire pour laisser vieillir leurs eaux-de-vie et attendre le moment propice à une vente favorable, en supprimant l'intermédiaire des spéculateurs. Là encore, comme partout, la jonction de la coopération de production et de la coopération de crédit apparaît donc comme la condition nécessaire du succès.

CONCLUSIONS. — Mais, comme nous l'avons vu, l'intervention législative paraît indispensable pour dénouer complètement la crise actuelle de notre production d'eaux-de-vie de vin. Par sa réglementation rigoureuse et ses lourds impôts, le fisc gêne considérablement cette industrie; il semble qu'il lui doit en retour aide et protection pour trouver des débouchés. L'intervention économique de l'Etat est ici une conséquence logique de son intervention fiscale. Plus lourde est celle-ci, plus tutélaire doit être l'autre pour remédier aux conséquences de la première. Or, ce que demandent les producteurs à l'Etat, c'est de ne pas soumettre au même régime des produits différents : les alcools d'industrie, qui doivent être rectifiés pour être consommables, et les eaux-de-vie dont la rectification détruirait au contraire les qualités de consommation. Ce qu'ils lui demandent surtout, c'est, en quelque sorte, d'empêcher toute tromperie et toute confusion entre ces produits différents, en garantissant pour ainsi dire l'authenticité et le maintien de leur marque d'origine. Comme c'est là, au fond, une simple mesure de justice et d'intérêt public, elle n'excède pas les attributions légitimes de l'Etat. La difficulté est dans son application.

Les viticulteurs réclament pour cela le recolement annuel de leurs eaux-de-vie et la distinction des acquits; les eaux-de-vie de vins circulant avec acquits blancs, les alcools d'industrie avec acquits rouges, les mélanges avec acquits bleus. Arguant avec raison de la différence du coût de production des alcools de vin, 75 fr. l'hectol. au minimum pour les qualités les plus communes et des alcools d'industrie, moins de 30 francs, ils réclament aussi une différence de traitement fiscal, l'égalité engendrant à leur préjudice une infériorité de situation considérable. Comme cette industrie ne représente pas en France, à l'heure actuelle, une valeur moindre de 200 millions par an, l'Etat ne saurait se désintéresser du sort que lui font ses lois, pas plus dans l'intérêt général que dans celui d'une bonne justice administrative. Sans doute, la dérivation progressive des alcools d'industrie vers les emplois industriels pourra, dans l'avenir, améliorer la situation des producteurs d'eaux-de-vie de vin, mais cette transformation d'habitudes exigera des années, alors que la crise est déjà déchaînée dans les Charentes, l'Armagnac et les départements du Languedoc. D'autre part, il est fort à craindre que le fisc, alarmé de la dépression de ses ressources en raison de la baisse de la consommation taxée qui commence à résulter de la juste campagne anti-alcoolique et des sacrifices qu'il est obligé de faire sur les alcools dénaturés, ne veuille ou ne puisse faire aux distillateurs vinicoles les concessions qui seraient légitimes. Dans ces conditions, beaucoup jugent la situation comme irrémédiablement compromise et réclament de l'Etat, puisque sa fiscalité ne laisse pas aux producteurs la possibilité de se tirer eux-mêmes d'embarras, qu'il se charge définitivement de leur sort en assurant la vente de leurs produits et l'organisation de la production par un régime analogue à celui des tabacs. Ils se rallient, en un mot, à l'idée du Monopole de vente de l'alcool. Un indice de cet état d'esprit est précisément ce fait que l'auteur du projet qui a jusqu'ici rallié le plus de suffrages, M. Guillemet, est justement député d'un département producteur de vins pour la distillation : celui de la Vendée. Plus récemment, un négociant en eaux-de-vie de Chateauneuf-Charente, M. C. Jallet, exposait un projet complet d'organisation de la vente des alcools de vin par l'Etat, celui-ci se bornant à acheter les eaux-de-vie aux producteurs, à déterminer les types et fixer les prix en débarrassant ce commerce de la horde de spéculateurs et d'accapareurs qui méditent ensemble leurs moyens d'action pour avilir les prix des récoltes et opérer ensuite des mélanges illicites.

Mais, comme l'observe avec raison un journaliste de l'école communiste-libertaire en rendant compte de ce projet, « une solution plus simple encore se présente. Pourquoi les récolteurs de fruits, de grains ou de racines, destinés à l'alambic, ne suivraient-ils pas l'exemple des herbagers de la Suisse et du Jura qui apportent à la chaudière communale leur lait, que les fromagers choisis par eux transforment en Gruyère (1).

Au lieu d'agents de l'Etat, ce seraient des citoyens de la commune qui tiendraient la comptabilité, opéreraient la distillation feraient la répartition des taxes et du bénéfice : tant pour la municipalité, tant pour le cultivateur, équité et sécurité pour tous les intéressés. » En corrigeant ce que cette remarque contient d'erroné, les fruitières franc-comtoises n'étant pas des institutions municipales, mais des associations libres, il reste cette idée, qui est la nôtre, que la solution des difficultés

A. Goullé. — *Aurore* du 28 Septembre 1901. — Nous voulons croire que le même auteur tombe dans la déclamation révolutionnaire quand il ajoute :

« Seulement ces réformes simples et logiques ont le tort d'être logiques et simples. Elles ne sauraient convenir ni aux spéculateurs, ni aux négociants, ni aux détaillants; ni par suite aux députés dont ils sont les plus influents électeurs. » Dans notre étude de Janvier 1900 sur la Cooperation viticole, nous avons exprimé un scepticisme d'un autre ordre en concluant « que nos vignerons doivent plus compter sur eux-mêmes et l'union des bonnes volontés actives que sur l'effet des lois protectrices qu'ils iraient mendier, du législateur impuissant ou des règlements dont la régie trop habituée à notre explotitation séculaire, ne peut que nous accabler encore sous prétexte de veiller à notre salut. » Souhaitons que notre concession actuelle, à l'Etatisme soit désormais plus justifiée que notre défiance historique à l'égard de l'héritière de l'administration des Aydes.

actuelles de la production des bonnes eaux-de-vie françaises est peut-être dans la conciliation de la coopération libre avec l'intervention de l'Etat; la première organisant la production, la seconde contrôlant la vente, de manière à garantir l'authenticité et la pureté des produits. Comme, d'une part, il serait très difficile, coûteux et vexatoire d'exercer tous les petits producteurs, et de l'autre, que la production isolée ne permet pas d'obtenir aisément les types de qualité dont l'établissement est nécessaire pour une vente normale, le meilleur moyen de résoudre ces difficultés ne serait-il pas d'imiter le régime inauguré par l'Italie ? Nous avons vu que cette grande puissance viticole, pour assurer le développement de la production des eaux-de-vie de vin et son contrôle de la manière la plus simple et la moins dispendieuse, établit une différence de régime fiscal entre les eaux-de-vie de vin ou de fruits, et les alcools d'industrie. Mais elle n'accorde le maximum de faveur qu'à la distillation coopérative de manière à ce que la surveillance s'exerce sur des quantités suffisantes et à peu de frais. Si l'on supprime le privilège des bouilleurs de crû, mesure éminemment désirable, n'est-ce point là le moyen de le détruire sans avoir à instaurer un exercice général impraticable et sans exciter des réclamations justifiées chez les populations viticoles ? (1).

---

(1) *NOTE SUR LE PRIVILEGE DES BOUILLEURS DE CRU.*

Cette question du privilège des bouilleurs de crû n'a pas pour les régions vinicoles toute la gravité qu'on lui prête volontiers dans les pays du Nord, producteurs d'alcool industriel. Il ne faut pas oublier en effet que, sauf le département de l'Yonne qui compte 51,486 bouilleurs, les départements gros producteurs d'alcool en franchise sont les pays à cidre de la Normandie et de la Bretagne. Au contraire, les départements de grosse production vinicole, comme ceux du Midi et du Sud-Ouest, sont ceux qui comptent le moins de bouilleurs de crû (927 de l'Hérault et 1,593 dans la Gironde en 1897). De plus, il faut se rendre compte que ce privilège a été supprimé en fait dans les mêmes départements par les dispositions relatées de la loi de 1900 et pour la plupart des distillateurs des régions productrices d'eaux-de-vie de vin, la capacité tolérée des alambics étant trop petite pour une production importante. Il en résulte donc que ce privilège n'existe plus que pour les petits producteurs, distillateurs de leurs marcs de pommes et de raisins ou de leurs fruits à noyaux.

Si la multiplication des petits bouilleurs est alarmante, de 90,869 en 1869 à 925,910 en 1900, c'est moins en raison de l'importance des quantités produites, qui a beaucoup diminué dans les régions viticoles durant le même temps, que de la conséquence suivante. Cet alcool produit en franchise ne pouvant s'écouler que difficilement, sinon par une fraude dangereuse, est en réalité consommé pour la plus grande partie par ses producteurs. La distillation est devenue ainsi une industrie domestique ayant surtout pour objet la consommation de famille. En d'autres termes, c'est dire que le privilège des bouilleurs de crû est le facteur le plus énergique d'alcoolisation des travailleurs de la terre.

Cette constatation, malheureusement trop facile à vérifier dans nos départements du Nord-Ouest, qui se ruent littéralement vers l'alcool, est justement celle qui doit entraîner la suppression du privilège. Avec beaucoup de viticulteurs, nous sommes un partisan résolu de sa suppression complète, radicale, *absolue*. Nous considérons cette suppression, non comme le font la plupart, au point de vue fiscal, assez négligeable, fort exagéré et sujet à bien des déceptions, mais à celui de la santé et de la moralité publiques. Elle est à nos yeux une *véritable mesure de salut public*, d'urgence croissante, et ce caractère exclut toute idée de tempéraments et de réserves pour une prétendue consommation de famille que l'expérience montre funeste. La famille de celui qui récolte de bon vin et de bon cidre n'a pas besoin de boire de l'alcool et ceux qui tiennent à le faire n'ont pas le droit de le boire à un prix différent de celui que paient les autres Français.

Au fond, sauf sur quelques points de la région de l'Est où domine la très petite propriété, cette suppression serait assez facilement acceptée des populations viticoles, qui l'envisagent comme probable depuis longtemps. Mais ce n'est pas une raison pour méconnaître ce qu'il y a de bien fondé dans leurs protestations. Beaucoup d'entre elles, qui l'accepteraient avec décision si elle devait profiter à l'ensemble du pays, par exemple comme conséquence de l'adoption du monopole de l'alcool, la repoussent parce qu'elles jugent qu'aujourd'hui elle ne ferait que renforcer la prédominance des grands distillateurs du Nord, sans aucun profit pour la masse agricole. Dans l'Est, si la question n'a pas grande importance pour l'utilisation des marcs qui, à défaut, peuvent servir à faire des piquettes par lexivation méthodique, il est très vrai qu'elle en a beaucoup pour l'utilisation de la masse des fruits qui se perdent dans les années d'abondance. La distillation est actuellement le seul parti que le paysan puisse tirer de cette richesse perdue. Les fruits pourraient être utilisés autrement pour faire des confitures et compotes, aliment excellent qui viendrait utilement varier l'alimentation de la classe ouvrière. Mais le sucre que nous vendons 0 fr. 35 le kilog. aux Anglais est trop cher chez nous pour que cette utilisation soit économiquement possible. La suppression du privilège des bouilleurs de crû doit donc entraîner une compensation pour la masse travailleuse : la réduction des droits de consommation intérieure sur le sucre. C'est le seul moyen de concilier pratiquement les intérêts divergents du Midi et du Nord sur cette question.

Si, d'ailleurs, la Régie n'a pas montré grand enthousiasme pour cette suppression, c'est qu'elle se rend parfaitement compte qu'il est impossible de soumettre pratiquement 925.910 producteurs au régime vexatoire et coûteux de l'exercice. Cette administration, déjà fort impopulaire, craint avec juste raison la mauvaise volonté des paysans qui aiment à rester maîtres chez eux et détestent profondément toute inquisition domiciliaire. C'est pourquoi le droit de distiller, qui n'est pas dans la Déclaration des Droits de l'Homme, ne peut être supprimé partiellement. Il doit l'être complètement par l'expropriation des alambics des bouilleurs de crû. C'est pourquoi nous ne sommes pas éloigné de penser que l'établissement du monopole peut être une solution vraiment pratique et décisive. Celle que nous esquissons à la fin de ce chapitre pourrait cependant concilier dans une sage mesure les intérêts du fisc et ceux de la production vinicole.

La plus-value de l'impôt pourrait être divisée en deux parts : l'une attribuée comme prime à la production coopérative des eaux-de-vie de vin, l'autre à la dénaturation de l'alcool industriel.

De larges subventions sur la redevance de la Banque de France aideraient à la constitution des distilleries coopératives. Dans les régions de grande production fruitière, celles-ci pourraient aisément joindre à leurs opérations la préparation des confitures et conserves, travail impossible au producteur isolé, ceci pour le jour prochain, il faut l'espérer, où notre régime des sucres aura été modifié dans un sens plus conforme aux intérêts de la masse des producteurs et consommateurs français. Ces Sociétés n'auraient pour cela qu'à prendre exemple sur les *Obstverwerthungsgenossenschaften* que nous avons mentionnées en Allemagne et sur les Syndicats français du Comtat-Venaissin, notamment ceux de Roquevaire et Lascours (1). N'ayant à surveiller que des établissements d'une certaine importance, au nombre d'un par canton ou par commune selon les cas, la Régie ferait de grandes économies d'impopularité et de frais d'exercice ; la production des eaux-de-vie de vin organisée et stimulée pourrait élargir ses débouchés tant à l'extérieur qu'à l'intérieur, tandis que les alcools d'industrie, seuls responsables en fait du développement de l'alcoolisme, sortiraient peu à peu de la consommation humaine pour libérer la France du lourd tribut annuel qu'elle paye aux pays importateurs de pétrole, le tout pour le plus grand profit de la consommation générale et de l'agriculture française, tant celle du Nord que de l'Ouest ou du Midi. — V. p. le développement de ces idées, *Rev. de Vitic.* — La transformation du privilège des bouilleurs de crû par la distillation coopérative. — Avril 1902.

(1) De Rocquigny. loc. cit. p. 192-207.

SECTION IV

RÉGION DU SUD-OUEST

SITUATION ÉCONOMIQUE GÉNÉRALE. — La vaste région garonnaise peut elle-même être subdivisée en trois sections de caractères économiques différents : 1° Celle du *Bordelais*, qui comprend les basses vallées de la Garonne et de la Dordogne et produit comme la Bourgogne des grands vins de toutes catégories et des ordinaires estimés ; 2° L'*Armagnac*, pays où le vin n'est, sauf en Béarn, surtout produit comme dans les Charentes que pour la distillation d'eaux-de-vie réputées ; 3° Le *Haut-Languedoc*, région de grande production de vins communs, qui présente les caractères économiques du groupe du Midi. Nous négligerons ici ces deux dernières sections pour nous borner à l'étude du vignoble bordelais. Tout ce que nous avons dit pour les Charentes peut en effet s'appliquer à peu près à l'Armagnac, sauf que ce pays plus complètement reconstitué, mais ravagé par le black-rot, souffre déjà de la surproduction qu'on ne fait encore que pressentir dans le pays de Cognac. De même, tout ce qui concerne la crise viticole méridionale convient pour les mêmes raisons à la région toulousaine.

La situation économique du Bordelais semble à première vue pouvoir être également assimilée à celle de la Bourgogne, en raison de l'analogie de la production et du commerce, comme de la répartition de la propriété. Nous allons pourtant constater des différences assez accentuées qui paraissent tenir à ce fait que Bordeaux, Libourne et leurs annexes ne forment pas seulement un marché viticole national plus important et plus concentré que celui des villes bourguignonnes, mais constituent le centre d'exportation vinicole le plus important, non seulement de notre pays, mais du monde entier. Ainsi, sur un total d'exportation de 1.732,442 hectolitres pour toute la France en 1897, la part de la Gironde était de 721.547 hectolitres. Bien qu'aujourd'hui une dépression se manifeste, l'organisation et la puissance du commerce sont plus fortes dans cette région qu'en Bourgogne, mais sa prospérité fut jusqu'à ces dernières années si considérable que la propriété a pu traverser la crise viticole sans souffrir de cette prépondérance. Les conséquences que celle-ci a produites dans la vallée du Rhin et en Champagne et qui se dessinent en Bourgogne, ont, pour cette raison, été jusqu'à présent bien moins accusées dans le Bordelais.

Ainsi, jusqu'alors tous les viticulteurs faisaient dans le Bordelais leurs vins eux-mêmes et chacun est resté outillé pour ce travail. Le vin fait, des courtiers rémunérés par le vendeur à raison de 2 % passent dans les chais et prélèvent des échantillons pour le commerce local. Celui-ci fait à diverses époques des achats réguliers et concentre ainsi peu à peu tous les produits dans ses caves où il opère ensuite à loisir la détermination des types et l'affectation de chaque qualité. Mais des symptômes fâcheux se manifestent depuis quelques années. « Le commerce, nous dit un correspondant (1), prend de plus en plus l'habitude de laisser le vin à la propriété le plus longtemps possible, tout l'aléa au propriétaire, tout le profit à l'intermédiaire, qui gagne d'autant plus que la marchandise séjourne plus longtemps chez lui. Quel que soit le moment où le courtier passe, il ne se met en mouvement que sur l'ordre de l'acheteur éventuel et il est le gardien de ses intérêts ; il n'y a jamais marché sur des bases fermes, vente au degré ou au prix d'un crû équivalent. C'est souvent après un long débat que l'on arrive à tomber d'accord et cela prouve que le commerce *ne gâte pas les prix.* » On nous cite, par exemple, le cas d'excellents vins blancs, souvent vendus par le commerce sous le nom de Sauternes qui, achetés en 1899, après les vendanges, 350 fr. le tonneau bordelais de 9 hectol., valaient au mois de juin suivant 500 fr., et un an plus tard, de 650 à 700 fr., preuve de l'avantage considérable que la propriété aurait à pouvoir attendre. Mais, au contraire, on a vu surgir depuis deux ans la pratique inconnue jusque là

(1) Lettre d'août 1900.

de la vente des raisins au poids, lors de la vendange. En 1899, on payait le même type 18fr. les 100 kilog., prix tombé à 13 fr. en 1900. Vu la cherté des futailles, ce mode de vente a été avantageux aux propriétaires. Nous avons observé qu'il en est toujours ainsi à ses débuts, mais l'exemple du Rhin, de la Champagne et de la Bourgogne, légitime au sujet de ses conséquences toutes les craintes pour l'avenir, s'il arrive à prendre dans le Bordelais une semblable extension.

D'autre part, ici comme dans le Midi, le commerce paraît aujourd'hui impuissant à assurer l'écoulement intégral des récoltes, d'où obligation pour la propriété de tenter les voies de la vente directe. Les progrès considérables de la production, d'environ trois millions d'hectol. avant la crise phylloxérique, moyenne revenue depuis 1898 et considérablement dépassée avec les 5.738.000 hectol. de 1900, lui rendent d'ailleurs la tâche plus difficile. « Dans la plupart des maisons, écrit un correspondant de la Revue de Viticulture (1), le chiffre d'affaires diminue de jour en jour et le nombre des employés et des ouvriers congédiés augmente de plus en plus. Cette situation a été causée par la concurrence du commerce « modern style » qui fait les affaires par circulaires charlatanesques et contre lequel le commerce honnête a eu le tort de ne pas agir assez tôt. D'autre part, la vente directe aux consommateurs prend une grande extension et compense même, dans certaines régions, l'absence d'ordres du commerce. Les grands crûs eux-mêmes se sont décidés à vendre directement, à la condition que les acheteurs prennent l'engagement de ne pas revendre. Enfin, le commerce étranger est venu acheter directement sans passer par l'intermédiaire du commerce local et paraît satisfait de cet essai (2). La vente directe à la consommation fait donc de grands progrès en Gironde; cela se comprend, puisque les vins de cette région peuvent être con-

(1) Numéro du 25 mai 1891 p. 588.

(2) Une autre correspondance, n° du 23 mars en signale plusieurs exemples, comme la vente d'une partie du crû de Margaux à une maison du Finistère, à 600 fr. le tonneau au lieu de 1400 en 1898.

sommés naturels, sans coupages. Nous sommes au commencement d'un grand mouvement qui modifiera les transactions commerciales dans le Sud-Ouest. »

BESOINS RECENTS D'ORGANISATION DE LA VENTE DES VINS DE BORDEAUX. — Diverses tentatives d'organisation de cette vente directe ont d'ailleurs été faites depuis quelques années dans la région bordelaise. Mais la forme coopérative proprement dite n'a pas encore réussi à pénétrer définitivement dans cette contrée. Suivant un observateur des plus autorisés, les obstacles sont les suivants (1) :

« 1° L'esprit invétéré d'égoïsme et d'individualisme du paysan gascon ; 2° La variété des produits du sol, même en envisageant une localité restreinte ; 3° La mauvaise volonté des capitalistes ; 4° l'absentéisme moral des propriétaires aisés qui pourraient prêter leur concours ; en un mot, à l'esprit général de routine et de défiance des nouveautés. Les producteurs, présomptueux, croient avoir tous récolté le plus beau vin qui soit au monde : les capitalistes, méfiants, sont prêts à souscrire à la prochaine édition d'un Panama, mais serrent obstinément les cordons de leur bourse si on ne leur offre de leur bel argent que 4 % garantis par un produit qu'ils connaissent bien et qu'ils peuvent au besoin contrôler. »

Pourtant, à défaut du déplacement de l'industrie œnologique que nous avons généralement vu engendrer l'association des producteurs, une cause particulière agit ici fortement depuis quelques années dans le même sens. C'est pour le Bordelais, la *nécessité de garantir l'authenticité d'origine des produits, en raison de l'abus de l'usurpation de la marque Bordeaux par le commerce des vins de coupages.* Il s'y manifeste, mais avec une intensité particulière que justifie l'étendue des opérations commerciales, le même conflit entre la propriété et le commerce que nous avons déjà entrevu dans la Bourgogne et les Charentes comme ultime conséquence de la crise phylloxérique. De même que dans ces régions, le

(1) Lettre du 29 juin 1899.

commerce obligé de suffire aux besoins de sa clientèle malgré la dépression des récoltes, avait pris l'habitude de chercher ailleurs, surtout en Espagne et dans le Midi, un complément d'approvisionnements. Nombre de maisons nouvelles se sont ainsi engagées dans une série d'opérations d'un caractère frauduleux, qui ont fait le plus grand tort à la réputation de nos vins de Bordeaux : alcoolisation et mouillage clandestins dissimulés par le trafic des acquits fictifs, présentation sous le nom de crûs ou de localités réputées des vins étrangers sophistiqués, bref, tromperies de toutes sortes sur la qualité de la marchandise vendue. Ces fraudes ont été longtemps favorisées par les tolérances des Administrations des Douanes et des Contributions indirectes, particulièrement par l'abus de la *faculté d'entrepôt*. Pour faciliter notre commerce d'exportation, le fisc avait autorisé dans les entrepôts réels de Bordeaux le coupage des vins « sous la réserve qu'il ne soit pas apposé sur les récipients de marques d'origine française ; mais la raison sociale et l'adresse du négociant étaient permises, n'étant pas regardées comme une marque d'origine, contrairement à la loi du 28 juillet 1894 et à la Convention de Madrid du 15 juillet 1892 (1). On en vint jusqu'à accorder à des négociants la faveur de recevoir et manipuler chez eux, sans payer de droits, les vins destinés à la réexportation. C'est ce qu'on appelle les *entrepôts spéciaux*, aujourd'hui supprimés grâce à un amendement de M. Jacques Piou, devenu l'article 2 de la loi de douane sur les vins du 1er février 1899. Une énorme quantité de vins d'Espagne afflua ainsi à Bordeaux pour y recevoir une naturalisation frauduleuse. Le transit des vins étrangers y monta de 77.080 hectolitres en 1878 à 740.585 en 1898. Tandis que dans la même période notre exportation vinicole totale baissait de 500,000 hectolitres, la proportion des vins étrangers dans cette exportation passait de 3 à 37 %. « Pour notre viticulture, écrivait en 1898, M. Jean Cazelles, Secrétaire général adjoint de la Société de Viticulture de France, le résultat de

(1) O. Audebert : Rapport sur les Entrepôts. — Annales des Vitic. de France. — 1899 p. 157 et tableaux p. 158-59.

cette situation commerciale est déplorable. D'une façon générale, les vins de toutes nos régions se vendent mal. Dans la Gironde, la mévente a atteint des proportions effrayante viticulteurs sont condamnés à emmagasiner indéfin leurs récoltes ou à les livrer au-dessous du prix de revient rencontre même des viticulteurs ayant dans leurs caves sieurs récoltes accumulées, décidés aux plus sérieux se fices pour s'en défaire et qui n'obtiennent même pas toujo une offre (1) ». Cette situation, qui n'a fait qu'empirer dep devait naturellement provoquer un vigoureux effort des priétaires-récoltants pour tâcher de mettre fin aux emp frauduleux du nom de Bordeaux. Il a abouti à la constitu de l'*Association Syndicale des Viticulteurs-Propriétaires d Gironde* qui compte aujourd'hui plus de 3.500 membres. a pris, sur l'initiative de M. Octave Audebert, une mesure intéressante pour garantir l'authenticité des livraisons loca la création d'une *marque Bordeaux* que ses membres peuve seuls utiliser sous contrôle pour l'écoulement de leur récoltes. Elle consiste en une vignette en métal pour les fûts et en papier pour les bouteilles, dont l'authenticité, pour la première, est « attestée par des lettres et des chiffres perforés afférents à chaque propriétaire et à chaque récolte, dont le Conseil d'administration possède seul la clef, et par la mention de la date qui sera celle de l'arrivée chez le consommateur (2) ». La garantie de cette marque expire à cette dernière date, de sorte qu'on ne peut remplir le fût à nouveau. Pour obtenir les vignettes des bouteilles, l'acheteur doit adresser au directeur de la marque la partie centrale détachée de la vignette de la barrique. Chaque coupon donne droit à 300 vignettes de bouteilles. Cette marque n'est pourtant pas acceptée par tous les producteurs comme un progrès. « Que dira, nous écrit l'un d'eux, le consommateur à qui, sous son couvert, on enverra du vin de mauvaise année ou d'un crû inférieur ? A bon vin,

(1) Le vin et le commerce extérieur de la France. — Id. 1898, p. 137.

(2) La marque des vins de Bordeaux, Rev. de Vitic. 11 décembre 1897, p. 646-48.

pas d'enseigne, disaient nos anciens, qui savaient bien que la réputation de Bordeaux a été portée aux quatre coins du globe par des *coupages* de vins du Médoc, des Paluds ou des Côtes du Lot, souvent *rafraîchis* par les vins blancs de l'Entre-Deux-Mers. »

Néanmoins, on songe dans la Gironde à étendre à chaque crû le système de la marque d'origine. « Pourquoi, dit un éminent viticulteur de cette région, M. Cazeaux-Cazalet, les viticulteurs ne pourraient-ils pas avoir des marques comme les producteurs de chocolat, de sucre, de savon, etc..., et l'on en vient ainsi peu à peu, sans exclure d'autres moyens plus efficaces ou plus généraux, à songer à faire des marques de crûs et de communes pour obtenir en faveur du vin, l'application de la loi sur les marques de fabrique du 23 juin 1857(1) ». On espère que le commerce comprendra lui-même l'avantage de se servir habituellement de ces marques comme moyen de contrôle et preuve d'origine. La Chambre syndicale du commerce en gros des vins et spiritueux de la Gironde n'a pas encore répondu à cette invitation. Elle s'est bornée à créer à Bordeaux, en 1899, une Bourse aux Vins ouverte le lundi et le jeudi, 14 Cours de l'Intendance, pour aider à l'établissement des cours et faciliter les transactions. Le même auteur montrait que de toutes les marques, les plus efficaces seraient les communales, mais à la condition « qu'il fut interdit de faire circuler du vin sous le nom de la commune sans les utiliser. » C'est pourquoi il se ralliait, en dernier lieu, à l'idée d'une intervention administrative pour assurer la garantie d'origine des produits par les titres fiscaux qui doivent accompagner leurs mouvements. Le système consiste « à remplacer la petite bande d'origine qui est maintenant au bas de tous les acquîts par des vignettes représentant 7 hectolitres chacune et portant la date, le numéro de l'acquit et le nom de la localité d'origine ». Elles devraient suivre le vin et ne pourraient être

(1) Président du Syndicat agricole de Cadillac. — Rapport sur les acquits fictifs, les entrepôts et les marques de crûs. — Ann. des Vitic. de Fr. — 1898, p. 127.

annulées qu'en arrivant chez le consommateur. Ce système n'empêcherait nullement les coupages utiles et légitimes, car les vins déchetant annuellement de 8 % environ, les coupages pourraient toujours se faire dans la proportion de l'usure naturelle des vins conservés avant la vente. Un vœu conforme à cette proposition a été émis par la Société des Viticulteurs de France. Il est resté jusqu'ici sans effet.

Mais ces idées ont provoqué quelques tentatives d'intervention de la part des communes. C'est ainsi que le Conseil municipal de *Vertheuil*, en Médoc, a pris dans sa séance du 17 avril 1898, la délibération suivante qui a reçu la plus grande publicité : « Considérant qu'un grand nombre de faux propriétaires parcourent les départements du Nord ou y envoient des circulaires en offrant des vins de leurs crûs, alors que, la plupart du temps, il ne possèdent pas un pied de vigne ; Qu'ils vendent ainsi, grâce à ce titre usurpé de propriétaires, sous le faux nom de Médoc, des vins qui ne sont autres que des vins exotiques, des vins de coupages ou de fabrications nuisibles à la santé.. Proteste contre ces procédés malhonnêtes qui discréditent les vins du Médoc; prie M. le Maire de prendre en mains la défense des propriétaires de la commune et de répondre aux demandes de renseignements qui pourraient lui être adressées sur le compte des personnes offrant des vins et se disant propriétaires de crûs dans la commune de Vertheuil ou de l'arrondissement, après avis pris auprès de MM. les Maires des communes voisines (1). » A Barsac, la municipalité a pris l'initiative de faire opérer chaque année un recensement officiel des récoltes après les vendanges. La commune de *Cazaugitat*, canton de Pellegrue (Gironde), est entrée catégoriquement dans la voie de ce qu'on nomme non sans exagération le *socialisme* municipal. A un moment où la valeur des fûts rendait impossible le logement de la récolte des petits vignerons, la municipalité a voté la construction d'une grande citerne communale en ciment, revêtue de glaces en verre dans laquelle les propriétaires de

(1) Extrait du procès-verbal, 5 mai 1898.

la commune auront la faculté d'apporter tout ou partie de leurs récoltes. Ils pourront recevoir comme avance 50 % de leur valeur ; les vins seront vendus par adjudication en une seule vente publique et le montant distribué à chacun au prorata de son apport. Une taxe de 0 fr. 20 par hectolitre sera perçue pour frais d'amortissement et intérêts des avances consenties (1).

LES TENTATIVES DE COOPÉRATION DANS LE BORDELAIS. — Enfin, la coopération vinicole proprement dite a depuis quelques années donné lieu à des essais qui ont produit au moins quelques résultats partiels. Il paraîtrait même, suivant une indication de M. de la Pierre, recueillie par M. G. Bord (2), que l'idée et le modèle des *Sociétés vinicoles* du Valais lui auraient été fournis par une société girondine qui existait avant 1870, mais sur laquelle il n'a pas été possible de découvrir d'autres indications. Quoi qu'il en soit il existe depuis plusieurs années à *Libourne*, sous le titre de *Coopérative Vinicole Générale*, une sorte de Société de vente qui a obtenu des résultats déjà très importants. Ce n'est pas une véritable coopérative, car elle a pris la forme d'une Société par actions (400 de 500 francs), et ne répartit pas les trop-perçus aux propriétaires-récoltants. Mais elle ne fonctionne pas non plus comme les sociétés anonymes ordinaires, car ses bénéfices sont répartis comme suit (3) : « Après prélèvement d'un intérêt de 5 % servi aux actionnaires sur le capital versé, 10 % pour constitution d'un capital de réserve jusqu'à ce que celui-ci ait atteint 100,000 francs, 5 % aux administrateurs. Le solde est réparti dans les proportions et sous la forme arrêtées par le Conseil d'administration entre : 1° Le Directeur de la Société ; 2° Les agents qui l'auront représentée avec zèle

(1) Gazette du village. — Juillet 1900.

(2) Lettre du 4 août 1900. — Charles Robert dans son livre le *Partage des fruits du travail*. Ch. VI mentionne que la maison Hanappier et Cie, de Bordeaux avait établi la participation aux bénéfices pour le personnel de ses chais, suivant la combinaison établie en 1872 par M. de Courcy pour la Cie de touage de la Seine.

(3) Lettre de son directeur, du 18 mars 1901 et Statuts.

dans le courant de l'année ; 3° Le personnel des employés et ouvriers ». Le fonctionnement pratique de la Société est ainsi réglé : « Aussitôt la récolte faite, les propriétaires qui désirent y adhérer soumettent leur vin à la dégustation du Conseil d'Administration qui fixe le prix à offrir lorsque la qualité est jugée susceptible d'intéresser la clientèle. Si le producteur accepte, il tient le vin à notre disposition jusqu'à la récolte suivante, époque à laquelle nous lui payons le montant des vins qu'il peut encore avoir à nous livrer. » En attendant, il peut recevoir des acomptes. L'avantage pour le propriétaire est d'être assuré de vendre à un prix raisonnable, pour la Société la facilité de disposer d'un stock considérable de première main sans avoir à entretenir des caves et à payer des vins autrement qu'au fur et à mesure de la vente. Les frais sont répartis à la fin de chaque exercice entre tous les adhérents, à un taux variable avec le prix de leurs vins. Les résultats sont très favorables. La Société fit 150,000 francs d'affaires la première année; elle a dépassé le chiffre de 1,500,000 en 1900, et espère atteindre bientôt celui de 2 millions. Pour développer son champ d'action, elle a ouvert quatre succursales à Montpellier, Epernay, Chassagne-Montrachet et Cognac. Mais celles-ci n'ont aucune initiative ; en fait, elles ne sont que des magasins d'expédition et des centres où les propriétaires régionaux trouvent des renseignements.

A *Cadillac*, une autre Société vinicole également prospère a été fondée, il y a plusieurs années, par un viticulteur d'avant-garde, qui est devenu le pionnier de l'idée coopérative dans la viticulture bordelaise : M. *Georges Bord*, Secrétaire général du puissant Syndicat régional de Cadillac, Podensac et cantons limitrophes et de l'Union du Sud-Ouest des Syndicats Agricoles (1). C'est une participation de vente, organisée sous le titre d'*Association viticole du Haut-Bordelais*. Composée d'une douzaine de propriétaires seulement, « elle fonctionne commercialement, en raison des habitudes invétérées de la clien-

(1) Auteur du Rapport sur la Coopération viticole au Congrès internat. des Synd. Agric. de 1900.

tèle. Extérieurement, nous écrit M. Bord, elle ne se distingue pas de bien des entreprises d'aloi douteux où la coopération a servi de titre ou plutôt d'amorce. Au fond, elle a la prétention d'écouler la production d'un certain nombre, qui peut aller croissant avec le débouché, de vrais producteurs et celle de livrer à la consommation du vin honnête et authentique (1) ». Elle publie un prix-courant annuel et a réussi à nouer des relations suivies avec plusieurs groupes de syndicats agricoles. Elle avait vendu en 1898-99 plus de 600 barriques de vins de crû, sans compter les livraisons en bouteilles.

M. G. Bord aurait voulu aller plus loin. Il a préconisé, depuis plusieurs années, dans sa commune de *Loupiac*, pays de vins blancs très estimés, l'organisation d'une cave coopérative sur le modèle des Winzervereine. « Le vin blanc, pris à la sortie du pressoir, eut été estimé à raison de sa teneur en sucre et mis en commun, dans des tonneaux de 225 litres, selon l'usage du pays, pour recevoir les soins d'un praticien expérimenté. Au deuxième ou troisième soutirage, ont eût opéré le coupage ou mélange des divers lots en faisant deux ou trois catégories, selon qualité, qui auraient pu obtenir des prix de vente différents. La plus-value eût été attribuée par tiers : 1° aux propriétaires ; 2° au capital emprunté; 3° à l'œnotechnicien chargé des soins. Elle aurait pu être dans l'ensemble de 15 francs par hectolitre et par an, nos vins devant habituellement être conservés trois années en caves avant d'être livrés à la consommation directe ». M. Bord pensait qu'il valait mieux s'interdire la vente au détail. « Je sais, nous disait-il, combien est difficile la poursuite de cette clientèle, combien coûteuse et aléatoire; j'aimerais infiniment mieux ne rechercher que la clientèle du gros ou demi-gros, du gros à l'étranger, du demi-gros en France. Il y a sur ce terrain-là assez d'intermédiaires à supprimer. Et c'est dans ces conditions qu'on pourrait parfaitement accepter d'entrer en relations avec les coopératives de consommation. Je ne comprendrais le détail que sous forme de *débits* pour nos vins rouges

(1) Lettre du 22 juin 1899.

très communs, débits installés dans des centres populaires susceptibles de rechercher des vins nouveaux, fruités et relativement légers (1) ». On aurait pu livrer des vins nouveaux en rouge à 75 et 85 francs la barrique et vieux de 110 à 140, en blanc de 120 à 225 francs. L'Association aurait fait, chaque année, une vente aux enchères pour laquelle, en raison des garanties offertes, il semblait qu'on dût espérer le succès. Malheureusement, M. Bord ne put réussir à convaincre assez d'intéressés et dut momentanément renoncer à son projet. Il semble pourtant ne l'avoir pas abandonné, car il a fondé depuis à Loupiac un petit Syndicat qui paraît devoir être l'école préparatoire de la cave coopérative future.

Comme nous, M. Bord est convaincu « que pour organiser la vente, il faut comme en Allemagne avoir au préalable organisé la production ». Mais c'est justement la tâche la plus difficile, dans l'état présent de la mentalité des producteurs bordelais. Comme nous l'écrivait aussi le Directeur de la Société de Libourne « la question d'amour-propre empêchera longtemps encore nos propriétaires de s'associer. Chacun croit, de bonne foi, mieux faire que son voisin; il n'est pas de mère plus jalouse de la réputation de son enfant et plus aveugle sur ses défauts. Il y a plus de trente ans que je vis au milieu des propriétaires; j'ai vu de vrais désastres se produire dans bien des fortunes par suite de cette misérable question d'amour-propre. » C'est l'état d'esprit que nous avons retrouvé chez les producteurs viticoles de tous les pays au temps de la prospérité de la production isolée. Volontiers quand les affaires sont faciles, le propriétaire attribue le concours des acheteurs à la supériorité des mérites de son vin particulier. Mais nous avons vu aussi que l'adversité sait rabattre cet amour-propre en acculant les sots à la ruine. Espérons, en raison des exemples de l'étranger, que les viticulteurs du Sud-Ouest sauront les comprendre, avant que les difficultés grandissantes n'aient offert aux ironistes l'occasion

(1) Lettre de Décembre 1900.

d'écrire les « Méditations du propriétaire bordelais devant sa cave délaissée ».

Déjà les bons résultats de la coopération de laiterie dans la Dordogne (arrondissement de Bergerac) ont provoqué une tentative analogue dans l'œnologie locale. Les producteurs viticoles viennent de fonder une coopérative « destinée à tenir le milieu entre celle de petite production de vins fins et celle de grande production de vins communs : la *Société coopérative vinicole du Haut-Bergeracois* (1). » Son institution semble avoir été provoquée par le désir de mettre un terme à la prostitution du nom des vins blancs réputés de Bergerac, par les mouilleurs sans vergogne qui ont acclimaté à Paris leur macadam à base d'eau sucrée, sous le nom de vin blanc doux de Bergerac. Selon M. G. Maurin (2), l'institution nouvelle paraît comme celles que nous avons déjà étudiées dans le Bordelais, avoir une organisation semi-commerciale. Elle est à capital indéfiniment variable; les actions sont de 500 francs entièrement libérées et remboursables sur les bénéfices, par voie de tirage au sort. Cette Société s'est proposée de consentir des avances à ses membres sur leurs récoltes en caves (2) ». Peut-être la circonscription primitive de la Société est-elle un peu vaste; l'exemple de l'étranger montre en effet que des caves locales, fortement organisées et à peu de frais, sont la base indispensable à toute organisation régionale complexe. Il n'en paraît pas moins établi que la viticulture bordelaise est de plus en plus conduite à s'acheminer vers les voies coopératives, par la nécessité de garantir l'authenticité de ses produits et de mettre un terme aux exploits d'un certain commerce dont l'autre, le commerce honnête, paraît impuissant ou peu pressé de débarrasser le marché des vins de France.

(1) Lettre du 6 nov. 1900.
(2) Almanach de la Coopération pour 1900. p. 14.

SECTION V

RÉGION DU MIDI ET ALGÉRIE

ETAT PRESENT DE SA VITICULTURE. — Nous avons déjà suffisamment indiqué à propos de la mévente des vins et de la crise viticole (liv. III, ch. I), l'état présent de la production des vins du Midi pour qu'il soit besoin d'insister longuement ici sur elle. Il suffit de rappeler que dans le courant du XIX° siècle, la production méridionale a subi une évolution qui a transformé notablement ses caractères. Dès 1844, un des plus célèbres viticulteurs de cette contrée, Cazalis-Allut, en signalait la tendance en ces termes. « On a vu dans certaines localités les vignobles des grands crûs diminuer des deux tiers de leur valeur, tandis que ceux qui donnent du vin commun, dit de cabaret, ont suivi la progression ascendante de toutes les autres terres. Si le changement dans les habitudes des classes riches a fait baisser le prix des bons vins, l'aisance devenue plus générale a créé un si grand nombre de consommateurs pour les vins de basse qualité, que l'équilibre a dû cesser d'exister dans les prix de vente des uns et des autres » (1). En raison des profits plus considérables de la culture à gros rendements de vin ordinaire, celle-ci a été progressivement substituée à la production des bons vins de côtes, autrefois si recherchés pour les coupages. La vigne est descendue des côteaux pour couvrir la plaine fromentale d'autrefois, devenue la *mer d'Aramon* d'où sourd aujourd'hui un flot toujours grandissant de gros vin médiocre. En 1899, les cinq départements gros producteurs du Midi ont à eux seuls donné plus de la *moitié* de la récolte totale

(1) Considérations sur l'avenir de nos bons vignobles, 1844 — cité p. M. Bichon. Le Vignoble du Midi au XIXe Siècle. — Rev. Gén. des Sciences, 30 mai 1900. — V. aussi L. Roos, l'Industrie Vinicole méridionale, Montpellier, 1899.

de la France : 25.583 milliers d'hectol. sur 47.907 sans compter les 4.848 de la production algérienne. Mais l'exagération même de cette production, combinée avec l'élévation considérable des frais de culture qui résulte de la reconstitution et de la lutte contre les maladies de la vigne, menace de réduire tellement les profits que la viticulture méridionale semble acculée à la faillite si elle ne réussit pas à réorganiser à bref délai l'écoulement de ses produits. Tandis que les frais de culture à l'hectare n'étaient que de 232 fr. en 1832, selon H. Bouschet, de 400 fr. en 1870, selon H. Marès, « ces frais d'exploitation s'élèvent aujourd'hui à 800 fr. et même au-delà (1) ». Comme le même auteur ne prévoit qu'un rendement moyen de 50 hectol. à l'hect., il faudrait, en tenant compte du loyer du sol, 200 fr. à l'hect. et de l'amortisement des frais de reconstitution : 80 fr. par an, obtenir un prix de vente de 22 fr. par hectol. pour rentrer dans les frais. Ces chiffres sont un peu exagérés; doublons la production, réduisons le prix de revient, il n'en reste pas moins certain que la vente *en gros* de 12 à 15 francs l'hectolitre représente une limite extrême au-dessous de laquelle il est impossible de descendre longtemps dans la pratique. Or, tandis que le prix des terres s'est exagéré considérablement par la division de la propriété, que celui de la main-d'œuvre a crû en même temps que la journée de travail se réduisait en certains points jusqu'à six heures (2), le prix des vins s'est effondré depuis deux ans dans des proportions inimaginables. « Bien mieux, écrit le savant secrétaire-général de la Société des Viticulteurs de France, M. Prosper Gervais, nous avons vu dès le début de 1901, *un certain commerce* rechercher les mauvais vins de préférence aux bons. Il faut que cela soit dit : nous avons vu de nombreux courtiers sillonner nos campagnes à la recherche des vins tournés ou cassés, ou sur le point de l'être, les acheter à vil prix — depuis un franc l'hectolitre ! — et

(1) H. Marès. — Procédés de culture résultant de la reconstitution par les cépages américains. — Rapp. au Congrès de Montpellier, 1893 p. 137.

(2) Situation économique de la viticulture, in Vignoble de l'Hérault en 1900 p. 97, par J. Coste, prof. départ. d'agric.

faire de ces achats le point de départ d'une campagne à la baisse qui a tout gagné de proche en proche et a eu pour résultat l'effondrement de tout le marché. Ce sont ces vins, savamment remaniés par d'habiles chimistes-œnologues, sulfités, bisulfités, sulfuriqués, phosphoriqués, collés, filtrés, maquillés, remis sur pied, qui, durant toute la campagne de 1901, étaient expédiés à Paris à 8 fr. 50 et 9 fr. l'hectolitre franco des deux ports ! Voilà la véritable cause de l'*intensité de la crise*, sinon de la crise elle-même : la recherche éhontée des mauvais vins et leur utilisation abusive, j'oserais presque dire frauduleuse, sur les grands marchés de consommation » (1).

Nous avons vu que la gravité de ce désastre tient à la mauvaise qualité des récoltes de 1900 et 1901, combinée avec l'impossibilité de tirer parti de ces mauvais vins par le mode de décharge usité iadis en pareille occurence par la viticulture méridionale : la ditillation. Celle-ci est rendue presque impossible par la concurrence des alcools d'industrie, les rigueurs de la loi de 1900 et les formalités de la Régie. Il faudrait qu'on pût la rétablir pour débarrasser à l'avenir le marché des vins trop médiocres qui ne peuvent attendre pour être vendus et servent à la spéculation commerciale pour écraser les cours. C'est ce que demandent les Viticulteurs de l'Hérault et ce qu'un député de ce département, M. Augé, s'est proposé de faciliter par le projet d'établissement d'une prime à cette distillation au moyen du produit que donnerait le relèvement des droits de circulation sur le vin à 2 fr. 50 ou 2 fr. l'hectol. au lieu de 1 fr. 50. La solution est d'ordre législatif et le succès de cette dernière proposition fort improbable en raison de l'opposition des autres régions viticoles. Ici, comme dans les Charentes, le concours des réformes législatives paraît donc nécessaire à la solution de la crise. Peut-être celle-ci se trouverait-elle dans la mesure dont l'exemple de l'Italie nous a inspiré le projet, si l'éducation écono-

(1) Une solution à la crise Viticole. — Rev. de Vitic. n° 421.

mique des masses viticoles était partout assez avancée pour leur permettre de discerner leurs véritables intérêts.

Comme les viticulteurs du Bordelais, ceux du Midi comprennent aussi la nécessité absolue de réprimer les abus du commerce des vins pour garantir l'authenticité et la pureté des produits livrés à la consommation publique. « Il n'est point de remède à la situation actuelle, dit encore M. P. Gervais, si l'on ne s'applique à obtenir, avant tout et par-dessus tout, la *sincérité du produit*. Sincérité du produit pour le vin, sincérité du produit pour les eaux-de-vie de vin et les cognacs... Pour guérir la crise viticole, il est indispensable d'arracher le marché des vins aux mains des quelques meneurs qui l'oppriment et en faussent tous les ressorts; de lui rendre l'équilibre, la stabilité, l'élasticité qu'il a perdus, la sécurité qui lui manquent » (1). Des mesures convergentes et d'ordre différent qui sont reconnues nécessaires, la plupart sont trop conformes à celles que nous avons dégagées au cours de cet ouvrage pour que nous ayons autre chose à faire que de constater les progrès de leur évidence chez les esprits les plus avisés de la viticulture française. Il convient seulement d'esquisser leurs progrès dans la viticulture méridionale pour en dégager les conditions d'application pratique.

LES ESSAIS COOPERATIFS DANS LE MIDI. — Ce n'est pas d'hier que l'appréhension de la mévente préoccupe les viticulteurs méridionaux. Dès 1893, la difficulté d'écouler une production bien inférieure à celles de 1900 et 1901 (53 millions d'hectolitres au lieu de 67 et 57) avait provoqué des discussions qui ne furent pas sans écho dans la pratique. Au Congrès de Lyon de 1894, le grand viticulteur et constructeur de Villefranche, M. Vermorel tout en opinant contre la vente directe, concluait pourtant à l'extension des services de vente des Syndicats agricoles et à une répression énergique de la fraude. D'ailleurs en déclarant « qu'il faut laisser aux marchands le soin de vendre les vins et aux viticulteurs celui de les faire et que les marchands de vins sont nécessaires car ils donnent

(1) Loc. cit. p. 39-40.

de la régularité aux cours et évitent les pertes » (1), il reconnaissait implicitement que le rôle du commerce n'est pas d'absorber l'industrie de la vinification, comme il tendait à le faire partout où il a fallu recourir à la vinification coopérative. De son côté, un viticulteur bordelais, M. Guiraut, concluait, comme aujourd'hui tous ses confrères, que « le meilleur moyen de rapprocher producteurs et consommateurs, c'est de faire en sorte que les consommateurs connaissent très exactement les produits des producteurs et que l'intermédiaire soit obligé de vendre le produit comme il le trouve chez le producteur ».

Le courant qui se manifestait alors dans le Midi contre les abus du commerce eut pour conséquence quelques essais d'organisation de la vente directe. Leurs auteurs ne crurent pouvoir mieux faire que de concurrencer d'emblée le commerce sur son propre terrain, en imitant d'aussi près que possible son organisation et ses méthodes. Successivement furent fondées : la *Société Coopérative des Viticulteurs du Midi*, à Béziers, et l'*Association Coopérative des Viticulteurs français*, à Montpellier (2). Toutes deux voulurent s'implanter de suite sur le marché parisien, en fondant des succursales, rue de la Chaussée-d'Antin pour la première et rue Croix-des-Petits-Champs pour la seconde. La Société de Béziers débutait avec un capital de 40,000 francs. « Au bout d'une année, nous écrit un de nos correspondants, la Société a été dissoute par suite de la perte de tout le capital. Les agents chargés de la vente avaient livré des vins à des personnes insolvables qui avaient réussi à abuser de leur bonne foi. » L'autre, plus importante eut un moment pour président M. P. Leroy-Beaulieu. Elle était formée de quelques grands propriétaires du Midi et du Bordelais associés pour écouler directement leurs vins à la clientèle bourgeoise. « On vendit quelque peu de Bordeaux, nous écrit l'un d'eux et beaucoup de vin de

(1) Rapport sur les moyens de rapprocher producteurs et consommateurs, in *Compte-rendu* p. 252. — Lyon, Legendre, 1894.

(2) Lettre de M. Leenhardt-Pomier, du 16 nov. 1900.

l'Hérault, pas assez cependant pour couvrir les frais. Quand le capital de 110,000 francs fut absorbé, chacun tira de son côté. Pendant les trois derniers mois, les affaires étaient devenues à peu près nulles. » Le motif donné pour expliquer le marasme final, quoique bizarre, est des plus instructifs. « Impossible de mettre la main sur un placier qui ne fut pas véreux. Impossible de vendre du vin qui ne fut pas de la drogue » tant le goût du public parisien était abâtardi par les trop célèbres baptistères (1). Selon un autre, le vrai motif de l'échec est « qu'on s'était trop attaché à ne vendre que des vins communs et qu'on ne visait qu'une clientèle qui, de son naturel, est peu stable et ne laisse pas assez de marge pour rémunérer tant d'intermédiaires. Le capital était insuffisant; il eut fallu pouvoir attendre. Enfin, les frais étaient trop élevés et les marchandises trop majorées ».

Ce double échec comporte des conclusions analogues à celui des Sociétés œnologiques italiennes dont l'organisation était semblable. On avait voulu faire grand tout d'abord, avec des moyens d'ailleurs trop faibles, en prenant avec l'organisation commerciale la charge de ses trop nombreux agents, sans avoir la ressource d'une surveillance aussi attentive que celle du patron et surtout sans s'être assuré préalablement des débouchés suffisants pour écouler la quantité de produits mise à la charge de l'Association. Plus de prudence, de modéstie et de patience s'imposent dans les débuts. Il faudra qu'on le comprenne en France comme tous les viticulteurs en sont aujourd'hui persuadés en Italie.

« La difficulté pour une Société coopérative de vente, nous écrit à ce sujet un œnologue méridional des plus autorisés (2), est de trouver pour diriger les opérations des agents

(1) Rev. de Vitic. T. XIII p. 564 et campagne du Journal le *Matin* à propos de l'affaire Duval, oct. nov. 1900.

(2) M. Coste-Floret, de Montpellier. — Auteur d'ouvrages justement réputés. « Procédés modernes de vinification, 2 vol.; et Les résidus de la vendange, Paris, Masson, édit. ». Il évalue ainsi le prix de vente normal au détail pour des bons ordinaires méridionaux vieux d'une année et pris à la propriété.

220 litres à 25 fr. l'hectolitre = 55 fr. — Frais de régie, 3.50. — Tonneau, 11.50. — Frais d'entonnage et transport à la gare, 2.00. — Assurance contre le non-paiement, 3.00 — Total : 75 francs.

capables et honnêtes. Un Conseil d'administration ne peut pas se rendre suffisamment compte au jour le jour des opérations d'une Société coopérative et malheureusement lorsqu'il découvre les mauvaises opérations, il est trop tard pour y remédier. Suivant moi, le progrès pour la vente des bons vins consisterait à mettre les Sociétés coopératives de consommation en rapports directs avec les producteurs honnêtes. Mais pour avoir de bon vin, il ne faut pas se baser sur les prix du gros, car ces prix sont souvent le résultat de la mauvaise qualité de la marchandise ou des besoins impérieux de quelques propriétaires arrivés à l'épuisement de toutes leurs ressources. Il faut d'ailleurs se rappeler que l'on ne peut pas servir à la clientèle des vins de l'année, tels que ceux que l'on vend au commerce. Pour être bon pour la consommation bourgeoise, le vin ne doit être livré qu'après avoir été gardé et soigné dans les chais durant une année, ce qui grève encore son prix de vente ».

Ces observations concordent avec les précédentes. Elles montrent qu'il faut non pas établir les entrepôts de vente au loin, mais grouper les vins sur place, là où la surveillance et le travail des vignerons associés peuvent suffire sans qu'il soit besoin d'agents salariés, et n'effectuer les expéditions que par rapports directs avec les consommateurs sans créer de nouvelles catégories d'intermédiaires.

Les groupements communaux de producteurs d'un même crû doivent donc être préférés à ceux de propriétaires dispersés. S'il y a lieu de créer dans la suite des associations plus étendues pour disposer de ressources plus variées et suffire aux besoins complexes d'une vaste clientèle, c'est encore sur la base de petites Sociétés préalables qu'ils doivent être formés, par fédération de groupes vivants et solides, non par centralisation d'unités disparates.

Une preuve de cette vérité d'expérience est dans le meilleur succès des quelques tentatives de groupement pour la vente faites par les Syndicats locaux de petits propriétaires. La plus ancienne dans le Midi paraît être celle des vignerons de *Moussan* (Aude). Sur l'initiative de son président-fondateur,

M. J. Vison de Saint-Germain, mutualiste de grande expérience, fut organisée le 1er Février 1893, la Société La Moussaunaise. C'est « une Société purement civile et coopérative mixte agricole formée entre les membres du Syndicat des viticulteurs de Moussan, propriétaires, usufruitiers ou fermiers des vignobles » (1). Son organisation est très simple. Elle n'a pas de capital-argent, aucun bénéfice ne devant être réalisé au-dessus des cours; une somme de deux francs par hectolitre est seulement prélevée pour être ainsi répartie : 0 fr. 50 pour les frais généraux, 0 fr. 50 pour la Société de secours mutuels, 0 fr. 50 pour la Caisse de chômage, 0 fr. 50 pour la Société de gymnastique et de tir du lieu. La Société ne pratique que la coopération de vente, la préparation des vins restant individuelle. Elle vend directement sur échantillons les vins de ses 127 sociétaires. Chacun d'eux rend lui-même son vin en gare avec sa voiture; il touche le montant net, sauf déduction de la remise sociale. Le personnel commandé à tour de rôle n'est pas rémunéré, pas plus que le président; le Comité est composé d'administrateurs-responsables. Pour être admis, il faut être producteur ou ouvrier agricole. La Société a rencontré de sérieuses difficultés à se créer des débouchés, car elle n'a pas trouvé auprès des coopératives de consommation les débouchés et l'appui sur lesquels comptait à l'origine son fondateur. « Nous n'avons pas, nous écrit-il avec mélancolie, à nous féliciter de nos relations avec les coopératives de France, qui presque toutes s'adressent au commerce, mais par contre, à l'étranger où nous allons souvent, nous avons trouvé de véritables coopérateurs et des débouchés importants (2) ».

Cet essai méritoire avait été suivi de quelques autres dans la même région, comme celui de la Société des Vignerons de l'Agly à Rivesaltes (3). Mais il semble qu'aucune suite n'ait été donnée à la plupart, aussitôt passée l'alarme de 1893

(1) Art. 1er des Statuts.

(2) Lettre du 17 avril 1901.

(3) Communication du Musée social, 15 mars 1899.

à qui succéda une série d'années favorables. Il fallut attendre le retour de la détresse économique pour voir les vignerons penser de nouveau à l'association vinicole, tant il est vrai que celle-ci ne sortira dans le monde rural que de la pressante nécessité.

TENTATIVES RECENTES ET DIVERSES. — C'est au lendemain des vendanges de 1899 qu'on voit réapparaître l'idée coopérative dans la viticulture méridionale. A ce moment s'organise à *Manduel* (Gard), une nouvelle Société : l'Avenir. Elle procède d'un groupement plus ancien, fondé en 1882 et constitué en 1884 sous le nom de *Société viticole*, comme syndical professionnel. Le but de celui-ci était surtout de stimuler la reconstitution du vignoble par le greffage. Il compte jusqu'à 190 membres. Ce groupe a eu des initiatives remarquables; il a créé une Société de secours mutuels, puis une Coopérative de boulangerie en 1898, et tenté en 1897 un premier essai infructueux pour constituer une Société de vente en commun des vins : la Vigneronne. La Coopérative nouvelle a été fondée par dix de ses membres. Elle en comptait cinquante au milieu de 1900 et avait atteint un chiffre d'affaires de 100.000 fr. Elle est exclusivement ouverte aux petits propriétaires cultivant eux-mêmes leur vignoble (1). Suivant J. Granpadès « le bon esprit qui a présidé à sa création, le terrain vraiment solide sur lequel se place cette Société : entente directe des coopérateurs-producteurs avec les coopérateurs consommateurs, sont pour elles autant de gages de succès... Elle s'est mise en rapport avec des Sociétés coopératives de consommation et des restaurants coopératifs de la capitale. La Société a déjà acheté une pompe et une bascule. L'exercice écoulé est très satisfaisant » (1).

La crise intense qui suivit la récolte de 1900 a fait surgir la question de l'Association vinicole au premier plan comme un des remèdes possibles à la détresse des producteurs.

(1) Lettre du Secrétaire M. C. Thibaut, du 30 août 1900.

(2) Un essai de Coopération viticole,*Emancipation*, du 15 déc.1900.

Aussi, dès le lendemain des vendanges de 1900, voit-on naître de toutes parts des discussions à son sujet. Le 12 octobre, elle faisait l'objet d'un rapport à la réunion des Viticulteurs du Var, à Draguignan, et son auteur, M. Allongue, était chargé de préparer pour le centre viticole de *Fayence* un projet d'organisation pour lequel nous recevions une demande de documents. « L'histoire des vignerons de la vallée de l'Ahr est un peu la nôtre, nous écrivait dans la suite M. Allongue. Les vins de notre région, avant l'arrivée du phylloxéra étaient très recherchés par les villes de Grasse, Canne et Nice, non pas comme vin de luxe, mais comme très bon ordinaire. Les prix oscillaient alors entre 30 et 40 fr. l'hectolitre. Pendant la période phylloxérique, les heureux détenteurs des vignes restantes vendirent jusqu'à 40 fr. les 100 kilog. de raisins, ce qui fait ressortir à 60 fr. l'hectol. de vin. Les caves sont restées vides pendant une quinzaine d'années. La plupart des viticulteurs, désespérant de les voir remplir de nouveau, périclitaient et beaucoup éprouvant le besoin de réaliser quelques ressources en l'absence de toute récolte, vendirent leur vaisselle vinaire. Lorsque, encouragés par les succès d'à côté, ils se sont décidés à planter, à sulfater et qu'ils ont enfin récolté, n'ayant pas de futailles, ni l'argent nécessaire pour s'en procurer, ils ont vendu le raisin dont ils tiraient d'ailleurs au début des prix assez rémunérateurs. Mais ces prix, à mesure que la production augmentait, baissaient d'année en année et ont fini par s'avilir. C'est alors qu'on s'est aperçu combien on avait eu tort de vendre les futailles et de s'être livré pieds et poings liés à la spéculation inévitable des intermédiaires. Ainsi les prix, qui de 1880 à 1890 étaient de 30 à 40 fr. les 100 kilog. de raisins et atteignaient encore 22 fr. en 1895, sont tombés à 18 fr. en 1898, 15 en 1899, et enfin 10 fr. en 1900. Il s'en est même vendu à 6 fr. Dans ces conditions, il n'est plus possible au vigneron de récupérer les frais de culture et d'amortissement. Aussi le découragement est-il profond et désespère-t-on de l'avenir » (1).

(1) Lettre du 23 nov. 1900.

Dans les Alpes-Maritimes où les consommateurs des villes du littoral ont l'habitude de faire eux-mêmes leurs vins avec des raisins achetés dans les régions voisines par l'intermédiaire de commissionnaires, M. Maraïni avait projeté en 1899 la création d'un Syndicat spécial pour cette vinification. Il n'a pu aboutir. Mais, en octobre 1900, M. Mari, président de la Société d'Agriculture de Nice provoquait la mise à l'étude d'un projet de cave coopérative. Il fut désigné pour aller, de concert avec le professeur départemental, M. Belle, et le Dr Féraud, étudier l'organisation des cantine sociali italiennes (1). La cave devait être établie à Bellet, près de Nice. Une autre était projetée au Touët-de-Buril, arrondissement de Puget-Théniers. En 1901, les promoteurs n'avaient encore pu aboutir faute d'avoir pu vaincre « avec les difficultés financières, l'individualisme des cultivateurs ».

Mais l'*Union des Syndicats des Alpes et de Provence*, présidée par G. Maurin, vient de projeter la création d'une grande Coopérative générale, au capital de 200.000 fr. pour la vente des produits agricoles et horticoles de la région (2). D'autre part, on annonce la formation à Marseille, 65, rue de Rome, d'une Coopérative vinicole constituée par un groupe important de viticulteurs des quatre départements provençaux. Elle va établir un chai à Arles pour centraliser leurs vins qui, après filtration et coupage, seront répartis en types spéciaux pour être vendus dans les débits à établir à Paris et dans le Nord. « Ne peuvent faire partie de la Coopérative vinicole que des propriétaires, métayers et fermiers producteurs de vin, ne payant pas patente, c'est-à-dire ne faisant aucun acte de commerce de vins. Les actions sont de 100 fr., elles donnent droit à l'écoulement de 100 hectolitres de vin chacune. » Cette Coopérative commence avec un faible capital, 50.000 fr., mais elle l'augmentera au fur et à mesure de ses besoins. A côté d'elle fonctionnera une caisse agricole qui

(1) J. Grec, corresp. de la Rev. de Vitic. n°s 363 et 81.

(2) G. Maurin, art. cité p. 14. Le succès des sociétés de vente de primeurs et conserves de fruits établies dans la région, constitue un encouragement très vif à la coopération viticole.

pourra lui fournir un supplément de fonds (1). Nombre de Conseils municipaux se sont aussi préoccupés des moyens de venir en aide aux viticulteurs dans l'embarras, les uns par des avances de fonds, les autres par des installations communales, tel par exemple, celui de Générac (Gard) qui a décidé la construction d'un cellier municipal avec cuves-citernes en ciment pour recevoir les excédents non logés des petits vignerons du pays.

LES SYNDICATS DE VENTE DU LANGUEDOC. — Dans le Languedoc, le mouvement d'association est plus accentué encore, en raison de l'intensité de la crise. Déjà la Société centrale d'Agriculture de l'Hérault, à qui toute la viticulture française est redevable des premières initiatives et des plus remarquables travaux qui ont assuré sa reconstitution, a pris depuis quatre années l'initiative de dresser une statistique minutieuse du montant exact des récoltes et des sorties de vins de chaque commune, pour faciliter les prévisions commerciales et le contrôle de la circulation (2). Son exemple a été suivi par les Sociétés analogues du Gard, de l'Aude, des Pyrénées-Orientales et de la Gironde. La nécessité d'écouler de grandes masses de vins ordinaires a provoqué en 1901 de nombreuses tentatives pour organiser la vente collective directe. C'est dans ce but que s'est constitué à Montpellier en Janvier 1901, le *Comité du Vin de France* (président M. Degrully, professeur à l'Ecole nationale de Montpellier), pour développer la consommation du vin dans tout le pays par une propagande active dans la presse, des conférences et des publications de toutes sortes. Il s'est attaché particulièrement à ouvrir de nouveaux débouchés dans les départements du Nord et du Nord-Ouest non producteurs de vins. Ses agents ont exploré méthodiquement toutes les villes et bourgs de cette région, s'enquérant des goûts du public, des emplacements convenables à l'établissement des débits et des meil-

(1) H. Latière. — La vente des vins et les Coopératives Vinicoles. Agric. Nouvelle du 28 sept. 1901.

(2) Leenhardt-Pomier, loc. cit. p. 89.

leures conditions pour leur réussite. Leurs rapports mensuels publiés par le Comité sont autant de documents pratiques d'nue utilité considérable pour les intéressés. Des délégués régionaux ont été désignés dans les principaux centres pour traiter de l'installation des débits et surveiller leur fonctionnement. Le résultat a été la fondation par des viticulteurs méridionaux d'un grand nombre de débits dans les départements précités. La brasserie du Nord se plaint très vivement de leur concurrence et la distillerie s'alarme de voir en plus d'un lieu les ouvriers préférer la chope de vin blanc au genièvre habituel. Malheureusement, les producteurs n'ont pas su s'entendre pour éviter de se faire concurrence avec leurs installations particulières (1); beaucoup d'entre eux ont commis la faute de renchérir sur le bon marché en vendant des vins inférieurs et malades, sulfités à l'excès et n'ont abouti qu'à un échec après avoir découragé la clientèle bénévole.

A côté des entreprises isolées, il faut compter pourtant l'apparition d'un assez grand nombre de sociétés de vente, les unes d'organisation commerciale, les autres de caractère syndical. La plupart ne comprennent qu'un petit nombre de propriétaires voisins en relations habituelles très étroites. « Ce qui caractérise certains groupements nouveaux, écrit M. l'Inspecteur général P. Viala, et ce qui nous paraît d'un haut intérêt, c'est que les viticulteurs qui les ont constitués n'ont pas exclu par principe les commerçants; ils ont au contraire appelé dans leur organisation d'importantes maisons de commerce qui seront, pour ainsi dire, les vendeurs, parfois d'une façon exclusive, des produits de l'association à laquelle ils appartiennent comme viticulteurs. Cette association de quelques propriétaires avec un chef commerçant, chargé de la partie commerciale de la vente des produits, nous paraît une voie nouvelle et féconde, qui donnera plus de résultats que les groupements trop étendus et trop nombreux où l'ini-

(1) Il a pourtant été créé à Montpellier un Syndicat général des viticulteurs français pour l'ouverture des débits de vin.

tiative individuelle s'émousse forcément (1) ». En même temps se formaient des sociétés pour la distillation des vins avariés achetés à raison de 1 fr. à 1 fr. 50 l'hectolitre. Pour l'écoulement des grandes caves, la Revue de Viticulture (2) mentionne la constitution au capital de 500.000 f. d'une Société de 20 à 30 grands producteurs de l'Hérault et du Gard, d'accord avec un courtier du Midi et un grand négociant de Paris. Chaque associé s'est engagé à céder le tiers de sa récolte et à accepter le prix d'estimation fixé par la commission d'achat. La Société qui a commencé ses opérations le 1er juin 1901 pensait écouler 100,000 hectolitres de vin dès la première année. Les bénéfices seront répartis : moitié aux propriétaires, proportionnellement à leurs livraisons de vins, moitié pour rémunérer le capital actions, les agents de la Société et constituer un fonds de réserve. La disposition draconienne que le propriétaire ne pourra pas discuter l'estimation de son vin est la base de cette association et paraît devoir assurer le succès de l'entreprise.

En même temps s'est constitué sous le nom de Syndicat des Viticulteurs de l'Hérault un groupe au capital de 15000 fr. alimenté dans la suite par des cotisations proportionnelles au nombre d'hectolitres livrés à la Société. Deux agents, l'un pour l'écoulement des vins dans les régions de consommation, l'autre pour les retirer des caves des syndiqués et les préparer à l'expédition, sont chargés du service de vente sous le contrôle du Président et moyennant un prélèvement variable de 2 à 1 fr. par hectolitre selon les quantités expédiées. Le Président détermine avec eux la qualité du vin à fournir par les syndiqués. Ce syndicat a fondé un entrepôt de vente à Marseille. Une organisation analogue a été constituée le 15 avril 1901 à Montpellier sous le nom de *Groupement viticole du Bas-Languedoc* sous la direction de M. E. Goulet, commissionnaire en vins à Paris. Son organisation est toute commerciale avec cette différence « qu'elle n'achète que pour revendre

(1) Revue de Vitic. n° 384, p. 467.

(2) B. C. Sociétés pour la vente des vins n° 387.

et se borne à écouler les produits ou une partie des produits (100.000 hectolitres) de ses actionnaires ». Mais elle s'est heurtée dès le début de ses opérations à l'hostilité manifeste du commerce local. Cet incident, qui rappelle les excommunications analogues dont les coopératives allemandes ont été souvent l'objet, est des plus caractéristiques pour la détermination des difficultés que la coopération doit prévoir à ses débuts, partout où elle s'implantera. Prenant texte des attaques dirigées contre les fraudeurs et feignant de croire qu'elles s'adressaient au commerce tout entier, le Syndicat du commerce en gros des vins et spiritueux de Montpellier commença par protester dans sa séance du 21 juin 1901 contre les imputations des propriétaires « Les fraudeurs se rencontrent partout, répondait avec raison M. P. Bret, président du Syndicat, aucune catégorie de citoyens ne monopolise l'honnêteté, ni aucune la fourberie » et rétorquant les accusations de la propriété il ajoutait : « Si nous osions joindre une considération philosophique à cette étude économique, nous dirions que l'étroitesse des vues et l'âpreté au gain illicite relèvent plus de l'état d'esprit du paysan que de celui du commerçant». En vain le groupement viticole fit observer qu'en adoptant la forme commerciale, seule capable selon lui d'assurer le succès d'une coopérative viticole, il rendait un hommage indirect au commerce, le syndicat des négociants en vins du Gard n'hésita pas à réaliser les menaces formulées par celui de Montpellier. Dans sa séance du 26 août, il adopta contre le groupement du Bas-Languedoc une véritable déclaration de boycottage invitant « les courtiers à s'abstenir de toute prise d'échantillons chez les propriétaires syndiqués » et priant tous les syndicats des autres départements de l'imiter « afin que par une action commune, ce mouvement préjudiciable à leurs intérêts soit enrayé ». Il émettait enfin le vœu que les propriétaires vendant eux-mêmes leurs récoltes fussent, comme le commerce, assujettis à la licence et à la patente.

(1) Progrès agricole du 6 oct. 1901. — La propriété et le commerce des vins. — Recueil des pièces de cette affaire.

Quoi qu'il advienne de cette déclaration de guerre qui témoigne au moins des alarmes que le développement éventuel de la coopération viticole excite parmi le commerce méridional, le mouvement ne fait que s'étendre de jour en jour. Au Congrès des Caisses rurales de crédit Agricole, tenu à Béziers du 24 au 26 août 1901, sous la présidence de M. Laurent, membre du Conseil Supérieur de l'Agriculture et viticulteur à Montpellier, la nécessité de développer préalablement le crédit mutuel pour donner une base solide à toutes les entreprises subséquentes de la coopération agricole, a été parfaitement dégagée (1). Suivant une résolution proposée par M. Rayneri, il a déclaré « que l'utilité du crédit agricole se manifeste surtout par la nécessité de favoriser les achats de matières premières, de machines, d'outils et d'attendre le moment opportun pour la vente des récoltes. Il convient pour cela d'utiliser la loi de juillet 1898 sur les warrants agricoles et de favoriser le crédit personnel garanti par des cautions ». Le Congrès a émis un vœu pour l'institution dans chaque département d'un comité technique destiné à éclairer et provoquer la constitution de toutes les œuvres agricoles coopératives. Les congressistes semblent s'être rendu compte que toutes ces mesures ne sont qu'un timide commencement. «La période actuelle, conclut le Secrétaire général M. le Dr Marty, ne doit être considérée que comme une transition, comme un stage nécessaire à l'entrée d'un état social nouveau, car, plus menacée qu'aucune autre dans ses œuvres vives, la viticulture doit retirer les plus grands profits de l'Association.... le moment est venu de dire qu'il s'agit ici de l'association intégrale, de celle qui impose autant de devoirs qu'elle confère d'avantages ».

En attendant, le mouvement pour la constitution des syndicats de vente s'est propagé dans le reste du Midi. Déjà le syndicat de Bages-Roussillon constitué par 42 propriétaires de la commune a inauguré avec succès la vente de ses vins dans

(1) Rapport Marty. Progrès Agric. du 6 oct. et Agric. Nelle Le Congrès de Béziers, 21 sept.

des débits installés dans les grandes villes des régions de bière ou de cidre, à Lille Roubaix, Caen, etc. Une tentative beaucoup plus vaste vient d'être réalisée dans l'Aude sur l'initiative de M. Malric, la fondation d'un grand *Syndicat Central des Viticulteurs de l'Aude pour la vente du vin*, Juin 1901. Il semble composé surtout de grands propriétaires, car la centaine de membres qu'il comprenait déjà au milieu du mois d'Août, représentait une récolte totale de un million d'hectolitres, soit le quart de la production de tout le département (1). Un congrès fut organisé avec son concours à Montpellier sous les auspices du Comité du Vin de France, pour étudier la régularisation des cours des vins. Conformément au rapport de M. Laurent, il a recommandé le développement dans les campagnes des caisses rurales et sur celui de M. Malric, l'organisation dans chaque département du Midi et du Sud-Est, d'un grand syndicat de vente analogue à celui de l'Aude pour aboutir à la régularisation des cours. Le syndicat fixerait la valeur du vin en engageant ses adhérents à ne pas vendre au-dessous du prix arrêté. Il s'abstiendrait de tout acte de commerce. « Pour lui, écrit M. Malric, aucun maniements de fonds ; c'est un simple intermédiaire, un office de renseignements, un conseil. Il permettra le groupement de tous les viticulteurs du département, et ce groupement pourra s'affilier à tous les groupements similaires, même coopératifs, qui bientôt, il faut l'espérer, réuniront tous les producteurs de vin et provoqueront l'union de tous. Le jour où nous serons parvenus à ce résultat, nous aurons fait un pas immense, ce jour-là *les cours seront régularisés.* » La création immédiate dans l'Hérault d'un syndicat semblable est sortie des délibérations du Congrès de Montpellier ; Fin décembre 1901, trois nouvelles institutions viennent d'apparaître : la *Fédération des Sociétés et Syndicats agricoles de l'arrondissement de Béziers* et l'*Union des propriétaires-viticulteurs et des négo-*

(1) Lettre de M. Malric du 17 août 1901. — Exposé du projet de constitution et statuts in Progrès Agr. du 21 juillet 1901. — Siège à Carcassonne.

ciants en vins des Côtes du Rhône. Toutes deux sont de simples groupements pour l'étude et la défense des intérêts communs.

NOUVELLES COOPERATIVES. — L'autre est une tentative locale d'un caractère coopératif beaucoup plus marqué. Elle a été faite à *Maraussan* (Hérault), sous l'inspiration d'un militant socialiste bien connu dans la région de Béziers, M. Cathala, devenu le représentant-général de la Société nouvelle.

Le 10 décembre 1901, 120 propriétaires de cette commune, représentant une récolte totale d'environ 28.000 hectolitres, ont fondé sous le titre : *Les Vignerons libres*, une société anonyme coopérative de production, à personnel et capital variables, dont les Statuts ont été publiés conformément à la loi de 1867. Elle a pour but « 1° de grouper les cultivateurs vignerons de Maraussan pour la vente en commun et directe aux consommateurs des produits ou sous-produits de leur sol, *récoltés par eux.* 2° de poursuivre la suppression des intermédiaires et l'unité de vinification par la création de caves coopératives, par la constitution d'un grand chai commun comportant l'installation et l'outillage viticoles reconnus nécessaires pour le bon fonctionnement de l'entreprise, etc. (2) ». Pour ses débuts, la Société s'est bornée à installer un chai commun destiné à l'unification des vins de ses adhérents sur un type moyen déterminé par l'analyse et garanti de pureté et d'origine. C'est un premier pas dans la voie de la vinification collective. La Société a tenté de nouer des relations directes avec les Coopératives de Consommation de France et de Belgique ; elle écoule dès maintenant les vins de la récolte de 1901, au détail, aux prix de 55 à 60 fr. la barrique logée. Cette Coopérative se propose de répartir ainsi ses trop-perçus (art. 47) ; 25 % aux sociétés, syndicats, coopératives de consommations et individualités acheteuses, au prorata de leurs achats, 20 % à des œuvres de propagande prolétarienne et de solidarité sociale dont la Société ou les Congrès coopératifs établiront les

(2) Statuts, art. 3. — Une autre société du même genre mais avec récolte beaucoup plus faible, est à l'étude à *St-Chinian*, pays de production de vins de coupages estimés.

bases et la répartition, 5 % à la Bourse Nationale des Coopératives socialistes, 50 % aux vignerons coopérateurs, répartis *également* et *uniformément* entre tous les sociétaires ». La Société n'admet dans son sein que des cultivateurs-vignerons. Chacun d'eux ne peut prétendre aux services d'achat que pour 400 hectolitres au maximum. Le fonds social est fixé à 2.685 fr. et divisé en 500 parts sociales de 25 fr.

Commentant le caractère socialiste de la constitution de cette nouvelle coopérative, M. Wickersheimer, ancien député, émet des réflexions trop conformes à l'esprit général de notre ouvrage pour que nous hésitions à les reproduire (1). : « Nous sommes tous Français, et susceptibles, en dehors de toute opinion politique et sociale, de nous grouper pour la défense de nos intérêts. Que certains viticulteurs s'associent, comme ceux de Maraussan, dans un but et dans une forme démocratiques, c'est leur droit absolu et nul ne peut les en blâmer. Tout le monde sera obligé de reconnaître le beau mouvement de solidarité auquel ils ont cédé et rien ne peut-être plus sympathique que cet exemple de socialisme pratique où les associés ne comptent que sur la coopération de leurs efforts, sans rien demander à personne et sans jeter l'anathème sur qui que ce soit. C'est là une œuvre de gens à la fois pratiques et animés d'un esprit de solidarité et de justice qui ne méritent que des éloges. Il n'en est pas moins vrai que toutes les associations de vignerons ne pourront pas prendre cette forme de société et que toutes les autres formes sont possibles. Qu'il existe des formes d'association, moins généreuses peut-être dans leur essence, mais tout aussi admissibles et tout aussi utiles à la viticulture, qui ne mettent en jeu que l'intérêt individuel dont la force d'association multiplie la puissance, ces formes, pour être moins altruistes dans leur intention, ne doivent pas moins

(1) *Dépêche de Toulouse* du 4 février 1902. — Un point intéressant dans la formation de cette société et qui confirme nos observations générales sur les conditions où apparaissent les coopératives vigneronnes, c'est qu'elle procède de deux syndicats locaux plus anciens : le Syndicat des travailleurs de la terre et le Syndicat agricole et s'appuie sur une caisse rurale antérieurement formée.

être encouragées et il faut le faire pour toutes sans exception. On peut fort bien s'associer entre viticulteurs, sans tenir compte de la distinction des opinions politiques et religieuses et le fait seul du groupement collectif a un don d'apaisement qui n'est pas à dédaigner. L'essentiel, à mon point de vue, est que les viticulteurs soient bien persuadés qu'ils ne doivent compter que sur eux-mêmes ; que sans la coordination de leurs efforts, la viticulture est vouée à la ruine ; que les pouvoirs publics ne peuvent pas grand chose pour eux et que le peu de bien qui peut résulter de leur intervention ne pourra être qu'un appoint utile au résultat principal poursuivi et obtenu par les intéressés eux-mêmes. »

A un point de vue plus pratique, nous craignons que le capital de cette Coopérative ne soit trop faible pour l'énorme quantité de vin qu'elle se propose d'écouler. La base de crédit que lui donne la forme anonyme est beaucoup trop étroite pour permettre les opérations étendues qui seraient dans ce cas nécessaires. La tendance fâcheuse que la loi de 1867 développe chez les coopératives françaises de réduire à un minimum ridicule la responsabilité de leurs membres nous paraît fatale pour les coopératives de production agricole, en ce qu'elle réduit également au minimum l'affectio societatis et les moyens de crédit éventuels de l'Association. C'est pourquoi l'exemple des petites coopératives d'Allemagne ou d'Italie qui, tout en débutant avec la plus grande modestie, un petit nombre d'associés et une faible quantité de récoltes (2.000 hectolitres au maximum) n'hésitent pas à donner à leur entreprise la forte base de la responsabilité civile, nous paraît beaucoup plus recommandable (V. liv. IV ch. III). Les beaux programmes de répartition des trop-perçus, qui font dans tous les Congrès l'objet de tirades plus sentimentales que pénétrées d'esprit pratique, nous paraissent également assez fantasmagoriques. Il est bien évident que ces trop-perçus ne peuvent exister qu'à la condition de majorer les prix du détail, chose impossible avec les grandes coopératives qui achètent tout aux prix du gros, chose difficile avec la concurrence d'un commerce duquel le public n'exige ni la garantie de la qualité, ni celle de l'origine.

Il faut rattacher à ce mouvement méridional les tentatives d'organisation générale qui sont sorties des discussions relatives à la crise viticole au cours des assemblées générales de nos grandes Sociétés centrales d'Agriculture en 1901. Les rapports de MM. Laurent et P. Gervais à la Société Nationale d'encouragement à l'Agriculture, celui de M. Laurent (1) et le nôtre à la Société des Viticulteurs de France, celui de M. Boutin à l'Union centrale des Agriculteurs de France aboutissaient à des conclusions analogues. Ce dernier proposait en outre l'institution à Paris d'une Coopérative centrale de vente pour remplacer dans cette ville, pour le compte et au profit des viticulteurs, l'entrepôt commercial de Bercy. Elle devait jouer à la fois le rôle d'un bureau de renseignements, d'une exposition permanente de vins de toutes les parties de la France et d'un entrepôt pour la vente en gros et au détail, celle-ci par entretien de débits, vente et livraison à domicile par fûts, paniers et bouteilles. Le projet, en voie de réalisation, constitue sous le titre d'*Union coopérative des propriétaires-viticulteurs de France* une Société anonyme au capital de 800.000 fr. divisé en 8.000 actions de 100 fr., libérables par quarts (2).

Pour le moment, la Société se bornerait à constituer à proximité des chemins de fer, à Bercy ou Charenton, un entrepôt où les adhérents pourraient envoyer un certain nombre de pièces comme échantillons de leurs produits. Ceux-ci seraient proposés aux négociants et le propriétaire avisé du prix offert, ce qui permettrait en cas d'acceptation l'expédition directe de la propriété sans frais inutiles. Les recettes seraient

(1) La réforme du régime des Boissons ; ses conséquences dans la vente et la consommation du vin. Ann. de la Soc. et Rev. de Vitic. n° 377.

(2) La Coopération Viticole. Id. et Progrès Agric. 16 juin 1901.

Une entente avec les grandes coopératives de consommation de Paris aurait été fort désirable pour mener à bien et d'un commun accord cette entreprise. A notre avis, une telle institution devrait procéder d'une entente pratique et financière entre les Fédérations de Syndicats agricoles et celles des Coopératives de consommation, en écartant toutes les préoccupations d'un autre ordre qui peuvent les diviser par ailleurs.

constituées par un droit de commission de 1 fr. par hectolitre et de 0 fr. 50 pour droit de magasinage. La souscription est ouverte au siège du Syndicat central (1), 19, rue Louis-le-Grand.

Ajoutons pour être complet et mettre le public en garde que malheureusement, on a vu surgir depuis quelque temps, concurremment aux œuvres que nous venons d'énumérer, nombre de syndicats imaginaires et de prétendues coopératives, particulièrement à Bordeaux, dans la région toulousaine et dans tout le Languedoc (2). De même que naguère, les *barricailleurs* de ces régions, négociants au détail vendeurs de vins plus ou moins authentiques, se décoraient, en vertu de la possession de quelque infime lopin de vignoble, du titre de propriétaires-récoltants, ils cherchent à duper la confiance du public ignorant en se présentant comme les agents d'une société de producteurs. Aux vignettes représentant des clos fantastiques ou des châteaux vineux parfois très voisins du fameux Château-la-Pompe, nombre de ces audacieux industriels substituent aujourd'hui le titre flamboyant d'une Union de producteurs fictifs ou d'une coopérative.... en Espagne. M. Prosper Gervais citait naguère la circulaire vraiment cynique répandue récemment dans les environs de Grenoble par une pseudo *Union des Viticulteurs de l'Hérault*, qui se vantait d'avoir créé en France 20 succursales et 2.735 débits. Mais son auteur avait prudemment négligé d'insérer même le nom de l'imprimeur au bas de son impudente réclame. Il est très regrettable que l'absence d'une loi spéciale sur les coopératives permette à n'importe quel spéculateur d'usurper ce titre de recommandation. Aux particuliers et aux Sociétés désireuses d'éviter pareille méprise, nous conseillons d'user d'un moyen

(1) Sur celui-ci, V. de Rocquigny, ouv. cité p. 116-17.

(2) Le réviseur de la Fédération des Coopératives socialistes du Nord avait déjà reçu fin février 1902 la visite de soixante représentants, invoquant tous la solidarité coopérative pour leur société. Inutile d'ajouter que le nombre des vraies coopératives vigneronnes étant encore très petit en France, les références les plus sérieuses doivent être exigées par les sociétés de consommation, si elles ne veulent pas être dupes d'audacieux spéculateurs qui, non contents de contrefaire les vins naturels, complètent leur industrie par la contrefaçon du coopératisme.

qui nous a toujours réussi dans notre enquête : celui de réclamer à la prétendue coopérative un exemplaire de ses statuts imprimés, légalisé par l'apposition du timbre de la Mairie. Nous attendons depuis de longs mois et sans impatience la plupart des réponses ainsi sollicitées.

LES BESOINS DE L'ALGERIE. — Du Midi de la France, les idées d'Association sont passées en Algérie où les mêmes causes ont produit la même mévente, aggravée encore par la situation précaire des viticulteurs algériens, dépourvus d'avances et pour la plupart obérés par de lourds emprunts pour la constitution de leurs entreprises. Les 5,444 milliers d'hectolitres de la récolte de 1900 n'ont pu trouver de débouchés sur le marché français encombré par l'exubérance de la récolte métropolitaine, d'où une débâcle des prix plus lamentable encore que dans le Languedoc. Là aussi, les viticulteurs réclament donc pour triompher de la crise des délais et remises d'impôts, un dégrèvement des alcools de vins et des facilités commerciales (1). La nécessité de constituer le crédit agricole y est encore plus vive ; une loi du 8 juillet 1901 vient d'étendre à l'Algérie le bénéfice de celle du 5 novembre 1894 sur les caisses régionales de crédit mutuel, mais elle arrive trop tard pour être bientôt efficace. Un emprunt spécial est projeté pour secourir la viticulture et l'intervention des pouvoirs publics paraît nécessaire. Mais ceux-ci, comme les viticulteurs les plus avisés, reconnaissent qu'une amélioration définitive ne peut sortir que d'associations fédérées pour organiser et régulariser la vente des produits.

Malheureusement, la même insuffisance d'éducation économique qui entrave en France l'essor de l'Association agricole la paralyse en Algérie. Tous les efforts tentés pour grouper les viticulteurs en vue de la vente collective, notamment à Guyotville, ont échoué jusqu'ici. Un correspondant de la Revue de Viticulture en montre les raisons (1). « Chacun fait à sa guise, croyant faire mieux que ses voisins. L'idée qui

(1) La crise Viticole en Algérie, solutions proposées p. la combattre Haffaf, Revue de Vitic. n° 414.

empêche ces associations parmi nos colons est qu'ils ne comprennent pas bien qu'on puisse mélanger en un seul bloc les productions particulières de chaque producteur pour les vendre sans distinction de provenance. Or, comme chacun a la prétention d'avoir obtenu des meilleurs produits que son voisin, de les avoir mieux préparés, il prétend aussi en obtenir une meilleure rétribution sur le marché ». Il y joint les divisions politiques faites de rivalités personnelles, plus vives encore dans notre colonie que partout ailleurs en France. D'ailleurs, les viticulteurs algériens sont dans l'impossibilité d'attendre pour écouler leurs produits, car ils avaient l'habitude de vendre leurs vins dès le lendemain des vendanges et d'en toucher aussitôt une partie du prix, aussi beaucoup n'ont-ils ni les locaux ni la vaisselle vinaire, ni surtout les avances indispensables pour attendre. Le commerce les tient donc par cette impuissance et le besoin de règlement immédiat. La constitution de caisses de crédit et de celliers communs pour donner aux viticulteurs les moyens d'attendre et de discuter doit donc être la première étape de leur organisation économique.

Jusqu'ici il y a eu beaucoup de projets et de tentatives, mais aucun résultat définitif. A peine peut-on citer, mais dans le domaine de l'initiative privée, la création à Tipaza en 1897 par M. Pirodon d'une installation pour le *cuvage à façon* des vins des petits viticulteurs dépourvus d'outillage ou de magasins et le plus souvent incapables d'obtenir des vins bien fermentés.Elle a traité dès sa fondation un millier d'hectolitres et l'année suivante 3.700 répartis entre 13 propriétaires, moyennant des frais minimes de 0.25 à 0.50 par hectolitre. La plus-value acquise par la bonne préparation des vins fut de 1 à 2 francs par hectolitre. Les produits cuvés en commun sont répartis entre les propriétaires au degré-alcool et selon qualité, plaine ou coteau (1). Depuis une tentative de constitution d'un grand syndicat de vente des produits agricoles à Guyotville a échoué, faute d'entente. Des foires aux vins ont

(1) Le cuvage à façon. — Revue de Vitic. n° 287 p. 692-93.

été créées à Alger, puis à Bône. Au début de 1901, M. Foussat, professeur à l'école d'agriculture de Rouïba, a émis le projet de faire de la Société des Agriculteurs d'Algérie une sorte de grand syndicat de vente centralisant tous les renseignements sur les qualités, livraisons et disponibilités de vins dans les caves. Ce système est trop vaste, surtout pour un début, alors que l'éducation syndicale et coopérative fait absolument défaut parmi les viticulteurs algériens. « On aura beau faire des emprunts de quatre cents millions (avec un budget spécial) conclut à ce sujet M. J. du S, pour compléter l'outillage économique de l'Algérie; si on ne donne pas d'abord un crédit agricole aux colons, on aura seulement donné des instruments perfectionnés aux exploiteurs des colons, à ceux qui ont le nerf du commerce, le crédit et l'argent. Ce qu'il faut pour tirer l'Algérie agricole du marasme où elle se meurt avec ses blés dépréciés, ses moutons claveleux et ses vins à bas prix, ce sont des *Associations agricoles et vinicoles* bien organisées, bien administrées, par région et qui s'occuperont avec l'aide des pouvoirs publics, de créer des débouchés sur les marchés de la métropole et au loin (1) ».

CONCLUSIONS. — Si nous cherchons à dégager les tendances générales des diverses tentatives d'association de producteurs que nous voyons naître et se multiplier dans la viticulture méridionale sous le rude stimulant de la crise présente, il semble qu'on puisse les ramener aux deux suivantes : préférence pour l'organisation commerciale ordinaire et, d'autre part, pour la formation immédiate de grands syndicats de vente régionaux. Pour bien juger de ces tendances, il faut tenir compte des besoins spéciaux aux milieux où elles apparaissent. Il faudrait distinguer à ce sujet entre les régions de grande production de vins communs comme la plaine du Languedoc et celles de vins de qualité supérieure, comme les Côtes de la Provence ou du voisinage des Cévennes. Dans ces

(1) Id. n° 380. p. 366. — Même conclusion en faveur des coopératives vinicoles dans la *Dépêche algérienne* du 31 août, art. de J. Rouanet sur la Coopération.

dernières, les conditions de la production sont bien plus analogues que dans les secondes à celles des pays où se sont constituées les véritables coopératives de vignerons. Comme nous l'écrit un de nos correspondants provençaux : « Les frais de plantation sont considérables chez nous, à cause du défoncement dans un terrain rocheux nécessitant l'emploi de la pioche, du pic, du levier et même de la poudre. Situées sur les derniers échelons des chaînes montagneuses où leur culture est encore possible, nos vignes sont souvent gelées, grêlées et l'oïdimu et le mildew y sévissent avec rage. Ajoutez à cela que nos terrains peu fertiles ne permettent pas à la vigne de produire beaucoup; nous n'avons qu'un rendement moyen de 1 kilogramme par pied avec plantation de 5000 ceps à l'hectare ». Par contre, ces vignobles donnent des vins solides et de bonne garde qui prennent avec le temps des qualités de bouquet et de finesse qui font toujours défaut aux vins grossiers de la plaine. N'ayant pas à emmagasiner des quantités considérables, les petits vignerons peuvent donc se grouper à peu de frais et sans avoir besoin d'un matériel coûteux et encombrant pour faire ensemble leurs vins et les conserver jusqu'au moment propice à une vente avantageuse. Malheureusement, plus d'un vignoble de cette contrée a été récemment adultéré par la plantation d'hybrides nouveaux qui ne donnent qu'un vin plat et grossier mais fort en couleur qu'il faut copieusement additionner d'acide tartrique : Jacquez et Alicante-Terras. Un des plus réputés de nos viticulteurs d'avant-garde, M. J. Roy-Chevrier, dont le zèle érudit pour la cause des hybrides s'accorde avec une sévère critique pour les sujets indignes, écrit à ce sujet : « Le meilleur moyen de travailler à l'extension du débit du vin est d'augmenter la confiance du consommateur. Et pour cela, nous devons tous, d'un bout de la France à l'autre, traquer impitoyablement les cuisiniers qui, par leurs teintures ou leurs sirops, dénaturent notre vin hygiénique » (1). Contre cette nouvelle cause de

(1) Rev. de Vitic. t. XVI p. 630 et Rapport sur les producteurs directs, Lyon 1898 et Rev. de Vitic. t. X. — id. Vinification des hybrides, Lyon, Legendre, déc. 1901.

dépréciation, le correspondant que nous citions tout à l'heure pense que les coopératives vigneronnes pourraient être « une arme puissante pour enrayer et faire disparaître ces vignobles à grande production, situés dans les terrains frais et éminemment fertiles où avant le phylloxéra on cultivait la luzerne, le maïs, la pomme de terre, la betterave et le froment. Les futures coopératives s'attacheraient à ne faire que des vins naturels de 10 à 12° d'alcool sans sucre ni vinage, fruités, vineux et à bon marché. Qui voudrait alors des vins frelatés ? » On sait d'ailleurs que les Winzervereine n'acceptent pas les raisins des cépages inférieurs. Leur louable préoccupation de maintenir la qualité des vins du crû prévient ainsi les erreurs de plantation des propriétaires dont l'avidité maladroite se laisse séduire par l'appât de la quantité.

Si l'adoption du type coopératif qui a fait ses preuves à l'étranger nous paraît à la fois très pratique et très recommandable pour la catégorie la plus estimée des vignobles méridionaux, il semble qu'elle soit moins appropriée aux besoins de la seconde, celle des vignobles à grands rendements de produits médiocres. En effet, ces énormes quantités de vins exigent de grands frais de garde et d'emmagasinage pour leur conservation souvent précaire. Pour la vinification collective, il faudrait des installations coûteuses et étendues; pour garder les vins, des provisions de foudres et des avances de fonds considérables, toutes conditions que nous avons jugées peu propices au succès de Sociétés commerçantes. La vente de telles masses de vins exige une organisation commerciale très développée et de larges débouchés difficiles à découvrir dès l'abord. Enfin ces vins ne sont pas susceptibles d'une très longue conservation. Ils ne gagnent pas à vieillir longtemps; la nécessité de loger les récoltes suivantes oblige le plus souvent à les écouler dans l'année de leur récolte. On conçoit donc que dans ces conditions, les viticulteurs du Languedoc n'aient guère songé à l'organisation de la production et que tout leur effort se soit porté vers celle de la vente rapide sur les marchés des grandes villes.

Que la réorganisation du commerce des vins ordinaires

s'imposé, même ceux qui ne croient pas à la possibilité de la vente directe, l'admettent implicitement. Un des hommes les plus au courant de la viticulture méridionale, l'ingénieur E. Paul, tout en pensant que c'est une erreur « chaque fois qu'une crise se produit, de croire y remédier en renouvelant les tentatives de passage direct du producteur au consommateur sous forme de Syndicat, d'Association ou d'efforts personnels », déclare cependant : « Le seul passage direct intéressant c'est celui de la marchandise allant de la cave du propriétaire dans la cave du consommateur... ce qui grève le commerce et par suite le vin, ce n'est pas autant le bénéfice exagéré trop souvent reproché, que les frais généraux de ce commerce même, atteignant le plus souvent et dépassant parfois plus de 5 francs par hecto, par suite de la nécessité du local ou entrepôt loué à grands frais où les vins devront être préalablement transportés ou soignés, puis coupés pour arriver au consommateur sous la forme désirée, utile » (1). M. Prosper Gervais qui pense « que le commerce est indispensable à la production méridionale » reconnaît cependant la nécessité d'une *évolution* « par la disparition de certains organes, de certains rouages devenus inutiles » (2), par exemple en rapprochant de la propriété le commerce des grands centres de consommation. C'est à peu près reconnaître avec nous que le rôle du commerce est exagéré et que l'organisation de celui-ci est trop compliquée et aussi trop onéreuse pour qu'il lui soit possible d'assurer l'écoulement des vins ordinaires à faible prix de vente. Si la propriété doit conserver les vins, les soigner et en approprier les types pour la vente, c'est à elle et non au commerce d'exercer un rôle prédominant sur le marché des vins. Comme nous l'avons dit, il faut alors non supprimer tous les intermédiaires mais subordonner ceux qui resteront nécessaires. D'ailleurs, ce que réclame M. Paul exige l'organisation locale des producteurs pour assurer la conservation des produits, leur garantie et le service

(1) Revue de Vitic. n° 393 p. 706.

(2) Revue de Vitic. n° 422 p. 58.

de leurs expéditions. Le jour où ce résultat sera obtenu, les producteurs auront acquis assez de cohésion et d'éducation économique pour organiser le mouvement des échanges avec l'économie, la simplicité et surtout la sincérité qui y font aujourd'hui trop défaut.

C'est déjà le caractère des groupements semi-commerciaux qui viennent d'apparaître dans le Midi de chercher à simplifier et réduire le rôle des intermédiaires. Ils se sont attachés à imiter l'organisation commerciale en s'abouchant directement avec un négociant ou un commissionnaire qui se cantonnerait désormais dans la recherche et le service de la clientèle.

Mais en raison de la dispersion des associés, il faut le plus souvent créer un dépôt central pour les expéditions ou un service de relations entre les caves particulières, encore les livraisons risquent-elles d'être bien inégales. Comme l'observe judicieusement M. B. Chauzit (1), « Les installations de ce genre ont à compter à peu près sur les mêmes frais que le commerce. Si sur certains points, comme par exemple, sur les commissions à l'achat, elles peuvent réaliser quelques petites économies, elles ont à prévoir des dépenses un peu plus fortes peut-être pour d'autres chapîtres de leur budget. Ce serait se faire illusion que de croire qu'elles peuvent agir beaucoup plus avantageusement. Mais le profit que donne leur exploitation reste ou plutôt revient aux associés : c'est leur mérite. Pour qu'elles répondent au but en vue duquel elles ont été créées, il est essentiel qu'elles soient bien administrées. C'est de l'habileté de leur direction que dépendront leurs résultats ; quelles que soient ces institutions, elles ne valent que par les hommes qui les animent. » C'est dire qu'elles ne sont pas susceptibles d'une grande généralisation et que leur action éducative sur la masse vigneronne sera toujours très limitée. Si l'on veut à ce dernier point de vue obtenir des résultats, il faut absolument partir de groupements locaux, bornés aux viticulteurs d'un même village qui, se

(1) Rev. de Vitic. t. XV n° 387.

connaissant tous et pouvant se contrôler mutuellement, sont naturellement unis par la communauté des conditions économiques.

Le second type d'organisation récemment inauguré dans le Midi, celui des grands Syndicats de vente, prête à la même critique. Peut-il y avoir union bien réelle et coordination d'efforts bien sûre dans des groupements aussi considérables, formés de propriétaires épars sur la surface de tout un département, placés dans des conditions souvent fort différentes et récoltant des types de vins inégaux à beaucoup de points de vue : qualité naturelle, réussite, bonne vinification, conservation, etc. ? En outre les moyens matériels d'un Syndicat peuvent-ils jamais être suffisants pour écouler des millions d'hectolitres. « Il faudrait des entrepôts, un contrôle effectif, un service d'expédition fortement organisé, des dépôts, des débits et de nombreux représentants dans les centres d'écoulement. Comment improviser tout cela et avec quelles ressources ? Un tel Syndicat peut bien garantir l'origine et l'authenticité des produits mais non leur qualité ? Et si beaucoup de vins de ses adhérents sont mal préparés, non logés ou mal logés, comment y remédier en l'absence de toute organisation locale de la production et du contrôle ? On conçoit qu'en face des nécessités pressantes d'une crise aussi terrible que celle qui frappe depuis deux années la viticulture languedocienne, les intéressés aient voulu faire grand et tenté d'emblée la constitution d'organismes généraux. Mais en fait, la grande propriété est pour le moment seule assez bien pourvue et outillée dans sa production pour pouvoir assurer aux grands Syndicats des livraisons sûres et régulières. Mais ceux-ci ne sauraient improviser l'écoulement de masses de produits aussi énormes que celles dont elle dispose. Il est donc à craindre que cette institution ne cause quelques déceptions et ne puisse rendre tous les services que beaucoup en espèrent. Il est surtout à redouter qu'elle ne puisse être fort utile à ceux-là mêmes qui ont le plus besoin de secours, aux petits producteurs dépourvus à la fois de moyens techniques suffisants, d'éducation économique et de ressources commerciales. Nous pensons donc que les grands Syndicats n'acquerront toute leur utilité que le jour où ils pourront s'appuyer sur des groupes locaux vivants et solides, dont ils ne seront que les agences régionales pour coordonner les efforts, organiser les rapports mutuels et régler les relations avec la consommation générale. L'exemple présent de l'Italie placée dans des conditions sensiblement analogues, justifie ces inductions. Même dans les pays de grande production, l'organisation de coopératives locales, quoique plus difficile parce que plus dispendieuse, semble devoir être la préface indispensable à tout développement ultérieur. Selon le mot célèbre de Proudhon, « les révolutions ne viennent pas d'en haut, elles partent d'en bas, ». Il en sera de même de la révolution commerciale, si elle devient nécessaire. Adaptant cette formule à l'organisation du crédit rural, M. Méline disait qu'elle doit se faire par en bas. Cela est vrai pour toutes les formes de la coopération, et l'expérience étrangère semble attester que, s'il est une branche de l'agronomie où cette conclusion s'impose plus particulièrement, c'est en viticulture.

LIVRE IV

Étude économique et critique des Institutions coopératives viticoles

CHAPITRE PREMIER

Classification et Progression des formes de la Coopération Viticole

SECTION I

CLASSIFICATION GÉNÉRALE

SECTION II

ÉTUDE DES FORMES DE TRANSITION

CHAPITRE II

Étude des différents types de Coopératives Vinicoles

SECTION I

VÉRITABLES COOPÉRATIVES : FORMES DIVERSES

SECTION II

LES FONCTIONS DES COOPÉRATIVES VIGNERONNES

SECTION III

LES FÉDÉRATIONS DE COOPÉRATIVES

CHAPITRE III

L'Organisation de la Coopération Viticole

SECTION I

L'ACTION DES POUVOIRS PUBLICS

SECTION II

CONSTITUTION LÉGALE ET ADMINISTRATIVE DES COOPÉRATIVES VINICOLES

CHAPITRE IV

L'Avenir du Coopératisme. Alliance de la Coopération urbaine et de la Coopération rurale

SECTION I

RAPPORTS DES COOPÉRATIVES URBAINES DE CONSOMMATION ET DES COOPÉRATIVES RURALES DE PRODUCTION

SECTION II

LA COOPÉRATION ET LES PARTIS

LIVRE IV

CHAPITRE PREMIER

Classification et Progression des formes de la Coopération Viticole

SECTION PREMIÈRE

CLASSIFICATION GÉNÉRALE

D'après les principes que nous avons dégagés au début de cette étude (Ch. II), il faut classer maintenant les différents types de sociétés vinicoles dont la réalité présente nous offre des exemples capables d'éclairer la coopération française. Cela nous permettra de mieux juger des chances d'adaptation de chacun d'eux aux conditions, variables selon les régions, et partout si complexes de la production viticole de la France. C'est aussi le meilleur moyen d'apercevoir les tendances de ce mouvement d'association et de dégager la loi probable de son évolution interne dans un prochain avenir.

Mais une expérimentation aussi récente que celle de la coopération viticole ne va pas sans essais multiples et confus de physionomie souvent bien indécise. Entre les types que nous distinguerons existent nombre de variétés intermédiaires qui participent des caractères de leurs voisines ou cherchent à cumuler leurs aptitudes. Il n'en est pas moins vrai qu'en spécifiant les caractères distinctifs des œuvres coopératives, il est déjà possible d'établir une classification rationnelle de leurs applications nouvelles dans l'industrie vinicole et de distinguer par l'analyse autant de types d'associations, dont chacun a son expression actuelle dans la réalité économique en telle ou telle des sociétés diverses que nous avons signalées. Les autres représenteront dans cet arbre généalogique les degrés intermédiaires qui permettent de suivre l'évolution progressive des types primitifs et d'en présumer la tendance naturelle. Ainsi arriverons-nous peut-être à dégager à l'avance la physionomie de l'organisme complet, qui n'est encore aujourd'hui que l'idéal vers lequel s'acheminent d'une manière plus ou moins consciente et volontaire les pionniers de la coopération viticole.

LES DEUX METHODES. — Mais pour cette entreprise nous avons le choix entre deux méthodes de classification, l'une toute objective, qui consiste à ne considérer que le but matériel de l'institution ; l'autre, subjective, qui ne s'attache qu'à vérifier son mode de fonctionnement au point de vue de sa conformité, absolue ou relative, réelle ou fallacieuse, avec les principes nécessaires de la coopération vraie. Etant donné que l'économie viticole comprend quatre séries d'opérations, de la production à la consommation individuelle, la première méthode nous conduit à distinguer quatre séries correspondantes de coopératives vinicoles : les sociétés de *production*, les sociétés de *vinification*, les *sociétés de vente* et les *sociétés de consommation*. Nous percevons aussi l'existence d'une coopération *mixte* plus étendue, par la combinaison de deux ou plusieurs de ces opérations : de la production et de la vinification ou de la vinification et de la vente, par exemple. Il est même possible de concevoir l'existence d'une *coopération viticole intégrale*, embrassant tout le cycle de l'œnologie, celle où les consommateurs associés entreprendront eux-mêmes pour leur profit les quatre opérations précédentes, antérieurement dissociées au point de vue économique.

Mais si nous quittons ce point de vue tout objectif de la fin matérielle que se proposent ces associations pour nous placer au point de vue beaucoup plus subjectif qui doit dominer notre étude, celui de l'application des principes coopératifs, nous sommes conduit à un autre mode de classification. Nous avons vu que pour décider du véritable caractère d'une entreprise au point de vue coopératif, il faut considérer trois choses : 1° d'abord le mode de répartition de ses bénéfices et examiner à qui et en quelle proportion ils sont distribués entre ces deux éléments indispensables de toute opération industrielle : travail de production et capital ; 2° pour qu'il y ait coopération vraie, nous savons aussi que la société doit impliquer moins la participation pécuniaire de ses membres que leur concours effectif, par l'apport de leur travail ou de leurs produits et toujours de leur dévouement personnel ; 3° il importe enfin pour assurer et sanctionner leurs obligations que leur responsabilité pécuniaire soit engagée, de sorte qu'on peut souvent mesurer le degré de coopération par celui de la responsabilité qu'elle implique pour tous les associés.

Ces trois caractères peuvent être plus ou moins développés, plus ou moins prédominants selon les entreprises, mais la coopération ne commence que là où ils apparaissent pour s'affirmer véritablement dans celles où ils dominent. La classification que nous devons adopter ici ne doit donc être fondée que sur leur degré de prédominance et suivre en quelque sorte leur développement, depuis les sociétés qui n'offrent qu'une coopération embryonnaire jusqu'à celles qui représentent à cette heure l'épanouissement le plus complet des idées coopératives dans le domaine de la viticulture internationale.

Toute entreprise économique peut apparaître sous trois formes différentes : 1° celle de l'*exploitation individuelle directe* où le problème de la répartition ne se pose même pas, puisque les intérêts du capital et ceux du travail de production sont confondus en la personne de l'exploitant. C'est actuellement la forme d'entreprise de beaucoup la plus répandue dans la viticulture européenne ; 2° celle de l'*exploitation capitaliste* qui peut à son tour revêtir deux formes : *individuelle* ou *sociétaire*, selon que les capitaux engagés dans l'entreprise appartiennent à un seul ou à une collectivité d'individus associés pour se partager les bénéfices. Selon l'état de division plus ou moins grand de ces capitaux et les conditions de l'entreprise, la société revêt ou la forme anonyme ou les formes intermédiaires qui participent encore de l'exploitation individuelle : celles de la *commandite* ou de la *société en nom collectif*. Mais toutes ces formes ont un caractère commun, c'est que les bénéfices de l'entreprise, une fois payé le travail de production sous ses apparences diverses : salaires, appointements, primes, etc., vont exclusivement à l'élément capital ; 3° vient enfin l'*exploitation coopérative* dont nous avons dégagé les caractères essentiels.

De la première forme d'exploitation, nous n'avons pas à parler puisque le domaine de la coopération viticole ne commence que là où elle devient insuffisante ou impuissante. Mais l'exploitation capitaliste nous intéresse déjà dans la mesure où le capital, dans son propre intérêt, pour assurer une meilleure exploitation, partout où la considération du dévouement de ses serviteurs devient essentielle, commence à faire une part dans les bénéfices au travail salarié ou cherche à intéresser la production au succès de son œuvre de spéculation. C'est pourquoi nous avons à retenir ici deux modalités de l'exploitation capitaliste qui constituent comme les premiers degrés de l'échelle qui mène à la coopération complète. C'est pour l'entreprise capitaliste individuelle, le système de *la participation aux bénéfices* et pour l'entreprise capitaliste sociétaire, celui du *partage* des bénéfices avec la production, la part du capital restant bien entendu, dans les deux cas, toujours prédominante. Cette dernière méthode a été inaugurée, nous l'avons vu, par quelques sociétés italiennes. Nous aurons donc à l'étudier avec le système des *sociétés œnologiques*. Quant à l'exploitation coopérative, bien que son principe de répartition soit presque absolu, elle ne laisse pas d'avoir des degrés qui résultent de la considération des deux autres principes dont la combinaison avec le précédent constitue la coopération vraie : c'est-à-dire l'action effective de tous les associés et leur égale responsabilité. Relativement au premier d'entre eux, il arrive souvent qu'en fait, sinon d'après la lettre des statuts, l'action et les intérêts d'un associé, en général grand propriétaire, prédominent d'une manière absolue, à la fois dans la direction de l'entreprise et dans la masse de ses opérations. C'est le cas en particulier des coopératives qui sont issues de l'extension du métayage à toutes les manipulations des produits. Ces coopératives ont donc à un haut degré le caractère d'œuvres de patronage. Elles sont toujours en effet l'œuvre presque exclusive de l'initiative intelligente d'un patron grand propriétaire. Nous pouvons donc les caractériser par l'expression de *coopératives patronales*. Les vraies coopératives ont au contraire un caractère *autonome* qui s'oppose dès l'abord au précédent.

CLASSIFICATION GENERALE DES COOPERATIVES VITICOLES. — Mais l'étendue de l'action commune varie nécessairement avec celle de l'objet que se propose la société. Il devient donc nécessaire de combiner ici les deux principes de classification que nous avons étudiés tout à tour : celui qui n'envisage que l'objet de l'entreprise et celui qui considère surtout sa forme sociologique. Des six formes de sociétés viticoles que nous avons distinguées d'après le premier de ces principes : sociétés de production, de vinification, de vente, de consommation, sociétés mixtes et associations générales, toutes sont susceptibles de chacune des deux grandes modalités économiques qui dominent toutes les entreprises, en dehors du mode rudimentaire de l'exploitation individuelle. Elles peuvent être d'organisation capitaliste ou d'organisation coopérative. Nous excluons la première, hors de notre sujet. L'autre, avons-nous dit, est susceptible de degrés, qui tiennent non seulement à l'étendue de l'entreprise mais encore et surtout à celle de la participation effective et de la responsabilité des coopérateurs. Il nous faut distinguer ici entre deux formes d'organisation aux limites vagues et indécises, même au point de vue économique, à fortiori au point de vue juridique : l'organisation *syndicale* et l'organisation *coopérative* proprement dite. Chacune des différentes opérations de l'économie viticole peut à la rigueur prendre aussi l'une ou l'autre de ces formes. Nous avons vu la difficulté d'en préciser les limites.

Où finit l'action syndicale ? Où commence l'action coopérative ?

Nous avons admis au point de vue théorique que la seconde est caractérisée par ces trois effets : 1° la recherche d'un avantage matériel d'ordre économique ; 2° la participation effective et non plus simplement nominale de ses membres aux opérations en vue de ce résultat ; 3° la responsabilité pécuniaire de tous les associés. Ce dernier caractère, le plus essentiel, car il fait normalement défaut dans les syndicats, est le plus à considérer. Nous dirons donc que la coopération apparaît où commence la responsabilité pécuniaire des adhérents. Elle est d'autant plus effective que celle-ci est plus étendue. Elle est complète quand cette responsabilité est illimitée.

Mais comme les limites réelles du syndicat et de la coopérative sont encore juridiquement indéterminées et que de ces deux modes d'action très voisins, le premier engendre habituellement l'autre, il faut commencer l'étude de la coopération viticole par celle des syndicats qui s'orientent vers elle par l'extension de leurs opérations premières. En fait, nous avons rencontré dans cette voie des *sociétés vinicoles* et des *sociétés de vente*, qui présentent un caractère mixte : les premières pour assurer une meilleure préparation des produits, les autres pour opérer leurs ventes dans les meilleures conditions possibles. Dans les pays de législation libérale comme la Suisse, l'action syndicale va jusqu'à chercher à joindre ces deux buts étroitement connexes. Mais nous avons vu qu'elle n'y arrive qu'en recourant à l'introduction du principe de la responsabilité pécuniaire, c'est-à-dire en entrant résolument dans l'action coopérative.

Cette limite dépassée, nous pourrions distinguer théoriquement la coopération de production et la coopération de vinification, mais en fait il n'existe aucun exemple de coopérative viticole de production, pour des raisons que nous aurons à examiner. Presque aussi rares sont les coopératives vinicoles bornées à la seule vinification en commun sans souci de la vente des produits. Des sociétés à caractère syndical, nous passons donc en fait directement aux coopératives à objectif complexe : aux *caves coopératives* de l'Allemagne, du Tyrol et de l'Italie qui sont des coopératives *mixtes de vinification et de vente*. Nous gagnons un nouvel échelon avec les coopératives de consommation, comme celles de l'Italie, dans lesquelles les consommateurs associés font opérer eux-mêmes ces deux opérations à leur profit. C'est actuellement la plus vaste application des principes coopératifs à l'industrie vinicole. On pourrait concevoir une coopération viticole intégrale où l'action de ces sociétés de consommation s'étendrait à la production des raisins elle-même. Mais c'est à peine si l'on peut aujourd'hui en percevoir quelques rudiments. Toutefois, il existe dès maintenant un degré supérieur d'Association viticole, représenté par les *Unions* ou *Fédérations* de Coopératives locales.

Toutes les sociétés existantes peuvent donc entrer dans le cadre de cette classification graduelle, suivant laquelle nous les étudierons tour à tour :

- 1° Formes de Transition.
  - 1° D'origine individuelle . . .
    - 1° *Participation aux bénéfices.*
  - 2° D'origine capitaliste. . . .
    - 2° *Sociétés Œnologiques* (simples ou mixtes).
    - 3° *Coopératives patronales.*
  - 3° D'origine sociétaire . . .
    - 4° *Sociétés viticoles.*
    - 5° *Syndicats de vente.*
- 2° Véritables Coopératives.
  - 1° *Distilleries Coopératives.*
  - 2° *Sociétés de vinification.*
  - 3° *Caves coopératives de consommat.*
  - 4° *Caves coopératives vigneronnes.*
  - 5° *Unions de Coopératives vinicoles.*

SECTION II

ÉTUDE DES FORMES DE TRANSITION

1° LA PARTICIPATION AUX BENEFICES DANS LA VITICULTURE. — La coopération commence en agriculture dès que l'exploitant éprouve le besoin de trouver dans les ouvriers qu'il emploie, non plus de simples manœuvres exécutant à regret un travail machinal, mais des auxiliaires intelligents et dévoués. Cet exploitant est en général un propriétaire qui a compris que son rôle et son intérêt ne sont pas de vivre à la ville des produits du travail d'autrui, sur le sol qu'il doit aux hasards de la naissance et de la fortune, mais de le faire valoir lui-même en apportant à la campagne ce qui lui fait trop généralement défaut, c'est-à-dire des connaissances et des capitaux. De même qu'il sent que le propriétaire ne doit pas être pour le travail agricole un fléau parasite aussi néfaste que le phylloxéra, il comprend que ce travail, pour s'adapter aux conditions de la production intensive et scientifique qui devient de plus en plus la loi des entreprises modernes, a besoin d'être exercé, non plus par ce qu'on pourrait appeler des *hommes de somme*, mais par de bons ouvriers attachés à leur métier et capables de progrès, en un mot par de véritables collaborateurs. Le moyen de se procurer ou de former ce personnel d'élite semble tout indiqué; c'est de stimuler son zèle et de récompenser ses aptitudes spéciales par l'attrait de nouveaux avantages et d'organiser ceux-ci de telle sorte que l'intérêt du propriétaire et celui de ses ouvriers, jadis antagonistes, se combinent pour l'obtention d'une meilleure récolte. Nous avons ainsi défini la participation aux bénéfices qui consiste par exemple, en viticulture, à joindre au salaire normal de l'ouvrier un tant pour cent sur le produit des récoltes. En fait, comme le remarque très justement M.

G. Dufaure, de la Société Nationale d'Agriculture (1), c'est le produit brut qui, en viticulture, doit être la base de la répartition, car le bénéfice à réaliser après la vente des récoltes est trop lointain et aléatoire, en outre de calcul trop compliqué pour que l'ouvrier puisse l'attendre et le contrôler..Nous ajouterons que dans le régime actuel des échanges, cette vente étant une affaire de spéculation, ne concerne pas l'ouvrier qui ne contribue généralement en rien à cette opération finale. Dans la pratique, la participation fonctionne donc en viticulture par l'attribution aux vignerons d'une prime par 100 kilogrammes de raisins vendangés ou par pièce de vin récoltée. Ce système suffit pour intéresser l'ouvrier à la bonne exécution de son travail et au résultat des récoltes. « Sûr d'un minimum de rémunération, dit l'auteur de l'étude précitée, il comprendra que chaque effort fait par lui pour améliorer le résultat lui promet un bénéfice nouveau, plus heureux en cela que le propriétaire, qui doit compter, non seulement avec les intempéries, mais aussi avec les vicissitudes impossibles à prévoir, du commerce. » Appliqué par lui-même au domaine de Vizelle (Charente-Inférieure) sur 107 hectares et avec 39 vignerons, M. Dufaure constate que ses résultats sont qu'on voit déjà « l'aisance remplacer la misère ou la gêne dans plus d'une famille et, trait caractéristique, les jeunes gens revenant du service commencent à considérer le métier de vigneron à l'égal de celui de facteur ou de douanier ».

Bien que la compréhension de la nécessité d'établir plus d'harmonie et de solidarité entre tous les facteurs de la production agricole par une sorte d'Association d'intérêts et d'efforts pour une production meilleure soit ancienne en économie rurale, que Le Play et pour la viticulture en particulier, le Docteur Guyot, l'aient magistralement développée (2),

(1) Contribution à l'étude de la participation ouvrière. Organisation de la main d'œuvre dans un vignoble. Revue de Viticulture des 10 et 17 Février 1900.

(2) Etudes sur les Vignobles de France, 3 vol. 1869. Lib. Agr. de la Maison rustique, passim.

elle ne semble pas avoir suffisamment pénétré jusqu'ici dans la pratique. Malgré quelques exemples heureux exaltés encore par le lyrisme de leurs admirateurs (1), la participation aux bénéfices, sous la seule forme pratique du salaire fixe avec primes sur le montant des récoltes, ne compte en viticulture que peu d'applications et encore moins de véritables succès.

Cette situation est d'autant plus regrettable qu'il n'est peut-être pas d'entreprise à laquelle cette institution soit plus naturellement adaptée que la viticulture. Avec les avantages théoriques qu'elle présente partout, elle n'y pourrait mériter le reproche souvent très justifié, que les ouvriers lui adressent d'ordinaire, d'être un *instrument d'exploitation perfectionné*, au sens immoral du mot. En effet, il ne s'agit point ici d'obtenir de l'ouvrier une travail plus intensif, une somme d'efforts épuisants pour son organisme, puisque c'est la terre et la plante qui sont chargés de la production supplémentaire, mais seulement plus d'intelligence, plus de goût dans son travail, non un résultat quantitatif qui contribue à l'abrutir, mais un résultat qualitatif qui élève réellement sa valeur personnelle, aussi bien au point de vue de la moralité et du savoir qu'à celui de l'aptitude productrice. Il s'agit pour le directeur de l'entreprise agricole et ses collaborateurs de tirer plus complètement parti de la nature par une coordination plus parfaite des travaux de direction et d'exécution, d'éclairer et harmoniser les efforts et non de les intensifier jusqu'à l'épuisement. La culture de la vigne est en effet le type de la culture individualiste à haute main-d'œuvre. En dehors du piochage, de

(1) V. p. ex. *L. Guille.* — Phalanstère Viticole, Progrès Agric. et Vitic., 26 Novembre 1[illegible]9 et *Goffinon.* — La Participation au domaine de Grézy en Cubzadais, brochure. — *M. Merlin*, dans son ouvrage sur le *Métayage et la Participation aux bénéfices*, p. 493, relève quelques exemples viticoles plus anciens ; celui de M. Laroche-Joubert qui établit sans succès dans son domaine de la Texandrie la répartition suivante : 50 % des bénéfices au propriétaire, sur les autres 50 %, un tiers au directeur et le reste partagé entre le directeur et tous les ouvriers au marc le franc du salaire gagné ; en second lieu, celui de M. Mathieu Dollfus qui organisa en 1880 dans son domaine de Château-Montrose dans le Médoc « une caisse de prévoyance alimentée au moyen d'une participation dans les bénéfices de l'exploitation. »

plus en plus réduit par le développement du labour à la charrue, ses opérations n'exigent pas l'intervention prédominante de la force musculaire et se prêtent peu au développement du machinisme. Tailler la vigne, l'ébourgeonner, appliquer les traitement anticrytogamiques ou les engrais, palisser les pampres, opérer la récolte avec propreté et célérité, ce sont là autant d'opérations qui réclament plus d'attention et d'intelligence que de vigueur, plus de bonne volonté et d'intérêt à la besogne au moment opportun que d'assiduité de tous les jours et d'énergie prolongée.

Mais c'est précisément parce que dans la culture de la vigne, la part du travail de direction est considérable, que sa conduite exige des entrepreneurs et des ouvriers particulièrement intelligents et expérimentés, que la participation aux bénéfices n'y a pas encore acquis plus de développement. Relativement rares en effet sont dans l'agriculture les grands propriétaires qui ont avec les connaissances nécessaires et la volonté de tirer eux-mêmes parti de leurs domaines, le sentiment des devoirs que leur situation sociale leur impose. Rares aussi dans nos campagnes où le paysan mal instruit, peu éclairé, routinier de nature et défiant à l'excès, déserte la terre pour l'appât trompeur du travail des villes et plus encore des petites fonctions aux appointements fixes comme la misère et la sujétion qui y sont attachés, bien rares sont les travailleurs capables d'être les auxiliaires intelligents de véritables agronomes. Plus rare encore, naturellement, doit être la rencontre de ces propriétaires et de ces travailleurs d'élite. « Plus que toute autre, écrit un de ces viticulteurs, qui comme nous en a fait l'expérience, la culture de la vigne est appelée à retirer de l'Association des avantages considérables, mais plus que tout autre cultivateur, le vigneron est réfractaire à l'esprit de solidarité sans lequel il n'y a pas d'Association vraie et durable » (1). Dès notre premier pas sur l'échelle de la coopération viticole, il nous faut faire cette constatation pénible. Plus

(1) G. Bord. — L'Association dans la viticulture. Rapport au Congrès international des Syndicats agricoles, 1900.

nous monterons, plus il faudra malheureusement la renouveler pour expliquer comment l'utile n'a pu aboutir et pourquoi le nécessaire n'est généralement pas encore.

SOCIETES ŒNOLOGIQUES. — Justement pénétrés du sentiment des embarras sans nombre que rencontre le propriétaire intelligent à conduire une grande exploitation viticole, il s'est trouvé des capitalistes, en général peu familiers avec les difficultés spéciales du commerce des vins, qui ont pensé tirer un parti plus fructueux de leurs avances en délaissant la viticulture proprement dite pour ne s'appliquer qu'au traitement et à la vente des vins faits avec des raisins achetés aux petits propriétaires. On sait quel merveilleux parti les fabricants de Champagne ont ainsi tiré de leurs capitaux et combien prospère est devenue leur industrie dans la seconde moitié du XIXe Siècle. Nombreux aussi, particulièrement sur les bords du Rhin et chez nous en Bourgogne, sont les négociants qui ont trouvé une ample source de nouveaux bénéfices à se charger eux-mêmes des opérations de la vinification pour leur propre compte, en achetant directement aux producteurs, non plus les vins faits, mais les raisins eux-mêmes à l'époque des vendanges. Ce qui avait si bien réussi à des particuliers opérant uniquement pour eux-mêmes ou quelques commanditaires, devait naturellement tenter les hommes d'affaires habitués à appliquer aux entreprises industrielles les procédés de la spéculation financière. Ils devaient logiquement penser qu'en réunissant de grandes masses de capitaux en puissantes sociétés anonymes, il serait possible de constituer de grandes sociétés d'actionnaires qui trouveraient dans l'œnologie un terrain aussi propice aux opérations fructueuses que dans la métallurgie ou, plus près de l'industrie agricole, dans la filature, la sucrerie et la distillerie. Telle est l'idée-mère des grandes *Sociétés œnologiques* que nous avons souvent retrouvées aux origines du mouvement coopératif, par exemple en Italie et en Portugal.

Une société œnologique est une compagnie financière constituée en général sous la forme de la société anonyme ou de la commandite par actions et dont le but est de vinifier en grand, avec toutes les ressources de la technique moderne, les raisins achetés aux moyens et petits propriétaires de son rayon d'action pour créer ainsi des types de vins à peu près constants et d'un écoulement facile, même sur les plus lointains marchés. Celui-ci s'opère ensuite par tous les moyens usuels du commerce de gros et de détail : dépôts et débits dans les grands centres, voyageurs, réclames, entrepôts à l'étranger, etc. Nous avons vu qu'abandonnées à elles-mêmes, ces sociétés ont partout échoué et d'autant plus complètement qu'elles représentaient des groupements de capitaux plus considérables. Celles qui ont réussi à se maintenir n'ont pu le faire, comme en Portugal, que grâce aux subventions de l'Etat et en Italie à une organisation semi-coopérative.

Les raisons de cet insuccès, avons-nous dit ailleurs (1), peuvent être facilement découvertes. « Ces sociétés ne sont en réalité que des compagnies de commerce qui ont sur les maisons ordinaires l'inconvénient d'être d'une administration plus compliquée. Comme toutes les grandes sociétés par actions, elles ne peuvent réussir qu'à la condition de posséder un personnel dirigeant d'une probité et d'une aptitude éprouvées, stimulé en outre par la perspective d'avantages suffisants. Ces conditions se rencontrent difficilement au début de telles entreprises; or, dans le commerce des vins, où la clientèle est si disputée et de solvabilité bien inégale, les premiers pas sont toujours dangereux et toute faute grave bientôt irréparable. Dans une maison ordinaire, l'activité et la vigilance de son propriétaire préviennent ces dangers, tandis que le conseil d'administration d'une société anonyme supplée difficilement à cette initiative, surtout pour veiller sur des agents éloignés du siège social. On comprend que des sociétés aux prises avec toutes les difficultés des maisons de commerce ordinaires, sans avoir les mêmes aptitudes à les surmonter, en outre d'administration plus coûteuse et plus difficile, ne puissent guère prétendre à supplanter leurs rivales.

(1) La Coopération Viticole. Esquisse générale de son organisation et de son fonctionnement. Rapport à la Session annuelle des Viticulteurs de France, 1901, et *Progrès Agricole* du 16 juin 1901.

D'ailleurs y réussiraient-elles, que le producteur n'y gagnerait qu'une dépendance plus étroite, analogue à celle des producteurs de betteraves à l'égard des sucreries ou distilleries voisines ».

Cette dernière observation justifie les défiances que ces sociétés rencontrent dès le début; celles-ci sont d'autant plus vives qu'elles ne surgissent pas, comme les industries agricoles que nous leurs comparions, sur un terrain neuf où leur établissement procure des avantages immédiats. Le cultivateur qui voit s'établir une distillerie ou une féculerie dans son voisinage ne peut concevoir au début d'appréhensions, puisque livré à ses propres forces, il était impuissant à tirer industriellement parti des betteraves ou pommes de terre qu'il cultivait. Pour le faire, il faut nécessairement opérer en grand et réunir les matières premières récoltées par un grand nombre de cultivateurs. L'usine nouvelle ne procure donc au début à ceux-ci que l'avantage de débouchés nouveaux et d'une spécialisation de cultures jusque-là impossible. Il n'en est pas de même en viticulture.

Le cellier capitaliste n'est pas, dès le lendemain de sa construction assuré de ses approvisionnements, car il a pour concurrents chacun des petits celliers des propriétaires, habitués à faire eux-mêmes leurs vins et généralement persuadés que nul ne peut atteindre au même degré de perfection dans cette entreprise. Obligée par cette concurrence à payer de hauts prix la matière première pour constituer le large stock de vins nécessaire à l'ampleur de ses opérations, la société œnologique débute donc industriellement dans des conditions difficiles; sa situation n'est pas plus avantageuse au point de vue commercial, car pour écouler ses produits elle devra disputer le marché aux nombreux intermédiaires et commerçants qui opéraient avant elles sur les produits de la région où elle est apparue. D'où, à ses débuts, la perspective d'une sorte de guerre commerciale, donc celle de plus grands sacrifices pour arriver à vivre et par conséquent assez de difficultés préalables pour que ce résultat lui-même ne soit pas le plus souvent atteint.

Il faudrait, pour qu'il pût l'être, des circonstances spéciales exemptes des dangers que nous venons de signaler, par exemple leur établissement en des pays neufs où la culture de la vigne ne fait qu'apparaître, où il n'y a donc pas à lutter contre les habitudes antérieures des vignerons et la concurrence du commerce, où les débouchés eux-mêmes sont encore à créer et ne peuvent naturellement l'être que par des maisons disposant d'approvisionnements sérieux et de capitaux suffisants (1). Dans ces conditions la création d'une usine de vinification est, au moins aux débuts, un véritable bienfait pour les néo-viticulteurs de la contrée, au même titre que celle des usines précitées dans les régions où les cultures industrielles manquaient de moyens de développement. C'est ce qui explique le succès d'institutions de ce genre aux Etats-Unis (1), dont les *Vineries* californiennes en sont à la fois les plus anciens et les plus parfaits modèles. Peut-être trouveront-elles aussi un terrain propice dans les pays où la culture de la vigne est en voie de propagation à l'heure présente, comme en Algérie, en Tunisie, en Syrie, en Russie, en Australie ou dans l'Argentine. Mais nous doutons qu'ailleurs, elles puissent réussir sans intéresser fortement à leur succès les viticulteurs qui les approvisionnent. Dans ces conditions elles prennent le caractère de sociétés mixtes, dans lesquelles il est parfois difficile de démêler la part de la coopération et celle de l'organisation capitaliste.

(1) Notre demande de renseignements directs est restée sans réponse. V. annexe au Ch. III, 2e partie. Sur l'organisation grandiose et méthodique de leur exportation en Angleterre, voir *de Loverdo*. — Agriculture Nouvelle de Mars-Avr. 1901.

Il est possible que les progrès récents de l'œnologie pastorienne fondée sur la stérilisation des moûts pour concentration ou ensemencement ultérieur (procédés W. Ruhn, Rosenstiehl, Roos, Paul, etc.), ne provoquent bientôt la fondation de sociétés analogues pour l'exportation des mistelles, des mousseux à bon marché, des confitures de raisins, etc., etc. Mais il n'est aucune de ces voies dans lesquelles l'action coopérative ne puisse donner des résultats supérieurs. La pratique n'a d'ailleurs pas encore fixé la valeur des méthodes proposées. V. à ce sujet : *P. Paul*, *Pratique vinicole de la concentration*, Rev. de Vitic., 29 juin 1901.

SOCIETES MIXTES. — L'étude de ces sociétés prend un intérêt particulier pour notre sujet. Nous avons vu que les sociétés œnologiques qui ont survécu en Italie et en Suisse n'ont réussi que dans la mesure où elles ont adapté leur organisation aux principes coopératifs. A ce point de vue, nous pouvons les diviser en deux catégories. Les plus anciennes et les plus prospères, celles de *Sion* et de *Sondrio*, sont en réalité, surtout la première, des sortes de coopératives où les capitaux ne sont que représentatifs des propriétés et des apports des actionnaires. Ces derniers d'ailleurs sont tous ou à peu près des propriétaires-récoltants qui ont compris les avantages de la vinification et de la vente en commun et se sont associés sous la forme de la société anonyme par actions, sans doute parce qu'elle leur paraissait plus avantageuse pour leur liberté d'action et pour simplifier le mécanisme de la répartition des bénéfices. Les circonstances personnelles et locales ont le plus souvent dicté aux premiers initiateurs la forme d'organisation qui paraissait la plus propre à s'y adapter. C'est à ce type coopératif, d'apparence extérieure capitaliste, que paraît aussi se rattacher la majeure partie des institutions coopératives vinicoles de la Hongrie et de la Russie et des syndicats de vente récemment formés dans le Midi de la France. Nous n'avons pas à critiquer pour des raisons purement doctrinales une méthode d'organisation qui a fait ses preuves dans des milieux spéciaux. Il nous suffit de remarquer que leur préférence pour la forme et le mode de répartition des sociétés anonymes de capitaux paraît tenir en partie à ce qu'elles ne sont souvent formées que de moyens propriétaires, dont la plupart ne mettent pas eux-mêmes la main à la tâche ou se bornent au travail de surveillance. Dans ce cas, elles représentent plutôt des intérêts que des travaux de production et s'éloignent par là de la coopération vraie. C'est pourquoi dans ces conditions, nous regrettons de ne pas trouver dans les Statuts des plus prospères d'entre elles, à côté de la disposition statutaire qui alloue un tant pour % des bénéfices nets de la Société aux membres du Comité, une autre allocation aux vignerons, cavistes ou tonneliers qu'elle emploie. Comme aux coopérateurs français du Congrès international des Associations ouvrières de production, l'attribution d'une part des bénéfices au travail associé nous paraît nécessaire pour qu'il y ait coopération vraie dans toutes les Sociétés où les intérêts du capital ne sont pas absolument confondus avec ceux du travail (1).

2° La deuxième catégorie de Sociétés œnologiques mixtes comprend celles qui, comme les *Cantine de Stra* et *Brindisi* allouent en sus du prix de leurs raisins et au prorata de leurs apports, une part des bénéfices aux viticulteurs qui leur vendent leurs récoltes. En fait, cette part ne dépasse pas 10 à 20 %. Il n'y a pas encore là de coopération vraie, mais simple participation aux bénéfices dans l'intérêt de la société de capitaux pour retenir sa clientèle de vendeurs et l'intéresser à son succès. Les récoltants ne participent pas à l'administration. Mais si l'on considère que nombre des actions de ces sociétés ont été souscrites par les viticulteurs du voisinage qui en sont le plus souvent les organisateurs, on voit que ce type se rapproche beaucoup du précédent. On comprend alors que la part, même minime, faite dans les bénéfices à la production viticole ait suffi à préserver la société des périls inhérents aux pures sociétés de capitaux, fourvoyées dans l'industrie œnologique en pays d'antique production.

COOPERATIVES PATRONALES. — Nous nous sommes abstenu de mentionner comme exemple de coopération embryonnaire l'application, pourtant assez répandue, du métayage à la viticulture. La façon dont ce mode d'exploitation du sol est le plus souvent pratiqué en fait plutôt une caricature de l'Association qu'une organisation propre à montrer la possibilité d'unir travail et capital dans les entreprises agricoles. Le partage en nature, entre un propriétaire absent ou indifférent à la culture et un métayer ignorant et pauvre, des

(1) Résolution Ladousse et amendement Maitre adoptés à la séance du 12 juillet 1900. Compte-rendu du Congrès. Impr. Nouvelle. 1900 p. 165.

misérables produits d'un sol que ne fécondent ni la science ni le capital ne saurait à aucun degré être considéré comme l'opération ultime d'une coopération restée virtuelle. D'ailleurs ce mode d'exploitation disparaît de plus en plus dans toutes les régions viticoles où il était autrefois répandu. En Bourgogne, par exemple, il n'en subsiste plus que quelques exemples dans les vignobles des Hospices de Beaune, sans doute en raison de la valeur exceptionnelle qu'atteignent leurs produits dans les ventes célèbres que la mode à mises en réputation. La seule région viticole où il soit encore prospère est le Beaujolais, en raison de circonstances locales et d'une longue tradition (1), mais les nécessités de la reconstitution ont justement amené une intervention plus active du propriétaire dans la direction du vignoble; il a du apporter au secours de son métayer les capitaux nécessaires pour replanter et attendre, s'initier lui-même à la viticulture nouvelle, bref devenir son conseiller et son *patron* au sens moral du mot.

Mais, sauf en quelques points du Roussillon où il était d'usage de vinifier en bloc les raisins de tout le vignoble et d'opérer le partage non des raisins mais du vin fait, rien ne rappelle chez nous l'innovation intelligente dont M. Pestellini est devenu en Italie l'initiateur et l'apôtre : la transformation du métayage viticole en une association complète allant de la production des raisins à la vente du vin pour n'opérer le partage, sur la base de la part de récolte de chacun, qu'après la réalisation complète des opérations de vinification et de vente, c'est-à-dire après la clôture du circulus de la production œnologique. Inutile d'insister sur les avantages de cette organisation nouvelle dont les exemples de Bagno de Ripoli et d'Oleggio sont déjà classiques en Italie. Ce sont exactement les mêmes que ceux des véritables coopératives dont ces institutions ne diffèrent pas en apparence, leur organisation comme leur mode de fonctionnement étant identiques.

(1) V. Cheysson. Bull. de la Société Nationale d'Agr. de France. Séance du 14 Mars 1900.

Pour les juger, il faut pourtant tenir compte de l'inégalité de situation qui existe entre le propriétaire principal et ses co-associés. Outre la prépondérance que lui reconnaissent officiellement les Statuts (l'art. 26 des Statuts de la Cantina Sociale de Bagno de Ripoli attribue la direction permanente à M. Pestellini et l'art. 29 décerne à l'institution elle-même le nom de son fondateur (1), il exerce une domination de fait qui ne concorde pas avec le principe d'égalité relative qui est de l'essence des Associations réelles. Propriétaire de la cave commune et de toute l'installation matérielle qu'il met gratuitement à la disposition de ses métayers ou associés, le fondateur est encore leur banquier ordinaire, car c'est lui qui leur fait les avances nécessaires pour qu'ils puissent attendre la vente des vins et l'heure du partage des bénéfices. Tout dans l'Association repose sur son intelligence et son crédit, les membres ont bien part et contrôle dans l'entreprise commune, mais leur activité est nécessairement subordonnée à celle du principal intéressé. Il y a coopération nominale plus que vraiment effective ou plutôt les caractères coopératifs de l'institution, prédominants en apparence, sont en fait subordonnés à ceux du patronage qui est l'origine et le principe vital de l'institution (2).

De telles Sociétés rentrent donc plus dans la catégorie des œuvres patronales que des œuvres coopératives. Il n'en est pas moins vrai qu'elles peuvent être dans bien des cas le point de départ de celles-ci. Ainsi en a-t-il été en Italie où la coopération vraie a trouvé en elles pour la première fois la formule pratique de son organisation. L'extension de ces coopératives patronales dans les pays viticoles de métayage

(1) Dispositions analogues dans l'art. 23 des Statuts de la Cantina Sociale d'Oleggio. Le fondateur, M. Balsari, et le directeur de sa cave, le professeur Bertazzoni, font partie de droit du Conseil d'administration. Depuis la fondation, ils sont restés l'un président de l'Association, l'autre directeur de ses services.

(2) M. Meneghelli (art. sur le Mouv. coopér. en Italie, Rev. d'Ec. Polit. 1892 p. 887), adresse un semblable reproche à beaucoup de laiteries coopératives italiennes où « l'administration devient un monopole des chefs au lieu d'être un office auquel tous devraient participer. »

où domine la foi catholique paraît probable, depuis que le groupe coopérateur chrétien que dirige don Cerutti préconise leur institution. Elle peut de même s'adapter aux petites propriétés voisines des grandes, celles-ci mettant leur puissante installation vinicole à la disposition des vignerons, toujours disposés à profiter d'avantages gratuits. Cette forme rudimentaire de la coopération aura en fait les mêmes avantages et les mêmes inconvénients que toutes les institutions de patronage. Elle peut être un excellent moyen d'éducation préparatoire pour élever peu à peu les masses rurales à l'idée de la coopération vraie et les initier aux devoirs et à la pratique de la solidarité. Il faut alors que ses initiateurs n'aient d'autre mobile que celui-là et qu'ils fassent comprendre à leurs associés temporaires que l'institution n'est que transitoire, qu'ils les habituent à la considérer comme un simple moyen pratique pour éviter les difficultés du début de toutes les Coopératives, former peu à peu le capital nécessaire à une institution autonome et en préparer les cadres. Mais, en dehors du métayage, il faut que ses promoteurs généreux poussent eux-mêmes les vignerons, un moment associés sous leur égide, à s'émanciper pour marcher avec leurs propres forces et les capitaux ainsi accumulés par eux. Une telle conduite exige plus que de l'intelligence, mais encore beaucoup de désintéressement moral et d'impartialité. Il ne faut pas que la direction éclairée et l'initiative du grand propriétaire puissent à aucun moment paraître comme un placement de reconnaissance, surtout de reconnaissance électorale à plus ou moins longue échéance ou un moyen de dominer les consciences et d'assurer les votes en accroissant la dépendance matérielle des individus. Ainsi entendue, aux mains de sectaires ou d'ambitieux, la coopération patronale ne serait qu'un détestable moyen de domination, un germe d'hypocrisie et de haine, et probablement le procédé le plus sûr pour exciter à brève échéance la haine des classes dans les milieux agraires restés sourds à la propagande révolutionnaire.

IV. — SOCIETES VITICOLES. — Parmi les groupements actuels de caractère syndical, on peut dans les différents pays viticoles de l'Europe, distinguer deux catégories : les Sociétés Viticoles et les Syndicats. Les premières, dont les modèles les plus instructifs sont les Confréries de Vignerons et les Weinbaugenossenschaften de la Suisse et des vallées du Rhin et du Neckar, ont pour objectif principal d'assurer la culture rationnelle de la vigne et, par suite, l'obtention de produits de plus haute qualité et valeur. Les Syndicats, si répandus en France et qui se propagent aujourd'hui en Suisse, en Italie, en Espagne, ont à la fois un but plus large et moins précis. « L'étude et la défense des intérêts professionnels », que la loi française de 1884 leur assigne pour objet spécifique est une formule trop élastique pour qu'en fait leur action ne se soit pas étendue à tout ce qui concerne l'industrie viticole : plantations, culture, vinification, vente, propagande, etc., etc. Nous les avons trouvés en France à l'origine de la plupart des manifestations premières de l'action coopérative.

Mais comme le développement de nos Syndicats est postérieur à celui des Sociétés françaises qui poursuivaient des fins analogues à celles des Sociétés Viticoles étrangères (Comices Agricoles, Sociétés de Viticulture, Sociétés vigneronnes, etc.), partout où celles-ci exerçaient déjà une action notable, leur activité s'est surtout exercée en dehors du champ d'action des précédentes, particulièrement pour faciliter le groupement des achats. A défaut de Sociétés spéciales, ils ont naturellement étendu leurs attributions à l'enseignement et aux études viticoles, qui sont ailleurs l'objet propre de ces Sociétés. Il n'en est pas moins vrai qu'en fait et théoriquement, il est possible de distinguer des Syndicats un type de Société spécialement affecté à l'amélioration des procédés de culture dans chaque région viticole. C'est celui que nous considérerons d'abord sous ce nom de Sociétés Viticoles.

Dans quelle mesure leur action a-t-elle influé sur le mouvement coopératif en viticulture ? Comment peuvent-elles conduire à la coopération proprement dite ? L'exemple des Sociétés françaises de ce genre n'est pas sur ces points fort instructif. La plupart se sont bornées à une propagande théorique et n'ont exercé sur la viticulture qu'une influence indirecte, surtout par l'attribution de récompenses, subventions et médailles, les unes d'institution administrative dans les Sociétés subventionnées, les autres d'institution privée dans les Sociétés libres. C'est plutôt en Suisse et dans l'Allemagne du Sud qu'il faut chercher des exemples plus concluants. Nous avons vu que les Sociétés suisses sont arrivées à donner aux procédés de culture un haut degré de perfection et à stimuler puissamment le zèle des vignerons par un système régulier et méthodique d'inspection des vignes avec attribution de notes et de récompenses, donnant souvent droit à des titres spéciaux. En Allemagne, les primitives Weinbaugenossenschaften de la vallée du Neckar, créées dans le même but, ont été amenées à se transformer en véritables coopératives, d'abord pour presser le vin en commun et plus tard pour le vendre. Pratiquement elles ne se distinguent plus aujourd'hui des Winzervereine.

Mais c'est un fait qui peut surprendre de voir que cette évolution coopérative ne s'est pas opérée dans le domaine primitif de ces Sociétés, la viticulture pure, mais plutôt dans celui de la vinification. Il y a eu extension plutôt que développement des attributions premières. Sauf peut-être la Société vinicole de *Kunzelsau (Grand Duché de Bade)*, aucune d'entre elles n'est passée dans le domaine de la viticulture proprement dite du simple contrôle syndical à la culture en commun, c'est-à-dire à la viticulture coopérative. Cette anomalie apparente doit provoquer l'examen de cette question primordiale dans notre sujet. Pourquoi la viticulture proprement dite échappe-t-elle encore partout à l'action coopérative et pourquoi celle-ci se limite-t-elle toujours dans le domaine de l'industrie œnologique à la transformation et à la vente des produits et non à leur production ? Pourquoi, en un mot, n'avons-nous pas rencontré de véritables Coopératives de production viticole, au sens cultural du mot ?

LES SOCIETES DE PRODUCTION VITICOLE. — Il serait pourtant possible de concevoir l'union de tous les propriètaires viticulteurs d'un même village pour cultiver en commun leurs vignes dans le but d'unifier les procédés, d'économiser la main-d'œuvre et d'arriver plus sûrement à l'obtention de vins du même type. De semblables communautés procédant, il est vrai, de l'institution directe et non d'une évolution progressive existent, en petit nombre, pour l'industrie agricole en Australie et aux Etats-Unis (1). On conçoit que l'union coopérative appliquée à la production des céréales, par exemple, permettrait d'obtenir avec plus d'avantages encore que dans la grande culture de meilleurs rendements, grâce à la généralisation de la fumure intensive et à l'emploi, rendu possible, de tous les procédés mécaniques. La viticulture ferait-elle exception ?

C'est en effet la conclusion à laquelle on arrive quand on examine la nature et les procédés de cette industrie agricole. La mise en communauté pour l'exploitation suppose une certaine uniformité des sols et des produits de la culture, or il est très rare que ces conditions se présentent dans un même vignoble. Le plus souvent, un même territoire viticole produit plusieurs qualités de vin souvent fort diverses (2), résultat qui dérive, soit de la différence de nature des sols, soit de celle des expositions, soit de la variété des cépages cultivés et le plus souvent de ces trois causes ensemble, car chacune conditionne habituellement la suivante (3). Chaque variété de vigne, à son tour, exige souvent un mode de taille et de culture différent. Donc, pas d'uniformité dans la production et ses méthodes. Pas non plus d'avantages bien solides dans l'exploitation commune, car la culture de la vigne ne permet pas l'emploi d'engins mécaniques très puissants. Tout au plus pourrait-on dans une exploitation collective soumettre toutes les vignes, si toutefois la disposition du terrain le permet, à

(1) Les Villages communistes de l'Australie méridionale. Circul. du Musée Social de Mars 1900, par M. L. Vigouroux.

(2) V. par exemple dans nos Vins de France, 2e p., ch. II et IV, le tableau de la production moyenne de quelques communes du Bordelais et de la Bourgogne.

(3) Pour leur étude, v. notre Viticulture Nouvelle, ch. I. — 1e partie.

la culture à la charrue et aux traitements anticryptogamiques par soufreuses et pulvérisateurs à traction animale. Mais cela suppose toujours beaucoup de main-d'œuvre supplémentaire et d'ailleurs, il n'y a rien là qui ne soit possible par l'action syndicale ordinaire, charrues et grands appareils pouvant être achetés, loués ou prêtés par un simple syndicat .Mais la plus grande partie des opérations viticoles, surtout les plus importantes, comme celles de la taille et de l'ébourgeonnement sont radicalement impossibles par des procédés uniformes. Ce sont des travaux qui exigent surtout de la réflexion, une appropriation des méthodes générales à chaque cépage, à chaque cas particulier et jusqu'à chaque cep de vigne considéré isolément. Ce sont donc des opérations essentiellement individuelles dont l'exécution plus ou moins parfaite dépend uniquement de la science et de l'expérience de ceux qui les exécutent directement. C'est pourquoi la culture de la vigne est partout si individualiste, pourquoi la coopération n'y offre vraiment que des avantages insuffisants qui ne compenseraient certainement pas la diminution possible de l'intérêt passionné que le vigneron porte à son travail quand il cultive sa propre terre, celle qu'il tient de ses parents ou qu'il a gagnée sou par sou à la sueur de son front.

On comprend aussi pourquoi la coopération ne s'est étendue, en réalité, qu'à l'industrie vinicole et pourquoi les Sociétés Viticoles proprement dites n'ont pas évolué dans leur direction première, mais plutôt au-delà. Telles que nous les voyons encore fonctionner, elles sont des organismes parfaitement adaptés à leur fonction limitée et qui ne semblent pas susceptibles d'aller beaucoup plus loin sans changer d'objet. C'est d'ailleurs ce qu'ont fait beaucoup d'entre elles qui se sont transformées en Syndicats viticoles ou en Coopératives de vinification et de vente, tandis que la plupart de ces dernières Sociétés, issues d'une autre source, ont naturellement été amenées à étendre leurs attributions au domaine spécial qui était autrefois départi aux Sociétés Viticoles.

SYNDICATS DE VENTE. — Avec les Syndicats, institution plus particulièrement française, nous touchons de plus près encore du domaine de la coopération. S'associer pour étudier et défendre ses intérêts, suivant la formule propre aux Syndicats, conduit nécessairement à associer les intérêts individuels pour une production plus régulière et plus parfaite, but général des œuvres coopératives. Aussi les Syndicats agricoles français ont-ils étendu leur action dans cette voie jusqu'au point où l'association directe avec responsabilité collective devient nécessaire. Nous avons vu (Livre III, ch. 1) qu'ils ont ainsi rempli le rôle joué en Allemagne par les Sociétés d'achat (Bedarfsgenossenschaften) à forme coopérative. Ils ont pu, grâce à l'interprétation libérale qui a prévalu chez nous au sujet de la loi de 1884, malgré des protestations très vives (1) et quelques jugements contraires, jouer dans bien des cas le rôle des coopératives de consommation et, comme celles-ci, arriver à la suppression de nombreux intermédiaires. En même temps, comme ils naissaient pendant la terrible crise que traversait la viticulture française, ils ont eu dès le début à se préoccuper de la défense des vignes contre le phylloxéra puis de leur reconstitution et nous avons vu qu'à cet effet, ils ont créé cours de greffage, expositions, pépinières syndicales, concours d'instruments, laboratoires d'analyse, bulletins de vulgarisation, services de consultations, etc., etc.

Enfin, après avoir sauvegardé la production, ils ont dû à partir de la première récolte de nouveau abondante, celle de 1893, se préoccuper d'assurer l'écoulement des produits. De même qu'ils avaient fonctionné comme Syndicats d'achat de matières premières, ils ont cherché à se développer en Syndicats de vente. Nous avons vu que ceux qui s'étaient engagés dans cette voie n'ont obtenu que des résultats peu encourageants. Après la mévente générale qui a suivi la production considérable, mais généralement médiocre en qualité, de l'année 1900, c'est pourtant à cette forme d'organisation

(1) Not. *Elie*, *Coulet*. — Le Mouvement Syndical et Coopératif dans l'agriculture française. Masson, 1898. Discussion sur la légalité des achats et des ventes faites par les syndicats agricoles, p. 41-53, et De Rocquigny, ch. IX, p. 241.

qu'ont eu recours les propriétaires méridionaux désireux d'écouler leurs vins. Il n'est pas encore possible de juger des résultats de cette nouvelle tentative.

Mais l'exemple des précédents, comme ceux de l'étranger, particulièrement des Syndicats vinicoles de la Suisse et de l'Allemagne du Sud, permet de prévoir que l'organisation syndicale pure se montrera en bien des cas insuffisante à assurer avec efficacité le nouveau service qu'on lui demande. Comme le remarque avec une finesse très judicieuse M. de Rocquigny (1), « le plus difficile pour un Syndicat n'est pas de trouver des acheteurs, mais d'assurer les livraisons. ... Il connaît mal les marchandises qu'on lui offre, ne les a pas en mains et même il faut bien l'avouer, il court le risque de voir sa bonne foi surprise : car le paysan possède une tendance assez naïve à croire que le Syndicat doit lui servir à écouler les produits de qualité inférieure rebutés par les commerçants, ses acheteurs ordinaires ». En vérité, l'organisation syndicale manque ici d'élasticité et de garanties. D'une part, elle ne peut sans violer ouvertement la loi de 1884 et s'exposer à des condamnations judiciaires puis à la dissolution, faire de véritables opérations de commerce. Sans doute la vente des vins produits par les récoltants eux-mêmes n'est pas juridiquement une opération commerciale, mais l'entremise du Syndicat, si elle se borne à rapprocher les parties contractantes n'ajoutant rien à la garantie des acheteurs, les laisse indifférents. Pour donner à la « marque du Syndicat » une valeur de présomption suffisante pour attirer les acheteurs bénévoles, il faudrait qu'elle pût garantir avec la pureté du produit, la qualité et la constance des types de vins offerts au public. Mais comment y arriver en fait, avec des vins vinifiés séparément par chaque propriétaire dans des conditions toujours bien inégales et en droit, si d'une part le Syndicat n'est pas armé contre les tromperies possibles et si, de l'autre, il ne possède pas des moyens pécuniaires suffisants pour offrir à sa clientèle les sûretés réelles qui sont l'ultima ratio du

(1) Ch. VI, p. 178.

commerce ? Nous avons vu les Syndicats suisses tâcher de parer à chacun de ces inconvénients par une série de dispositions statutaires rigoureuses : 1° Par la surveillance et le contrôle des vendanges et vinifications particulières ; 2° Par l'institution de pénalités contre les adhérents fraudeurs, enfin comme les Syndicats de Wadensweil et d'Ossigen en se faisant eux-mêmes acheteurs et vendeurs. Mais ce sont là autant de dispositions dont les unes seraient difficilement acceptées des viticulteurs français et dont les autres excèdent incontestablement les pouvoirs légaux de nos Syndicats. D'ailleurs les Syndicats suisses ainsi développés admettent déjà la responsabilité solidaire de leurs membres en cas d'insuffisance des ressources syndicales. En réalité, ces Syndicats, produits d'une législation exceptionnellement libérale, sont déjà de véritables coopératives. Leur exemple nous montre comment dès qu'ils s'engagent dans la voie de l'association pour la vente, les petits Syndicats sont fatalement conduits à la coopération formelle, c'est-à-dire à l'organisation préalable de la production. Les Syndicats de vente sont donc surtout des institutions de transition qui paraissent appelées à évoluer rapidement vers la coopération complète, par impuissance à obtenir des résultats suffisants avec les moyens bornés de l'Association syndicale véritable.

Mais cette conclusion, très justifiée pour les Syndicats locaux composés de petits et moyens producteurs, ne le semble pas au même degré pour les grands Syndicats à circonscription étendue formés surtout par de grands propriétaires. Comme chacun de ceux-ci récolte des quantités suffisantes et possède un outillage assez perfectionné pour produire des vins bien faits et d'un type assez bien défini, chacun d'eux apporte dans le Syndicat des garanties de qualité et de responsabilité assez fortes pour que celui-ci n'ait pas à se préoccuper d'organiser et réglementer la production. Tel paraît être le cas des grands Syndicats qui viennent d'apparaître dans le Midi de la France et des Syndicats italiens formés pour l'exportation des vins milanais. La difficulté est pour eux de disposer de moyens suffisants pour suffire aux nécessités de l'écoulement d'une masse énorme de produits. Ils y parent en générale par une cotisation proportionnelle aux livraisons faites au Syndicat et par l'établissement d'un droit de tant par hectolitre. Mais un capital leur devient aussi également nécessaire pour les frais de premier établissement d'entrepôts, débits et agences. Ici encore l'action syndicale voisine de si près l'action commerciale que de graves difficultés sont à craindre en l'état actuel de la législation française. Il n'est pas certain que celle-ci donne à nos Syndicats des moyens d'action, une base de responsabilité et au besoin des moyens de coercition suffisants pour la grandeur du but qu'ils se proposent. C'est ce que semble avoir compris dès l'abord le Syndicat central des Agriculteurs de France qui, après avoir mis à l'étude dans sa session de Mars 1900 les moyens de faciliter à ses adhérents l'écoulement de leurs vins, s'est prononcé comme nous l'avons vu, pour la création d'une vaste Union *coopérative* des propriétaires-viticulteurs de France, en voie d'établissement à l'heure où nous écrivons ces lignes. C'est ce que l'expérience a révélé aux Syndicats agricoles français les plus importants, qui pour mieux assurer leurs services de vente et d'achat, ont comme ceux de la Charente-Inférieure, du Puy-de-Dôme, du Lot-et-Garonne et les Unions du Sud-Est, de Bourgogne et du Centre, créé à côté d'eux de véritables Coopératives mixtes, capables de leur procurer les avantages des coopératives d'achat et de vente (1). Il est donc à présumer que dans la voie de la coopération de vente, comme naguère dans celle de la coopération d'achat, les grands Syndicats seront amenés à se transformer ou à se doubler de grandes Coopératives.

A vrai dire, le véritable domaine des Syndicats de vente nous paraît être moins d'assurer complètement cette vente que de l'éclairer et de la surveiller. Leur rôle peut être de mettre en relations les groupes de producteurs et de consommateurs,

(1) De Rocquigny, ouv. cite ch. XI. Remarquons qu'elles font de même pour la coopération de crédit avec leurs Caisses régionales annexes. Le principe de la division du travail semble d'ailleurs le commander aussi.

de les renseigner mutuellement sur leurs désirs et besoins respectifs, de prévenir l'encombrement des marchés et la concurrence que pourraient se faire leurs adhérents, en un mot de discipliner leur action. Ils peuvent comme celui des propriétaires du Bordelais, créer des marques d'origine, poursuivre les fraudeurs et usurpateurs de fausses qualités, comme a réussi à le faire le Syndicat des producteurs de Madère ,surveiller et contrôler les groupes locaux, comme l'Union d'Ahrweiler, organiser des foires et ventes publiques, comme celle de Trèves, faire voyager des enquêteurs et recruter des agents commissionnaires comme le Comité du Vin de France. Rien de tout cela n'excède l'étude et la défense des intérêts professionnels. A ce point de vue, il semble pour le service de la petite propriété que les grands Syndicats régionaux doivent pour réussir s'attacher surtout à organiser et fortifier les Coopératives locales. Celles-ci grouperaient les produits et les responsabilités, le Syndicat se bornant à contrôler, coordonner et développer l'action de ces petites Sociétés. C'est bien ainsi que fonctionnent les Unions de Trèves et d'Ahrweiler. Mais cette forme d'Association a elle-même paru dans plusieurs cas insuffisante pour organiser la vente au loin et l'exportation des produits, comme dans le Rheinthal et le Rheingau. Nous avons vu des Winzervereine de l'Ahrthal et de la Moselle, déjà adhérents à des Unions de ce genre, entrer encore dans les Unions plus complètes et de caractère vraiment coopératif, de Konigswinter et d'Eltville.

Autant qu'il est permis de conclure dans l'état actuel de l'expérimentation rurale, il semble donc que celle-ci autorise un double jugement sur l'action syndicale : 1° Cette méthode paraît surtout appelée à jouer un rôle de transition et d'éducation. Elle peut être considérée comme le stage préalable pour passer de la production isolée et presque anarchique à la production associée et organisée, en un mot, pour aller de l'individualisme à la coopération. C'est par elle que s'opère lntément et progressivement l'éducation économique des masses rurales. Peut-être -- a-t-il quelque imprudence à lui demander plus. Aussi bien dans le groupe élémentaire qu'est la commune que dans le vaste cercle de la région, l'association élémentaire et encore imparfaite qu'est le Syndicat nous est apparue en viticulture peu propre à remplacer le commerce pour l'écoulement des produits. Pour disposer des mêmes moyens d'action, elle est obligée de se transformer, soit dans le sens commercial ordinaire, soit dans le sens opposé de l'organisation coopérative. 2° Mais cette conclusion mène à la suivante, justifiée par l'exemple de la Suisse : Que dans les pays comme la France, où l'action syndicale a précédé l'action coopérative, le meilleur moyen de faciliter le passage de l'une à l'autre par évolution naturelle de la première est de donner aux Syndicats les facultés légales nécessaires pour aborder les entreprises industrielles et commerciales complémentaires de l'agriculture. C'est pourquoi nous nous prononçons pour l'adoption du récent projet Waldeck-Rousseau, dont l'art. 6 accorde aux Syndicats professionnels la personnalité civile, le droit d'ester en justice et d'acquérir sans autorisation, à titre gratuit ou onéreux, enfin celui de faire des actes de commerce en constituant à côté d'eux une société à responsabilité limitée dont ils pourront posséder toutes les actions (1).

Mais il faut remarquer que cette institution nouvelle des Syndicats à compétence étendue ne posséderait que bien peu les caractères de la coopération vraie. Elle ne garantit pas plus que les Syndicats actuels l'activité personnelle des intéressés, elle suppose une constitution capitaliste peu propice au système coopératif de répartition des plus-values ; elle exclut enfin la responsabilité solidaire illimitée. En outre, le fait que le Syndicat pourrait posséder toutes les actions de son annexe, implique la réduction de la responsabilité, même limitée, uniquement à l'avoir social du Syndicat. Il est à craindre que des Sociétés de ce genre ne dégénèrent plus facilement encore que les Coopératives de production dans le sens commercial ou que les moyens d'action ne leur fassent défaut par insuffisance de leur base de crédit. Elles sont aussi plus exposées à n'unir que des propriétaires trop dispersés pour agir effectivement ensemble. Leur vrai rôle nous paraît être plutôt de faciliter le passage de la forme syndicale élémentaire à la forme coopérative complète que nous jugeons désirable. Elles seraient, en réalité, un nouveau type de transition.

(1) Projet déposé le 14 Nov. 1900.

CHAPITRE II

Étude des différents types de Coopératives Vinicoles

SECTION I

VÉRITABLES COOPÉRATIVES : FORMES DIVERSES

. I. DISTILLERIES COOPERATIVES (1). — Le premier degré de la coopération vinicole, puisque nous avons vu que la culture de la vigne proprement dite ne se prête guère à l'exploitation collective, est l'institution des *Distilleries vinicoles coopératives.* Celles-ci viennent en premier lieu parce qu'elles n'ont à transformer que des produits qui peuvent être considérés, en raison de leur mauvaise qualité, comme *des déchets de la production vinicole.* Ce caractère d'industrie d'utilisation des dérivés et déchets de la fermentation est bien celui qui domine dans la distillerie agricole en général. En viticulture, c'est aussi le cas pour la distillation des lies et des marcs, grâce à laquelle on peut récupérer l'alcool contenu dans le liquide retenu par ceux-ci malgré tous les pressurages. Il se retrouve encore dans la distillation méridionale, puisque nous avons vu que celle-ci, toujours désavantageuse en elle-même au point de vue économique, ne rend de réels services qu'en permettant de débarrasser le marché de vins inférieurs ou avariés qui, autrement, pèseraient sur les cours des vins ordinaires et aggraveraient les pertes en étendant la dépression des prix à la totalité des récoltes. On pourrait soutenir

(1) Sur la Distillation des vins. — Notre pratique des Vins et surtout. I. Résidui della vinificazione, par Ottavi — Marescalchi, Casale, 1901. Les Résidus de la Vinification p. Coste-Floret. C. Coulet, Montpellier, 1900.

encore que le caractère d'utilisation résiduaire persiste même à Cognac, puisque les vins produits pour la distillation le sont par des cépages de grande abondance mais de qualité inférieure dont les vins, inaptes à se conserver longtemps, trouveraient difficilement à s'écouler pour la consommation directe.

Une autre raison de placer en premier lieu les distilleries de vins et dérivés est qu'elle sont plus faciles à organiser que les coopératives vinicoles proprement dites. Cela est vrai à trois de vue. 1° Pour le traitement et la garde des produits. La distillation des vins est en effet une opération assez simple et très uniforme qui n'exige qu'un matériel élémentaire dont la pratique est familière à un très grand nombre de vignerons. La preuve en est dans la multiplication des bouilleurs de crû, dont le nombre a décuplé en trente ans. Pour instituer des distilleries coopératives, il n'y aurait le plus souvent qu'à grouper les meilleurs et les plus puissants appareils des producteurs associés, en sériant et prolongeant au besoin le service et la durée de la distillation, car la plupart des appareils restent inutilisés pendant de longues périodes de temps. Le travail serait fourni comme dans la production autonome par les associés eux-mêmes, de préférence par les petits producteurs qui ont besoin pour vivre de travaux complémentaires. 2° Il n'y a pas non plus les mêmes difficultés pour l'évaluation des produits que dans la vinification coopérative. Estimer des raisins, étant donné que la qualité du vin à en retirer est toujours incertaine et aléatoire, est chose délicate et complexe, sujette à bien des difficultés et des contestations. Estimer des vins faits, surtout qu'il s'agit toujours de vins grossiers, est au contraire chose facile. La mesure de la richesse alcoolique suffit dans la plupart des cas. Tout au plus dans les terroirs à bouquet des Charentes, y aura-t-il lieu de faire intervenir la considération des crûs d'origine, d'ailleurs connus et classés de longue date. 3° Enfin, tandis que la garde des vins pour la vente exige des soins délicats et présente toujours quelques aléas difficiles à éviter, celle des eaux-de-vie est des plus faciles et des plus sûres. Le produit ne risque pas de s'altérer et sa plus-value est certaine. Dans ces conditions, le warrantage des récoltes emmagasinées est un moyen de crédit qui ne présente pas de risques sérieux pour les prêteurs. Une distillerie coopérative peut donc se procurer aisément du crédit et attendre en paix le moment propice à la vente de ses produits.

Pour le reste, tous les avantages de la vinification coopérative s'appliquent également à cette institution dérivée. Il n'y a donc pas lieu d'insister spécialement. (1).

Pourtant, comme il est aujourd'hui avéré que les appareils puissants que sont les modernes alambics à marche continue donnent des produits moins fins que les vieux alambics à marche discontinue avec distillation fractionnée et repasse, la distillation directe chez le petit producteur conserve dans les régions à produits de qualité des avantages qui balanceront assez souvent ceux de l'Association. C'est donc plutôt dans la région du Midi, pour la distillation des vins les plus communs et la production de trois-six de vin du type des Béziers et de l'eau-de-vie dite de Montpellier, que les distilleries coopératives seraient particulièrement avantageuses à la petite propriété en lui permettant d'utiliser elle-même les alambics à vapeur, sans recourir à des entrepreneurs souvent suspects de fraude. Mais par cette préparation en grand, outre la diminution du prix de revient, il est un avantage appréciable que la coopération procurera toujours aux petits viticulteurs. C'est de pouvoir utiliser les résidus de la fabrication, comme les vinasses de vin ou les marcs distillés. Ces déchets sont habituellement perdus, faute pour chaque producteur d'en posséder une masse suffisante pour mériter un traitement spécial. Ils demeurent pourtant encore, après la distillation, des sources de tartre et des engrais riches en azote qui pourraient être vendus selon leur teneur analytique aux cours des éléments utiles qu'ils renferment. Nous avons vu qu'en Italie, cet avantage suffisait et au-delà pour couvrir les frais de la distillation et du fonctionnement des coopératives. Les producteurs associés sont donc ainsi déchargés gratuitement

(1) Son organisation spéciale est décrite avec statuts in *Marescalchi*. Come si impianta una distilleria agraria cooperativa. — Casale, déc. 1901.

des soucis et travaux de la distillation, avantage des plus appréciables en viticulture où la nécessité de gagner du temps pour les travaux du vignoble se fait de plus en plus sentir, à mesure que la viticulture nouvelle se complique. Enfin, outre l'avantage considérable de faciliter la garde des récoltes, les emprunts d'attente et les ventes opportunes, la production et l'emmagasinage en commun des eaux-de-vie auraient, pour les petits bouilleurs de crû, si leur privilège vient à s'atténuer ou à disparaître comme la chose est probable, l'immense avantage de les délivrer de l'exercice de la Régie dans leur domicile avec tous les ennuis, tracas et vexations qu'il entraîne. Pour l'administration des contributions indirectes elle-même, cet avantage serait si grand, par les économies de temps, d'impopularité et de personnel dont il pourrait être la source, qu'on ne conçoit pas qu'elle n'ait pas encore cherché à provoquer et stimuler la fondation de distilleries coopératives par l'attribution d'avantages spéciaux. Espérons que l'exemple de l'Italie lui apportera sur ce point des révélations décisives (1).

II. SOCIETES DE VINIFICATION. — Le second type de coopératives vinicoles est représenté par les sociétés dont l'action est bornée à la vinification collective des récoltes. Nous les avons vu apparaître dans les vallées du Neckar et du Rhin pour remédier à l'insuffisance du matériel vinaire des petits vignerons. Une condition naturelle de leur existence semble être l'extrême division de la propriété. Partout où le vigneron ne possède que des parcelles de quelques ares et où sa récolte se monte à peine à quelques centaines de kilogrammes de raisins, elles sont devenues d'une nécessité absolue. A leur défaut, le petit propriétaire qui n'a pas une récolte suffisante pour employer un pressoir et en supporter les frais d'achat et d'amortissement, est obligé de vendre ses raisins en nature dès la vendange ou de n'en retirer qu'une proportion de liquide fermentescible trop réduite. Nous avons vu com-

(1) V. p. le développement de ces points de vue, notre étude de la Revue de Viticulture d'Avril 1902 : *Les Distilleries coopératives et la transformation du privilège des Bouilleurs de crû.*

ment ces petits propriétaires sont facilement exploités par le commerce qui spécule sur leur impuissance à tirer bon parti de leur minuscule récolte. L'idée coopérative devait donc germer de bonne heure dans ces milieux spéciaux. Mais la réalisation est passée par une phase de transition. Longtemps, la continue des *banalités*, l'obligation de porter la récolte au pressoir du seigneur local, avait dispensé le paysan du besoin de chercher une organisation nouvelle de la vinification. C'est en Suisse, où ces coutumes n'existaient pas que dès le XVIIe siècle, on voit apparaître l'usage des pressoirs communaux. Ils fonctionnent aujourd'hui encore dans maints villages de la Suisse romande. On conçoit aussi que des syndicats se rendent acquéreurs d'instruments analogues et qu'avec le perfectionnement progressif des procédés de l'œnologie moderne, ils puissent rendre le même service pour l'achat des pasteurisateurs ou concentrateurs de moûts dont l'usage va se répandre. Dans l'agriculture française, il existe déjà des exemples de cette organisation dans les syndicats d'industrie agricole de la région pyrénéenne (1). En viticulture quelques grands syndicats, notamment celui du Gard, ont de même pratiqué, avec un succès relatif, la location de charrues défonçeuses et de pasteurisateurs. Mais l'action syndicale même ainsi étendue oblige encore le petit vigneron à vinifier lui-même le moût pressuré dans son propre matériel, d'entretien toujours défectueux et insuffisamment renouvelé. Elle suppose que ce petit vigneron possède un cuve, des futailles. une cave et surtout l'expérience des soins et de la conservation des vins. Or celle-ci est en raison directe de la production, c'est-à-dire de la quantité de vins que le producteur est obligé de soigner, c'est dire qu'elle est en général fort insuffisante chez la plupart des petits propriétaires. Nous connaissons ainsi en France, particulièrement dans la Franche-Comté et les départements du Centre, des régions entières où les préceptes les plus élémentaires d'une vinification rationnelle sont généralement méconnus et où avec de bons raisins on n'arrive à obtenir que

(1) de Rocquigny, ouv. cité, ch. VII, p. 220.

des vins altérés, cuvés trop longtemps ou logés dans des futailles malpropres, qui lui communiquent de mauvais goûts, invariablement mis sur le compte du terroir. Il est donc naturel que les sociétés de pressoirs qu'étaient au début les Herbstgenossenschaften du Wurtemberg aient été amenées à étendre à la vinification tout entière le domaine de leurs opérations primitives. Ainsi, ont également plus ou moins évolué celles de la Suisse. Grâce à cette transformation, le petit vigneron est entièrement débarrassé des soucis de la vinification et celle-ci peut être conduite sur un plan uniforme par les procédés rationnels commandés par l'expérience locale. La raison principale pour laquelle cette transformation s'est opérée rapidement dans les pays précités, c'est qu'il est impossible de tirer d'une quantité de raisins trop petite un vin possédant toute la qualité que comportent les variétés de raisins employées. Passe encore pour les vins blancs, qui s'entonnent en pièces et demi-pièces au sortir du pressoir. Mais pour les vins rouges, qui doivent subir une cuvaison préalable, il faut absolument pouvoir disposer d'une masse d'une douzaine d'hectolitres environ pour pouvoir, dans les conditions ordinaires, opérer une cuvaison parfaite. Le groupement des récoltes et la vinification en commun s'imposaient donc dans les pays de toute petite viticulture, dès que les vignerons voulurent s'affranchir des prétentions du commerce acheteur des raisins. C'est pourquoi le syndicat de pressurage s'est partout transformé si vite en coopérative de vinification.

Mais cette évolution elle-même n'est forcément que transitoire. Il ne suffit pas de faire du vin et de le faire bon par des méthodes appropriées, il faut le vendre. Maintenant que l'appropriation individuelle des raisins est disparue dans la vinification en commun, que grâce à l'union coopérative, chaque sorte de raisin venue des terroirs de même classe a pu être vinifiée dans les conditions les plus propres à obtenir un type de vin uniforme de la plus haute valeur, va-t-on diviser de nouveau le produit en proportion des quantités de raisins apportés par chacun et en abandonner la vente au hasard des aptitudes de chaque propriétaire ? Mais n'est-ce pas compromettre l'avenir de ce vin bien fait en l'abandonnant à des soins qui ne seront pas les mêmes chez chaque propriétaire, n'est-ce pas faire retomber sur ceux-ci les soucis et les charges dont ils avaient justement pensé à se débarrasser par l'action collective ? Et puis, ne serait-ce pas perdre bénévolement le bénéfice de l'action commune en permettant au commerce de faire capituler les propriétaires les plus besogneux et d'amener ainsi les autres à vendre à un prix plus bas ? Enfin, comment partager les marcs et les résidus de la vinification commune, et que faire du matériel qui va demeurer sans emploi jusqu'à la vendange prochaine ? Pour toutes ces raisons, la vinification commune commande donc la vente en commun et nécessairement, par la loi même de son entreprise, le syndicat de pressurage transformé en Société de vinification est amené à se développer encore en *Société de vente.* Partout et toujours, la vinification coopérative ne pourra se borner à la partie industrielle de l'entreprise ; il faut nécessairement qu'elle se préoccupe de la partie commerciale, donc que la simple coopérative de vinification se double d'une coopérative de vente. Telle est en réalité la physionomie de toutes les *Caves coopératives.*

CAVES COOPERATIVES DE CONSOMMATION. — Mais est-il bien logique de s'attacher définitivement à cette expression de la coopération vinicole, quand la réalité nous en offre déjà une autre : les Caves coopératives organisées par les grandes coopératives de consommation italiennes ? Grave question qui soulève cet autre problème, que nous ne voulons pas prématurément généraliser à l'industrie agricole tout entière : l'industrie vinicole doit-elle être organisée par les producteurs ou les consommateurs, problème dont la solution entraîne nécessairement celle de la question de la répartition des profits naturels de cette industrie spéciale ?

On conçoit facilement que les coopératives de consommation, dont le but primordial est d'assurer à leurs adhérents la vie saine et à bon marché, aient songé à fabriquer directement elles-mêmes le vin qu'elles leur livrent, de manière à l'obtenir avec garantie de sincérité et de pureté dans les meilleures conditions possibles. Elles n'avaient pour cela qu'à imiter le commerce qui tendait à se transformer, de simple vendeur des vins préparés par les vignerons en *vinificateur* direct, pour confisquer à son profit les avantages et bénéfices de l'industrie œnologique. Dans cette voie, les coopératives de consommation ont sur les coopératives vigneronnes l'avantage de posséder des capitaux d'établissement ou de s'en procurer plus facilement par emprunt sur leurs installations antérieures, donc plus de moyens d'opérer en grand. Elles n'ont pas non plus à se préoccuper des débouchés, puisque leur production sera nécessairement limitée par la force de consommation certaine dont elles disposent et par les besoins connus et déterminés de leurs adhérents.

En fait, leur prépondérance dans le domaine de l'industrie œnologique serait logique si la question du bon marché des produits était la dominante en pareille matière.

Mais le vin n'est pas une substance à peu près uniforme comme le pain et les pommes de terre, donc évaluable gustativement et économiquement d'une manière simple et générale. C'est un produit excessivement complexe et délicat, variable d'un terroir, d'un cépage, d'une année à l'autre. C'est un composé harmonique dont la production et surtout la conservation exigent des connaissances, des soins et une surveillance très rigoureuse et délicate (1). En outre, c'est un produit dont la matière première, le raisin, est difficilement transportable sans avaries et demande, dès qu'il s'agit d'obtenir un vin de quelque finesse, à être traitée sur place et de suite, dans des conditions qui exigent une grande expérience locale, par des mains expertes. Or, si une société de consommation peut, tout comme une société de production, se procurer de bons agents techniques, il faut remarquer d'abord qu'elle ne se les procurera pas à aussi bon marché. Une Cave coopérative vigneronne à ses débuts n'a presque pas besoin de personnel spécial et, sauf dans les pays de grosse production, elle n'aura même plus tard souvent pas besoin de direc-

(1) V. notre chapitre sur l'*Esthétique Vinicole*, dans les Vins de France. 1re partie et Pratique des Vins, 2e p. ch. III.

tion étrangère chèrement rétribuée. C'est que dans une commune viticole et parmi les producteurs associés, il se trouve toujours un nombre de vignerons expérimentés suffisant pour constituer son personnel technique. Familiers avec la préparation et la conservation des vins, en se spécialisant un peu, ces hommes arrivent très facilement à assurer les différents services de la société à peu de frais dans leurs heures de loisir. C'est du moins ce qui se passe en Allemagne où le président du Winzerverein, en général un simple vigneron, en est le véritable directeur, moyennant une indemnité modique qui vient se joindre à ses ressources personnelles.

Même dans le cas où la coopérative vigneronne est obligée de recourir à des agents rétribués, elle a encore sur les Sociétés de Consommation l'avantage de pouvoir mieux et à moins de frais contrôler ses tonneliers et maîtres de chais, en sera-t-il toujours de même de consommateurs étrangers à la vigne ? Le conseil de surveillance de la Cave vigneronne est toujours sur place, suivant ses agents au jour le jour et stimulé à sa besogne par un intérêt infiniment plus grand que celui des simples consommateurs. Conçoit-on, au contraire, une Société de consommation parisienne ayant à contrôler les agents de sa cave sociétaire dans l'Aude ou la Gironde ? Que de difficultés, que de chances de pertes et de coulage !

Mais, dira-t-on, une Coopérative de consommation peut, en opérant elle-même, combiner plus facilement les différentes qualités de raisins pour obtenir la constance de types que réclame sa clientèle et les approprier avec plus de sûreté aux goûts de celle-ci. Mais cette constance, qui n'est pas dans la nature des choses, est-elle vraiment si primordiale, surtout dans notre pays aux vins si variés ? D'ailleurs, en cas de nécessité, ne s'obtiendra-t-elle pas plus facilement et sur les lieux de consommation même par le coupage des vins venus des pays de production ? N'est-ce pas la méthode la plus rationnelle et la plus économique, et en fait la plus habituelle, au rebours des transports de raisins si défectueux et si dispendieux? Enfin, surtout à l'heure présente, après vingt années de crise où le commerce, obligé sans doute de fournir quand-même à sa clientèle le vin qui manquait, a perverti le goût des consommateurs des grandes villes en habituant ceux-ci à des mixtures sans nom, ne serait-il pas vraiment déplorable de voir les coopératives de consommation, acceptant cette dépravation comme définitive, s'ingénier à défigurer les produits naturels, aujourd'hui abondants jusqu'à la pléthore, pour reproduire les fameux types constants du vin d'entrepôt, la drogue de Bercy !

Non, en dehors des coopératives de consommation établies sur les lieux mêmes de la production, la tâche de la vinification échappe à la compétence et à l'action des coopératives de consommation. Possible à la rigueur, mais sans avantages économiques et avec de grands embarras, pour la confection des gros vins méridionaux de consommation courante, cette intervention ne se conçoit même pas pour les vins plus relevés. Si la chose a pu se produire en Italie, c'est que les conditions matérielles de la production œnologique sont dans ce pays encore bien rudimentaires et qu'étant donné la pauvreté et l'inexpérience des producteurs, les vins de la coopérative avaient chance d'être supérieurs à ceux de vignerons isolés. Mais il n'en est pas de même chez nous et il n'en serait pas de même partout où les producteurs seraient associés pour vinifier leurs produits dans les meilleures conditions établies par l'expérience. D'ailleurs, nous avons vu que cette méthode avait été abandonnée dans les créations les plus récentes pour celle de l'accord entre coopératives de consommation et coopératives vinicoles.

A notre sentiment, la coopération de consommation n'a donc pas dans le domaine de l'œnologie, de chances sérieuses d'absorber cette industrie. Elle ferait un vain rêve de chercher à se subordonner les producteurs par ce moyen et le pût-elle, qu'en raison de l'insuffisante éducation œnologique de la grande masse des consommateurs, le résultat serait déplorable. Son rôle est autre. C'est de grouper ces consommateurs pour former la clientèle naturelle des coopératives vigneronnes. Maîtresse du marché, la coopération de consommation n'aurait pas à craindre la coalition des producteurs par la

Fédération de leurs Associations, car la même méthode pourrait tout aussi bien être utilisée par elle pour la combattre. En réalité, il serait fort désirable que ces deux forces pussent se constituer pour régulariser peu à peu par leur entente et leur combinaison progressives, le marché des produits alimentaires, aujourd'hui encombré de tant de falsificateurs et surtout d'inutiles et coûteux parasites, fléau de la production et plaie de la consommation. C'est la conclusion de notre longue discussion sur l'avenir de la coopération française.

Ce serait une autre question, mais un peu théorique en l'absence actuelle d'exemples réels, d'examiner s'il n'y aurait pas avantage dans le domaine de l'œnologie à voir les consommateurs de vin s'organiser, pour l'achat en commun de cette denrée, en coopératives spéciales, au lieu de joindre purement et simplement cette branche d'achats aux services, si compliqués et déjà trop variés peut-être des grandes coopératives multiformes de consommation générale ? Personnellement, nous en sommes persuadé, non pour l'achat des vins ordinaires de consommation courante, mais pour celle des vins de qualité. Il est évident que des amateurs de bons vins, désireux d'en boire à un prix honnête et non aux prix fantastiques des détaillants, qui en le revendant en bouteilles après les avoir achetés à un commerçant, qui prélevait déjà 100 % de leur valeur pour ses frais, commissions et bénéfices, en quintuplent souvent la valeur première, trouveraient de grands avantages à s'associer coopérativement à cet effet (1). La chose ne serait possible que dans les villes assez importantes, en raison du nombre restreint de ces amateurs. Ceux-ci loueraient une cave en ville, achèteraient directement aux producteurs les bons vins de toutes sortes dans les pays d'origine ou par l'intermédiaire de leurs commissionnaires attitrés, ils les

(1) Ex. à Lille, à l'heure actuelle, où malgré la réduction considérable des octrois et bien qu'on trouve dans toute la France de bons ordinaires de 60 à 80 fr. la pièce de 200 litres et plus, les restaurateurs vendent encore de détestables vins d'opération, produits de mouillages et de manipulations pitoyables, de 1 fr. 25 à 2 fr. la bouteille de 75 centilitres, prix de revient du Pommard chez le propriétaire !

feraient soigner par un préposé capable et responsable, rétribué à cet effet et contrôlé par une commission composée des amateurs les plus compétents, les vins à point seraient ensuite livrés aux membres dans les conditions prévues par les statuts au fur et à mesure de leurs besoins. Il est évident que des sociétés de ce genre pourraient fournir avec avantage à leurs adhérents des produits parfaits, à l'aide desquels chacun pourrait faire en toute sûreté son éducation œnologique et ravir plus souvent et à moins de frais le palais de ses hôtes (1). Un de nos amis a eu la pensée d'instituer à Lille une coopérative spéciale de ce genre. C'est pourquoi nous avons cherché à en esquisser la physionomie, heureux si notre collaboration pouvait aider à la réalisation prochaine de cette initiative.

CAVES COOPERATIVES VIGNERONNES. — Nous sommes ainsi arrivé au type de Société qui représente l'épanouissement complet des principes coopératifs et leur application la plus étendue dans l'industrie vinicole. Non que cette application ne présente encore des degrés, mais la tendance progressive à un développement de plus en plus complexe que nous avons aperçue dans le cours de cette revue des formes diffé-

(1) Pendant l'impression de ce travail, nous recevons une série d'articles parus sur la Coopération viticole dans un nouvel organe de propagande économique : l'*Education Sociale*, 15, r. Bouteille, Lyon. Dans un art. du 1er Nov. 1901, sur la *Désespérance des vignerons*, Jean Hêtre préconise justement de *fonder « des Coopératives à base de vin !* s'approvisionnant aux centres de production, dans les caves paysannes, et cela de préférence aux coopératives vigneronnes de production qui ont pour lui le tort de rompre dans le marché rural des usages et des coutumes séculaires difficiles à abandonner. » Dans un précédent numéro, un viticulteur italien, M. Raniari Pini, avait exposé le fonctionnement des Caves sociales. M. Ch. Jumaud défend cette organisation dans une série d'articles subséquents (15 Nov., 15 Fév.). Nous jugeons le débat oiseux car ces deux méthodes d'organisation sont également bonnes et doivent se compléter l'une l'autre. Peu importe celle qui commencera. Le mieux est que partout les hommes d'initiative mettent la même ardeur à organiser leurs compatriotes, sans attendre que le voisin leur ait donné un exemple qui pourrait tarder à venir. Il ne faut pas oublier d'ailleurs que le premier objet des coopératives de production est de faire de meilleur vin et que celui-ci sera toujours le plus facile à vendre.

rentes de l'action collective en viticulture, tend encore à les ramener peu à peu au type le plus perfectionné : celui des *Winzervereine* de l'Ahrthal.

En fait, aucune association n'a pu se borner à la vinification proprement dite ; les différences qui existent entre celles que nous avons rencontrées en Europe proviennent de deux autres considérations. 1° Des modes et facilités de vente possibles dans leur localité. 2° Du degré de la responsabilité des associés. Au premier d'entre eux, il faut distinguer les associations, comme celles du Wurtemberg et de l'Italie, qui vendent les vins en primeur dans l'année de leur fabrication au commerce de gros, en se déchargeant sur lui des soins ultérieurs et du souci de faire parvenir les produits jusqu'au consommateur. Cette coopération timide encore et bornée dans le temps a été à leurs débuts le rêve de toutes les Coopératives vinicoles. Loin de songer à supprimer les intermédiaires, elles voulaient seulement régulariser le marché et échapper à la dure contrainte que subit le vigneron dans la vente directe des raisins, quand la nécessité de vendanger à temps s'il ne veut perdre sa récolte elle-même, ne lui permet pas d'attendre et de discuter à loisir avec le commerçant acheteur. Ainsi comprise, la coopération viticole n'a pour but que de réduire le commerce à son rôle naturel d'intermédiaire et de conserver aux récoltants les soins et les avantages de la vinification proprement dite. Mais si la coopération vinicole a pu se limiter ainsi dans des milieux spéciaux où les conditions s'y prêtaient, soit qu'il s'agit de vins de consommation courante et d'écoulement rapide, soit que le commerce local trouvât avantage à acheter ainsi en demi-gros dans les ventes publiques pratiquées par les Coopératives, ce cas n'est pas devenu le plus général. Toutes les fois qu'il s'agissait de vins de qualité, exigeant une conservation plus ou moins longue pour atteindre leur maximum de valeur, ou que le commerce se refusait à acheter aux Coopératives, celles-ci ont dû songer à aller jusqu'au bout de leur entreprise. Ç'a été, en effet, la situation de la plupart des groupements de viticulteurs créés pour ressaisir l'industrie de la vinification passée aux mains du commerce, qu'au lendemain de leur institution, ils ont eu affaire à la coalition des commerçants qui refusaient de leur acheter leurs produits. C'est, par exemple, ce qui se passa en 1891 dans la Champagne, en 1898 dans le Rheingau, et ce qui vient de se reproduire dans l'Hérault en 1901. Boycottés par le commerce, plusieurs Syndicats ou Coopératives durent se dissoudre.

C'est dans cette situation que se trouvèrent, nous l'avons vu, les premiers Winzervereine de l'Ahrthal à leurs débuts. Placés dans l'alternative de disparaître et de laisser retomber leurs adhérents dans la misère qu'ils voulaient surmonter ou d'avoir à organiser eux-mêmes l'écoulement de leurs produits, ces groupements entreprirent de se passer totalement de l'intermédiaire du commerce. Ils avaient à choisir entre la lutte déclarée ou la mort. Ils s'engagèrent, en se résolvant à la première, dans la voie que beaucoup considéraient alors comme celle de la coopération à outrance, dans la voie de la de la vente directe en demi-gros ou en détail. On sait les résultats et comment, pour les développer encore et bénéficier complètement des avantages du grand commerce, les Winzervereine ont dû s'associer à leur tour en Unions capables d'entreprendre des opérations plus vastes et d'opérer même sur les plus lointains marchés.

Mais pour atteindre plus complètement ces résultats, il a fallu nécessairement fortifier aussi les Associations premières au second point de vue que nous avons indiqué, en développant le principe de la responsabilité solidaire de leurs adhérents. Il est évident que pour lutter contre le commerce et développer matériellement les services des Coopératives viticoles, il faut de l'argent ou plutôt du crédit. Or celui-ci est d'autant plus grand que la caution possible est plus étendue. Quand celle-ci est bornée à l'avoir de la Société, et à ses parts d'associés, le crédit ne peut être, surtout aux débuts, que tout à fait insuffisant, mais étendue à tout le patrimoine des associés, plus ceux-ci sont nombreux et actifs, plus la Société devient puissante. D'où la prédominance numérique écrasante des Sociétés à responsabilité solidaire illimitée sur celles à responsabilité limitée. C'est pourquoi la première de ces formules d'organisation est devenue comme le ressort indispensable de la coopération viticole, celui qu'il faut tendre tôt ou tard, bon gré mal gré, si l'on veut atteindre au but complet et décisif.

Tel est le type de Société que nous devons regarder comme l'expression présente la plus parfaite de la Coopérative de production agricole. C'est en réalité une Coopérative *mixte*, à la fois d'achat, de production et de vente.

C'est elle seule que nous retiendrons pour étudier l'organisation et le mode de fonctionnement des Coopératives viticoles, puisqu'embrassant en fait toutes les attributions des formes intermédiaires qui y conduisent, chacun des éléments que nous percevrons en elle se trouve être constitutif d'un de ces types antécédents.

SECTION II

LES FONCTIONS DES COOPÉRATIVES VIGNERONNES

ETENDUE DE LEURS OPERATIONS. — L'étendue des attributions des Caves coopératives montre qu'elles réunissent pratiquement les avantages de cinq autres formes de coopération agricole. Chacune d'elles fonctionne à la fois : 1° comme Société vinicole ; 2° comme Syndicat d'achat de matières premières ; 3° comme Société d'industrie agricole ; 4° comme Société de vente ; 5° elle peut se développer en outre comme Société d'épargne et de secours mutuels. C'est ce que montre aisément l'analyse de ces caractères.

1° Le but général des Sociétés vinicoles étant d'éclairer, perfectionner et stimuler la culture de la vigne, aucune institution n'est mieux en mesure de réaliser ce programme que la coopérative vigneronne. Comme elle base ses opérations sur la livraison des raisins récoltés par les sociétaires, il lui importe au plus haut degré que la culture soit dirigée de façon à donner des produits de la meilleure qualité possible. De là une série de prescriptions dont l'exécution est d'autant mieux assurée qu'elles ont une sanction en concordance avec l'intérêt des vignerons : la dépression du prix des raisins et quelquefois leur refus en cas de non observance. Nous avons vu que les statuts de plusieurs sociétés italiennes prescrivent que le directeur de la Cave sociale devra éclairer les sociétaires sur la conduite des travaux du vignoble. Sur l'Ahr, les statuts prévoient l'institution d'assemblées et réunions spéciales pour vulgariser parmi les vignerons les connaissances nécessaires au perfectionnement de leurs travaux. Tous donnent au président le pouvoir d'exiger des sociétaires et quelquefois de faire exécuter à leurs frais les travaux de défense contre les maladies cryptogamiques. Le président de l'Union d'Ahrweiler a, en outre, la charge de veiller à l'exécution des lois contre le phylloxéra et aux recherches de l'insecte. Les Winzervereine et leurs Unions subventionnent des bulletins de vulgarisation. Tous leurs statuts déterminent les sortes de raisins qui sont seules recevables lors des livraisons de vendanges, excluant parfois nominativement les sortes inférieures du pays (Portugais bleu ou Frühburgunder). Toutes les coopératives donnent à leur agent technique, au président ou au Comité la fixation de la date des vendanges et leur direction. Toutes aussi leur font une obligation de contrôler l'état des raisins apportés et de refuser, sauf dans le cas d'accident général, les raisins non mûrs, pourris ou avariés par négligence. On voit donc, d'une manière générale, que l'intérêt social comme l'intérêt individuel concourent ici à assurer le plus haut degré de perfection dans la culture.

2° Comme Sociétés d'achat de matières premières, les coopératives vinicoles exercent toutes les attributions des syndicats ordinaires. Elles achètent en gros pour leurs adhérents les engrais, soufre, sulfate de cuivre, échalas, fil de fer, etc., qui sont nécessaires à la culture de la vigne et ne se dispensent de ce soin que lorsqu'un syndicat antérieur à leur institution et composé des mêmes membres subsiste à côté d'elles. C'est une question de fait à régler selon les convenances locales, d'examiner s'il y a lieu de maintenir ces institutions distinctes ou de les fondre. Il faut seulement observer que les coopératives ont plus sûrement que les syndicats, le pouvoir légal de faire des achats fermes et que les remises et prélèvements dont elles bénéficient du chef de ces opérations, comme toutes les coopératives de consommation, peuvent aider à grossir leurs fonds de réserve, ou à soutenir leurs fondations de prévoyance. Comme le commerce ordinaire, elles peuvent aussi profiter de cette catégorie d'opérations pour induire leurs fournisseurs à devenir en retour leurs clients pour leurs achats de vins et d'eaux-de-vie.

3° Comme Sociétés d'industrie agricole, leur objet propre est la vinification collective des produits récoltés par leurs membres, puis la conservation et la préparation pour la vente des vins ainsi obtenus. C'est ici que gît la principale difficulté de l'association coopérative vinicole. Tandis que partout ailleurs, dans les coopératives de laiterie, de distillerie ou de préparation des fruits et conserves, l'évaluation de la matière première est simple, parce que facilement mesurable sous le seul rapport de la quantité, ici l'opération devient délicate et complexe par nécessité d'évaluer leur qualité. Or, celle des raisins tient à un grand nombre de causes : 1° à la nature des cépages qui les ont produits ; 2° à l'exposition et à la composition du sol où la vigne d'origine est installée ; 3° au mode de taille auquel les ceps ont été conduits ; 4° à l'état de maturation de la vendange ; 5° à celui de sa conservation, malgré les intempéries possibles et les maladies régnantes : oïdium, mildew, botrytis, etc.

Ces éléments sont différemment et difficilement évaluables. Il convient donc d'examiner en détail comment les obstacles peuvent être pratiquement surmontés.

LES MODES D'EVALUATION DE LA VENDANGE. — Pour vérifier l'état de conservation des raisins, il n'y a pas de difficultés sérieuses. La seule inspection des lots apportés suffit. Nous avons vu que le préposé à ce service est pourvu de pouvoirs spéciaux pour refuser les livraisons mauvaises. Il semble que l'assistance du président soit à recommander pour cette opération délicate, qui exige une particulière autorité. La Société ne peut évidemment refuser que les raisins avariés par la faute ou la négligence du récoltant. Si leur état tient aux mauvaises circonstances générales, elle devra veiller à ne pas fixer trop haut le prix de la vendange, puisque les vins qu'elle pourra produire seront nécessairement d'une qualité inférieure. Mais il faut remarquer que les années de mauvaises récoltes, elle peut opérer un triage, répartir les raisins en plusieurs cuvées selon leur état et affecter des soins particuliers aux produits inférieurs, au lieu de tout mélanger uniformément comme le producteur isolé eût été obligé de le faire en compromettant ainsi la qualité générale de ses vins par la prédominance dans la cuve des raisins en mauvais état. En temps ordinaire, même parmi les raisins admis, il est évident qu'il peut être fait un choix et qu'il serait injuste de ne pas tenir compte des différences de santé et propreté qu'ils présentent, car celles-ci tiennent la plupart du temps aux soins et à la perfection de la culture du récoltant. C'est donc une utile mesure, adoptée par nombre de Sociétés, d'affecter une petite plus-value aux lots de raisins en meilleur état : C'est une façon d'exciter parmi les associés une émulation continuelle pour le perfectionnement de la culture.

2° L'évaluation des raisins en raison de leur état de maturation et du mode de taille qui les a produits n'est possible que d'une seule manière : par la mesure de la quantité de sucre qu'ils renferment. Celle-ci est en relation constante avec deux éléments : la quantité de vendange et son état de maturation. Plus un cep de vigne est chargé de raisins, naturellement plus ceux-ci ont de peine à mûrir complètement et moins ils sont sucrés. Plus la variété mûrit tard et plus on vendange de bonne heure et moins les raisins sont riches en sucre, mais par contre, plus ils renferment d'acidité. La richesse en sucre n'est jamais un défaut, il n'en est pas de même de celle en acidité. Comme ces deux éléments sont en rapport inverse, il n'y a généralement pas lieu de tenir compte du second, puisque la mesure de la teneur en sucre entraîne par contre-coup sa détermination relative ; toutefois, dans les régions méridionales où la fermentation est souvent incomplète faute d'acidité suffisante dans les raisins, il importe de ne pas vendanger trop tard quand le sucre est un excès par rapport à l'acidité nécessaire à sa bonne fermentation. Dans ce cas, c'est au Comité à fixer à propos la date des vendanges. Il se peut toutefois que la mesure directe de l'acidité devienne alors un complément utile de celle du sucre pour évaluer la vendange. Elle peut s'opérer par des méthodes assez simples, notamment par celle de Bernard avec des calci-acidimètres (1). Quant à celle du sucre, elle est simple et rapide avec des instruments pratiques d'une approximation suffisante : les pèse-moûts, gleucomètres ou mustimètres, sauf toutefois pour les raisins des nouveaux producteurs directs hybrides franco-américains (2). Il peut y avoir lieu aussi dans la région méridionale d'évaluer, pour certaines variétés de raisins, l'intensité colorimétrique, mais la chose n'a d'intérêt que lorsque la Société est obligée d'acheter ces raisins au dehors pour les mélanger avec les siens, comme le cas est prévu par les statuts de certaines Kellereigenossenschaften du Tyrol. Autrement, quand les raisins proviennent des récoltes des adhérents, cet élément se confond dans l'appréciation générale des cépages qui fournissent les raisins acceptés.

Quand aux deux éléments d'évaluation que nous avions distingués en premier lieu : nature des cépages et terroirs, ils se confondent pratiquement pour la plupart des cas dans la *notion du crû*. Celle-ci, qui traduit la qualité habituelle obtenue par les raisins de tel ou tel climat ou terroir local, résulte de la combinaison de ces trois éléments : cépage, sol et exposition. La difficulté de son évaluation pratique est qu'elle n'est pas quantitativement mesurable, comme les précédentes. Le jugement porté sur la qualité habituelle d'un vin est une affaire de goût et souvent de mode ou de réclame.

(1) Pratique des Vins p. 22-26.

(2) V. sur ce sujet, Roy Chevrier-Le Non-Sucre des moûts. Bull. de la Société Nationale d'Agriculture, t. L. XI p. 189 et Rapport sur la Vinification des Hybrides, Lyon, P. Legendre, 1901, pages 17-19.

En outre, l'amour-propre de chaque propriétaire est porté à s'exagérer les qualités de son vin. Volontiers, il juge que dans le canton il n'y a pas de meilleurs vignobles que les siens, de vins mieux réussis que ceux de ses cuvées, de terroir plus distingué que son crû, même si les premiers sont mal cultivés, le second mal cuvé, le troisième détestable. Cette sotte vanité est une grande cause d'impuissance et d'isolement ; c'est la première des erreurs de l'individualisme à immoler sur l'autel de la coopération. Mais la difficulté n'est pas insurmontable, parce que la tradition, le jugement de l'opinion générale et l'habituelle mesure des prix du commerce ont, dans les régions à vins de qualité, depuis longtemps à peu près fixé l'emplacement et la hiérarchie des crûs Celle-ci est confirmée dans la pratique et peut-être pratiquement mesurée par la plus-value habituellement acquise par le sol et ses produits. Il existe même dans les régions à grands vins des classements précis qui ont une valeur, sinon officielle du moins d'habitude, généralement acceptée dans la pratique. Ils peuvent être révisables, des changements d'encépagement ou de culture ont pu en modifier la valeur ; il n'en est pas moins vrai que l'établissement d'un classement préalable des terroirs, sanctionné par l'adhésion de l'Assemblée générale et combiné s'il y a lieu avec la détermination des cépages producteurs, est le moyen pratique de faire entrer ces éléments en ligne de compte dans l'évaluation des raisins.

Il reste maintenant à combiner en de justes rapports les trois éléments pratiques d'évaluation ainsi déterminés : état des raisins, mesure de leur richesse saccharine et classement des terroirs, afin de dégager la méthode générale qui s'impose aux Coopératives de vinification pour l'évaluation de la matière première de leurs travaux : les raisins de vendange. Dans la pratique, le plus important des trois, est le second, parce qu'ici l'administration dispose d'un moyen d'évaluation quantitative qui ne prête guère à discussion et qui, par sa rigueur scientifique, oblige les prétentions individuelles à s'incliner. Comme en tous climats, la richesse en sucre des raisins correspond, pour le même cépage considéré en particulier, et sauf la différence de classement des crûs, avec la quantité générale de leur moût, sa mesure semble devoir être la base d'évaluation imposée par la nature des choses et les nécessités de la pratique. Le professeur Sante Cettolini (1) formule ainsi la mesure de la richesse saccharine et celle de l'acidité : *d* étant la quote-part du récoltant, *a*, la quantité de moût obtenue avec ses raisins, *b*, le degré gleucométrique % et *c*, le degré acidimétrique % : d=a (b+c). Mais le facteur acidité nous paraît pouvoir être pratiquement négligé dans la plupart des cas parce qu'il dépend du moment de la vendange, dont la fixation appartient aux dirigeants de la Coopérative, d reste donc représenté par a × b. Mais *b* n'exprime qu'un coefficient volumétrique auquel il faut attribuer une valeur-argent nour convertir cette relation mathématique en prix commercial. La difficulté pratique est d'évaluer sur un marché donné la valeur des degrés gleucométriques d'un moût. Remarquons qu'en fait la méthode est à peu près la même que celle usitée dès aujourd'hui par nombre de maisons de commerce du Midi dans les achats de vins ordinaires et par les distillateurs vinicoles (2). Ils payent au degré-alcool du vin fait. Comme on connaît, sous la réserve d'une légère approximation, le nombre de degrés d'alcool que donnera dans le vin tel poids de sucre du moût, les deux procédés ne diffèrent pas très sensiblement. Sans doute, celui du commerce est plus sûr, parce que le vin fait est un produit définitif dont la qualité est aussitôt appréciable, tandis que l'évaluation d'un moût est toujours un peu aléatoire en raison des accidents de la vinification et des caprices de leur qualité. Le commerce ne manque pas de tenir grand compte de cet aléa quand il achète directement les raisins au lieu des vins faits et nous avons vu qu'il sait en exagérer l'importance pour faire tourner l'opération à son bénéfice. C'est même une des raisons principales

(1) Rapp. cité par Marescalchi, op. cité p. 20.

(2) C'est elle, combinée avec le classement, que M. E. Goulet prend pour base dans un projet récent pour l'établissement d'une cote officielle de valeurs des vins. Il arrive ainsi à déterminer une échelle de 48 qualités. P. Gervais art. cité. Rev. de Vitic. N° 422.

pour lesquelles la production doit s'organiser pour retenir dans son domaine l'industrie de la vinification. Mais le caractère un peu prématuré de l'évaluation basée sur la teneur gleucométrique n'enlève rien à la possibilité pratique de cette méthode; il commande seulement au Comité dirigeant des Coopératives de l'opérer toujours avec prudence, en se gardant d'exagérer la valeur des raisins. C'est pourquoi la plupart des statuts ne fixent l'époque de cette évaluation du prix des raisins qu'au milieu ou à la fin des vendanges, alors que les cours sont à peu près fixés. Quelques-uns prescrivent que cette évaluation officielle sera réduite provisoirement d'un sixième ou un cinquième pour éviter toute perte ultérieure si le prix obtenu ne répond pas aux espérances. D'autres, qui admettent le paiement par fractions, remettent à l'Assemblée générale suivante le soin de fixer le prix définitif en lui donnant la faculté de le réduire dans le cas précité. Il n'y a aucun inconvénient à cette mesure, puisque le produit de la vente des vins doit revenir en dernier lieu aux vendeurs de raisins au prorata de leurs apports. Plus on aura été prudent au point de départ des opérations, plus il y aura de bénéfices à leur clôture.

L'évaluation par la mesure de la teneur gleucométrique étant ainsi prise pour base du prix des raisins, le même procédé qu'emploie le commerce pour déterminer la valeur du degré-alcool peut l'être pour fixer celle des richesses saccharines. Il consiste à prendre pour base *les prix moyens du marché*. De même que le commerce considérant le cours moyen d'un type de vin de crû ordinaire de 8° par exemple, valant en général 15 fr. l'hectolitre, fixe à 15/8 le prix du degré-alcool, et augmente ou diminue ses offres de cette valeur selon que les vins similaires ont une teneur alcoolique supérieure ou inférieure à cette moyenne, il est possible d'opérer de la même façon avec les raisins de vendange. Si ceux de tel cépage valent sur le marché local par exemple, 0 fr. 20 les 100 kilog., et que leur richesse saccharine moyenne soit de 170 grammes par litre, la Coopération prendra pour base de ses évaluations celui de 20 c. par 100 kilog. à la teneur de 170 grammes de sucre par litre. Etant donné d'autre part que cette teneur varie selon les lots apportés, par exemple entre les limites de 150 et 200 grammes de sucre, elle ajoutera ou réduira tant par 100 kilog. pour chaque fraction de 10 grammes au-dessous ou au-dessus de la richesse normale. En somme, le système consiste à évaluer les raisins sur la base des prix du marché et de leur composition moyenne, en le combinant avec l'allocation ou la soustraction d'une prime fixe ou progressive, proportionnelle aux variations de leur composition. Cette méthode a l'avantage d'intéresser les vignerons à développer la qualité de leurs produits et à ne pas trop se presser, comme ils ont le plus souvent tort de le faire, pour opérer leurs vendanges. Il fonctionne dans toutes les Coopératives allemandes et italiennes qui pratiquent la vinification en commun. Cette vérification expérimentale est la meilleure preuve de sa possibilité d'application et de sa valeur pratique.

Puisque, grâce à lui, les Coopératives disposent d'une base de calcul suffisamment sûre pour apprécier justement les différences de qualité des raisins de leurs membres et suffisamment flexible pour s'adapter aux variations des cours selon les années et les récoltes, il devient dès lors possible de faire entrer également en ligne de compte les autres éléments d'estimation que nous avons retenus, surtout le classement des crûs. Il suffira d'estimer une fois pour toutes lors de la fondation de la Société l'étendue de la plus-value afférente à chaque catégorie. Elle viendra s'ajouter dans la suite au prix normal des raisins obtenu par la méthode précédente. Nous voyons, par exemple, dans le tableau très complet que M. P. Jorrot nous a fourni pour la commune de Chambolle-Musigny (C.-d'Or) que les vins fins de cette commune sont répartis en quatre séries : Têtes de cuvées, 1res, 2e et 3e cuvées valant respectivement avant la crise vinicole, 800, 600, 450 et 350 fr. la pièce de 228 litres (1). Les cours des raisins de ces origines différentes varient dans les mêmes proportions. Si l'on prend, par exemple, pour base le prix de ceux des

(1) Vins de France — 2e P. ch. IV, p. 132-33.

3e cuvées, puisqu'ils représentent les plus grosses quantités de récolte, la valeur correspondante des autres sera établie en majorant le prix qu'ils auraient obtenus de 2/7 pour les secondes cuvées, 5/7 pour les 1res, 8/7 pour les têtes de cuvée.

On peut de la même façon concevoir des primes de taux variable et d'application analogue pour les autres éléments qu'il peut être nécessaire de faire entrer en considération : nature du cépage producteur, état des raisins, puissance de coloration, etc. Il suffit que le prix total ainsi établi corresponde à peu près à celui que les mêmes raisins obtiennent en moyenne auprès du commerce, tant que le marché devra se régler sur le prix établi par celui-ci. Nous avons vu que, dans l'Ahrthal, peu à peu ce sont les prix établis par les coopératives qui ont déterminé les cours, conséquence des plus heureuses, car elle substitue une méthode d'évaluation vraiment scientifique et d'un caractère stable supérieure à celle tout à fait empirique et subjective des achats commerciaux. Elle apporte de l'ordre et de la stabilité où régnaient l'incertitude, le marchandage et les manœuvres de la spéculation. On lui reproche d'être trop compliquée pour être facilement comprise et acceptée des vignerons. Mais l'argument a trop servi contre toutes les innovations pour être autre chose qu'une apparence spécieuse. Il était autrement compliqué pour le vigneron d'hier d'apprendre à connaître les porte-greffes américains, les besoins de leur adaptation et l'art délicat du greffage et de l'entretien des pépinières. Il a dû pourtant s'y plier sous l'impulsion de la nécessité. Partout où la même institutrice l'a contraint à l'union coopérative, il n'a pas mis plus de temps à comprendre et accepter les méthodes d'évaluation qu'elle lui imposait, parce que dans les deux cas, il s'est bientôt aperçu que son véritable intérêt était d'accord avec ces changements.

AUTRES OBSTACLES. — Mais la vinification collective et la conservation des vins jusqu'à la vente imposent encore à la Coopération d'autres embarras. Les plus considérables sont la nécessité de disposer d'un matériel spécial suffisant et d'avoir une direction technique capable et de probité certaine. Il ne faut pas s'exagérer ces inconvénients qui se sont révélés très graves pour les Sociétés œnologiques, mais qui le sont moins dans les caves coopératives. Nous avons vu, en effet, que les premières ne pouvaient débuter modestement ; il faut, au contraire, que les secondes débutent dans les conditions les plus simples et les plus économiques. Comme l'éducation coopérative ne se fait pas en un jour et que l'habitude de la solidarité ne se développe qu'avec le sentiment de ses bienfaits journaliers, il importe au succès d'une Union de vignerons qu'elle proportionne ses dépenses à ses ressources et ses ambitions à sa solidité. Pour cela, le meilleur est de débuter avec un minimum de sacrifices, avec le matériel seulement indispensable et sans direction coûteuse. Une Société qui, d'emblée, improvise tout : édifices, matériel, direction, services de vente, ne peut vérifier la valeur d'usage de ces éléments. Elle va forcément au hasard, risquant tout si sa direction se révèle insuffisante, son matériel peu approprié et ses débouchés médiocres. Une modeste Société paysanne qui débute au contraire avec les faibles apports de ses membres, en réunissant les meilleurs éléments du matériel de chacun d'eux, dans un local provisoire loué à peu de frais, sans autre direction technique que celle du Comité qu'elle a choisi parmi les plus capables de ses membres, en n'employant pour ses travaux intérieurs que la main-d'œuvre des sociétaires au moyen d'un roulement facile à établir entre eux, cette Société là ne court pas grands risques. Elle n'effraie aucun de ses membres par la lourdeur des charges communes et les conséquences possibles des engagements sociaux. Peu à peu l'habitude de l'action coopérative se développe, on distingue mieux parmi les sociétaires de la première heure les aptitudes et les dévouements; les indisciplinés et les timides se retirent, les autres font des recrues et gagnent en cohésion; les capacités administratives se révèlent au jour le jour; on se familiarise avec la responsabilité solidaire à mesure que grandit la confiance commune; les difficultés l'éprouvent, les premiers résultats et les déceptions éclairent la marche à suivre pour arriver au succès, tandis que la lutte trempe les énergies. Dès lors, la Société peut vivre et bientôt croître et se développer dans la mesure de ses résultats, de la confiance qu'elle inspire et des épargnes qu'elle réalise. Si, au contraire, l'avenir ne répond pas aux espérances, on peut faire machine en arrière sans pertes sérieuses et sans décourager de nouvelles tentatives. Au contraire, une Société imprudente qui aboutit à un désastre, sème partout le découragement et compromet pour longtemps des idées justes qui ne devraient pas souffrir de la maladresse des hommes.

Ces considérations, justifiées par l'expérience étrangère, nous montrent comment les deux difficultés que nous indiquions doivent être résolues. Le matériel ne doit être acquis et développé que dans la mesure des besoins vérifiés par l'expérience et des ressources obtenues par le développement des affaires de la Société. Il en est de même des constructions, l'amour de la bâtisse étant la maladie d'enfance la plus fatale aux jeunes collectivités. On n'usera du crédit qu'en proportion de la valeur du gage social et de la confiance commune ; en vue d'emplois productifs et non pour des dépenses d'ostentation. Une société qui opère avec cette sagesse inspire bientôt assez de garanties pour attirer des concours sérieux dès que le développement de ses affaires lui impose la nécessité d'un personnel spécial. Ici encore, il faut de la sagesse dans les choix et de la réserve. Surtout en France où n'existent pas d'écoles pratiques d'œnologie pour former le personnel technique dont le commerce des liquides a besoin, le recrutement d'agents capables et dignes de confiance est chose bien difficile. L'atelier et le magasin sont à l'heure présente de bien médiocres écoles qui ne suffisent à donner aux tonneliers et cavistes ni la petite culture scientifique devenue aujourd'hui indispensable, ni les garanties de moralité et de tempérance qui sont nécessaires à ce personnel (1). D'autre part, l'enseignement supérieur de l'œnologie pour former des

(1) V. à ce sujet notre étude : *Nécessité des écoles pratiques de tonnellerie*, in. Bull. des Vitic. de France, de février 1901, extraite de nos : Réflexions sur le développement de l'enseignement technique en province, à propos de l'Institut œnologique de Dijon, in Bull. du Syndic. de la Côte Dijonnaise, Juillet Octobre 1900.

directeurs techniques s'improvise à peine à cette heure auprès des Stations œnologiques et des Universités (2). Celui de l'Economie viticole n'existe encore nulle part et demeure à créer tout entier. Dans ces conditions, les coopératives ne peuvent faire appel qu'aux anciens agents du commerce, méthode dangereuse, comme l'a prouvé l'exemple des coopératives de boucherie, parce que ce personnel a souvent pris de déplorables habitudes, ne possède qu'une compétence souvent discutable et peut parfois être corrompu par spéculation des adversaires. Ici encore la méthode de développement prudent et progressif que nous recommandons peut suffire à triompher de l'obstacle. Il arrivera souvent, comme le cas s'est produit à Mayschosz et dans la plupart des Winzervereine de l'Ahr, que des compétences et des aptitudes se révèleront au sein même de la Société parmi ses adhérents de la première heure. Il suffira, le moment venu de les spécialiser et de leur assurer des avantages supplémentaires convenables pour n'avoir pas besoin de recourir à un personnel étranger. Ces hommes sûrs, liés à la Société par quelque chose de mieux que leurs intérêts, par la reconnaissance et un long passé de dévouement, seront pour elle les meilleurs des agents et au besoin des chefs. A leur défaut, une Société prospère et bien assise attirera toujours suffisamment les concours pour être mieux à même de choisir et de n'accorder sa confiance qu'à bon escient. En outre, la surveillance constante du Président et de ses collègues, le contrôle des Comités de surveillance et de dégustation, celui des reviseurs de la comptabilité, enfin l'intérêt des associés, assurent ici aux coopératives des garanties d'administration consciencieuse et de régulière surveillance supérieures à celles des maisons de commerce les mieux dirigées.

EXTENSION DU ROLE DES COOPERATIVES VIGNERONNES. — La vinification faite et les vins mûris à point, les coopératives vigneronnes ont enfin réussi à assurer la

(1) A. Berget : Une Création nécessaire : l'Institut agricole et viticole de Dijon — Bull. du Synd. de la Côte, avril 1898.

vente de leurs produits. Dans la discussion des résultats obtenus en Allemagne et en Italie, nous avons vu que des voies diverses qui s'ouvrent devant elles, trois seulement : la création de débits dans les grandes villes, l'ouverture de ventes aux enchères publiques et surtout l'alliance avec les coopératives de consommation leur sont à un certain degré particulières ; toutes les autres rentrent dans la catégorie des procédés commerciaux ordinaires. Pour ceux-ci, la coopération semble n'avoir aucune supériorité sur le commerce et offrir au contraire moins de facilités en raison de l'inexpérience de ses dirigeants, au moins aux débuts, et de la faiblesse des ressources initiales. Elle a pourtant en sa faveur deux puissants éléments de succès qui peuvent contrebalancer ces désavantages primitifs : la supériorité des garanties de pureté et d'authenticité qu'elle offre au public et le ressort interne du dévouement de ses membres. Bien mise en relief, la premèire peut, dès l'abord, susciter une confiance assez vive pour attirer et retenir une clientèle, la seconde a, dans bien des cas, suppléé à tout pour triompher des obstacles inséparables de tout début. Ainsi fortifié par l'épreuve et éclairé par l'expérience, c'est elle qui dans la suite procure le crédit et assure le succès.

5° Mais celui-ci atteint et le présent garanti, le rôle des coopératives vigneronnes n'est pas terminé. Institutions de solidarité, il est de leur devoir comme de leur intérêt le plus strict de travailler au développement de ce sentiment sous toutes ses formes par tous les moyens en leur pouvoir. En effet, l'écueil ordinaire des coopératives de production arrivées à une prospérité relative est de retomber dans l'égoïsme individuel en compromettant ainsi le ressort de leur existence.

Cette déviation, qui a été celle de la plupart des sociétés ouvrières qui ont survécu avant la constitution de la Chambre Consultative, s'opère en général de la façon suivante : Les premiers adhérents hérissent de difficultés l'entrée dans la Société pour bénéficier seuls de ses avantages ; ils étendent le nombre et l'importance de leurs parts d'affaires, les multiplient et remplacent peu à peu le principe coopératif de la répartition au travail par le principe capitaliste de l'attribution des bénéfices au capital. Enfin, ils négligent de faire participer aux bénéfices les employés de la Société en admettant ainsi la division du personnel social en deux classes : sociétaires et salariés, le nombre de ceux-ci croissant toujours, tandis que se restreint celui des autres. Dès lors, l'évolution est complète, la Coopérative est transformée en une sorte de Société anonyme par actions qui ne garde de son premier titre que ce qu'il en faut pour conserver son ancienne clientèle. Mais viennent des heures difficiles, une catastrophe soudaine ou une simple restriction des bénéfices, *l'affectio societatis* baisse dans la même proportion. On se hâte de réaliser les actions et de dégager les capitaux pour des placements plus fructueux ou plus sûrs, et comme il n'y a plus à compter sur des dévouements qui n'ont plus de raison d'être, l'œuvre péniblement mais glorieusement édifiée, est désormais à recommencer.

Pour les Coopératives agricoles en général, ce danger serait d'autant plus à craindre que le paysan est moins naturellement porté à comprendre les sacrifices que l'intérêt général doit imposer à l'intérêt particulier et que leurs membres sont des travailleurs-propriétaires chez qui l'intérêt de la propriété peut masquer celui du travail.

C'est ce qu'objecte à la coopération agricole de production le grand orateur socialiste belge, M. Vandervelde. « Les cultivateurs, dit-il, dans l'immense majorité des cas ne travaillent pas dans les Sociétés de production, ils sont absorbés par leurs travaux purement agricoles. Lorsqu'ils fondent une laiterie, une sucrerie, un moulin à vapeur, ils font exploiter cette laiterie, cette sucrerie, ce moulin à vapeur par un personnel qui n'a rien à voir avec la culture. Ils tirent donc un profit capitaliste de ces exploitations, et par conséquent, dès l'origine, il y a divorce entre le capital et le travail » (1). Mais le même auteur reconnaît lui-même, en citant d'après

(1) Confér. sur les Syndicats agricoles et les Coopératives socialistes. — Mouvement Socialiste 1er et 15 avril 1901.

nous l'exemple du Winzerverein du Mayschosz comme le plus caractéristique de l'union du capital et du travail dans une association agricole (2), que ces observations ne s'appliquent pas aux coopératives vigneronnes. L'expérience étrangère comme la raison pratique s'accordent, en effet, à établir qu'elles ont d'autant plus de chances de succès et de bienfaisance dans l'action, qu'elles s'attachent plus à faire exécuter tous leurs travaux par les sociétaires eux-mêmes, de préférence les plus pauvres et à développer parmi eux les aptitudes dont elle a besoin pour son administration et son contrôle. Comme les travaux des vins, celui des caves et la distillation des marcs ne viennent qu'après l'achèvement des travaux de culture et dans la morte-saison. Cet emploi de la main-d'œuvre sociétaire, loin de nuire à l'entretien du vignoble, vient, au contraire, fournir utilement du travail au moment où celui-ci fait défaut aux ouvriers agricoles. C'est pourquoi cette forme de coopération, comme celle pour la préparation des fruits et conserves, est particulièrement adaptée aux besoins de la petite et très petite culture. Elle est beaucoup plus le fait des véritables travailleurs que des simples propriétaires. Dans ces conditions, la question de la participation du personnel aux bénéfices ne se pose que dans la mesure, qui doit toujours être restreinte, où la Société est obligée d'employer un personnel entièrement spécialisé. Celui-ci, nécessairement très restreint, se compose au plus d'un directeur technique ou maître de chai, d'un agent-comptable et de deux ou trois tonneliers. Comme la plupart des vignerons possèdent quelques notions de tonnellerie, beaucoup de travaux d'entretien comme le reliage des cercles peuvent être effectués par les associés eux-mêmes en hiver. C'est ainsi qu'à Mayschosz le personnel fixe n'est composé que de trois personnes, un maître de chai, un caissier et un tonnelier, mais dans la période des vendanges, plus de trente sociétaires viennent s'y adjoindre. Le président ne touche qu'une rétribution fixe de 1.000 marks par an. Le maître de

(2) Id., page 472.

chai n'a pas d'appointements fixes; sa rétribution est faite d'une commission de 1 % sur les ventes, celle du caissier d'une autre de 1/2 %. En Italie, comme dans les rares Sociétés françaises (Libourne et Damery), ces deux agents essentiels sont ainsi rétribués de la même manière par une véritable association à la Coopérative.

Les Coopératives vinicoles sont donc moins exposées que toutes autres à dévier de leur but pour devenir des Sociétés commerciales. On ne saurait sérieusement leur reprocher, comme nous avons vu que le fait se produit en Allemagne dès qu'elles arrivent à la prospérité, d'accepter de préférence pour leurs emprunts les placements de leurs membres. C'est pour elles une condition de solidité sans inconvénients, puisqu'elles n'attribuent pas dans les bénéfices une part plus forte au capital et ne lui concèdent aucun droit pour la participation à la direction et pour le vote dans les Assemblées générales. C'est aussi la preuve que le lien de la solidarité illimitée, loin d'effrayer ses membres, fortifie puissamment leur attachement à la Société.

REPARTITION DES PLUS-VALUES ET DES PERTES. — Il importe pourtant d'insister ici sur la façon dont ces Coopératives peuvent fonctionner comme institutions d'épargne, à la fois pour chacun des associés en particulier et pour leur collectivité en général. Les vins vendus, si les Assemblées générales ont eu la sagesse de ne pas fixer trop haut l'évaluation des raisins à la vendange et les sociétaires, celle de ne pas trop céder à l'appât du profit immédiat, il doit rester un *boni* ou plus-value à répartir. Sur quelles bases se fera cette répartition ? L'intérêt social devant primer les intérêts particuliers, on commence d'abord par opérer les prélèvements statutaires pour le remboursement des dettes et la formation des fonds de réserve et d'exploitation. La répartition individuelle ne commence qu'avec l'accroissement des parts d'affaires constituées au profit de chaque sociétaire pour établir comme une seconde masse, disponible en cas de pertes sociales et avant de faire appel à la solidarité pécuniaire des associés. Ces parts, qui ont ainsi un caractère mixte, en combinant les traits de l'épargne collective à ceux de l'épargne individuelle, une fois arrivées à leur maximum, la distribution du reste des plus-values s'impose. Il faut ici savoir garder une juste mesure entre les deux intérêts en lutte dans leur partage, celui de la collectivité des sociétaires et l'intérêt individuel de chacun d'eux. Evidemment, les répartitions individuelles sont un puissant stimulant coopératif; c'est leur appât qui amène habituellement à la coopération le plus de recrues nouvelles. Mais il ne faut pas perdre de vue que les Coopératives rendent d'autres services et que même si les répartitions venaient à faire défaut, la sécurité qu'elles procurent à leurs membres est déjà un avantage assez grand pour que leur bienfaisance ne soit pas discutable. L'idéal serait peut-être d'arriver à partager par moitié ces avantages entre les deux intérêts en cause. Mais aux débuts des Sociétés, il est évident que le souci d'éteindre la dette extérieure doit prédominer d'abord.

Comment et sur quelle base répartir le reste des plus-values entre les sociétaires ? Une considération pratique intervient dès l'abord, c'est que les récoltes étant excessivement variables d'une année à l'autre ainsi que les profits qu'elles procurent, la base de l'évaluation des raisins livrés dans l'année précédente ne peut plus servir. Elle conduirait à des inégalités injustes, étant donné que les plus-values d'un exercice sont souvent formées, au moins dans les Sociétés à organisation complète, par la vente des vins d'années antérieures. Il faut donc rechercher un autre principe de répartition. La pratique montre trois systèmes : 1° Nombre de statuts se bornent à déclarer que la décision sera prise par l'Assemblée générale selon les circonstances. C'est de l'opportunisme, mais propice à bien de l'incohérence et des conflits dans les réunions. 2° Le second, suivi à Sion et dans les Sociétés constituées par actions sans être au fond de véritables Sociétés de capitaux, consiste à obliger les propriétaires à prendre un nombre d'actions proportionnel à l'étendue et à la valeur approximative de leurs vignobles. La répartition est alors facile sur la base de ces actions individuelles. Cette méthode a l'inconvénient d'altérer le caractère coopératif des Sociétés et de les induire à tenir ainsi plus de compte des intérêts de la propriété que de ceux du travail producteur. 3° Vient enfin le système inauguré par les Coopératives de l'Ahrthal et qui est à la fois le plus logique et le plus original. Il repose sur la constitution d'un *fonds de réserve éventuelle.* Les statuts de l'Ahrweiler Winzerverein en décrivent ainsi l'application d'une manière complète (1). « Le capital de réserve éventuelle se constitue de telle façon que tous les ans, pendant l'espace de dix années, 5 % du prix d'abord accepté pour les raisins est retenu à chaque sociétaire, comme part dans la réserve éventuelle. Ces parts réunies constituent la réserve éventuelle. Celle-ci a pour but non-seulement d'égaliser les différences que peut causer la fixation un peu trop élevée du prix provisoire établi à la délibération annuelle, mais surtout et principalement de couvrir les pertes extraordinaires. Le montant de la part de réserve éventuelle des trois dernières années (cinq ailleurs) sert de norme d'après laquelle la portion du boni ajoutée aux fonds de réserve ou employée pour couvrir quelque perte est répartie. En cas de pertes, chacun des sociétaires perd une partie de sa part de réserve éventuelle proportionnellement à la norme précitée, jusqu'à ce que la perte soit amortie. En cas de gain, la part précitée est payée aux sociétaires comme dividende, suivant la même norme, après que certaines dispositions précédentes des parts de la réserve éventuelle sont remplies. Pour les membres qui n'ont pas encore subi la retenue % pendant trois années complètes (ou cinq), dans la part du fonds de réserve éventuelle, on compte comme moyenne le total de la somme qui leur est reconnue par écrit à cette époque dans le fonds. Les fractions de marks, ici et dans les cas précédents, n'entrent pas en compte. Si par des circonstances malheureuses imprévues, ou par une mauvaise année d'affaires, il survenait une perte si grande qu'elle consommât le montant de la part de

(1) Statuten, IVe p. art. 14.

réserve éventuelle de plusieurs sociétaires, sans que par ce sacrifice la perte puisse être totalement comblée, les membres s'engagent à intervenir dans le paiement de cette dette, proportionnellement à la moyenne donnée, jusqu'à ce que toutes les parts de la réserve éventuelle soient annulées »(1).

En fait, dans les Coopératives, la plupart des sociétaires demandent de laisser à la disposition de la Société tout ou partie des bonis qui leur reviennent, n'espérant pas en trouver ailleurs un placement plus sûr et plus avantageux. Le plus grand nombre des Winzervereine en profitent pour changer ainsi de créanciers, développer leurs services de vente et compléter leur installation matérielle. L'épargne sociale devient alors la base du crédit collectif. D'autres Sociétés (Mayschosz surtout) sont venues par ce moyen en aide à leurs voisins, aux Unions de Coopératives ou à des Sociétés de consommation, par des avances de fonds disponibles. C'est ainsi que les Coopératives vigneronnes les plus anciennes et les plus prospères peuvent devenir le point d'appui des plus jeunes et les soustraire aux dangers des emprunts ordinaires à des particuliers non-coopérateurs.

DEVELOPPEMENT DE LA PREVOYANCE SOCIALE. — Dans ces conditions, les Sociétés sont naturellement amenées à développer leur rôle et leur action dans toutes les directions de la vie rurale. La cave coopérative peut et doit devenir la base d'institutions de prévoyance et d'instruction destinées à assurer plus fortement l'attachement de ses membres à l'œuvre commune et leur éducation solidariste. Beaucoup ont naturellement constitué tout d'abord une caisse de secours par une légère retenue sur les bénéfices et les salaires so-

(1) Chaque sociétaire reçoit un livret spécial sur lequel le montant de ses différentes parts est régulièrement inscrit par le Comité. Id. pour les déductions et les pertes. En aucune circonstance, ces parts ne peuvent être retirées durant la participation du sociétaire. Elles ne sont susceptibles de sa part d'aucune cession, hypothèque ou autre grèvement non autorisé. Art. 16.

ciaux (1). Toutes ont au moins une fête annuelle et beaucoup ont pris l'habitude, après chacune de leurs grandes Assemblées, de faire venir un conférencier pour compléter l'éducation de leurs membres. Leurs bâtiments spacieux deviennent des foyers de vie intellectuelle et de distraction communes, les vraies *Maisons du Peuple* des campagnes. Il est déjà beaucoup de Sociétés qui opèrent des retenues pour subventionner une Société de musique ou de gymnastique, des cours ou des publications viticoles. Toutes ces institutions embryonnaires peuvent conduire peu à peu à une transformation des conditions de la vie rurale. Une des tâches les plus rationnelles qu'on puisse assigner à ces entreprises dans la voie de la mutualité, est d'organiser l'assurance contre les risques agricoles. Le regretté professeur V. Vannuccini indique à ce sujet un moyen très simple qui a été suivi depuis par quelques Cantine Sociali. Comme les récoltes ne sont pas égales, il recommande de ne répartir les bénéfices que dans une proportion correspondante à la moyenne des années, par exemple 2/3 ou 3/4 seulement, et de prélever chaque année un tant pour cent pour former un fonds d'assurance (2). Celui-ci viendrait au secours des vignerons dans les années de gelées ou de grêle particulièrement graves. Bien d'autres emplois pourraient être assignés aux disponibilités créées par la vente des vins et aux prélèvements obligatoires opérés sur elles : construction de maisons rurales pour être louées aux sociétaires les plus malheureux, subventions à des pupilles de la Société dans les écoles spéciales pour aider au recrutement des agents nécessaires, achat de parcelles pour faciliter l'exploitation des vignobles en Société, etc. Des indices et quelques tentatives (Kunzelsau, Cognac) semblent même indi-

(1) Ces prélèvements particuliers nous paraissent devoir être plutôt compris dans les frais généraux de l'entreprise avant toute répartition, car leur rôle est surtout d'assurer la sécurité matérielle et morale des producteurs. On y comprendrait les primes aux travailleurs auxiliaires et peu à peu, les frais de secours, d'éducation ou de recherches communes, les subventions aux œuvres annexes et celles pour la propagande coopérative et le développement des institutions fédératives communes.

(2) Conferenza sulle Cantine Sociali, Firenze, 1884.

quer la possibilité d'arriver ainsi à l'acquisition de vignobles sociétaires qui seraient exploités en commun au profit de la collectivité des vignerons unis. Il y aurait ainsi extension de la coopération, de l'industrie vinicole au domaine de la production viticole proprement dite. Quoi qu'il en soit de cette possibilité, il semble bien que ce vaste programme d'extension concorde avec les ambitions secrètes des vraies Coopératives vigneronnes actuellement existantes. Il suffit pour cela de remarquer que certaines n'indiquent pas de limite à l'accroissement du fonds de réserve, ce qui réserve la possibilité de nombreux emplois ultérieurs des fonds socialement réservés et que les Winzervereine établis conformément au système Raiffeisen, prescrivent, outre le prélèvement de 10 % pour le fonds de réserve, un autre d'égale étendue pour une seconde caisse : la *Réserve d'exploitation* conçue en vue « d'applications extraordinaires réservées aux décisions de l'Assemblée Générale » (1).

SECTION III

LES FÉDÉRATIONS DE COOPÉRATIVES

OBJET ET FORMES DIFFERENTES. — Une institution, née de la nécessité comme les précédentes, est d'ailleurs venue compléter le système de la coopération viticole et assurer dans son ensemble la prédominance et le maintien des principes d'organisation que nous avons discutés : celle des *Unions ou Fedérations de Coopératives vigneronnes*. Elle est née du besoin d'assurer et développer les moyens de vente et les débouchés de la production des Sociétés particulières. A la coalition des commerçants, il fallait répondre par la coalition des Coopératives. C'était d'ailleurs le seul moyen de réunir les stocks, installations et capitaux importants qui

(1) ex. art. 39 des Statuts-Modèles publiés par la Fédération agricole de Darmstadt.

sont nécessaires pour organiser la vente à de longues distances, surtout pour tenter l'accès des marchés de l'étranger ou des grandes adjudications. C'est la principale raison pour laquelle se sont tour à tour constituées les Unions d'*Ahrweiler*, *Trèves*, *Eltville* et *Konigswinter* en Allemagne, de *Bozen* en Autriche, et d'*Asti* en Italie. On peut leur assimiler les Fédérations de Syndicats agricoles qui se sont récemment constituées pour le même but dans le Milanais et dans le Midi de la France. Ces différentes Unions se partagent en deux types différents : l'un de caractère plutôt syndical, l'autre rigoureusement coopératif.

Pour les étudier, nous prendrons pour le premier, l'exemple de l'Union d'Ahrweiler, et pour le second celui de l'Union des Coopératives du Tyrol à Bozen.

L'Union d'Ahrweiler. (1). — Celle-ci est constituée par les Sociétés enregistrées de la vallée de l'Ahr, qui s'engagent « à n'introduire sur le marché que les vins purs préparés par elles avec les récoltes de leurs membres issues de leurs vignobles personnels. » Son rôle est triple : « 1° De soutenir les Sociétés adhérentes pour améliorer la situation de leurs membres et spécialement de faciliter l'écoulement de leurs vins à des acheteurs de confiance. 2° De veiller à maintenir le bon renom des Sociétés et la confiance du public en elles et de les étendre aussi loin que possible. 3° D'assurer l'échange réciproque des expériences faites dans la direction des affaires sociales. » On voit que ce programme ne sort pas de l'action syndicale pour l'étude et la défense des intérêts communs. L'Union n'a aucun caractère commercial, et ne possède ni ne vend en son nom et pour son propre compte. Elle n'est qu'une sorte de bureau central de renseignements et de contrôle. Un membre du Comité de chaque Coopérative représente celle-ci aux Assemblées générales; d'autres peuvent y assister sans droit de vote. Chaque Société particulière s'engage à respecter les décisions de ces Assemblées, entr'autres à payer à la caisse

(1) D'après les Statuten des Verbandes der Winzer-Vereine a d. Ahr. Imp. Kirfel à Ahrweiler.

de l'Union une subvention fixée par elles, comme à se soumettre au contrôle du président de l'Union. Les Assemblées se tiennent tour à tour au siège de chacune des Sociétés adhérentes. C'est le moyen d'amener celles-ci à se connaître et à s'enseigner mutuellement par l'échange de leurs expériences particulières. Le président rend ses comptes financiers dans une grande Assemblée générale annuelle spécialement convoquée pour l'examen de sa gestion. L'Assemblée peut désigner des commissions temporaires ou permanentes pour des objets spéciaux. L'assistance de la moitié des membres est nécessaire pour ses délibérations.

L'Union est administrée par un président et un vice-président, nommés pour trois ans. Son rôle principal est d'inspecter les Sociétés adhérentes pour assurer l'exécution des prescriptions statutaires, notamment celles relatives à la pureté des produits. Pour cela « il doit prélever en tous temps dans les caves des seules sociétés de l'Union, avec l'adjonction du Comité de la Société contrôlée, et dans des fûts choisis au hasard, un échantillon de vin dans le but de le soumettre à l'analyse chimique » (1). Celle-ci doit être faite par un chimiste désigné à cet effet par l'Union agricole de la Prusse rhénane. Cet expert n'a pas à se prononcer sur la qualité du vin, mais seulement sur sa pureté et son analyse. « Dans le cas où cette analyse ou une reconnaissance légale établit une preuve certaine de fraude contre l'une des Sociétés, celle-ci doit être immédiatement exclue de l'Union. » Une dernière disposition confirme ce caractère de contrôle technique qui est principalement assigné à l'Union des Coopératives. « Ses adhérentes s'engagent à se soumettre à toutes les mesures prescrites par l'administration pour la destruction du phylloxéra et pour la lutte contre les différentes maladies de la vigne, comme à veiller à ce que les sociétaires ne plantent ou introduisent aucun cep étranger, contrairement aux prescriptions spéciales. »

Le but principal de ce type élémentaire d'Union coopéra-

(1) Art. 6 et 7 des Statuts.

tive est donc de renforcer les garanties spéciales de pureté et d'authenticité des produits qui sont une des raisons d'être de la coopération vinicole et constituent sa meilleure recommandation auprès du public. En second lieu, son rôle est de faciliter les relations entre Sociétés pour assurer entre elles un fécond échange d'observations et de services mutuels, enfin, d'organiser leur représentation et leur action commune au dehors, dans le cas où la chose est nécessaire.

La Fédération de Bozen (1). — Le second type d'Union coopérative est représenté par une Société Autrichienne dénommée l'*Union des Coopératives de vignerons du Tyrol allemand du Sud*, Société enregistrée à responsabilité limitée, qui a son siège à Bozen. C'est une véritable Coopérative générale dont la personnalité juridique est indépendante de celle des Sociétés adhérentes et qui. par conséquent, agit, vend et achète en son propre nom. Sa constitution est tout à fait analogue à celle des Coopératives particulières. Comme celles-ci, elle s'administre au moyen d'un Comité qui désigne le Président, sous le contrôle d'un Conseil de surveillance et la haute direction des Assemblées Générales annuelles. Toutes les prescriptions des Statuts des Coopératives locales sont à ce sujet reproduites par ceux de l'Union. La seule différence essentielle est dans le degré de responsabilité assumé par les Sociétés adhérentes de l'Union. Tandis que le principe de la responsabilité illimitée domine dans le plus grand nombre de Statuts particuliers, celui de la responsabilité *limitée* est seul pratiqué pour la constitution des Unions. Vu l'étendue de leurs opérations et de leurs responsabilités éventuelles, leur échec possible aurait peut-être entraîné par contre-coup la liquidation de toutes les coopératives locales si celles-ci avaient pu être indéfiniment engagées. Il fallait sauvegarder au moins les groupements initiaux contre une pareille catastrophe. C'est pourquoi, par exemple, dans l'Union de Bozen, la responsabilité est limitée à *vingt fois le montant des parts*

(1) D'après les Stazungen des Verbandes der Kellereigenossenschaften Deutsch Sudtirols, in Bozen.

d'affaires. « Chaque adhérente doit prendre une part d'affaires de 20 couronnes par 100 hectolitres de vin livré à l'Union et la payer en totalité (1). » Elle est tenue en outre d'un droit d'entrée de 10 couronnes.

Le but de cette Union est à la fois d'ordre commercial proprement dit et d'ordre syndical, car outre le service des achats en gros, l'Union a pour but général l'écoulement des vins naturels, des raisins, des moûts, de l'eau-de-vie et des divers produits secondaires de la vinification. Pour cela, elle peut : 1° Vendre sur mandat et pour le compte de ses membres les produits livrés par eux ; 2° Autant que le permet le chiffre des affaires sociales, acheter et vendre, pour son propre compte, les mêmes produits, et, à cet effet, édifier les caves de dépôt nécessaires. Ces produits peuvent aussi être exceptionnellement achetés aux non-sociétaires, quand cela est nécessaire pour augmenter la valeur des récoltes des sociétaires et en cas où ils ne peuvent être fournis en quantité et qualité suffisantes par ceux-ci. » Outre ce but commercial, l'Union assume aussi la tâche « de représenter et défendre les intérêts généraux des coopératives viticoles en toute circonstance, d'aider ses membres dans toutes les branches de leur exploitation par des conseils et matériellement, de propager parmi eux, les innovations utiles pour la prospérité de la viticulture et de l'œnologie. »

L'Union n'admet en principe dans son sein que des coopératives constituées sur la base de la responsabilité illimitée et suivant les statuts types élaborés par le Conseil d'Agriculture du Tyrol. Par exception et provisoirement, elle peut aussi admettre, si son intérêt l'exige, d'autres personnalités juridiques et des particuliers élus à son Conseil, mais qui doivent s'engager envers elle par Contrat. Le Comité seul a qualité pour accepter de nouveaux membres, sous réserve d'appel à l'Assemblée Générale après avis du Conseil de surveillance. Les particuliers ne peuvent être admis que par un vote de l'Assemblée générale. Chaque membre doit signer

(1) Titre I des Statuts — art. 2, 3, 4 et 5.

une déclaration d'entrée portant soumission aux statuts de l'Union et à ses décisions régulières. Le nombre de voix dans les Assemblées est proportionnel à celui des parts d'affaires possédées, sans pouvoir dépasser 5 pour un chiffre de 30 parts et au-dessus.

Le Comité directeur est composé de cinq membres élus pour trois ans : un Administrateur (Obmann), un Adjoint et trois Assesseurs ; trois au moins doivent résider à Bozen ou dans ses environs immédiats. C'est le Comité qui nomme tous les fonctionnaires de l'Union et la représente au dehors. Les membres sont responsables dans le cas de négligence et inobservation des statuts ou des décisions de l'Assemblée Générale. Ils peuvent être suspendus par le Conseil de surveillance. D'autre part, les deux Conseils peuvent en appeler dans les trente jours à une nouvelle Assemblée Générale, s'ils jugent que la délibération d'une précédente compromet les intérêts de l'Union.

L'Assemblée Générale détermine pour une période de trois ans, combien de parts d'affaires doit acquérir chaque membre sur les indices suivants : montant de sa récolte moyenne et part prise par les coopératives particulières aux ventes que l'Association fait pour leur compte. La réduction de ce nombre peut être autorisée dans les mêmes conditions. L'Assemblée fixe annuellement l'intérêt à servir aux parts d'affaires. Un ordre d'affaires est établi pour tracer au Comité une règle générale d'administration.

L'Union a droit d'inspection sur les coopératives locales et doit veiller au respect de leurs statuts. Elle-même doit se soumettre en tous temps aux vérifications légales. Elle est affectée aux Sociétés de prêt et d'épargne du Tyrol Allemand 1e Section.

Les gains sont ainsi répartis : 10 % au fonds de réserve, le reste est partagé au gré de l'Assemblée Générale entre les parts d'affaires, proportionnellement à leur nombre, et les emplois nouveaux qu'elle peut juger utiles. La caisse de réserve doit devenir égale au montant total des parts d'affaires. Elle reste la prospérité de la collectivité fédérale. Les pertes doivent être récupérées, d'abord sur elle, puis, en cas d'insuffisance, sur le montant des parts d'affaires.

En somme, ce second type de Fédération des Coopératives cumule avec les attributions purement syndicales du type d'Ahrweiler, celles proprement commerciales d'une grande coopérative générale. Quoique d'organisation plus complexe, il paraît devoir l'emporter sur le premier pour les mêmes raisons qui ont fait la supériorité de l'organisation coopérative sur les simples syndicats. C'est ainsi qu'en Allemagne, les plus récentes et les plus fortes organisations régionales, celles d'Eltville et de Konigswinter sont conçues sur ce type nouveau. Pour rivaliser avec le commerce, il faut disposer de moyens d'action considérables. Un syndicat ne peut avoir ni le crédit, ni les ressources pécuniaires, ni la capacité juridique, ni les approvisionnements centraux d'une grande coopérative. Sans doute, celle-ci entraîne des risques éventuels et des responsabilités plus lourdes. Mais de grands résultats ne sont possibles qu'à ce prix. C'est folie de croire transformer le marché des vins sans décision vigoureuse sanctionnée par des engagements sérieux et décisifs.

Cette organisation fédérative débute à peine. Il serait donc prématuré de porter sur elle un jugement catégorique. Son rôle futur paraît pouvoir être esquissé à trois points de vue : 1° Commercialement, il sera d'organiser la vente dans les centres éloignés, particulièrement sur les marchés de l'Etranger, de poursuivre les contrefaçons et les usurpations de marques d'origine et d'entrer en relations avec les grandes Sociétés Coopératives d'achat en gros du pays et des nations voisines (1), pour organiser, de concert les relations entre Sociétés de consommation et Sociétés de production vinicole ; 2° Administrativement, il sera de travailler à prévenir la concurrence que des coopératives locales pourraient se faire entre

(1) L'Alliance Coopérative internationale, qui a son siège à Londres, sous la présidence du célèbre économiste H. Wolff, peut-être utilisée pour leur établissement.

elles en élargissant les débouchés, classant les qualités et les types pour les dériver chacun vers les préférences particulières aux groupes divers des consommateurs, au besoin en opérant les coupages qui seraient reconnus nécessaires ; 3° Moralement, il sera possible aussi d'éviter par l'organisation d'un contrôle sérieux les fautes particulières qui pourraient compromettre le sort de tel ou telle société locale, d'éclairer et soutenir celles qui viennent de naître et de provoquer l'institution des sociétés nouvelles qui seraient reconnues indispensables. Nécessairement, il devra s'étendre aux relations avec les autorités et administrations publiques, pour soutenir les droits et les intérêts de tous leurs adhérents.

Les Unions auront aussi à prévenir les défaillances individuelles en assurant l'exécution des statuts et le respect des principes coopératifs. C'est par elles que tous les enseignements de l'expérience pourront être rapidement généralisés et que la coopération rurale pourra, de progrès en progrès, élargir sans cesse le domaine de son action, sans rien perdre de ses conquêtes antérieures.

CHAPITRE III

L'Organisation de la Coopération viticole

SECTION PREMIÈRE

L'ACTION DES POUVOIRS PUBLICS

OBSERVATION PRELIMINAIRE. — A la fin de cette année 1901 où nous arrêtons le présent ouvrage, la coopération viticole a ce qu'on appelle vulgairement « une bonne presse». Dans tous leurs articles sur la crise viticole, les journaux politiques et les revues agricoles la signalent au premier rang des remèdes possibles et s'accordent avec le *Matin* (1), à reconnaître « qu'on ne montrera jamais assez au paysan français, trop imbu d'un individualisme suranné, les avantages qu'il peut retirer de l'organisation », les uns disent syndicale, les autres coopérative (2). Mais ces deux termes, indifféremment employés, sont en l'état présent de notre législation économique, loin d'être synonymes. Il est peu de publicistes qui s'aperçoivent que l'organisation nouvelle dont on parle exige mieux qu'une simple extension du rôle de nos associations syndicales présentes et reconnaissent comme l'un d'eux, que celles-ci « ont toutes ce défaut de n'admettre point la responsabilité solidaire de leurs membres, ce principe vivifiant indispensable dans toute coopération

(1) Le *Matin*, art. de M. Chrétien, 1er Octobre 1901.

(2) La Commission d'enquête de 22 membres que la Chambre a nommée le 12 Décembre pour l'étude de la Crise viticole sollicite dans l'art. 26 de son questionnaire « des avis sur les services que pourrait rendre à la viticulture le fonctionnement des coopératives et l'utilisation du crédit agricole. »

et que ses membres se désintéressent par trop du succès de l'œuvre entreprise (1). » C'est que l'association viticole débute à peine chez nous. Les exemples de l'étranger qu'on invoque sont encore bien peu connus de ceux qui leur font allusion (2). S'il n'est pas douteux que la coopération viticole ne trouve un sérieux point d'appui dans le mouvement syndical qui s'est étonnamment développé en France depuis 1884, elle exigera néanmoins pour s'implanter chez nous des efforts plus sérieux encore, parce qu'elle implique une organisation plus étroite et plus profonde. Le mouvement qui a provoqué l'institution des caisses de crédit rural qu'on voit se multiplier aujourd'hui rapidement peut donner une idée plus complète des difficultés probables et des obstacles à vaincre. Les résultats acquis par lui sont aussi une introduction plus directe à la coopération viticole, parce qu'ils peuvent aboutir à faire pénétrer dans les habitudes de nos ruraux le principe fondamental de toute coopération vraie : la *responsabilité solidaire*. C'est sur cette base qu'il faut aujourd'hui construire pour transformer profondément les conditions économiques de l'agriculture française. Si l'entreprise est plus ardue que celle de la propagande syndicale, elle est

(1) *P. Vimeux*. — Journal d'Agric. Pratique, art. sur la *Crise vinicole et ses remèdes*, 29 Nov. et 6 Déc. 1900. L'auteur proposait la tenue d'un Congrès spécial pour l'étude du problème de la Vente des Vins.

(2) La plus ancienne mention des coopératives viticoles que nous ayons trouvée en France est la brève indication statistique qu'en donne M. le *Dr Cruger* dans son art. : Les Sociétés coopératives en Allemagne. Revue d'Economie Politique, année 1892 p. 966. Le fonctionnement des Winzervereine n'a été décrit pour la première fois chez nous que par M. *H. Wolff*, président de l'Alliance Coopérative intern. dans une lettre publiée par M. de Rocquigny dans la *Démocratie rurale* de déc. 1894. Pour les *Cantine Sociali*, l'antériorité paraît appartenir à M. *Tallavignes* : art. sur les Caves Coopératives, in. Progrès Agricole 1896. Elles ont été observées l'année suivante par M. Mabilleau au cours de sa mission d'études en Italie. Les Winzervereine ont été décrits par le Dr Wygodzinski, dans son art. du Progrès Agricole de Janvier 1896. Nous croyons être le premier Français qui ait été les étudier sur place, en 1899. V. nos art. de la Revue de Vitic., T. XIII n° 319, 20, et 21 T. XVI n° 400 et 402 et Vigne Américaine 24e année n° 2, 3, et Annales des Vitic. de France 1901. En juillet 1901, le Musée Social confia une mission à M. G. Maurin par l'étude des Caves Coopératives, mais elle n'a pu être remplie cette année pour raisons de santé.

par contre susceptible de produire des résultats économiques et sociaux d'une portée infiniment plus considérable. C'est pourquoi nous devons insister ici pour la viticulture française en particulier sur les difficultés présentes et les conditions auxquelles le mouvement coopératif pourra s'implanter définitivement dans notre production agricole.

Le sujet revient à étudier les relations de ce problème avec les différentes forces ou institutions sociales avec lesquelles la coopération rurale semble devoir compter en France, plus encore que partout ailleurs : les pouvoirs publics : Etat et communes, la législation générale, puis à un autre point de vue : la coopération citadine et les partis.

LES COOPERATIVES ET L'ETAT. — Dans quelle mesure l'organisation économique de la viticulture peut-elle dépendre de l'action de l'Etat ? C'est la première question à examiner en pays latin, où trop de gens considèrent l'Administration comme une autre Providence de laquelle dépend exclusivement leur salut. Les enseignements que nous pouvons tirer des exemples de l'Etranger n'autorisent pas à ce sujet de bien grandes espérances. Ils se ramènent à trois méthodes : 1° L'action directe de l'Etat s'est traduite dans l'Allemagne du Sud par l'octroi de subventions pour aider les Associations déjà formées à développer leurs moyens. Pareille institution existe dans notre budget pour les Associations de production ; il n'est pas douteux que les Sociétés de vinification fondées en France ne puissent à l'occasion prétendre à réclamer leur part des quelques centaines de mille francs annuellement prévues pour encourager les Associations ouvrières (187.000 en 1891). On peut à l'occasion accroître ce crédit, uniquement conçu à l'origine pour les Associations urbaines. Mais comme l'expérience a montré que ce procédé ne peut avoir quelque utilité que pour des Associations librement formées qui ont déjà donné des preuves de vitalité, on ne saurait compter sur lui pour provoquer l'institution des coopératives rurales. Cette forme de protectionnisme social a d'ailleurs de graves inconvénients pratiques. Sans parler des patronages et des contrôles qu'elle autorise, elle habitue les individus à une sorte de mendicité politique qui a les mêmes dangers pour leur initiative et leur dignité que l'aumône privée. Il n'y a donc pas à compter bien sérieusement en France sur ce moyen, qui ne peut jouer qu'un rôle secondaire et éventuel dans le développement des coopératives. Il en est de même des subventions d'origine privée qui pourraient, à l'imitation du legs Rampal, venir en aide aux Associations rurales et aux Associations urbaines.

2° En Italie, nous avons vu le gouvernement attribuer des subventions de même nature au moyen de concours entre sociétés ; le procédé est beaucoup plus recommandable parce que l'allocation n'a plus la forme d'un secours sollicité, mais uniquement celle d'une récompense qui est de droit pour les plus méritants. Il provoque une émulation bienfaisante, met les mérites en lumière, attire l'attention du public sur les sociétés récompensées et fournit l'occasion de constatations et comparaisons éminemment utiles pour dégager des faits accomplis des enseignements pratiques capables d'éclairer et faciliter dans la suite la constitution de sociétés nouvelles. Cette méthode qui ne relève plus de l'Etat-Providence mais de l'Etat-éducateur, est donc à recommander en France, aux pouvoirs publics comme aux particuliers dont la bienfaisance s'intéresse aux progrès des associations rurales. Mais comme elle suppose un développement initial des Sociétés et des résultats acquis, pas plus que la précédente, elle ne peut être utilisée au point de départ du mouvement.

3° Ce n'est qu'en Portugal que nous avons vu le gouvernement travailler directement à provoquer l'institution de coopératives. Mais le fait se produit dans un pays pauvre où l'instruction technique et les ressources font également défaut à la petite propriété, dans un pays habitué de longue date à l'intervention de l'Etat dans le domaine commercial et où les intermédiaires sont loin par conséquent d'avoir la même influence et la même situation acquise que chez nous. En outre, comme cette politique vient à peine d'être inaugurée et qu'elle n'a pu produire encore de résultats, il serait trop téméraire d'en préconiser l'importation sans avoir pu se rendre compte de sa valeur pratique.

En réalité, l'influence de l'Etat sur le mouvement coopératif viticole ne nous semble pouvoir s'exercer en France en dehors des moyens stimulants que nous venons d'étudier, que d'une manière indirecte à trois points de vue : 1° par sa législation sur les Sociétés; 2° par sa législation fiscale; 3° par les facilités accordées à la coopération du crédit.

1° Il n'est point douteux par exemple que l'institution et les débuts des coopératives ne soient paralysés ou facilités par la rigueur ou le libéralisme de la législation, de même que leur prospérité future peut dépendre dans une certaine mesure des garanties que la loi leur impose. Par exemple, l'extension du rôle des Syndicats que la législation suisse autorise est des plus favorables au développement graduel de ces Associations élémentaires, pour passer du groupement d'études sans responsabilité sérieuse à l'association productive à responsabilité solidaire. Par contre, l'insuffisance des caractères coopératifs que la loi française exige des Sociétés à personnel et capital variables, et l'usurpation du titre de coopérative qu'elle autorise de la part des spéculateurs favorisent bien des équivoques et des déviations très préjudiciables au mouvement coopératif. De même l'enregistrement spécial que la législation anglaise, allemande et autrichienne imposent aux coopératives et l'obligation d'une révision périodique de leurs livres par un service de contrôle spécial, institué par les deux dernières, sont de nature à prévenir bien des fautes initiales et des défaillances sérieuses.

Malheureusement, l'échec au Sénat de la loi spéciale sur les Coopératives et le vote récent de la Commission sénatoriale pour leur imposition à la patente laissent de ce côté peu d'espoir aux amis de la coopération. L'opposition des intérêts commerciaux a paralysé leurs efforts. Le fait montre que l'organisation interne du mouvement coopératif n'est pas encore assez avancée en France pour que son influence politique soit à la hauteur de celle des intermédiaires. D'ailleurs, il ne nous paraît point certain que les dispositions proposées en

1894 fussent très bien adaptées à la coopération rurale, ni même qu'il y ait intérêt à enfermer celle-ci, avant que l'expérience ait prononcé sur les différentes méthodes d'organisation, dans un type juridique trop étroitement défini. Là encore, l'initiative des propagandistes a encore beaucoup à faire avant de pouvoir utilement se traduire dans la législation. Cependant, nous avons vu qu'il n'est guère douteux que le vote du projet de loi déposé par le ministère Waldeck-Rousseau pour la réforme de la loi de 1884 sur les Syndicats ne puisse exercer une influence favorable au développement de la coopération rurale.

Très discutés par les syndicats ouvriers (1), ses avantages ne sont pas contestables pour les syndicats ruraux, que nous avons vus en France poussés par les besoins nouveaux de l'agriculture moderne à dépasser leurs attributions légales pour entrer de toutes parts dans la voie coopérative. Comme nos paysans sont maintenant familiers avec l'organisation syndicale, il semble que le vote de ce projet fournirait à l'Agriculture française les moyens de développer, progressivement, toutes les applications pratiques de cette institution entrée dans nos mœurs. Peut-être les associations rurales n'ont-elles pas jusqu'ici assez compris son importance pour leur avenir. En tout cas, les viticulteurs français nous paraissent avoir le plus grand intérêt à son adoption (2).

2° Au point de vue fiscal, le développement des coopératives dépend en partie de deux circonstances : d'abord de la modicité des frais exigés lors de leur constitution, ensuite de l'étendue des charges auxquelles ces Sociétés sont sujettes. A l'étranger, toutes les législations se sont attachées à réduire les premiers au strict minimum, en France l'exigence d'un acte notarié pour constater le versement du dixième du capital

(1) Contrà : *G. Fagnot :* Syndicat et Association. Coopération des Idées 11 Août 1900. Pour, *J. Cabouat*, Rev. internat. de Sociologie de Juin 1901. Syndicats et Coopératives.

(2) Texte in Journal Offic. du 20 déc. 1899. Chambre. Doc. parlem. n° 7185 p. 125 et suiv.

souscrit (1), formalité nécessaire à leur fonctionnement continue à gêner leur formation. La réforme de cette disposition serait particulièrement utile pour faciliter les débuts des Coopératives vinicoles qui devraient se constituer sous les formes commerciales. Nous verrons que cette charge peut être évitée par l'adoption de la forme civile. Mais un danger plus grave surgit du fait de la décision de l'administration des contributions indirectes d'imposer aux coopératives viticoles l'obligation de la licence des négociants en gros, prétention qui conduirait bientôt à l'imposition de la patente (2). A ce point de vue, les Coopératives nouvelles semblent donc avoir plus à craindre qu'à espérer de l'Etat. Cette constatation ne doit être qu'une raison de plus pour les viticulteurs de s'organiser fortement pour la défense de leurs intérêts communs. Comme le disait naguère le chef de l'Etat : « L'époque actuelle est une époque où il faut savoir affirmer ses intérêts pour les faire respecter (3). »

L'exemple de l'Italie nous a pourtant fourni un cas trop rare de concordance des intérêts des producteurs et de ceux du fisc. Celui-ci aurait, en effet, de grands avantages pour la commodité, l'économie et la sûreté de son contrôle sur les mouvements des boissons, à voir la production vinicole se concentrer dans les chais des Coopératives. Cette constatation devrait pousser le fisc à favoriser ce mouvement par l'octroi de facilités et d'avantages à ces Associations. Nous avons indiqué à propos des Charentes une combinaison pratique de ce genre. Cette méthode pourrait être d'une manière générale, étendue pour assurer par le moyen du contrôle fiscal la garantie d'origine et de pureté de tous les produits de la vigne.

3° Mais c'est, jusqu'ici par les avantages accordés à la constitution du crédit rural que les Coopératives vinicoles

(1) Loi de 67, art. 51, al. 3.

(2) Circul. n° 225 de la Direction générale des Contrib. directes, 29 juillet 1901.

(3) Paroles de M. Loubet à une délégation ouvrière. J. des Débats, 12 Janvier 1902.

peuvent bénéficier le plus fortement de l'appui de l'Etat. Comme nous avons vu qu'en Allemagne, Autriche et Italie, l'essor de la coopération vinicole était dû au développement préalable de la coopération de crédit, il n'est guère douteux que le même résultat ne se produise en France quand l'habitude du crédit solidaire s'y sera également répandue. C'est ce que paraissent avoir bien compris les Associations agricoles du Midi qui s'efforcent aujourd'hui de provoquer l'institution de caisses de crédit dans chaque localité viticole (1). A cet effet, les avances autorisées par la loi du 31 mars 1899 semblent avoir provoqué un mouvement d'extension rapide, marqué en particulier par la naissance de trente-sept caisses régionales. Mais à l'étranger, surtout en Allemagne, l'extension du crédit rural s'est faite sans participation sérieuse de l'Etat, aussi, beaucoup, même chez nous, doutent-ils encore de l'efficacité de son action dans ce domaine. Certains même, autorisés dans une certaine mesure par les leçons du passé, redoutent son intervention plus qu'ils ne la souhaitent. « Les caisses Raiffeisen, écrit M. Hubert-Valleroux, n'ont jamais demandé à l'Etat que la liberté. Elles n'ont jamais réclamé de faveurs d'aucune sorte ; elles ne demandent ni lois spéciales, ni privilèges, ni subventions. Nous ne demandons qu'une chose, c'est qu'on ne vienne pas nous détruire : nous demandons qu'on ne nous pille pas (2) ». Peut-être qu'en France, où l'initiative privée s'est montrée plus paresseuse, une intervention discrète sera pourtant plus efficace. Peut-être aussi, après tout, vaut-il mieux que le prêteur soit dans les caisses rurales, l'Etat, être impersonnel, que de riches propriétaires locaux cherchant parfois à soutenir et développer par ce moyen leur influence sur leurs tenanciers. Mais, sans doute aussi qu'en France, il serait plus avantageux que les capitaux vinssent eux-mêmes, comme en Italie, de l'épargne populaire et qu'une législation plus libérale des caisses d'épargne permît

(1) Le Comité du Vin de France distribue à cet effet un *Guide pratique pour la création des caisses rurales de Crédit Agricole*, par M. Joué, prof. d'Agric. à Béziers.

(2) Economiste français du 16 Nov. 1901.

d'assurer plus largement chez nous, entre toutes les œuvres issues de la mutualité, cette liaison d'efforts et cette cohésion d'intérêts qui peu à peu édifient chez nos voisins un ordre économique nouveau d'une incontestable originalité. Peut-être, le jour où l'on voudra instituer des retraites agricoles, comprendra-t-on que, s'il faut capitaliser, les ressources nécessaires trouveront de ce côté un meilleur emploi que dans une centralisation trop propice aux tentations de la politique fiscale.

En tous cas, ce bref examen nous permet de conclure que la coopération ne pourra compter sur l'appui de l'Etat que dans la mesure de son développement antérieur et la puissance de son organisation lui permettront de peser sur les pouvoirs publics et les forces politiques. Les concessions obtenues pour les caisses de crédit ne l'ont été que par l'influence des Syndicats agricoles. Plus les ruraux prendront conscience de leurs intérêts communs et plus ils coordonneront leurs efforts, moins ils éprouveront de difficultés à obtenir les réformes utiles au progrès agricole. Mieux celles-ci auront été préparées et étudiées par eux pour concorder avec l'intérêt général et plus ils réussiront à les faire accepter du plus grand nombre. Mais ici encore, nous voyons donc qu'il faut partir de l'initiative individuelle pour arriver à l'action publique, de la coopération locale à la fédération progressive des groupes pour atteindre à une centralisation efficace. Cela revient à conclure que l'action de l'Etat n'est bienfaisante que dans la mesure où elle traduit, non les impulsions aveugles d'instincts égoïstes ou la pression d'intérêts particuliers habilement coalisés, mais les désirs clairvoyants d'une majorité de volontés conscientes et libres.

L'INTERVENTION DES COMMUNES. — Mais en raison même du caractère local que doivent revêtir les groupements viticoles à l'origine pour acquérir une consistance sérieuse, caractère qui exclut toute intervention directe de l'Etat, ne pourrait-on s'appuyer pour leur formation sur l'organisme politique le plus voisin des individus, sur la commune ? Il semble logique de faire appel à cette force locale, la seule qui soit aujourd'hui sérieusement constituée, pour les Associations élémentaires qui doivent être les cellules-mères du fédéralisme économique de l'avenir. De même que nombre de Conseils municipaux urbains subventionnent aujourd'hui des Syndicats ouvriers et des Bourses du Travail, pourquoi les conseils ruraux n'en feraient-ils pas de même pour les Syndicats agricoles et leurs établissements ? Bien mieux, ne semble-t-il pas que les disponibilités de leurs budgets pourraient trouver un excellent emploi dans la constitution de celliers; caves et magasins municipaux où les raisins du pays pourraient être traités en grand, et les vins conservés et warrantés, en attendant le moment propice à leur vente ? Pourquoi, en un mot, les communes n'organiseraient-elles pas elles-mêmes pour le compte de leurs administrés les établissements de vinification et de distillation collectives dont l'institution paraît de plus en plus nécessaire dans la viticulture française ?

Cette solution paraît si simple et si logique qu'on s'étonne qu'elle n'ait pas provoqué plus tôt des tentatives de réalisation. Il semble que la disparition du pressoir banal, dont maint seigneur imposait avant la Révolution l'usage à ses tenanciers, aurait dû inspirer aux communes viticoles l'idée de se munir de pressoirs et cuveries pour l'usage commun de tous leurs citoyens ? Pourtant, en dehors de la Suisse, nous n'avons pas rencontré d'exemples de ce genre. Nous-même avons pu récemment déplorer cette absence d'initiative en constatant dans la Haute-Marne les étranges pratiques de vinification qu'imposait aux petits vignerons de maintes communes la non-possession de pressoirs et de matériel vinaire suffisant. « Pour assurer une vinification meilleure, disions-nous, pourquoi n'utiliserait-on pas une partie des ressources communales à l'achat graduel de tous les instruments nécessaires, de manière à créer dans chaque village un véritable cellier municipal pourvu de tous les perfectionnements que réclame l'œnologie moderne ? Aucune loi n'interdit aux communes cet emploi de leurs disponibilités » (1). D'autre part, cette idée est celle à laquelle aboutit M. P. Gervais, dans un récent travail, pour résoudre la question des *non-logés* (2). « Si la création des caves coopératives, écrit-il, apparaît comme la solution la plus souhaitable du problème des non-logés, il serait puéril de méconnaître combien en l'état des choses et des esprits, cette solution est lointaine, imprécise et par conséquent peu efficace. Les idées de solidarité, de coopération font des progrès trop lents en notre pays, pour qu'il soit possible de leur voir produire avant longtemps sur ce terrain les effets utiles que nous en attendons. Mais ne pourrait-on en préparer l'évènement et en devancer les effets par la constitution des caves communales ? La collectivité qu'est la commune ne peut-elle, en se substituant aux initiatives privées, impuissantes, parce qu'encore imparfaitement éduquées et instruites, réaliser les mêmes résultats ?... Nos communes devraient tourner leur activité et leurs ressources vers la construction de caves communales dont les services pourraient être, en certains cas, singulièrement étendus. Je voudrais que, pour les emprunts ainsi rendus nécessaires, les communes fussent autorisées à contracter sans autre formalité administrative que l'autorisation préfectorale. » Enfin les exemples des tentatives récentes que nous avons relatées dans le Midi, le Bordelais et en Algérie, où plusieurs conseils viennent de contracter dans ce but des emprunts autorisés par le gouvernement général, semblent bien indiquer que cette voie est vraiment pratique et conforme aux sentiments des intéressés.

Justement, cette application nouvelle du socialisme municipal que constitue l'appui prêté par les communes aux Coopératives de production, vient de faire l'objet d'un arrêté du Conseil d'Etat du 1er février 1901, annulant une délibération du Conseil municipal de Poitiers qui allouait un subside de 9.500 fr. à la Boulangerie coopérative : l'Union des Travailleurs. Vette mesure a été considérée comme attentatoire à la

(1) Dans la Haute-Marne, Vigne Américaine de Novembre 1901 p. 340.
(2) Revue de Vitic., n° 423, p. 86.

loi de 1791 qui a établi la liberté commerciale. « La commune, écrit à ce sujet, M. Iweins, n'a que des fonds publics, destinés à des services publics, au sens large du mot... L'Etat et la commune empruntent pour produire, faire fructifier, non pour donner. Si l'allocation est faite, sous condition qu'une part des bénéfices réalisés par les Coopératives sera consacrée à l'amortissement de cet extraordinaire emprunt, l'ingérence forcée se changera bientôt en un accaparement. Si l'allocation est faite, au contraire, sans cette convention préalable, le service de la dette contractée obligera à puiser dans les revenus publics. On ne pourra, même sous cette forme, déguiser que la subvention reste toujours un cadeau fait à quelques-uns avec l'argent de tous. »

Mais cette argumentation ne porte que contre le mode d'intervention usité dans le cas particulier : la subvention. La question reste entière quand la commune se charge elle-même du service de production, quand pour la viticulture en particulier, elle crée, pour son propre compte, une cave communale qu'elle met ensuite, sous certaines conditions, à la disposition des particuliers Il faut observer dans le cas qui nous occupe : 1° qu'il n'existe pas d'industrie spéciale de la vinification à laquelle cette intervention porterait préjudice, les négociants qui achètent des raisins ne travaillant pas pour le compte des récoltants, mais pour eux-mêmes. 2° Que les communes qui sont amenées à de semblables fondations sont celles des pays viticoles où la culture de la vigne est très souvent l'industrie exclusive du pays, les autres entreprises n'étant, en général, que ses accessoires. Dans ces conditions, l'intérêt des viticulteurs locaux s'identifie avec l'intérêt public, avec celui de la commune elle-même. L'intervention de celle-ci, loin de léser des droits acquis, vient, au contraire, au secours de tous ses habitants atteints par la crise économique. Mais le propriétaire aisé qui dispose d'un matériel vinaire suffisant ne pourra-t-il se dire lésé quand sa part

(1) Revue politique et parlementaire du 10 Nov. 1901 · Les subventions communales aux Coopératives.

d'impôts sera employée à procurer à meilleur compte à ses voisins les services dont il a dû se munir à grands frais - L'argument ne porte pas ici, car c'est lui plus que tout autre qui souffre de la concurrence des vins non-logés, dont les prix de vente désastreux ravalent celui que devraient atteindre ses récoltes. D'ailleurs, lui aussi pourra se dispenser d'entretenir un coûteux matériel pour se servir de celui du cellier communal. Aussi bien, la commune peut toujours exiger pour son usage une redevance qui fasse compensation aux charges qu'elle assume, de manière à ce que les habitants qui ne vivent pas de la vigne ne puissent se plaindre de cette solidarité forcée. Enfin la nécessité de l'autorisation administrative pour les emprunts municipaux suffit à prévenir les abus vraiment graves qui pourraient surgir.

Il semble donc bien que cette solution puisse en nombre de cas être employée pour assurer aux producteurs d'un même pays les avantages d'un matériel perfectionné, au besoin même ceux de la vinification en grand et, généralement, les moyens de conserver les vins pour lesquels la propriété n'a pas des ressources de logement suffisantes. Elle n'a que l'inconvénient de mettre un service d'ordre économique sous la direction d'autorités d'origine et de caractère politiques, ce qui, à l'occasion, étant donné la mesquinerie des divisions et rivalités dans les communes rurales, peut n'être pas sans inconvénients pour les producteurs de l'opinion en minorité. Mais si le fonctionnement de ces caves communales paraît simple dans les pays de grande production de vins communs, où il s'agit moins pour l'instant d'assurer une bonne vinification pour laquelle les cuveries particulières suffisent à peu près, que d'assurer seulement le logement et la garde des vins faits en foudres et citernes spéciales, il n'en est plus de même dans les pays où la considération de la qualité et des crûs entre en jeu. Ici la difficulté est moins de loger les vins encombrants, que d'obtenir avec les raisins le maximum de qualité et surtout de pouvoir vinifier séparément l'ensemble des raisins de chaque terroir réputé, pour assurer à chaque catégorie de produits la plus-value qui résulte de la réputation de sa marque d'origine. Même dans les pays d'abondance, le logement de vins qui seraient obtenus séparément par chaque récoltant, dans des conditions nécessairement différentes, n'irait pas sans difficultés quand il faudrait mélanger dans les grands foudres et les citernes des produits de qualité fatalement inégale. A partir du moment où il y a obligation de faire des mélanges, soit de raisins dans le cas de vinification collective, par catégories de qualités, soit de vins pour la conservation en grandes masses, tous provenant de propriétaires différents, de graves difficultés surgissent où l'action communale devient moins facile que celle des Associations libres. La première est d'ordre pratique, elle consiste dans l'obligation de tenir compte des différences de valeur des raisins ou des vins ainsi mélangés. Il faudrait alors recourir aux méthodes d'appréciation que nous avons vues en usage dans les caves coopératives, mais dont l'application toujours délicate, le deviendrait infiniment plus aux mains d'autorités politiques, souvent partiales et toujours suspectées. Il faudrait que la commune se déchargeât de ce service sur une administration spéciale élue par tous les intéressés, constitués en une sorte de syndicat. A dire vrai, on reviendrait ainsi d'une manière détournée à la méthode coopérative mais avec cet inconvénient pratique que la responsabilité serait ici séparée de l'action, l'une incombant à la commune, l'autre au syndicat, situation qui pourrait être dangereuse pour les intérêts de la première.

En second lieu, à partir du moment où il y a mélange de raisins ou de vins, le fisc considère qu'il y a disparition de l'individualité de possession des produits et qu'on n'est plus en présence des vins de tel ou tel, mais du vin de la commune, du syndicat ou de la coopérative. L'administration des Contributions indirectes, dans sa circulaire du 29 juillet 1901 considère cette opération comme un transfert de propriété analogue à l'achat pour revendre et qui doit entraîner l'imposition de la licence. Quoi qu'il en soit de cette prétention, il est évident que du moment où les produits ont perdu leur individualité, ce n'est plus seulement la vinification qui sera collective, mais aussi la vente des vins obtenus. Le vinificateur va être obligé de se faire également vendeur, quitte à répartir ensuite les produits de la vente au prorata des apports individuels, évalués d'après la méthode adoptée. Or, si on conçoit une commune logeuse de vins, on ne la conçoit pas, dans l'état de notre législation, comme acheteuse et revendeuse. Il est bien apparent que sous ce nouvel aspect, elle ferait concurrence au commerce individuel et que ses actes prendraient un caractère d'illégalité évident. Dans ce dernier cas, l'action communale devient donc impossible; il n'y a plus place que pour l'action coopérative.

En résumé, si nul obstacle sérieux ne paraît s'opposer à ce que les communes viticoles mettent à la disposition de leurs habitants un matériel et des vases vinaires d'usage commun, c'est à la condition que les produits ainsi travaillés ou abrités ne perdent jamais le caractère de possession individuelle que leur a imprimé la propriété du sol. Dans ces conditions, l'institution des caves communales perd beaucoup de son utilité pratique, surtout au point de vue des avantages futurs que son extension et son perfectionnement pourraient assurer aux viticulteurs. Réduites au rôle de loger les excédents des récoltes pléthoriques, elles prennent le caractère d'une institution de circonstance, uniquement conçue pour des besoins accidentels et intermittents; leur matériel risque de rester souvent sans emploi, constituant alors un capital mort dont les détériorations pour non-usage auront parfois détruit la valeur quand des besoins soudains contraindront à le revivifier. Plus mal entretenu que celui des petits propriétaires, il risquera de constituer pour la commune une grosse charge hors de proportion avec les services réels à en attendre.

Si l'action communale peut donc être appelée en des cas que nous jugeons assez variés, mais beaucoup plus restreints qu'on ne pourrait le penser au premier abord, à l'aide de la viticulture, c'est selon nous à titre purement transitoire, pour obvier à des besoins actuels d'une extrême urgence et comme palliatif provisoire, au défaut d'organisation des viticulteurs. Mais dès qu'on voudra perfectionner et développer cette action commune, il faudra de toute nécessité arriver à l'organisation coopérative indépendante. Les caves communales ne peuvent être qu'une institution de transition d'utilité trop bornée, dont l'essai ne fera que montrer l'urgence d'une organisation plus souple et plus parfaite. L'exemple des pays étrangers comme la Suisse, où la commune rurale a souvent plus de liberté d'action et plus d'initiatve que dans notre pays de centralisation excessive, et où les caves communales n'ont pas pris de développement tandis que les caves coopératives s'étendent chaque jour, semble autoriser suffisamment nos conclusions. Peut-être serait-il plus pratique de faire appel à la sagesse de l'Administration pour autoriser, quand cela paraîtra bon et d'intérêt suffisamment général dans les communes viticoles, celles-ci à prêter leur concours financier aux coopératives locales à leurs débuts, quand des constructions nouvelles sont immédiatement nécessaires. Un excellent exemple de cette méthode d'action nous est fourni par la ville d'Heilbronn (Voir 2e P. — Chap. I, S. II). Il est évidemment préférable de laisser agir les intéressés en leur prêtant un appui effectif mais discret, que de confier à des autorités politiques mal préparées la direction d'un service économique à improviser. Sans doute, il serait désirable que nos communes eussent plus d'initiative et de liberté d'action, mais en l'état présent de la législation, une sage tolérance administrative pour la pratique des subventions ou plutôt des avances aux coopératives agricoles, nous paraît la mesure la plus immédiatement recommandable.

Au-dessus des communes, l'aide des Conseils généraux pourrait être invoquée dans le même sens, mais dans la mesure nécessairement plus restreinte où leur intervention serait d'intérêt vraiment départemental. Il faut regretter aussi dans la crise actuelle que notre agriculture ne soit pas encore dotée des Conseils spéciaux dont l'institution a été maintes fois réclamée pour la défense de ses intérêts. L'exemple des services rendus pour stimuler, guider et propager les coopératives viticoles par ceux de la Prusse et de l'Autriche autorise ici ces regrets, malheureusement stériles.

Mais si dans certains cas, l'aide effective ou la bienveillance des pouvoirs publics nous paraissent utiles au développement du mouvement coopératif, ils ne sauraient jamais suppléer à l'effort des bonnes volontés individuelles. Qui dit coopération dit nécessairement désir d'entente et accord prolongé des volontés particulières. C'est pourquoi la seule origine naturelle des institutions coopératives et leur principal ressort d'action doivent nécessairement être dans le développement des initiatives individuelles. Mais celles-ci ne peuvent se déployer sous cette forme que dans un double cadre : 1° celui des lois générales qui règlent la constitution des sociétés; 2° celui des règlements particuliers que celles-ci adoptent pour leur fonctionnement. Il nous reste donc à examiner au premier point de vue l'organisation légale possible pour les coopératives vigneronnes. Au second, leur organisation administrative.

SECTION II

CONSTITUTION LÉGALE ET ADMINISTRATIVE DES COOPÉRATIVES VINICOLES

CONSIDERATIONS GENERALES. — Etant donné que la coopération vinicole débute à peine en France à l'heure présente, il serait prématuré d'entreprendre, en l'absence de toute expérience, l'étude approfondie de sa constitution administrative et juridique. Le caractère nécessairement conjectural d'un semblable travail lui enlèverait toute valeur scientifique sérieuse (1). Nous nous bornerons donc ici aux indications d'ordre pratique qui peuvent dès maintenant faciliter dans notre pays la constitution de ces nouvelles coopératives agri-

(1) Consulter à l'occasion, à titre analogique, le récent travail de M. *Pierre* *I ıéfaine* : Les Laiteries coopératives en France. — C. Robbe, Lille, 1901. — 2ᵉ partie : Fonctionnement juridique des Laiteries coopératives.

coles, en renvoyant pour les détails de leur administration aux indications précises et explicites que fournissent les pièces d'origine étrangère annexées au présent ouvrage.

Au point de vue juridique, l'instauration possible des coopératives vinicoles exige l'examen de trois questions : 1° Le régime des Sociétés étrangères ; 2° Celui qui paraît recommandable en France; 3° Leurs relations avec la législation fiscale. Au point de vue administratif, elle impose l'étude de leurs organes de gestion et de leur réglementation interne.

1° REGIME DES COOPERATIVES VINICOLES ETRANGERES (1). — Nous avons déjà vu, notamment à propos des Winzervereine allemands et des Cantine sociali d'Italie, les traits caractéristiques des régimes différents auxquels sont soumises ces nouvelles coopératives rurales. Celui de chacun de ces pays est bien caractéristique des deux types de législation qui, en matière de coopératives, se partagent actuellement l'Europe : le premier, où les coopératives sont soumises à des lois particulières qui constituent pour elles comme un régime spécial, distinct de ceux des autres catégories de Sociétés : Sociétés *civiles* et Sociétés *commerciales;* le second où elles rentrent dans ces deux grandes catégories selon leur forme adoptée, mais avec le bénéfice de quelques modalités particulières. Comme ce dernier système est celui de la législation française, c'est lui qui doit être nécessairement pour nous le plus instructif.

Dans la première section rentre la législation allemande et celle de l'Autriche, d'ailleurs modelée sur la précédente. Dans l'une et l'autre, les coopératives figurent dans la catégorie des *Genossenschaften*, Sociétés où les concours des volontés est assuré d'une manière plus active et plus étendue que dans les autres types ou *Gesellschaften*. La loi allemande du 18 Mai 1889 complétée par le règlement du 11 juillet de la

(1) Hubert Valleroux. — Etude sur les diverses législations concernant les Sociétés Coopératives. Bull. de Législ. comparée t. 20 ann. 1890-91 p. 245-64 et Dalloz. — Répertoire de législation, Supplément, t. XVI art. Sociétés ch. 10 $2 p. 305-32.

même année, on autorise trois types, selon l'étendue de la responsabilité des associés : *limitée*, *illimitée* ou *limitée envers les tiers seulement*. La seconde est de beaucoup la plus répandue en viticulture. Toutes doivent êtres enregistrées au tribunal de commerce de leur circonscription; un extrait de leurs statuts et toutes les modifications ultérieures publiés selon les règles légales. De même pour les adhésions de leurs membres. Elles ont toutes la personnalité civile et sont réputées commerciales. Le tribunal vérifie leur validité. En outre, l'organisation de l'Association et la gestion de ses affaires sont vérifiées au moins une fois l'an par des *réviseurs* étrangers à leur administration et nommés soit par le tribunal, soit par les Unions autorisées à cet effet. Depuis 1889, les coopératives ne peuvent plus se former sans capital, puisque tout membre doit avoir au moins une part d'affaires dans la Société. Elles ne peuvent aussi se constituer que pour une durée limitée. Sauf ces deux dernières conditions, dirigées semble-t-il contre les principes de Raiffeisen, la loi autrichienne du 9 avril 1873 reproduit des dispositions analogues. L'uniformité du régime légal explique donc en grande partie celle de l'organisation adoptée par les coopératives vinicoles, dès qu'elles sortent de la simple union de fait, de caractère essentiellement passager et de durée limitée en principe à celle des opérations de récolte et de vinification que représentent les Sociétés de vendanges du Würtemberg.

En Italie, nous avons vu que les Coopératives vinicoles pouvaient choisir entre la forme civile ordinaire réglée par le Code civil de 1866 (art. 1697 à 1736) et la forme commerciale, régie par le Code de commerce de 1882 (art: 220 et suiv.) ; cette dernière a l'avantage qui n'existe pas en France de permettre la spécification légale du titre de coopérative, qui entraîne certaines modalités obligatoires propres à distinguer ces Sociétés des Sociétés anonymes commerciales (limitation des parts individuelles à 5,000 ,des actions à 100, incessibilité des actions sans autorisation de l'Assemblée générale, etc.). Elle entraîne aussi leur enregistrement au tribunal de commerce. Mais nous avons vu qu'elle avait l'inconvénient d'assujettir les coopératives pour leurs opérations à la taxe sur les valeurs mobilières. Le professeur Niccoli préfère la forme des Sociétés en participation (1), mais celle-ci suppose, comme pour les Sociétés du Wurtemberg, que le nombre et la durée des opérations sont très limitées. Elle n'est guère compatible avec la permanence et la complexité d'opérations que nécessite la garde des vins et l'organisation de la vente fractionnée. C'est pourquoi la majorité des Cantine sociali se sont constituées sous la forme civile, sans capital d'établissement comme les Sociétés de crédit du type Raiffeisen, en recourant pour assurer leurs services uniquement au matériel et au travail personnel de leurs membres, complétés au besoin par un emprunt garanti par la responsabilité solidaire des associés.

DISCUSSION DES REGIMES POSSIBLES EN FRANCE. — En raison de la similitude des législations, nous retrouvons le même débat dès l'abord quand il s'agit de rechercher la forme légale la plus recommandable pour introduire en France de semblables organisations (2). Lequel choisir des deux régimes possibles, celui du Code civil ou celui du Code de commerce ?

Tout d'abord, des Sociétés aux opérations aussi étendues

(1) Coopérative rurali, p. 161-64.

(2) Nous écartons comme oiseuse la discussion de savoir s'il ne serait pas préférable de les constituer sous la forme syndicale et selon les prescriptions de la loi de 1884. Celle-ci, en assignant pour objet aux syndicats l'étude et la défense des intérêts professionnels, exclut par là même les Associations comme celles-ci qui ont pour objet la transformation des produits du sol, c'est-à-dire une *entreprise*. Comme il y a bien dans leur objet le caractère spécifié par l'art. 1832 du C. Civ. « mise en commun quelque chose dans la vue de partager le bénéfice qui pourra en résulter », elles rentrent sans conteste dans la catégorie des *Sociétés*. Mais, par contre, nous croyons qu'il y a intérêt à doubler chaque Coopérative d'un syndicat constitué d'après la loi de 1884 et qui, composé des mêmes membres, pourrait-être son organe de défense et de relations avec les pouvoirs publics. C'est lui qui pourrait être le point de départ de tout le système d'organisation économique de chaque village en constituant en outre une caisse rurale et une société de consommation, celle-ci pouvant être mise en relations avec les grandes coopératives urbaines pour bénéficier de leur puissance d'achat et soustraire la puissance de consommation des ruraux à l'exploitation commerciale.

que les véritables coopératives vigneronnes sont-elles de par la nature de ces opérations des Sociétés civiles ou des Sociétés commerciales ? La question prend une importance particulière du fait de l'opinion adoptée par l'Administration des Contributions indirectes pour baser sa prétention de soumettre les vrais coopératives vinicoles à l'impôt de la licence. La circulaire n° 225 datée du 29 juillet 1901 distingue à ce sujet entre les pures Sociétés de vente et celles qui sont en même temps des Sociétés de vinification collective. « Si l'Association ne reçoit aucun produit d'achat, si la vente s'effectue pour son compte direct par les soins d'un représentant à ses gages et non par l'intermédiaire d'un commissionnaire ou négociant ayant des instérêts distincts », elle continuera à jouir de l'exemption jusqu'ici admise. « Mais il n'en serait pas de même si les vins des associés étaient réunis dans un local commun, afin de les mélanger, de les unifier et les approprier avant de les réexpédier. Ce qui est vendu au consommateur, ce n'est plus le vin de tel ou tel récoltant, c'est un produit nouveau, le *vin du Syndicat*, et par le fait même qu'il se livre à des manipulations qu'un récoltant ne serait pas admis à effectuer, le Syndicat n'est pas admis à réclamer le bénéfice de l'immunité.

D'un autre côté, les versements opérés par le syndicat à ses associés ne représentent plus le produit direct de la vente des vins de chacun d'eux, mais une quote-part dont le montant est déterminé non-seulement par l'importance des quantités que chacun fournit, mais encore par les valeurs respectives qui ont dû être assignées à ces quantités au moment où elles sont entrées dans le magasin du syndicat. De quelque façon qu'il organise sa comptabilité, le syndicat opère dès lors comme *s'il achetait et revendait.* » Cette conclusion de la circulaire mérite d'être retenue car sa formule ne tend rien moins qu'à considérer comme essentiellement commerciales les opérations des Associations vinicoles. Si cette thèse était consacrée par la jurisprudence, elle obligerait par là même ces Sociétés à se constituer nécessairement en Sociétés commerciales et impliquerait bientôt par voie de conséquence naturelle l'application de l'impôt de la patente et pour leurs parts d'intérêts, celle de la taxe de 4% sur le revenu des valeurs mobilières, dont les Coopératives sont restées jusqu'à ce jour exemptes.

Laissant provisoirement de côté le point de vue fiscal, il importe donc d'examiner la valeur de cette opinion administrative. En d'autres termes, les opérations des Coopératives vinicoles, telles que nous les avons décrites, rentrent-elles dans l'énumération de l'article 632 du Code de commerce qui répute en particulier comme actes de commerce « tout achat de denrées et marchandises pour les revendre, soit en nature, soit après les avoir travaillées et mises en œuvre, ou même pour en louer simplement l'usage, ainsi que toute entreprise de manufactures, de commission, de transport, etc. ? » Ou bien échappent-elles à cette qualifiacation par conséquence de l'article 638 qui exclut de la compétence des tribunaux de commerce « les actions intentées contre un propriétaire, cultivateur ou vigneron, pour la vente de denrées provenant de son crû. » Il a été jusqu'ici admis en doctrine et en jurisprudence que cette disposition impliquait la soustraction de l'industrie agricole à la loi commerciale, quand elle était exercée par le récoltant lui-même, opérant ainsi une *mise en œuvre accessoire* de ses produits. « Celui qui vend le blé après l'avoir battu, dit M. Lyon-Caen, qui vend le lait de ses vaches transformé en beurre, ses pommes transformées en cidre, etc., ne fait évidemment pas acte de commerce (1) ». Cette considération a été étendue jusqu'ici aux laiteries coopératives. Une circulaire du Ministre du Commerce, en réponse à une consultation du Préfet des Deux-Sèvres, adopte son avis que ces institutions « doivent être classées parmi les Sociétés civiles, et non parmi les Syndicats (2). » Même le fonctionnement du Syndicat de Roquevaire, pour la préparation des conserves d'abricot, tel que le décrit M. de Rocquigny (3), est absolument ana-

(1) Manuel de droit commercial, 5ᵉ éd. F. Pichon, 1899, p. 26. Id. Cour de Besançon D. 47. 2. 15 et Lyon D. 51. 2. 239.

(2) Citée par M. P. Tiéfaine, cf. p. 150.

(3) Les Syndic. Agric. p. 205.

logue à celui des coopératives vinicoles sans qu'il ait eu à prendre même la forme d'une Société civile. Pourquoi les coopératives vinicoles feraient-elles exception et la transformation du raisin en vin prendrait-elle un caractère d'entreprise commerciale plus accentué que celle du lait en beurre ou des pommes en cidre ? C'est ce qui demeure en bonne doctrine juridiquement inadmissible (1).

La circulaire précitée s'appuie sur ces deux observations 1° Que l'Association nouvelle « se livre à des manipulations qu'un récoltant ne serait pas admis à effectuer (2) » 2° Qu'elle opère comme un acheteur ordinaire, par achat et revente. La première est manifestement inexacte. Le récoltant a toujours eu le droit de mélanger séparer ou manipuler les raisins de sa récolte à sa guise, quelle que soit leur provenance ou leur nature. Personne n'ignore que certains types de vins : les

(1) « Peu importe que le propriétaire ou fermier vende ses récoltes isolément ou en Société avec d'autres propriétaires ou fermiers, la Société emprunte la nature de l'acte qui en est l'objet. Ainsi la Société formée entre plusieurs propriétaires dans le but de mettre en commun les produits de leurs fonds, de les convertir en denrées alimentaires et de les vendre ainsi fabriquées pour en partager le prix entre eux proportionnellement, n'est pas une société de commerce, mais une société civile » — Fuzier-Herman, Répert. de Droit français t. I. — Actes de C. titre III ch. II n° 427.

(2) La jurisprudence ne nous fournit pas ici d'espèces particulières aux Associations, en dehors de celles, toutes favorables, qui concernent les Sociétés de laiterie. Nous relevons pourtant les deux suivantes pour la matière spéciale de l'amélioration des vins :

1° Un arrêt de la Cour de Bordeaux du 12 juillet 1848. « En principe, dit-il, le propriétaire qui achète des vins ou denrées pour les vendre avec ceux qu'il a récoltés, ne fait point acte de commerce lorsqu'il n'a en vue que d'améliorer sa récolte ou d'en faciliter l'écoulement, parce qu'alors ces denrées deviennent un accessoire de la récolte et non l'objet d'une spéculation spéciale. » D. P. 49. 2. 108 ;

2° Un arrêt de la Cour de Montpellier du 7 mai 1887, disposant que « le propriétaire qui n'achète du trois-six que pour viner les vins de sa récolte afin d'en faciliter le transport et la vente, ne fait pas acte de commerce. » D. P. 88. 2. 48.

On voit que la jurisprudence concède au propriétaire, non seulement le droit absolu de tirer parti de ses récoltes comme il l'entend, mais encore celui de faire des achats non commerciaux pour les améliorer ou en faciliter la vente. Les limites de la non-commercialité de leurs opérations sont donc beaucoup plus étendues que le fisc ne paraît disposé à l'admettre.

passetoutgrains bourguignons, les Graves et même les Bordeaux ordinaires sont obtenus par l'association de plusieurs espèces de raisins, souvent récoltés en des lieux différents. Pourquoi ce que le vigneron isolé peut faire changerait-il de caractère quand il s'associe avec ses voisins pour l'opérer en des conditions meilleures, nous ajouterons plus naturelles, puisqu'elles ont pour objet de mieux déterminer la spécification du vin, toujours désigné, non par le nom de son obtenteur, mais par celui du terroir ou de la commune dont il provient : Clos-Vougeot, Musigny, Château-Laffitte, Pommard, etc. ? 2° La seconde ne repose que sur une fiction. Sans doute, la coopérative vinicole est obligée d'évaluer les raisins qu'elle reçoit, parce que la base nécessaire de la répartition du produit de la vente est l'apport *en nature* de chaque associé. Mais opère-t-on différemment dans les laiteries coopératives et même dans les coopératives de consommation avec les chiffres d'achat respectifs de chaque adhérent ? Comme les opérations de ces Sociétés ne sont complètement terminées qu'au moment où le produit a été définitivement vendu ou consommé, la fixation de la valeur réelle de la production ou de la consommation ne peut avoir lieu qu'à la fin de ces opérations. Celle qui est établie auparavant n'est qu'un chiffre provisoire, un moyen de compte mais non une valeur de vente ou d'achat, définitive et parfaite comme dans le cas de la vente ou de l'achat à une maison de commerce ordinaire. D'ailleurs qui ne sent la différence de nature du profit commercial qui résulte de la différence entre le prix d'achat et le prix de vente et les répartitions des Sociétés coopératives qui ne sont que la détermination définitive du prix de vente réel ?

On objectera que les coopératives étant des personnes morales, ce qui est contesté pour les sociétés civiles, bien qu'admis par la jurisprudence (1), sont interposées entre le récoltant et l'acheteur, comme le commerçant entre ses fournisseurs et ses clients. Leur patrimoine est distinct de celui

(1) Lyon-Caen, cf. p. 83 et Cass. 23 fév. 1891. D. 1891. 1. 397 et 2 mars. 1892, S. 1.497.

des associés. Mais les raisins n'y entrent pas puisque leur évaluation provisoire a justement pour but de maintenir le droit du récoltant sur leur produit pour assurer à celui-ci tout le bénéfice de leur transformation, déduction faite des frais. En tout cas, ce caractère des livraisons pourrait être nettement spécifié par un article des statuts portant, par exemple, que l'évaluation des raisins n'entraîne pas vente et que leur prix définitif ne sera fixé que par une Assemblée générale subséquente, quand la valeur réelle du vin obtenu aura pu être bien déterminée par sa vente définitive. L'évaluation faite lors de la vendange ne serait alors qu'une base de crédit donnant droit à des avances gratuites ou onéreuses selon les cas et leur proportion, mais non une vente provisoire parfaite. C'est, nous l'avons vu, le régime adopté par les plus récentes Cantine Sociali du Piémont. En tout cas, il importe à l'avenir de toutes les coopératives que cette assimilation forcée de leurs opérations avec celles des industriels ordinaires ne puisse s'introduire dans la pratique sous le couvert d'une interprétation administrative arbitraire. Les coopératives vinicoles ont droit au même régime que les autres coopératives agricoles. Tant que la jurisprudence ou la loi n'en auront pas décidé autrement, elles ne sauraient être placées sous un régime d'exception.

L'intérêt de cette question de principe n'est pas tant dans les conséquences qu'entraînerait l'adoption obligatoire du régime des sociétés commerciales : (Compétence du tribunal de commerce, mise éventuelle en liquidation judiciaire ou faillite, etc.), que dans le danger de déviation qu'elle ferait peser sur elles. Engagées en quelque sorte à se constituer en société anonymes par actions, forme qui exclut toute responsabilité des associés au-delà de leur apport social, elles perdraient fatalement leur caractère coopératif pour se pénétrer de l'esprit commercial, auquel leur institution a précisément pour but de porter remède. Nous n'avons pas besoin d'insister d'autre part sur l'intérêt qu'il y a pour elles à rester sous la juridiction civile, plutôt que de tomber sous celle de juges élus par les commerçants, leurs adversaires naturels.

La question de la commercialité de l'objet des Coopératives vinicoles peut encore être soulevée à un autre point de vue. En principe, dit M. Lyon-Caen, les coopératives « sont des sociétés civiles ou commerciales, selon qu'elles ne font des opérations qu'avec leurs membres ou qu'elles en font même avec des étrangers. » Ce criterium n'est applicable qu'aux sociétés de consommation, les sociétés de production vendent nécessairement au public puisque les producteurs isolés qui les forment n'avaient eux-mêmes pas d'autre moyen d'écouler leurs produits. Les ventes faites au public par un agriculteur n'étant pas commerciales, art. 638, pour être faites par une association d'agriculteurs, elles ne sauraient changer de nature. On ne conçoit guère en vertu de quel principe les producteurs autonomes perdraient leurs avantages par le fait de s'associer pour mieux assurer leur situation et leur indépendance (1). En tout cas, il est d'un intérêt primordial pour la coopération tout entière de ne pas laisser s'introduire ce principe nouveau par des voies extra-légales. C'est pourquoi, en concluant que les coopératives vinicoles peuvent être, au même titre que les autres coopératives agricoles, des sociétés civiles, nous insistons sur la nécessité pour l'agriculture française tout entière de prévenir toute confusion entre l'objet de ses entreprises coopératives et celui des sociétés commerciales.

COOPERATIVES VINICOLES CIVILES (2). — Les coopératives vinicoles, constituées selon les principes du Code civil (art. 1832-73) peuvent prendre une double forme : la *forme civile pure* ou celle des *sociétés à personnel et capital variables*, organisée par la loi du 24 juillet 1867, modifiée par celle du 1er août 1893.

La première a le grand avantage de permettre aux Sociétés de se constituer sans publicité particulière et par consé-

(1) A. Wahl — Sociétés, 1898 p. 121 et Trib. de Niort 8 nov. 1892. — Gaz. Palais 92. — 2e Suppl. 43.

(2) Baudry-Lacanterie et A. Wahl. — Traité de Droit civil, vol. sur les *Sociétés*, 1898.

quent sans frais, par le seul fait du consentement des parties, que les statuts et règlements intérieurs, d'ailleurs sans forme obligatoire, suffisent à constater. Un écrit n'est exigé que lorsque leur objet est de plus de 150 fr. Ce sera toujours le cas ici (1). En principe, aux termes de l'art. 1862, les associés ne sont pas tenus solidairement des dettes sociales, c'est-à-dire qu'en cas de déconfiture, les créanciers devront s'attaquer d'abord au patrimoine propre de la société et ne pourront poursuivre ses membres qu'en cas d'insuffisance de celui-ci, en faisant citation à chacun d'eux et sans pouvoir exiger de lui plus que sa part virile des dettes sociales. Mais c'est là plutôt un inconvénient, car il affaiblit la base du crédit de la société et peut lui empêcher de se procurer par l'emprunt les fonds nécessaires à son fonctionnement. En vertu de l'article 1202, les associés peuvent stipuler entre eux la responsabilité solidaire, illimitée ou limitée à un certain chiffre. Mais dans ce dernier cas, pour que la clause soit opposable aux tiers, il faut prouver qu'elle a été portée à leur connaissance. En principe aussi, art. 1865, la société se dissout par la mort de l'un des associés, mais l'acte de constitution peut stipuler qu'elle continuera entre les associés survivants. Sauf, si la société était constituée à perpétuité, il peut en être de même pour les cas de renonciation, faillite ou déconfiture d'un des associés, art. 1868 et 69. L'associé qui se retire, resterait en principe tenu, pendant trente ans, des obligations de la société, à moins de prescription contraire connue des créanciers. En somme, cette organisation fort simple a une souplesse très suffisante pour les coopératives vinicoles, quand elles se forment sans capital d'établissement. Dans le cas contraire, il peut être préférable d'adopter la seconde formule.

(1) Pour faire partie de la Société, il faut avoir adhéré aux statuts par sa signature. Un art. de l'acte social doit donc porter que l'on ne peut être reçu dans la Societé qu'autant qu'on aura déclaré par écrit s'engager à se conformer à ses statuts. T. de Pontarlier, 15 fév. 1898. L'enregistrement de l'acte constitutif et des Statuts est à recommander pour leur donner date certaine et permettre de les produire en justice (droit de 3 fr. 75 pour les sociétés sans capital d'établissement).

2° L'organisation en *Société à capital et personnel variables* n'est qu'une modalité de la législation des Sociétés, également applicable aux Sociétés commerciales et aux Sociétés civiles. Elle permet (art. 48 de la loi de 1867) la stipulation dans les statuts « que le capital social sera susceptible d'augmentation par des versements successifs faits par les associés ou l'admission d'associés nouveaux et de diminution par la reprise totale ou partielle des apports effectués ». Elle n'est dissoute ni par la mort, la retraite, l'interdiction, la faillite ou la déconfiture de l'un des associés (art. 45). Ses actions doivent rester toujours nominatives. Leur valeur peut descendre jusqu'au chiffre de 25 francs et le versement du dixième du capital suffit pour la constitution définitive de la Société. Mais la loi du 18 août 1893 considère comme Sociétés commerciales, celles qui auront adopté la forme de la Société en commandite ou anonyme. Il ne reste donc d'ouverte aux Sociétés qui veulent rester civiles, tout en bénéficiant des formes de la loi de 1867, par. III, que celle de la Société en *nom collectif*, où la solidarité des engagements est juridiquement essentielle. Mais l'adoption de la modalité instituée par la loi de 1867 suppose certaines formalités communes avec les Sociétés commerciales, celles qui tiennent à leur forme et non à leur objet (1). De ce nombre paraissent être le dépôt d'un double de l'acte de constitution aux greffes du tribunal de commerce et de la justice de paix du lieu et celui d'une expédition de l'*acte notarié* constatant la souscription du capital versé et le versement du dixième (titre IV de la loi de 1867) Cette dernière formalité entraîne des frais, toujours fâcheux pour les tentatives modestes (0 fr. 20 p. du capital social, loi du 28 avril 1893). Il faut y joindre la liste des souscripteurs, le procès-verbal de l'Assemblée générale constitutive, puis publier dans les journaux réservés un extrait de ces pièces dans le délai

(1) Lyon Caen. — Cours de droit commerc., tome II, ch. II § 4 n° 1079.

d'un mois, etc. (1). La jurisprudence ne considère pas comme nulles les Sociétés civiles à forme commerciale qui n'ont pas organisé ainsi leur publicité, mais les arrêts diffèrent sur la nature de la publicité admise ainsi.

En somme, ces facilités légales sont assez grandes pour que la coopération française n'ait pas grand intérêt à être liée par les formules étroites d'une législation spéciale. Le régime des Sociétés civiles pures a ce grand avantage de permettre aux coopératives de se constituer sans capital d'établissement et nous ne croyons pas qu'elles aient avantage à opérer autrement. L'adoption de la responsabilité solidaire leur donnerait une base de crédit autrement forte que la constitution d'un maigre capital à versements graduels. Les fonds nécessaires à leur exploitation peuvent être entièrement demandés à l'emprunt; ceux de premier établissement, qui doivent toujours être très faibles, peuvent être empruntés, pour cette raison, aux sociétaires eux-mêmes; ceux de roulement pour l'achat des raisins et le paiement des frais courants à une caisse rurale. Le remboursement se ferait par prélèvement sur les répartitions possibles après la vente des vins. En même temps se poursuivrait la constitution d'un fonds de réserve auquel pourraient être versés le montant des droits d'entrée. Nous ne voyons aucun avantage pratique à la constitution par souscription d'un capital-actions, pas même sous la forme de parts de sociétaires en nombre limité. Toutes ces mesures, empruntées au régime des Sociétés commerciales anonymes, ne peuvent avoir que l'inconvénient d'orienter les coopératives vers cette forme légale, toujours propice au développement de l'esprit mercantile par la tentation de baser les répartitions sur le capital et non sur les apports en nature. Durant tout

(1) Pour le détail des formalités indispensables à leur constitution légale et pour exemples de statuts, v. Cayasse. Guide pratique des Assoc. Agric. Giard et Brière, Paris, 1901 — 2,50, *Clavel*. Guide pour l'organisation et l'Administration des Sociétés Coop. de Consommation. Union Coopérative, 4e éd., rue Christine, Paris, 1901, et le récent travail de M. *F. Carville;* Guide pratique des institutions agricoles économiques. Paris, Guillaumin, 1902 — 395 p. — 2 fr. 50.

le cours de cette étude, nous nous sommes attaché à bien montrer que le succès des coopératives vinicoles et le développement de leurs bienfaits matériels et moraux était en raison directe de l'étendue du bien de la responsabilité solidaire. Tout ce qui peut fortifier celui-ci doit être recommandé, tout ce qui peut tendre à en éloigner ou à l'affaiblir doit être évité. C'est pourquoi nous considérons que le maintien du caractère civil et l'adoption de la forme civile dans les coopératives agricoles de production doit être préconisé avant tout si l'on veut que la coopération agraire devienne un élément sérieux de transformation du monde rural. La constitution d'un capital social destiné à prendre une importance et à jouer un rôle de plus en plus considérable à mesure que les sociétés coopératives croîtraient en nombre et en âge, serait beaucoup mieux assurée en ne demandant de ressources qu'à de faibles emprunts collectifs, d'abord, puis aux prélèvements annuels qu'en prenant pour base un capital-actions. dont la forme individualiste introduit dans les coopératives un dangereux élément d'égoïsme et de retour à l'esprit purement capitaliste.

COOPERATIVES DE NATURE COMMERCIALE (1). — Ce sont donc toutes celles qui se constituent sous la forme des sociétés anonymes à personnel et capital variables. Celle de la commandite est hors de cause, comme incompatible avec la coopération vraie en établissant une dualité de situation entre commanditaires et commandités peu favorable au développement de l'esprit de solidarité. Elle expose, aussi les coopératives au danger de voir ceux des commandités dont le nom figure seul dans la raison sociale, se séparer d'elles pour entrer au service d'une maison de commerce et leur enlever la clientèle habituée à traiter avec eux. Cette catégorie comprend aussi les sociétés coopératives en nom collectif qui achèteraient la plus grande partie des raisins travaillés par elles à des particuliers non-associés et feraient ainsi des actes de commerce habituels.

(1) Lyon-Caen, ouv. cités.

La première méthode, celle de la constitution des coopératives sous la forme des sociétés anonymes, n'a qu'un avantage pratique, celui que nul associé n'est responsable des dettes au-delà de son apport. C'est dire qu'elles excluent d'emblée le principe fécond de la solidarité, qui est l'âme de la coopération (1). Cette simple constatation suffit pour que nous n'en recommandions pas l'emploi ; elle est, au contraire, des plus propice au déguisement de sociétés de commerce sous le titre fallacieux de coopératives. Le rôle des Unions et Fédérations de coopératives doit être justement de veiller à prévenir cette déviation ou à démasquer les confusions qu'elle autorise. Si des circonstances particulières obligent à recourir à cette modalité, il importe de limiter étroitement la part de profit et d'influence administrative des actionnaires en se conformant sur ce point aux prescriptions établies par la Chambre consultative des Associations ouvrières de Production (2). Dans ces conditions, les actions deviennent plutôt des *parts d'intérêt* ne donnant droit qu'à une attribution de bénéfices de proportion inférieure à celle dévolue au travail direct des associés.

La forme de la société en nom collectif sous le régime de la loi de 1867 et commerciale par la nature de ses opérations est, au fond, celle qu'imposerait l'adoption du point de vue de la commercialité foncière des opérations des coopératives de production vinicole. Elle conviendrait aux coopératives qui pratiqueraient habituellement le coupage de leurs vins avec ceux d'autres régions ou le mélange des raisins de leurs

(1) C'est une question discutée de savoir si la responsabilité pourrait par une clause de l'Acte de Société. être étendue au delà du montant des actions. *Pour :* Vavasseur t. II ch. VI n° 1006 et Lyon-Caen. Cours t. 2 n° 679 et *Contre :* Dalloz Suppl. t. 8, n° 1166 et Cass. D. P. 63, t. 34. — Id. pour la question de la limitation de la responsabilité dans les Sociétés en nom collectif. — V. Lyon D. 74, 2.201.

(2) Paris, 27, boulev. St-Martin, instituée « pour favoriser le développement du principe de la Coopération en faisant bénéficier les jeunes Associations de l'expér. acquise par les anciennes et l'obtention du crédit. art. 1er — ou sous une forme philosophique qui est tout un programme « pour faire converger les efforts de l'individualité dans l'intérêt de la collectivité afin d'obtenir, par contre, une garantie plus grande de sécurité par la collectivité au profit de l'individualité. » art. 2.

récoltes avec ceux d'autre provenance qu'elles seraient obligées d'acheter à des non-associés. Nous avons vu que c'était le cas de plusieurs sociétés d'Italie et d'Autriche. Mais si les lois de ces pays le permettent aux coopératives, il semble bien que cette pratique aurait chez nous pour effet immédiat d'entraîner l'application de la patente et de la licence aux coopératives vinicoles comme aux sociétés de commerce ordinaires. D'ailleurs, même à l'étranger les propagandistes de la coopération viticole sont hostiles à cette pratique. « La coopérative ne doit pas être négociant en vins, dit le *Kulturath du Tyrol*, son devoir est simplement la mise en valeur des produits propres de ses membres. Ce n'est qu'en observant rigoureusement cette base qu'elle pourra prospérer et se faire un bon renom... en cas de nécessité, il est expressément nécessaire de mentionner dans les Statuts qu'un tel achat ne peut être fait qu'en vue de l'amélioration de la qualité de la production personnelle et dans des limites très restreintes (1) » C'est aussi pourquoi nous opinons, dans la section suivante de ce chapitre, contre l'idée émise par les représentants des coopératives de consommation, que les futures coopératives vinicoles françaises devraient pratiquer les coupages. C'est aux coopératives de consommation elles-mêmes à opérer ce travail, car elles le peuvent sans être inculpées de dépasser le domaine de leurs attributions naturelles. Demander à des producteurs d'adultérer les vins de leurs crûs, c'est leur demander de détruire le cachet d'origine de ceux-ci, alors que la coopération de production devrait avoir surtout pour but d'en garantir l'authenticité. Pourtant, rien n'empêche une coopérative d'avoir des adhérents dans un autre vignoble qui pourraient, dans le cas où cette mesure serait reconnue nécessaire, lui envoyer dans les mêmes conditions que tous les autres, les raisins nécessaires aux mélanges reconnus désirables. Le document que nous citions déclare pour l'étranger que « l'admission de membres qui ne possèdent pas de vignobles dans le territoire

(1) Bemerkum'gen zu dem Musterstatuten Kellerei — Genosseuschaften Innsbruck, 1er Mai 1893.

de la coopérative n'est pas contraire absolument à la loi sur les coopératives, mais il est dans beaucoup de cas en opposition avec l'esprit de la coopération. » Celle-ci suppose pour l'application de la responsabilité solidaire que ses membres se connaissent parfaitement. Ce n'est possible qu'en limitant sa circonscription au territoire de la commune et des communes voisines. Autrement d'ailleurs, l'originalité du crû est détruite et l'opération de la vinification prend un caractère industriel plus accentué.

En réalité, la fonction d'opérer les mélanges et combinaisons utiles devrait revenir uniquement aux Unions ou Syndicats régionaux de Coopératives. Tant que le projet Waldeck-Rousseau n'aura pas été voté, cette entreprise n'est, en l'état présent de notre législation, possible qu'à des Sociétés constituées sous une des deux formes commerciales précédentes. On pourrait pourtant soutenir avec beaucoup de raison que de même que les Coopératives locales peuvent mêler les raisins de leurs sociétaires sans faire acte de commerce, les Fédérations régionales de Coopératives constituées sous la même forme peuvent, de même, mélanger les produits de leurs adhérents afin d'en faciliter la vente. Mais il est évident que cette thèse ne pourrait triompher que par une lutte juridique avec l'Administration des Finances. D'ailleurs, la question financière mise à part, l'adoption des formes commerciales par une Union de Coopératives n'a pas les mêmes inconvénients que pour une Association locale. L'adoption du principe de la responsabilité illimitée par ces grands organismes qui ont besoin de puissants moyens d'action pourrait, en cas d'échec, entraîner des conséquences trop graves pour les coopératives particulières les plus prospères. Toutes les Fédérations de ce genre, constituées à l'étranger sous la forme coopérative, ont adopté le principe de la responsabilité solidaire limitée (1) et la forme par actions, chaque société adhérente devant prendre un nombre de celles-ci proportionnel aux quantités de ses vins vendus par l'intermédiaire de la Fédération. Malheureuse-

(1) En général à 20 fois le taux des actions.

ment, notre législation commerciale ne permet pas avec certitude la combinaison de ces deux principes. La jurisprudence est indécise sur le point de savoir si les sociétés anonymes par actions peuvent étendre la responsabilité de leurs actionnaires au delà de leurs apports et si les Sociétés en nom collectif peuvent au contraire la restreindre. Elles sont donc exposées par la négative à des inconvénients contraires : dans le premier, insuffisance de crédit à moins de multiplier démesurément le nombre des actions et par suite les charges financières; dans le second, danger de compromettre les sociétés adhérentes en cas de faillite de l'Union. D'autre part, impossibilité de constituer ces Sociétés sous la forme civile si l'on admet la thèse administrative de la commercialité de leurs opérations. Dans tous les cas, la constitution définitive de ces grandes Sociétés ne paraît donc possible qu'au prix de concessions juridiques ou d'une réforme de notre législation sur les Sociétés, à moins d'adopter la forme de la commandite par une combinaison particulière pour en éviter les dangers et ne pas porter atteinte à l'esprit d'égalité qui doit régner dans une Fédération (1).

En résumé, nous concluons donc que les Coopératives locales devront de préférence se constituer comme les Cantine Sociale et les Winzervereine, si l'on tient compte que ceux-ci n'ont de part d'affaires que par nécessité légale et en en limitant le plus étroitement possible le taux et le nombre, c'est-à-dire sous forme de Sociétés civiles sans capital d'établissement, mais avec adoption du principe de la responsabilité solidaire illimitée et par nécessité légale, de celui de la durée limitée, mais renouvelable. Seules, les Unions de Coopératives devront préférer la forme des Sociétés à personnel et capital variables, sur la base du principe de la responsabilité solidaire limitée. Toutes ont intérêt à préférer le régime des Sociétés civiles, plus simple, à celui trop rigide des Sociétés commerciales, à

(1) Le Ministère du Commerce reconnaît pourtant le caractère civil de l'Union des laiteries coopératives des Charentes et du Poitou. — P. Tiéfaine cf. p. 150. Mais celle-ci mélange-t-elle les produits de ses adhérents ?

la fois pour des raisons pratiques et des raisons de principe. Mais toutes, surtout les secondes, devront veiller à la défense du principe de non-commercialité de leurs opérations.

LE FISC ET LES COOPERATIVES VINICOLES. — Suivant Dalloz (1), « les Sociétés sont soumises aux dispositions fiscales, non à raison de leur caractère civil ou commercial, mais de la nature des opérations auxquelles elles se livrent. » Jusqu'ici, les vraies coopératives de production agricole jouissent au point de vue fiscal des mêmes immunités qui séparent le régime des commerçants de celui des non-commerçants. En vertu d'un arrêt du Conseil d'Etat (1) «la société coopérative ne peut être regardée comme exerçant une profession, une industrie ou un commerce et c'est à tort qu'elle serait imposée au rôle de la patente ». De même la loi du 18 décembre 1875 les dispense de l'impôt de 4 % sur le revenu des valeurs mobilières établi par la loi du 29 juin 1872 pour leurs parts d'intérêt, quand elles sont formées «exclusivement entre des ouvriers et des artisans au moyen de leur cotisation périodique. » Cette interprétation a été bénévolement étendue aux laiteries coopératives. qui ne paient l'impôt que sur leurs propriétés particulières. Constituées par actions, les sociétés devraient nécessairement y être soumises. La question n'a d'ailleurs pas d'intérêt pour les coopératives sans capital d'établissement.

Mais pour les Coopératives vinicoles, nous avons vu qu'une autre question surgit en France avant même qu'elles soient entrées en fonctionnement, celle de l'imposition à la *licence* (2). Prévoyant cette difficulté nous avions fait consulter à son sujet le *Journal des Contributions indirectes* (3)

(1) Sup. t. 8 ch. 10 n° 2193.

(2) 27 Juin 1877 (D. 77. 3. 100).

(3) N° du 28 Mars 1901 art. 669. Pour les Sociétés coop. de consomm. un arrêt de Cassation du 20 juin 1873, juge qu'elles devaient être soumises à la licence comme les débitants et à la déclaration d'ouverture préalable. Celles qui vendent en gros et en détail doivent en prendre deux. Celles de Paris, jusque-là exemptes en ont été fra[illegible]ées le 1er janvier 1901, et leur protestation collective n'a pas encore reçu de réponse. — *Clavel*, l. cit. p. 87.

qui donna la réponse suivante « D'après les solutions données à des questions ayant avec celle-ci des analogies étroites,nous croyons que les viticulteurs syndiqués doivent conserver les immunités attachées à la situation de récoltants, c'est-à-dire que le syndicat peut procéder à la vinification sans avoir à faire la déclaration prévue au 2e paragraphe de l'article 8 de la loi du 29 décembre 1900 et qu'il peut effectuer des ventes en gros sans avoir à se munir d'une licence. » La conduite de l'Administration à l'égard de la seule vraie coopérative de vinification existante jusqu'alors, celle de *Damery*, justifiait ces inductions. Bien que ses circulaires mentionnent que son objet est « de réunir chaque année une partie de la récolte de chaque sociétaire et d'en opérer en commun la conversion et la vente du vin de Champagne (1), elles mentionnent expressément qu'elle n'est ni patentée ni frappée des autres charges du commerce, ce qui constitue la preuve qu'elle ne peut «employer et vendre que les produits de ses récoltes. » Nous avons vu précédemment pour quels motifs l'Administration des Contributions indirectes renonçait à cette attitude et croyait pouvoir exiger des vraies Coopératives vinicoles l'impôt de la licence. Effectivement, la Société vinicole de Lavigny a, dès sa formation, été inquiétée par le fisc à ce sujet.

L'intérêt de la question est peut-être moins dans l'étendue de la charge (de 50,75 ou 125 fr. par trimestre selon que les ventes s'élèvent annuellement à 1000, 2500 et 5000 hectolitres de vin) que dans la gravité de l'admission du principe sur lequel repose la prétention nouvelle du fisc. Les coopératives ont à redouter, en raison des revendications du commerce et depuis le rejet par le Sénat du projet spécial sur les Coopératives qui consacrait leurs immunités (2), d'être progressivement soumises à toutes les charges du commerce. Il est évident que cette condition pourrait gêner leurs débuts, toujours modestes.Beaucoup de leurs partisans pensent que cette

(1) Circul. aux Sociétés de Consomm. 1900.

(2) Gariel, les Sociétés Coop. et la réforme législative — Rousseau, Paris, 1896 et Chambre, Docum. Parlem. 1894, ann. n° 399.

égalité de situation leur serait favorable en leur permettant de jouir de toutes les facultés des maisons de commerce pour la vente aux particuliers. Ce point de vue n'a d'intérêt que pour les sociétés de consommation. Mais pour celles de production agricole, nous avons vu que l'assimilation pourrait avoir ce grave inconvénient de les contraindre à user des formes commerciales, dangereuses par la tentation de réduire la solidarité à son minimum comme dans les sociétés anonymes. L'assimilation au point de vue des charges est nécessairement favorisée par le fisc, toujours à la recherche de matière imposable. La coopération, en réduisant le nombre des intermédiaires, menace trop certaines de ses sources de revenus pour qu'il ne cherche pas à la soumettre elle-même à ses impositions. Il faut donc interpréter la récente décision relative à l'imposition de la licence comme un premier essai de cette politique grosse de conséquences dangereuses. Elle engage ce grave principe de savoir si le producteur agricole a le droit de transformer et de vendre librement ses produits en s'associant à ses voisins pour échapper à l'entremise des intermédiaires ou s'il ne peut échapper à ceux-ci sans tomber aussitôt sous le coup des impôts spéciaux à leur entreprise de pure spéculation et sans être lui-même confondu avec les commerçants. C'est dire que la décision récente ne saurait être admise sans contestations juridiques et parlementaires auxquelles toutes les sociétés coopératives sont intéressées (1).

Quel est le régime appliqué à ce sujet aux coopératives vinicoles étrangères ? En Allemagne, nous écrit M. Josten, les Winzervereine sont exempts de la patente (Gewerbesteuer) tant qu'ils ne travaillent que les raisins de leurs membres (2), ils doivent la payer dès qu'ils recourent à l'achat de raisins étrangers. Ce fut le cas de celui de Mayschosz de 1889 à 1895 où la production locale étant devenue insuffisante pour ses

(1) L'Administration semble s'être ménagé une ligne de retraite dans la fin de la circulaire, le Ministre se réservant de déroger à ces principes si *certaines circonstances* justifiaient l'exonération de la licence dans des cas nouveaux.

(2) 29 déc. 1901.

débouchés; il paya annuellement 80 marks. Des plantations nouvelles lui ayant permis de faire face à tous ses besoins, l'imposition a cessé avec les achats. Comme les particuliers et les Sociétés, les Coopératives sont également sujettes à l'impôt sur le revenu, de taux variable selon l'étendue de celui-ci. Seulement, les Winzervereine ne le payent pas comme commerçants mais comme particuliers, exerçant une industrie personnelle, leurs bénéfices sont considérés comme des produits du travail et non des profits de spéculation. Ils ne sont donc pas en principe assimilés aux maisons de commerce. Ils ne payent pas d'autres impôts. En Italie, la circulation et la vente sont libres. « Les caves coopératives qui pratiquent la réunion des raisins des producteurs associés pour faire et vendre ensemble leur vin ne payent aucune taxe » (1). Mais nous avons vu qu'elles avaient dû prendre la forme civile privée sans capital d'établissement pour échapper à la taxe sur les affaires des Sociétés de toute espèce, l'exemption des coopératives n'ayant pas été prévue lors du vote de la loi de 1887 sur ce sujet. Elles sont obligées de fonctionner un peu comme des sociétés de participation en s'en rapportant à un règlement provisoire non enregistré, et renouvelable chaque année. Mais les Coopératives constituées sous la forme légale des Sociétés anonymes et dont le capital ne dépasse pas 30.000 francs sont exemptes des droits d'enregistrement pendant les cinq années qui suivent leur acte de fondation, sage mesure qui permet d'éviter les inconvénients que présentent chez nous les droits perçus pour la constatation du versement du capital exigible avant même que la société ait pu fonctionner. D'ailleurs, le gouvernement paraît disposé à exonérer les vraies coopératives agricoles, sans fins spéculatives, de la taxe mobilière, conformément aux conclusions de la Commission des Coopératives constituée au Ministère de l'Agriculture en 1895. Il serait donc fâcheux que le principe sur lequel s'appuie cette législation reconnue défectueuse à l'épreuve, s'introduise en France juste au moment où elle est condamnée en Italie.

(1) Lettre de M. Marescalchi, id.

Le plus sage paraîtrait donc de s'en tenir au principe qui a prévalu en Allemagne, de ne frapper les coopératives vinicoles des droits de patente et de licence que lorsqu'elles font véritablement acte de commerce, en achetant des raisins ou des vins à des tiers pour les revendre au public avec bénéfice.

Il est au point de vue fiscal une autre difficulté à prévoir dans l'exercice en commun des opérations de la vinification. C'est au sujet de l'utilisation des résidus de la vendange. Le mode normal est la distillation des marcs restants après les pressurages pour tirer parti du liquide qu'ils retiennent encore. Mais le privilège des bouilleurs de crû dont jouissent à ce sujet les petits propriétaires a été limité en fait par la loi du 29 décembre 1900, au seul cas où il est fait usage des anciens alambics à marche discontinue et d'une capacité inférieure à 500 litres (art. 10). En outre, ce privilège a dans l'esprit de l'administration des Contributions indirectes un caractère purement individuel et ne peut être exercé que par le récoltant lui-même. La circulaire du 28 août 1901 dit «que les récoltants peuvent être considérés comme distillant à peu près exclusivement en vue de leur propre consommation »(1). C'est dire qu'elle n'est guère disposée à leur accorder le droit d'opérer la distillation en commun, sans les soumettre à l'exercice, bien que ce mode opératoire, facilitât la surveillance et prévînt les abus du privilège. Consulté, sur ce point, le *Journal des Contributions Indirectes* n'a pu, en mars 1901, que se dérober à la question faute de précédent. «Il y a lieu, disait-il, de consulter l'Administration et nous ne croyons pas pouvoir préjuger de sa décision ». La solution qui s'imposerait serait que l'Association rendît à ses associés leurs marcs pressés proportionnellement à la quantité de raisins livrée par chacun d'eux, pour qu'ils pussent les distiller personnellement. Ce système est d'autant plus naturel qu'il est appliqué pour les pulpes et drèches de distillerie aux cultivateurs fournisseurs de betteraves.

(1) V. Bull. des Vitic. de Fr. nº de Juillet, Août, Sept. 1901.

L'Administration a d'autant moins de raisons de mettre des entraves à l'emploi de ces méthodes que le contrôle en est plus facile, en raison de la concentration des opérations et que les Coopératives vinicoles ont un grand intérêt moral à opérer au grand jour et à prévenir toute possibilité de soupçon de fraude. En se contentant de surveiller ces opérations et d'exiger la simple communication du tableau des répartitions individuelles des marcs, la Régie gagnerait cet avantage de connaître exactement les quantités de matières à distiller et par conséquent celles d'eaux-de-vie de marcs qu'ont pu fabriquer les bouilleurs. Nous n'avons raisonné ici que dans le cas du maintien du privilège, très menacé. Il est trop évident, comme nous l'avons montré (Liv. III. Ch. II. - Sect. III) que, le jour où les petits récoltants seraient soumis à l'exercice, ils auraient au contraire le plus grand avantage, pour se débarrasser de ses ennuis, à pratiquer la distillation en commun dans le cellier coopératif. Comme l'Administration y serait également intéressée pour simplifier et réduire les frais de la surveillance, il serait alors sage de sa part de les y encourager par une bonification légère sur la taxe ordinaire, 5 % comme en Italie. La distillation n'est d'ailleurs pas le seul parti qu'on peut tirer des marcs. Ils peuvent servir également à faire des piquettes de consommation par lexivation méthodique. Cette opération serait beaucoup facilitée par la confection en commun, chaque adhérent retirant à son nom une quantité de piquettes proportionnelle à celle des raisins livrés au cellier commun.

D'une façon générale, même si l'Administration s'acharnait à paralyser l'instauration des coopératives vinicoles par des interprétations réglementaires fâcheuses, même si elle obtenait gain de cause en justice il semble possible, à l'imitation des caves italiennes, d'échapper à leur application. Rien ne peut empêcher les vignerons de faire presser leurs raisins et même de les faire cuver où bon leur semble si l'individualité du produit ne disparaît pas un moment. Or, comme les quantités de raisins apportées par eux et leur répartition dans chaque catégorie de cuvées peut être exactement déterminée, de même que le rendement en vin de la vendange et la propor tion des marcs restants, il suffit de maintenir à la décuvaison l'individualité des produits. Pour cela, on portera au compte de chaque propriétaire-associé, en face de la quantité de raisins livrée, celle des vins obtenus et des marcs qui lui reviennent sur chaque cuvée. On peut répartir entre eux les fûts qui renferment, chaque catégorie, les inscrire à leurs noms avec leurs numéros, même les vendre à leurs noms. Si la proportion qui revient à chacun dans une cuvée est inférieure à l'unité de contenance, aucun règlement ne peut empêcher les propriétaires de loger leurs vins dans le même fût, du moment que les quantités versées par chacun sont connues. Il suffit que par un contrat interne passé entre eux, les propriétaires aient déterminé les règles générales de cette organisation et soient convenus de s'en rapporter au total des ventes pour déterminer la part qui, revenant à chacun, représente le prix réel et définitif des quantités de matières apportées par eux au cellier commun. L'estimation qui pourrait en être faite, soit à la vendange, soit après la cuvaison, n'aurait d'autre rôle que de servir de base de créditation pour les avances dont ils auraient besoin pour travailler jusqu'à la vente définitive des vins. Tout en fonctionnant réellement comme une Coopérative autonome, l'Association n'aurait extérieurement que l'apparence d'une sorte de magasin général pour le warrantage des produits de ses adhérents. C'est bien en fait le caractère des Cantine sociali italiennes établies selon les principes des Pestellini, Balsari, Puschi et Marescalchi, celui qui apparaît notamment dans les Statuts de la Société d'Oleggio, art. 4 et 14 (V. Annexe n° 4) (1).

REGLEMENTATION EXTERNE DES COOPERATIVES VINICOLES. — Cette discussion nous dispense d'insister longuement sur les détails de l'organisation des coopératives. Les pièces annexées au présent volume donneront à ce sujet toutes les indications pratiques nécessaires, à leurs organi-

(1) V. Puschi. — Per le Cantine Sociali. — Guida Pratica. Regolamento interno, art. 14.

sateurs. Ils auront à tenir compte des différences que la législation a imposées aux coopératives allemandes et à leurs sœurs d'Italie pour adapter à la nôtre ce qui peut leur être utilement emprunté. En raison de la diversité des situations, des besoins et des cas particuliers qui peuvent se présenter en France selon les régions de production, les lieux, les personnes et leur état d'éducation coopérative, il est à présumer que les organisations qui seront adoptées auront une grande variété. Il serait donc vain de songer à leur tracer une formule.

D'une manière générale, l'expérience acquise recommande, comme nous l'avons montré, une grande modestie dans les débuts de ces Sociétés. Les exemples particuliers que nous avons donnés pour l'Italie indiquent la marche à suivre pour leur fondation. Ils semblent montrer, surtout quand il s'agit comme en France d'adapter aux conditions et aux habitudes différentes d'un autre pays une institution encore inconnue, qu'il faut éviter de leur donner aux débuts une forme trop compliquée et de s'embarrasser dans les prescriptions d'une législation trop rigide. C'est pourquoi, à l'inverse des auteurs qui détaillent consciencieusement les prescriptions de notre législation des Sociétés anonymes à personnel et capital variables pour la recommander aux coopératives, nous n'y avons fait allusion que pour la déconseiller. Elle aurait ici le tort d'emprisonner dès le début les Sociétés nouvelles dans des prescriptions multiples non encore vérifiées par l'expérience et qu'elles ne pourraient plus changer qu'aux prix de nouvelles formalités égalementcompliquéees et dispendieuses. Si cette organisation devient nécessaire, il sera toujours temps d'y recourir quand une expérience préalable aura montré de quels éléments il faudra qu'elle se compose, quelles prescriptions sont nécessaires et quelles autres superflues ou dangereuses. En un mot, il faut que les Sociétés commencent simplement par un essai modeste sur la base de la responsabilité commune, essai qui peu coûteux, ne pourrait engager gravement cette dernière. Notre législation civile en offre les moyens. Nous croyons prudent de recommander de s'y tenir, quitte à étendre et fortifier l'organisme provisoire quand l'embryon aura pris corps et que ses adhérents, familiarisés avec sa vie organique, seront devenus conscients de leur rôle et des avantages de la solidarité.

La méthode italienne est donc particulièremnt recommandable aux débuts. C'est elle qui s'est imposée dès l'abord aux Sociétés de Damery et de Lavigny dans la première phase de leur existence. Elle consiste à s'en rapporter pour la marche des opérations de la Société à un règlement interne provisoire, renouvelable chaque année à la clôture de l'exercice. Ce document, établi sous seing privé et revêtu des signatures des adhérents, n'a de valeur qu'entre eux, à moins d'être accepté formellement par les tiers qui traitent avec la Société. Réduite à cette constitution, la coopérative ne serait qu'une participation de fait sans personnalité morale. Cela pourrait être gênant pour l'administration de ses affaires ; notre législation civile permet d'aller plus loin et de constituer la Société de façon à ce qu'elle puisse traiter en son nom avec les tiers par l'intermédiaire de ses représentants autorisés. Il faut pour cela établir des statuts dont la publicité peut être attestée par les moyens de preuves ordinaires du droit. Par sécurité, dans les engagements importants, il n'y a qu'à mentionner leur acceptation expresse par les tiers contractants. Il y a intérêt à ce que ces statuts soient courts et ne renferment que les règles générales par lesquelles la Société se manifeste au public, en un mot les prescriptions qui concernent plutôt ses relations avec les tiers que celles entre les adhérents. Celles-ci devraient être reléguées dans un règlement interne, modifiable ou extensible selon les indications de la pratique.

La *règlementation externe* par les Statuts devrait mentionner avec le but général de la Société : obtention de vin naturel de pureté et authenticité garanties et organisation de sa vente dans l'intérêt commun, l'étendue de la responsabilité des associés et celle de leur représentation par les administrateurs. Les articles 1202 et 2092, Code civil, déterminent les règles générales pour organiser la première. Il faut y adjoindre l'indication de la durée de la Société et celle de la responsabilité des associés après leur sortie de l'Association si, à la prescription trentenaire du droit commun, on veut substituer la prescription quinquennale de l'art. 52 § 3 de la loi de 1867, les règles pour l'entrée et la sortie des associés, l'indication expresse de son maintien malgré la mort, la retraite, la déconfiture ou l'exclusion de tel ou tel sociétaire, enfin celles de son renouvellement et de sa dissolution. La publication de son bilan annuel est aussi une formalité recommandable pour développer le crédit de la Société et montrer la progression de ses ressources à mesure qu'elle développe ses réserves et rembourse ses emprunts.

Pour constituer l'administration de la Société, les Statuts des Winzervereine fournissent des modèles très précis. Ils prévoient jusqu'à quatre organes. 1° Un Conseil ou Comité d'Administration de 3 ou 5 membres à la tête duquel se trouve un président élu chargé de la direction effective de la Société. En raison de l'importance de ses fonctions, il reçoit ordinairement une rétribution fixe qui est de 1000 marks à Mayschosz. Ses collègues et les membres des autres Conseils peuvent aussi recevoir différentes indemnités quand leurs fonctions prennent une importance telle que leur temps est sérieusement absorbé par elles ; 2° un conseil de surveillance, ordinairement de 3 ou 6 membres, qui dans les cas graves peut suspendre tel ou tel administrateur et le remplacer provisoirement jusqu'à la convocation d'une Assemblée générale. Sa fonction essentielle est le contrôle permanent de toutes les branches de l'administration et particulièrement des éléments du bilan annuel lors du compte-rendu administratif général ; 3° l'Assemblée générale, qui prend toutes les résolutions de principe importantes et détermine les règles fondamentales de la conduite des affaires. Tous les sociétaires ont droit d'y assister, généralement avec une seule voix. La représentation n'est que rarement admise ou sous des conditions très étroites ; l'assistance est rendue souvent obligatoire sous peine d'amende ; 4° la Commission de vérification ou de dégustation, chargée d'apprécier et d'évaluer les vins à intervalles périodiques, généralement tous les trois mois. Elle n'existe pas dans dans toutes les Sociétés, son rôle étant alors dévolu au Comité, quelquefois avec l'adjonction de membres du Conseil de surveillance ou même de compétences spéciales prises en dehors des cadres de l'Association. Dans ce cas, son rôle n'est que facultatif. Il n'y a pas d'utilité à inscrire dans les Statuts le détail de ces dispositions administratives. Il suffit qu'ils contiennent celles qui intéressent les tiers, surtout celles qui déterminent avec exactitude les pouvoirs des représentants de la Société quand ils ont à traiter en son nom et les formalités exigées pour la validité sociale de leurs engagements.

REGLEMENTATION INTERNE. — Tout le reste des détails qui concernent l'administration et le fonctionnement de la Société peut être renvoyé à un réglement interne et à l'ordre d'affaires, essentiellement révisables selon les circonstances annuelles dans l'Assemblée générale ordinaire convoquée à la clôture de l'exercice. Il importe d'y spécifier avec précision les engagements et les droits des adhérents garantis par leur acceptation expresse et leur signature. Au premier point de vue, vient tout d'abord l'engagement pour chacun de livrer tout ou partie fixée par le Comité, des raisins récoltés chaque année par lui, exclusivement sur ses propriétés. Ensuite, doivent être déterminées les bases de l'évaluation de ses apports, celle-ci ne devant avoir qu'un caractère provisoire, le prix définitif étant fixé par l'Assemblée générale à la clôture de l'exercice en raison de la valeur réellement atteinte par le vin fait. Il est inutile de bien spécifier le mode de réglement des contestations qui pourraient surgir à ce sujet entre le livreur et l'agent réceptionnaire. On peut confier en ce cas leur jugement définitif au Conseil de surveillance. Toute clause d'arbitrage préventif étant nulle selon la jurisprudence française, il importe de donner en France à ce réglement un caractère obligatoire pour éviter des recours judiciaires.

Le réglement interne a ensuite à fixer les moyens d'action de la Société. Dans le cas présent, c'est au début la location d'un local pour ses opérations, l'obligation de la remise dans des conditions à déterminer pour assurer le maintien de leur individualité et la fixation de leur loyer, des éléments utilisables du matériel de chaque sociétaire, enfin la faculté d'emprunt pour les avances à faire aux membres, et la proportion de celles-ci (en général les deux tiers de leur crédit).

Le réglement doit déterminer avec une particulière rigueur les règles et les éléments constitutifs pour l'établissements du bilan annuel de la Société. Il faut se garder ici de toute exagération et veiller au contraire à maintenir l'actif à un niveau de prévisions qui laisse une marge suffisante aux accidents et dépréciations possibles. C'est ainsi que les Statuts-types de la Fédération d'Offenbach recommandent de n'estimer les vins qu'avec une réduction de 20 % sur leur valeur marchande les autres marchandises au prix de revient, les immeubles et fonds de terre avec une réduction annuelle de 2 à 5 %, les machines avec une réduction annuelle de 10 % sur le prix d'achat, de 15 % pour les objets usuels, de 10 % sur le matériel (1). Vient enfin la répartition des *plus-values* qui ont pu être réalisées à chaque exercice sur l'estimation établie pour le prix des raisins. La sagesse commande, tant que la Société n'a pas de capitaux à elle en dehors des emprunts solidairement garantis, d'en réserver la plus grande part, 50 % en général pour la constitution de ce capital social. On y arrive conjointement par plusieurs voies : 1° La constitution d'un *fonds de réserve* qui reçoit toujours au moins 10 % du reliquat établi par la balance des profits et des pertes. C'est aussi à lui que vont les droits d'entrée et les amendes. 2° Par celle de *parts individuelles* au nom de chaque adhérent et qui peuvent recevoir un intérêt de 4 %. L'intérêt de leur existence est de ne pas obliger la Société à recourir en cas de pertes accidentelles peu importantes à la répartition du passif entre les adhérents en vertu de la solidarité qui les lie. Elles sont simplement couvertes par une réduction proportionnelle sur le

(1) Muster-Statuten n° 43 $ 1 à 9 — L'attention à ne jamais employer dans des actes publics les mots bénéfices ou profits, du langage commercial pour désigner les plus-values ou répartitions est à recommander aux Coopératives, témoin l'arrêt du Conseil d'Etat du 24 déc. 1897, qui a entraîné pour ce fait la dissolution de plus de 200 caisses rurales.

montant des parts. Pour éviter toute confusion entre ces parts et les actions des sociétés de commerce, le nombre de celles que peut posséder un membre est étroitement limité, le plus souvent à une seule. Leur chiffre est variable depuis trois jusqu'à 500 et même 1500 marks en Allemagne. Comme leur existence est en ce pays obligatoire, les Statuts admettent qu'elles peuvent être constituées comme les actions par des versements. Leur caractère serait tout autre dans les Sociétés sans capital d'établissement puisqu'elles ne se formeraient plus alors par souscriptions, mais par retenues ou prélèvements. 3° La *Réserve d'exploitation*, destinée à l'amortissement graduel des emprunts de la Société et plus tard à son extension. Elle n'existe sous cette forme indépendante que dans les Sociétés constituées selon les principes Raiffeisen. Chez les autres, elle se confond avec le fonds de réserve moins limité ou le remboursement des emprunts est assuré par un prélèvement direct. Dans les sociétés où elle existe, elle reçoit normalement 10 % des répartitions une fois que les emprunts sont amortis. Jusque-là beaucoup de Sociétés lui versent à cet effet 50 % des plus-values et quelques-unes leur intégralité. Enfin, pour bien marquer son caractère collectif, en cas de dissolution possible, l'attribution de ses fonds, au lieu d'être faite par répartition aux anciens associés sur la base de leurs parts d'affaires, peut être expressément affectée à une œuvre coopérative analogue (Fédération ou Syndicat) ou simplement à une fondation d'intérêt général. Les Sociétés italiennes ou allemandes constituées en simples participations de fait n'ont naturellement pas organisé ainsi leur accroissement ; elles se contentent de faire figurer leurs remboursements dans la balance de leur bilan ainsi que les achats de matériel indispensable ; le résultat est le même. D'ailleurs, il ne faut pas oublier qu'elles sont pour la plupart en Italie trop récentes pour avoir eu besoin de faire plus et qu'elles attendent pour cela une réforme législative que leur multiplication rapide semble assurer à bref délai.

Cet exemple doit contribuer à rassurer ceux qui auront emporté de cette discussion rapide l'impression que les coopératives vinicoles auront chez nous plus d'une difficulté juridique ou fiscale à surmonter pour s'établir et que le terrain de notre législation peut recéler pour elles de dangereuses chausses-trappes. Mais il en a été ainsi de toutes les institutions nouvelles qui surgissent sous un régime légal non fait pour elle et établi à une époque où l'on ne pouvait prévoir leur institution. Il en a été ainsi de toutes les institutions spontanément nées dans le courant de ce siècle au sein des masses laborieuses : des Syndicats ouvriers malgré le vieil article 416 du Code pénal, des Syndicats agricoles et de leurs opérations d'achat malgré l'étroitesse des définitions de la loi de 1884, des Coopératives elles-mêmes avant la loi de 1867 et malgré l'échec du projet de 1888. Tous sont nés d'abord de la seule initiative des individus conscients de leur force et de leur volonté et tôt ou tard, la législation a dû se plier aux besoins nouveaux qui se manifestaient pour reconnaître les pratiques coutumières nées à côté ou en dehors d'elles. La loi ne fait le plus souvent que sanctionner des libertés qui se sont établies sans elle et ont déterminé elles-mêmes par l'usage leurs conditions de développement. C'est justement le grand avantage des institutions républicaines de permettre cette évolution progressive et pacifique, en rappelant sans cesse à tous les pouvoirs établis que le mécontentement des électeurs doit être pour eux le commencement de la sagesse.

CONCLUSION GENERALE. — Ces observations, notamment celles d'ordre juridique que nous n'avons pu qu'effleurer ici, nous amènent à une constatation, importante pour l'avenir de la coopération rurale. C'est que l'incompatibilité de principe qui existe au point de vue économique entre la coopération vraie et la spéculation commerciale implique cette conséquence, que les formes de la législation commerciale sont aussi, par nature, très peu compatibles avec l'organisation nécessaire aux coopératives rurales. Le commerce et l'industries capitalistes ont été fécondés dans notre siècle, surtout par l'institution des grandes Sociétés anonymes, qui permettent la concentration de grandes masses de capitaux épars sans engager la responsabilité de leurs détenteurs au delà du montant de leurs actions. La coopération, qui implique par définition la permanence de l'action commune et l'accord le plus intime des intérêts de ses associés, est nécessairement amenée à s'apuyer sur le principe inverse, celui de la responsabilité solidaire, de moins en moins limitée. C'est de lui, l'exemple des coopératives vinicoles allemandes le prouve avec énergie, qu'elle tire toute sa force, de telle sorte que le degré de réalité de la coopération peut se mesurer à l'étendue du lien de la responsabilité. Née du besoin de réagir contre la dispersion et l'antagonisme des intérêts, contre les abus de tous genres qu'engendre le caractère purement capitaliste des entreprises, il est évident que la coopération ne peut, sans se corrompre et sans courir le danger de manquer à ses promesses et à son but, recourir aux principes de constitution des entreprises de spéculation commerciale. La Société de capitaux n'unit que des intérêts, la Société coopérative doit unir surtout des travailleurs ; la première n'exige souvent de ses membres aucun effort personnel, la seconde réclame toute leur activité ; l'une ne recherche que le profit, l'autre a surtout pour but de rétablir la justice dans les échanges en préservant le producteur ou le consommateur de l'exploitation de leurs besoins. Ainsi, par une réaction sociologique conforme d'ailleurs aux lois de l'évolution historique, l'organisation commerciale arrivée au dernier degré de perfectionnement engendre par nécessité une organisation contraire. Après avoir dissocié le capital et le travail, subordonné le second au premier, et porté au maximum le conflit des intérêts, elle contraint peu à peu les travailleurs à s'associer pour la défense de leurs intérêts, à chercher à se subordonner le capital et à mettre un terme aux périls d'une concurrence exaspérée, par l'organisation harmonique de la production et de la consommation, en un mot par la solidarité coopérative.

Si nulle part à l'heure actuelle, les inconvénients du régime commercial ne sont plus apparents que dans le domaine de la production agricole, nulle part aussi le champ ne nous paraît plus propice à l'essor de la coopération. Nous ne pensons pas en effet que cette organisation puisse sérieusement aborder, au moins avant longtemps, le domaine de la grande industrie. Celle-ci exige une unité de direction et une concentration de moyens qui ne peuvent être sous peu le fait de travailleurs pauvres et d'éducation économique insuffisante. Longtemps encore, l'attrait des gros profits en restera le principal ressort, entraînant nécessairement la concentration des capitaux pour atteindre à des résultats impossibles avec la petite production. En fait, les coopératives ouvrières proprement dites n'ont pu aborder que des industries à haute main-d'œuvre et faible capital d'établissement, à moins de s'appuyer comme en Angleterre sur les capitaux réunis par les coopératives de consommation, et dans les deux cas, les résultats sont encore bien faibles et d'une possibilité de généralisation discutable et assurément fort lointaine. En outre, les coopératives ouvrières sont nécessairement amenées à se constituer comme les Sociétés commerciales par actions. Faites de travailleurs sans propriété, leur première tâche et la plus difficile doit être nécessairement de se constituer un capital et, puisque leurs membres n'ont aucun avoir qui puisse servir de garantie de crédit, la responsabilité solidaire serait ici tout à fait inefficace. Il est donc naturel que ces Sociétés se constituent d'abord à l'aide d'actions, amorties peu à peu par la Société au moyen de prélèvements périodiques. Mais c'est aussi pourquoi il apparaît que sous cette forme, elles ont peu de chances de l'emporter sur les entreprises capitalistes concurrentes, et pourquoi, en cas de réussite, elles sont si souvent exposées à dévier de leur caractère primitif.

De même que l'évolution du monde rural ne nous paraît pas, au moins en France, en concordance avec celle du monde industriel, l'organisation des coopératives agricoles nous semble impliquer une méthode différente, beaucoup plus originale et plus opposée à celle des entreprises commerciales et par cela même, susceptible de produire des effets plus considérables et plus généraux. L'ouvrier-maître, le producteur propriétaire de ses instruments de production, notamment du plus important d'entre eux, la terre, réussit à se maintenir en agriculture. Cette catégorie d'exploitants se révèle même plus résistante aux crises que celle des simples travailleurs agricoles sans propriété ou des grands propriétaires non commerçants; l'évidence semble indiquer que par l'Association, elle peut cumuler tous les avantages propres à chacun des régimes opposés de la grande et de la petite culture et atteindre à des résultats supérieurs à tous points de vue, économiquement et socialement, à ceux de la production capitaliste ordinaire. Dans ces conditions, l'avenir paraît être dans toutes les branches de l'agriculture, à la coopération sous des formes appropriées à la condition économique des producteurs entraînés vers l'Association. L'exemple des Caisses rurales en Allemagne et surtout des laiteries coopératives en Danemark prouve sans conteste que la coopération est vraiment susceptible de généralisation en agriculture, même dans le domaine de la transformation des produits.

D'autre part, ces producteurs agricoles aux intérêts connexes sont beaucoup plus que les ouvriers urbains, capables de crédit. Si l'avoir de chacun en particulier est insuffisant pour permettre l'emploi de méthodes nouvelles, la somme de ces avoirs représente au contraire, surtout chez les vignerons, une base de crédit plus que suffisante pour fournir les moyens d'action nécessaires. C'est donc la garantie de ces capitaux individuels qui doit être le moyen de constitution des capitaux collectifs nécessaires à l'action commune. Il n'est pas besoin, nous l'avons vu, de tendre fortement ce ressort. Il suffit que les coopératives naissantes l'aient à leur disposition pour que leurs chances de succès soient au double point de vue du dévouement de leurs membres et de la confiance extérieure, beaucoup plus assurés. La nature même de ce ressort est une garantie que ceux qui sont responsables de son maniement en useront avec prudence, puisqu'ils seraient les premières victimes de leur imprévoyance. Elle est au contraire une raison certaine que tous les associés feront leur devoir et resteront fidèles à leurs engagements. Comme les conditions de leur existence font vivre ceux-ci constamment sous les yeux les uns des autres, à la différence des ouvriers urbains, la sécurité de la confiance est assurée par la facilité et la permanence du contrôle. Le groupe local est ici une réalité naturelle qu'il suffit de développer par la solidarité volontaire. La base de la responsabilité solidaire nous paraît donc la caractéristique naturelle de la coopération rurale et son moyen de succès le plus assuré. C'est par elle que l'étranger a pu obtenir des résultats considérables dans le domaine de la production proprement dite et rien de grand ne nous paraît possible ailleurs sans le même moyen.

C'est pourquoi, nous croyons devoir conclure en appelant l'attention des spécialistes sur ce côté trop négligé de la question coopérative : que les formes juridiques préconisées jusqu'ici pour rapprocher les coopératives des sociétés commerciales, si elles peuvent convenir en certains cas et surtout aux sociétés ouvrières urbaines, sont beaucoup moins favorables aux coopératives rurales. Celles-ci nous paraissent avoir au contraire le plus grand intérêt à se distinguer des sociétés commerciales ordinaires pour éviter que la confusion des formes n'entraîne bientôt la confusion de l'objet et, par voie de conséquence, l'avortement de la coopération vraie. Peut-être que si la coopération agricole n'a pas obtenu en France le même succès qu'à l'étranger, c'est précisément parce que cette vérité a été trop méconnue et qu'on a reculé dès l'abord devant le principe fondamental, qui n'est effrayant qu'en apparence et qui porte en lui la raison du succès : celui de la responsabilité solidaire. C'est au contraire, le terrain solide sur lequel il faut se cantonner si l'on veut bâtir avec sécurité et durée. Sans doute, il est plus dur de creuser le roc et de tailler la pierre que de poser un abri hâtif sur un fonds de sable, mais les générations trouveront un abri sûr dans le premier asile, tandis qu'un faible orage suffit pour emporter l'autre en chassant ses habitants, oublieux que la sécurité ne s'acquiert qu'en proportion des efforts et de la persévérance.

CHAPITRE IV

L'Avenir du Coopératisme
Alliance de la Coopération urbaine et de la Coopération rurale

SECTION PREMIÈRE

RAPPORTS DES COOPÉRATIVES URBAINES DE CONSOMMATION ET DES COOPÉRATIVES RURALES DE PRODUCTION

LA COOPÉRATION ET LES PARTIS

COOPERATION URBAINE ET COOPERATION RURALE. — En réalité, la difficulté la plus grave pour l'organisation de la production vinicole est celle de la vente des produits. Etant donné, comme nous l'avons vu, que l'union des vignerons pour vinifier et conserver en commun leurs produits entraîne fatalement à brève échéance pour eux des difficultés avec le commerce, inquiet de voir leur situation ainsi consolidée pour la discussion des prix, partout où se forme une coopérative vigneronne, le problème de la vente des produits prend aussitôt une gravité nouvelle. En fait, comme il est bien évident que les producteurs ne sont amenés à se grouper que par le désir d'obtenir des conditions de vente meilleures, il serait puéril de se dissimuler que ce résultat ne saurait être atteint sans réduire les profits et souvent le nombre des intermédiaires, donc sans lutte avec ceux dont l'entreprise menace les intérêts et compromet les spéculations. Il n'y a pas au fond dans la crise viticole de problèmes particuliers, il n'y en a qu'un dont les autres ne sont que des faces ou des accidents, celui de la vente des vins. Du moment que la réorganisation de celle-ci s'impose, il n'est pas douteux qu'elle ne saurait être accomplie sans froisser des intérêts individuels, avec lesquels il faudra compter. Quiconque veut la paix doit envisager l'éventualité de la guerre. C'est donc le point de vue auquel il convient de nous placer maintenant pour déterminer les conditions pratiques de la coopération viticole française.

Ici, l'exemple de l'Allemagne prend un caractère hautement instructif, que complète celui de l'Italie. Il nous montra le commerce refusant le plus souvent, au moins aux débuts, d'entrer en relations avec les coopératives et celles-ci obligées de lui faire directement concurrence pour écouler leurs produits. Réduites aux moyens ordinaires du commerce de vins, elles ont obtenu des résultats mais qui ne sont pas encore assez généraux et assez décisifs pour qu'elles soient, dans ces conditions, complètement assurées de l'avenir, surtout si leur multiplication rapide venait à provoquer entre elles une nouvelle concurrence, plus désastreuse encore que celle du commerce ordinaire. Fatalement, les coopératives vinicoles sont donc amenées à désirer, pour assurer l'écoulement de leurs produits, un mode nouveau d'une simplicité et d'une stabilité assez grandes pour les débarrasser du poignant souci de la vente fractionnée. Nous avons vu que ce mode de l'avenir apparaît déjà dans ses grandes lignes, c'est la vente directe aux coopératives de consommation. Malheureusement si, en Allemagne comme en France, l'évidence de sa supériorité sur le mode ancien du commerce par série d'intermédiaires coûteux crève les yeux, dans l'un comme dans l'autre pays, ces relations directes sont à peine ébauchées. Il faut passer en Italie pour trouver dans les accords récents conclus sous l'inspiration de M. Vigna entre des coopératives de consommation urbaines et les nouvelles Cantine sociali du Piémont, quelques essais de réalisation pratique du nouveau mode d'échanges, à qui, semble-t-il, appartient l'avenir, et au développement duquel semble lié l'essor définitif de la coopération viticole.

Pour nous rendre compte des obstacles qui ont paralysé jusqu'ici la jonction de ces deux mouvements coopératifs : celui des coopératives de consommation dans les villes et celui des coopératives de production agricole, nous avons d'abord interrogé, sur le sujet de la vente des vins en particulier, les hommes les mieux placés dans l'un et l'autre mouvement pour juger de la situation actuelle. Il convient de commencer par reproduire les indications précieuses de ceux qui nous ont fait l'honneur de répondre à notre questionnaire.

OPINIONS AUTORISEES. — Du côté urbain, le secrétaire général du groupement de coopératives le plus ancien : l'*Union Coopérative des Sociétés françaises de consommation* (1), M. Soria, nous écrit : « Le désir de nos Associations coopératives serait de nouer des relations d'affaires avec les coopératives viticoles ; mais jusqu'à présent les essais n'ont pas été couronnés d'un bien grand succès. Délégué à différents congrès de Syndicats agricoles et viticoles, je disais aux producteurs que notre but serait de les avoir pour fournisseurs, nous partageant ainsi tout ce qui jusqu'à présent est prélevé par les nombreux intermédiaires placés entre le producteur et le consommateur, mais j'ajoutais qu'il leur fallait se plier aux exigences de la clientèle et rompre avec les vieilles coutumes. C'est ainsi qu'il faudrait aux sociétés viticoles un matériel pouvant être prêté pendant un certain temps à la société qui achète, avoir des capitaux pour ne pas obliger celle-ci à payer en achetant ce qu'elle ne fera livrer que quelques mois après le marché conclu. Actuellement, le courant s'achemine vers l'achat à des producteurs; nombreuses sont déjà les coopératives qui ont rompu avec le fameux Bercy, mais ce qu'il faut obtenir de la production, c'est qu'elle fasse dans certains cas le mélange de ses vins pour arriver à n'offrir *qu'un type*, conservé le même pour toute l'année. En résumé, il faudrait obtenir la création de nombreuses coopératives viticoles, offrant toutes garanties de loyauté et pouvant se plier, *comme le fait le commerçant*, aux exigences de l'acheteur.» M. Soria se plaint aussi que l'augmentation du taux de la licence fait

(1) 1, rue Christine, Paris. — Lettre du 1er mars 1901 — Consulter pour la liste des Coop. de consomm. l'Almanach annuel publié par l'Union Coop et *L. Bancel*, le Coopératisme, 82-105.

obstacle à l'extension des affaires en vins des coopératives.

D'autre part, M. Guillemin, le secrétaire du deuxième et plus récent groupement coopératif urbain; la *Bourse nationale des Sociétés coopératives socialistes* (1), nous apprend que les affaires traitées avec les vignerons ont été jusqu'ici de peu d'importance. Cela tient selon lui à ce que « les coopératives parisiennes qui consomment une grande quantité de vins sont visitées constamment par les représentants des négociants de Bercy. Ces derniers font des conditions exceptionnelles aux coopératives : crédit, livraisons très faciles du jour au lendemain grâce à leurs entrepôts dans Paris ou auprès, vin de goût suivi plaisant particulièrement aux Parisiens et obtenu par les coupages (2)». Cette observation est en concordance absolue avec celle de M. Soria (3). M. Guillemin la complète par l'exposé de ses idées personnelles qui traduisent avec clarté le point de vue de la coopération socialiste. « Il faudrait, dit-il, qu'un syndicat de vignerons se constitue dans le but d'approvisionner de vins les coopératives parisiennes, qu'il établisse un entrepôt à Bercy-Charenton ou ailleurs, qu'il mette le chai sous le contrôle des Sociétés clientes et qu'au besoin ce syndicat fasse souscrire des actions pour la confection dudit entrepôt. Il faudrait établir les statuts dans le genre de ceux élaborés par la Bourse coopérative, de façon à intéresser en fin d'année les sociétés en leur donnant du trop-perçu au prorata de leurs achats. La meilleure combinaison, la plus socialiste, serait de constituer des actions aux sociétés clientes au prorata de leurs achats; elles deviendraient de ce fait propriétaires des vignobles qui seraient par la suite le

(1) 84, rue Barrault, Paris.

(2) Lettre du 22 août 1901.

(3) M. E. Millhaud rapporte pour l'Allemagne une autre opinion du même genre dans un article récent, celle de M. Sherling, Directeur de la Société d'achat en gros de Hambourg, se plaignant que les coopératives rurales « manquent dans la plupart des cas de direction commerciale ; les relations avec elles sont difficiles et souffrent généralement d'une méfiance toujours injustifiée ». Le *Wochen-Bericht* du 18 mai 1901 renferme une lettre du président d'une Coopérative de vignerons demandant aux Sociétés de consommation leur clientèle. — Revue Socialiste de Janvier 1902, page 27.

premier domaine coopératif, ceci bien entendu, en tenant compte de l'amortissement dû à chaque propriétaire et en offrant des garanties suffisantes et sérieuses de travail pour leur permettre de vivre. Celui qui se mettrait en tête de réaliser un projet semblable verrait tout le prolétariat le suivre et mériterait une belle page, car il aurait fait la démonstration du retour de la propriété individuelle à la propriété collective tout en améliorant la condition et la situation des travailleurs ».

2° Du côté rural, le ton est plus vif et semble traduire quelque désappointement. C'est pourquoi nous croyons préférable de laisser ces confidences sous un anonymat qui ne nous avait pas été demandé : « Un phénomène spécial se produit, nous écrit un observateur (1). Alors que nous voyons augmenter tous les ans les sociétés de consommation, celles de production ne restent même pas stationnaires, elles diminuent; pour les vins surtout, elles disparaissent après quelques années pénibles. Le plus difficile est de faire l'*éducation des coopérateurs*. Dans les petites coopératives, vous trouvez le culte de la coopération, ce que l'on peut nommer les vertus coopératives : la solidarité, le sacrifice, l'union. Mais au fur et à mesure que les sociétés grandissent, une transformation s'opère chez les membres et dans le fonctionnement des opérations. On réduit le salaire, on remplace le plus possible par des machines les mains de l'ouvrier. On établit un agencement commercial dans les magasins; on ne cherche pas à donner la préférence même à prix égal aux sociétés coopératives de production, ou bien encore aux maisons où le personnel est admis aux bénéfices. Rien de tout cela, on s'adresse aux négociants, on demande le meilleur marché possible pour faire le plus grand bénéfice, car tout est là. L'objectif des grandes coopératives est d'arriver à un inventaire avec un ou des millions, et de faire ressortir les bénéfices. Où est alors le côté coopératif humanitaire ? Quelle différence y a-t-il avec les grands magasins non coopératifs ? Tout cela est désastreux et surtout décourageant. Comme les maisons de commerce livre-

(1) Lettre du 17 avril 1901.

ront toujours au-dessous des prix des producteurs, elles attireront toujours la clientèle qui ne tient pas compte de la qualité ». Un coopérateur champenois nous donne la même note. « La coopération de production ne sait pas se défendre, celle de consommation cède au bon marché pour tous; c'est l'avilissement, la nouvelle arme s'est retournée et est devenue une nouvelle forme d'exploitation. Ce n'est cependant pas fatal mais, paraît-il, presque la coutume (1) ». Des confidences orales que nous avons recueillies vont plus loin; elles insinuent que certains agents de quelques grandes coopératives de consommation ont obéi souvent à des raisons sonnantes et trébuchantes en préférant les coupages grossiers du commerce aux vrais vins d'origine. Il y a sans doute quelque exagération à prêter au système des remises et gratifications occultes une extension considérable. Mais nous sommes d'autre part assez au courant des habitudes de ce commerce pour ne pas craindre que le personnel des coopératives ne soit souvent exposé à des sollicitations de ce genre, auxquelles il se peut que cèdent les consciences peu délicates. C'est une raison de plus pour recommander à toutes les coopératives, avec une grande vigilance dans le choix et la surveillance de leur personnel, l'adoption de méthodes d'achat qui ne laissent pas de prise aux tentations particulières.

En somme, l'impression que nous avons ressentie de ces témoignages comme de maintes conversations dans les deux camps, c'est qu'entre eux paraît régner un certain malentendu qui porte moins sur les principes que sur leur application.

On peut le rapporter à deux causes principales : 1° des deux côtés, persistance de l'esprit mercantile qui voile souvent l'esprit coopératif de solidarité ; 2° des deux côtés, influence de préoccupations et préjugés politiques qui contribuent à tenir éloignés deux éléments sociaux que l'intérêt commun devrait réunir : producteurs urbains et producteurs ruraux.

(1) Lettre du 12 mars 1901.

CAUSES ECONOMIQUES DE MALENTENDUS. — Au premier de ces points de vue, il n'est malheureusement que trop vrai que bon nombre de coopérateurs et syndiqués ne sont encore animés que par la perspective trop étroite et insuffisante du profit individuel. Ils ne comprennent pas que cette préoccupation dominante est exclusive du souci de l'intérêt et des droits d'autrui, par conséquent uniquement propre à perpétuer et aggraver cette concurrence commerciale dont la coopération cherche à régler et atténuer les effets Uniquement désireux de réaliser des bonis considérables, soit sur la consommation, soit sur la production, ils ne se rendent pas compte que les intérêts sont solidaires et que toute exploitation injuste doit fatalement se répercuter sur la société économique pour y engendrer le désordre et la souffrance, dont ils pâtiront à leur tour par contre-coup. Ainsi comprise, la coopération ne fait que substituer sans profit pour personne une exploitation commerciale collective et anonyme à l'exploitation individuelle; elle demeure sans résultats moraux et par conséquent impuissante à s'étendre et à provoquer des transformations économiques sérieuses. Comment éliminer l'intermédiaire si le consommateur ne veut pas tenir compte de la situation du producteur et si celui-ci prétend fixer le prix à sa guise sans compter avec les moyens et les besoins du premier ? Les rapports directs qu'on veut établir supposent une entente et une discussion directes. Tant que producteurs ruraux et consommateurs urbains ou *vice-versâ* s'organiseront à part les uns des autres sans délibérer ensemble pour un accord pratique, il faudra nécessairement qu'entre eux se place un agent de relations qui, profitant de leurs divisions et de leur ignorance, se fera payer très cher sa diplomatie et ses services. Cette vérité ne s'est malheureusement pas encore assez imposée à l'esprit des coopérateurs européens pour avoir produit de grands résultats pratiques.

Au point de vue de la vente des vins en particulier, nous constatons chez les producteurs ruraux et les consommateurs des villes une double aberration. Les premiers croient pouvoir vendre aux prix du commerce et les seconds acheter même à meilleur marché que celui-ci, bref, chacun de ces groupes prétend souvent absorber à son profit exclusif la rémunération de l'intermédiaire commercial, au lieu de la partager sur des bases équitables. Il faudrait d'abord se persuader des deux côtés que tout n'est pas profit dans la majoration de prix que l'intermédiaire fait subir aux produits qu'il achète pour les revendre avec bénéfice. La conservation et l'usure des vins par le fait du vieillissement, la bonification qui résulte de ce phénomène, le loyer des capitaux que représentent les produits, l'installation et le matériel du négociant, le travail de cave, la recherche de la clientèle, les transports, les risques d'avarie et de non paiement, tout cela représente une plus value sérieuse qu'on peut réduire mais dont il faudra toujours tenir compte dans une large mesure. Ni le public consommateur, ni la masse des producteurs n'a encore suffisamment évalué cette charge pour en comprendre l'importance. En réalité, l'organisation coopérative des uns et des autres tire tout son intérêt pratique de ce qu'elle permet de réduire cette surcharge au minimum; celle des récoltants, en évitant les déplacements inutiles et en garantissant plus sûrement la pureté des produits; celle des consommateurs, en supprimant la recherche de la clientèle et ses aléas avec tous les frais accessoires qui en résultent : voyages, commissions multiples, réclames, amortissement des pertes, etc.. Mais il faut pour cela, d'une part, que les producteurs s'associent pour satisfaire aux besoins des consommateurs, de l'autre que ceux-ci s'informent du juste prix des produits authentiques et consentent aux sacrifices nécessaires pour que le récoltant puisse retirer de son travail la légitime rémunération de ses peines. Or, les confidences qui précèdent nous montrent que des deux parts, peu d'efforts ont été faits jusqu'ici dans ce but.

Des deux côtés, le mal nous semble résider dans une insuffisance d'éducation économique qui engendre naturellement la faiblesse de l'éducation coopérative. A ce point de vue spécial, une large part de faute nous paraît revenir aux coopératives de consommation, non que nous penchions naturellement comme producteur rural du côté de nos confrères, mais précisément en raison de la conviction où nous sommes de la supériorité des villes sur les campagnes, au point de vue de l'éducation générale et du développement de l'esprit de solidarité. C'est aux plus avancés à venir au-devant des retardataires, au lieu d'attendre paisiblement que ceux-ci puissent rejoindre tout seuls. En général, les reproches adressés aux viticulteurs de ne pas se plier aux exigences de la clientèle au point de vue du crédit et des livraisons et pour la satisfaction du goût des consommateurs par des mélanges propres à établir des types constants, ne témoignent l'un et l'autre, à notre avis, que d'une méconnaissance regrettable des conditions de l'économie viticole et même des principes fondamentaux de la coopération.

Les administrateurs des coopératives de consommation n'ont évidemment pas la naïveté de croire que le commerce des vins leur fournit du crédit gratuitement et toutes sortes de facilités de livraison pour le plaisir de leur rendre service. Tout cela retentit sur le prix du vin, et d'autant plus fort que sa vente est plus difficile et incertaine. Comme l'observe avec raison un économiste socialiste « le danger est beaucoup plus grand pour une coopérative d'être liée à des fournisseurs que de faire appel au capital étranger. Il y a plus de chance aussi dans ce dernier cas d'avoir des administrateurs scrupuleux. Le mal du pot de vin est trop connu dans certaines coopératives de consommation pour ne pas éloigner toute chance de corruption (1) ». C'est d'ailleurs un phénomène bizarre que cette prétention des coopératives d'acheter à crédit alors qu'elles n'admettent pas, avec juste raison, cette pratique dans leurs relations avec leurs acheteurs. Les mêmes arguments qu'elles invoquent à l'égard de ceux-ci ne perdent rien de leur valeur envers des sociétés qui oublient de donner l'exemple dans leurs relations avec leurs clients. Elles aussi, paient ainsi trop cher des avantages d'autant plus douteux

(1) *Paul Dramas*. Coopérative et petite production. Rev. Soc. n° 197, p. 560.

que leur apparence de gratuité n'est généralement obtenue que par l'altération de la qualité du produit. Comment être difficiles à l'égard de fournisseurs si accommodants, si prévenants si empressés à complaire ? — Mais, répondront les coopérateurs urbains, nous n'avons besoin que de vins de consommation. Il nous faut un produit définitif, prêt à l'usage que nos adhérents veulent en faire et non des vins nouveaux, tels que les récolte le producteur. des vins qu'ils faut conserver et soigner en attendant qu'ils soient bons à boire. Le commerçant nous les apporte ainsi, au moment précis où nous en avons besoin. Que le producteur en fasse autant et nous lui donnerons la préférence. En d'autres termes, c'est dire qu'aux viticulteurs seuls incombe la charge des tâches que remplissent les intermédiaires s'ils veulent arriver à leur suppression, et que le rôle de la coopération de consommation s'arrête à la suppression des détaillants, laissant à celle de production l'opération plus ardue de s'affranchir du puissant commerce de gros — Mais va répondre le récoltant, comment cultiver mes vignes dans les conditions si pénibles de la viticulture nouvelle, qui ne me laisse pas un instant de loisir, s'il faut encore que je coure après votre clientèle et m'enquière de vos goûts et de vos besoins, au jour le jour ? Avec quoi renouveler chaque année les avances que je dois faire à la terre en vue de récoltes bien aléatoires, s'il faut encore que je vous fasse crédit et mette à votre disposition tout un personnel d'entrepositaires et de livreurs à domicile ? — Ne parlez plus d'échapper à la domination des intermédiaires, répondrons-nous à tous deux, si vous ne comprenez pas qu'il faut assurer d'un commun accord les services indispensables qu'ils assument et qui leur donnent sur vous cette prépondérance. Il n'y a qu'une solution, c'est de prendre chacun votre part de leur travail, celle qui est le plus à votre portée en réduisant au minimum ces relations intermédiaires si propices à un crédit suspect.

C'est alors seulement que vous pourrez mesurer le prix des services que le commerce vous rendait et vous concerter pour en répartir la charge au prix coutant. Ni cette question de crédit ni celle des livraisons ne sont bien difficiles à régler.

MODES D'ACCORD. — Considérons en effet la situation respective des producteurs et des consommateurs quand les uns et les autres sont associés séparément.

L'avantage de la coopération de consommation sur le commerce est qu'elle permet de mesurer à l'avance les besoins à satisfaire et d'y proportionner les achats sans craindre de trop gros aléas. Elle doit apporter à la coopération de production une clientèle sûre et régulière, avec laquelle les relations peuvent être économiquement simplifiées. D'autre part, l'union des producteurs peut garantir dans chaque crû la constitution d'un approvisionnement sérieux, la bonne préparation, la qualité et l'authenticité des produits. Que la première assure à la seconde sa clientèle par des conventions fermes débattues d'un commun accord, et toutes les autres questions seront facilement résolues. Sûre de l'écoulement de ses produits, la coopérative de production en assurera la garde jusqu'à la réception des ordres d'envoi. Nulle part les vins ne seront mieux soignés que dans le pays d'origine. L'achat étant réglé, s'il faut attendre pour le paiement, rien n'est plus facile que de demander à la coopération de crédit les avances nécessaires. Portant sur une valeur déterminée, l'opération n'implique plus de risque sérieux et peut être effectuée par l'une ou l'autre des parties dans des conditions qui permettent de mesurer exactement les frais.

Quant à l'organisation d'un entrepôt elle devient alors des plus simples. Avec le système actuellement suivi par les coopératives de consommation, son installation entraîne trop d'aléas pour n'être pas périlleuse. S'il faut que les viticulteurs y enferment en permanence des masses de vins assez considérables pour satisfaire à des demandes indéterminées, et dont l'achat ne serait pas assuré, on conçoit que beaucoup reculeront devant l'éventualité ou que leurs coopératives devront faire payer cher ce coûteux service et l'aléa d'une attente inutile. Si, au contraire, l'accord a délimité au préalable l'étendue générale des débouchés, il suffit que l'entrepôt renferme assez de vin pour les besoins courants, les expéditions n'étant faites du lieu de production qu'au fur et à mesure de son dégagement.

Même solution pour la question des coupages. Cette opération n'est vraiment pas du domaine des producteurs. Tout ce qu'on doit raisonnablement demander à ceux-ci, c'est de livrer le produit de leur crû bien authentique, préparé et conservé dans les meilleures conditions possibles. Si une coopérative de consommation a besoin de plusieurs qualités, elle s'approvisionnera en plusieurs lieux différents. Si les goûts de sa clientèle, que son administration peut seule bien déterminer et satisfaire, exigent un coupage préalable, c'est à elle de l'effectuer en toute connaissance de cause, avec des éléments d'origine bien déterminée. Cette méthode n'est-elle pas plus rationnelle que d'accepter un coupage tout fait dont la composition est incertaine ? Cette manipulation sera faite dans l'entrepôt, sous le contrôle ou par les soins des agents de la Société elle-même. D'ailleurs, nous avons peine à comprendre l'attachement des grandes coopératives à ces fameux vins-types qui ont été si longtemps le déshonneur du marché des grandes villes. Tout a été sur la composition de ces étranges mixtures qui ont oblitéré le goût du consommateur au point de l'empêcher de discerner le vin naturel, quand elles ne lui ont pas fait perdre tout à fait le goût du vin. Les coopératives n'ont-elles pas aussi à faire l'éducation de leur clientèle, et leur premier devoir n'est-il pas de ne lui faire connaître que le vrai vin, celui dont l'origine est certaine et la pureté indiscutable ? Mais, nous dira-t-on, elles exigent de leurs fournisseurs-commerçants un bulletin d'analyse qui leur assure cette garantie. Se peut-il encore que leurs administrateurs se fient à pareil témoignage ? Ignorent-ils que les méthodes d'analyse de nos laboratoires ne sont fondées que sur des présomptions et des moyennes d'une valeur des plus relatives, surtout avec les vignes nouvelles. Croient-ils que les fraudeurs les ignorent et que les *vins d'opération* garantis purs, traduisons *résistants à l'analyse* (1), puissent être acceptés sans détermination exacte et garantie de leur origine ? Ne serait-il pas infiniment plus rationnel d'aller chercher dans leur pays de production et de ne livrer aux adhérents que des liquides dont on a pu suivre toutes les phases d'existence et tous les mouvements ?

L'ACHAT COOPERATIF DES VINS. — Toute la question se résume pour nous dans cette considération du mode d'achat des vins. Nos grandes coopératives françaises ont, à ce point de vue, tout à apprendre de leurs sœurs d'Italie et, le jour où elles auront compris l'intérêt qu'il y a pour elles à entrer dans la voie que celles-ci viennent d'ouvrir en 1901 par l'entente directe avec les Cantine sociali, la coopération viticole aura fait un pas décisif, et avec elle toute la coopération rurale et aussi l'union définitive des deux fractions, urbaine et agricole, du mouvement coopératif français. Croit-on que le jour où, au lieu d'attendre avec complaisance des offres, que le commerce fera toujours plus séduisantes au premier abord que les producteurs si aucune organisation sérieuse ne vient contrôler l'origine des produits, les coopératives se décideront à tenter sérieusement de s'approvisionner aux sources directes, les récoltants résistent à l'attrait de ces débouchés considérables, assurés et constants ? Il n'est pas de syndicat agricole, pas de coopérative en gésine qui dans ces conditions ne soit prêt à faire le nécessaire pour développer ses services de manière à satisfaire le précieux client. Le difficile pour les coopératives vinicoles, nous l'avons vu, n'est pas de se constituer, mais de se procurer des débouchés certains, le jour où ceux-ci s'offriraient d'eux-mêmes, il n'est guère de cervelle paysanne qui ne s'ouvrirait à la compréhension des bienfaits de la coopération.

Notre conclusion est donc ici que le mode d'achat de nos grandes coopératives est, au moins pour les vins, à réformer complètement. Nous avouons même ne pas comprendre

(1) Analysenfes. — Vin. Deichen, 2e art., in Schmollers Jahrbuch janv. 1901 p. 157, les édifiantes expériences de l'Ecole de Geisenheim pour la confusion des chimistes. — *Roy Chevrier*, Vinific. des hybrides, p. 49-52, et

que des coopérateurs tolèrent que leur société achète au commerce, quand elle peut faire autrement. Il semble que le second article de leurs statuts devrait être que l'administration de la coopérative ne peut, pour les achats, s'adresser au commerce qu'en cas de nécessité démontrée et en l'absence de toute coopérative, syndicat ou producteurs autonomes capables de répondre à sa demande. Nous n'ajoutons même pas, il faut bien le remarquer, la mention ordinaire ... *à prix égal*, parce que l'extrême bon marché du commerce, dans le cas où il apparaît inférieur aux offres de la propriété, ne peut être obtenu qu'aux dépens de la qualité ou du travail de production. Par exemple, nous avons vu par quels moyens un commerce malhonnête avait pu, en 1900 et 1901 se procurer et vendre des vins à des prix dérisoires, par l'exploitation de la détresse de certains producteurs. Conçoit-on que le rôle des coopératives de consommation soit de favoriser de pareilles entreprises et de propager dans le public, par leur exemple, la croyance qu'on pourra désormais acquérir du vin loyal non drogué de provenance sûre et de bonne qualité, à 15 ou 20 francs l'hectolitre, logé et rendu à Paris ?

Leur devoir est de s'enquérir des conditions réelles de la production et de ne pas accepter le bon marché obtenu par la misère des travailleurs. Il est de contribuer par leur exemple à donner au marché des produits du sol la stabilité et la sécurité qui lui ont fait jusqu'ici défaut et non de suivre docilement les manœuvres de la spéculation commerciale. Pour les vins en particulier, leur intérêt comme les principes coopératifs leur commandent d'inaugurer une méthode nouvelle. Celle que les porte-paroles de la coopération de consommation préconisent nous paraît d'ailleurs radicalement inapplicable dans ce domaine particulier. Voici comment la décrit un de ses propagandistes (1) : « Dans les circulaires lancées

(1) A. D. Bancel — Almanach de la Coopération pour 1902, p. 20. D'autre part, M. Landrieu constate « que le commerçant achète bien, même quand il achète peu ; les Sociétés Coopératives achètent mal, même lorsqu'elles achètent en grande quantité ».
Essais d'achat et de production en commun — in Mouvement Socialiste n° 75.

par l'Office de *renseignements* commerciaux (fondé par le Comité Général de l'Union Coopérative), les aspirants fournisseurs des coopératives sont désignés par des lettres alphabétiques à côté desquelles figurent les conditions faites par eux pour une *marchandise déterminée*. Ces circulaires sont livrées aux sociétés adhérentes, qui, de leur côté, sont invitées à faire connaître les prix qu'elles obtiennent de leurs fournisseurs respectifs. Si leurs conditions sont *bonnes*, les coopératives *doivent* en faire bénéficier les autres sociétés par l'intermédiaire de l'Office. Si elles sont moins bonnes que celles obtenues par l'Office, ces coopératives doivent s'approvisionner par l'intermédiaire de ce dernier ». C'est la plus rigoureuse application du système de la concurrence commerciale par adjudication anonyme qui ait été jusqu'ici inaugurée dans le domaine économique. Elle se comprendrait peut-être sous le régime de lois socialistes limitant la durée de la journée de travail et garantissant aux producteurs un minimum de salaires. Mais l'absence du souci des moyens du bon marché se conçoit moins de la part de coopérateurs qui proclament hautement « que la caractéristique du coopératisme est de s'inspirer de la liberté de chaque individu et de ne s'adresser qu'à l'initiative privée pour agir..: non en vue de la concurrence et de la lutte pour la vie, non en vue des propriétaires et des commerçants, mais en vue des consommateurs et *des producteurs associés (1)*. C'est en vain qu'on peut nous répondre que les coopératives urbaines ont besoin de procurer à leurs adhérents des économies frappantes sur leurs dépenses de consommation pour les retenir et, qu'en l'absence de groupements ruraux, il leur fallait bien s'adresser au commerce. En faisant comme le commerce, en achetant aux lieux mêmes de production, elles auraient fait dès maintenant de plus gros bénéfices, car il est bien évident que le commerce ne peut leur faire des conditions plus avantageuses que celles qu'il trouve à la propriété, sauf dans un cas, celui où il livre autre chose que de purs produits de la vigne. Dès qu'une coopérative ou un groupe de coopéra-

(1) A. D. Bancel. — Le Coopératisme — Schleicher 1901, p. 8.

teurs est assez considérable pour acheter par centaines d'hectolitres pour les vins ordinaires, et par pièces pour les vins fins, il peut bénéficier des avantages du gros et n'a pas besoin d'intermédiaires. Il suffirait qu'il eût un magasin suffisant ou plus simplement, qu'il s'entendit avec les récoltants et provoquât au besoin leur groupement pour que ceux-ci assurassent la garde des vins jusqu'au moment de la livraison, c'est-à-dire avant les nouvelles vendanges pour les vins très communs et après deux ou trois années au maximum pour les bons vins, d'ailleurs destinés à la bouteille et toujours moins encombrants. A défaut de toute organisation des producteurs, les coopératives n'ont qu'à s'adresser pour leurs achats de vins à un commissionnaire local qui pourrait être leur agent attitré. Le grand commerce ne procède pas autrement. Si elles se flattent d'obtenir par adjudication à leur siège social des conditions meilleures, c'est qu'elles oublient que le vin n'est pas « une marchandise déterminée », comme tel type de cirage, de savon, ou de farine, voire de café ou de chocolat. C'est, au contraire, une marchandise habituellement indéterminée, extrêmement variable de composition et de qualité selon les régions, les terroirs et les crûs et dans ceux-ci selon les années et les méthodes de vinification. C'est même, cette extrême variété qui permet son appropriation à toutes les bourses et à tous les goûts individuels. Pas d'adjudication possible dans ces conditions par masses énormes, comme le sont les achats d'une Fédération Générale des Coopératives. Si tel genre de vins plaisait à la commission parisienne, où serait la garantie qu'il plût à Lille, où l'on aime les vins mous, et à Nancy où l'on préfère les clairets plus acides, mais plus frais ? Si une coopérative de Lyon obtient tel prix dans tel crû, cela ne garantit nullement que dix coopératives y jouiront du même bénéfice (1).

(1) Un capitaine juge ainsi la méthode des adjudications à propos des fournitures de vin à la troupe : « La fourniture par adjudication est le canal par lequel s'introduit la fraude et l'empoisonnement. A mon sens, on doit, surtout dans les pays de vignobles, laisser chaque chef d'ordinaire libre de s'adresser à la propriété pour avoir bon et bon marché, en supprimant absolument les intermédiaires appelés fournisseurs. Chacun y trouvera son compte ». Revue de Vitic., n° 430.

Les récoltes locales étant limitées en quantité, l'extension de la demande sur un point provoquerait nécessairement la concurrence des acheteurs, donc l'élévation du prix. La vérité qu'on ne comprend pas assez dans les grands centres, c'est que les *types* de vin n'existent pas ou qu'ils n'ont qu'une aire de production limitée, donc, qu'ils sont surtout un *produit de fabrication* dans les entrepôts du commerce, au moyen de combinaisons et de mélanges qui ne relèvent pas du rôle de la production naturelle. Tout au plus peut-on concevoir dans les pays de vins communs, comme le Midi, l'unification des types régionaux par un syndicat. Si les Coopératives tiennent au *Bercy* composite, à base de vins avariés ou au Bordeaux fait avec des vins d'Espagne, du Midi et de l'Algérie, qu'elles se procurent donc directement et séparément ces produits pour les manipuler elles-mêmes au gré de leur public abusé. Le profit sera plus grand encore et les étiquettes de leurs bouteilles pourront au moins garantir l'origine et la composition naturelle du mélange, suivant la méthode allemande, avec les inscriptions *façon* Bordeaux, *façon* Saint-Estèphe, ou *genre* Bourgogne. Mais dans tous les cas, qu'elles se persuadent que pour être assuré de la pureté et de l'authenticité d'un vin, il faut l'acheter directement et sur place, sous la garantie formelle des producteurs. Dans ces conditions, de même que pour répondre à l'infinie diversité des produits récoltés et des goûts de la consommation, il faut laisser les coopératives particulières s'entendre directement avec tel ou tel groupement de producteurs dans les crûs préférés. Le seul rôle d'un Comité Central dans ce domaine spécial doit se résumer à faciliter ces relations directes, régulariser leurs méthodes, éclairer les deux parties et prévenir ou trancher au besoin leurs différends. Il devrait être composé de délégués élus directement et proportionnellement par les deux genres de coopératives. C'est la méthode récemment inaugurée en Italie. Telle coopérative vinicole s'engage à fournir habituellement à telle coopérative urbaine les vins récoltés dans son rayon d'action ; celle-ci s'engage à les acheter après les vendanges au cours déterminé par les taux moyens des ventes régionales. L'autre les conserve jusqu'à livraison, moyennant faculté de recevoir des avances réglées d'un commun accord. Si les consommateurs ont besoin de plusieurs qualités, leur groupement s'abouche avec différentes coopératives rurales ; s'il désire certains mélanges, il les opère suivant ses goûts dans ses caves ou celles des sociétés correspondantes. Dans ces conditions, les consommateurs savent ce qu'ils boivent et sont assurés de ne payer les vins qu'au cours normal, mais ils concourent à l'établissement de ces cours, dans des contions favorables aux producteurs et libèrent ceux-ci du souci des débouchés. Tous échappent ainsi à l'exploitation des intermédiaires et s'entr'aident par un mutuel échange de relations et de services. En dehors de cette méthode, simple et rationnelle, il n'y a qu'illusión administrative, fantasmagorie commerciale et duperie mutuelle.

Mais si les coopératives de consommation n'ont pas, en dehors de quelques tentatives superficielles ou isolées, fait jusqu'ici d'efforts sérieux pour s'approvisionner directement auprès des producteurs ruraux, si le mouvement coopératif et le mouvement syndical ont ainsi évolué côte à côte sans s'appuyer mutuellement, cela tient peut-être plus à des malentendus d'ordre politique qu'à l'inexpérience ou à l'insuffisance d'organisation des uns et des autres. Ces malentendus peuvent se ramener à deux ordres de considérations : 1° à une conception différente du coopératisme ; 2° à l'intervention fâcheuse d'intérêts de partis dans ce domaine d'action purement économique.

MALENTENDU DANS LES PRINCIPES. — Au premier de ces points de vue, il faut observer que le mouvement coopératif dans les villes et le mouvement syndical dans les campagnes sont marqués l'un et l'autre par la prédominance exclusive de la considération d'intérêts très différents en apparence : dans le premier celui des consommateurs, dans le second celui des producteurs, vérification nouvelle de l'ironique définition de Prudhon que toute association « est un groupe dont on peut toujours dire que tous les membres n'étant associés que pour eux-mêmes sont associés contre tout le monde. » La coopérative de consommation ne songe qu'à acheter au meilleur marché possible et celle de production à vendre le plus cher possible. Mais chacune d'elles ne manifeste ainsi qu'une des tendances de l'individu, puisque tout homme doit être à la fois producteur et consommateur. Cette distinction de points de vue a donc quelque chose d'artificiel et d'illogique, bien qu'elle s'explique facilement par la spécialisation des fonctions, qui fait perdre aux individus le sentiment de la solidarité de leurs intérêts avec ceux de leurs semblables. C'est elle pourtant qui a servi de base aux théories en faveur dans le mouvement coopératif, lesquelles ne tiennent peut-être pas assez compte de la réalité des faits et des conditions de réalisation possibles.

La lettre de M. Guillemin que nous avons citée expose clairement le point de vue dominant dans les milieux coopératifs urbains. Il a été magistralement développé à plusieurs reprises par M. Gide qui le résume ainsi : « La coopération doit servir à modifier pacifiquement, mais radicalement le régime économique actuel en faisant passer la possession des instruments de production et avec elle la suprématie économique, des mains des producteurs qui les détiennent entre les mains des consommateurs. Et comme moyens pratiques d'organisation : une fédération de sociétés aussi nombreuses que possible, l'accumulation des bonis dans un fonds de réserve aussi gros que possible, la création de magasins de gros fabriquant autant que possible tout ce qu'ils vendent (1) ». D'ailleurs, comme ajoute l'auteur, ces moyens ne sont autres que ceux déjà employés en Angleterre. C'est peut-être cette préoccupation d'appliquer à des milieux sociaux différents une tactique, qui n'a d'ailleurs pas abouti en Angleterre à ébranler sérieusement la prépondérance commerciale, qui explique la stérilité des efforts faits depuis vingt ans dans cette voie.

(1) La Coopération. — IIIe conférence p. 105, et aussi VIIIe : le Règne du Consommateur.

Elle suppose un degré d'éducation coopérative et une discipline qui sont encore loin d'être atteints, puisqu'aussi bien en Allemagne qu'en France les groupements d'achat n'ont obtenu jusqu'ici que des résultats insignifiants. A l'épreuve, elle ne va pas non plus et pour les mêmes raisons sans dangers, témoin le grand nombre d'ateliers coopératifs anglais, ceux des Pionniers de Rochdale en premier lieu, qui ont refusé d'inscrire la participation des ouvriers aux bénéfices dans leurs statuts fondamentaux. Il n'est pas assez certain que le producteur agricole en particulier serait sur les propriétés coopératives, gouvernées de très loin par une administration impersonnelle, beaucoup mieux traité que sur celles des capitalistes, pour que le paysan soit fort séduit par l'attrait de ce programme. C'est trop méconnaître les tendances naturelles de l'égoïsme des hommes, même associés, que de rêver la subordination des intérêts de la production à ceux de la consommation, sans apercevoir qu'en matière d'intérêts toute subordination entraîne exploitation et qu'il ne peut exister de garanties d'indépendance sans organisation des droits de chacun.

Mais l'association de consommation, répondra-t-on, représente les intérêts de tout le monde. Cela n'est vrai que dans la mesure où ses entreprises seraient soustraites à la concurrence par la solidarité coopérative. Mais comme trop d'exemples montrent que l'esprit de spéculation peut faire dévier ces institutions des principes de la coopération vraie, la sagesse commande aux groupements de producteurs de ne pas abdiquer les moyens de prévenir ces déviations. C'est pourquoi la solution la plus rationnelle semble être le groupement séparé des individus en sociétés de consommation et sociétés de production qui, par un mutuel accord, de plus en plus intime, reconstitueraient l'harmonie des intérêts, dissociés pour leur administration particulière et au besoin pour leur défense.

C'est d'ailleurs la solution vers laquelle toutes les apparences semblent nous conduire. Tandis que la conquête de l'industrie par les coopératives de consommation n'arrive pas à s'organiser sur le continent, on voit à la fois en France, en

Allemagne, en Autriche, en Italie et en Suisse grandir les cadres et les forces de deux immenses groupements parallèles : celui des consommateurs urbains et des producteurs ruraux. Hypnotisés par la méthode anglaise, les philosophes du coopératisme français n'aperçoivent pas assez que les différences de milieux, surtout l'existence du phénomène si restreint en Angleterre de la petite propriété rurale, imposent une autre méthode. Puisque les producteurs ruraux n'ont pas attendu pour s'organiser que les citadins soient prêts à les administrer, il faut que ceux-ci prennent leur parti de ce phénomène imprévu. Aussi, l'un des écrivains socialistes les plus ouverts à la compréhension de la réalité. M. E. Fournière, peut-il, à propos de la viticulture, définir spirituellement ainsi leur rêve d'absorption « Ce ne serait pas la grenouille qui veut se faire aussi grosse que le bœuf, mais qui veut avaler le bœuf (1) ». Si l'on veut enfin aboutir à des résultats grandioses et constituer définitivement au sein de la société économique présente un faisceau de forces coopératives assez solide pour l'ébranler sérieusement, il faut sortir de l'ornière des théories et accepter la leçon des faits. Celle-ci nous montre en France comme en Allemagne, d'un côté près de 600,000 coopérateurs urbains associés dans les sociétés de consommation et les plus rares coopératives de production industrielle, de l'autre autant de syndiqués ou coopérateurs ruraux (2), soit au total dans chacun de ces pays, près de quatre millions d'individus déjà entraînés dans le mouvement coopératif, quatre millions de consommateurs dont la formidable puissance d'achat pourrait être soustraite à l'exploitation commerciale, pour offrir un débouché largement suffisant à la production du million et demi de travailleurs effectifs qu'ils renferment. Mais le groupe urbain n'arrive pas plus à échapper totalement aux profits des intermédiaires qu'à développer sérieusement la production

(1) Rev. Socialiste! — La Crise vinicole n° 204, p. 654.

(2) Encore ne faisons-nous pas entrer en ligne de compte les 588.000 membres des Syndicats ouvriers. Si, par contre, nous joignons aux coopérateurs les simples syndiqués ruraux, c'est qu'en fait leurs groupements fonctionnent comme de véritables coopératives d'achat.

coopérative. D'autre part, le groupe rural n'achète rien ou à peu près au premier d'une manière directe et en retour, ne lui vend rien ou à peu près dans les mêmes conditions. Pourquoi cette incroyable discordance ? Pourquoi l'extraordinaire évidence de la nécessité de leur jonction ne crève-t-elle pas les yeux de chacun de leurs adhérents et surtout de leurs organisateurs ? C'est ce que le manque d'éducation économique et d'entente doctrinale ne suffit pas à lui seul à expliquer.

SECTION II

LA COOPÉRATIONS ET LES PARTIS

LES DEUX TENDANCES OPPOSEES (1). — La vérité est que partout dans les pays du continent, surtout en Allemagne et en France, au mouvement coopératif, qui devrait être de caractère purement économique, se mêlent des intérêts, des préjugés, des influences et des passions d'ordre politique ou religieux qui contribuent à diviser les groupes et surtout leurs chefs, à isoler les efforts et finalement à réduire considérablement la puissance d'action de cette force économique nouvelle qui, consciente et disciplinée, pourrait rapidement déplacer l'axe de la société économique et assurer la prépondérance des intérêts du travail producteur sur ceux de la spéculation commerciale. Cette confusion si préjudiciable tient évidemment à l'insuffisance de l'éducation générale dans nos sociétés modernes et particulièrement à la notion trop imparfaite que celles-ci ont encore de la nécessité de la division du travail social dans les trois branches de l'activité humaine : action intellectuelle et morale, action économique, action politique. L'insuffisance de l'éducation des individus

(1) Sujet traité à un point de vue plus général dans notre cours sur la Coopération à l'Université Populaire de Lille en 1901. 2e leçon : *le Rôle Social de la Coopération*, analysée dans le *Réveil du Nord* du 26 février.

leur fait subordonner les deux premiers modes au dernier alors que logiquement celui-ci ne devrait être que la résultante des deux autres. C'est pourquoi le plus grand nombre préfère les voies de l'autorité, qui sont celle des précédents. Au lieu de chercher les points de contact qui pourraient les rapprocher pour bien délimiter les terrains où ils peuvent travailler ensemble de ceux où la lutte s'impose encore, ils généralisent celle-ci à tous les objets de leur activité, s'isolent jalousement et n'arrivent le plus souvent qu'à édifier par ignorance mutuelle des malentendus qui entravent tous les progrès. Nulle part, ce phénomène n'est plus sensible à l'heure présente qu'en matière de coopération.

C'est une observation de toute évidence pour le spectateur informé que, dans tous les pays où le mouvement coopératif est ainsi partagé en deux groupes : l'un urbain, l'autre rural, le premier paraît plutôt animé d'esprit socialiste, le second d'esprit conservateur. Nous prenons ici ces deux mots dans leur sens large pour simplifier et caractériser des tendances et des aspirations, toujours assez confuses et mêlées dans l'esprit des individus considérés isolément. Nous voulons traduire par là cette simple constatation que les inspirateurs du premier lui proposent comme fin de changer les conditions fondamentales de la société présente, tandis que les autres espèrent que la coopération rurale pourra consolider au contraire ses bases essentielles. C'est du moins à ce double point de vue que les partis s'intéressent au mouvement coopératif et s'y sont mêlés, souvent à son désavantage.

LA CONCEPTION SOCIALISTE DE LA COOPERATION. — Du côté urbain, le premier caractère apparaît même dans le programme des coopérateurs indépendants non rattachés à des partis politiques définis. Le double but que Ch. Gide assignait dès 1886 à la coopération française « l'éducation économique de la classe ouvrière dans le présent et plus tard son émancipation par la transformation du salariat » et son affirmation « que le pays qui sera le premier en mesure de résoudre la question sociale sera celui-là même qui aura su d'abord atteindre au degré le plus élevé dans la voie de la coopération (1)», montrent bien qu'il la considère comme le levier principal d'une profonde transformation sociale. L'initiateur du mouvement des Universités Populaires, G. Deherme, déclare également « que la souveraineté coopérative transformera la société et fondera la justice » (2). Il y a cette différence entre les coopérateurs indépendants et les socialistes proprement dits que les premiers considèrent la coopération comme une fin et les seconds comme un simple *moyen*, insuffisant par lui-même à amener la révolution sociale, mais très propre à fortifier l'action de la classe ouvrière pour arriver à la conquête des pouvoirs publics et à la transformation de la société capitaliste en société collectiviste ou communiste.

C'est du moins le point de vue nouveau que la leçon des faits, celle des succès obtenus par la coopération socialiste en Belgique, a substitué au point de vue ancien qui dominait avant 1870 dans les milieux socialistes et que résumait encore cette déclaration finale d'une motion votée au Congrès de Berlin en 1892, « pour combattre l'opinion que les coopératives soient en mesure d'influencer les conditions de la production capitaliste, d'élever la situation de classe des ouvriers, de supprimer ou même seulement d'atténuer la lutte de classe, politique et syndicale des ouvriers (3) ». Aujourd'hui les socialistes travaillent activement au développement des coopératives de consommation, mais en subordonnant leur action au rôle d'appui et de soutien de la propagande politique pour initier les ouvriers à la direction des affaires, améliorer leurs conditions de vie et fournir à leurs organisations les moyens pécuniaires nécessaires à la lutte électorale.

LA CONCEPTION CONSERVATRICE. — Du côté rural, beaucoup considèrent que l'organisation des petits proprié-

(1) Confér. sur la Coopération et le parti ouvrier en France. — Conclusion cf. p. 45.

(2) Almanach de la Coopération 1902, p. 36.

(3) Cité par *E. Milhaud* dans une intéressante étude sur cette évolution doctrinale : Le parti socialiste allemand et les Coopératives. Rev. Socialiste n° 204, p. 671 et 205.

taires constitue, selon l'expression de M. de la Sizeranne, « le bastion le plus solide et le plus imprenable de la conservation sociale ». Selon M. de Rocquigny (1), « l'œuvre sociale des syndicats agricoles ne tend pas seulement à maintenir et étendre la petite propriété, à consolider la famille rurale, à attacher les cultivateurs à la terre en accroissant leur bien-être, à combattre la misère, à assurer des secours aux malades et la sécurité aux vieillards, à faire régner la concorde et la paix entre les possesseurs du sol et les travailleurs qui le cultivent...... l'organisation robuste qu'ils ont créée dans nos campagnes ne se laissera pas entamer par l'action dissolvante des idées collectivistes ; tout en s'assimilant les généreux élans de fraternité et d'aide mutuelle qui honorent l'âme contemporaine, elle saura conserver intact le patrimoine de nos traditions nationales ». Un des plus ardents propagandistes des syndicats agricoles, M. Kergall, en fondant le syndicat économique agricole et le journal la *Démocratie rurale* leur donne pour programme « le contrepied du courant socialiste (2) ». M. Deschanel, reprenant une formule de ce journal, répondait à M. Jaurès qu'à « la lutte des classes, l'association libre répond à l'union pour la vie (3) ». Enfin, M. R. Henry considère l'ensemble des groupements agricoles comme constituant « le parti rural organisé et mobilisable » qui se dresse à la fois contre « les barbares de l'intérieur et contre les concurrents étrangers (4) ».

DISCUSSION COMMUNE. — Ces conceptions antinomiques et trop absolues ont amené des déviations regrettables qui tendent à faire des coopératives de simples instruments de lutte politique ou religieuse. C'est ainsi, du côté urbain, que le Congrès de la Coopération Socialiste a imposé aux Coopératives, pour faire partie de la Bourse Nationale des Coopératives, la double obligation « de reconnaître les principes

(1) Cf. Conclusion p. 398-401.
(2) Idem p. 127.
(3) Disc. du 10 juillet 1897.
(4) Rev. polit. et parlem. juillet 1897.

essentiels du Socialisme formulés par le Congrès général du Parti Socialiste Français » et d'un apport pécuniaire « destiné à la propagande socialiste (1) ». Mais comme l'unité socialiste a avorté, il n'est résulté de cette subordination des intérêts de la coopération à des principes de théorie politique que de nouvelles divisions parmi leurs adhérents (2). Des groupes socialistes exigent que les versements soient faits à leur organisation particulière. C'est ainsi qu'au Congrès de Roubaix de Juillet 1900 où dominait l'influence du Parti Ouvrier Français (guesdistes), il fut décidé que pour être admises à la Fédération des Coopératives du Nord, « les coopératives devront, avant toute adhésion, adhérer aux principes fondamentaux du P. O. F. » et que la Fédération sera exclusivement composée des sociétés qui dans leurs statuts auront un article les obligeant à prélever savoir : « les sociétés de consommation 2 % sur leurs chiffres d'affaires, les sociétés de production 10 % sur leurs bénéfices pour être versés à la Fédération « qui devra remettre un tiers de cette somme au Comité fédéral du P. O. F. pour sa propagande (3) ». Le premier résultat de cette décision a été le départ des sociétés affiliées à d'autres organisations socialistes. Cette subordination de l'action économique à l'action politique entraîne ainsi deux graves conséquences : 1° de jeter la division parmi les coopérateurs en prolongeant dans leurs organisations toutes les querelles des groupes et leurs fluctuations ; 2° d'empêcher à peu près l'union des coopératives de consommation avec celles de production, particulièrement avec les syndicats ruraux, pour la raison opposée par le représentant du syndicat des petits vignerons du Tonnerrois au Congrès des Coopératives socialistes : « que la politique fait peur aux honnêtes gens. Jus- [illegible]

(1) Compte-rendu du Congrès des 7-10 juillet 1900. — G. Bellais — p. 167 et discussion contradictoire de Jaurès et Delory.

(2) Sur les inconvénients de l'introduction de la politique dans les Coopératives, v. la Crise de l'Avenir de Plaisance, série d'art. in Coopération des Idées de Novembre 1900.

(3) Compte-rendu in Bull. mensuel de la Fédération du Nord, n° du 15 juin 1901.

qu'ici, on a été tellement dupé que le paysan hésitera toujours à se lancer dans cette voie (1) ».

Du côté rural, la même politique a été suivie par le parti du Catholicisme social en Belgique, où un adversaire caricaturise ainsi les associations rurales créées par le clergé. « Le curé ou son vicaire font régulièrement appel pour leur Conseil de direction ou d'administration, à ceux que Le Play appelle les *autorités sociales*, c'est-à-dire aux généreux philanthropes qui se constituent les bailleurs de fonds des associations rurales, moyennant un honnête intérêt, qui s'efforcent d'améliorer la condition des viticulteurs, pour mieux assurer le paiement de leurs fermages ou qui comprennent la nécessité politique ou sociale d'organiser la campagne avec eux, de peur qu'un jour elle ne vienne à s'organiser contre eux (2) ». Mais en France, un économiste modéré, M. L. Mabilleau, le savant directeur du Musée Social, caractérise presque aussi durement l'Union des caisses rurales de M. Durand, qu'il montre « à la tête d'un mouvement *confessionnel* qui subordonne le crédit agricole à une adhésion plus ou moins hypocrite du paysan ». Si le Centre fédératif du Crédit Populaire purement laïque et libéral a eu moins de succès, c'est, selon lui, « parce qu'il ne s'appuie ni sur l'Eglise, ni sur le Château (3) ». D'autre part, on reproche à nos syndicats agricoles de représenter moins les intérêts et les aspirations de vrais paysans que ceux des grands propriétaires qui les dirigent (4). M. de Rocquigny répond que la grande propriété ne figure qu'à l'état d'exception dans ces syndicats agricoles, à peine pour 5 % de leurs membres. Sans doute, mais il suffit de feuilleter un Annuaire des Syndicats pour se rendre compte que si les petits propriétaires sont incontestablement la majorité dans les syndicats, les plus importants de ceux-ci et leurs

(1) Paroles du citoyen Thumereau. Compte-rendu p. 144.

(2) Vandervelde. Confér. sur les Synd. Agricoles et Cooperat. socialistes. Mouvem. Soc. 1er août 1901.

(3) Lettre à la Coopération des idées n° du 15 sept. 1900.

(4) *Rouanet*. — Du danger et de l'avenir des Synd. agric. Rev. Socialiste, février 1899.

groupements sont effectivement dirigés dans la plupart des cas par de grands propriétaires, et quelquefois par des hommes qui ne touchent qu'indirectement ou accessoirement à l'agriculture, la plupart en qualité de propriétaires de terres affermées. Nous le constatons sans leur en faire un reproche, car il est trop naturel que les propriétaires qui ont le plus d'instruction et de loisirs soient les premiers initiateurs de l'Association rurale, de même que beaucoup de bourgeois radicaux ont été parmi les premiers promoteurs des Associations ouvrières. D'où qu'il vienne, le dévouement est également respectable. Comme nous l'avons déjà montré, si on a pu reprocher à quelques-uns de chercher à tirer parti politiquement de cette situation, il serait plus juste encore de constater que le paysan s'habitue trop volontiers dans les syndicats à bénéficier de l'activité des dirigeants en se déchargeant sur eux de tout le souci de l'administration. C'est pourquoi nous jugeons que les coopératives comme celles de vinification, qui exigent le concours personnel actif de tous leurs membres sont des moyens de progrès rural beaucoup plus puissants que les syndicats actuels. Elles représenteront aussi beaucoup mieux les aspirations réelles des véritables paysans, et sans doute faudra-t-il que leurs promoteurs bourgeois aient le désintéressement de s'effacer au moment convenable devant les capacités qu'elles révèleront dans le monde des travailleurs de la terre, comme les bourgeois radicaux ont été peu à peu éliminés des associations ouvrières, par les ambitions et les compétences qui se sont révélées dans le monde des travailleurs de l'usine et de l'atelier.

Quoi qu'il en soit, il est bien évident que si le mouvement coopératif doit se scinder ainsi en groupes politiques ou confessionnels, de couleur ici socialiste, là catholique, ailleurs conservatrice, libérale ou anarchiste, il deviendra à peu près impossible d'unir coopérateurs urbains et coopérateurs ruraux, consommateurs et producteurs et d'entamer sérieusement la prépondérance du commerce, uni et discipliné par le sentiment des intérêts communs. Il ne serait pas difficile de dénombrer les malentendus accessoires qui dérivent de cette situation : appui prêté par des députés socialistes parisiens aux réclamations formulées par le petit commerce contre les coopératives, prétention des coopératives de consommation à participer aux bénéfices des sociétés de production alors qu'elles n'ont encore rien fait pour aider celles-ci, abus de réclamations protectionnistes agricoles aboutissant à des conflits d'intérêts entre Nord et Midi ou, comme dans notre régime des sucres, à l'exploitation du consommateur français au profit du consommateur étranger, vœux politiques émis par les syndicats agricoles contre certains projets de réforme démocratique (impôt sur le revenu, caisse des retraites, voire même contre la suppression des octrois) et dont les tendances sont trop souvent démenties par les votes des agriculteurs des mêmes régions dans les élections politiques, etc. Tout cela ne fait que mieux ressortir les inconvénients de l'absence de liaison entre le mouvement coopératif urbain et celui des campagnes qui, désunis par des théories politiques toujours discutables, sont condamnés à l'impuissance, tandis qu'unis sur le terrain exclusif de leurs intérêts économiques communs, ils pourraient constituer un bloc formidable et indestructible.

ORIGINALITÉ DE LA COOPÉRATION. — A notre humble avis, cette division ne repose des deux côtés que sur des exagérations théoriques et des malentendus pratiques également fâcheux. La coopération n'a pas plus à se subordonner à l'idéal collectiviste qu'à l'idéal conservateur, parce qu'elle représente une évolution qui, combinant certains caractères de ces deux tendances, paraît devoir aboutir dans une réalité prochaine à des résultats grandioses, beaucoup moins problématiques que ceux de l'agitation politique, trop incohérente et troublée pour agir rapidement sur le monde économique. Les Coopérateurs de l'école de Nîmes et les socialistes, trop hypnotisés par les exemples de l'Angleterre et de la Belgique, n'ont pas assez médité sur les transformations profondes qui s'opèrent depuis dix-huit années dans les traditions et les habitudes de notre population rurale. Peut-être leur action eût-elle été moins vaine s'ils avaient tenu plus de compte des enseignements de la coopération italienne, qui a révélé la puissance du mouvement quand les trois éléments successifs de la solidarité économique : institutions de prévoyance (caisses d'épargne et caisses rurales), coopération de consommation et coopération de production se prêtent un mutuel soutien pour un développement harmonique et progressif. La raison de cette méconnaissance paraît être chez les uns et les autres une insuffisante compréhension de la différence des milieux et des conditions de l'évolution agricole. Les théoriciens socialistes en particulier, n'ont pas assez compris combien la puissante analyse de K. Marx et ses formules de transformation sociale sont en relation de dépendance avec le milieu particulier où il vivait, cette Angleterre industrialisée qui, « jette à ses ouvriers le monde en pâture pour remplacer la propriété (1) ». Mais c'était méconnaître la dissemblance de l'évolution politique des deux pays de conclure pour toute l'Europe à une disparition analogue de la petite propriété rurale, étant donné que l'extension et la persistance du fief en Angleterre sont beaucoup moins l'œuvre du progrès économique que de la prépondérance politique de l'aristocratie. Un écrivain socialiste, dont l'inspiration est au contraire le produit spécial du milieu agraire français, particulièrement dans son pays d'origine, le franc-comtois Proudhon, a sur ce point montré une perspicacité beaucoup plus grande. Son quatrième *Mémoire sur la Propriété* repose sur cette constatation que la propriété a chez nous une fonction essentiellement politique, celle de constituer une solide garantie contre l'absolutisme de « cet être fictif, sans génie, sans passions, sans moralité qu'on appelle l'Etat (2) ». S'il condamne ses abus, il conclut aussi que la petite propriété rurale ne sera pas sérieusement entamée par le développement politique et économique de la démocratie française. C'est pourquoi la déviation du socialisme vers l'Etatisme universel se trouve aujourd'hui en contradiction, au moins dans notre pays, avec l'évolution agricole. La petite propriété rurale que le marxisme disait condamnée au même

(1) Formule de Proudhon.

(2) Théorie de la Propriété ; 2e éd. — Lib. intern. 1866, p. 44.

titre que le petit commerce, loin d'être absorbée par la grande propriété (1), paraît plus résistante à la crise et le nombre des paysans-propriétaires s'accroît tandis que se réduit rapidement, au contraire, celui des prolétaires ruraux avec lesquels ils devaient, selon les prophètes, bientôt se confondre (2). De l'aveu même des socialistes informés, « notre population agricole évolue vers un type stable, vers cette petite exploitation où le paysan travaille la plupart du temps avec l'aide de sa famille et de ses domestiques et se passe le plus souvent du travail des journaliers (3) ». Aussi un retour manifeste vers les idées de Proudhon s'accuse-t-il en ce moment dans une partie du socialisme européen. Un de ses plus savants initiateurs, M. G. Sorel, admet que si l'industrie marche au grand capitalisme, l'agriculture tend au coopératisme universel (4). Déjà Bernstein préconisait les coopératives de consommation, mais en persévérant dans la défiance et le scepticisme à l'égard des coopératives de production et de consommation (5). Gatti va plus loin et dans son ouvrage *Agricultura et Socialismo* conclut à l'instauration d'un fédé-

(1) V. pour la discussion complète de cette question le livre de *M. Souchon*. — La Propriété paysanne. — Paris, Larose, 1899. — Selon M. G. Sorel, « les difficultés nouvelles devant lesquelles se trouve arrêté le socialisme dès qu'il aborde les questions agraires, et même dès qu'il aborde toutes les questions de réforme politique, tiennent pour une grande partie à ce que l'on n'a pas approfondi les rapports qui existent entre la socialisation de la production et la socialisation de l'échange ». Economie et Agriculture — Rev. Socialiste n° 196 p. 441.

(2) Hubert-Langerock. Le Socialisme agraire — Bruxelles, 1894, prétend que « le petit propriétaire foncier est devenu une légende ». Introd. p. 22.

(3) Chr. Karr. *La France Agricole*. Rev. Socialiste d'août 1901. L'auteur montre que les chefs d'exploitation qui formaient en 1862 44 % de la population rurale représentent en 1892 ses 50,83 %. L'augmentation est absolue car leur nombre est passé, en 20 ans, de 1.812.573 à 2.150.696, tandis que le reste de la population agricole est en baisse continue, 17,54 % pour les journaliers non propriétaires. — V. aussi : Atlas de Statistique Agricole, 1897, pl. XIX et *Bourguin*. — L'intensité de la Crise Agricole d'après la Statistique décennale de 1892, Rev. Polit. et Parlem., 10 sept. 1898.

(4) Economie et Agriculture. Rev. Socialiste n°s 195 et 196, p. 439.

(5) Die Voraussetzungen des Socialismns und die Aufgaben der Sozialdemokratie-Stuttgart, 1899 p. 59 et Milhaud. Le Parti Socialiste allemand et les Coopératives. Rev. Socialiste n° 205 p. 15.

ralisme économique par le moyen des coopératives de production, surtout agricoles. En France, M. Paul Dramas, reconnaît que le progrès paraît être dans le sens d'un « *compromis économique* » entre le socialisme, le coopératisme et le capitalisme.. « C'est, conclut-il, dans l'harmonie des systèmes capitaliste et coopératif que l'on est aujourd'hui amené à chercher les causes du développement social, de même que nous trouverons dans l'alliance de la petite et de la grande production les éléments d'un équilibre économique et la raison du perfectionnement technique uni à l'accroissement de la productivité (3) ».

Mais s'il faut avouer que la coopération rurale ne mène pas à l'Etatisme universel qui est au fond la doctrine de la majorité des collectivistes politiciens, il faut reconnaître également qu'elle n'est pas aussi conservatrice que semblent le penser ses protagonistes français. L'affirmation que les intérêts de la petite propriété sont en tout solidaires de ceux de la grande prête beaucoup à discussion. En tous cas, la situation du paysan-propriétaire est beaucoup moins idyllique qu'on ne se plaît à le répéter. S'il jouit en principe d'une indépendance exceptionnelle, l'usage qu'il en fait laisse généralement bien à désirer, même dans son propre intérêt. Quand la gêne et l'hypothèque n'en font pas un enfer, tout reste petit sous le régime de la petite propriété : les sentiments comme les caractères, les moyens et les résultats. Aussi la coopération apparaît-elle au moins autant comme un remède que comme un soutien. Si elle protège la petite propriété, c'est comme nous l'avons vu, en la disciplinant et en subordonnant l'intérêt égoïste et mal entendu du propriétaire isolé et jaloux à l'intérêt commun des associés. Elle implique donc un élargissement considérable des idées et des sentiments de la masse rurale. Par la nécessité d'établir des relations directes avec les consommateurs urbains, la coopération contraint les paysans à tenir compte des intérêts et des besoins de ceux-ci, comme à prendre conscience de la nécessité de concilier leurs

(3) La Petite Production. Rev. Soc. n° 204 p. 302.

réclamations particulières avec l'intérêt général. Elle oblige aussi la propriété à s'associer progressivement les travailleurs ruraux et, par l'attribution d'une part dans les profits, permet à ceux-ci de se constituer peu à peu un capital qui leur permet d'arriver à une parité de situation plus complète.

Sans doute la coopération sauvegarde ainsi la petite propriété rurale en permettant à celle-ci d'échapper aux conséquences des progrès de la technique. Elle la consolide même en adoptant comme nous l'avons vu, par nécessité pratique, la base de la propriété pour évaluer les produits du travail agricole et répartir les profits de l'exploitation coopérative complémentaire. De plus, les coopératives ont besoin de capitaux ; elles sont donc obligées de faire dans leur répartition une part au capital emprunté et une autre encore au talent de direction, pour stimuler le zèle de tous leurs collaborateurs. Mais, si comme le reconnaît M. G. Sorel, « la coopération s'est développée à l'ombre du capitalisme et si tous deux semblent pouvoir vivre côte à côte, le développement de la coopération rurale provoquera de grandes transformations dans le mécanisme de l'échange et c'est par ces transformations que se fera, sans nul doute, le concordat entre ces deux économies. La coopération, tout comme le capitalisme, cherche à expulser les intermédiaires inutiles... la coopération rurale poursuit le même but avec plus d'énergie encore que la grande propriété. Comme cette coopération est considérée par tout le monde comme étant une force sociale supérieure, il n'est pas douteux que la socialisation de l'échange ne doive gagner du terrain tous les jours (1) ». En outre, en même temps qu'elles réduisent ainsi le domaine de la spéculation, les coopératives tendent par l'accroissement régulier de leurs fonds de réserve et surtout, par le moyen de cette *réserve d'exploitation* qui est la caractéristique des vraies coopératives, à la constitution d'un capital collectif indivisible qui, substitué peu à peu au capital emprunté, peut servir à étendre dans la suite le domaine de l'action et de la propriété communes, même à l'acquisition du

(1) Etude citée. Rev. Soc. n° 196 p. 439-40.

sol. Il y a là une remarquable coïncidence d'idées entre les promoteurs chrétiens du coopératisme, Buchez et Raiffeisen et les socialistes qui attendent le développement du collectivisme, beaucoup moins de la centralisation politique autoritaire que du développement graduel et libre de l'action coopérative dans le domaine économique (1). Si la coopération emploie provisoirement les capitaux individuels, c'est en mesurant leur part au strict nécessaire dans les profits de l'entreprise et en réservant toute la direction de celle-ci au travail associé. Le capitalisme ne joue donc plus ici qu'un rôle subordonné appelé à se réduire de plus en plus, à mesure que se développera la propriété coopérative mobilière et immobilière. Il est cependant un point où l'esprit et les tendances de la coopération sont en opposition absolue avec la conception vulgaire du socialisme, qui est celle de la majorité de ses adhérents actuels. C'est que le coopératisme ne demande rien à l'Etat, sinon de ne pas chercher à entraver son libre développement par des mesures législatives et fiscales. Loin de chercher à conquérir les pouvoirs publics pour utiliser la centralisation administrative à son profit, il ne saurait procéder que de l'initiative des individus librement et progressivement associés pour administrer eux-mêmes leurs intérêts communs. Au lieu de subordonner la production à la direction d'une

(1) Il semble qu'en face du problème des moyens pratiques, tous les socialistes qui ne croient plus guère au catastrophisme révolutionnaire, soient de plus en plus amenés à cette conception de l'évolution économique. Cela est sensible dans ces lignes récentes de M. Jaurès, précisément écrites à propos de la crise viticole. « Puisque les viticulteurs seront obligés de s'organiser en vastes associations de vente, comment ne concevraient-ils pas un jour que le sol doit être possédé, sous le contrôle de la Nation, par de vastes coopératives de travailleurs agricoles ? Il ne s'agit nullement, comme le disent les ennemis du socialisme, d'exproprier les petits viticulteurs, les petits vignerons. C'est librement qu'ils se rapprocheront, qu'ils s'associeront pour avoir des chais communs, pour travailler d'une façon plus scientifique et plus rationnelle, pour se garantir réciproquement les avances utiles au perfectionnement de la culture et en même temps, les syndicats de prolétaires ruraux pourront se transformer en coopératives de production, gérant et acquérant peu à peu les grands domaines ». *Petite République* de Déc. 1901. — Série d'art. sur le *Socialisme et les Paysans.*

lourde bureaucratie (1) il suppose l'autonomie de chaque groupe de producteurs et leur association volontaire en dehors de toute intervention ou subordination officielle. Même en admettant qu'il fût susceptible dans un avenir assez éloigné d'une généralisation complète, il n'aboutirait qu'à un fédéralisme économique à base commerciale et régionale avec centralisation réduite au minimum. La coopération exclut toute idée d'autorité et de contrainte ; elle suppose l'accord permanent d'activités libres et d'intérêts éclairés. Rien ne s'oppose donc plus radicalement à l'extension indéfinie des attributions de l'Etat et de ses autorités politiques. Entre l'individu et l'Etat, la coopération viendrait interposer un vaste réseau d'associations confédérées dont la puissance limiterait étroitement l'action de l'Etat au domaine de la politique pure et assurerait une direction et un contrôle plus efficaces de la législation économique et même de l'administration générale.

En résumé, il convient donc de reconnaître que le développement de la coopération n'est subordonné à aucune des

(1) L'exemple le plus caractéristique des conceptions étatistes du socialisme politicien nous est fourni par l'ouvrage de propagande de *M. Deslinières : L'Application du système collectiviste*, avec préface de M. Jaurès, libr. de la Rev. Socialiste, 1899. — Il aboutit pour l'agriculture (Ch. X) à la représentation suivante : « Le cabinet du ministre centralisera les travaux de toutes les directions et transmettra les instructions aux directeurs départementaux... les ordres ministériels seront adressés aux directeurs départementaux et transmis par ceux-ci aux directeurs cantonaux qui les transmettent à leur tour aux directeurs communaux, p. 206. Les cultivateurs seront parfaitement libres de ne tenir aucun compte des avis du directeur communal. Mais s'ils négligent leur culture, l'abandonnent en tout ou en partie, le directeur leur donnera trois avertissements écrits, après lesquels, sur délibération du Conseil municipal, le lot qu'ils exploitaient leur sera retiré ». p. 208. Cette conception du socialisme ne s'explique pas seulement par les influences autoritaires du jacobinisme français et de l'Etatisme allemand, elle dérive logiquement de la pensée marxiste. Ayant surtout observé la grande industrie anglaise, Marx conçoit au fond la société économique comme une immense usine où la production exige la même centralisation étroite et la même discipline, mais ses partisans ne semblent pas avoir beaucoup examiné les corollaires fatals de cette conception : l'insuffisance manifeste des garanties de l'indépendance et de l'initiative individuelles et l'extension à toute organisation économique des vices du système électoral et de la centralisation politique.

conceptions politiques qui se disputent actuellement la possession des esprits. Il représente au contraire une formule pratique de conciliation des préoccupations légitimes de l'individualisme et du socialisme. Ses perspectives d'avenir offrent au sentiment des satisfactions au moins aussi susceptibles de susciter le dévouement et l'enthousiasme que les doctrines plus étroites auxquelles on cherche de divers côtés à les subordonner. C'est dire que pour développer toute sa bienfaisance et ses conséquences sociales, la coopération ne doit être envisagée ni comme un moyen accessoire de la politique, ni comme une vache à lait pour les partis. Il importe au contraire qu'elle soit le rendez-vous de toutes les bonnes volontés, un terrain de concentration pour la plus grande masse des producteurs, quelque divisés qu'ils soient ailleurs par leurs convictions ou leurs croyances. Trop d'intérêts communs leur commandent cette sage entente pour que son évidence n'arrive pas à pénétrer les esprits. En tous cas, l'essor de la coopération nous paraît étroitement lié à son succès.

PROGRAMME D'ENTENTE. — Nous n'avons si longtemps insisté sur ces motifs de division et les causes de malentendus qu'en raison de l'importance particulière du rôle que les circonstances semblent assigner au mouvement d'association viticole dans la coopération universelle. Précisément pour ce fait que les coopératives vigneronnes sont, beaucoup plus que les syndicats agricoles ordinaires des associations effectives de véritables producteurs ruraux, leur institution implique nécessairement l'établissement de relations plus étroites avec les producteurs urbains. Dès la première phase, en Italie comme en Allemagne, nous avons vu que leur développement et leur succès définitif paraissaient subordonnés à l'établissement de relations directes avec les sociétés de consommation. La question de la liaison du mouvement coopératif urbain avec le mouvement coopératif rural prend soudain un caractère de nécessité et d'actualité plus pressant. La mesure des obstacles et la recherche des moyens pratiques s'imposent dès lors pour arriver à dégager les formules de l'alliance féconde qui devient de plus en plus nécessaire.

Le tort de ces deux catégories de coopérateurs est de raisonner, pour la première, comme si les ruraux étaient exclusivement producteurs ; pour la seconde, comme si les citadins étaient exclusivement consommateurs. Puisque les vraies coopératives urbaines et rurales sont en grande majorité composées de travailleurs, en réalité leurs membres sont à la fois producteurs et consommateurs, donc également intéressés à une réciprocité de services avantageuse pour tous deux. Comme les habitants des villes, les campagnards sont intéressés à acheter à bon marché les produits qu'ils consomment. Comme les ruraux, les urbains auraient besoin pour s'organiser en vue de la production de débouchés assurés et suffisamment étendus. L'intérêt commun commande ainsi aux coopérateurs ruraux de se joindre aux groupements urbains pour se procurer les marchandises indispensables à leur consommation, comme il commande aux coopérateurs urbains de s'adresser aux producteurs ruraux pour avoir dans les meilleures conditions de fraîcheur, économie et qualité, leurs aliments ordinaires. Sans doute, ces deux catégories de coopérateurs n'ont au même degré pas besoin des mêmes produits ; la première achète surtout des produits alimentaires, la seconde des produits industriels. Mais c'est précisément pourquoi, de même que la consommation coopérative urbaine devrait être le point d'appui de la production rurale, la consommation rurale pourrait être le débouché naturel de la production coopérative urbaine. Si la première absorbe l'excédent des vins, des beurres, du lait, des fruits, de la viande de boucherie produits par la seconde, celle-ci est également capable d'absorber l'excédent des vêtements, des chaussures, de la quincaillerie, de la confiserie, de l'ébénisterie, voire même les machines et les ustensiles que pourrait produire la première. En outre, jusqu'ici, les syndicats ruraux n'ont acheté pour leurs adhérents que les produits spéciaux nécessaires à l'exploitation agricole proprement dite, mais ils s'alarment de la tendance qu'ont leurs adhérents à leur demander de leur fournir même leurs provisions de ménage. Voilà un moyen pratique de s'aboucher avec les coopératives de consommation urbaines. Qu'on demande à celles-ci de se charger de ce service ; les coopératives rurales de production ou les Unions de syndicats n'ont qu'à s'affilier aux coopératives urbaines qui deviendraient leurs clientes et à se doubler de dépôts où celles-ci adresseraient toutes les livraisons pour les consommations de leurs membres. Cette sorte de confédération générale des coopératives et syndicats de toutes sortes pourrait avoir à bref délai une double conséquence extrêmement importante : 1° D'abord, de doubler le contingent de la coopération de consommation et, par conséquent, de faciliter ses approvisionnements en masse et la constitution des puissants magasins de gros sur le modèle des Wholesales d'Angleterre et d'Ecosse, qui ne sont encore aujourd'hui que le rêve de la coopération continentale. Ensuite, il permettrait aux coopératives ouvrières de production de trouver, dans les mêmes conditions parmi les masses rurales des débouchés analogues en étendue à ceux que les coopératives paysannes auraient trouvé parmi les masses ouvrières. Peut-être l'accumulation de réserves pécuniaires suffisantes et l'accès de la grande industrie paraîtraient-ils moins problématiques aux unes et aux autres, car dans ces conditions les filatures, les tissages et les cordonneries coopératives des villes seraient aussi assurées de débouchés et même de crédit suffisant que les sucreries, les distilleries ou les moulins coopératifs des campagnes.

Si hypothétique que paraisse cette confédération générale de la coopération future, elle n'en devient pas moins un idéal concevable dès que les premiers pas auront été faits et l'exemple donné par l'accord d'un seul groupe urbain avec un seul groupe rural. Ce qui fait le grand intérêt pratique de la coopération et lui donne une valeur considérable comme moyen de progrès sociologique, c'est qu'elle n'a pas besoin pour manisfester sa bienfaisance d'être largement étendue dès l'abord, ni d'avoir conquis l'opinion de la majorité ou forcé l'appui du pouvoir. De chaque expérience nouvelle peut se dégager aussitôt un enseignement d'une valeur immédiate et directe capable de guider rapidement un mouvement de large extension. Il en fut ainsi de l'exemple des Equitables Pionniers de Rochdale et de celui du Vooruit gantois ; il en peut être de même, si l'on sait les comprendre, de ceux donnés par l'entente du syndicat de Novare et de la Cave sociale d'Oleggio d'une part ; de l'autre, par la récente alliance des coopératives vinicoles du Piémont avec les sociétés de consommation des villes voisines et, d'une manière générale, par la solidarité d'action qui s'affirme de plus en plus dans l'Italie du Nord entre caisses d'épargne, banques rurales, syndicats, coopératives urbaines et coopératives rurales.

De même, la première caisse rurale qui provoquera en France la création d'une coopérative vinicole, la première coopérative de consommation qui réservera effectivement à un syndicat ou à une coopérative rurale la fourniture régulièrement du vin, des beurres ou des fruits dont elle a besoin, la première association paysanne qui dans les communes à grands vins se chargera elle-même de conserver et vendre à point les produits de son terroir, la première Union de syndicats agricoles qui s'abouchera avec une fédération de coopératives urbaines pour organiser la consommation rurale, auront chacune esquissé une méthode dont l'utilisation peut conduire à des résultats pratiques immédiats pour l'ensemble des intéressés.

Mais il est évident que pour développer toute la puissance des méthodes coopératives et généraliser si possible leur application, il importe qu'on ne subordonne pas leur adoption à un accord préalable sur un trop grand nombre de points, surtout à l'adoption générale de catéchismes politiques ou religieux. Comme il est bien évident que les divergences philosophiques et religieuses dureront probablement autant que l'humanité elle-même et que les antagonismes politiques ne sauraient être préalablement résolus, parce qu'ils sont le ressort indispensable de la vie publique dans les démocraties, il est permis de penser que la sagesse commanderait de subordonner dans l'ordre économique les uns et les autres à l'intérêt commun des producteurs urbains et ruraux. Sans doute, des résultats sérieux ont été obtenus en

Belgique, en Italie et même en France par des groupes particuliers, socialistes ou catholiques, en s'appuyant sur une communauté de foi politique ou religieuse. Il se peut encore que sur les mêmes bases de principes, certains groupes de coopérateurs urbains et de producteurs ruraux arrivent à une entente particulière utile à tous deux. L'exemple en a été donné en Belgique par la Maison du Peuple de Bruxelles et la laiterie d'Herfelingen (1). Il a été tenté en France avec un succès douteux par la coopérative de Damery et les Syndicats du Tonnerrois et de Manduel. Mais qui ne sent que cette méthode n'est pas susceptible d'une généralisation suffisante pour produire des résultats considérables et rapides et qu'elle éloigne d'une part autant et souvent plus de clients qu'elle en procure de l'autre ?... C'est d'ailleurs bien mal connaître la mentalité paysanne que de croire à la valeur des adhésions obtenues dans les campagnes par le stimulant de l'intérêt ; en cas d'avantage évident, le paysan hésitera d'autant moins qu'il se réservera mieux l'échappatoire de l'hypocrisie. En réalité, plus on complique les conditions d'un accord, moins il a de chances de large extension et de longue durée. La sagesse commande en matière de coopération de s'en tenir aux principes d'intérêt commun pour leur subordonner tout le reste.

Or, il se trouve que dans le mouvement coopératif international se manifeste ce phénomène, aussi rare que digne de remarque et qui témoigne en faveur de son avenir sociologique, que toutes les différentes catégories de coopérateurs et toutes leurs écoles dans tous les pays sont sensiblement d'accord sur les mêmes principes généraux. C'est ce que manifeste clairement la coïncidence remarquable que nous avons relatée au début de cet ouvrage (ch. II) entre les résolutions des différents Congrès coopératifs internationaux de 1900, notamment celles du Congrès des Coopératives de consommation où assistaient à la fois des coopérateurs catholiques, socialistes et indépendants et les principaux représentants du mou-

(1) Vandervelde — op. cité p. 398.

vement en Angleterre, Belgique, Allemagne, France et Italie. Il semble donc que pour établir entre coopératives de tous genres l'union morale, plutôt que l'unité, la liaison d'efforts et l'échange mutuel de services de l'établissement desquels dépend l'avenir de la coopération dans le monde entier, il suffit de prendre pour base ces principes reconnus, en leur subordonnant toutes les considérations d'un autre ordre. Celles-ci peuvent subsister au sein de telle ou telle coopérative particulière ou de tel ou tel groupe, chacun restant libre de disposer ou de régler à sa guise l'emploi de la plus grande partie de ses bonis, mais dans aucun cas elles ne devraient faire obstacle aux relations entre groupes d'esprit différent, et intervenir comme conditions à l'entente économique. Sur ce terrain bien délimité, l'accord paraît facile dès que les bonnes volontés voudront s'employer à faire pénétrer l'intelligence de cette situation dans l'esprit de la masse des coopérateurs et syndiqués. Il fournit d'ailleurs à celle-ci un critérium pratique très simple pour distinguer parmi ceux qui cherchent à diriger le mouvement, les dévouements sincères et les bonnes volontés désintéressées des ambitions secrètes et des calculs qui, sous le couvert de la coopération poursuivent d'autres fins inconciliables avec l'harmonie générale.

Le programme d'entente qui ressort des principes ainsi dégagés est simple; il peut être résumé tout entier dans cette formule : *alliance des coopératives de tout ordre sous la garantie des règles constitutives de la véritable coopération.* Il faut en effet éviter toute équivoque et prévenir toute déviation du mouvement coopératif vers le mercantilisme qu'il se propose d'annihiler. La coopération a un rôle social trop grand, celui de *rétablir la sincérité et l'économie dans les échanges*, par l'établissement régulier de relations directes entre véritables producteurs et consommateurs de tout ordre, pour que les Sociétés qui doivent entrer en relations n'aient pas intérêt à établir un modus vivendi propre à paralyser toute immixtion de la spéculation commerciale ou financière dans leurs rapports mutuels. Ses dispositions peuvent être ramenées à quatre règles générales qui devraient figurer dans les statuts de toute coopérative pour lui donner droit aux avantages de la solidarité :

1° Le principe de *la répartition des bonis (1) d'achat et produits de la vente au prorata des apports en acquisitions ou en nature* (travail et matières premières). C'est le seul des trois principes caractéristiques de la coopération qu'il soit nécessaire de retenir ici, les deux autres : concours personnel de tous les associés et responsabilité pécuniaire de chacun d'eux étant plutôt des conditions imposées par la nature même des coopératives, sans lesquelles il leur est à peu près impossible de se développer et de prospérer. Celle que nous avons retenue suffit pour empêcher l'exploitation du titre de coopératives par des Sociétés de capitaux uniquement préoccupées de réaliser, non plus la simplicité des échanges, mais des bénéfices. Les capitaux empruntés par les coopératives ne doivent jouer qu'un rôle subordonné, à la fois par la limitation étroite du chiffre de leurs intérêts et par celle la participation de leurs possesseurs à l'administration de la Société ;

2° Pour éviter de même la déviation patronale des Sociétés de production, qui consiste à traiter tout ou partie de leurs auxiliaires comme de simples salariés, l'obligation d'un autre principe s'impose : *celle de leur participation aux répartitions et à l'administration de la Société*, sous réserve d'un stage probatoire ;

2° Pour assurer la durée et l'extension progressive de chaque Société et celui de la coopération en général ; *l'obligation statutaire de réserver un tantième de leurs répartitions à la constitution d'un fonds de réserve collectif et indivisible.* C'est le grand principe d'action sociale de la coopération, proclamé aussi bien par les Buchez et les Raiffaisen que par les de Paepe et les Anseele, celui qui, lorsqu'on néglige les préoccupations accessoires, de caractère confessionnel ou politique, qui s'y mêle malheureusement dans l'esprit des initiateurs des différentes écoles coopératives, fait ressortir la concordance

(1) Nous employons ce terme de préférence à celui de bénéfices, impropre ici puisqu'à la considération du profit doit se substituer dans la coopération celle du juste prix des choses.

remarquable de leurs méthodes et de leurs idées. Il entraîne comme corollaire, à mesure que se développe le mouvement fédératif régional d'abord, puis central et international des coopératives particulières, la distraction de contributions d'importance variable pour assurer l'action et la vie de ces organes de relation, indispensables, au moins pendant la phase préparatoire, c'est-à-dire syndicale, de leur organisation. Dès qu'ils peuvent être érigés à leur tour en coopératives centrales, ils acquièrent rapidement des moyens d'existence propres suffisants pour leur fonctionnement et leur croissance.

4° Vient enfin ce principe également nécessaire et jusqu'ici trop négligé, qui devrait être la base de cette charte coopérative internationale et sans laquelle les vœux des congrès et les aspirations des coopérateurs resteront toujours lettre morte : *l'obligation pour les coopératives de chaque catégorie de s'adresser pour toutes leurs fournitures aux coopératives spéciales en état de les leur procurer et constituées sur les bases ci-déterminées.* A défaut, la préférence devrait être donnée aux syndicats de producteurs et dans le cas d'inexistence, d'impuissance ou de mauvaise volonté de ces deux catégories d'associations, les coopératives devraient chercher à s'aboucher directement avec les producteurs isolés et à provoquer dans la suite leur organisation. L'achat au commerce ou par l'entremise d'intermédiaires ne devrait être toléré que provisoirement, et dans le cas d'*impossibilité constatée*, de procéder autrement. Ce serait précisément le rôle des fédérations constituées de veiller au respect de ces conventions générales et de faciliter ou provoquer ces relations de coopérative à coopérative ou syndicat, de manière à étendre et à fortifier progressivement les liens économiques qui uniraient ainsi tous les coopérateurs.

Le résultat d'accords particuliers et bientôt généralisés sur ces bases, admises en principe par toutes les écoles mais encore trop peu respectées dans la pratique, serait d'assurer à bref délai la constitution au sein du monde économique international d'une organisation indépendante capable de libérer peu à peu la masse des consommateurs-producteurs de la prépondérance des intérêts capitalistes. Ce résultat pourrait être obtenu, sans violences et sans accroître l'omnipotence de l'Etat politique, par le développement progressif de ces deux grands faits : 1° La soustraction à l'exploitation commerciale de la force de consommation des classes productives urbaines et rurales ; 2° L'organisation de la petite production d'abord, de la grande ensuite, par l'association directe des producteurs et consommateurs, constitués aujourd'hui en groupes séparés que l'intérêt commun appelle à se compléter mutuellement.

A ceux qui reprochent avec juste raison aux coopérateurs qui n'ont d'autre souci que celui des profits matériels immédiats, l'impuissance qu'engendre fatalement l'absence d'idéal, cette conception du coopératisme ouvre des perspectives suffisantes pour entraîner les masses laborieuses. Les subordonner à d'autres considérations, dont l'expérience n'a pas au même point éprouvé la valeur, ne peut qu'affaiblir un mouvement qui a besoin d'échapper aux causes ordinaires de division pour produire des résultats rapides. Même si ce danger ne pouvait être évité, même si la coopération ne pouvait, comme le pensent beaucoup de bons esprits, arriver à se généraliser et se fortifier assez pour aborder la grande industrie et dominer au moins sur le marché intérieur pour les échanges les plus habituels, la considération du bien qu'elle peut faire pour sauvegarder les petits des conséquences extrêmes du régime de la concurrence internationale doit suffire pour convaincre les bonnes volontés de la nécessité de coordonner leurs efforts. Peut-être alors qu'à travailler ensemble beaucoup prendront plus de confiance dans la valeur sociale de la coopération. Peut-être qu'ils s'apercevront, en donnant le pas à une méthode d'action qui attend tout des efforts mutuels des individus et rien de l'autorité et qui exige leur amélioration préalable et constante pour influer sur le milieu économique et moral, qu'il y a plus de chances d'arriver ainsi à des résultats sociaux et politiques considérables que par l'agitation décevante des partis électoraux, plus propice aux intrigues des ambitions médiocres qu'à éclairer scientifiquement les intelligences, dégager les aptitudes pratiques et élever la conscience morale des masses.

En tout cas, ce n'est pas la moindre originalité de la coopération viticole que, dès son apparition dans le monde économique, de contraindre dans tous les pays les coopérateurs de toutes les écoles à envisager de plus près et avec un sentiment plus vif de la nécessité d'aboutir, la question de l'entente économique entre le mouvement agraire et le mouvement ouvrier en général. En les obligeant à serrer de près les termes du problème, elle commence, témoin les exemples de l'Italie, à dégager les conditions pratiques de sa solution. Dût-elle ne pas justifier toutes les espérances que son développement, très instructif bien qu'encore embryonnaire nous a permis de formuler, elle n'en représente pas moins dans l'évolution économique présente un phénomène dont l'intérêt dépasse sensiblement le domaine spécial de la viticulture et l'actualité de sa crise particulière (1).

(1) C'est la justification de l'étendue que nous avons donnée au présent travail. Comme le dit Michelet, « on ne résume que ce qui est déjà bien connu ». Hist. de Fr., Préf. de 1868.

CONCLUSIONS GÉNÉRALES

En résumé, le mouvement coopératif dont nous avons perçu la naissance dans la viticulture européenne tout entière paraît résulter de deux causes. Leur inégal développement selon les pays explique ses différences actuelles d'intensité. La première est l'impuissance de la petite propriété et surtout de la très petite propriété à s'adapter isolément aux conditions pratiques de l'œnologie moderne. Récoltant trop peu de raisins et les vinifiant dans de mauvaises conditions, les faibles producteurs ne peuvent arriver à donner à leurs vins le maximum de qualité et de valeur possible. La seconde est la prépondérance de la spéculation commerciale sur le marché des vins, qui contraint les producteurs à subir des prix que l'absence de toute organisation défensive sérieuse ne permet pas aux plus dépouvus de ressources de discuter. Il en résulte que ce sont précisément les moins scrupuleux qui gouvernent le marché et bénéficient seuls de cette situation, d'une nancé et la qualité des produits, de l'autre, en faussant par une part, en trompant le consommateur inexpérimenté sur la proconcurrence déloyale les conditions naturelles de la vente des vins authentiques. Cette dernière considération fait apercevoir la nécessité de réorganiser l'écoulement des vins de manière à garantir la sincérité des livraisons, l'éducation œnologique des consommateurs et l'intérêt des travailleurs viticoles. L'intervention du législateur et la bonne volonté du commerce honnête pourraient dans une certaine mesure concourir à ces résultats, mais il ne sera possible de remédier définitivement à cette dernière cause que par un meilleur contrôle de la production et de la circulation des vins. Pour l'assurer complètement, le meilleur moyen serait l'entente directe des consommateurs et des producteurs, mais comme elle n'est guère possible d'une manière générale, vu la dispersion des uns et des autres, ce résultat ne pourrait donc être atteint que par l'accord de leurs groupements, c'est-à-dire par l'alliance des coopératives de consommation et des syndicats ou coopératives de producteurs vinicoles. Quant à l'impuissance des petits vignerons, elle ne comporte pas d'autre remède que leur union pour opérer, en s'appuyant sur le crédit solidaire, la vinification et la vente en commun des produits de leurs récoltes. Autrement, ils sont fatalement amenés à s'en rapporter de plus en plus à l'action des intermédiaires et, par suite à subir, sans possibilité de discussion efficace, leurs conditions de plus en plus rigoureuses.

En raison de la violence que la coopération fait aux séculaires habitudes d'isolement des masses paysannes et des difficultés d'organisation qui résultent de leur inexpérience, l'institution, particulièrement complexe, des coopératives vinicoles n'a été et ne sera vraisemblablement partout que le fruit de la plus extrême nécessité. L'ultime degré de détresse qui les engendre est atteint lorsque les petits producteurs, par l'insuffisance de leurs récoltes individuelles ou de leur matériel vinaire et en raison d'avantages toujours passagers, ont été induits à renoncer au travail de la vinification pour vendre habituellement les raisins eux-mêmes au commerce. Désormais dominant sur le marché, dès que celui-ci arrive à provoquer une coalition des acheteurs pour la détermination des prix, les vignerons, incapables d'attendre et de discuter, sont obligés de subir des prix de plus en plus faibles et arrivent bientôt à ne plus retirer de leur exploitation un profit suffisant pour vivre avec aisance. Dans ces conditions, leur détresse, aggravée par les emprunts devenus nécessaires, peut aller jusqu'à l'expropriation au profit des capitalistes prêteurs ou des maisons de commerce. C'est dans ces conditions que les véritables coopératives vinicoles sont nées en Allemagne, où les conditions plus mauvaises de la viticulture, aggravées par la concurrence des pays du Midi, plus favorisés, ont engendré plus tôt et en commençant par les vignobles les plus septentrionaux, cette situation désastreuse. Le mouvement coopératif vinicole s'est étendu avec elle du Nord au Midi, par l'Allemagne du Sud, la Suisse, l'Autriche-Hongrie, l'Italie, le Portugal et paraît à cette heure devoir bientôt s'implanter en France. Ici, la crise viticole a brusquement éclaté avec une soudaineté qui déconcerte d'autant plus les producteurs, qu'absorbés par l'œuvre de la reconstitution de leurs vignobles, ils n'étaient pas au courant des difficultés et des tentatives d'organisation étrangères. En raison du caractère accidentel et passager de plusieurs causes de cette crise viticole française, de la variété de la production nationale et des différences de situation économique des principales régions vinicoles de la France, les tentatives d'association de ses viticulteurs présentent une grande variété de formes entre lesquelles la pratique n'a pu encore prononcer.

A l'étranger, l'expérience manifeste clairement la tendance du mouvement d'association vers une même forme d'organisation, qui a seule répondu aux espérances de la première heure. C'est l'institution de caves coopératives locales à faible circonscription, qui se fédèrent ensuite en grands syndicats ou coopératives régionales pour développer la vente de leurs produits et prévenir entre elles toute concurrence. Aux débuts, ces coopératives ne se proposaient pour la plupart que de vinifier en commun les raisins de leurs membres pour les vendre en gros ou demi-gros peu après les vendanges. Mais le commerce, qui ne voulait rien abandonner de sa prépondérance ni sacrifier de ses agents inutiles, a généralement refusé d'entrer en relations avec les groupements de producteurs, de sorte que la plupart des coopératives ont dû s'organiser pour assurer elles-mêmes la vente directe de leurs produits. Vu les difficultés de cette tâche, le succès a toujours été en raison directe de la force et de l'étendue du bien coopératif qui unissait les producteurs. C'est pourquoi la base de la responsabilité solidaire illimitée paraît plus indispensable à ces institutions qu'aux caisses rurales. Elles doivent débuter dans des conditions très modestes en recourant, autant que possible, surtout à la main-d'œuvre de leurs membres. Elles sont donc par excellence des associations de travailleurs-propriétaires et paraissent essentiellement adaptées aux besoins de la petite production rurale. Au contraire, les grandes Sociétés de caractère capitaliste dominant n'ont en général abouti qu'à des échecs en proportion avec leur étendue et leurs moyens. Mais le développement des caves coopératives est entravé par la difficulté de se procurer des débouchés, en concurrence avec le commerce hostile. C'est pourquoi elles sentent bientôt le besoin de s'associer à leur tour pour disposer de moyens d'action plus considérables. L'expérience n'a pas encore dégagé les résultats de ces entreprises fédérales.

Presque partout où la coopération vinicole a pu s'implanter d'une manière efficace, le terrain avait été préparé par la coopération de crédit qui avait habitué les paysans à l'action solidaire. Le développement préalable des caisses rurales paraît donc la condition la plus favorable au succès des caves coopératives, comme à l'extension du coopératisme agraire en général. Dans l'avenir, les chances de grande propagation des coopératives vigneronnes pourraient résider dans l'accord directe des coopératives rurales de production avec les coopératives urbaines de consommation, pour assurer entre elles un mutuel échange de services. L'expérimentation de cette méthode débute à peine pour les caves coopératives en Italie et en Allemagne. En France, les association viticoles sortiront sans doute du mouvement syndical par voie de développement et de spécialisation naturelle. Jusqu'ici, les producteurs y paraissent plutôt portés pour l'écoulement des récoltes à demander à la forme syndicale ordinaire les mêmes services qu'ils en ont retirés pour l'achat des produits industriels. Mais les tentatives faites dans cette voie n'ont encore produit que des résultats insuffisants, qui semblent témoigner que le syndicat est une forme d'association trop superficielle et élémentaire pour suffire aux nécessités complexes de la tâche nouvelle. Peut-être y pourra-t-elle arriver pour les groupements de grands propriétaires et plus tard de coopératives, pour organiser l'exportation au loin et le contrôle des marques d'origine. Mais pour les petits vignerons, l'organisation préalable de la production locale sur les bases de la solidarité pécuniaire et sous la forme coopérative proprement dite semble devoir être la préface indispensable à tout développement ultérieur. C'est dire que cette œuvre ne pourra guère être improvisée et exigera sans doute un assez long temps et beaucoup d'efforts avant de pouvoir être généralisée dans la plupart de nos régions viticoles. L'entreprise paraît pourtant urgente dans toutes les contrées où la prépondérance commerciale semble devoir conduire à la situation grave qui a engendré en Allemagne les premières coopératives vigneronnes. Elle paraît pouvoir tirer quelque appui à ses débuts du concours financier des communes, mais seulement à titre temporaire pour constituer lss premières installations indispensables. En revanche, l'appui de l'Etat ne semble ni à espérer ni à recommander, sauf pour l'industrie de la distillation agricole dont le sort est lié à nos lois fiscales, D'une manière générale, en matière d'associations vinicoles, rien de viable ne paraît possible en dehors de l'initiative privée et de l'activité personnelle de tous les intéressés. C'est pourquoi les véritables coopératives vinicoles sont une institution proprement rurale qui, pour réussir, doit grouper les petits vignerons d'une même localité et demeurer sous leur administration directe. C'est précisément la raison pour laquelle l'intérêt sociologique de leur développement dépasserait vraisemblablement de beaucoup celui, déjà considérable, des simples syndicats agricoles.

II.

Mais l'expérience étrangère semble révéler que les coopératives rurales de production, pour produire de sérieux résultats, doivent adopter une constitution différente de celle des Sociétés de commerce, surtout des Sociétés anonymes par actions. Le fait que le plus grand nombre de leurs membres sont des travailleurs-propriétaires implique que l'union de leurs efforts individuels doit surtout s'appuyer sur la solidarité de leur crédit. Comme le dévouement des associés est toujours en raison directe de leur intérêt dans l'entreprise, il importe que les caves coopératives s'édifient, non sur le principe de la limitation étroite de la responsabilité de chacun, mais au contraire sur celui de la solidarité collective des droits et des obligations. C'est l'énergie de ce ressort qui, plus que toute autre cause, a fait le succès des coopératives vinicoles dans les pays de langue allemande. Son adoption conduirait en France à préférer, au moins pour les coopératives rurales, les formes du droit civil à celles du droit commercial pour la constitution de ces Sociétés. Le principe de la responsabilité solidaire entraîne aussi comme conséquence la limitation des groupes à former au territoire d'une même commune et de ses environs immédiats. Il exige en effet que tous les sociétaires se connaissent particulièrement et forment déjà une communauté naturelle, en raison de la parité de la situation, des travaux et des besoins de chacun. Il commande aussi une grande modestie dans les débuts de l'association, pour habituer ses membres à la pratique de la solidarité et développer peu à peu leur éducation économique. Seules, les Unions de Société, après avoir passé par la phase syndicale préparatoire, pourront avoir avantage, le cas échéant, à adopter telle ou telle des formes commerciales. Mais il ne semble pas que le mouvement puisse débuter par elles et que des Sociétés puissantes à circonscription étendue aient de sérieuses chances de réussir, avant que la production locale soit organisée sur un nombre de points suffisants pour assurer la qualité, la constance et la régularité de leurs livraisons.

Ainsi déterminée, la coopération viticole est-elle susceptible de généralisation rapide ? L'espérer, du moins dans un délai assez court, serait méconnaître l'importance des obstacles : l'insuffisance de l'éducation économique et de l'esprit de solidarité chez nos paysans, l'hostilité des intermédiaires menacés, la faiblesse du crédit rural et surtout l'acuité des divisions poltiques. Dans ces conditions, le but actuel du mouvement ne peut être que remédier aux situations les plus intolérables, de faciliter les rapports directs entre producteurs et consommateurs et de mettre un terme aux abus les plus funeste de la spéculation commerciale. Il est douteux que la coopération puisse aller plus loin et se substituer en général au commerce des vins. Mais elle peut prendre place à côté de lui dans l'Economie viticole pour effectuer les tâches nouvelles qu'il ne peut remplir convenablement : éliminer peu à peu les intermédiaires surabondants et les pratiques frauduleuses, développer la qualité des produits, garantir absolument leur origine et leur pureté, faciliter leur conservation et régulariser l'écoulement des récoltes. Le développement ultérieur des caves coopératives dépendra de la généralisation des coopératives urbaines et de leur accord avec les coopératives rurales, entente que l'institution de ces Sociétés nouvelles rend plus nécessaire et dont elle a eu pour premier effet de préparer les bases et de fournir ls premiers exemples. Mais dans cette voie, des résultats étendus et décisifs ne paraissent possibles qu'en éliminant les préoccupations politiques et mercantiles qui affaiblissent le mouvement coopératif, et en organisant la fédération de toutes les branches de la coopération sur la base des principes aujourd'hui reconnus par le coopératisme international.

Aux sceptiques dont les regards ne sauraient s'élever au-dessus de la considération des difficultés du présent, alarmant et mesquin, les enthousiastes peuvent répondre en demandant si la sagesse de leurs pères avait prévu que des rêves de Fourier, des mécomptes d'Owen, des concepts de Buchez sortirait, en moins de soixante-dix ans, le prodigieux mouvement coopératif mondial qui englobe déjà plus de dix millions de travailleurs dans les pays les plus civilisés du globe; si leur réflexion d'hier avait prévu qu'en moins de vingt années six cent mille ruraux allaient, dans notre pays, sortir de leur passive indifférence pour s'unir en syndicats et mutualités de toutes sortes; enfin, pour la viticulture française en particulier, si à pareille époque, même les plus avisés avaient prévu qu'en aussi peu d'années, la terrifiante catastrophe qui frappait nos vignobles devait aboutir, par l'énergie de nos paysans, à une renaissance telle, que le problème ne serait plus de savoir comment produire encore du vin, mais de remédier à sa surabondance. Ainsi, en raison de l'accélération prodigieuse et chaque jour croissante que le progrès scientifique imprime aux transformations de l'Economie productive, bien d'autres phénomènes sociaux sont à prévoir dont la conception paraîtrait aujourd'hui fantastique En réalité, la difficulté dans l'étendue des premières manifestations de ces phénomènes, est moins de percevoir leur singularité que de présumer leur avenir. C'est pourquoi, si les premiers vagissements de la coopération viticole ne sont pas encore assez forts pour convaincre tous ceux qui se tiennent pour sages de la viabilité du nouveau-né, nous ne nous en croyons pas moins autorisé à conclure en paraphrasant à l'usage des intéressés et dans une intention plus pacifique, la formule pratique d'un manifeste fameux : « Vignerons de tous les pays, unissez-vous ! »

FIN

A. BERGET.

PIÈCES ANNEXES

1° **Statuts du Winzervereine de Mayschosz;**

2° **Règlement pour Coopératives de vignerons**

(Type de la Fédération de Darmstadt)

3° **Ordre d'affaires pour Coopératives de vignerons;**

(Type de la Fé.ération de Darmstadt)

4° **Règlement interne pour une Cantina sociale.**

(Type d'Oleggio)

I° Statuts du Winzervereine de Mayschosz

AVERTISSEMENT

En raison de la diversité des conditions économiques dans les principales régions viticoles de la France et de la variété de tactique que leurs différences imposeront vraisemblablement aux Associations viticoles dans notre pays, nous avons pensé qu'il serait vain de chercher à établir, dès maintenant, un type de statuts-modèles qui pût servir à la généralité d'entre elles. En l'absence d'une expérimentation française suffisante, pareil travail aurait un caractère nécessairement trop théorique pour être vraiment utile. Les indications que nous avons données sur l'organisation et le fonctionnement des différents types de Coopératives vinicoles sont d'ailleurs suffisantes pour permettre aux promoteurs de semblables institutions en France, d'établir facilement eux-mêmes, en tenant compte des contingences locales, des statuts en conformité avec leurs exigences et pourtant éclairés par l'expérience acquise à l'étranger. Le petit effort qu'exigeront d'eux et de leurs adhérents la préparation et la discussion d'un pareil travail sera infiniment plus fructueux que ne pourrait l'être la tentation fâcheuse d'utiliser un modèle abstrait, fatalement trop défectueux pour servir partout et à tous. C'est pourquoi, nous nous bornons à joindre au présent volume la traduction de quatre pièces annexes d'un intérêt particulier.

1° *Les Statuts du Winzerverein de Mayschosz*, lesquels ont ici une valeur historique qui nous commandait de leur donner la préférence parmi tous ceux, souvent plus étendus, que nous avons eu à étudier.

2° *Le Règlement interne* établi par la Fédération de Darmstadt pour compléter, relativement aux membres et employés de la Société seulement, les dispositions statutaires générales.

3° *L'Ordre d'affaires*, de même origine, qui accompagne d'ordinaire le règlement précédent pour déterminer les grandes lignes de la direction des affaires de la Société.

4° *Le contrat privé*, qui sert à la fois de statuts et de règlement interne à la *Cantina Sociale d'Oleggio*, type caractéristique des petites coopératives civiles sans capital d'établissement.

En tenant compte des détails particuliers aux législations étrangères, ces quatre documents serviront utilement à compléter et préciser les indications générales de notre discussion. Les intéressés pourront consulter de même avec fruit les Statuts-modèles publiés par les Fédérations agricoles allemandes de Darmstadt et de Neuwied, par la Fédération autrichienne de Bozen et, pour l'Italie, par M. Marescalchi, dans ses publications ci-mentionnées.

C'est pour nous un agréable devoir de terminer en remerciant notre ancien élève, M. Desagher, licencié ès-sciences, de son concours dévoué pour la traduction de plusieurs des pièces allemandes utilisées au cours de cet ouvrage, nos obligeants collègues, MM. Hans, Berthauld et d'Aubyn, professeurs de langues vivantes au Lycée de Lille, qui ont bien voulu se charger de vérifier la traduction, plus générale que formelle des pièces ci-jointes ; et MM. Dycke et Jouvenet, professeurs de lettres, qui nous ont secondé dans la correction des épreuves.

STATUTS
DE L'ASSOCIATION DES VIGNERONS DE MAYSCHOSS

(Société enregistrée à responsabilité illimitée.)

I. — *Fondation. — Firme et siège de la Société*

§ 1. Ces statuts forment le contrat de constitution de la Société fondée sur les bases de la loi du 1er Mai 1889 sur les sociétés de production et d'économie. Cette Société est fondée par les vignerons qui ont soussigné les statuts.

§ 2. — La Société porte le titre de : *Union des Vignerons de Mayschoss* (société enregistrée à responsabilité illimitée).

L'association a son siège à Maychoss.

II. — *But de l'Entreprise*

§ 3. — L'objet de l'entreprise est la vente des Vins produits par la Société avec les raisins cultivés par les sociétaires eux-mêmes. (1)

§ 4. — Un but capital de l'entreprise est l'obtention de vin pur naturel. Il est seulement permis avant la fermentation d'ajouter une quantité modérée de sucre candi pur de la meilleure qualité. (2)

§ 5. — Chaque sociétaire est tenu de livrer à la Société chaque année, aussitôt après la récolte, sans diminution, dans le local pour ce désigné, ses raisins, et de prendre pour la récolte des raisins les soins prescrits par le Comité.

§ 6. — Le prix qui est payé chaque année pour les raisins est établi par décision de l'assemblée générale. Le prix définitif pour les

(1) 2° La transformation des résidus pour en faire de l'eau-de-vie et la vente de celle-ci.

D'autres ajoutent : 3° L'acquisition en commun des objets nécessaires pour la viticulture et l'agencement des caves. 4° La lutte en commun contre les agents destructeurs des vignobles. 5° La propagation des connaissances et des progrès dans le domaine de la viticulture et de l'œnologie.

(2) « Lequel ne peut-être ajouté au moût en quantité réglée qu'autant que la concurrence commerciale ou les exigences des consommateurs le rendent nécessaire. » Add. d'Arweiler.

raisins ne peut toutefois être fixé que dans la 2me année après la clôture du bilan et le paiement des divers frais. (1)

III. — *Durée de l'Association*

§ 7. — L'Association est fondée pour une durée indéfinie et la dissolution ne peut avoir lieu que d'après les bases des décisions de la loi du 1er Mai 1889.

IV. — *Admission et sortie des sociétaires*

§ 8. — Peuvent seules faire partie de la Société comme membres associés, les personnes qui pratiquent la culture de la vigne dans le district de Mayschosz et qui jouissent des droits civiques et d'une honorabilité reconnue.

L'entrée d'un membre exige :

1° Une déclaration écrite au président de l'Association ;

2° Une admission par décision de l'assemblée générale ;

3° Une déclaration d'admission, contenant que le sociétaire, séparément, répond envers la Société, dans les limites légales, sur toute sa fortune pour les engagements de la Société, comme aussi directement envers les créanciers de celle-ci.

(1) Les Statuts d'Arweiler insèrent ici un article sur l'évaluation des raisins. « 6. — La société se place rigoureusement dans la situation de personne privée. Aussi, chacun de ses membres reçoit le prix de ses raisins, qui sont pressurés en commun, après que les frais généraux communs sont couverts, pleinement et entièrement. En général, le prix des raisins livrés est fixé provisoirement tous les ans dans les quatre semaines après le commencement des vendanges générales dans la commune d'Ahrweiler, sur le rapport du Comité, d'après la situation du cours des affaires et la qualité des raisins, par l'Assemblée générale. L'établissement définitif du prix du raisin ne peut-être fait qu'après la constitution du bilan. Comme base d'appréciation pour le prix, on compte :

La richesse en sucre (éventuellement l'acidité) de tous les raisins livrés à la Société. Elle est, au moment de la livraison, soigneusement établie par un membre du Comité ou un préposé spécial et à la fin de la vendange, la moyenne du degré % est établie. Pour chaque degré au-dessus de la moyenne de sucre fixée, on ajoute un pfennig et pour chaque degré au-dessous, on enlève un pf. par livre au prix d'abord fixé pour le raisin. Les dispositions précédentes ne sont pas applicables aux raisins hâtifs, comme par ex. au Portugais, Pinot précoce etc. L'Assemblée générale décidera chaque année avant la vendange si de tels raisins seront acceptés par la Société.

§ 9. — Le droit d'entrée est fixé à 120 marks et doit être payé à l'admission dans la Société. (1)

§ 10. — La participation cesse après radiation du membre sur la liste légale à la fin de l'année commerciale et

1° Par sortie volontaire ;

2° Par exclusion ;

3° Par transfert de domicile hors du district de l'Association ;

4° Par la mort.

§ 11. — Un sociétaire qui se retire volontairement ne peut quitter l'Association qu'après un délai de résiliation de deux ans et perd à la sortie sa part dans la fortune de la Société.

Une transmission de la part d'affaires ne peut se faire qu'aux enfants dont le père est membre de la Société.

§ 12. — L'exclusion peut être proposée et décidée :

1° Pour mauvaise foi démontrée envers la Société ;

2° Pour non-accomplissement des devoirs imposés par les statuts, en quel cas il reste facultatif à la Société de contraindre légalement le sociétaire à l'accomplissement de ses devoirs.

Lorsqu'un créancier privé du sociétaire, dans le cas prévu par l'article 64 de la loi sur les associations (1), réclame l'exclusion de ce sociétaire.

L'exclusion qui ne peut être proposée que par le Comité, est seulement prononcée par la majorité des trois quarts de tous les membres présents dans l'assemblée intéressée.

§ 13. — Si un membre va habiter en dehors de la circonscription de l'Association, sa participation est par ce fait anéantie et le Comité lui donne aussitôt avis qu'il doit se retirer à la fin de l'année commerciale.

§ 14. — Si un membre meurt, on doit en avertir sans délai l'autorité compétente (Tribunal Civil) et la participation est continuée par les héritiers du défunt jusqu'à la fin de l'année commerciale pendant laquelle la mort s'est produite.

A la fin de l'année commerciale, un seul héritier peut entrer sans payer de droits d'admission. Les enfants et neveux du défunt peuvent seuls entrer ainsi dans la Société, des parents plus éloi-

(1) 60 à Ahrweiler, 10 à 50 sur le Rhin. Cette exigence n'est pas générale ou ne concerne que les associés venus après la période de fondation.

(1) Faillite ou déconfiture.

gnés restent sans qualité pour cela. Si nul héritier ne fait une demande d'admission dans la Société avant la fin de l'année commerciale, aucun ne peut ensuite être admis que comme tout autre membre.

V. — *Administration et direction des affaires*

§ 15. — La Société arrange et gère ses affaires elle-même

a. — Par le *Comité.*

b. — Le *Conseil de surveillance.*

c. — La *Commission de vérification.*

d. — L'*Assemblée générale.*

A. — *Le Comité*

§ 16. — Le Comité se compose du président, de son vice-président et de trois assesseurs, en tout donc de 5 personnes. Le Comité est élu pour trois ans et à la majorité absolue. (1)

§ 17. — Le Comité représente la Société légalement et extraordinairement avec toutes les attributions qui lui sont reconnues par la loi sur les associations.

§ 18. — Le Comité dirige lui-même les affaires de la Société tant qu'il n'est pas limité par la loi, les présents statuts ou des décisions postérieures de l'assemblée générale et qu'il n'est pas soumis à l'approbation du Conseil de surveillance ou de l'Assemblée générale.

§ 19. — Le Comité donne aux affaires de la Société qui lui incombent une marche régulière et doit veiller spécialement à tenir une comptabilité complète et claire, à établir le bilan à la fin de l'année et aussi à la bonne conservation des vins, de l'encaisse et des documents.

§ 20. — Le Comité expédie les affaires qui se présentent, à la majorité des voix, dans des sessions sous la direction du président. Ces sessions ont lieu régulièrement toutes les semaines ou sont convoquées spécialement par le président.

§ 21. — La signature pour la Société se fait comme suit : Les signataires ajoutent leur signature personnelle à la firme de la

(1) Quelquefois de trois membres, dont un est rééligible chaque année. Un vote séparé est souvent exigé pour chaque membre. Des statuts prévoient ici la fixation des traitements ou l'attribuent au Conseil de surveillance.

Société. La signature a ses effets légaux vis-à-vis de la Société, mais seulement si elle émane d'au moins trois membres du Comité.

§ 22. — Le Comité doit veiller aux déclarations prescrites dans la loi sur les associations par devant le Tribunal de Commerce.

§ 23. — En dehors et à côté des précédentes obligations, les membres du Comité ont en particulier des fonctions spéciales.

I. — *Le Président*

§ 24. — Au président incombe la direction des affaires. Il a la surveillance de la comptabilité, du secrétaire et du trésorier. Il veille à l'expédition prompte et convenable des vins ; il reçoit les sommes qui en procèdent et les remet chaque soir à la caisse. Il tient pour les envois de vins et pour les rentrées de fonds les doubles nécessaires des registres du secrétaire et du trésorier. Il reçoit et décachète les lettres qui arrivent, en présence du secrétaire et du trésorier, signe les lettres envoyées et les produit toutes au Comité dans ses sessions ultérieures.

Il surveille le maintien de l'ordre d'affaires établi, la manipulation régulière, les soins et la conservation de la pureté des vins et veille à la vérification régulière des vins et à la révision des registres.

§ — En l'absence du président ,ces droits et devoirs passent au vice-président.

§ 26. — Le vice-président et les assesseurs surveillent la direction des affaires dans toutes les branches de l'administration et peuvent s'instruire en tous temps de leur marche, examiner les livres et écrits et vérifier la caisse.

Si quelque désordre est découvert, ils doivent en avertir aussitôt le président et prendre de concert avec celui-ci les mesures nécessaires à la sécurité de la Société, en cas de nécessité prendre les livres, les papiers et la caisse sous leur charge, relever les coupables de leurs fonctions, provisoirement, et pour liquider définitivement l'affaire, convoquer aussitôt une assemblée générale.

2. — *Le Trésorier* (ou Caissier)

§ 27. — Le trésorier est responsable de la sûre conservation des fonds. Il reçoit les droits d'entrée et les paiements qui sont effectués dans les affaires (ces derniers lui viennent du président suivant le N° 24 des présents statuts). Le trésorier effectue sur la caisse les paiements commerciaux, suivant les ordres du Comité et du Conseil de surveillance, et tient fidèle état des recettes et dépenses.

3. — *Le Secrétaire*

§ 28. — Le secrétaire a le soin de la tenue des livres et de la correspondance sur les indications du président et de l'inscription des décisions de l'assemblée dans le livre des procès-verbaux, d'après les dispositions de la loi sur les associations et des statuts. Il doit aussi signer les lettres expédiées.

Pour ses abus de fonctions contre les ordres du président, le secrétaire est responsable devant la Société.

§ 29. — Pour négligence grave de ses devoirs ou mauvais vouloir prouvé contre la Société, le Comité tout entier ou un de ses membres en particulier peut être dépossédé de ses fonctions, sans que l'intéressé puisse former de demande en dommages-intérêts.

B. — *Conseil de Surveillance*

§ 30. — Le Conseil de surveillance, qui nomme chaque année en son sein un président et un vice-président, se compose de six membres qui sont élus pour trois ans. Chaque année, deux membres désignés par le sort se retirent mais sont encore éligibles.

§ 31. — Le Conseil de surveillance a le devoir de contrôler les diverses affaires de la Société et de veiller à ce que l'administration soit dirigée suivant les statuts et que les intérêts de la Société soient sauvegardés.

S'il découvre des irrégularités, il doit procéder comme il est indiqué au N° 26 pour le vice-président et les assesseurs.

§ 32. — Le Conseil de surveillance doit nommer dans son sein un membre auquel est donné le devoir de vérifier les livres et la caisse.

Le Président (du Conseil) peut toujours faire la vérification des caves après avis préalable au Président (de l'Union) et en présence de celui-ci.

§ 33. — Pour l'expédition de ses affaires le Conseil de surveillance doit se réunir au moins une fois par mois.

La capacité de décider est atteinte quand la moitié des membres sont présents. La compétence du Conseil de surveillance est fixée par les N°s 35, 39 de la loi sur les Associations ; il acquiert la direction de légitimation pour les procès et contrats et les procès-verbaux des électons.

§ 34. — Sur les points suivants, le Comité et le Conseil de surveillance délibèrent et décident ensemble dans des sessions que le président doit convoquer.

a. — Achat de raisins et de vins, fixation de la quantité et pour les derniers, fixation du prix.

b. — Passation des contrats nécessaires à la marche des affaires.

c. — Etablissement des instructions commerciales pour le Comité, le secrétaire, le trésorier et la Commission de vérification.

d. — Direction de certains procès.

C. — *Commission de vérification des vins*

§ 35. — La Commission de vérification des vins se compose du président, du maître des caves et de trois autres membres élus par l'assemblée générale.

La vérification doit se faire au moins trois fois par an et cela dans les mois de Décembre, Avril, Août.

La Commission doit à l'invitation du président prendre part à chaque vérification ou évaluation des vins et donner son avis. (1)

D. — *Assemblée générale.*

§ 36. — L'ensemble des membres électeurs constitue l'Assemblée générale. Le droit de convoquer l'assemblée est en général réservé au président. Dans des circonstances extraordinaires et pressantes les assesseurs et le président du Conseil de surveillance ont le même droit.

En dehors de ce cas, une assemblée générale peut-être provoquée par des membres de la Société dans les formes du N° 43, section 3, de la loi sur les associations.

§ 37. — Dans l'invitation qui se fait par messager doivent être énoncées brièvement les propositions à discuter et les divers sujets à l'ordre du jour. L'invitation doit-être faite une semaine à l'avance.

§ 38. — Les réunions ont lieu suivant les exigences du moment, mais au moins deux fois dans l'année. Outre celles-là, il peut encore y avoir convocation de l'assemblée générale autant que le comité et le Conseil de surveillance le trouvent nécessaire ou convenable ou

(1) Aux trois ou quatre Comités précédents, quelques statuts ajoutent le *Comité spécial de Propagande* ou de Solidarité qu'on trouve surtout chez les Sociétés de Consommation, avec le but de régler l'emploi des prélèvements pour des œuvres d'utilité, d'enseignement et de solidarité.

que le dixième au moins des membres demandent une assemblée au président avec énoncé de l'ordre du jour.

§ 39. — L'ordre du jour est établi par le Comité, toutefois tous les sujets doivent y être inscrits dont la *discussion* a été régulièrementment proposée, trois jours avant l'assemblée générale.

§ 40.. — La présidence de l'assemblée générale appartient en premier lieu au président, puis aux autres membres du Comité ; en leur empêchement, aux membres du Conseil de surveillance. En cas de refus des deux organes, elle appartient à un membre à nommer par l'assemblée générale.

§ 41. — Le vote se fait par levé et assis dans quelques cas où il n'en est pas décidé autrement et par la majorité des voix. Toutes les élections se font par bulletins écrits à la majorité absolue. Si cette majorité n'est pas atteinte au premier tour de scrutin, on passe au vote restreint pour ceux des candidats qui ont eu le plus de voix. En cas d'égalité dans le nombre de voix, le sort décide.

§ 42. — Les décisions prises par la majorité des membres capables de voter et présents dans une assemblée générale ont pour la Société force exécutive dès que l'exécution s'en est régulièrement suivie.

Une exception à cette règle peut toutefois se présenter pour :

a. — Le changement ou le complément des présents statuts.

b. — Pour la dissolution de la Société.

c. — Pour l'exclusion des membres.

Dans les cas précités l'acceptation des 3/4 de tous les membres présents est exigée.

§ 43. — Les procès-verbaux pris sur les délibérations qui contiennent tous les détails de l'affaire, c'est-à-dire les décisions prises et les votes qui ont eu lieu avec le nombre et la répartition des voix pour ces derniers, sont enregistrés sous la date de l'assemblée générale dans un livre spécial des procès-verbaux et signés par les membres du Comité et trois autres membres.

§ 44. — De la délibération de l'assemblée générale, dépendent les sujets suivants :

1. Modification ou achèvement des présents statuts.

2. — Dissolution ou liquidation de la Société.

3. Acquisition et aliénation de propriétés foncières.

4. Approbation ou acceptation d'emprunts.

5. Election et *honoraires* du Comité, du Conseil de surveillance du trésorier, du secrétaire, du sommelier, de la Commission de

vérification, des voyageurs, commissionnaires, voituriers, messagers et restaurateurs.

6. Délégation de pouvoirs pour la direction de procès contre des membres.

7. Relèvement des membres du Comité de leurs fonctions.

8. Jugement des contestations élevées sur le sens et le contenu des présents statuts et des décisions de l'assemblée générale.

9. Acceptation et radiation des membres.

10. Participation de la Société dans des Unions de Sociétés et sortie de ces Unions.

11. Etablissement du prix des raisins et manière ou moyens de faire la récolte des raisins.

VI. — *Droits et devoirs particuliers des simples membres.*

§ 45. — Les membres ont le droit d'exercer leur droit de vote dans les assemblées générales, comme aussi en tous temps de consulter le livre des procès-verbaux de l'assemblée générale.

§ 46. — Les membres ont pour devoirs :

1° De ne pas agir contre les présents statuts et décisions et contre les intérêts de la Société, en particulier de ne pas fonder de pareilles affaires ou analogues soit pour eux-mêmes, soit avec d'autres, ni d'en faire partie d'aucune manière.

2° (Reproduit le N° 3 de l'art. 8 sur la responsabilité solidaire) (1.)

VII. — *Etablissement de la Comptabilité et du bilan.*

§ 47. — Lannée commerciale commence au 1er Août d'une année et finit au 31 juillet de la suivante et aussitôt à l'expiration de cette année, le Comité doit commencer l'établissement des comptes et du bilan.

Les comptes doivent comprendre :

a. — Toutes les recettes et dépenses de l'année, cad. les sommes des comptes mensuels.

b. — Le bilan et l'état de fortune.

§ 48. — Dans le bilan sont portés :

(1) Libellé ainsi à Ahrweiler : « De répondre solidairement de toute leur fortune pour l'extinction de toutes les obligations de la Société, contractées dans les formes prescrites et ce, sans distinguer si les obligations existaient à l'entrée en participation du membre ou n'ont été contractées que pendant sa participation. » V. l'art. 14. — in IV L., chap. II.

1. — Actif.

a. — La caisse nette.

b. — La valeur du vin en magasin, prise toutefois 20 à 25 % en dessous du prix de vente établi.

c. — La valeur du matériel avec une déduction de 10 à 25 %.

d. — Les commandes dues, parmi lesquelles toutefois les créances non renouvelables seront totalement exclues.

e. — Les immeubles pour leur valeur présente au moment de l'établissement du bilan.

2. — Passif.

a. — Les dettes de la Société.

b. — Le capital de réserve.

c. — Les parts d'affaires.

§ 49. — La comptabilité et le bilan doivent être établis par le Comité au plus tard pour le 22 Août et être passés pour être vérifiés au Conseil de surveillance. Après un délai de 7 jours, celui-ci les repasse avec ses observations au Comité qui convoque aussitôt l'assemblée générale dans laquelle ces divers actes sont lus.

Si des explications plus précises sur certaines parties des comptes sont demandées, le président, le secrétaire et le membre chargé par le Conseil de surveillance du contrôle des livres, sont tenus de les fournir.

Le bilan et un compte général des profits et pertes de l'année, doivent être déposés ou tout au moins communiqués dans le local des affaires de la Société ou dans tout autre local que le Comité doit faire connaître. Le dépôt aura lieu au moins une semaine avant l'assemblée pour que les sociétaires puissent les examiner. Chaque sociétaire a le droit de demander à ses frais une copie du bilan et des comptes de l'année.

VIII.

Apports (droits d'entrée), Parts d'affaires et Capital de réserve

§ 50. — Les membres nouvellement entrés, qui d'après les statuts ne sont pas à considérer comme héritiers de sociétaires défunts, doivent payer un droit d'entrée de 120 marks. Outre cela, il leur est retenu dans les cinq premières années de leur participation, 5 % du prix de leurs raisins, pour être ajouté au dividende de l'année de comptes courante.

Aux époux qui ne sont autorisés à hériter que d'un côté on prend pendant les dites cinq années 2 % du prix des raisins.

§ 51. — La part d'affaires est constituée pour chaque membre par une valeur de 50 marks, qui sont payés aussitôt par les membres.

§ 52. — Le capital de réserve est accumulé jusqu'à la somme parfaite de 66.000 marks, et constitué par les droits d'entrée et l'addition de 5 % du rapport annuel des raisins des sociétaires.

Le capital de réserve a pour but de couvrir les pertes extraordinaires. Pour le cas où le capital de réserve serait entamé par des pertes, on ajoutera au fonds de réserve le bénéfice d'affaires tout entier jusqu'à reconstitution complète du capital de réserve.

Le montant de la valeur des raisins livrés par chaque sociétaire dans les deux avant-dernières années, et le montant de la part d'affaires de chacun, calculés ensemble, valent comme norme d'après laquelle les bénéfices qui ne vont pas au fonds de réserve ou à une perte commerciale quelconque doivent être répartis.

A la dissolution de la Société l'assemblée générale décide de l'emploi des fonds.

Après épuisement du capital de réserve, les pertes extraordinaires quelconques sont comblées par les sociétaires d'après la valeur de leurs mises. (1)

IX. — *Dissolution, Liquidation, Prescription.*

§ 53. — Pour la dissolution volontaire de la Société, il faut deux décisions de l'assemblée générale suivant les prescriptions spéciales et espacées d'au moins quatre semaines.

La dissolution est ensuite annoncée trois fois dans les feuilles locales d'Arweiler, après quoi les créanciers doivent aussitôt envoyer leurs notes au président.

Il faut alors procéder à la liquidation, c'est-à-dire qu'il faut payer les dettes de la Société et procéder à tous les recouvrements.

Tant que les présents statuts ne les modifient pas, les dispositions des articles 9, 10 et 11 de la loi sur les associations sont applicables pour le reste, relativement à la dissolution, la liquidation et la prescription.

(1) Nombre de statuts ajoutent ici la *Réserve d'exploitation* avec attribution de 10 % du bénéfice net annuel.

§ 54. — Tous les avis et autorisations dans les affaires de la Société se font sous sa firme de désignation.

Tous les écrits ont force exécutoire lorsqu'ils sont signés de trois membres au moins du Comité, y compris le président ou à son défaut le vice-président.

§ 55. — Pour la publicité de ses avis, la Société se sert des journaux paraissant à Ahrweiler :

Dispositions particulières.

§ 5. — Les membres ne peuvent pas prendre de raisins ou de vins à des non-sociétaires et les vendre à l'Association comme étant de leur propre production.

§ 57. — Le sommelier doit veiller à la bonne manipulation des vins et à la prompte expédition en fûts propres.

§ 58. — Les contestations au sujet des dispositions des statuts de la Société ou entre les membres de l'Union sur des affaires de la Société sont tranchées par l'assemblée générale .

§ 59. — Toutes les personnes chargées d'un mandat répondent sur toute leur fortune pour les dommages causés à la Société en outrepassant leurs fonctions ou par une grave négligence ou à dessein.

§ 60. — Toutes les dispositions contraires à celles-ci sont annulées dès que ces statuts ont acquis force de droit .

Mayschosz, le 30 mars 1892.

2° Règlement pour Coopératives de vignerons

(Type de la Fédération de Darmstadt)

REGLEMENT POUR COOPERATIVES DE VIGNERONS (1)

A. *Comité ordinaire et Comité général*

Le Comité entier doit veiller, sous sa responsabilité et celle de tous ses membres, à ce que les dispositions légales et statutaires, le présent règlement, l'ordre d'affaires et les décisions valables de l'Assemblée générale, du Comité et du Conseil de surveillance soient observés avec la sollicitude d'un homme d'affaires (a. 32 de la loi) c'est-à-dire d'un père de famille soigneux pour les affaires. Les membres du Comité sont responsables sur ce point :

Ceci est valable relativement à :

A. — L'admission et à la sortie des membres,

B. — A leur inscription au relevé des membres et au registre à ce destiné,

C. — A leur inscription sur la liste judiciaire des membres,

D. — À la convocation de l'Assemblée générale,

E. — Aux sujets à lui proposer,

F. — A ses décisions,

G. — A la notification de ses décisions,

H. — Elections et réélections des membres du Comité et du Conseil de surveillance,

I. — Notifications requises à la justice,

K. — Déclarations et signature des membres du Comité,

L. — Inscription au procès-verbal des décisions du Comité,

M. — Direction et conduite des affaires,

N. — Comptabilité. — Livres et caisse,

O. — Acceptation et établissement de l'inventaire,

P. — Etablissement du bilan et des comptes,

Q. — Publication du bilan et du mouvement des membres,

R. — Communication desdits à la justice.

3. — La plus grande discrétion est un point d'honneur chez tous les membres du Comité, dans toutes les affaires privées et surtout personnelles de l'union, c'est-à-dire des sociétaires.

(1) Traduction du modèle publié par la Fédération de Darmstadt.

4. — Les séances ordinaires du Comité ont lieu tous les deuxièmes dimanches du mois.

5. — Pour le reste, le directeur, et en cas d'empêchement, son suppléant, doit convoquer à des séances, quand l'intérêt de la Société ou l'état des affaires l'exigent, quand des affaires urgentes sont en jeu, de même, quand le trésorier ou deux autres membres du Comité, ou le président du Conseil de surveillance le proposent avec indication de l'ordre du jour, c'est-à-dire des affaires considérées comme urgentes pour la convocation.

6. — La convocation à des séances extraordinaires doit être lancée la veille avec indication des questions à discuter ; elle peut aussi se faire avec un délai plus court, s'il n'y a pas d'opposition.

7. — Les membres empêchés d'assister à une séance ordinaire ou extraordinaire doivent en avertir la direction avant la séance.

8. — Les membres non excusés et manquants peuvent en cas de récidive être condamnés à une amende de 50 pfennigs.

9. — Le directeur ou son suppléant à la présidence dans les séances doit veiller à l'établissement du procès-verbal des séances, suivant les prescriptions pour toutes les décisions et sous la signature des membres présents.

10. — Le Comité peut confier l'établissement des procès-verbaux à l'un de ses membres (ordinairement le trésorier-comptable), c'est-à-dire le nommer secrétaire.

11. — Les membres de la minorité du Comité peuvent demander lors de l'inscription des décisions adoptées au procès-verbal, à ce qu'on marque aussi leur opinion différente.

12. — Dans la séance, le directeur doit :

A. — Faire son rapport sur toutes les affaires en cours,

B. — Présenter la situation mensuelle des registres et de la caisse,

C. — Exposer les décisions prises sur les affaires venues en discussion,

D. — Donner communication des diverses lettres et écrits adressés à l'Association,

E. — A la demande des membres du Comité, porter ces pièces à leur connaissance.

Le comptable doit prendre connaissance du contenu des diverses entrées.

Le Directeur

13. — Le directeur doit veiller aux écritures courantes, aussi longtemps qu'un autre membre du Comité n'en est pas expressément chargé par décision au Comité.

14. — Tous les écrits qui arrivent doivent être remis en mains directement au directeur, sauf pour certaines expéditions postales dont la remise au comptable ou à tout autre membre spécialement désigné par le comptable est expressément indiquée par la décision du Comité.

15. — Les communications, inscriptions et annonces juridiques et les communications générales de la Société doivent être faites en observant les prescriptions statutaires et légales d'après la brochure publiée à cet effet. Le Comité doit observer la direction indiquée par cette brochure.

16. — Le directeur doit veiller à l'exécution minutieuse, et en temps utile, et aux copies (sur copie de lettres) des écrits préalables comme de tous les écrits qui sont envoyés et à leur conservation, si cela n'est pas spécialement dévolu à un membre spécial du Comité, élu comme secrétaire par décision régulière du Comité.

17. — Le directeur ou le membre du Comité a le devoir :

A. — D'entreprendre le contrôle régulier des registres et de la caisse,

B. — Au moins un fois par mois, le dernier jour du mois ou au plus tard le premier dimanche après la fin du mois, vider la caisse et de comparer le résultat avec le registre des comptes, de contrôler les diverses encaisses.

C. — De faire tous les mois un relevé des livres et de la caisse et de le signer avec le comptable.

D. — De prendre un duplicata de ce relevé des actes du directeur et de faire parvenir un deuxième duplicata, dans le délai de huit jours, après la fin du mois, au président du Conseil de surveillance.

18. — Le directeur a particulièrement l'obligation de dénoncer au Conseil de surveillance les membres du Comité coupables de népligence ou de mauvais vouloir dans l'exécution de leurs obligations, en les relevant de leurs fonctions. (A. 38 loi.)

Le Comptable (Teneur de livres et de caisse)

19. — Le comptable a la charge de la tenue des livres et de la caisse. Il est responsable des affaires de caisse en général, de la

sûre conservation et de la représentation de la caisse qui lui est confiée, notamment des valeurs, des traites, des espèces, des livres et écrits.

Toutes les recettes et dépenses, pour lesquelles des quittances régulières doivent être établies aussitôt, doivent être sans retard inscrites dans les registres spéciaux. Les diverses caisses et les registres sont tenus séparément.

Les recettes des livres de caisse et les soldes doivent toujours correspondre à l'encaisse réelle et aux livres de comptabilité. Un mélange de la caisse de la Société avec des fonds privés quelconques est formellement interdit.

En cas de malversation, le directeur ou son remplaçant ou tout autre membre du Comité désigné à cet effet ou le président du Conseil de surveillance sont chargés de reprendre immédiatement au comptable les livres, l'encaisse, les valeurs, les traites, les factures et autres papiers ; en somme tout ce qui appartient à l'Association ou lui était confié. Le Conseil de surveillance les transmet à un autre désigné par le Conseil.

Le comptable est responsable devant le Comité de la bonne tenue des livres, selon les exigences légales et juridiques. La comptabilité doit être faite suivant la direction donnée par le Comité.

Le comptable est responsable envers la Société de tous les inconvénients et pertes causés par sa propre faute, pour les erreurs de comptabilité de caisse. Toute sa fortune sert de garantie. Pour plus de sûreté, le Conseil de surveillance uni au Comité lui fixent une caution à verser.

Le comptable doit donner aux membres du Comité toutes les communications désirées sur les affaires de la Société ; pour le reste, il doit comme tous les membres de la direction, être envers tous de la plus grande discrétion.

Fondés de pouvoirs. — Représentation

Si l'exploitation des affaires de la Société, ou la représentation de celle-ci exige l'adjonction de fonctionnaires ou de fondés de pouvoirs, le Comité et le Conseil de surveillance doivent décider sur leurs fonctions et leur reconnaissance.

Fonctionnaires. — Employés. — Ouvriers

L'acceptation et le renvoi des fonctionnaires, ouvriers et employés nécessaires à l'exploitation se font par le comité dans les limites du budget des dépenses admis par le conseil de surveillance.

B. *Le Conseil de surveillance:*

§ 28. — Identique au § 1 en remplaçant comité par conseil de surveillance.

§ 29. — Identique au § 3.

§ 30. — Les séances régulières ont lieu tous les trois mois, le troisième dimanche après la fin du trimestre.

§ 31. — Identique au § 5 en remplaçant directeur par président, puis après... l'exigent, de même quand le. comité ou un tiers des membres du conseil de surveillance le réclament : avec indication des motifs urgents.

§ 32. — Comme le § 6, mot pour mot.

§ 33. — Comme le § 7 (mettre conseil de surveillance au lieu de Comité.

§ 34. — Comme le § 8.

§ 35. — Comme le § 9. Le président au lieu de... le directeur.

§ 36. — Comme le § 10. Le conseil de surveillance au lieu de le Comité.

§ 37. — Comme le § 11, du conseil de surveillance au lieu de... du Comité.

§ 38. — Toute correspondance destinée au Conseil de surveillance et les divers écrits et actes doivent être remis au Président.

§ 39. — Le Président doit spécialement veiller à ce qu'on lui transmette les livres et le relevé de caisse.

Dans la séance du Comité, il doit :

A. — Présenter les relevés mensuels des livres et de la caisse.

B. — Donner communication de tous les écrits arrivés et, sur la demande des membres du Conseil, porter à leur connaissance le contenu de ces écrits.

C. — Décider sur toutes les affaires courantes à expédier par le Conseil de surveillance.

§ 41. — Le Conseil de surveillance, en tant que surveillant du Comité doit, au moins deux fois par an, en corps ou par des membres isolés, choisis par décision inscrite au procès-verbal, et pour ce désignés, faire la vérification des livres et écrits de l'Association.

§ 42. — Pour cela, ils doivent :

1° Comparer les relevés mensuels des livres et de la caisse avec les écritures, c'est-à-dire les clôtures de comptes;

2° Vérifier les quittances de caisse ;

3° L'état de la Caisse ;

4° Examiner les divers actifs en effets, papiers de commerce, marchandises diverses, etc.

5° Comparer les factures dûes, d'après les inscriptions aux registres, c'est-à-dire d'après les listes et comptes correspondants ;

6° Vérifier la sécurité des commandes en cours.

Il faut en outre :

7° Veiller àl'observation ponctuelle des délais de paiement ;

8° Il faudra que les limites fixées par l'assemblée générale pour le crédit à faire aux membres soient observées ;

9° Que le montant total des emprunts de la société et des épargnes ne soit pas dépassé ;

10° Que les dispositions de l'ordre d'affaires soient consciencieusement observées par le Comité.

§ 43. — Le Président du Conseil de surveillance a le devoir de citer à l'assemblée générale les membres du Conseil de surveillance qui font preuve de négligence ou de mauvais vouloir dans l'accomplissement de leurs fonctions, et de proposer le relèvement des dits membres de leurs fonctions.

§ 44. — *Séances communes du Comité et du Conseil de Surveillance.*

Pour la délibération sur ces sujets extraordinaires, il peut y avoir des séances communes du Comité et du Conseil de surveillance, sur convocation du directeur ou du président, en n'importe quel moment. Sur proposition de la moitié au moins du Comité et du Conseil de surveillance, la réunion doit avoir lieu.

§ 45. — L'invitation doit se faire la veille avec mention des sujets à discuter. Elle peut avoir lieu à plus bref délai sans opposition.

§ 46. — Celui qui convoque, a la préséance dans la séance commune (directeur ou président), ou bien on la donne à un membre désigné par les assistants.

§ 47. — La décision doit être prise séparément et enregistrée au procès-verbal de chaque organe, — Comité et Conseil.

D. *Commission de vérification*

La commission de vérification se compose de trois membres élus en un seul tour par l'Assemblée générale. Les dispositions statutaires pour les élections, la sortie, l'établissement de suppléants de membres du Comité et le dédommagement de leurs peines sont valables pour la commission de vérification.

La commission de vérification se choisit un président et se réunit sur son invitation ou celle du directeur de l'Association ou du président du Conseil de surveillance. Elle doit remplir les obligations imposées par l'ordre d'affaires ou les décisions de l'Assemblée générale, et cela avec le plus grand soin et la conscience la plus grande, et donner ses avis avec science et conscience.

E. *Acceptation des Membres*

§ 50. — Pour l'acceptation, les postulants doivent signer en double les avis d'entrée, déclarations d'adhésion prescrites, devant le directeur.

§ 51. — Dans l'Assemblée de Comité suivante, le directeur doit présenter les avis pour la décision d'admission.

§ 52. — Le membre admis doit recevoir un exemplaire des statuts contre versement du montant éventuellement fixé pour cela par le Comité et du droit d'entrée établi par l'Assemblée générale, aussitôt après l'admission, par les soins du comptable.

§ 53. — Si la demande est repoussée, la déclaration d'adhésion est barrée par le directeur et restituée à son auteur.

§ 54. — Le directeur doit veiller à l'inscription sur la liste des membres, en observant la brochure servant de guide : « *Qu'y a-t-il à faire* », et remplir ses différentes prescriptions, le tout dans le délai d'un mois.

F. *Sortie des Membres.*

§ 55. — Les documents prescrits à la sortie des membres doivent être envoyés au directeur, présentés par celui-ci dans la séance suivante de Comité, et au plus tard, dans le délai d'un mois, être transmis à la justice (voir la même brochure).

3° Ordre d'affaires pour Coopératives de vignerons

(Type de la Fédération de Darmstadt)

ORDRE D'AFFAIRES POUR COOPERATIVES DE VIGNERONS(1)

I. — *Exploitation en général.*

§ 1. — L'exploitation doit se faire dans les limites de l'objet de l'entreprise (§ 2 des statuts).

§ 2. — Elle comprend en première ligne :

A. — La commune mise en valeur des raisins qui s'obtient :

(a). — Par la vente directe des raisins de table,

(b). — Par l'obtention de vins purs et leur vente,

(c). — Par la production d'eaux-de-vie et leur vente.

B. — La commune acquisition de pompes vinaires, de pulvérisateurs et poudreuses, de sulfate de cuivre, de chaux, de soufre, de cercles, d'osier, et de divers articles nécessaires à la viticulture et au travail des caves et celliers. L'acquisition d'engrais ne peut se faire qu'avec l'autorisation du Conseil de surveillance, tant qu'il n'y a pas dans le district de coopérative agricole d'achat et de vente d'engrais.

C. — La lutte en commun contre les parasites de la vigne, d'après les décisions de l'Assemblée générale.

D. — L'extension des connaissances et des progrès dans le domaine de la viticulture et de la vinification. Ce but doit être atteint :

(a). — Par le dépôt de rapports et leur discussion,

(a). — Par des publications spéciales sur la viticulture et la vinification.

(c). — En poussant à l'audition des cours du professeur régional de viticulture.

Tant que l'Assemblée générale qui décide des organisations, suppressions et extensions dans l'exploitation entière ou dans cer-

(1) Publié par la Fédération de Darmstadt.

taines branches ne prend pas de dispositions spéciales pour la conduite des affaires, c'est au Comité, d'accord avec le Conseil de surveillance, avec adjonction d'un expert en la matière (professeur régional) à prendre les mesures requises.

§ 4. — Les modifications de construction ou autres dans les locaux de la coopérative, les créations nouvelles qui dépassent une somme de 300m ne peuvent être faites qu'avec l'adhésion du Conseil de surveillance ; de même pour la fondation des divers débits de vente.

§ 5. — L'acceptation et la mise en valeur des raisins de non-sociétaires se fait, quand les intérêts de l'association l'exigent. La décision à ce sujet, suivant cet ordre d'affaires est prise par l'Assemblée générale qui a seule le droit de décider, d'après les statuts, les affaires d'exploitation entre la société et les non-sociétaires. Cette décision est exécutée par le Comité qui doit avoir l'approbation préalable du Conseil de surveillance, tandis que la décision dans les cas ordinaires est affaire exclusive du Comité. Les mêmes dispositions sont valables pour l'achat de vin.

§ 6. — Pour la livraison de raisins faite par des non-sociétaires, le Comité doit faire des contrats de livraison spéciaux, par lesquels les livreurs se soumettent aux dispositions appliquées aux membres pour la livraison de tout le raisin récolté dans leur exploitation ou d'une partie seulement à un certain moment et acceptent un mode de paiement et un prix à débattre à l'avance.

§ 7. — Les membres sont en toutes circonstances obligés de livrer la totalité de leurs raisins à la société, exception faite pour la quantité réservée à leur consommation personnelle. Les membres ne peuvent presser eux-mêmes, ni vendre des raisins. Sont exceptés de la prohibition de vente les raisins d'espaliers attenant à la maison d'habitation.

L'association est par contre obligée de prendre toute la récolte des membres.

La participation à une entreprise identique ou analogue dans le domaine de la viticulture et du commerce des vins, en particulier la vente de raisins à une autre société est interdite, sauf quand l'Assemblée générale l'a formellement autorisée ; de même la livraison de raisins à la société par des membres qui ne les ont pas récoltés.

II. — *Dispositions particulières.*

Des dispositions spéciales doivent être prises pour :

(*a*). — La culture et l'entretien des vignes,

(*b*). — La lutte contre les parasites de la vigne,

(*c*). — La récolte et la manipulation des vins ;

(*d*). — Le transport, la livraison et la réception des raisins ;

(*e*). — L'examen et le paiement des raisins ;

(*f*). — L'emploi de dommages et amendes ;

(*g*). — Le contrôle et l'organisation intérieure des établissements sociaux.

Ces dispositions doivent être inscrites sur l'ordre du jour de chaque Assemblée générale pour leur discussion et leur fixation.

III. — *Prescriptions d'exploitation technique.*

Le Comité doit veiller, sous sa responsabilité, à ce que toutes les dispositions légales et de police, pour la caisse de maladie, l'assurance en cas d'accident, d'invalidité et de vieillesse, conditions d'exploitation soient ponctuellement observées et que les institutions de garantie nécessaires soient fondées.

11. — Les prescriptions en cas d'accidents et celles pour les prévenir doivent être rendues visibles pour tout le monde par affichage dans les locaux de la société.

12. — Le Comité ou celui qui a la charge de diriger les affaires, doit commander le personnel et veiller à ce que les indications et les avis pour l'exploitation soient observés suivant les idées de l'Union ou de l'expert par elle désigné.

IV. — *Vérification, classement, évaluation des raisins et des vins, fixation de leur prix d'achat et de vente.*

13. — La vérification, leur classification et l'estimation des raisins et des vins se fait avec approbation du Comité par la Commission de vérification. Celle-ci doit concourir à l'établissement de l'inventaire.

14. — Les prix d'achat et de vente des raisins et des vins sont établis par le Comité, d'accord avec le Conseil de surveillance, après audition de la Commission de vérification.

V. — *Admission et traitement des raisins.*

L'admission des raisins est faite par le Comité ou son mandataire avec le plus grand soin, la plus grande conscience, et une excessive minutie, en observant les dispositions règlementaires pour l'admission des raisins. Les raisins doivent être livrés sans diminution, mais débarrassés des grains pourris, malades ou non-mûrs.

Les manquements à ces dispositions doivent être signalés au Comité qui prendra les mesures nécessaires.

16. — Les poids de raisins fournis doivent être aussitôt mentionnés au registre des entrées, totalisés tous les jours et portés au registre principal des entrées de raisins pour servir de base au contrôle des masses réparties dans les divers emplois et des sommes déboursées.

17. — La mise en valeur, le travail des raisins, la vinification, l'encavement, l'outillage et la surveillance des vins doivent être faits avec les plus grands soins et conscience par le Comité ou le mandataire sous la responsabilité du Comité.

18. — Avant la fermentation, il pourra être ajouté aux raisins une quantité modérée de sucre candi pur de la meilleure qualité. Toute autre addition est sévèrement interdite.

Les raisins de peu de valeur, qui ne donnent pas un produit marchand, sont employés à la préparation d'une espèce de piquette qui est vendue aux membres au prix de revient.

19. — Le Comité doit surveiller le travail en tout temps et ordonner dans ce but diverses mesures de contrôle. De même, le Comité doit s'assurer que les produits répondent aux demandes du marché, c'est-à-dire des acquéreurs, que le travail se fait économiquement et que la répartition du travail est telle, que le personnel employé est réparti convenablement.

Ecoulement des produits

Le Comité doit veiller à l'écoulement des produits, à moins qu'il y ait une société de vente, ou des débits commissionnés par l'Union. Pour ces cas, les dispositions prises par ces sociétés sont rigoureusement suivies.

21. Avant la vente des produits, c'est-à-dire avant la conclusion de contrats de livraison, le Comité doit s'assurer de la solvabilité et de la bonne foi des acheteurs, et prendre, à cet effet, à bonne source, tous les renseignements nécessaires.

22. — Dans les contrats de vente, rédigés avec le soin d'un homme d'affaires expérimenté, doivent être mentionnés les délais de paiement fixés et le lieu de livraison ou réception, d'admission et de paiement suivant les circonstances.

23. — Les délais de paiement et le crédit aux acheteurs ne peuvent dépasser la durée fixée par le Conseil de surveillance. Les longs crédits sont consentis par le Comité d'accord avec le Conseil de surveillance.

24. — Il faut veiller à l'encaissement régulier et ponctuel aux dates des échéances. Le membre du Comité chargé du registre et des comptes doit donner connaissance au Comité, des irrégularités qui se produisent et lui présenter, en outre, tous les trimestres, un relevé des créances.

25. — Le Comité a le devoir de prendre les mesures nécessaires pour garantir, autant que possible, la société des pertes, en cas de créances incertaines ou douteuses des acheteurs.

VII. *Comptabilité et Caisse*

La comptabilité et la caisse doivent être tenues avec la plus stricte observation des dispositions correspondantes de la loi sur les Associations, suivant le Code Commercial et les statuts. A côté de la comptabilité commerciale (biens et affaires), il est requis une comptabilité pour l'exploitation technique, dans les limites de la Société (fabrication).

Elle doit être faite d'après les indications de l'Union, c'est-à-dire d'après les dispositions prises par le Comité, d'accord avec le Conseil de surveillance, et conduite avec soin et conscience par le mandataire du Comité.

Le directeur et le président ont à veiller tout spécialement à ce que les livres soient tenus de telle façon que l'on puisse en tirer rapidement l'état général des affaires et la fortune actuelle de la Société.

Le directeur et le président sont en 1re ligne responsables de l'exécution soigneuse et justes des opérations de contrôle prescrites.

4° Règlement interne pour une Cantina sociale

(Type d'Oleggio)

TYPE DE CONTRAT SOCIAL INTERNE

pour une cave coopérative rurale d'Italie (1)

1. — Entre les soussignés...., propriétaires et cultivateurs de vignes dans la commune de..., est constituée avec le siège à...., une société civile privée sous le nom de...., dans le but de réunir les raisins de leur production personnelle pour confectionner avec eux, selon une méthode rationnelle, une ou plusieurs qualités de vin à type constant et pour pourvoir à la vente de celles-ci dans l'intérêt commun.

2. Le contrat social est établi pour une année, à la fin de laquelle chaque sociétaire pourra se retirer en en faisant la déclaration trois mois à l'avance ; dans le cas contraire, il sera considéré comme lié pour l'année suivante. Il est défendu aux membres de faire partie d'une autre société ayant des buts analogues à ceux de l'Association actuelle. La dissolution de l'Association ne pourra être décidée que par la majorité de ses membres.

3 — Chaque sociétaire s'engage à consigner chaque année, dans le local de la Cave sociale et à ses frais, en conformité avec les instructions qui seront données par l'Administration de la Société, tous les raisins, de quelque origine ou qualité qu'ils soient, provenant exclusivement des vignes de sa propriété ou cultivées par lui. Seront exclus cependant les raisins de table et les raisins de producteurs directs américains.

4. — A tous les raisins fournis par les membres à la Cave sociale, on attribuera, à la fin de la vendange, une valeur relative, selon des règles spéciales qui seront décidées par l'Administration de la Société, d'après les conditions locales. Cette valeur déterminera provisoirement le crédit de chaque membre, sa fixation définitive étant réservée à la clôture de chaque exercice.

(1) Traduction du projet dressé par M. le Professeur *Puschi*, sur les bases des Statuts de la *Cantina Sociale d'Oleggio.*

5. — La direction des travaux de la vendange, de la préparation et de la conservation des vins sont confiés au sociétaire M....., avec la collaboration d'un habile sommelier. La partie administrative de ce travail est attribuée à M...., tandis que la vente du vin sera confiée à tous les membres, dans la sphère de leurs relations, sous la direction du sociétaire préposé à l'Administration précitée ou d'un autre membre auquel on pourra assigner la charge spéciale des ventes.

6. — Chaque adhérent est tenu de fournir à la Cave sociale la futaille nécessaire pour la vérification des raisins consignés par lui et la conservation du vin. Cette futaille devra être en bon état. Chacun a, en outre, la faculté de remettre aussi à la Société, les machines et appareils spéciaux qui lui appartiennent et dont celle-ci pourra éventuellement avoir besoin. Leur valeur respective et celle de la futaille sera établie pour les cas de perte ou de détérioration, par le préposé technique en tenant compte de l'usure normale.

L'Association a la charge de la conservation de ces futailles et machines dont l'associé reste toujours propriétaire absolu pour les retirer à sa sortie de la Société. Toutes les fois qu'un membre n'aura pas consigné les cuves et futailles nécessaires à la préparation et à la conservation de son vin et que la Société ne pourra pas y arriver avec le matériel qu'elle possède, elle y pourvoira en débitant l'associé des frais, qui seront déduits de son avoir.

7. — Pour la fabrication et la conservation du vin dans la première année d'exercice, l'Administration de la Société pourvoira aux frais nécessaires par les moyens qui lui sembleront les plus opportuns ; dans les années suivantes, on y pourvoira avec le fonds de réserve qui sera constitué à cet effet.

8. — Il est permis aux adhérents de prélever dans la Cave sociale la quantité de vin nécessaire à leurs besoins, au prix annuellement fixé d'un commun accord avec l'Administration sociale.

9. — A partir de la clôture des vendanges, l'Association fera à ses membres, sur leur demande, des avances jusqu'à concurrence des deux tiers de la valeur provisoire des raisins livrés par eux selon les prescriptions du n° 4. Les sociétaires ainsi favorisés seront tenus des intérêts courants pour le montant de ces anticipations sur le prix définitif.

10. — Les valeurs en espèces qui pourront éventuellement revenir à la Société comme primes et subsides ainsi que les retenues sur les recettes nettes de l'exercice, annuellement fixées par l'Assem-

blée générale, seront exclusivement affectées à l'acquisition des futailles, du matériel et de tout ce qui sera nécessaire pour rendre plus rationnelle et plus perfectionnée la préparation du vin.

Ces acquisitions constitueront le patrimoine social, sur lequel les membres sortants n'auront aucun droit, par effet de l'art. 2.

11. — La Cave coopérative de... est administrée par trois associés mandataires, dont un a la qualité de président ; les autres, celle de délégués. Ces mandataires devront vaquer à l'administration de la Société, surveiller et diriger la préparation et la conservation du vin, pourvoir à sa vente, engager le personnel nécessaire et faire tout ce qui peut être demandé par l'objet de l'Association et le progrès de ses affaires.

Les délégués rédigeront chaque année un rapport détaillé avec toutes les pièces justificatives pour être soumis, au moins huit jours avant l'Assemblée, aux « réviseurs » qui seront élus d'une année pour l'autre au nombre de deux, par l'Assemblée générale. Ils feront leur rapport à celle-ci.

12. — Le président, et en son absence le plus ancien des délégués exécutera les décisions prises d'accord avec ses collègues. Il est investi de la représentation et de la raison sociale.

A la fin de chaque année, les délégués se démettent de leur mandat, mais ils peuvent être confirmés pour l'année suivante.

13. — Tous les associés, ayant droit chacun à un vote seulement, composeront l'Assemblée générale qui se réunira ordinairement une fois chaque année, dans la première quinzaine de septembre, pour approuver les comptes et nommer le président, les délégués et les réviseurs, et extraordinairement toutes les fois que le président ou les deux délégués le jugeront nécessaire ou que cela sera demandé par un tiers des membres .

14. — L'année sociale commence le 1er septembre et se termine le 31 août. A la fin de chaque année, il sera fait par les soins de la représentation sociale, un inventaire et un bilan du montant des crédits, de la situation de la caisse et du reste des vins estimés à leur valeur relative. Selon les résultats du bilan et sur les bases de l'évaluation faite, selon les prescriptions de l'art. 4, sera déterminée la quote de participation de chaque membre dans l'actif commun. Les bénéfices des ventes réalisées, déduction faite de la somme dont le prélèvement sera décidé pour les frais de fabrication de l'année suivante et de celle pour l'acquisition éventuelle de la futaille et du matériel, seront répartis entre les sociétaires, en

raison de leur quote-part respective, en tenant compte des avances faites à chacun d'eux.

Le montant des crédits et du vin restant dans la cave sociale sera assigné à la part de chaque membre, en proportion de la quantité et de la qualité des raisins fournis par lui et il sera porté au compte nouveau de l'exercice suivant, par réunion à la nouvelle quote de participation qui lui reviendra pour les raisins de la nouvelle campagne. Le passif de l'Association sera liquidé annuellement.

15. — L'associé qui, selon les termes de l'art. 2, sort de la société, aura droit à la quote-part lui revenant du vin et des crédits vérifiés ; il retirera dans l'espace de huit jours et à ses frais les vases vinaires et appareils qui lui appartiennent, selon la disposition de l'art. 6.

16. — Quand il surgira des différends ou des contestations entre les sociétaires et l'administration, trois arbitres seront désignés par les parties d'un commun accord ou à défaut, par un juge commis à cet effet.

17. — En cas de dissolution de la société, on procédera à sa liquidation en laissant à chaque sociétaire la faculté d'emporter en nature la quantité de vin qui lui revient ainsi que les vases vinaires lui appartenant, si, préalablement, il a satisfait à toutes ses obligations.

18. — Pour tout ce qui n'est pas prévu dans le présent contrat de société, les membres soussignés déclarent s'en remettre aux dispositions des lois relatives aux sociétés civiles.

TABLE DES MATIÈRES

AVEC

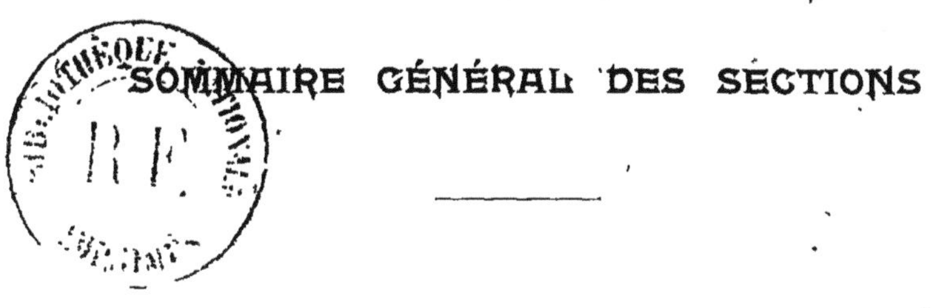

SOMMAIRE GÉNÉRAL DES SECTIONS

CHAPITRE III

Conditions générales de l'application de la Coopération à la Viticulture

LIVRE PREMIER

LA COOPÉRATION VITICOLE DANS SES PAYS D'ORIGINE : L'ALLEMAGNE ET LA SUISSE

CHAPITRE PREMIER

La Coopération Vinicole en Allemagne

Section première — *État économique de l'Agriculture et de la Viticulture allemandes.*

Section II — *Histoire et Développement de la Coopération viticole en Allemagne.*

SECTION III — *Difficultés présentes et résultats généraux de la Coopération viticole allemande*

CHAPITRE II

La Coopération viticole en Suisse

LIVRE II

LA PROPAGATION DE LA COOPÉRATION VITICOLE EN EUROPE

CHAPITRE PREMIER

Europe Centrale

SECTION PREMIÈRE — *Autriche-Hongrie.*

SECTION II — *Russie.*

CHAPITRE II

Italie

Section première — *Histoire et développement du mouvement coopératif dans la viticulture italienne.*

Section ii — *Les résultats de la coopération vinicole Italienne.*

CHAPITRE III

Europe Méridionale

Section première — *Péninsule des Balkans.*

Section ii — *Péninsule Ibérique.*

LIVRE III

L'APPLICATION DE LA COOPÉRATION A LA VITICULTURE FRANÇAISE

CHAPITRE PREMIER

Situation générale de la viticulture française

CHAPITRE II

La Coopération dans les principales régions viticoles de la France

LIVRE IV

ETUDE ÉCONOMIQUE ET CRITIQUE DES INSTITUTIONS COOPÉRATIVES VINICOLES

CHAPITRE PREMIER

Classification et Progression des formes de la Coopération Viticole

CHAPITRE II

Etudes des différents types de Coopératives Vinicoles

CHAPITRE III

L'organisation de la Coopération Viticole

CHAPITRE IV

L'avenir du Coopératisme :
Alliance de la coopération urbaine et de la coopération rurale

PIÈCES ANNEXES.

ERRATA

Bibliographie : P. 13, ligne 27, au lieu de Wein, lire : *Vienne.*
Texte : P. 47, ligne 9, au lieu de son succès, lire : *leur.*
P. 49, ligne 13, au lieu de mutualités, lire : *mutualistes.*
P. 64, ligne 1, lire : *que le régime actuel.*
P. 122, ligne 4, lire : 2 *Novembre 1891.*
P. 176, en note, lire : *et Ahrweiler Volksblatt.*
P. 187, en note, lire : *Der Entwurf eines.*
P. 202, ligne 13, lire : *Caub.*
P. 243, tableau n° 7, lire : *Kurtatsch.*
P. 264, en note, lire : *45* millions d'hectolitres en 1901.
P. 271, ligne 30, au lieu de par, lire : *pour* la coopération.
P. 273, en note, ligne 5, au lieu de fils, lire : *frère.*
P. 337, en note, lire : la statistique *décennale.*
P. 265, ligne 13, enlever les mots : *a responsabilité solidaire illimitée,* la loi de 1894 laissant aux statuts la faculté de limiter ou non la responsabilité des sociétaires. Il faut, en réalité, distinguer trois types de Sociétés coopératives de Crédit Agricole : les Sociétés anonymes à capital variable, type de Poligny. 2° Les Société en *nom collectif,* avec ou sans capital, celles-ci toujours à responsabilité solidaire illimitée (Caisses Durand ou Rayneri). 3° Les Sociétés *mutuelles* de Crédit, organisées suivant la loi de 1894.
P. 377, ligne 8, au lieu de l'hect., lire : la *pièce.*
P. 398, ligne 13, au lieu de 10 000 fr., lire : *100.000 fr.*
P. 400, ligne 3, lire : *Bouhey-Allex.*
P. 410, ligne 3, au lieu de incomparable, lire : *incompatible.*
P. 428, ligne 20, au lieu de suffisantes, lire : *insuffisantes.*
P. 430, ligne 35, au lieu de Artois, lire : *Arbois.*
P. 552, ligne 37, au lieu de 20 c., lire : *20 francs.*
P. 582, ligne 12, lire : dans la mesure *où* son développement.
P. 592, ligne 34, lire : *5000 lires.*
P. 601, ligne 29, lire : 0 fr. 20 *pour cent.*
P. 603, ligne 4, au lieu de bien, lire : *lien de la responsabilité.*
P. 638, note, lire : *analysenfest,* et oubli de : *Mathieu.* Les règles du Comité consult. des Arts et Manuf. et l'Anal. des vins, Rev. de Vitic., 15 mars et 12 avril 1902.
P. 648, ligne 4, au lieu des précédents, lire : *du précédent.*
P. 660, ligne 5, au lieu de commerciale, lire : *communale.*
Conclusions. P. 673, ligne 33, lire : *lien coopératif.*
P. 674, ligne 21, au lieu de pourraient, lire : *paraissent.*
P. 678, ligne 9, au lieu de étendue, lire : *étude.*

Nous avons négligé les oublis ou fautes typographiques dont le lecteur peut faire la correction dès l'abord.

www.ingramcontent.com/pod-product-compliance
Ingram Content Group UK Ltd.
Pitfield, Milton Keynes, MK11 3LW, UK
UKHW020611230726
13926UKWH00005B/2332

9 782013 691772